史録

スターリングラード

歴史家が聞き取ったソ連将兵の証言

DIE STALINGRAD PROTOKOLLE

Sowjetische Augenzeugen berichten aus der Schlacht

著 ヨッヘン・ヘルベック　訳 半谷史郎 小野寺拓也

人文書院

史録　スターリングラード◆目次

第一章　史料解題　9
命運を決する戦い　9／決戦　14／戦いの解釈　21／革命の軍隊　31／スターリンの街　34／戦争に備えて　37／戦時の軍と党　40／指揮官と政治委員　46／クローズアップ　50／英雄に倣う　55／良い兵士と悪い兵士　60／戦いのかたち　69／戦場の人びと　74／アヴァンギャルドの歴史家　77／委員会はスターリングラードへ　86／速記録　90／史料選択と編集方針　92

第二章　兵士の合唱　97
一　街と住民の運命　99
二　料理女アグラフェーナ・ポズニャコワ　141
三　グルチエフ狙撃兵師団の転戦　149
四　ヴァシーリー・グロスマンの「主力の進路」　192
五　ラトシンカ上陸　202
六　パウルス元帥を捕える　218

第三章　九人の語る戦争　253
一　将軍――ヴァシーリー・チュイコフ　255
二　親衛師団長――アレクサンドル・ロジムツェフ　279
三　看護婦――ヴェーラ・グーロワ　296
四　オデッサの中尉――アレクサンドル・アヴェルブフ　302

五　連隊長――アレクサンドル・ゲラシモフ　310
六　歴史教員の大尉――ニコライ・アクショーノフ　317
七　狙撃手――ヴァシーリー・ザイツェフ　340
八　赤軍兵士――アレクサンドル・パルホメンコ　357
九　敵向けの宣伝工作員――ピョートル・ザイオンチコフスキー大尉　362

第四章　ドイツ人の語り　381
一　一九四三年二月のドイツ人捕虜　383
二　包囲下のドイツ人の日記　405

第五章　戦争と平和　413

地図　425
謝辞　432
訳者あとがき　437
註　489
アーカイヴと図版の出典　490
索引　500

「突撃：スターリングラード　1943 年」　撮影：ナターリヤ・ボデー

史録　スターリングラード

——歴史家が聞き取ったソ連将兵の証言

Originally published as :
"Die Stalingrad-Protokolle. Sowjetische Augenzeugen berichten aus der Schlacht"

第一章　史料解題

命運を決する戦い

スターリングラード戦――この人類史上最大の激戦は、一九四三年二月二日に終わった。血みどろの戦いは百万人あまりの犠牲者を出したが、これは第一次世界大戦有数の激戦だったヴェルダンの戦いを大幅に上回る。ヴェルダンとの対比は、戦っていたドイツ側もソ連側も意識していた。手紙に「スターリングラードの地獄」を綴ったドイツ兵たちは、「第二のヴェルダン」の罠にはまったと書いている。スターリングラードの守り手も、この街を「赤いヴェルダン」と呼んで決死の覚悟だった。だがソ連の従軍記者が一九四二年十月に指摘したように、ヴェルダンとスターリングラードには決定的な違いがある。スターリングラードは要塞都市ではなかったし、堡塁もコンクリート壕もなかった。

　防衛線が走るのは、空き地と住宅との間の主婦が洗濯物を干すところ、狭軌鉄道の線路、経理係が妻と子ども二人に老婆と住む一軒家、そうした家々が数十軒かたまった場所、砲弾でアスファルトがめくれ上がった今は無人の広場、兵器工が武器をつくる工場地帯、この夏に恋人たちが語らいあった緑のベンチがある庭だった。平和の街は、戦闘の街になった。戦争の掟がここを前線の中心に押し上げ、戦いが繰り広げられ、戦争全体の帰趨を大きく左右する場所にした。防衛線が走るのは、ここにいるロシア人の心の中だ。その意味することを、ドイツ人は六十日間の戦いで知った。やつらはこうつぶやく。ヴェルダンだ。

いや、これはヴェルダンではない。これは戦史の新たな一ページ——スターリングラードだ。[1]

六カ月にわたるスターリングラードでの戦いは、世界のマスメディアで激しい情報戦を引き起こした。開戦直後から、両陣営は固唾を呑んでヨーロッパ辺境の壮絶な戦いを見守り、ここが第二次世界大戦の帰趨を決めるだろうと見ていた。スターリングラード戦は「この戦争のもっともおそろしい戦い」となるに違いない——ドレスデンのある新聞がこう書いたのは、ナチ・ドイツ軍が急襲を準備していた一九四二年八月はじめである。イギリスのデイリー・テレグラフ紙がほぼ同じことをその年の九月に書いている。ヨーゼフ・ゲッベルスは敵の報道を注視していた。イギリス人記者の言葉を引きながら、スターリングラード戦の勝敗は「生きるか死ぬかの問題で、その結末がドイツとソ連の命運を左右する」と述べている。[2] 四二年九月以降はソ連の新聞も定期的に西側記者のルポルタージュを引用し、ドイツの装甲車から街を守るべく立ち上がった兵士や民間人の勇敢さを称えた。イギリスのパブというパブは、ラジオでニュース番組が続いていても、スターリングラードのニュースが終わると、すぐに受信機のスイッチを切った。「誰もそれ以上なにも聞きたいと思わない。誰もがスターリングラードのことしか話さない」とイギリスの記者は書いている。[3] 連合国の人たちはソ連軍の戦果を盛んに論じた——これは共にファシズムと戦う連帯感のあらわれというだけでなく、西側の部隊が同程度の戦功をあげられないことの反映でもある。イギリス軍はもう一年以上、敗退をつづけていた。[4]

十一月のソ連軍の反攻の結果、ドイツと枢軸国の兵士三十万人以上が包囲環（Kessel）に陥った。このときドイツのメディアは戦況報道を打ち切る。一九四三年一月の報道再開は、全軍壊滅に口を閉ざし続けられないとナチ当局が観念したからだ。優勢なアジアの敵からヨーロッパを守るべくドイツ軍人が英雄的な自己犠牲を払ったのだと宣伝した。恐怖を前面に出し、全面戦争の旗のもとに立ち上がれとドイツ国民に呼びかけたが、宣伝はほころび始めていた。SD（親衛隊保安部）の報告にも、最後の一発は「すべてが終わった時」のために取ってあると兵士が口々に言っていたとある。[5] SS（親衛隊）長官ヒムラーは、スターリングラードの結末を見て抜かりなく手を打つ。一九四三年三月はじめにポーランド東部の〈死の収容所〉トレブリンカを訪れると、殺害したユダヤ人七十万人の遺体を掘り返して火葬するよう収容所当局に命じた。[6] それから数カ月間で収容所の職員は与えられた課題を達成し、トレブリンカの解放まで囚人の抹殺を（規模を落としつつ）続けた。

ヒムラーの命令は、ドイツの贖罪の時が近いと見たからだ。[7] ソ連軍がポーランドに点在する収容所を解放するのは一年半後だが、ヴォルガ川での戦いがドイツの殺人機械の動きを狂わせたのだ。ドレスデンの新聞の見立ては、前提が違っていても、正しかった――スターリングラードは、まさに世界史の分岐点だったのである。

＊＊＊

激戦がつづく間、外国人記者はモスクワに足止めされてスターリングラードに行けなかった。疑い深く、あらゆることを隠したがるソ連当局がようやく現地訪問を認めたのは、一九四三年二月四日である（第一陣はイギリス、アメリカ、フランス、チェコ、中国）。[8] その中の一人、ポール・ウィンターソンは、BBC放送でこう伝えている。

スターリングラードの道には――廃墟と廃墟のあいだの空間をそう呼んでいいなら――まだ戦闘の爪痕が残っている。至る所に散乱する鉄兜や武器、大量の弾薬。雪のうえには紙切れが散らばり、死んだドイツ人の手帳もある。相当数の遺体が、息絶えた場所に放置か、凍えて山積みの埋葬待ちだ。スターリングラードの復興はできない。一から再建するしかないだろう。だがあらゆる建物が破壊されているのに、街には生命が息づいている。ロシア人が数カ月の攻撃の間、保持し続けた細長いセメントの障害物があるが、それに沿って掘っ立て小屋が立ち並んで町ができ、撤退前の兵士ばかりか、ちらほらと女性もいて洗濯や食事の支度をしている。この人たちは祝祭の喜びに満ちている。これほど誇らしげな男女は、今まで見たことがない。ものすごいことを成し遂げた、しかも見事に成し遂げたことを知っている。自分たちの街を破壊されても、粘り強さと不屈の闘志で敵に打ち勝ったのだ。ここにいる男女は戦いと労働に明け暮れた数カ月間、背水の陣を敷いて決して退却しないと誓い、街を一望できる唯一の高地をおさえた敵と対峙し、昼夜を問わず雨あられと降り注ぐ砲弾や迫撃砲に耐え続けた。自分の狭い一角を死守し、一歩も退かなかった。[9]

街の様子と戦争による破壊から始まったウィンターソンの現地報告は、話題を転じて自身や記者仲間の最大の関心事であるスターリングラードの守り手のことに移る。ほかならぬロシア人の「粘り強さと不屈の闘志」が戦いの帰趨を決めた――これが彼の見立てである。ロンドン・タイムズの記者アレクサンダー・ウェルトは赤軍兵士の「ずば抜けた……一人ひとりの戦功」に敬服したし、ニューヨーク・タイムズのヘンリー・シャピーロはスターリングラードのことを「人が鉄に勝利した」、つまりソ連の将兵がドイツの戦車に勝利した象徴と呼んだ。[10] こうしたルポは戦時の心理や感情の証言として貴重ではあるが、一面的かつ表面的な嫌いがある。外国人記者はお膳立てにのって市内をざっと見て回っただけで、捕虜になったドイツ人将校は見ていても、ソ連の一般市民にほとんど接していない。[11]

一九四三年一月に現地取材した記者たちは知る由もないが、その一月半ほど前にモスクワから歴史家の一行がやって来て、スターリングラードの守り手の肉声を後世に伝える壮大なプロジェクトを始動させていた。全員が大祖国戦争史委員会のメンバーで、責任者はモスクワ大学教授のイサーク・イズライレヴィチ・ミンツである。

歴史家たちは、一九四二年十二月末にスターリングラードに着くと、年明けの一月二日から仕事にとりかかった。戦線の各戦区をまわり、市北部の製鋼コンビナート「赤い十月」やヴォルガ川右岸の崖にあるチュイコフ将軍の指揮所を訪れ、南はずれのベケトフカ地区にも足を運んでいる。塹壕や掩蔽壕で赤軍の指揮官や兵士から話を聞き、同行した速記者が記録を取った。一月九日、翌日の赤軍の最終攻撃を前に、いったん退去するが、二月のドイツ降伏直後に戻ってくる。その後も数週間にわたって精力的にインタビューを続け、速記録を作成したスターリングラード戦の証言者は二百十五人に及んだ(司令官、司令部将校、指揮官や赤軍兵士、政治委員(コミッサール)、党の宣伝員、ヴォルガ艦隊の水兵、女性衛生兵、さらには破壊された町で職責を全うしたり懸命に生き延びた何人かの民間人――技師、労働者、一人だけだが食堂の女性従業員)。

この聞き取りは、これまでの重要史料が色褪せるほどスターリングラード戦の実態に迫ることを可能にし、戦争に参加したソ連の人たちの言動や思考や感覚をまざまざと眼前に描き出す。兵士は自分たちの日常を自由に語っており、ときには素朴な農民ことばも口にする。録音テープを聞いている気がするくらい、速記録の言葉は精彩を放っている。人びとは生まれ育ちを語り、戦場に来るまでや軍隊での問題を語る。生々しい戦闘の記憶をたどって、包み隠さず語られる恐怖の瞬間や攻撃の高揚感。赤軍特有の戦争の進め方の強みと弱み。もらった勲章のことや、自分の部隊にいる「英雄」と「臆病者」の言動。この聞き取りが何より貴重なのは、肩を並べて戦った人たちに歴史家が話を聞いて回り、聞かれた方も戦友のことによく触れているからだ。こうした補完関係にあるインタビューは、全体として見ると、戯曲や小説でしかお目にかかれない時と場所と筋の統一がある。

歴史家は聞き取りを系統立てて行った。ときには同じ師団の数十人に話をきいている（指揮官、その政治補佐、司令部将校、連隊長や中隊長、兵卒）。本書で兵士二十四名のインタビューを紹介する第三〇八狙撃兵師団は、九月にスターリングラード北西部での戦いに敗れて多大な損害を出した後、市内に投入されて「バリケード」大砲工場を守りながらドイツ軍と戦っている。「赤い十月」工場で歴史家が話をきいた技師は、破壊された工場の復興計画をもう口にしていた。二十名以上に話を聞いた第三八自動車化狙撃兵旅団は、パウルス元帥と第六軍司令部を探し出して捕虜にしている。語り手一人ひとりの話は全体像の一部であり、どれも主観的だ。だが個々の話を積み重ねると、戦場における兵士の多面的できわめて詳細な姿が浮かび上がる。特色は、バランスの良さだけではない。共通の経験を明らかにし、赤軍が軍事組織としてどう機能していたかも明らかになる。だが、スターリングラードの記録は、このように率直で多面的であるが故に、その後の運命に否定的に作用した。軍の検閲官から出版許可を得られず、お蔵入りになったのだ。その記録が、今ようやく日の目を見る。

一九四三年はじめにスターリングラードを訪れた記者がそうだったように、ミンツ率いる歴史家が街の守り手に話を聞いたのは、証言の中に世界中を悩ましてきた問いの答えを見つけたかったからだ。一体どうして赤軍は敵軍を打ち破ることができたのか。誰もが知るように、ドイツ軍は戦術・規律・訓練のいずれにおいても赤軍を上回っていた。スターリングラードの守り手は、全ヨーロッパを跪かせた不敗のドイツをどうやって押しとどめたのか。この問題は、今に至るまで研究者を悩ませている。最も議論を呼ぶ問いは、おそらくスターリングラード戦におけるソ連兵のモチベーションだろう。兵士の行動は自分の意思だったのか、それとも機関銃を突き付けられて戦わされたのか。ロシアの伝統的な価値観から力を汲み取っていたのか、それともソ連のイデオロギーのみに鼓舞されていたのか。祖国愛、侵略者への憎悪、スターリンへの忠誠心がどのような役割を果たすことで、死をも厭わぬ戦いの心構えができたのか。本書の根幹をなす戦時のインタビューは、こうした問いに対して実に様々な、時にまったく予想外の答えを提供してくれる。これまでの数多くの研究は、主として包囲されて動転したドイツ人の視点からスターリングラード戦を見ているが、本書はその修正を試みる。聞き取りは、ソ連の人びとが周囲の出来事をどう解釈し、自身をスターリングラード戦にどう位置付けていたかを明らかにしてくれるだろう。

本章は、歴史の事実を確認して、ミンツらが記録収集に踏み切ったコンテクストを理解できるようにする。まずスターリングラード戦やその歴史解釈の基本情報を提示し、さらに独ソ戦までの赤軍とソ連社会の歴史のあらましをたどる。そのうえでスターリングラード戦線の政情と軍情を事細かに見ていく。また導入部である本章で、大祖国戦争史委員会の設立経緯、目的や活動方法、スターリングラードの現地調査にも触れる。以上を踏まえて、本書のために厳選したインタビューと、本書に収録したインタビューの形式について詳細な分析を行う。

インタビュー刊行の準備は、モスクワのドイツ歴史研究所とロシア科学アカデミーが共同で行った。わたしが責任者になって何人かの研究者で二年間にわたって史料の選別と編集を行った。数千ページにのぼる速記録やミンツ委員会の内部文書などの関係史料を閲覧したが、紙幅の制約から、本書に収録したのはこのうちの一部でしかない。完全収録した速記録は十本。そのほかは、パッチワークのように組み合わせ、軍人と民間人の声が合唱となって戦争の様子を物語るようにした(第二章と第三章)。

スターリングラード戦に参加した自身の経験を話す際、多くの回答者が、敵の印象やイメージを語っている。ミンツ委員会の歴史家はこの点に格別の関心を示し、本来の仕事とは別に、スターリングラードのドイツ人の個人的な見方を明らかにする証言を収集した。そうした史料——一九四三年二月はじめのドイツ人捕虜の尋問調書や戦場で見つかったドイツ人兵士の日記が第四章の素材である。

最後の第五章は、ソ連のスターリングラード戦勝利の結果と、この戦いの記録をつくった歴史家と作家の数奇な運命を取り扱う。

決戦

スターリングラード戦は、第二次世界大戦の転換点だった。それぞれの支配者、ヒトラーとスターリンから一歩も退くなと命じられた両軍の大部隊は、六カ月のあいだ独裁者の名を冠した街をめぐって休むことなく戦い続ける。戦いは、ドイツ軍の包囲と全滅で終わった。これはドイツ軍の史上最大の敗北でもある。敗北の瞬間、スターリングラードは先見の明のあるドイツ人の目に不吉な前兆と映った。[12] 一方ソ連からすれば、スターリングラード戦は、ドイツ占領軍に対する大勝利である。この戦いのあいだに戦争の主導権はドイツからソ連に移った。スターリングラード以降、戦争はほぼ例外なく西進し、ベルリンへと向かっていく。

レニングラード、モスクワ、セヴァストーポリ方面の進撃が一九四一年秋に止まってソ連が冬の反攻に出ると、ヒトラーはロシア戦役二年目に夏の大攻勢「青作戦（ブラウ）」を計画する。一九四二年六月二十八日の南部戦域の集中攻撃で始まったこの作戦で、ドイツは重要資源の産地（炭田のドンバス、石油産出地のマイコープ、グローズヌィ、バクー）への出口を確保するはずだった。ドイツの装甲師団と自動車化歩兵師団は一気に前進する。だが包囲作戦で「挟撃した」のは、大部分が無人の地だった。赤軍の部隊がすぐさま退却して包囲を逃れたからである。敵軍は四散したと見たヒトラーは、攻撃部隊を二つに分け、「A軍集団」にはカフカス直進を、「B軍集団」には北東に転じて側面掩護をせよと命ずる。「B軍集団」の先鋒が、パウルス大将の第六軍である。第六軍は、増援のルーマニア軍部隊とともにヴォルガ川河畔の工業都市スターリングラードを占領することになっていた。

この時点でソ連側も含めて誰もが、戦争はもう先が見えたと思ったに違いない。地図を見れば、一目で事態の深刻さが分かる。「この南での戦争、ヴォルガ下流域での戦争、敵のナイフが体の奥深くに突き刺さった感覚……」と、一九四二年八月にヴァシーリー・グロスマン[13]が日記に書いている。[14] ソ連指導部の対処は、峻厳を極めた。ロストフ・ナ・ドヌーがほとんど戦わないでドイツの手に落ちると、スターリンは悪名高い命令第二二七号「一歩も退くな」を出す。[15] 以後、しかるべき命令なく退却した者は、「祖国の裏切り者」とみなされる。脱走兵はその場で射殺せよと指示された。この過酷な命令が初めて適用されたのがスターリングラード戦だった。スターリングラードは、ヴォルガ川の右岸ぞいに四十キロにわたって延び広がっている。「一歩も退くな」は、この街の守り手にとって、川を渡って退却する可能性がないことを意味した。

当初からソ連指導部はスターリングラードの象徴的な意味合いを兵士に言い聞かせている。内戦時にここでスターリンが反ソ勢力の攻勢を食い止め、そのためスターリンの名を冠していることは、多くの人が知っていた。そのスターリングラードをドイツに明け渡しては、この街と、名称の由来になったその人の神話が揺らいでしまう。そんなことは許されなかった。同じ理由から、この街はヒトラーにもこの上ない意味を持つ。総統は、スターリングラード奪取がスターリンにもたらすであろう精神的な打撃を計算しており、当初からドイツのスターリングラード攻撃は世界観の敵対する両体制が雌雄を決する争いだと言っていた。一九四二年八月二十日にヨーゼフ・ゲッベルス[16]が自分の日記に「総統は」この街を「とりわけ重視している」と書いている。「ここはすべてを破壊しなければならない」[17]

ドイツ第六軍は、まずドン川湾曲部の西側で、さらにスターリングラードの外郭防衛線でもソ連第六二軍の頑強な抵抗にあったが、ともあれ撃退。五万七千人を捕虜にし、ドン川を一九四二年八月二十一日に突破する。八月二十三日にはドイツの装甲車の第一陣が七十キロを走破してスターリングラードの北[18]でヴォルガ川に到達し、市内への出入りを北から封鎖した。モスクワは不安にかられる。三日後、スターリンはジューコフ将軍をソ連軍の最高司令官代理に任命し、戦闘行為の実施責任を負わせた[19]。

開戦前のスターリングラードは、人口約五十万人。工業全般、とりわけ軍需産業の中心地として、軍事・経済で重要な役割を担っていた。また後方の奥深くに位置する安全な街と考えられており、一九四二年夏には避難民が殺到している。市当局がスターリンに企業と民間人の疎開を願い出ても認められるはずがなかった。『プラウダ』編集員ラーザリ・ブロントマンがそうした会話の場に同席しており、日記に記している。

主人「スターリンのこと」……はとても不機嫌そうに言った。
「行くところなど、ない。街を死守せよ。以上」
と、こぶしで机を叩いた[20]。

ドイツの爆撃機の大編隊が街を一面の廃墟にすると、禁じられていた疎開が女性と子どもにようやく認められた。二週間におよぶ空爆の後、ドイツ軍はスターリングラード攻略に着手する。九月十四日、連隊の一つが市の中心部を突破してヴォルガ川に迫った[21]。その後の数週間は激しい市街戦で、第六二軍の兵士は至る所で河岸まで押しやられる。先遣部隊につづいて制圧地にやってきたドイツの占領当局は、軍政司令部をつくって党員とユダヤ人を銃殺し、民間人の強制退去に着手した。まもなくわずかばかりの橋頭堡が残るだけになり、スターリングラードを守るソ連軍は、ヴォルガ川右岸の崖に身を隠して辛うじて踏みとどまっていた。増援部隊や弾薬は川を使って補給し、左岸から大砲が掩護射撃した。第六二軍が所属する南東方面軍[22]（司令官はエリョーメンコ大将[23]）が有するのは、ほかに市南部に第六四、第五七、第五一の三個軍と第八空軍、ヴォルガ艦隊の艦船と海兵団、またスターリングラード北部と北西部に第一親衛、第二四、第六六の三個軍である。この三個軍は九月にドイツの「北門」（Nordriegel）を突破して市中防衛に加わろうと何度も試みたが、成功しなかった。

全面反攻の計画が固まったのは、スターリングラード防衛がまさに危機的状況に陥っていた九月半ばだった。スターリンを前にして、ジューコフとヴァシレフスキー参謀総長[24]が、ドイツの大包囲作戦行動（Umfassungsmanöver）を模して立案した作戦を披露した。つづく二カ月は、作戦の準備に費やされた。補充した方面軍（南東方面軍、司令官はヴァトゥーチン大将）がひそかにドン川上流の陣地を制圧する。スターリングラードで交戦中の軍（九月末に二個方面軍に分割され、ドン方面軍はロコソフスキー中将[25]が、スターリングラード方面軍はエリョーメンコ大将が率いた）は、兵力と武器の補給を受ける。こうした動きは敵の斥候も察知していたが、ドイツ側はソ連の経済・人的資源が枯渇したと見ていたので、とくに重視しなかった[26]。

反攻の準備がすすむ間、市内は激しい戦闘が続いた。一九四二年十月に第六軍が度重なる集中攻撃を行うが、スターリングラードの完全制圧はできない。ドイツ側は、敵の思いがけない頑強な抵抗の理由を知りたがった。SSの機関紙『黒色軍団』が一九四二年十月二十九日号の論説記事でこの問題を取り上げている。記事はソ連軍の士気をどう見るかから始まる。「ボリシェヴィキの攻撃は消耗しきるまで、防衛は最後の一人、最後の弾薬が物理的になくなるまで続く。……何人かの兵士は、時に人間の尺度ではもう戦えないという時でもまだ戦っている」。ドイツ軍兵士がヨーロッパや北アフリカの戦役で経験したことは、どれも「東方での戦争の激烈な出来事と比べたら子どもの遊び」に見える。こう評した同紙は、この違いを人種生物学の法則で説明する。ソ連兵は、別の「種」に属している。「下等で愚鈍な人類」の出なので、「人生の意味を理解して人命を尊重する」ことができない。このように人間の資質に欠けているので、赤軍兵士は死を恐れずに戦う。高い文化をもつヨーロッパ人とは異質だ。最後に記事は「束縛を解かれた低劣な力」がヨーロッパにどれだけ脅威かを述べて、スターリングラード戦を世界史の命運を決する問題に格上げする。「われわれが人間であり続けられるかどうかは、今やわれわれにかかっている」[27]

一九四二年十一月十九日、ソ連の大反攻が始まる。「天王星（ウラヌス）」作戦と名付けられたこの反攻は、百万人以上の兵士が動員された。まず自動車化部隊の攻撃で、スターリングラードの西百五十キロメートルのドン高地にいたルーマニア軍の陣地が崩壊する。赤軍の戦車部隊の先遣隊と十一月二十四日にカラチで合流するエリョーメンコの戦車隊は、二十日にスターリングラードの南から出発して西へと進んで来ていた。こうしてドイツとその同盟国は包囲されてしまう。

第六軍司令官は、包囲脱出計画を検討した。これは目新しい方策ではない。赤軍が一九四一年十二月にモスクワ郊外で反攻に転じると、ヒトラーはすぐさま自身を陸軍最高司令官に任命して命令を出し、厳罰で脅してドイツ人兵士に後退を禁じる。ヒトラーは毅然たる司令官の後光を背負うことで、ときに「神経が弱く」「悲観的に」なる将軍たちを掌握しようとしたのだ。この命令のおかげで、赤軍の猛攻にもかかわらず、東部戦線は崩壊しなかった[28]。一九四二年一月に北部(イリメニ湖近くのデミャンスコエ付近)でドイツの六個師団およそ十万人が包囲された時も、デミャンスコエ包囲環の兵士に二カ月以上も空輸を続け、三月末に内部発の包囲突破作戦が成功する。こうした先例があったので、包囲された部隊に航空機による補給を決めたのだ。十一月二十七日にパウルスが第六軍に発した命令は、締めくくりに兵士にこう呼びかけた。「守り通せ、総統が救い出してくださる」[29]

気象条件の悪さとソ連の高射砲の集中砲火のために、スターリングラード包囲環への空輸は安定しなかった。包囲された三十万人をこえる兵士は、見る見るうちに食料と武器の不足に悩まされた。「冬の嵐」作戦(一九四二年十二月十二日から二十三日にマンシュタイン元帥[30]が実施した、南西から装甲車の大規模攻撃を行って包囲を破る試み)は、敵軍の激しい抵抗にあって道半ばで頓挫する。同じころ、さらに西のドン川付近にいた赤軍が攻撃を開始し(「小さな土星」作戦)、ロストフ方面に進軍してドイツ軍の包囲突破作戦を阻むだけでなく、カフカスの四十万人の軍集団を孤立させようとする。結果は痛み分けに終わった。マンシュタインは「冬の嵐」作戦を打ち切る。ともあれカフカスの軍集団を差し迫った危機から救うことには成功した。

ソ連指導部は一九四二年十一月末に集中的な宣伝活動を開始し、ドイツとその同盟国に降伏を呼びかける。数十万枚ものビラがドイツ語、ルーマニア語、イタリア語でつくられ、状況が絶望的であることを伝えた。亡命ドイツ人共産党員の代表がモスクワからスターリングラードにやって来て、拡声器を通じて戦線の向こう側の同胞に呼びかけているが、徒労に終わった。一月六日(マンシュタインが包囲環突破の試みを取り止めてから二週間後)、ロコソフスキー将軍がドイツ軍司令部に降伏

「鉄環」作戦　ソ連側の戦争画

勧告を行う。ヒトラーの命令で、パウルスは黙殺するしかなかった。

包囲環殲滅の最終段階（「鉄環（コリツォー）」作戦）は、一九四三年一月十日に始まった。西からドン方面軍がじわじわと敵軍をスターリングラードの奥地に押し込む。と同時に第六二軍がヴォルガ川からの攻撃を強め、一月二十六日にドン方面軍と合流する。両軍が出会ったのは、工場地区にある戦略高地で、数カ月も激戦がつづいたママイの丘だった。今やスターリングラードのドイツ軍は、北と南の包囲環に分断された。パウルス大将は、包囲下の戦闘であちこちを転々とするが、一月二十六日に第七一歩兵師団の司令部に逃げ込む（ここは一九四二年九月に最初にヴォルガ川に到達した場所である）。師団司令部は、〈斃れし戦士〉広場に面した百貨店の地下室にあった。一月三十日、ヘルマン・ゲーリング[31]がナチの政権獲得十周年を記念するラジオ演説を行う（放送は包囲されたスターリングラードでも聞くことができた）。ゲーリングは、ドイツ第六軍の兵士をニーベルンゲンの歌の主人公になぞらえた。「唯一無二の戦いを……火と炎の中で……最後まで戦いに戦った」ように、スターリングラードのドイツ兵は戦うだろうし、戦わなければならない、「なぜなら、そのように戦える民族が勝つはずだからだ」。一月三十一日未明、パウルスを元帥に任命する総統司令部の無線電報が届く。昇進は、誰もが気づいたように、ヒトラーがパウルスに自殺せよと促したのだ。これまでドイツの元帥で、敵の手に落ちた者はいなかった。だが、パウルスが死を選ぶことはなかった。

一月三十一日の朝、第六四軍の兵士が〈斃れし戦士〉広場を包囲した。するとドイツ人の将校が一人、使者としてあらわれ、降伏の交渉を申し出る。赤軍の一行が招き入れられた地下室は、パウルスの軍司令部が全員集まっていた（この会見の模様は第二章で詳述する）。数時間後、南の包囲環のドイツ兵は投降した。北の包囲環は、トラクター工場での戦闘が二月二日まで続いた。ソ連の反攻がはじまってから、スターリングラードの包囲環で六万人のドイツ人が死んでいる。十一万三千人のドイツ人とルーマニア人が生き延びて捕虜になったが、多くは負傷し衰弱していた。あわせると戦闘とその後の捕虜で二十九万五千人が犠牲になった（戦死者が十九万人、捕虜の死者が十万五千人）。赤軍は、スターリングラード防衛とその後の攻撃で、少なく見積もっても四十七万九千人が死んでいる。ソ連の犠牲者は百万人を超えるとみる研究者もいる。[32]

第六軍の全滅を知ったナチ幹部は、宣伝の強化と大量動員で応えた。スターリングラードでこうむった犠牲が必ずや刺激となって、西進する「赤い洪水」を押しとどめるだろう。三日間の国民服喪がまだ明けぬうちに、ゲッベルスは、ナチ党に忠実な聴衆の熱狂的な拍手の中で、全ドイツ人に「総力戦」を呼びかけた。「ボリシェヴィキの軛」が「アジア」から「ヨーロッパ」へ押し入ろうとしている中、ナチ党のイデオロギーがあおる恐怖がいっそう本物らしく思え、だからこそ動揺した人びとは、ナチ体制とともに戦い続ける選択肢しか持たなかったのだろう。激烈さを増して、戦争はまだ二年も荒れ狂う。

ソ連側も政治圧力を強めた。捕虜のドイツ人将校は特別収容所に移され、ヒトラーとの絶縁を公言するよう迫られた。みそぎをすませたら、パウルスをはじめとする将校を親ソ的な新生ドイツの代表にする計画もあった。そのほかの捕虜は大部分が一般の矯正労働収容所に送られるが、満足な食事も治療も与えられなかった。一九四三年七月までにドイツ人捕虜の四分の三がソ連の収容所で亡くなっている。

赤軍がドイツ人から奪還した直後のスターリングラードは、住民が七千六百五十五人しかいなかった。[33] 復興は、廃墟の片づけから始まった。その際見つかった共同墓地には、ドイツ占領軍が銃殺・絞首刑にした市民の遺体が埋まっていた。ドイツ人捕虜数千人を一九四三年二月にスターリングラードに連行し、遺体の回収や爆弾・地雷の撤去に従事させた。その後も数年間は、街の復興に捕虜が使われている。[34]

スターリンは何度も赤軍の軍事的成功を褒め称えた。一九四二年七月の命令第二二七号では指揮官を臆病や規律無視で非難していたが、一九四三年二月〔二十三日の赤軍記念日〕には赤軍は本物の軍隊になったと称えている。スターリングラード戦に参加した四個軍（第六二、第六四、第二四、第六六）が「親衛」の称号を得た。スターリン当人もこの勝利で自身に褒美を与えている。一九四三年三月六日、スターリンはソ連元帥の称号を得た。

戦いの解釈

スターリングラード戦の歴史は、様々な研究があって本も何百冊と出ているが、ドイツと西側で書かれたものは、ほとんどがドイツ中心の歴史、もっと言えば、ドイツの犠牲の大きさを書いた歴史である[35]。叙述のはじまりが一九四二年十一月十九日、つまり第六軍包囲の開始のことが多く、こう切り取ると、侵略者が絶望的な守り手に、飢えと寒さを耐え忍ぶ受難者になる[36]。ドイツのスターリングラード攻撃はおろか、第六軍がヴォルガに至る道中ウクライナのベルジーチェフやキエフやハリコフに残してきた長い血の足跡も、この時間設定だとすべて視野から消えてしまう[37]。しかし叙述をもっと以前の一九四一年六月から始めても、ソ連側の証言を取り入れるのはごく僅かで、やはりドイツ向けの図式に従っている。有名なドイツのドキュメンタリー番組『スターリングラード』（「攻撃」「包囲」「死」の三部作、二〇〇三年）もそうだった[38]。スターリングラードの人間ドラマは、しばしば四つの数字で現される――包囲された兵士三十万人、生き残ってソ連の捕虜になった十一万人、祖国に戻ってこれた六千人、それは戦争終結から十二年後だった。ソ連の死傷者数は、西側でほとんど知られていない。ドイツ国防軍の東部戦線の全体像が、多少の誇張はあれ、ここ二十年きわめて否定的に描かれているのとは対照的に、スターリングラード戦の見方は今日に至るまで驚くほど無批判で自閉的だ。ドイツ人兵士は何をおいても犠牲者として描き、敵のことは全くもしくはほとんど言及がない。

これまで研究動向や社会の関心は、様々なアクターに目を向けてきた。一九五〇年代と六〇年代に前景化したのは、死の間際まで軍人の価値観に忠実だったスターリングラードの兵士の姿である。スターリングラードで「斃れ、腹を減らして凍え死んだドイツ人兵士」の「前例のない勇敢さ、忠実さ、責任感」の思い出は「時の試練に耐える」だろう、「勝利者の歓

「スターリングラード、1943 年」 撮影：ナターリヤ・ボデー

喜の雄叫びが静まれば、苦難のあえぎや苛立ちの怒りが静まれば」と、退役したマンシュタイン元帥が一九五五年に書いている。[39]この思い出は、マンシュタインが思ったよりも長く続かなかった。一九六八という数字に象徴される社会の変化がおきて歴史学の一部が日常史に向かうと、スターリングラードの兵士は英雄（ヒーロー）から反英雄（アンチヒーロー）に替わる。こちらの研究が注目するのは、素朴な兵士――たどたどしい字で野戦郵便の手紙を書く何も知らない無邪気な若者、戦線に放り込まれただけでナチ体制の歴史的な野心に全く関係のなさそうな若者である。[40]

スターリングラードは、ドイツ人の記憶の中で抵抗運動と結びつくようにもなった。スターリングラード戦と、ナチ体制に反対するドイツ人の抵抗運動との間には、確かに関連がある。一九四三年二月といえば、学生の抵抗グループ「白バラ」の最後のビラをハンスとゾフィーのショル兄妹がミュンヘン大学でまいた時だ。そこに載っている「スターリングラードの戦死者」のアピールは、ドイツ人に今こそナチ独裁から解き放たれる時だと訴えた。[41]だが、このアピールは不発に終わる。同じ運命をたどったのが、ドイツ人捕虜がソ連で書いたヒトラーへの抵抗を訴える声明文だ。スターリングラード戦の元軍人が、戦っている時にもうヒトラーとナチズムに背を向けていたと回想録で言っているが信じられるか――これはまた別の問題だ。[42]この離反は本当にその時に起きたのだろうか、むしろ回想に紛れ込んだ後年の認識ではないだろうか。一つだけ確実なことがある。大多数のドイツ人は、スターリングラード戦に敗れると、体制に同調して戦争の潮目の変化にいっそう激しく抵抗している。[43]

ドイツ人のドラマと思い出の地としてスターリングラードに焦点を合わせる限り、敵の輪郭は浮かんでこない。スターリングラードでは誰と戦っているのか分からないまま戦うことが多かったが、同様の不明瞭さが戦後の記述にも見て取れる。ソ連兵は、敵の大群であり、拳銃を振り回す政治委員（コミッサール）に追い立てられて「ウラー」と叫びながら襲来する土人の群れでしかない。敵と言うなら、広大無辺の空間も、シベリアを思わす寒さも同じだ。第三帝国のプロパガンダが育んだこうしたイメージや観念は、戦後の公的な軍事史研究に染みついている。だから、ヒトラーの参謀総長だったフランツ・ハルダー[44]のような人物が、後に軍事史家としてアメリカ人に「ロシア人兵士」の行動を説明し、しかも人種主義まじりの反共思想に忠実であり続けたのは、何の不思議もない。[45]

このため今に至るまで分からないことが山ほどある。ロシア側は一体どのように戦っていたのか、どのような文化的な特徴を赤軍兵士やソ連市民は戦争に持ち込んだのか、優勢なドイツ人との戦いに人びとを駆り立てたのは何なのか、スターリングラードはどんな意味を持ったのか。ソ連の研究はこの点が弱く、賛美に終始する戦いの描写は、額面どおりに受け取りかねる。ソ連の戦史は、英雄兵士の名前を何人か挙げてその行動を教えてくれるが、そうした兵士の個性や行動の文脈が分からない。例外は、軍事戦略研究としてスターリングラード戦を描いたスターリングラードの古兵アレクサンドル・サムソーノフの手になる本だ。ちなみに、この本はソ連の大著の研究ではただ一つドイツ側にも目を配っている。[46]

ソ連末期にはじまる数多くの公文書館の一般公開は、「大祖国戦争」の史料事情を大きく改善した。スターリングラード戦も、その例に漏れない。多くの点でこれはロシアの歴史家と文書館職員の尽力のおかげだ。中にはロシア連邦保安庁で膨大な数の記録の機密解除を勝ち取った専門家もいる。こうして閲覧可能になった情報に、赤軍の脱走・逮捕・処刑の記録や、軍内部の傾向を分析したＮＫＶＤ〔内務人民委員部〕特務部の秘密報告がある。[47]また、無検閲の戦時の回想録、書簡、日記が数多く出てきたが、中でもスターリングラード戦線の従軍記者だったヴァシーリー・グロスマンとコンスタンチン・シーモノフの両作家の日記がとりわけ示唆に富む。[48]とはいえ、戦時のソ連市民の感情や世界観となると、全体像はまだ素描どまりだ。その理由は、一つには検閲という制約のために、手紙に（ごくわずかの例外を除いて）正確な地名を書くことも、起きたことや思ったことを書き綴ることもできなかったからだ。[49]別のもっと大きな困難として、数多くの戦時の個人文書（国防省が保有する個人調書、秘密の監視情報、尋問調書や押収書簡）が、まだ閲覧を許されていない。[50]

こうした事情もあって、歴史家が今なお激しく論争中なのが、戦場のソ連兵士のモチベーションである。自由意志で戦ったのか、祖国愛に駆られたのか、それともソ連体制やスターリン個人への忠誠心なのか。出撃は暴力の脅しや強制の結果なのか。後者の見方をとるアントニー・ビーヴァーは、ベストセラーになったスターリングラード戦の本で「ソヴィエト体制の信じがたい残酷さ」と痛罵する。スターリングラードでの戦闘行為は、ドイツ人とロシア人の激突であるだけでなく、ソ連指導部が自国住民にしかけた戦争だというのだ。ビーヴァーによれば、スターリン体制の人命軽視を如実に物語る数字がある。チュイコフ将軍の第六二軍だけで、戦おうとしなかった赤軍兵士「およそ一万三千五百人」に死刑判決が出て執行されている。ビーヴァーの本は、早くも序でこの処刑のことに触れ、最後は、チュイコフの命令によってスターリングラードで処刑された「多数」のソ連兵士の墓標のない墓に思いを致して締めくくられる。[51]もっとも、これは確かな裏付けがあるわけではない。ビーヴァーが参照している軍事史家ジョン・エリクソンは、典拠を示さず一万三千五百人が処刑された「らしい」と言っているだけだ[52]。最新の公開史料によると、一九四二年八月一日から十月十五日までに、つまり赤軍が深刻な危機にあった時期に、スターリングラード方面軍（第六二軍の配属先）のＮＫＶＤ特務部が処刑したソ連兵士は、二百七十八人だった[53]。本書に収録したインタビュー速記録も、このかなり少ない数値を支持する。

ビーヴァーなどの研究者が憶測のまま広めたスターリングラード戦線でのソ連の大量処刑説は、西側で支配的なイメージになっている。例えば、二〇〇一年公開の映画『スターリングラード』（原題 Enemy at the Gates）がそうだ。映画の冒頭、スターリングラードに到着した第二八四狙撃兵師団は、十分な武器も弾薬もないまま最前線に投入される。兵士が攻撃を止めて後退すると、ＮＫＶＤの督戦隊が機関銃の砲撃でなぎ倒していく。このイメージが現実離れしていることは、本書に収録した数多くのインタビューが明らかにしてくれるが、中でも当の第二八四狙撃兵師団の二人の兵士、ニコライ・アクショーノフ少佐[54]と有名な狙撃兵ヴァシーリー・ザイツェフ[55]（映画『スターリングラード』の主人公）の聞き取りを見て欲しい。

ビーヴァーの論考で目につくのは、ドイツ側から戦いを描いた点だけではない。この本は、第三帝国の時代にさかのぼる宣伝文句が満ち満ちている。ソ連の兵士の祖国防衛の意思が自己犠牲にまで達するのをビーヴァーは「ほとんど先祖返り」と呼んで、ゲッベルスらが用いた「東方の原始的な敵」イメージに立ち戻る。また、これも根拠のない思い込みだが、スターリングラードのソ連将校がコミッサールと呼ばれる指揮官の政治補佐を恐れて絶えずびくびくしていたと書く。スターリングラードの速記録から明らかだが、政治に押さえつけられた軍隊というイメージは的外れだ。反対にビーヴァーがドイツ将校を語る時は、文化的で気高いと褒め称える。「半ズボン姿のドイツ軍砲兵の上半身は、砲弾を持ち上げる作業のため赤銅色で筋骨逞しく、ちょうどナチの宣伝映画に見られる陸上選手のようだった」[56]。ビーヴァーがソ連側の視点や認識をもっと詳しく見ていれば、ドイツ人侵略者が一九四一年夏やその後の夏にソ連の人たちからこの半裸のふるまい故に無礼で非文化的と見られていたことに気づいたはずだ[57]。文化的や原始的といった概念は、不確かで、特定の文化に左右される属性にすぎない。

ビーヴァーの描くソ連兵士がおびえた主体だとすれば、イギリスの歴史家キャサリン・メリデールが赤軍の社会史で描くのは、だまされた犠牲者である。スターリン体制は赤軍兵士に向けてファシスト侵略者に対する解放闘争を行っていると言っていたが、実体は永続的な抑圧状態であり、「奴隷化」だった[58]。メリデールは兵士の日々の欠乏と苦しみを克明に描く。だが、兵士の戦争経験の記述は説得力に乏しい。ソ連の兵士は、二つの異なる戦争を経験してきた。「一つは、当事者しか知らない戦場の戦争だ。砲弾と硝煙、絶叫の戦争は、恐怖と撤退と恥辱の戦争でもあった。もう一つは、作家が描き、プロパガンダが創造する戦争だった」[59]。国家イデオロギーは道徳に訴えて正義の戦いだと約束するが、メリデールによれば、兵士の本質的な戦争経験とは無関係で、いわば兵士にかぶせられたものだという。しかし、分析手法として経験とイデオロギーとを切り離すのには疑問が残る。というのも、そうであるなら、兵士が個々人の経験を語る際、軍隊で身につけた価値観や言語形式とは違う形で語りうるもしくはそう努力したことになるからだ。そうした切り離しは説得力がなく、メリデールの本で声を発する兵士は公的な言葉や時代の価値観と強く一体化している[60]。

「本当の」、国家イデオロギーから自由になった兵士の経験にことばを与えるため、メリデールはソ連の大戦経験者に数十回のインタビューをしている。皮肉と言えば皮肉だが、最終的にこうした退役軍人の証言はほとんど使っていない。言っていることが公式の戦争観の繰り返しにすぎないと判断したからだ[61]。退役軍人はどうやら誤ったイデオロギー観に捕らわれている。高い道徳的価値だの愛国主義の戦いだのと息巻くが、メリデールが思い描く戦争――戦争とは苦しみと騒然たる暴力の場にすぎないという先入観と合致しない。赤軍兵士が国の指導者や祖国や社会主義の価値観と一体化する――彼女の構図にそんな余地はなかった。

メリデールやビーヴァーのようにソ連の住民をシステムに虐げられるだけの存在と見ていては、なぜソ連の数百万の人びとが文字通り斃れるまでドイツと戦ったり労働に従事したのか、納得のいく説明ができない。近年の研究（ベルント・ボンヴェチ、エレーナ・セニャフスカヤ、アミール・ヴァイナー、リーザ・キルシェンバウム、アンナ・クルィロワ）がそれゆえ中心課題にしているのは、国はどうやって大半の住民を戦時動員に獲得できたのか、その際どのような知的・心理的資産が解き放たれたのかといった点だ。記者、作家、芸術家が動員スローガンの制作と流布にどう関与したかも注目されている。民間人が体制の英雄的アピールのおかげで戦争の苦しみに何らの意味を見出したことが明らかになっているし、前線の兵士は戦争が進むにつれて自身をソヴィエト体制のアクターと見なし出したことが分かっている[62]。

スターリングラードのインタビューの速記録で初めて聞くことが可能になった赤軍兵士の声は、単に未知の史料であるだけでなく、極めて多様でニュアンスに富む。個々の兵士の感情や動機や行動もはっきり見て取れる。[63] ひっくるめれば渾然一体の兵士の合唱であり、最新の研究成果が提唱するテーゼ「国民戦争」（народная война）を力強い声で裏書きしてくれる。兵士は自身を戦争の積極的な参加者と見ており、出来事と一体化している。またインタビューが伝える知見は、西側で主流の「大祖国戦争」観とは異なり、共産党が絶大な存在感を示し、兵士のイデオロギー教化にきわめて積極的に関与している。党は軍隊のどこにでもあった。制度としては、人としての政治将校、形としての政治アピールである。下は中隊レベルまで軍に浸透しており、党の送り込む要員（政治委員（コミッサール）、政治指導員（ポリトルーク）[64]、宣伝員（アギタートル）[65]、党やコムソモールの指導員〔パルトルグとコムソルグ〕）が塹壕で宣伝・激励・強要し、なだめて気づかい、説明して意味づけをした。インタビューは、こうした組織がどう機能し、どういう方法で動員し、危機的状況にどう対応したのか、ほぼリアルタイムで教えてくれる。政治将校は、弱さの現れを「臆病」や反革命の「裏切り」と痛罵し、と同時に不安感、克己心、英雄精神の共産主義的な理解を説いて、どうやって自分を乗り越えていくかを教えた。秘密警察と協力して党は軍隊に鉄の枷をはめたが、罰する時でも教育目的であり、教え諭して刺激を与え、意識改造しようとした。

西側の研究は、赤軍における党の動員の役割をこれまで全く考慮してこなかった。なぜかと言えば、第一に、これまで使ってきた労農赤軍政治管理総局の規範的な文書では、政治組織の日々の活動を見るのはまず無理だった。第二に、党は抑圧権力にすぎないと理解されがちで、イデオロギー活動も政治権力の誇示にほかならないと見られていた。加えて多くの軍事史家も、共産党が軍の活動を妨害している、赤軍の戦闘力を上げるには、政治将校を軍から追い出すべきだと考えていた。[66] しかし、追放は一度もなかった。事態はむしろ逆だ。赤軍への政治の浸透は大祖国戦争のあいだ中、高まり続けた。

アメリカの歴史家スティーヴン・コトキンが提唱した権力とイデオロギーの理解は、ソ連初期を背景にしているが、第二次大戦期の赤軍の事情を考える一助になる。コトキンの地方研究は、ソ連のある工業都市での「社会主義建設」の考察だが、共産主義国家がどのように農村出身の数百万の移住者や避難民を特定の言葉づかいや行動様式によって「社会主義的な」人間に改造したのか、分かりやすく説明している。党の宣伝員が心がけたのは、労働者が自分のノルマを達成するだけでなく、自身の労働の政治的な意味を国際的な階級闘争とむすびつけて理解することだった。体制は人びとを「突撃作業班」に割り当て、「社会主義競争」で競わせた。党が操る「ボリシェヴィキ語」の語彙を身に付ければ出世でき、社会や偉大な未来の一員だと感じられる。そのイメージを権力は強調した[67]。社会主義の価値の内面化は、三〇年代の日記や手紙がはっきり示すように、党の指示によって起きたのではない。多くのソ連市民、とりわけ若い教育ある人たちは、三〇年代を、発展する共産党と危機にゆれる資本主義（その一部がファシズム）との世界史的な決戦と見なし、自分たちの生活をこの高い要求と一致させようと試みている[68]。戦争は不可避と覚悟する考えが広く浸透していた[69]。

こうした理想は、身に付けた働き方や話し方とともに、開戦時もなくならずに残っていた。むしろ、いっそう強化されている。スターリングラードの速記録のあちこちに実例があるが、三〇年代に固まったソ連の特徴は、発展し続けていた。すなわち、自身や周囲に対する意志強固で攻撃的な姿勢、未来の楽観視、個々人の集団への組み入れ、あるいは自他への暴力の容認である[70]。開戦後も党は工場や作業場でイデオロギー教化プログラムを継続し、今や大部分が女性となった労働者を激励して軍需産業を支えた。そればかりか、宣伝は赤軍の塹壕や掩蔽壕でも強化された。再び「社会主義競争」が推奨され、ドイツ人をたくさん殺した者が勝者になった。三〇年代からソ連社会でおきた主体性強化の新たな動きは、戦中に授与された勲章などの褒賞だけでも、赤軍兵士数千人に波及している。

このような党と社会との協同やこれに起因する相互刺激を重視する見方にはもちろん異論もある。多くの歴史家はソ連社会と党とを対置し、戦中は一時的にスターリン体制の鎖から解放されたのだと反論する。ロシアの文学研究者ラーザリ・ラザレフは、自身も戦争経験者だが、これを「自然発生的な脱スターリン化」と呼び、知的生活の締めつけがゆるみ、党機関紙『プラウダ』ですら開戦後は報道が正確になったと言っている[71]。こうした見方の代表格がヴァシーリー・グロスマンである。グロスマンは、従軍記者として一九四二年秋に誰よりも長くヴォルガ川右岸の戦下の街に滞在した。大著のドキュメンタリー小説『人生と運命』（一九五〇〜五九年）[72]は、スターリングラードで戦った赤軍兵士の記念碑である。ここに描かれる廃墟の街は、逆説的ながら、自由の場所だ。党組織は、戦闘地帯から離れた安全な場所にある軍司令部に置かれており、廃墟の街を掌握できない。むこうでは古い農奴制が消え去り、無政府主義者のサークルが生まれていた。事情調査のため、党のコミッサールが市内に送り込まれる。コミッサールは自由闊達な政治の話題に驚かされるが、と同時に、兵士がごく自然に助け合い、その一体感が結束を生んでいることに魅了される。そこで感じた友愛と民主主義の精神は、自分の青春時代とロシア革命の原初を思い出させた。グロスマンの伝える戦下のスターリングラードでは人間の自由の炎がいっとき燃え盛っていたが、ドイツに勝った後はスターリンの国家がふたたび社会を締め付けた。

こうした見方は、意外なことに、グロスマンが戦中に書いたものに見当たらない。とことん率直で辛辣な日記も、そうなのだ。それどころか党員を褒め称え、その道徳的権威が、弱気になった赤軍兵士を鼓舞していたと書いている。グロスマンの日記に、旅団コミッサールのニコライ・シュリャーピンと会った時に話したことが書き留めてある（「知的、強靭、平静、鷹揚でこせこせしない。みんなその人柄に圧倒される」）。一九四一年七月にベラルーシにいたシュリャーピンは、ドイツに包囲された師団の生存兵を集めて脱出突破に成功していた。[73] アントニー・ビーヴァーが編集したグロスマンの日記の独英版は、グロスマンがシュリャーピンにしたインタビューが欠落している。ビーヴァーが省略したのは、シュリャーピンの描写が「政治的に無難なきまり文句」だらけで、今日の読者に無意味だと考えたからだ。シュリャーピンの部下の政治指導員クレノフキンにしたグロスマンのインタビューも、ビーヴァーの本から抜け落ちている。彼は上官を救世主であるかのように描いていた。「コミッサールが戦場に行くときは、落ち着いて悠然としている。〈ほら、こっちへ来い、こういう風だ〉。戦いなどどこ吹く風といった足取り。誰もが見習い、頼りにしている。〈われわれにはコミッサールがついている〉」。[74] このコミッサールを主人公にしたのが、グロスマンの小説『人民は不滅』（一九四二年）である。[75]

スターリングラードの精神とは、グロスマンが戦中に理解したように、ふつうの兵士の道徳心の強さである。戦いで自己犠牲もいとわず国民の義務を遂行し、それによって英雄になることだ。政治委員（コミッサール）は（誰もがそうだったわけではないが）、目を見張るような模範を示した。戦争が党を道徳的に刷新し、社会との協同に向かわせるとグロスマンには思えた。だが数年して期待が失望に変わると、作家は経験を書き換える。[76] だから『人生と運命』は、かつて賛嘆したソ連の戦争英雄を消して個人の自由に帰依し、スターリン体制に対置させたのだ。

だがグロスマンに見誤りがあったわけではない。政治情勢は戦時中、確かに和らいでいた。その多くは、スターリングラードの速記録からも分かるが、党の主導であり、戦争中に社会の開放が始まっている。一九四一年から四四年まで、軍の党員数は増え続けた。入党要件も変わった。それまでは理論の知識とプロレタリアの出自が決定的だったが、今や軍功がリトマス試験紙になる。多くのドイツ人を殺したことを証明できる者に、党は門戸を開いた。だから多くの優秀な兵士が入党している。戦争も末期になると、党員証を持たない指揮官などまずいなかった。この過程で党の構成が変わったばかりか、党員であることの意味も変わった。党そのものが変化して軍に近づき、それにともなって国民に近づいた[77]。だが戦争末期から党指導部がこうした傾向を憂慮しはじめ、入党要件を厳しくして監視を強化していく[78]。

　のべつ幕なしの政治教育と監督を通じて、党組織は赤軍兵士の世界観を秩序だった閉じたイデオロギー体系に導いた。政治宣伝が軍部隊に行き届いていることが、赤軍と他国の軍隊との違いである。近年の歴史研究は、兵士が戦う目的と経緯について、一番下の、中隊や小隊といった「末端」レベルでの信頼関係の重要性を指摘する。仲間意識や「友愛の絆」といった概念を最も重視し、普遍的な意味合いを持たせることすらある[79]。だが赤軍では、こうした要素は副次的だ。ソ連の人的損害は異様な割合なので、しばしば数日で支隊全滅となり、兵士が互いに安定した関係を築く余裕がない。またイデオロギー要員は、こうした関係の形成をあの手この手で妨害する。兵士の個人主義や我執はソ連的なアイデンティティを掘り崩しかねないからだ。ドイツ軍の部隊は基本的に同郷人を補充して地域アイデンティティ（Landsmannschaft）の維持に努めたが、ソ連の軍司令部は、ナショナリズムの爆発を恐れて異なる民族の新兵を組み合わせた[80]。こうした毛色の異なる大群を束ね合わせて意味づけするのが、イデオロギーである。のべつ幕なしの宣伝活動が新兵一人ひとりに一対一で行われるが、その要点は、分かりやすく、感情に訴えかける強力な爆弾——祖国への愛と敵の嫌悪だった。

　ドイツの偵察員が、スターリングラード戦の後、ソ連に倣った政治教育の大幅拡充を提起する。この教育が軍の戦闘意欲に決定的な種を植えるという内容だった。一九四三年十二月、ヒトラーは「国民社会主義指導将校」（Nationalsozialistischen Führungsoffiziers　NSFO）という役職を設ける。これは、ソ連の政治委員（コミッサール）と違って軍から登用されるが、ナチ党首脳の承認を必要とした[81]。だがドイツ軍の将兵は軍人のアイデンティティを政治の外に置いていたので、改革を受け入れなかった。NSFOは、NSFゼロ〔ナチ党の指導はゼロ〕と揶揄された。政治問題は赤軍ではまったく異なる意味あいを持つ。名称一つ取っても、そのことは明らかだ[82]。

革命の軍隊

スターリングラード戦の勝利から三週間がすぎた一九四三年二月二十三日に、赤軍は創設二十五周年の記念日を迎える。この若い軍隊は、一九一七年のロシア革命とその後の内戦（一九一八～二一年）から生まれた痕跡をまだ数多く残していた。激動の創設期を生々しく記憶する軍人がスターリングラードに数多くいたことは、軍司令官のチュイコフとロジムツェフのインタビューが示すとおりで、二人とも、革命の混乱の中で赤軍にめぐりあい、内戦で頭角を現したと語っている。[83]そもそも内戦と第二次世界大戦の赤軍は、制度面でも思想面でもつながりが多い。「労農赤軍」（ソ連軍に改称するのは一九四六年）は、新たなタイプの革命組織である。「世界初の政治軍」であり、軍事と政治の二つの武力を備えていた。この自負は、赤軍の創設時の記章にはっきり見て取れる。槌と鎌（ソ連の国章）の隣に小銃と本があしらってあるのだ。[84]

赤軍はもともと義勇軍であり、武装した労働者、いわゆる赤衛兵の革命的闘争心に依拠していた。[85]一九一八年の夏、ソヴィエト共和国のまわりに敵の包囲網ができると、軍事人民委員レフ・トロツキーが一般兵役義務を導入し、数百万の農民を兵士に迎え入れる。レーニンは、ぼろぼろで砂袋と見まがう新兵が革命一周年に赤の広場を行進するのを呆然と見つめるしかなかった。[86]だがボリシェヴィキは、こんな農民軍を創成期から自らのイメージに合わせようとする。読み書き計算を必須科目に加え、新兵の意識に絶えず訴えかけて新政権のために戦う信念や確信を育もうとした。[87]内戦末期の赤軍兵士は五百万人で、白軍との戦いに必要な人数をはるかに上回る。ソヴィエト指導部のねらいは、できるだけ多くの人が社会主義の訓練を初歩だけでも終えることにあった。

マルクス主義者であるボリシェヴィキは、政治を極めて広くとらえて人びとに教え込んだ。一人ひとりが世界史の大舞台の責任あるアクターであり、一つひとつの行動、一つひとつの考えに政治的な意味があると新兵に教え諭した。人びとがメッセージを理解して自分の意思で理想のために戦うことを望んだし、政治的な確信を持って戦えば、新兵が良き兵士にして良き市民になると信じていた。その人間観は、とことん主意主義である。意思を奮い立たせれば、さえぎるものはない。ソ連の共産党員は人間を社会環境の産物と見ており、人間の本質は根本から変えられると思っていた。農民の兵士がまともに戦わず無学でも、明るみに導くことは可能だと思っていた。だから脱走兵は捕まると厳しく尋問されるが、改悛の情を見せれば、もう一度チャンスが与えられた。これとは逆に敵の白軍では、旧帝政軍がそうだったように、軍法会議で銃殺だった。[88]

こうした信念を広めるため、ソ連指導部は集中的な政治教育、もしくは「啓蒙」活動を部隊で行った。加えて軍の監視網を整備し、これを使って赤軍兵士の「傾向」をつかもうとした。第一次世界大戦では多くの国が住民を監視しているが、ボリシェヴィキは他の交戦国の追随を許さない。赤軍兵士が送受信するすべての手紙をもれなく検閲し、この監視状態を戦争が終わっても改めなかった。[89] 一九二〇年代、三〇年代、第二次世界大戦になっても、軍の検閲機関（所管は秘密警察）が二週間に一度、赤軍の交信書簡をすべてチェックする。[90] 紙に書いて三角形に折った手紙は封をせず、検閲印が押された。[91] こうした全面掌握への執着と対照的なのがドイツ軍の野戦郵便で、検閲局が行った抽出調査は、兵士が軍事検閲の方針を守っているかを確かめるためだった。[92]

監視は、ソ連のとらえ方では、常に教育的性格を持っている。ボリシェヴィキが軍の傾向を把握したがったのは、介入を通じて、無知な兵士の教育や政治不信の解消、さらに矯正不能の「反革命分子」の根絶が可能になるからだ。この監視と教育の仕組みが現実に深く根を下ろしていたので、赤軍兵士はソ連指導部の考え方と意図を熟知している。臆病、プチブル根性、政治的無関心が体制には〔牛に見せる〕赤い布であり、手紙でソヴィエト権力を批判するのは賢明でないと分かっていたし、共産主義国家の説く理想像が無私の英雄精神なのも心得ていた。

共産党は当初から軍の制度の上で確固たる存在である。ボリシェヴィキは軍に政治機構をつくり、中隊までの各レベルに党細胞を組織して軍事コミッサール（военком）や政治指導員（ポリトルーク）（политрук）を配置する。導入したコミッサール職は、政治的に信用できない軍の指揮官の監視が主たる任務なので、その地位は指揮官と同格にした。コミッサールが承認しないと、指揮官は命令一つ出せなかった。[93] 軍・政の二重権力ができたのは、トロツキーの決断で一九一八年春に数千人の旧軍将校を赤軍に迎え入れたからだ。[94]「ブルジョワ専門家」の軍事の知識と豊富な経験はソ連体制の役に立つ、プロレタリアの軍隊に自前の「指揮官」が一人もいないのだからなおさらだ、とトロツキーは信じていた（「将校」「兵士」といった言い方をトロツキーなどのボリシェヴィキが意識的に避けたのは、旧帝政軍にあったヒエラルキーや階級の違いを連想させるからだ。兵士を使わず、第二次世界大戦までは「赤軍兵士」〔красноармеец〕や「戦士」〔боец〕と呼んだ。「兵士」[95]〔солдат〕と言えば、常に敵兵だった）。だが、ほかのボリシェヴィキは、スターリンやその側近のクリメント・ヴォロシーロフも含め、多くが異を唱える。旧帝政軍の軍人など、個人的にも政治的にも気にくわなかったのだ。スターリンとトロツキーの対立は、その後何年もくすぶり続け、最後に火を噴く。

　コミッサールは、階級敵対分子の摘発に加えて、これに甘い指揮官を「明るみ」に出すこともした。こうしたコミッサールと指揮官との関係を描いた作品に、ドミトリー・フールマノフの自伝小説『チャパーエフ』がある。地方の教師だったフールマノフは一九一八年にボリシェヴィキに入党し、翌年に内戦に参加。農民出身の師団長ヴァシーリー・チャパーエフ付きのコミッサールになる。二人はともにウラルでコルチャーク提督の白軍と戦っている。フールマノフが描くチャパーエフは、荒々しい古強者である。革命に役立てるには、その無政府主義的なエネルギーに箍（たが）をはめる必要があった。これがコミッサールの任務であり、小説では常に自己抑制し、我慢強い教師として振舞っている。チャパーエフと数限りなく対話する中で、体は頑強だが頭は「蝋のように」無定見の農民指揮官を、高い政治意識を持つまでに鍛え上げた。

　一九三四年に映画化されると、内戦の英雄チャパーエフの物語は、ソ連の文化的常識になった。公開から一年半でスターリンはこの映画を数十回も見ている。場面やセリフをそらんじていたし、鑑賞のたびに俳優や出来事の新たな分析を披露した。[96]スターリングラードでインタビューを受けた兵士の何人かがチャパーエフに言及している。ヴォルガ艦隊の砲艦にこの内戦の英雄の名前がついていたからだ。映画は小説にない二人の人物（チャパーエフの部下のペーチャ、機関銃手アンカ）を登場させ、二人の間で芽生えるロマンスを付け加えている。ペーチャに初めは相手にされなかったアンカだが、映画の重要な場面で能力を発揮し、大胆な方法で白軍の攻撃を撃退する。敵の部隊が「心理攻撃」をしかけ、堂々たる制服姿の密集隊形で行進して、数で劣る赤軍ににじりよる。アンカは同僚の矢のような砲撃開始の催促に動じず、敵兵が目の前に近づくのを待って、自分のマクシム砲で敵をなぎ倒した。この行動に刺激を受けた若い女性が数多くおり、一九四一年に前線行きを志願する際、口々に「機関銃手アンカ」の名をあげて交戦部隊への派遣を要求したという。[97]そればかりか、この場面はボリシェヴィキが称える冷静さと意志の強さの象徴でもあった。映画に描かれた「心理攻撃」は空想の産物だが、物語るのは、戦場で敵が狙うのは共産主義の戦士の意思を打ち砕くことだという確信である。一九四二年のスターリングラードでも、赤軍兵士は繰り返しドイツ人の「心理攻撃」を口にした。彼らの認識とつながっていたのは、おそらくドイツ人の実際の意図よりもチャパーエフの方だった。[98]

政治動員だけでなく、荒っぽい肉体的暴力も、内戦時の赤軍の特徴である。スターリングラードで聞き取りに応じた指揮官の多くは、若い時分の内戦で頭角を現し、その記憶を刻み込んで経験を積み重ねている。後の赤軍司令官ヴァシーリー・チュイコフが自身の権威を拳骨と拳銃で強調する方法を学んだのも内戦だった。作家のイサーク・バーベリが内戦のころ、指揮官のセミョン・チモシェンコ[99]や軍幹部のヴォロシーロフと知り合った（二人はその後、第二次世界大戦時にスターリン側近の軍・政の最高幹部になっている）。バーベリの記述では、チモシェンコ（「大物、赤い半革のズボン、赤い帽子、すらりとした姿」）は連隊長を鞭でたたき、銃で脅して、戦場に追い立てていた。ヴォロシーロフは師団長を部隊全員が集まる前で叱り飛ばし、馬に乗ったまま大声をあげて行ったり来たりしていた。[100]だがバーベリが強調するように、ボリシェヴィキの督戦官はしばしば最前線に身をさらし、自分の命も顧みなかった。バーベリは、戦闘部隊での激しい暴力、無防備のポーランド人捕虜の銃殺、ユダヤ人をはじめとする民間人の襲撃に困惑する一方で、赤軍兵士の英雄精神と信念には魅了された。だからこそ、従軍作家として責任を分かち合ったのである。

スターリンの街

ヨシフ・スターリンとその名前を冠した街には、内戦の特別な経験がある。一九二五年までスターリングラード（「スターリンの街」）は、ツァリーツィンと呼ばれていた（タタール語で「黄色い川の街」の意）。名前の由来となったツァリーツァ川が、この場所でヴォルガ川に注ぎ込んでいる。ヴォルガ川もモスクワ・カフカス間の鉄道もともにツァリーツィン経由だったことから、この街はロシア南部の交通の要衝かつ商業の中心地になり、十九世紀末から工業発展が勢いを増した。一九一四年創業のツァリーツィン大砲工場は、ヨーロッパ最大の大砲製造所で、革命後は「バリケード」工場となる。ツァリーツィン周辺は、ロシアの内戦の火元の一つでもあった。ボリシェヴィキが権力を握ると、旧帝政軍の数多くの将校がコサックの居住地があるドンとクバンに逃げ出し、そこで一九一八年春に義勇軍を募って新政権に反旗を翻す。ウクライナにあったドイツの占領当局が物資を援助した。一九一八年五月、民族問題人民委員だったスターリンは、命令を受けて、北カフカスからの食糧供給の梃入れに乗り出す。だが、この地方でおきていた戦闘のせいで、スターリンや同行する赤軍兵士を乗せたモスクワ発の列車がツァリーツィンで足止めを食らう。この地に駐屯する第一〇軍は、主としてパルチザンを結集した部隊で、スターリンとは旧知のヴォロシーロフが指揮していた。一方、南と西からは白軍がアタマンのピョートル・クラスノフ率いるコサック軍と連携して、街に迫っていた。スターリンは、軍事的な任務は与えられていないし、戦闘経験も一切なかったが、強引に指揮権を奪い取る。レーニンに手紙を書いて、アンドレイ・スネサレフ将軍の解任を求めた。赤軍の北カフカス軍管区司令官なのに、依然として帝国陸軍の肩章をつけているような人物だからだ。レーニンはスターリンの要求に折れた。一九一八年八月半ば、スターリンは市内に戒厳令を発し、街の「ブルジョアジー」に塹壕を掘るよう命じる。街の守り手はツァリーツィンを「赤いヴェルダン」と呼び、白軍と外国の干渉軍に決して屈しなかった。反攻で敵部隊をドン川の向こうまで押し返したものの、九月になって再びクラスノフの部隊に脅かされる。またもやスターリンと赤軍の旧帝国将校とが衝突し、指揮官の解任で決着した。トロツキーはこれに激怒し、スターリンをただちにモスクワに召還する。十月半ば、ツァリーツィンを襲った攻撃は撃退された[101]。

スターリンが街を救ったという見方には異論がある。独裁者の死後、また共産主義の終焉後はとくに、スターリンの軍事的才能を疑問視し、ソヴィエト側の犠牲者の多さを考慮すべきだと批判する声が上がっている[102]。だがツァリーツィン包囲時にスパイとして赤軍に潜入し、スターリンを間近で観察していた白軍将校は、スターリンの容赦ない革命的な行動の有効性を強調する。街のブルジョアジーの反革命感情に業を煮やしたスターリンは、数十人の将校と民間人をヴォルガ川に浮かべた艀船に集団拘束すると、船を爆破するぞと脅して赤軍支持を迫った。白軍将校は、スターリンの優れた宣伝能力をこう証言する。

彼はしょっちゅう用兵術の論争をしていた。「用兵術が必要だと誰もが口にするのはいいことだが、世界一すぐれた司令官でも、正しい宣伝で訓練された意識の高い兵を持っていなければ、いいか本当だぞ、数の上では取るに足りない、だが意気軒高な革命家一人にも何もできない」。スターリンは、自分の信念のとおり、資金を惜しまず宣伝し、新聞を発行して普及に努め、宣伝員を派遣していた。

スターリンの宣伝のおかげでまだ今も「赤い」ツァリーツィンという哀れな名前がついている、と白軍のスパイは一九一九年に書いた。その一方でスターリンの集中的な情報操作にも触れていて、このせいで一九一八年の街の防衛はあれほど多くの赤軍兵士の命が必要だったのだと述べている[103]。

内戦が終わるまでツァリーツィンは何度も包囲されているが、後世にとって街の防衛と言えばスターリンの名前と分かちがたく結びついている。特に一九二五年のスターリングラード改称後は、断然スターリンだった。一九三〇年代にはスターリングラード崇拝がもう花開く。映画『チャパーエフ』の成功を受けて、監督のヴァシーリエフ兄弟がツァリーツィン防衛の映画化に取り組んだ。撮影が遅れて、第一部の公開は一九四二年四月だった[104]。映画は『チャパーエフ』と作りが似ており、ヴォロシーロフがマクシム砲を持って一人でドイツ軍の心理攻撃を撃退する。新たにおきた戦争の必要性から、歴史的におかしいが、国防軍の鉄兜をかぶったドイツ人が敵役である。ボリシェヴィキに仕える帝政軍の将校がツァリーツィン放棄を提案する。するとスターリンが異を唱える。「勝つためには、戦わなければならない」。映画のクライマックスは、スターリンのツァリーツィン市民への呼びかけである。「恥ずべき奴隷労働より、名誉ある死を。……祖国のために、前進！」

一九四二年初め撮影の『ツァリーツィン防衛』と一九四二年夏と秋のスターリングラード防衛との酷似はおそらく偶然だが、ソ連の内戦神話が戦いの性格をあらかじめ決めていた可能性はある。内戦時もそうだが、スターリンは一九四二年に「自分の」街の避難を禁じて戒厳令を敷き、住民に献身的に戦えと命じた。当局は、内戦の古兵を動員し、市内での講演会や前線での兵士の激励をさせている。市防衛委員会がドイツ軍のスターリングラード攻撃後、真っ先に出した市民へのアピールも、歴史の参照から始まる。

ふたたび、二十四年前と同様、われわれの街は苦しい日々にある。……恐ろしい一九一八年に、われらが祖父は赤いツァリーツィンをドイツの雇われ集団から守り抜いた。われわれも一九四二年に赤旗勲章のスターリングラードを守り抜こう。守り抜いて、血に飢えたドイツ人侵略者の集団を撃退し、そして粉砕しよう。……全員バリケード建設へ！　武器を手にできる者は全員バリケードへ集まり、故郷の街、故郷の家を守ろう！[105]

一九四二年十一月六日、ソ連各紙は翌日の革命記念日にあわせて第六二軍の司令官と兵士が署名したスターリンへの公開書簡を掲載する。署名主はスターリンと「父祖とツァリーツィン防衛の白髪の英雄」に向けて、スターリングラードを守って「最後の血の一滴まで、最後の一息まで」戦うと誓っていた。[106] 内戦の神話に魅入られていたのは、一九四二年十二月にスターリングラード入りし、戦っている赤軍兵士の聞き取りを始めたモスクワの歴史家ももとより同じだ。中には、著名な内戦史の専門家もいた。ある女性スタッフは数カ月前にツァリーツィン防衛の史料集を印刷に回したばかりだった。[107] このように内戦は、英雄的な偉大さと革命の熱狂を背景に、スターリングラードを守る多くのソ連人の経験知において重要な位置を占めていた。

戦争に備えて

内戦が終わると赤軍の兵力は五百万人から五十万人に縮小する。にもかかわらず政権は引き続き資本主義陣営と社会主義陣営との世界規模の最終決戦に備えていた。このイメージにとらわれて、一九二八年にはじまった工業化キャンペーンは異例の規模とテンポをとる。ボリシェヴィキ的手法だが、スターリンは一九三一年の経営責任者を前にした訓示で、もっと集中的に働いて、先進資本主義国に「五十年から百年立ち遅れ」ているロシアの現状を十年で挽回せよと訴えた。「われわれは、この距離を十年で駆け抜けなければならない。われわれがこれを成し遂げるか、われわれが押しつぶされるか、である」。[108] 十年とは、一九四一年までを意味した。

他国と同じく、ソ連も三つの資源に集中投資して、二十世紀の戦争を巧みに遂行する。まず国民的な工業化キャンペーンをあおり、これによって巨大な軍隊に武器供給を可能にする。次いで住民を動員して、来るべき軍事行動に備える。最後に人的予備をつくって、大量生産と大量殺戮の工業循環をまかなう。共産主義国家の国有経済と一党制は、鎬を削る戦間期の国々が及びもつかない集中的かつ容赦ない行動を可能にした。社会主義の計画経済が推し進めた工業化は、まるで戦争のようだ。「突撃作業班」を「工業戦線」に投入して「突破口」を開き、自然への「勝利」を祝い、「階級敵」の陰謀を粉砕する。こうした矢継ぎ早のキャンペーンを担う大黒柱が、共産党とその青年組織のコムソモールである。この「革命戦士の軍隊」[109]を、党は武器を持たせて農村に送り込み、抵抗する農民をコルホーズに追い立てた。強引な「社会主義建設」は、住民大多数の犠牲の上に成り立っており、人びとは食糧の配給制など数多くの不自由を耐え忍び、しかもさらなる精勤を求められた。一九四〇年からは、遅刻を脱走なみに厳しく処罰する法律が施行される。体制の要求はきわめて多かったが、約束もあるにはあった。どの労働者も参加すれば「社会主義の建設者」を自称でき、組織全体の一部、世界史の大舞台のアクターとなることができた。[110]

　戦間期の他国の例に倣って、ソ連政府は一九三〇年代になると家族づくりを奨励し、出生率を上げようとした。また、この政策を若者の包括的な徴兵前教育と結びつける。まずコムソモールが一九三一年に軍事スポーツ・プログラムを導入し、数百万の若者に射撃や手榴弾投げの訓練をさせた。またコムソモールの亜流OSOAVIAKhIM（国防・航空・化学建設協賛会）は、一九三三年の会員数が男子一千万人に女子三百万人である。[111]パイロットを養成し、飛行訓練やパラシュート降下の実習をした。[112]ソ連の「新しい人間」（トランス・ジェンダーの理想像で、明確に女性も含む）は、意志強固で恐れを知らず、戦闘的で楽天的である。ピオネール（共産党の児童組織）の時から幼いソ連市民は軍事規律と集団に対する個人の責任を誓わされた。[113]文学の模範も、これまた内戦の英雄である——小説『鋼鉄はいかに鍛えられたか』（一九三四年）の主人公パーヴェル・コルチャーギンは、コムソモール員の兵士で、重度の肉体的欠陥にもかかわらず、不断の「自らへの働きかけ」で広く社会に寄与する。

　日本が満洲に侵攻した一九三一年以降、戦争はソ連にとって現実の脅威だった。一九三五年からソ連の新聞は「ファシスト」ドイツを主敵と描いている。スペイン内戦（一九三六〜三九年）は、スターリンが武器と顧問を送ったので、ソ連のメディアで大いに注目され、ソ連の農民の日記にすら言及が見られる。[114]ソ連市民が早くも一九三〇年代はじめに戦争前夜だと信じていたのは、『最後の決戦』という作品から明らかだ。フセヴォロド・ヴィシネフスキー作のこの戯曲は、一九三一年から各地の劇場で大成功を収めた。幕切れの場面は、赤軍水兵と国境守備兵の二十七人が国境を帝国主義の敵から守っている。機関銃がダダダダッと火を噴いて二十六人が死に、最後の一人が虫の息で壁に炭のかけらでこう書く。「162,000,000−

27＝161,999,973」。そして崩れ落ちる。男が一人、舞台に登場して問いかける。「みなさんの中に軍人はいますか」。何人かが起立する。さらに叫ぶ。「予備役の人は」。さらに何人かの観客が起立する。「ソ連を守る心づもりのある人は」。全員が立ち上がる。「公演は終わりました」。男は号令をかける、「続きは前線で」[115]。アヴァンギャルド芸術のやり方で舞台と客席との境界を取り払い、観客を巻き込んで動員したのだ。「最後の決戦」――これはソ連なら子どもでも知っている「インターナショナル」の有名な一節である。

　戦争に備える過程で赤軍も大幅増員するが、その発展はちぐはぐで緊張をはらんでいた。一九三七年六月、国防人民委員代理のミハイル・トゥハチェフスキー元帥が七人の将軍とともに突如、国家反逆罪とスパイ罪を宣告されて処刑される。卓越した軍事戦略家のトゥハチェフスキーは、貴族の出身で、帝国陸軍では少尉だった。この経歴にスターリンが疑念を抱いたことが、粛清発動のきっかけだろう。被告に拷問で自白を強要し、さらなる逮捕につなげていった。粛清で一九三九年までに三万四千人強の将校が赤軍から追放されている。同じころ、一九二五年以降は限定的な権限しかなかったコミッサールがふたたび地位を高めたが、その目的は、再び政治的に信用できなくなった軍指揮官の監視にあった[116]。

　赤軍粛清の規模と影響は、長い間の推測とちがって、おそらく軽微にとどまる[117]。スターリンの後を継いだフルシチョフ[118]は、赤軍の大打撃を強調し、スターリンに一九四一年の壊滅的敗北の全責任をなすりつけた。しかし、彼や何人かの将軍が主張する、開戦時の赤軍はドイツ軍に幹部なしで立ち向かったという説は、根拠に乏しい。党を除名された将校三万四千人のすべてが処刑されたわけではない。このうち一万一千人は異議申し立てによって一九三九年までに復党している。残る二万三千人の半分弱がＮＫＶＤの餌食になった。ただ大部分は非政治的な性格で、軽微な処分にとどまる。除名された者の多くは、幹部に忠誠を証明しようとした。スターリングラードでインタビューを受けた親衛少尉ネストル・コージンもその一人だ。コージンは、スターリンのテロルの犠牲者のほぼ全員がそうだが、粛清は本物の敵に向けられたもので、彼の場合だけ間違いがおきたと信じていた。

> なぜ党から除名されたかですか。党除名の形式的な理由は、師団長のバラキレフが人民の敵と分かり、わたしが警戒心の弱さで告発されたからです。一言だけ言いました。政治部長、副部長、政治部の全員、さらには偉い上役の党員が、彼が人民

の敵だと分からなかった。でも小隊長のわたしは、どんな人間か見抜かないといけなかったんですね、と。でも、判決は「反ソ風聞の流布」。要するに、党除名です。[119]

ソ連が一九三九年末にフィンランドとの戦争に突入すると、コージンは部下の兵士を連れて戦線に赴くことを許されなかった。将校の肩書はあっても「政治的に信用できない」と見なされ、まず指導員として傑出していることを示す必要があった。大祖国戦争は開戦直後から戦っており、数カ月後にレーニン勲章をもらっている。一九四一年十二月には復党が認められた。スターリングラードでインタビューを受けたソ連の指揮官は、ほとんどが青年である。一九三七年は少佐か大佐で、降格処分になった前任者の後釜に座って、目覚ましい出世を遂げた人たちだった。

戦時の軍と党

一九三八年から四一年の大幅増員にもかかわらず、いやそのためと言うべきか、赤軍は一九四一年六月のドイツの奇襲を迎え撃つ準備が整っていなかった。赤軍兵士の動員は五百万人とおびただしい数に上るが（一九三八年一月は百六十万人）[120]、その実、ポーランドとの国境地帯に集めた新兵の多くが未熟で訓練不足だった。とりわけ軍を悩ましたのが、モロトフ＝リッベントロップ協定とポーランド分割の結果おきた国境の西方移動である。赤軍は攻勢を旨とする軍隊で、兵力を国境のすぐ近くに配備し、敵の攻撃があれば即座に撃退できるようにする。国境が変われば国境堡塁線を新造するが、その建築資材の大部分を旧来の防衛線（ドイツの言う「スターリン線」）から調達していた。開戦時は、新たな堡塁線は未完成、古いものは半ば撤去と、どちらも防御が不十分だった。

ソ連の軍需産業が草創期に重視したのは量であり、質の悪い戦車や飛行機を大量につくっていた。戦争がはじまってもソ連の戦闘機は無線が未搭載で、他機や地上部隊との速やかな情報伝達ができなかった。[121]搭乗員と整備員の訓練不足も災いした。開戦一年目のソ連空軍は、ドイツに対してほとんど無力だった。大部分が一九四一年六月のドイツの電撃戦の際に地上で破壊されている。一九四一年末までに戦闘での損失が一万機以上。このほか一万機が事故や故障で使えなかった。ドイツ側のこの間の損害は、十五分の一にすぎない。[122] スターリングラードでインタビューされた赤軍兵士は、多くがソ連空軍の掩護の弱さを語り、一九四二年の夏と秋はドイツが制空権を握っていたと指摘する。スターリングラード以前の時期はとりわけ腹立たしかったようで、赤軍の兵科間の連携ができておらず、経験不足のせいで高度の専門知識と自主性が求められる機動戦ができなかったと不満を述べた。連携不足は戦争二年目になると改善され、さらに赤軍の装備も、T34戦車[123]やPe2急降下爆撃機[124]などの高性能の兵器が配備され、ドイツ側もその性能に一目置くようになった。

ソ連軍が渡り合っていた四百万の強力なドイツ軍は、高い技術と高度な戦略を兼ね備え、ほぼ二年間ぶっ通しで実戦経験を積み重ねていた。装備も、高性能の偵察機器、実戦で鍛えた装甲車部隊・空軍・歩兵の連携体制、猛烈な砲火を浴びせる優秀な重火器と充実している。ヒトラーとその司令官は、ソ連の奥深くで挟撃作戦を行えば致命的な打撃を与えられると信じていた。ドイツが包囲戦で数十万人を捕虜にするが、それでも赤軍をたたきのめすことはできない。ドイツ軍の損害は東部戦線の最初の三カ月で十八万五千人に達し、一九四一年六月以前に出した損害の、実に倍近い数になった。[125]

ドイツ指導部の誤算は、ソヴィエト政権が国民に支えられ、無尽蔵と思えるほど多数の人を効果的に動員できたことだ。ナチ・ドイツが戦争はお手のものだったように、ソ連体制は政治なら心得たもので、ボタン一押しで効果的な政治キャンペーンを発動し、目覚ましい成果をあげることができた。その実例が、軍需産業の主要大手千五百社あまりの疎開である。一九四一年六月二十二日〔の開戦〕からの六カ月間で、設備を分解撤去し、ドイツ軍が来る前に従業員ともども東方に移転し終えている。ソ連指導部は戦線が国の奥深くまで行くことを想定しておらず、事前の疎開計画は一切なかった。うまく行ったのは、長年実践している指令経済のおかげだ。[126] また市民と兵士の士気を鼓舞するため、「ファシスト侵略者」との戦争を「祖国戦争」と呼んで一八一二年の戦争の伝統に位置づけた。スターリンは人びとの祖国愛に訴えかけ、「兄弟姉妹」と呼びかける。ソ連は「正義の事業」のために戦っているのだと強調し、解放戦争の結末は二つに一つ、ソ連の自由かドイツへの隷属だと訴えた。数多くのソ連市民が、男女を問わず、開戦直後の数週間に前線行きを志願したのは、こうしたアピールの効果の高さを裏づける。

最初の数カ月で甚大な人的損害を出したため（一九四一年十二月までに三百万人の兵士が死亡または捕虜になった）[127]、ソ連の軍首脳は新兵の範囲をさらに広げる必要に迫られた。一九四一年末から非スラヴ人の兵士が大量に戦線に送られる。ただし、そ

チュイコフ将軍（左端）が第39親衛狙撃兵師団の師団長とコミッサール（ともに膝をついている）に親衛団旗を授与。1943年1月3日、スターリングラード。ヴォルガ川のステップ側〔左岸〕での授与式の様子。膝をついた指揮官と親衛団旗の向かいには、これまた膝をついた状態で、師団の兵士が並んでいる（その様子をとらえた別の写真がある）　撮影：G. サムソーノフ

の政治的忠誠心や軍事的資質は疑わしいと見なされた。終戦までに従軍した赤軍の非スラヴ系（ウズベク人、カザフ人、タタール人、ラトヴィア人など）の兵士はあわせて八百万人で、戦中に動員された赤軍兵士三千四百万人のほぼ四分の一を占める。[128] 兵員の死傷者数の高止まりは、スターリンを女性の赤軍採用に踏み切らせた。まず採用されたのは、一九四一年夏に前線行きを志願したが、当時は部隊勤務が認められなかった女性コムソモール員である。一九四二年春から何度か徴募の波があり、これによって約百万人の女性が軍務に就いた。

　前線では、とりわけ開戦後数カ月は、往々にして実戦経験のない新兵がパニックに陥って後退するのを、苛烈な方法に訴えて阻止している。[129] かつて内戦やフィンランドとの冬戦争で用いられた方法に倣い、一九四一年七月から督戦隊を配置し、必要とあらば自軍の兵士に銃口を突きつけて戦闘に行かせた。一九四一年八月の命令第二七〇号は、生きながら敵の手に落ちた赤軍兵士に祖国の裏切り者の烙印を押す。[130] 赤軍兵士が捕虜になると家族は配給召し上げ、将校の妻は夫が捕虜になると収容所送りだった。その一方で体制は赤軍兵士の軍人の誇りにも訴えかけ、特に指揮官のモラル強化に努める。帝政軍がしたように、戦いで目覚ましい功績を挙げて不屈の精神を示した部隊には「親衛」の

称号を授ける。嚆矢は一九四一年九月の四個師団で、軍の機関紙『赤い星』が「この栄誉ある師団は溶け合って一つになり、鋼鉄のようだ。鋼鉄のように硬く、揺るぎない」と称えている。[131]

とはいえソ連指導部の頼みの綱は、赤軍兵士を動員する政治の力だ。共産党の影響力に全幅の信頼を置き、戦中は一貫して強化に努めた。赤軍の党員数は戦中に急増している。終戦時は将兵あわせて二九八万四七五〇人、赤軍の四分の一以上が党員だったが、開戦時は六十五万四千人にすぎない。一九四一年から四五年にコムソモール員も三倍に増え、終戦時は赤軍兵士の五〇パーセント強がコムソモール員だった。党員とコムソモール員の人数を合わせれば、絵に描いたような共産主義者の軍隊となる。[132]このような党勢拡大は以前にもあった。戦中に匹敵する党勢の倍々の伸びがあった内戦期は、党員数が六倍に増えたし、第一次五カ年計画の時もおきた。この異常な動員局面のあとは、政治粛清がおきて（一九二一年、一九三三～三九年、一九四四年以降）党員数はふたたび減少している。

短期間に数多くの新入党員を受け入れるために、党は入党要件を緩和する。一九四一年十二月の党中央委員会決定で、党員の試用期間（「党員候補」期間）が三カ月に短縮された（以前は一年間）。また入党時に求められる党員歴の長い人の推薦も不要になった。こうした党規約の変更は、ある面では現実的な配慮だ。それまでの入党手続きは時間がかかって戦場では実行できないし、党員数を増やしたいのだから、なおさらだ。党の性格の変化も明らかに影響している。[133]このとき党員になって名誉と尊敬を得た兵士は、戦前なら入党の可能性がなかった人だ。その一人、狙撃兵のアフォニキンのことを、アレクサンドル・オリホフキン大尉（第三九親衛師団の政治宣伝部の指導員）がスターリングラードの歴史家に語っている。オリホフキンが話題にしている自然発生的な集会は、彼の師団の数人が一九四二年十一月十九日に開いたもので、総攻撃の命令を兵士に周知徹底させるためだった。彼が集会に足を運ぶと、赤軍兵士のアフォニキンが演説していた。「ちなみに、あいつは教育のたぐいは一切ありません。こんな話し方です。〈おれらが攻撃に出るトシ（ママ）だ〉。『今日から狙撃兵になる』って言うんです。それまで大隊長の伝令だったのに。そのアフォニキンが狙撃の仕事を始める。十八日間でナチ野郎の駆除を三十九まで伸ばしました。今じゃあ入党して、勲章ももらってます」[134]

戦時の〈良き党員〉像は極めて単純だ。有力な候補となるには、ドイツ兵の殺害なりドイツ軍の装甲車や飛行機の破壊なりが証明できないといけない。軍が兵士に用紙を配り、この「個人帳簿」（лицевой счёт）とか「復讐簿」（счёт мести）と呼ばれる紙に、殺した敵兵や破壊した武器の数を書き込む（188ページの写真参照）。個人帳簿が真っ白な兵士は、入党の望みはゼロだった。[135] 一方、例えば、狙撃兵のヴァシーリー・ザイツェフのような人なら、誰だってすぐに党員だ。殺したドイツ人の数が文句なしの推薦状だった。ザイツェフが歴史家にこう語っている。「入党しようとした時は、まだ綱領を知らなかったと思います。綱領を読んで申請書を書いたのは塹壕でした。二日ほどして党委員会に呼ばれました。そのときは殺したドイツ人が六十人で、勲章ももらっていました」[136]（355ページ）

戦時の理想的な党員は、時として血に飢えた兵士だった。これは、グラマズダ大佐が語る政治指導員（ポリトルーク）ユダエフ（第二五三連隊、第四五師団）の最期に見て取れる。ユダエフは、突撃隊の指揮を執っていた。ドイツの地下壕を襲撃した際、

ユダエフは手榴弾の破片が当たってライフル銃を落とした。同志ユダエフはドイツ人の一人に素手で立ち向かうと、手で喉をつかんで絞め殺した。ドイツ人は再び増援部隊を投入し、この英雄たちにまた襲い掛かった。ユダエフはドイツ人の銃剣に刺されても、獲物は手から離さない。銃剣で刺し殺されても、絞め殺したドイツ人を離さなかった。ドイツ人を絞め殺して、自分はドイツ人の銃剣で殺された。ドイツ人がこの塹壕を占拠したが、しばらくしてこの中隊の兵士が掩蔽壕からドイツ人を追い出すと、英雄ユダエフを奪還して、「赤い十月」工場の第三作業所のそばに葬った。[137]

ドブリャコフ大佐（第六四軍の政治部長代理）が語る場面も、負けず劣らず強烈だ。


第一五四海兵旅団の大隊長は、守備を任された。兵士が十二人いて、彼が十三人目だ。いかなる場合もドイツ人と交戦するなと命じられていた。手勢が少なく、ドイツ人がもう攻撃中だったからだ。命令はドイツ人の接近阻止だった。でも彼は耐えきれなくなって「ウラー」と叫び、重機関銃で増強した中隊に攻撃をはじめた。中隊を追い払い、自身もドイツ人を七人殺した。彼はこの攻撃で脇の肉をえぐられた。旅団長のスミルノフ大佐に歩み寄ると、こう言った。

「旅団長閣下、一杯やらせて下さい」

「いいぞ」との答え。

すると大隊長は肉片を引きちぎって、こうたずねた。

「この切れっぱしは、ドイツ人七人分ですかね」[138]

当然ながら、大隊長の体から引きちぎった肉片は、入党の裏付けになっただろう。

党が戦争のあいだ軍で影響力を強化できたのは、その政治活動が兵士の状況に合っていて、現実的だったからだ。敵愾心と必勝の意志が一つに結びついていた。[139]「われわれは党員だ。ドイツ人に殺された仲間の兵士、指揮官、政治部員の仇は必ずとってやる」――イワン・ヴァシーリエフ〔第六二軍のコミッサール〕の目には、これがスターリングラード戦の間、戦闘中の部隊をおおっていた感情のほぼすべてだった。[140] チュイコフ将軍がヴァシーリー・グロスマンと話した際に軍の政治教育の現場感覚をこう説明している。「政治活動は、目標がすべてだ、どれも兵士と一緒にやる。〈イズム〉の類は――コミュニズム、ナショナリズム――やらなかった」。ただチュイコフは歴史家の聞き取りでは、スターリングラードのソ連兵は高い政治意識を示したとも言っている。[141] 言いたかったのは、赤軍兵士が党の決めた「愛国的義務」であるスターリングラード死守を内面化し、自発的に戦ったことだ。これが、チュイコフにとっては、ソ連の勝利の主たる理由だった。

スターリングラード戦では共産党が影響拡大にひときわ力を入れた。スターリングラード方面軍の党員数は、八月から十月に二万五千人あまり増えて五万三千五百人になっている。[142] スターリンを支えた参謀総長ヴァシレフスキーの回想には、一万四千人の赤軍兵士が一九四二年の九月から十一月にスターリングラードで入党し、十一月の同方面軍の党員総数は六万人強だったとある。[143] こうした数字は、死亡や負傷による党員減少に触れておらず、かなり上方修正をしないと、この戦いのあいだに党員だった兵士の総数は確定できない。この数字の意味を対象を絞って説明しているのが、第四五師団政治部長のヤコフ・セローフ少佐だ。セローフの師団は、スターリングラード戦のはじまった時点で党員が八百四十人いたが、そのうち百六十三人が戦死し、四百五人が負傷離脱している。その間に六百五十九人が新たに入党した。「連中は入党を厳粛に受け止めており、フリッツ〔ドイツ兵を意味する俗語・蔑称〕の数が六、七人から十人にならないと申請しなかった。やって来るとこう言う。フリッツを十人やりました、これが証拠です。個人帳簿をつくるまで、兵士は誰も申請を出さなかった」[144]

セローフが引用する自分の師団の兵士が書いた申請書は、党員であることの意味を教えてくれる。

第一七八砲兵連隊の伍長イワン・スレプツォフは、こう書いている。「凶暴なファシズムと戦う時に党員でありたい。目が見えなくなるまで、手が昇降機と旋回機を動かせなくなるまで、敵を倒し続ける。祖国を守る戦いでボリシェヴィキ兵士の名誉ある称号を汚すことはしません。党の一員に加えていただきたく、この願いを拒まないでいただきたい」

偵察中隊の曹長ノヴィツキーは申請書にこう記入した。「人類の運命が決まるこの苦難の日々に、わが党はわれわれを勝利に導いてくれる。わたしはその一員になりたいし、その旗の下なら力が湧いて侵略者への憎しみがさらに増してくる。党の目指すところはわたしの目指すところだし、もし犠牲になっても、党が仇をとってくれる。その忠実な一員であることを誓う。血の最後の一滴までもその忠実な守り手であり続ける」[145]

スターリングラード戦の異常に高い死亡率は、入党を大きく後押しした。党幹部は、努めて激戦の前に申請書を出させた。そうすれば、党員として死ぬので共産主義の霊廟（パンテオン）に祀ってもらえると兵士が思うからだ。ニコライ・カルポフ少尉（第三八自動車化狙撃兵旅団のコムソモール書記）の話。「交戦前にコムソモールに入ろうとしない、御託を並べて、戦いから戻ってきたら、その時にと言う。わたしはずばっと言ってやる、戦闘に行くとどうなるか……殺されたら、自覚をもたない人間として死んでしまう。でもコムソモール員なら、名誉に包まれる。こんな感じで六人をコムソモールに入れた」[146]。何人かの政治将校の話だが、重態の兵士が入党を申請するのは、党員として死ねるからだという。同じく第三八自動車化狙撃兵旅団のアレクサンドル・ドゥーカ伍長は、戦場で死んでしまうかもしれないとの思いが入党を促したと話している。[147]

指揮官と政治委員（コミッサール）

党を統べる書記長のスターリン（主人〔хозяин〕であり領袖〔вождь〕）が戦時中は戦争がらみの組織——国防委員会、国防人民委員部、赤軍最高総司令部（大本営（スタフカ））のすべてを陣頭指揮して動かしたが、党が軍を動かす手綱は赤軍政治管理総局

スターリングラード方面軍の軍事評議会（1942年）、左からフルシチョフ（コミッサール）、アレクセイ・キリチェンコ中将、アレクセイ・チュヤーノフ（党州委員会第1書記）、エリョーメンコ大将。撮影：オレグ・クノリング

（Главпур РККА もしくは略称でПУР）だった。軍政治管理総局のトップは、開戦当初は元プラウダ編集長で党宣伝員のレフ・メフリス[148]だが、一九四二年六月にモスクワ市党第一書記だったアレクサンドル・シチェルバコフが後を継ぐ。シチェルバコフは局長任命と同時に政治局員候補になっており、この職務が赤軍で重視されていることを内外に示した[149]。

政治管理総局の力の源泉はまずもって政治委員（コミッサール）であり、これが赤軍の全部隊に大隊レベルまで置かれている。指揮官の命令であっても、政治的に間違っていると思えば、取り消す権限を持っていた。最上位の方面軍や軍レベルのコミッサールは、軍事評議会の構成員でもある（ほかの構成員は司令官と参謀長）。スターリングラード方面軍ならコミッサールはスターリンの片腕ニキータ・フルシチョフであり、方面軍司令官エリョーメンコとならぶ軍事評議会の最有力者だ。師団、連隊、大隊は、指揮官とコミッサールの二重権力だった。大部分の政治活動は連隊レベルで行われる。党ビューローとコムソモール・ビューローの二系統があって、それぞれを取り仕切る書記がいるほか、連隊コミッサールの監督する兵士クラブ（красный уголок）や図書室もあった。中隊でこうした任務をこなすのは政治指導員（ポリトルーク）であり、宣伝員のように兵士と政治討論を行い、適切な入党候補者を見つけ出すのが仕事だった。一九四二年以降は、政治管理総局が中隊レベルでも党細胞を組織した。[150]

赤軍の新聞――中央機関紙の『赤い星』にはじまり軍や師団レベルの新聞まで、このすべてを管理したのも政治管理総局である。新聞のために従軍記者を雇うこともした。多くのソ連の著名作家、たとえばイリヤ・エレンブルグ、ヴァシーリー・グロスマン、コンスタンチン・シーモノフ、フセヴォロド・ヴィシネフスキー、アレクセイ・トルストイなどが大祖国戦争中は政治管理総局のために働いている。狭い意味での政治教育だけでなく、赤軍兵士の士気向上のために様々な試みをしたのもここだ。赤軍兵士に提供された文化は実に多彩で、赤軍での歌の演芸会や名作小説の頒布も行っている。

党とともに、ソ連の秘密警察であるNKVDも、赤軍で大きな存在感を持っていた。師団ごとに特務部（особый отдел）[151]があって秘密警察の制服職員が配置されており、殺人、自殺、窃盗、諜報、破壊活動といった特別な事案を調査し、逮捕して容疑者を軍法会議に引き渡す。こうした任務だけなら、他国の軍隊の憲兵のやることと変わりない。だが特務部は、これに加えて兵士・指揮官・政治将校の政治的忠誠心を確保し、「反革命」傾向の徴候をすぐさま特定する立場にある。このため軍の検閲機関（これもNKVDの管轄）と協力し、また内通者の助けも借りて、毎週（ときにはもっと頻繁に）軍の「政治・精神状況」の報告書を作成し、スターリンに上申している。[152]特務部の職員（通称オソビスト）は忌み嫌われた。[153]どの将兵も、その地位にかかわらず、政治的な信頼性や士気喪失などをそれとなく疑われていた。オソビストの言動は、ある指揮官が匿名でスターリンやメフリスなどのソ連の軍首脳に書き送った手紙に書き記している。一九四三年五月に書かれたこの手紙は、赤軍で権勢を振るう人間の習慣が一部は思わぬ形で垣間見える。

> 指揮官は決定を出そうにも、防諜全権［一九四三年四月にNKVD特務部が増員のうえ防諜管理総局、略称スメルシュ（「スパイに死を」の意）に改組］が同意しないと出せない。指揮官は女も取り上げられた。なのに防諜職員は誰もが一人か二人はいる。一挙一動にメフリスを出して脅すので、今や指揮官は心中どうにも穏やかでない、大部分は命を顧みずに祖国を守って勲章を四個から八個は持っているからだ。なぜこんなことになるのか。三七、三八年が戻ってきたのだろうか……[154]

スターリングラードで歴史家の聞き取りに答えた第三八自動車化狙撃兵旅団のアナトリー・ソルダトフ少佐は、自分が一九四三年一月三十一日にパウルス元帥を捕虜にしたとき、あやうくオソビストを射ち殺すところだった、というのも、そいつが図々しく割り込んできて、スターリングラード最大の戦利品を露骨に私物化してＮＫＶＤのものにしようとしたからだと語っている。[155]

一九四二年十月九日、コミッサールの役職が廃止され、一元指揮が赤軍に再導入される。それまでのコミッサールは、各指揮官の「政治補佐」（замполит）になった。多くの研究者がこの改革を党を犠牲にした軍の強化とか党の赤軍撤退と見ている。[156]この命令のねらいが指揮官の権威強化にあったのは、そのとおりだ。よく分からない権限を持っているコミッサールが戦線の指揮官を抑え込むのは効果的な部隊指揮を「妨害」しかねないと一九四二年十月九日付命令が明言しているのも、これまたそのとおりだ。[157]とはいえこの措置は、党を非難するものでも軍における党の存在感に異を唱えるものでもない。赤軍の創設以来このかた、コミッサールは政治不安がおきる度に繰り返し導入されてきた——まず内戦、次に一九三七年から四〇年、そして一九四一年七月。コミッサールの廃止は、命令の文言も明言するように、ソ連指導部の信頼の現れであり、軍が政治的に強固になり、外からの監督がもはや必要なくなったということだ。改革のもう一つの動機は、有能な指揮官の慢性的な不足である。同日付のスターリンの別の命令（ウカス）が、十一月一日までに特別講習会を立ち上げ、八百人の元コミッサールを訓練して大隊長と連隊長にせよと命じている。[158]

一九四二年十月にコミッサールが廃止されて以降、指揮官が号令をかけて新任の政治補佐は手助けに徹する様子は、いくつかのスターリングラードのインタビューから分かる。[159]指揮官とその政治補佐との息の合った協力関係を述べたものもある。[160]

とはいえ政治将校の中には改革を無視してコミッサールを自称し続け、[161]軍の指揮官との関係で相変わらず上に立つことを要求する者もいた。例えば、旅団コミッサールのヴァシーリエフは、党活動家が指揮官に積極的な「イデオロギー教育」をするように求める。開戦当初こうした活動が後景に退いていたのは、彼に言わせれば、政治要員が一般兵士の対応に躍起になっていたからだ。ヴァシーリエフは、自分が目にした数多くの事例を引いて、政治部員が立派に戦っているのにその配属先の軍の指揮官が時おり自分の部隊を見殺しにしたと主張する。「いつも思っていたし、今もこの考えは変わらないが、指揮官には心構えが必要だ。兵士の心構えができていても、指揮官に心構えがないと、すべてができるわけではなく、望んだ結果を得られない」。力点は様々だが、聞き取りを受けた指揮官と政治将校のほぼ全員が自分は一つのチームの一員であって関心を共有していると考えていた。政治将校は、技術訓練と軍事戦略の問題も担当して然るべきだと思っていたし、指揮官は指揮官で、自分の部隊の政治意識や精神状況を気にしていた。[162]

クローズアップ

赤軍の政治アクターの動向を探る場合、これまでは主として政治管理総局の命令や指示だったり政治委員（コミッサール）や政治指導員（ポリトルーク）の事後の活動報告が使われてきた。だがスターリングラードの速記録のおかげで、今や鮮明に、あたかも顕微鏡で見るかのように、政治将校や指揮官が戦場で奮闘し、兵士に出撃を誓わせ、ボリシェヴィキ党の主意主義の理想にかなう恐れを知らぬ自己超越の英雄を育て上げるさまを見ることができる。またインタビューを通じて、こうした動員活動が強制手段を伴っていたのか、戦場でどのような言動をひきだす効果があったのかも明らかになる。

根気強さと創意工夫は、スターリングラード戦線の政治管理総局の振舞いの二大特徴だ。一九四二年夏の防衛戦はまだ時間と場所があり、ドン平原の水無瀬（バルカ）に隠れて政治集会を開いたり、兵士を鼓舞する歌やアコーディオンの演芸会をしていたと大隊コミッサールのピョートル・モルチャーノフ（第三八狙撃兵師団）が語っている。だがスターリングラードでひっきりなしに戦闘が続くようになると、何もできなくなった。定期的な集会と講演は、手引きに定められていても、取り止めるしかない。[163]「想像できない爆撃でした。飛行機は低空飛行で、それこそだいたい三十分おきに飛んで来て、それが九月から十一月まで。まさに地獄です。あらゆるものが煙の中。夜は飛行機が飛ばないので、外を歩けます。じめじめして寒いですが、あれくらいの湿気と寒さは、飛行機や砲弾や追撃砲に比べれば、何てことありません」とニコライ・グラマズダ大佐[164]（第四五師団の政治補佐）はヴォルガ川右岸に立てこもる部下の状況を説明するが、話はこう続く。「この間どうやって活動していたかですか。……活動の形態は、親密な対話、戦い方の模範指導。ちなみに、どの戦いでも絶対に党員が先頭に立ちました。戦うべきだ、必要なのだと示しながら死んでいった党員やコムソモール員の実例なら数十は挙げられます」[165]

とりわけ重要な戦区で戦う前は、指揮官が確認をして、実戦経験ゆたかな兵士・党員・コムソモール員をその戦区の中隊に割り振った。特に党員は軍の大黒柱だった。

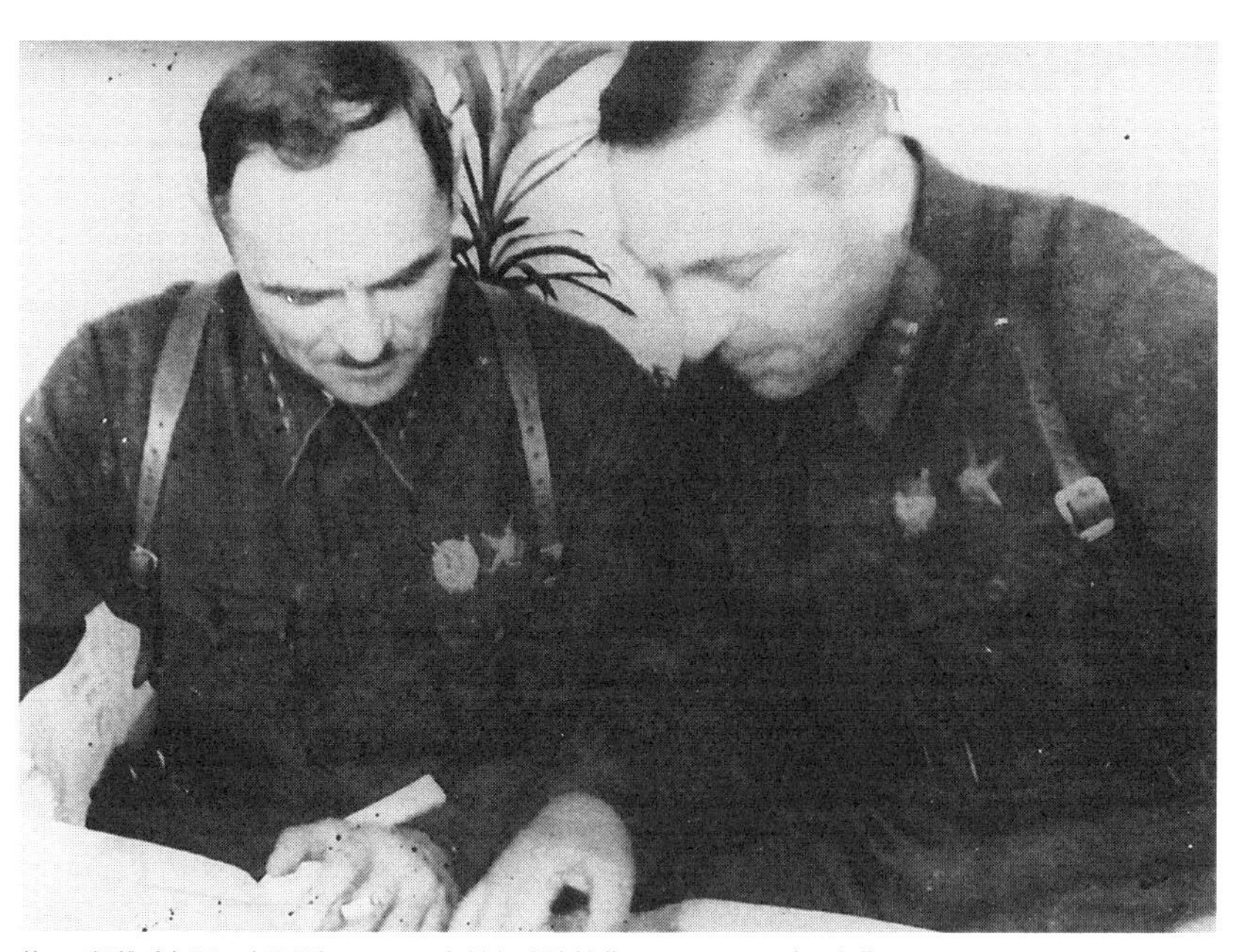
第45狙撃兵師団の師団長ソコロフ少将と政治補佐N.A.グラマズダ大佐

突撃隊に党員がいないと、少なくともコムソモール員がいないと機能しないというのが定説でした。どうやってするかですか。コムソモール・ビューローの書記は、突撃隊が編成中だと知ると、大隊長のところへ行って、こう言うんです。突撃隊には特別な人を選抜してもらいたい、必ずコムソモール員を二、三人入れて下さいってね。コムソモール・ビューローの書記は自分でそのコムソモール員に訓示し、それにプラスして隊長にも指示します。大事なのは、コムソモール員が戦闘課題の遂行に加えて、この戦闘課題が兵士一人ひとりに伝わるようにすることです（ヤコヴ・ドゥブロフスキー中佐、第三九親衛狙撃兵師団の政治部長）。[166]

旅団コミッサールのイワン・ヴァシーリエフの話も、ドゥブロフスキーが青年党員について言ったことを裏付ける。「党員の主導的役割については……党員が前に出て兵士を引っ張らないのは恥だと考えられていた」[167]

最前線の陣地は日中ずっと砲撃にさらされるので、塹壕での政治啓蒙活動は夜の時間に移した。アレクサンドル・レヴィキン[168]（第二八四狙撃兵師団コミッサール）の話から、部下の育て方を引こう。

師団司令部にいる時は、経験上、こういうことをした。各戦線の最新の報告を聞くと、次に夜の一時か二時に外に出て、各部隊は拡声器のスイッチを入れろと言う。すべて拡声器が入ったら、通信兵に知らせ、通信兵から報告を受けた中隊の政治指導員が大隊に行って戦線の最新のできごとを知らせる。……兵士には新聞を配った。……政治活動を兵士一人ひとりと一対一でできるのは夜しかなかった。政治部が講師陣全員にニュースを知らせ、部隊に送る。政治指導員（ポリトルーク）は一晩で壕を二つか三つ回る——それ以上は無理だった。[169]

宣伝担当のオリホフキン大尉の話に、上官の連隊長が「政治要員」を招集し、宣伝員は全員で手分けして中隊を回れと命じたという件がある。

わたしが行かされたのは第二大隊です。夜になってわたしたちは第四中隊に入りました。掩蔽壕にいたのは四人。明け方まで話をしました。一番静かな時間です。下っ端の宣伝員を、学校の地下室にある中隊の指揮所に集めました。夜中の三時です。敵は学校から四十メートルほど。スターリングラードの戦いを伝える『プラウダ』のトップ記事[170]のとおりです。わたしはこのテーマで訓話をしました。スターリングラードがどんな意味を持っているのか、なぜヒトラーはスターリングラードに襲い掛かったのか、といった話です。これを厳重防衛の構築命令と結びつけました。

夜にはもう一つ長所があったとドゥブロフスキー中佐は言うが、彼の言葉は、政治管理総局が全面浸透を目論んでいたことを明確にする。「例えば、夜に政治部員が掩蔽壕の兵士のところへ行くのは、状況がもっとも緊迫した時だ。しかも夜は、兵士が率直に話をする気になりやすい。つまり、心に入り込むことができるのだ」。とりわけ自分たちの出撃前かドイツ人の攻撃を待っている時は、活動が強化された。[171]

政治将校が聞き取りで繰り返し強調するのは、兵士と一対一の対話を頻繁に交わしたことだ。ドイツと戦う必要性を赤軍兵士一人ひとりに納得させ、誰もが「政治意識」を持つ、つまり自発的に行動するようにしなくてはならない。聞き取りには、コミッサールのことを「教育者」と言う場面が何度も出てくる（「[コミッサールの]スヴィーリンは、師団の人の育て方がとても上手かった。兵士も、指揮官も、政治部員もだ」「われわれは兵士をこう育てた……」）[172]。大隊コミッサールのモルチャーノフの話。

守勢期の政治活動の最良の形は、兵士との個人的な接触だと思う。兵士は一カ月も塹壕ぐらしをしている。隣の仲間以外、誰も目にしていない。そこに突然コミッサールか誰かがやって来て、何か話をする。愛想いい言葉をふりまいて、挨拶する。これが途方もない意味を持つ。紙切れを一枚わたして、身内に何か書きなと言ったり、自分でその兵士に手紙を書く。これが兵士を元気づけるんだ。

コミッサールは兵士の精神状態ばかりか健康状態にも気を配り、配給や暖かい衣類が足りないところをメモしている。状況が緊迫してくると、労働者組織が戦線に送ってきた非常用の贅沢品（板チョコやミカン）を放出した。「これはもう食べ物というより、兵士の心の充足だ。自分への気遣いを感じるわけだから」（旅団コミッサールのヴァシーリエフ）。政治将校の武器には、軍事面の助言もある。全周防御のやり方とか掩蔽壕を安全にする方法を兵士に教えた[173]。「[わたしたちは]事柄の一つひとつ、局面や戦術展開の一つひとつを説明し、あらゆる方法で兵士や指揮官に手を差し伸べ、今後もっと戦果があがるようにした」（ヴァシーリエフ）

宣伝員のイゼル・アイゼンベルグ（第三八狙撃兵師団）は、政治教育に奇妙な道具を使っている。「宣伝文化カバン」という、じゃばら仕切りの手品師のカバンを思わす道具は、連隊コミッサールが調達してきたもので、持ち運びやすく、塹壕での仕事に適していた。カバンをパチンと開くと、左側には赤いビロード布に軍人の宣誓文が、反対の右側にはスターリンの命令とレーニンとスターリンの肖像画がある。真ん中にはパンフレット、「われらのプロレタリア指揮官について」という本、地形図と世界地図、さらにチェッカーとドミノ。アイゼンベルグが、カバンの中身が兵士にどう役立つのか説明している。

こういうことが起きる。一つ目のグループが地図を取り出して吊るし、街を指さしながら、ドイツ軍のパイロットが爆撃したのはどこか、わが軍のパイロットが爆撃したのはどこか確認してゆく。別の戦場に関心を抱き、チュニジアはどこかなどと質問が出る。別のグループはチェッカーで遊び、三つ目のグループはパンフレットを開くと、なぞなぞや歌を目で追う。兵士の楽しい笑い声がこうしたパンフレットからおこる。真面目なパンフレットは隅っこで読んでいる。このかばんには紙と封筒もあって、紙をもらうとすぐに手紙を書いたり戦場ビラをつくる。大きな鏡も入っている。鏡を取り出すと行列ができることもあった。一人が来て、見させてくれと言う、別の者が「ぼさぼさだ、見させてくれ」と言う。こうした盛り上がりの最中に宣伝員が注目と言って、十分か十五分の報告会をしたり、興味深い記事を読み上げたりする。うちでは各連隊にこのカバンがあった。宣伝文化カバンはこんな具合に使う。第一大隊の本部に行って一晩そこに置いておき、また回収して今度は第二大隊に渡すといった感じだ。[174]

政治要員が行う宣伝のおかげでソ連の兵士は戦争について世界的な視野を持っており、ソ連が戦う理由や敵の動機を理解していた。政治将校はスターリングラードの象徴資産を意識的に利用し、戦いの伝説を作り上げるために諸外国の新聞記事を援用して世界史的な出来事だと描いた。ミトロファン・カルプシン上級軍曹（第三九親衛狙撃兵師団）が言うように、「多少とも教育のある人なら、敵の狙いがわれわれの首都を東から包囲し、ヴォルガを押さえ、わが国の石油産地バクーを占領することなのは知っています。これを教え込んだのは政治部員の活動です」。カルプシンの説明から、政治活動が彼や仲間の兵士にどう届いたかが分かる。「その後も新聞を読む機会はありました、もちろん時々ですがね。新聞は兵士一人ひとりにありました。師団の新聞や軍の新聞を読みましたし、中央の『プラウダ』や『赤い星』も読みました。特に多かったのは、『プラウダ』と『赤い星』です。『イズヴェスチヤ』と『コムソモーリスカヤ・プラウダ』も届いていました。戦闘のときは新聞の届くのが七日か八日は遅れました。いつも一面の論説は目を通しました。灯りは十分でした。変圧器の油があって、好きなだけ使えました」[175]

スターリングラード戦の世界史的な意味とともに各地の戦闘や相互関係も伝えていたので、兵士は自分が積極的な参加者で、必要とされているのだと感じることができた。セローフ少佐の話。

手紙と新聞を受け取る第284狙撃兵師団の兵士、スターリングラード、1942年

これだけは言える。占領のニュースが伝わると、例えば鉄道駅のゴルシェーチナヤとか、鉄道分岐点のウラーゾヴォとか、こんな取るに足りない勝利でも人びとは喜びに沸いた。……ラジオや新聞で、わが軍が少しでも前進したと聞けば、気分はもう、わが軍が占領しつつあるとなった。北カフカスであったような急速な前進がおきれば、人びとは大興奮だ。明らかに大いに元気づけられて、こんなことまで言った。「ほら、むこうは打ち負かしている。われわれはどうだ。われわれも続くぞ」

英雄に倣う

政治要員は赤軍兵士に、過去の自分を乗り越えて英雄行為を成し遂げよと呼びかけた。ソ連のマルクス主義イデオロギーの想定では、人は社会環境に規定されるので、可塑的だ。どんな人でも徹底的な社会教化によって意思を強化できるし、英雄にもなれる。この教化こそ、政治教育に携わる者の務めだった。旅団コミッサールのヴァシーリエフの話に出てくる第四五師団のある兵士は、たしかに良く戦っていたが、規律を守らないので、上官のポリトルークが苦情の手紙を両親に書き送った。手紙は、出す前に当人に読んで聞かせた。すると「事の重大さを感じ取ったので、ようやく記章をもらったが、両親はかんかんで、大目玉の手紙が届く。もう一度手紙を書いて、更生のいきさつと、もう真人間で、政府の褒章をもらっていると知らせなければならなかった。人が変わって、すっかり見違えるようになった。この件は、セローフ政治部長の直々の監督だった。常に成長をつづけ、非常識なことはもう一切しない、まるで生まれつきそうだったかのようだ」。いま名前が出たセローフ少佐もモスクワの歴史家の聞き取りの中で、同じ出来事をもっと詳しく自分の視点から語っている。

うちの第一五七連隊第一中隊の機関銃手にキセリョフとかいう無鉄砲なやつがいる。面談したし、捕まえて営倉にも入れてみたが、どうにもならない。度し難い規律違反者だ。何を言っても聞こうとしない。そこでナロヴィシニク（中隊長の政治補佐）が一計を案じて両親に手紙を書いた。おたくの息子さんは素行が悪い。助けてもらえないかってね。この手紙を中隊で読み上げた。両親に手紙が行くのが中隊に知れ渡り、当人にも分かった。手紙を両親に送ったという事実に、やつは考え込んだ。前線に行くと両親から返事が来ていた。「白髪あたまのわしらによくも恥をかかせてくれたな。お隣に顔向けできないじゃないか。戦場に送り出すときに、立派に戦えと言ったのを忘れたのか」。それから妹も、こんな知らせを受け取って恥ずかしいと書いてきた。「わたしのことを妹だと思いたいなら、死んだ兄さんみたいに戦いなさい」。これでやっこさんは分別を取り戻した。フリッツを九人殺して七人負傷させた、いや、逆だったかな。自分も負傷して、療養送りになった。

英雄行為（少数の赤軍兵士が、人数と装備ではるかに上回る敵と互角に渡り合うことを指す）はしばしば記録がまとめられ、ビラにしてその戦区で広める。というのは、「本日の英雄」が顔見知りだと、ビラを手にした人が負けじ魂を発揮するからだ。[176]第一三親衛狙撃兵師団は、配るビラに優秀兵士の写真と戦功概要を載せていた。「これは強烈な印象をもたらす」（旅団コミッサールのヴァシーリエフ）。この「写真手紙」は、部隊で読み上げられ、さらにその兵士の両親や親戚に届けられたと師団のある政治将校が説明している。[177]このように赤軍の政治管理総局は、兵士の家族や故郷が与える影響を懲罰や称賛の強化に利用していた。

壁新聞を読む赤軍兵士、スターリングラード、1942年

ボリシェヴィキの戦争英雄の理想像が垣間見えるのが、旅団コミッサールのヴァシーリエフの話に出てくる部下のコムソモール員だ。意識的に自分を偉大な先人の英雄行為に結びつけ、自己犠牲で周囲を鼓舞し、英雄の伝統を受け継ごうとする。

> 例えば、ヴォーロノフ。コムソモール員だが、オストロフスキーの『鋼鉄はいかに鍛えられたか』を読んで、オストロフスキーの機関銃手の理想に生きていた。戦場で二十五カ所の傷を負い、あちこちで撃ち続けた手が言うことを聞かなくなって、ようやく戦場を離れた。機関銃分隊の分隊長だった。本当に出血がひどく、救護所に連れて行こうと言われても、「いや、君たちは戦え。自分で行く」と、三百メートルを這って、血を流しながら、救護所に行った。医療大隊に運ばれた時は、文字どおり無傷の場所がなかったが、こう言った。「これでようやくオストロフスキーの機関銃手だな」。分かってもらえるだろうか、人間がどれくらい理想で生きていたか、わたしたちが時に結果を気にせず、どれくらい努力していたか。

ヴァシーリエフの最後の言葉で分かるように、オストロフスキーの本をコムソモール員ヴォーロノフが手にしたのは、ひとえに政治将校の働きかけの賜物だった。

コムソモール員ヴォーロノフは自身の行動を理想の英雄イ

メージに重ね合わせたが、ほかの兵士はもっと単純な刺激が動機だ。「兵士に飯を食わせ、あの高地の意義を説明し、勲章を約束する。ドイツ兵を捕まえたら赤星勲章、将校なら赤旗勲章、高地の一番乗りはレーニン勲章だ」（166ページ）（連隊コミッサールのドミトリー・ペトラコフ、第三〇八狙撃兵師団）[178]。スターリングラード戦線では実際、数えきれないほどの英雄行為があったと、聞き取りに答えた人の多くが証言している。「誇張でもなく、こう断言できます。スターリングラード戦の全期間にわたって、もちろん例外は稀にありますが、指揮官も兵士も偉大すぎるほどの英雄精神を発揮しました」（375ページ）（ピョートル・ザイオンチコフスキー少佐、第六六軍）[179]。「つまるところ、スターリングラード戦は、わたしたちが知っているだけでも、たくさんの英雄を生み出した。われわれロシア人、ソ連人の能力には、本当に驚かされる。だがわれわれが知らない英雄がまだどれだけいることか。たぶんこの十倍はいるだろう」（278ページ）（チュイコフ上級大将）。一九四三年六月付のある内部資料によると、この時までにスターリングラード戦の功績として第六二軍の将兵に授与された勲章は九千六百一個だった[180]。叙勲された兵士は全員、軍の新聞で称えられた。『赤い星』のいくつかの号は、叙勲直後の兵士数百人の名前と階級、勲章名が紙面の大半を覆いつくしている。この慣行は、一九三〇年代の突撃作業員の顕彰と毫も異なるところがない。あの時もソ連のメディアはその成果を大々的に、個々人の行為を明記して称えていた。

　英雄精神の宣伝の一環として、軍の指揮官と政治将校は恐怖心の馴致、つまり兵士の肝っ玉を図太くする教育をしていた。アンドレイ・アファナーシエフ大尉（第三六狙撃兵師団）がこの課題を簡潔にこうまとめている。「最初の［砲火の］洗礼の後、隊内に死への無頓着を育む決心をした」[181]。この場合、怯えには二つの原因があると常々言われていた。敵の戦車と空襲である。ソ連の言い方なら「戦車恐怖症」（танкобоязнь）と「飛行機病」（авиационная болезнь）となる。指揮官は、地面深くにいれば戦車は頭上を通過するので安全だと訓練で分からせ、対戦車砲といった武器の効果のほどを実演した[182]。ソ連の共産主義らしいが、恐怖心は動物の本能の範疇なので、意識的な思考と行動を通じて克服できると説いていた。アレクサンドル・シコルスキー（第六二軍所属の水路測量技師）の話。「わがソ連の兵士について言えば、恐怖心は消え去り、何事にも動じないことを示してくれました。どの人も生まれた時は恐怖心があります、恐怖心は誰にでも備わる性質です。でも恐怖心は英雄からは消え去り、臆病者には残るのです」[183]

　このとことん主意主義の人間観は、すでに革命前のロシアの軍事教練にも垣間見えるが[184]、スターリングラードの聞き取りでは常に見られる。兵士が恐怖心に言及するのは、たいてい条件つきの怖さ、出発点もしくは中間点の恐怖であり、最後は積極的に戦って克服している。アファナーシエフ大尉は、一九四一年九月の初陣後に部下の兵士に物事に動じない大胆さを教え込んだと話した際、一九四二年八月二十日のドイツの総攻撃でその自分がパニックに陥ったと認めている。

本当に怖かった。外に出てあたりを見ると、自分でも信じられなかった――何という大勢力でドイツ軍は攻撃してきたのだ。双眼鏡で見ても潜望鏡で見ても、驚くばかりで考え込む。こんな兵器にはとても太刀打ちできない、本当だ。これがその時の心境だった。潜望鏡を見て、すぐパニックに陥った。臆病風に吹かれたのではない、飛び回っているのを全滅させるのはどうやっても無理という気持ちだ。空一面の黒い点。四百か五百輌の装甲車に輸送車。次々やって来るなんてもんじゃない。梯形隊形で進んで来るんだ。

ここに書かれた情景は、赤軍兵士が「心理攻撃」と呼ぶものに似ている。聞き取りではこの後、アファナーシエフが心理的な試練をどう耐え忍んだかが明らかになる。

歩兵のレフ・オヒトヴィチ（第三〇八狙撃兵師団）の話の中に、荒漠たる平原でドイツ軍と初めて戦った際、ドイツ軍の砲撃で身のすくむような恐怖に襲われて地面に思わず突っ伏したこと、震えが収まると、立ち上がらないと無駄死にだと思ったという件がある。「わたしたちは死ぬかもしれない、何の役にも立たずに、と気づいた。勇敢だったからではない（この時はまだそうじゃなかった）、度胸があったからでもない。何もしなければ死んでしまうと気づいた、自分とまわりを助ける機会はこれっきりだと気づいた。だから前進したんだ」。オヒトヴィチは立ち上がると、思わず知らず口を突いて出た雄叫びの鼓舞作用に驚いている。「他には何も思いつかなかった。わたしの立場だったら、誰もがこう言ったはずだ。〈祖国万歳！スターリン万歳！〉」[185]

良い兵士と悪い兵士

戦場で不安を隠せない者は「臆病者」とされ、しばしば教育の強化だけでなく、厳しい処分も受けた。スターリングラード戦線では過酷な強制手段が取られた――命令第二二七号が定める、戦闘部隊における「臆病者」と「裏切者」の制裁である。スターリン自ら取りまとめたこの命令は、「粘り強く、血の最後の一滴まで各々の陣地を、各々のソ連の領土を防衛し、ソ連の大地の一角にかじりついて最後の最後まで守り抜く」よう呼びかけており、一九四二年七月二十八日に戦わずしてロストフをドイツに明け渡して以降、すべての軍部隊で読み上げられた[186]。督戦隊が前線後方に置かれ、必要とあらば発砲して後退を阻止した。命令がないのに戦場の持ち場を離れた者は、即刻射殺もしくは懲罰中隊送りだった。しかしこの情け容赦ない措置にも教育的要素が強く備わっている。懲罰中隊に送られた兵士は、命令の説明によれば、「祖国に背いた罪を血で贖う可能性」が与えられねばならない。完全な名誉回復と正規軍への再統合に期待を持たせていた。

スターリングラードは、この命令が適用された最初の大規模な戦場だった。スターリングラードの聞き取りは、「一歩も退くな」で有名なスターリンの命令をテーマに取り上げ、その実情をきわめて詳細に述べている。ここで明らかになるのは、命令の解釈の幅の広さだ。チュイコフ将軍は厳しい手段に訴え、軍に規律を取り戻そうとした。

> 有り体に言って、大半の師団長はその場で死ぬ気がなかった。追い詰められると、すぐに始まる。ヴォルガ川の向こうに行かせて下さいって。怒鳴ったよ、「オレはまだここにいるんだぞ」。そして電報だ、「一歩でも動けば、銃殺だ」〔268ページ〕。……われわれはすぐさま臆病者に厳罰で臨んだ。〔九月〕十四日に、ある連隊の指揮官とコミッサールを射殺し、しばらくして二つの旅団の指揮官とコミッサールを射殺した。すぐさま全員に緊張が走った。このことは兵士全員に知らせ、とりわけ指揮官には念押しした〔262ページ〕。

処刑はただちに効果を上げげた、とチュイコフは続けている[187]。

セローフ少佐も自部隊での規律違反に触れており、同じような断固たる措置を取らざるを得なかった、戦場で兵士の先頭に立って模範を示すはずの中隊長が次々と斃れた時が特にそうだったと語っている。

> もちろん不和はあった。そもそも党員、指揮官、政治部員——みんな無茶な連中だ、すこぶるつきの無茶だと言っていい。手を出さなくてもいいことに自分から手を出す。だから始まってすぐに、特に中隊レベルで、指揮官と政治部員が戦列離脱だ。どうなるか。敵が迫る、後ろはヴォルガ、逃げ場がない、でも中隊長や政治補佐の指揮もない、いなくなって戦線離脱しているからな。すると、なよなよした奴は自分を見失ってしまう。……壕舎を探して潜り込む。こんな緊迫した時にじっとするのは禁物だと分かっているのに、それでもやるんだ。自傷行為に走るやつもいた。そうすれば、体面を保ちつつ負傷者として左岸にいけると思うんだな。こうした例は、初めのころはあった。そういう場合は公開の場で暴露し、部隊全員の目の前で銃殺だ。こうすることで、大きく減少に転じた。あれが唯一の離脱法だからな。ほかはありえん。後ろはヴォルガ、行きようがない。

部下の射殺が必要となりかねない命令を実行するのは、どれほどの葛藤か、ミハイル・グーロフ軍曹（第三八自動車化狙撃兵旅団）が語っている。ドイツ軍のスターリングラード急襲の際、何人かの赤軍兵士が前線の陣地を放棄した。「われわれにはこういう命令が出ていた。〈誰も行かせてはならない。従わない者は、すぐに……（ママ）〉。われわれは同志スターリンの命令を読んだ。〈わが国の大地は広いが、この先に行くところはない、守り抜かねばならない〉。腹を決めた。命令は絶対だ。行かせてはならない、どんなにつらくても」[188]。第三六狙撃兵師団長のミハイル・デニセンコ大佐は、命令に矛盾せず、だが厳格さはぎりぎり抑えて遂行する賢明な解決策を見つけている。九月十四日のドイツ軍の大攻勢の際、前線にいた第六四軍の兵士の多くが逃げ出し、「無秩序に大挙して」彼の師団の陣地を横切った。「わたしは命令を出した。止めろ、無秩序な動きを許すわけにはいかない、などとね。するとこう言われた。大佐殿、でもあれは味方です、撃つのは気が引けます。そこで通過させて守りだけは固めろと命令した」

ここまで見てきた部隊が暴力の行使か威嚇で規律を保ったとするなら、聞き取りの中にはスターリン命令の啓蒙と教育の効果を強調する声もある。命令のことばが明快だったので、赤軍がもっと毅然と立ち向かえば効果的に戦えると兵士たちは「理解した」。旅団コミッサールのヴァシーリエフは、「わたしたちがこの命令に取り組んで、この命令を人びとの意識に定着させると、戦闘の一日目から成果を目にした」と話している。砲艦「チャパーエフ」号のニコライ・ヴォローニン上級中尉は、政治部が公式の戦況報道を「喜ばしくない」内容なのに兵士に知らせたのは、「一歩も退くな、死んでもここに留まる」を分からせるためだと話す。[189]師団コミッサールのクジマ・グーロフ（第六二軍）は速記録で、スターリン命令についての政治啓蒙活動を行って以来「赤軍兵士が自分の役割は国家級だと理解した。兵士はたとえドイツ軍が通過してもその場に留まった」と語っている。[190]

イワン・クズネツォフ中尉（ヴォルガ艦隊の砲艦の艦長）の話では、処罰と啓蒙・教育の両面が連動している。「わたしたちは胸中を察していた。だから、こういう時もあった。敵が来襲する度に、乗員は、一部だが、死人のように真っ青だ。わたしは警告としてはっきり言った。同志諸君、戦争だ。言っておくが、危機において艦外に逃げる者は、臆病者だ。射殺する」。クズネツォフは、ある医者のことを話す。このペトロフという男が、交戦中に何のかんのと理由をつけて河岸に停泊中の艦艇から逃げ出した。「そこでまた呼び戻し、もう一度こんなことをしたら、一番先に死ぬのはお前だ、オソビスト（砲艦にいるＮＫＶＤ代表）にこの件で奴と話すよう頼んである」。脅しまじりの説得の試みは、一定の成果があった。「もちろん、そいつはその後も怖がり続けた。それは見て取れた。でも、もう心理面ができあがり、岸に上がると、体調が悪くなるんだ。こいつが臆病から救われただけでなく、軍医助手が逃げると言っていた乗員全員も救われた。これ以降、故意の下船や欠勤はなくなった」[191]

指揮官と政治将校は、常々強調するように、規律それ自体を求めているのではなく、兵士に自覚的な規律を植え付けようとしていた。思い描く軍隊の秩序は、敵のドイツを語る言葉にも感じられる。スターリングラードの何人かの諜報将校は、ドイツ軍の規律がきわめて厳格で、兵士と指揮官とに特別なつながりがあったと語る（例として一人が挙げていることだが、一九四三年一月末のソ連のスターリングラード突撃の際、ドイツの地下室守備隊は、地下室に将校がいる間は、決して降伏しなかった。将校がいなくなって、ようやく兵士は投降した）。[192]この高い評価は、赤軍の規律が芳しくないと認めるようなものだ。[193]その一方で諜報将校は、ドイツ人の規律にある「盲目的」または「機械的」な性格にも触れている。[194]彼らの目には、これは奴隷の服従、革命前の時代の遺物に映った。ひるがえって納得から生まれた秩序とは、言わば自覚的な自己規律という共産主義の理想であり、その模範が共産主義の新しい人間だった。ドイツ軍では考えられないことだが、大隊コミッサールのモルチャーノフによると、赤軍兵士クルヴァンタエフは、小隊長を射ち殺して称賛されている。

こんなことがあった。ドイツの攻撃中、手を挙げた小隊長がいた。ドイツ軍が押し寄せてきたからだ。小隊長が手を挙げる醜態を見て、クルヴァンタエフは機関銃を連射して小隊長もドイツ人も射ち殺した。小隊の指揮を引き受けると、受け持ち区域に食い込んでいたドイツ軍の攻撃を撃退し、もとの持ち場を取り戻した。われわれは彼を党に迎え入れた、党員候補証は戦いの前にもう出ていた。人びとへの紹介は、師団の新聞や、われわれの報告会や演説など折に触れて行った。

赤軍における規律強化と教育との結びつきは、スターリングラード戦線の懲罰中隊の語りにも見てとれる。この部隊は、特に損害が大きい戦区に投入されたが、構成員は「臆病者」、脱走兵、自傷兵といった督戦隊に拘束された人たちだった。捕虜になった赤軍兵士はソ連の反攻で解放されると保護観察で懲罰中隊に送られたし、大人数の収容所の囚人も同様だった。スターリングラードの聞き取りのどこを見ても、モスクワの歴史家が懲罰隊の経験者と接した形跡はない。懲罰中隊のことは、ほかの将兵も話したがらない。ある司令部将校がもらした話だが、その将校の親衛師団に懲罰隊員（штрафники）だった人が補充されそうになって師団内に反発が広がったという。

懲罰隊員は経歴に「汚点がついている」と、ある宣伝員は語気を強める。「夜明けとともに攻撃前の集会を招集した。そこで敢えてこう口にした。お前たちは汚点があることを忘れるな。今こそやってみせろ、一度の戦いでこの汚点を消し、受勲者の仲間入りだ」。さらにイリヤ・エレンブルグの言葉も引き合いに出した。「〈戦いで流れた聖なる血。その一滴一滴が祖国の祭壇に捧げる貴重な犠牲だ〉。人民に対して罪がある者は、戦場の血で雪ぐ。いいか、人民に対するこの罪は血で拭い去るんだ。〈ウラー〉の叫び声とともに何人かが出てきて、こう言った。見ていて下さい、やってみせます」[195]

懲罰中隊に触れる場合、十中八九その人が戦いで身の証を立てたことを指摘する。「受け取った補充兵は、自傷行為で十年くらった者、命令なしに退却した者、指揮官もいた。今のところ六十人が戦いで模範を示して罪を解かれた。例えば、少尉の受刑者。一人でフリッツを十三人殺して、今は連隊の工兵局の責任者だ。罪は職務怠慢、地雷を爆発させてしまったのだ」（アレクセイ・コレスニク中佐、第二〇四狙撃兵師団）[196]。「うちの連隊の約二五パーセントは、前科者だった。全員が、わずかの例外を除いて、勇敢な行動と戦闘行為の結果、罪が取り消された。これは、人を立派な行動に駆り立てる方法の一つだと考えていた」（大隊コミッサールのアレクサンドル・ステパーノフ）[197]。出撃前の部下にエレンブルグの祖国の祭壇に捧げる血という言葉を引用した宣伝員は、こう語っている。「一日が終わって、損害の有無を確認すると、ヴァシーリエフが生き残っていた。これも元捕虜だ。ヴァシーリエフは自分の汚点を拭い去っただけでなく、最後の段階まで行っていた。わたしが言ったことをよく覚えていて、仲間にも伝えていた。夜にわたしの所にやって来てこう言った。いま大隊長が仰っていましたが、勲章に推薦されました」（イゼル・アイゼンベルグ上級中尉）[198]。

　戦線に投入された懲罰中隊の甚大な被害は、言及の必要があると思っていても、英雄行為を語る上で取るに足りないこととされた[199]。アレクセイ・ジミーン中尉（第三八自動車化狙撃兵旅団）は、血の償いを示唆している。「戦場から帰ってくれば、命令第二二七号に従って懲罰隊員の生き残り〔強調は筆者〕は恥ずべき汚点を取り消され、選抜して大隊に送られた」[200]。旅団コミッサールのヴァシーリエフは、こう明言する。「グーリエフのところに受刑者がいた。確かその大半は戦死し、負傷した。いわゆる懲罰隊員の中隊だった。六人が生き残り、前科を取り消された。今とりくんでいるのは戦死者の前科を死後に取り消す問題だ。勇敢に戦って戦死した英雄だからな」

「鍛え直し（ペレコフカ）」（一九三〇年代はじめのソ連の刑執行制度の典型的な用語）の主題が何より目につくのは、収容所からいきなり前線に来た兵士のことを語る時だ[201]。大隊コミッサールのステパーノフは、連隊の編成時に割り当てられた九十人の囚人のことをよく覚えている。「ぼろぼろでシラミだらけの飢えた奴ら」は、初めは本当に見るだけで恐ろしかった。「まさに、やつらの隠語でいう〈ならずもの〉だった」。どうしたら固く結びついたラーゲリ共同体の絆を断ち切って「教育できる」だろうか。ステパーノフは自身の努力の成果を、何人かの囚人の人生行路を手がかりに述べていく。「シャフラーノフは今は党員になって連隊にいる。叙勲され、尉官で、最良の連隊長の一人だ。ガヴロンスキーは編成時に連隊から脱走し、スターリングラード郊外で捕まって銃殺された。われわれの連隊にきた受刑者九十人のうち、更生せず銃殺されたのは二人だけだ。あとは全員再教育を受け、誠実で立派な兵士になった」[202]〔188～189ページ〕

前線に投入された囚人の相当数が、ドイツ軍を向こうに回してきわめて頑強に戦うので、指揮官は感心していた。「赤軍兵士のチュヴァヒンは、娑婆の仕事はスリだった。前線のスターリングラードに着くと、二日目に友人の同志イワノフが殺される。友のかたきに最低三十五人のフリッツをやっつけると誓った。そしてごく短期間で三十三人か三十二人だかのフリッツをやっつけた。後に負傷した」（アンドレイ・クルグリャコフ少佐、第四五狙撃兵師団）。[203]「無鉄砲なやつら、とんでもない」とは、ソルダトフ少佐が自身の第三八狙撃兵旅団に割り当てられた懲罰隊員を評したことばだ。「やって来て早々、掩蔽壕に飛び込み、〈捕虜（ヤズィク）〉を捕まえて引っ張って来た」

スターリングラードのソ連司令部が同じく不信の目で見ていたのが、赤軍にいる非スラヴ系兵士だ。非ロシア人、とりわけ非スラヴ人の新兵が、ナショナリズム志向を疑われている。[204]だが政治管理総局は、こうした当てにならない新兵をソ連体制の味方にできないかと考えていた。一九四二年十月の日付をもつシチェルバコフ局長に提出された報告書には、スターリングラードで戦っている非ロシア人兵士の一覧がある――ウクライナ人一万五六八八人、ベラルーシ人一七八七人、ウズベク人二一四六人、カザフ人[205]三一五二人、トルクメン人一八七人、キルギス人一八一人、ユダヤ人二〇四七人、タタール人三三五四人。現地に印刷機材がないこともあって、報告書の起草者は、非ロシア系の兵士の新聞をモスクワで印刷するよう提案している。

明言こそないが、報告書は由々しき問題として、民族混成となりがちの師団内で生じる意思疎通のむつかしさを指摘する。[206]非ロシア人の多くは、号令がかかっても、上官はまずロシア人なので、言っていることが理解できない。このため戦闘の合図を時にはジェスチャーでしなければならなかった。第六二軍はこの問題に対処するため、学歴の高い非ロシア人兵士をコムソモールや党に入れて指揮官に育て上げている。また都会出身の兵士は、母語と同じくらいロシア語がよく出来たので、通訳や教官に使った。ニコライ・カルポフ中尉（第三八自動車化狙撃兵旅団）が〈斃れし戦士〉広場を攻略した一九四三年一月三十一日未明のことを、こう語っている。

攻撃の前衛は、コムソモール員が務めた。われわれは少数民族（ナツメン）が多いが、少数民族を動かすのは難しい。このイワノフは、チュヴァシ人だがウズベク語、ロシア語、チュヴァシ語がよく分かる。出撃して、建物まであと二十メートルになり身を伏せたが、ドイツ人がその夜はバンバン撃ってくる。イワノフがわたしに叫ぶ。
「どうされますか、上級軍曹殿、行きますか」
わたしはすぐさま立ち上がって、叫んだ。〈前進！　祖国万歳！〉
すると彼が少数民族に叫んだ。わたしたちは強襲してこの建物を奪取した。わたしたちがここに来たのが一月二十七日、戦ったのは一月三十一日までの四日間だった。[207]

インタビューに答えた何人かの指揮官が、非ロシア人兵士の話をしているが、当時の言論規制に合わせて、闘争心がすばらしいと請け合っている（一例「ウズベク人が、ロシア人やウクライナ人などに劣らぬ粘り強さを見せた」——マトヴェイ・スモリャノフ大佐）。だが言うこととは裏腹に、非ロシア人には多くを期待していなかった。「うちの兵士は悪くはない、たしかに非ロシア人の兵士もいたが、大半はロシア人——銃弾飛び交う中を戦ってきた正規兵だ」（イワン・ブハーロフ大尉、第三八自動車化狙撃兵旅団）。インタビュー回答者には、非ロシア人の兵士は戦い方がなっていない、怖気づいて時々厳しく処分されていた、とあけすけに語る者もいる。「補充で加わった兵士が動かなかった。ウズベク人だ。戦いぶりがなってない。このグループの中で動かなかった者は全員銃殺になった」（294ページ）。ロジムツェフ将軍がこんな評価につづけて抜群の闘争心だと力説するのが師団内のロシア人、とりわけシベリア出身の兵士だった。あるいはステパン・グーリエフ師団長の言い分。「例えば少数民族なら、ウズベク人がいた、カザフ人も。いろんなやつがいたが、戦うのはダメだ。今は、耐えられるやつもいるし、勲章をもらったやつもいる。いいやつらだ。でもそれはわずかな層さ」

「ナツィオナールィ」（異民族、少数民族の蔑称）とロシア人の指揮官や政治将校がスターリングラード戦線で呼び習わす人たちは、戦前のロシア人農民に初期のソ連の活動家が感じたように、無教養で時代遅れな愚民で、苦労を重ねても立派な兵士は一握りしか生まれなかった。興味深いことに、スターリングラードの指揮官は誰一人として農民出身のロシア人兵士のことを否定的に語っていない。そもそも農民という区分がまったく出てこないのだ。自他を区分する境界線は、内戦時のような階級ではなく民族だった。誰もが当たり前のこととして、ロシア人兵士は共産主義がうたう自発的な戦いを最も内面化し、ドイツ人侵略者を憎むことではソ連の他の民族の追随を許さないと思っていたのである。[208]

政治と精神から動員する、つまり不断に教育を積み重ねて高い政治意識を育み、兵士を英雄精神に誘うことが、スターリングラードで戦う赤軍部隊では重要な役割を果たしていた。これが、ひとまずの結論である。政治将校と指揮官の多くがモスクワの歴史家への説明で認めたように、この動員手段はスターリングラードで広がり出した。軍の戦闘能力が試練に直面する危機的な局面が戦いの初期にあったが、一九四二年九月以降はほぼなくなった（「スターリングラード郊外はまだ臆病者を捕まえることがあったが、スターリングラード市内はもうなかった。軍の督戦隊はそうした例をまったく知らない」――アレクセイ・スミルノフ中佐、第三〇八狙撃兵師団[209]）。この頃までにヴォルガ川の決戦という神話がすでに出来上がっている。「ヴォルガ川の向こうにわれわれの土地はない」というスローガンは、スターリンの命令第二二七号にリアルで具体的なローカル色を与えた。過酷な懲罰の脅しと結びつくことで、この動員の呼びかけは効果を発揮する。十一月十九日以降の一連の軍事的成功がこれを後押しした。ヴォルガ艦隊のゲオルギー・スピツキー少佐の証言（これは聞き取りの他の回答者も同意する）。「ちなみに、長いこと軍にいて、戦争も四回目だが、こんな高揚感は、こんなに盛り上がる艦船の集会は、見たことがない。例外中の例外といえる盛り上がりだ。極めて消極的な水兵でも一変した、そういうのがいるんだ。そんなやつでも集まりや集会があると演説していた」[210]

こうした証言は、スターリングラード一帯の督戦隊の活動を記した機密文書の記述と合致する。命令第二二七号にしたがって、一九四二年八月一日までにスターリングラードとドンの両方面軍に四十一の督戦隊がつくられ、九月末までに敵前逃亡した兵士四万五四六五人を拘束している。逮捕は六九九人で、うち六六四人の「臆病者、パニック野郎、自傷兵」がその場で射殺された。また一二九二人が懲罰中隊・大隊へ送られている。脱走兵の大部分、四万一四七二人は原隊に戻された[211]。この数字が示唆するように、赤軍の規律は深刻な問題を抱えており、とくにスターリングラード戦初期の防衛段階は、きわめて憂慮すべき状況にあった。また、脱走防止のために前線で動いていたＮＫＶＤの部隊は、二つの相異なる課題があったことも分かる。一つ目は、勝手に戦場を離れる兵士を拘束し、そうした行為が他の部隊に広まらないよう予防すること

＊＊＊

だ。「今日の敵の攻撃突破の際、第一三親衛狙撃兵師団の二個中隊が動揺し、後退し出した」と一九四二年九月二十三日付のNKVD内部報告は伝える。「そうした中隊の一つでは、中隊長のミロリューボフ中尉もパニックに陥って戦場から逃亡し、中隊を置き去りにした。第六二軍の督戦隊が部隊の後退を食い止め、陣容を回復した」。督戦隊が後退した部隊に銃撃を加えたという報告や、NKVD職員が頭上を狙ったと詳述する報告もある。[212]

二つ目の課題は、拘束者を信頼できる者とできない者とに分けることだ。NKVD将校は、尋問をして「明らかな敵」（矯正不能な臆病者）と「反ソ分子」を摘発しなければならない。これらには「鉄拳制裁」が待っていた。他方、尋問で兵士の行為が「一時的な弱さ、なにより戦闘状況への不慣れのせいで、これからは勇猛果敢にしかるべく行動する」ことが明らかになる場合もあった。[213]こうした個性の政治的「読み解き」は、まったく同じことが戦前の大テロルの「人民の敵」追及システムにも組み込まれていた。ただ一つ違うのは、戦前の弾圧はもっと過酷であり、ひとたびNKVDの手にかかれば収容所送りを免れる者はごくわずかだったことだ。[214]戦闘が苛烈さを加える中、体制の兵員需要は高まった。軍の兵員補充のために、収容所の囚人を解き放つことも余儀なくされた。

命令第二二七号による数多くの銃殺は、師団の全兵士を集めて公開で行われた。見せしめの残酷さは威嚇のためであり、広く知れ渡った。軍の指揮官やコミッサールは、不釣り合いなほど多く処刑されている。数多くの史料が、弱みを見せた部隊の指揮官が公開処刑されたことを伝えている。[215]ロジムツェフ将軍の師団の中隊長ミロリューボフ中尉も、そうした運命をたどった。部下に適切な模範を示して平凡な新兵を勇敢な戦士に変えることができなかったからだ。ソ連の指揮官の地位の不安定さは驚くほどで、ドイツ軍で将校がほぼ絶対の身体の不可侵を享受するのとは大ちがいだ。これとは対照的にソ連軍の兵卒は、命令第二二七号の適用が比較的少ない。[216]一九四二年夏までに、新兵の補充が無限ではないことに軍指導部も気づいた。同年六月には指揮官に「兵を大事にする」命令が出ている。[217]一九四一年八月に出た（赤軍最高総司令部）命令第二七〇号は無差別の暴力を合法化していたが、ほぼ一年後の（一九四二年七月に出た国防人民委員）スターリンの命令第二二七号は一定の進化が見られる。というのも、命令第二七〇号だったら銃殺となる兵士の大半が、ここでは懲罰隊おくりだからだ。しかも「選別」後、最も危険な前線での戦いに加わって、短期間で罪を贖ったと思われる。[218]こうした但し書きはつくものの、赤軍の処罰文化は極めて（多くの意見では、異常なほど）厳しかった。[219]戦争中に数万人のソ連兵士が死刑判決を受けて処刑された。ただ、殺された人の正確な数は論争が続いている[220]。

内部文書を見るかぎり、スターリングラード戦線で一九四二年の夏と秋に実施された大々的な宣伝活動は、効果を上げた。一九四三年二月のＮＫＶＤの報告によると、ドン方面軍の六個軍では一九四二年十月から四三年一月の「臆病者とパニック野郎」の拘束は二百三人だった。このうち百六十九人が銃殺、残りは懲罰中隊に送られた。報告には「軍人が戦場から大量逃亡したり指揮官の命令なしで部隊が撤退したのは、ごく少数の事例だった」とある[221]。

戦いのかたち

赤軍は政治教育の動員力が抜きんでているとはいえ、各方面の取り組みは時にちぐはぐで矛盾を来している。組織力が乏しく力点の違いが目につくのは、個々人の性格のせいだったり、軍と政治将校との縄張り争いが原因である。例えば幹部将校のあいだで意見が食い違ったのが、兵士の景気づけに出撃前にウォッカを与えるか否かだ。一九四一年八月二十二日付のスターリン命令は、毎日百グラムのウォッカを赤軍兵士に与えるよう命じていた。その後この百グラム規定は四二年五月十一日からしばらく失効するが、四二年十一月十二日にまた認められる。四三年五月以降は、方面軍と軍の司令官が軍のアルコール配給のルールを終戦まで独自に決めていた[222]。ヴァシーリー・レシチニン中佐（第三九親衛狙撃兵師団）は聞き取りで、アルコール提供は部隊を動員するためだったとあけすけに語っている。予備部隊が補充された彼の連隊は、スターリングラードの工場地区にある施設の攻略を命じられた。「この新しい補充兵に挨拶し、兵士一人ひとりと言葉を交わして突撃隊をつくる。そこにこちらの〈じいさん〉を割り振ると、温かい夕食を用意し、百グラムずつ飲ませた。〈さあ、みんな、やるぞ〉、何をやるかは何も言わなかった。そうやって工場を占領した」[223]

かと思えば、戦いで酔っ払っていることの危うさを警告する将校もいた。「人民委員命令で出る百グラムは必需品だと言う者もいる。わたしは逆だと言いたい。状況が困難であればあるほど、これは避けるべきだ。例えばわたしたち指揮官や赤軍水兵は、欲しいとも思わない。すっきりした頭でより良く作戦を決めたい。……中にはうそぶいて、酒があれば人間の可能性以上のことができる、どんな英雄行為も可能だ、うまくいっていた、何でもないと言うやつらもいる。これは、当然だ

「突撃：スターリングラード　1943 年」　撮影：ナターリヤ・ボデー

が、この問題に関するよくある一般的な見方ではない。一部の言い草だ」（スピッキー少佐）。一九四三年春に作られたスターリングラード戦線の敵軍偵察報告に滲み出る禁酒の戒め（「スターリングラードでの様々な偵察活動の経験が物語るように、課題を成功裏に終えられるのは、課題が適時に正しく設定されている時だけだ。偵察隊の指揮官と兵士は、勇敢で臨機応変、明晰で醒めた頭脳でいなければならない」[224]）は、出撃直前の飲酒の蔓延ぶりを窺わせる。

戦い方も差異があって示唆に富む。政治将校が堂々と胸を張っての出撃を好んだのは、そうした勇ましさが伝播すると信じていたからだ。連隊の宣伝員アイゼンベルグ（第三八狙撃兵師団）の話だが、敵の高地の急襲を前に大隊長が負傷し、彼がその役目を引き継いだ。彼はポルーヒンという兵士を呼び寄せて連隊旗を手渡すと、敵が制圧している給水塔にこれを掲げろと命じた。旗が塔にたなびけば、残る歩兵が発奮して高地攻略につながるからだ。「敵が砲火にまぎれて退却しはじめると、このポルーヒンが立ち上がり、連隊旗を持って行軍から抜け出す。歩兵は、旗が置かれるのを待たず全員が立ち上がって突撃した。師団長がこの光景を見ており、旗をもった歩兵が立ち上がって〈ウラー〉と叫んで突撃するのは何と美しい光景だろうと言っていた。旗はやつが押し立てた」。どれほど多くの兵士がこの行動で命を落としたか、アイゼンベルグは何も語っていない。

敵の銃弾の雨に倒れる手兵を目にした旅団コミッサールのアレクサンドル・エゴーロフ〔第二八自動車化狙撃兵旅団〕は、うっとりする。部下の自己犠牲の意思に感激したのだ。それまでソ連の攻撃は立往生していた。砲撃の準備がおわっても歩兵が塹壕から出てこない。そこで予備軍のエゴーロフ旅団に投入命令が出た。「敵はわれわれの隊列の動きに気づくと、すぐさま集中砲火を浴びせてきた。だが嬉しいことに――心が高鳴った――そこはこちらの毅然さだ。榴散弾が文字どおりかたまりで戦闘隊列から人をもぎとり、大量の血が雪を染める――初雪が降ったばかりだった――それでも倒れることなく前進していく」[225]

ヴァシーリー・グロスマンが同じような調子で語っている第三〇八狙撃兵師団は、スターリングラードの工場地区への出撃で多数の犠牲を出し、一個連隊が全滅した。「鉄の風が顔を打つが、誰もがみな前進する。おそらく敵は迷信めいた恐怖感に襲われただろう。突撃してくるのは人間なのか、彼らは死んでいるのではないか。……そう、彼らは死すべき定めの凡人で、生き残った者は少ない。だが成すべきことを成し遂げたのだ」[226]〔196ページ〕。グロスマンもエゴーロフもソ連の英雄崇拝に心酔し、主意主義でソ連の人間は変わりうると信じていた。この極めてソ連的な英雄精神という考えが、赤軍の戦争やり方の特徴である。堂々たる出撃、ソ連兵士とドイツ装甲車との一騎討ち、敵機への体当たり。これらは大きな対価を伴い、赤軍に甚大な損害が出た原因だが、同時に文化規範として機能することで高い動員力を有していた。戦闘機パイロットのイワン・ザプリャガエフはこれをグロスマンとの対話でこうまとめている。「わたしはいつも戦いに加わる。勲功はいらない、ドイツ人を打ち落とせるなら、自分の命を犠牲にしてもいい。体当たりはロシアの特性だ、ソ連の教育だ」[227]

ザイオンチコフスキー少佐は、この英雄精神に一も二もなく同意するが、「暗い面」も指摘している。「ただね、否定的な側面と言ったらいいのかな、そういうものがわれわれの英雄精神にはありますね。過剰なまでの向こう見ずな勇敢さと、時としてまったく無意味な冒険主義。例えば昼日中の最前線でおきていること。〈ヴァーニカ、一服させてくれ〉と、ごそごそ出てきて、タバコをもらいに行く。ほかには、匍匐前進すべきところで立ち上がって進み、ばたばたと死んでいったり」〔375ページ〕。ザイオンチコフスキーが批判するこれ見よがしの英雄のそぶりを、チュイコフ将軍はむしろ指揮官に欠かせない権威の拠り所と見ている。

シュミーロフ将軍（中央）と軍事評議会のメンバー（手前がセルジュク、後ろがアブラーモフ）、スターリングラード、1943 年 1 月

英雄だって、まったく動じないわけじゃあない。チュイコフが一人の時に何をしているか、誰も知らないし分からない。証人もいなければ見た人もいない。頭の中で脳みそがどう働いているかも分からない。でも指揮官たる者が部下の前で弱気を見せるようでは、出来損ないだ。掩蔽壕にいても、砲弾のかけらは飛んでくる。ともかく待つことだ。何かい、待機していて、そわそわしないかかい。そんなやつは信用しない。自己保存の本能はあるとはいえ、人間の気力が、指揮官の場合はなおのこと、戦いで決定的な意味を持つ。〔272〜273ページ〕

対照的にミハイル・シュミーロフ上級大将〔第六四軍〕が再三にわたって強調するのは、良い指揮官とは部下の兵士のことを第一に考えて守ってやるという見方だ。シュミーロフによると、成功する突撃は五十五分間の準備砲撃から始まる。「まず五分間、最前線に猛砲火を浴びせたら、火砲を奥に十分間移す。この間は歩兵があらゆる種類の武器で集中射撃を行い、かかしを立てて〈ウラー〉と叫び、歩兵の総攻撃のふりをする。こうすることで敵は誤解する。われわれが攻撃をしかけてきたと思い込み、掩蔽壕を出て塹壕に移っ

て来る。この時、十分間下がっていた火砲を戻し、ふたたび敵の最前線を目いっぱい砲撃する。ロケット砲と重迫撃旅団も最前線で砲撃を始める。これを合図に歩兵が突撃する」[228]

別のベテラン指揮官も、ドイツ軍と戦う時は陽動策を効果的に使ったと語っている。戦闘機パイロットのステパン・プルトコフは、こうしたアンフェアなだまし討ちを敵軍ドイツの狡猾な戦い方で正当化した。「こうやってわれわれはドイツをだまして裏をかくようになった。……やつらと戦う時に胸のうちを明かしてはいけない。敵は、狡猾でずる賢い。だからこっちもずる賢くやるんだ」[229]。だまし討ち作戦は、堂々と敵に向かっていく英雄兵士のような宣伝効果や動員作用が当然ながらないので、政治部員の報告書やソ連の従軍記者の新聞ルポはほとんど注目しなかった。

シュミーロフは、インタビューでこんなことも言っている。「今は〔インタビューは一九四三年一月四日に実施〕軍に兵器が十分あり、一括して正しく使う時だから、軍人ぬきで問題を処理してはいけない」。この言い方は、スターリングラード戦線が数カ月前まで武器や機材の供給が劣悪だったことを窺わせる（聞き取りにはこれを認める証言もある）。他方、ソ連に英雄崇拝があって、何人かの兵士や小グループがドイツの装甲車の隊列に体当たりするのを書き立てたのは、間違いなくこの供給不足に由来する。スヴィーリン中佐が、多数の損害を出した一九四二年九月のスターリングラード北西の防衛戦について、こう語っている。「また兵士に見習えと教えていたのは、五人で装甲車に突っ込んだセヴァストーポリの勇士、〔モスクワに〕雪崩込む装甲車を押しとどめたパンフィーロフの二十八人だ」[230]（156〜157ページ）。聞き取りに答えた将校の多くが、軍事知識の重要性が高まっていると力説している。シュミーロフ将軍がその証拠にと例示したアレクサンドル・コルネイチュクの戯曲『前線』（一九四二年夏に初演）は、向学心のない内戦からの古株と専門知識のある若い世代（陸軍大学の一九三〇年代の卒業生）との対立を描く話である。

一九四三年のインタビューの受け答えには、赤軍兵士の自負心がうかがえる。それまで無敵とされていた敵国ドイツをスターリングラードで打ち破ったことは、とりもなおさず軍事力の勝利、自分たちの能力の勝利だったからだ。こういう考え方だから何人かの将校は上官に批判的で、指揮スタイルが力一本槍で軍事の専門知識を欠いていると手厳しい。ヴァシーリー・グラズコフ師団長をそれとなく批判する連隊長のアレクサンドル・ゲラシモフ[231]。イワン・アフォーニン師団長をあからさまに難じるヴォルガ艦隊の水兵[232]。なかでも非難囂々だったのが、一九四二年の七月と八月にスターリングラード方面軍司令官だったヴァシーリー・ゴルドフ将軍である。[233] ステパン・グーリエフ師団長（第三九親衛師団）は、当時の上官であるゴルドフを名指しして、第六二軍と第六四軍がドン平原で喫した大損害の「最大の責任者」だと言っている。「歴史はこんなことをした彼を決して許さない。……ゴルドフは、まったく才能のない人間だった」。ドゥブロフスキー中佐もグーリエフと同意見だ。「はっきり言えば、〔八月に〕ドン平原でおきたことは大惨事だった」。彼も責任者はゴルドフ将軍だと扱き下ろした。[234] チュイコフ将軍は、こう言っている。自分は、ゴルドフの指示を無視して迅速に撤退し、第六四軍を全滅から守ったが、第六二軍はドイツの装甲車と航空機によって壊滅的打撃を受けた。「方面軍司令部は方角なんか考えもしない。同志スターリンがゴルドフはじめ全員に、ツィムリャンスカヤが敵の最初の重要拠点だと注意していたのにだ」（261ページ）。ただし、ゴルドフが一九四二年八月に解任されて降格処分になっており、だから一九四三年のインタビューで何の心配もなく口にできたという面はある。スターリンは、前線の司令官に何度も何度も血だるまの突撃を命じ、戦果があがらなければ厳罰だと脅しているのに、何ら批判を受けていない。スターリングラードの赤軍兵士がどれくらいスターリンの指導スタイルを分かっていたか、もしくは感づいていたのか、定かではない。

軍事面の知識と周到な指揮の重要性が高まっても、赤軍には内戦期から活躍する司令官がまだ数多く残っていた。スターリンが重用したのも、ゴルドフのような、目を見張るような攻撃のためなら師団全滅も厭わない司令官だった。慢罵されたスターリングラードの元司令官は、一九四三年に返り咲くと昇格して大将になり、一九四五年のベルリンとプラハの攻略戦に参加した。一九四五年四月にはソ連邦英雄の称号を得ている。[235]

戦場の人びと

多くの兵士は、とりわけ一九一七年以降の生まれで幼少期からソ連式の教育を受けてきた世代は、考え方や価値観として共産主義の人間観を血肉化しており、意思の力と克己心は際限なく伸びると信じていた。また、こうした主意主義の理解に即して戦場の大まかな傾向を英雄と臆病者とに二分し、その中間の微妙な差異を一切認めなかった。意識向上を重視するボリシェヴィキの発想は、戦争の精神的ストレスへの向き合い方にも現れる。チュイコフ将軍が二十八ページに及ぶインタビューでこの点に触れたのは一カ所だけ。「これだけは分かって欲しいが、こうしたすべて〔数カ月もの防衛戦を第六二軍が市内で行ったこと〕はわれわれの精神状態に痕跡を残した」〔271ページ〕と言うと、すぐに別の話題に移っている。[236] 狙撃兵ヴァシーリー・ザイツェフ〔第二八四狙撃兵師団〕が自分の苦しみを語る際は生理学の概念を使い〔当時のソ連の心理学で広まっていた傾向〕、戦闘任務を履行するだけの意思がまだ十分あったことを強調する。「疲れは感じませんでした。今は街を歩いていると疲れますが、あの時は朝四時か五時に朝食、九時か十時に戻って夕食、一日お腹をすかしていても疲れない。三、四日は寝なかったし、眠くなかった。どう説明したものでしょう。ずっと不調で、そうした状態が何とも辛かった。どの兵士も、わたし自身も、考えることはただ一つ、できるだけ大きな代償で自分の命を捧げよう、できるだけたくさんドイツ人を殺そうと考えていました。……スターリングラード戦では三度、打撲負傷しました。今は神経系が不調で、震えが止まりません」[237]〔353ページ〕。イワン・ヴァシーリエフは、ミハイル・マメコフという別の狙撃兵を例にあげた。「そいつは短期間にフリッツを百三十八人も殺した。今日はフリッツを殺さなかったとなると、ご飯が喉を通らず、どうしようもなくイライラする。典型的なタタール人で、ロシア語は下手だが、ずっと勉強していて、戦場でも続けていた」

ピョートル・モルチャーノフ中佐

こうした一種の自己教化は、社会の奥深くまで浸透していた。数十人の赤軍兵士が、出身は違っても、口を揃えて同じことを言う——課された要求をすべて満たす、「祖国」または「社会主義の父祖の地」を守る、「自己保存の本能」を抑制する、死への恐怖を克服する、自身の戦死を何か意味のある行為や生の充足とみなす、ドイツ人への敵意を燃やし続ける。戦地から離れていてもこうした意識が働いていた証拠が、家族にかかわる兵士の語りだ。モルチャーノフ中佐は、開戦直後は胃潰瘍のせいで陸軍士官学校の講師として銃後にいた。「娘のニーナは、今は七歳だったかな。いつも、こう聞いてくる。〈ねえ、パパはなぜ戦場にいないの、みんな戦っているのに、なぜ戦わないの〉。これは心底こたえた。この子に何て答えたらいいんだ。病気だと言っても、当時は病気どころじゃなかった。そこで管区の政治局長のところへ行って、戦場に行かせて下さいと言ったんだ」

はたせるかな、インタビューには一言も運命論や宿命論めいた運を天にまかせる態度が見られない。運命論はあるにはあるが、どこまでも肯定的な意味合いで、帝政時代のロシア人兵士の主たる態度を指し、よく言われる粘り強さや忍耐力につながるものだ。

問題は、スターリングラードの速記録のことばと、ソ連の兵士が非公式の場面で使う日常のことばとの関係である。多くの歴史家が、戦争の現実を解明できるのは自由なことばだけだと考えている。このため公的史料に不審の目を向け、プロパガンダの使い回しで、個々人の生々しい体験を正確に伝えていないと見なす。[238] 実は、ソ連の軍事郵便の多くは、まったく違うことばで書かれている。この点を分かってもらうために、NKVD職員が「反ソ分子」（運命を嘆いたり、意気消沈を隠さない兵士）の摘発に際して収集した手紙の一部を見てみよう。一九四二年十月にスターリングラード方面軍の特務部将校が作成した、手紙の関連部分を抜き書きした報告書である（諜報員はテキスト全文に関心がなく、該当箇所の断片で十分だった）。

多くはもう勝利を信じていない。大半がわれわれに共感していない。そこに加えて連合国が第二戦線を遅らせている。[239] わたしは袋小路に陥った。こんなありさまを見ていると、確信がゆらぐ……

南にいて、とても暑いが、一日したら出撃してスターリングラード郊外でドイツと交戦だ。これはすなわち、死を意味する。手紙を書いている今は、ドイツに接近する前の行軍なので、間違いなくわたしの人生最後の時だ。戦場の情報があるので伝えておきたいが、梯団が戦場に運ばれると、四千人のうち生き残るのは十五人から二十人、しかも偉い指揮官ばかり。師団壊滅にかかる時間は、わずか十五分だ。

このほか、反ソ的な手紙だと報告書が目をつけた中には、ソ連政府はユダヤ人だと主張する反ユダヤ的な考えを持つ人もいた[240]。

こうした証言は兵士の戦争体験を理解する上で重要だが、当時の政治の文脈を考慮に入れないと実り多い研究にならない。NKVDの諜報員は、こうした断片を入手すると、敵対的な世界観の現れと見て根絶に取り組む。手紙は押収、送り手と受け手はしばしば逮捕が待っている。ただし不満はもらしても政治に触れていないなら押収どまりで、重点は悪影響の食い止めだった。NKVDは活動を次のように総括する。「手紙を点検した結果、戦争疲れや軍務の辛さを訴える字句が見つかった。いくつかの手紙は意気消沈した気分が影響していた。一九四二年六月から八月に閲(けみ)した三千二十七万七千通の手紙のうち、こうした発言を含むものが一万五千四百六十通みつかった[241]」。報告の常として、最後は戦場からの手紙の大部分は「兵員の健全な政治・精神状況を反映している」と結ばれている[242]。これに異を唱え、赤軍兵士は検閲を心得ていたので自分の秘めた考えを文面にしなかったと言うことはできる。ただこの手の批判は、もっと大事な点を見過ごしている。巨大で、莫大な経費を要する検閲機構があって戦場から送られてくる手紙に逐一目を通していたのは赤軍兵士の言動を根本から変えるためであり、第二次大戦の参戦国のどこも試みていないことだった。

政治部員が検閲に匹敵する熱心さで取り組んだことがある。スターリングラード戦線では、出撃前の最後の一瞬まで戦う理由と大義を説き続けた。さらに戦いが終われば、すぐさま同じ将校が兵士と再び話し合って結果をとりまとめ、政治的にどう見るかも説明する。途切れない教育活動によって赤軍兵士を特異な語り方に慣れさせ、こうした言葉に影響されて戦闘時の言動が変わることを期待しているのだ。個人の戦争体験を分析する場合、ソ連のイデオロギー機関の全面管理や心理操作、それらが与える構造面の影響は無視できない。

だからこそ、モスクワの歴史家が戦地に赴いて出会った兵士が英雄／臆病者の二分法を身に付け、スターリングラード戦の政治や歴史上の意義をしっかり語れたのである。

アヴァンギャルドの歴史家

スターリングラードの歴史家は、イデオロギー機関の活動と成果を記録にとどめるだけでなく、自身がその担い手でもあった。ソ連市民であれば当然だが、ヒトラーのドイツを打ち倒す一助が求められていることを自覚し、自分たちの計画が大きく言えば戦時のソ連社会の教化動員への貢献だと理解していた。文筆家や芸術家が従軍記者やカメラマンとして赤軍勤務を志願したように、歴史家は、自分たちも役に立ちたい、自分たちの仕事の重要さをこの戦時に知らしめたいと思っていた。そこでアヴァンギャルドのドキュメンタリー・スタイルに立ち返り、ロシアの批評家、作家、映画人が一九一七年の革命後にしたような、新たな社会の建設に積極的に関与する手法を用いたのだろう[243]。アヴァンギャルド芸術家が好んで取り上げるのは、生起しつつある新たなソヴィエト世界である。ここで起きていることは、彼らの目には、世界規模の歴史的なドラマだった。であれば、伝統的な小説という芸術形式に固執するのは見当違いの無意味であり、現実に背を向けて偽りの生活世界を希うことになる。ソ連時代に『戦争と平和』のような小説を書くことはまったくの時代錯誤だと批評家のセルゲイ・トレチャコフが言っている。現代の新たな小説たるソ連の新聞は、来る日も来る日もページを繰れば国内で進む工業建設を活写し、後押しする。革命を記録するドキュメンタリストなのだから、ジャーナリストであれ映画人であれカメラマンであれ、芸術家や知識人は、革命に新たな存在理由を見ていた。彼らがつくるルポルタージュや時代の証人のインタビューは、現実を写し取るだけではない。生の事実を整理して意味のある構造物にし、基底にあるロジックを見つけ出す。ドキュメンタリストは「効果的に」行動し、「材料の生命」に介入して組織化する。新たな世界の技師として活躍するのだった[244]。

歴史家と党関係者がこのドキュメンタリーの手法を体得したのは、一九二〇年代はじめである。その後に展開された大規模な歴史プロジェクトの数々が「大祖国戦争史委員会」を生むことになる。嚆矢である一九二〇年設立の「十月革命史と共産党史の資料収集研究委員会」（略称イストパルト）は、十月革命の歴史を記録して、来るべき世代に伝えようとするものだった。モスクワ、ペトログラードをはじめロシアの数多くの都市で「思い出の夕べ」が催され、歴史的意義を持つ時代の証人に速記者の前で一九一七年の革命体験を語ってもらった。委員会の幹部は、各地のイストパルトを通じて地方の党組織・行政機関・新聞編集部に働きかけ、時代の証人にできるだけ多く発言してもらう。ソ連史の草創期について意見交換することで、語り手が革命の主体という自負を持つだろう、またここから生じる力は当人ばかりか速記録の読み手も勇気づけるだろうという想定だった[245]。こうした期待の高さに比して、委員会の刊行物は成果に乏しい。多くのインタビューが公開不適とされた。というのも、革命史は、二〇年代半ば以降レーニンの後継をめぐる政争の具と化し、スターリン独裁の確立後は、『全連邦共産党（ボ）歴史小教程』という、証言記録を排した一九一七年の唯一の見方が示されたからだ。こうしてソ連最初の歴史委員会が収集した記録の多くは葬り去られ、お蔵入りになった。

第一次五カ年計画の最中、作家のマクシム・ゴーリキーが、革命ドキュメンタリストの本領を発揮して、一九三一年に大規模な歴史・文学プロジェクトを提唱する。ソ連の大工場それぞれが――彼の考えでは計三百以上――自分たちの歴史を書き、各工場の全従業員が可能なかぎりこの工場史の書き手として協力するというものだ。壮大な計画に同伴して指導する本部は、約百人の作家とジャーナリストがフルタイムで働く。労働者にドキュメンタリーの手法を身に付けさせ、思い出を記録することで高い歴史意識を植え付けるのが仕事だった。ゴーリキーは編集者に指示を出して、いわゆる突撃作業員――「労働英雄」と称される作業ノルマを超過達成した労働者――の思い出を優先的に集めさせた。ニーチェ思想の信奉者だったので（心情は社会主義だとしても）、どの人も英雄としてこの世に生まれている、そうした英雄の本質は適切な支援さえあれば発揮されるはずだと信じていた。英雄が、彼の考えでは、重要な教育的意味を持っていた。この「大文字の人間」は、仲間に道を指し示し、どうしたら以前より大きな人間になれるのかを教えるからだ。こうした出版計画に携わることで、作家は社会主義英雄の大量創出を促す。書き手は書き手で、自分たちが話したことから学び、共同の編集作業を通じて集団精神を鍛えるとされた[246]。戦争が勃発する一九四一年までに二十冊の工場史が出版された。中でも注目に値するのが、『スターリングラード・トラクター工場の人びと』（一九三四年）である。数多くの文学スケッチ（очерк）や工場労働者の顔写真が載っており、巻頭にゴーリキーの序文が、巻末に文芸評論家レオポリド・アヴェルバフの後書きがある。構成を見るだけで、文学という魂の技師の多面的機能――観察者、創造者、参加者として大規模な改造プロセスに関与していることが手に取るように分かる[247]。

ゴーリキーの音頭とりで一九三一年にもう一つ、はるかに規模の大きな史料編纂事業が始まった。ロシア内戦史である。手法や指示はゴーリキーのもう一つのプロジェクトにそっくりだが、ねらいは伝統的な軍事史ではなく、内戦を戦った英雄的な人びとを描くことにある。労働者、農民、兵士から大量に聞き取った証言を学問や芸術の調査と突き合わせ、新しいマルクス主義的な大衆の歴史記述をつくって伝統的なヒエラルキーを打ち壊し、すべての参加主体を動員するとされた。聞き語りは全十五巻の計画で、記録文書、回想、文芸編、写真アルバムの補巻も出す予定だった。ゴーリキーが一九三〇年代はじめにこのプロジェクトに取り組んだのは、数百万もの農民が工場や都市に流入してプロレタリア革命の精神が失われかねないと危惧したからだ。だからこそ、プロレタリア英雄の生活史に宿る精神を呼び覚まし、その語りを農村出身の「未熟な」労働者の政治教育に役立てようとした[248]。内戦史プロジェクトは、年を追うごとに巨大化していく。カフカスや中央アジア、さらには極東にも地方委員会が設置された。三千人の時代の証人の速記録が一九三一年までに完成している。モスクワの委員会幹部がまとめた目録カードは十万件、書名目録は一万件に達した[249]。

編集長を任された若き歴史家イサーク・ミンツは、内戦時はコミッサールで、後に第二次大戦中に歴史委員会を率いることになる[250]。『内戦史』の編集作業やゴーリキーの謦咳に接したことは、ミンツにとって貴重な経験だった。数多くのスタッフや出先機関を抱える歴史の大プロジェクトの指揮管理を学んだのもここなら、聞き取りの手法を習い覚えたのも、ゴーリキーの社会主義英雄のイメージを譲り受けたのもここである。だからミンツが一九四一年十二月に「大祖国戦争史委員会」をつくった時に制度や精神の拠り所として真っ先に思い浮かべたのも、『内戦史』だった[251]。

イサーク・ミンツは、一八九六年にユダヤ人商人の息子としてウクライナのエカテリノスラフ〔現ドニエプロペトロフスク〕の鉱山地区に生まれた。ユダヤ人であるためにハリコフ大学の入学が許されなかった。革命運動に身を投じて一九一七年四月にボリシェヴィキ党に加わり、内戦がはじまった一九一八年春からは赤軍で戦っている。ほどなくコミッサールに昇進し、コサック師団〔第四六狙撃兵師団〕で部隊の政治教育を担当した。一九二〇年には有名な〔チェルヴォンノエ〕コサック軍団の首席コミッサールに任命されている[252]。ユダヤ人嫌いで知られるコサックの掌握がどれだけミンツの胆力を養ったか、心の内は推し測るしかない[253]。内戦が終わると赤色教授学院の歴史講座で学び、卒業後は副学長に就任する。すでに一九二〇年代から内戦史の論考を発表し、一九三五年に博士号を取得、一九三六年には科学アカデミー準会員になった[254]。一九三五年に大部の『内戦史』第一巻が出るが、書店や図書館への配本直後に回収・廃棄処分になる。時代の証人の多くと編集員の一部がスターリンの粛清に巻き込まれたからだ。一九三八年に修正版が出て、一九四二年には第二巻が続く[255]。どちらも、ゴーリキーが構想したプロレタリア史はかけらも感じられない。一九一七年革命の政治対立の描写は、スターリンを褒め称え、一九三六年から三八年の見世物裁判で有罪になった政敵を悪魔化していた。第一巻の刊行を前に、スターリンはゴーリキーやミンツなどの編集者と頻繁に面談している。スターリンの原稿修正は七百カ所に及んだという[256]。遅くともこのプロジェクトに取り組む中で、ミンツはソ連における歴史研究の政治的意味に気づいたに違いない。彼の文章はスターリンや戦友ヴォロシーロフを革命の救世主と描いていた。ここからあと一歩進めば、スターリンを世界史の支配者とした『小教程』だ。何人もの研究者が、ミンツは『小教程』の制作に関与したと見ているが、裏付ける証拠資料はない[257]。

一九八四年の回想[258]でイサーク・ミンツは往時を振り返って、開戦から数週間たった一九四一年七月に「大祖国戦争」の記録文書をつくることを思いついたと語っている。念頭にはナポレオンのロシア遠征、一八一二年の「祖国戦争」があったという。ひょっとすると、戦争のことをレフ・トルストイの小説『戦争と平和』のフィルター越しに考えていたのかもしれない。一八一二年の戦争を描いたこの小説は、一九四一年の開戦直後の数週間に大量に増刷され、多くのソ連市民が手に取って歴史や道徳の支えを求めている[259]。

イサーク・ミンツ、1920 年代末

この事業が、どう始まったか。あれは四一年七月のことだ。厳しい時だった。わが軍は後退に継ぐ後退で戦っていた。その困難な時にわたしは党中央委員会に手紙を書いて、こう記した。今は条件が厳しいのは分かっています。しかし、一八一二年の祖国戦争をもっと豊かに思い浮かべられたら、そこに参加した人たちが話を残しておいてくれたらどんなに良かったでしょう。今のわたしたちは時機を逸してはいけません。現在の出来事を記録にとどめる必要があります。後世の人たちも、ここで起きたことのすべてをきっと知りたがります。委員会をつくり、資料を収集して調査分析し、壮大な叙事詩の年代記をつくることを提案します。一週また一週とすぎていく。回答はなかった。今は歴史どころでないのだな。それはそうだ、歴史と今日という日との間に直接のつながりがないのだから。かつてはそういう直接のつながりがあって、わたしは大いに心動かされたのに。何度も電話はしたが、希望は失った。[260]

実は一九四一年八月二十七日に党中央で——おそらくミンツの提起を受けて——「大祖国戦争」の歴史年代記の作成が話し合われたものの、構想は不適当として却下されていた。[261] 確かに時期が悪かった——ドイツ軍がソ連の奥深くまで侵入し、スモレンスクを包囲してモスクワまでわずか四百キロメートルに迫っている。こんな状況をソ連の成功物語に組み入れるのは、党員によくある歴史の楽観論者でも荷が重かったに違いない。事態はつづく数週間でさらに悪化する。十月八日にジューコフ将軍がスターリンへの報告で、モスクワ郊外の最後の防衛線が危ういと伝えた。十月十五日にはスターリンが首都の疎開を命じている。戦局に転換の兆しが見えたのは、十一月になってドイツのモスクワ包囲が足踏みし、ソ連の新鋭部隊がモスクワ戦線に投入されてからだ。スターリンがモスクワに踏みとどまり、人前に出て十一月六日と七日に革命記念日の演説をすると、士気はいっそう高まった。十二月五日には赤軍がドイツの中央軍集団への反攻を開始している。[262]

科学アカデミー傘下の研究所の多くは、十月に所員ともども東部に疎開していた。ミンツと数人の仲間は避難を拒んだ。これは勇気ある決断だった。後に分かることだが、ドイツの諜報機関が『内戦史』編集部のあるコミンテルン通り九番地を「戦略目標」に挙げており、モスクワ占領後に接収を予定していたからだ。[262a]

十一月二十五日のミンツの日記に、ゲオルギー・アレクサンドロフ（宣伝・煽動担当の党中央委員会書記）に委員会の設立を命じられた、将来の「祖国戦争年代記」のためにモスクワ防衛にかかわる記録や資料を収集する、とある。ミンツは作業本部をつくることになった。[263] 二週間後の十二月十日、「モスクワ防衛年代記作成委員会」の設置がモスクワ市党委員会の会議で決まる（モスクワ市第一書記のアレクサンドル・シチェルバコフも出席している〔註260参照〕）。[264] 議長は党書記のアレクサンドロフで、ミンツは副議長だった。このほか党の哲学者パーヴェル・ユージン、[265] 赤軍政治管理総局のフョードル・クズネツォフ、『プラウダ』編集長のピョートル・ポスペロフ、モスクワ市党委員会の代表数名が加わった。[266] ミンツが受け持った任務は、約二十人のスタッフから成る本部を科学アカデミーに設置して戦史にまつわる記録を集め、それを基に戦争の出来事の日誌を書くことだった。モスクワの地区党委員会が資料収集を手伝うことになった。大きな工場に支部をつくることも検討された。

ここからソ連の戦時経済の活動が裏付けられるからだ。ジャーナリスト、作家、戦争画家をはじめとする芸術家に助言と助力を仰ぐことになった。赤軍政治管理総局も名前があがっており、兵士の日常の記録、新聞、パンフレット、政治情勢報告の提供を求めている。以上のような指示には、ゴーリキーのドキュメンタリーの大プロジェクトの有名な構想が見てとれる。これを裏付けるように、ミンツも十二月十一日の日記にこう記している。「一言でいえば、『内戦史』の編集経験の総動員が命じられた」

委員会の正式発足を待たずに、ミンツはスタッフの募集をはじめる。十一月三十日には学士会館をぎっしり埋めた六百人の研究者を前に講演し、委員会の目的を述べて協力を呼び掛けた。後日の日記には「集まった人たちは、仕事の呼びかけや何をすべきかの指示を求め待っているように思われた。リーダーシップが待たれている」とある[267]。一週間後、モスクワ郊外の前線に足を運んだミンツは、モスクワの党員を動員した義勇軍に、歴史家のアルカージー・シードロフ[268]と内戦史プロジェクトの元スタッフ三人を見かける。翌日に別の師団でさらに二人の元スタッフが一兵卒でいるのに出くわした。ミンツは軍の司令官にかけあいに行き、仕事仲間の除隊ではなく、別々の師団への配置を申し入れる。そうすることが委員会の利益を最大にしうるからだ[269]。数週間でかき集めた人で立ち上げた小さな作業本部は、一九四二年七月に内戦史の研究部門が疎開先からモスクワに戻った時には、常勤スタッフ四十人（歴史家、文学研究者、書誌学者、速記者）にまで増えていた[270]。

モジャイスク戦区の赤軍指揮官に講演するI・I・ミンツ教授、1942年2月16日

最初の数カ月間、委員会の主たる関心はモスクワ防衛の歴史だった。支部がほかの都市にできると、スタッフの資料収集はほかの戦場にも広がる（レニングラード、トゥーラ、オデッサ、セヴァストーポリ）。一九四二年十二月には、スターリングラードも加わる。各都市ごとに一冊ずつ年代記を出す予定だった。またミンツはさらに二種類の刊行物を計画していた。一つ目の腹案は、赤軍の軍・師団の歴史だ。はじめは、戦いで特段の功績をあげて「親衛」称号を与え

られた部隊の予定だった。「どんなことがあっても、親衛部隊のすべてと各師団が戦闘史を書き留めて持つようにしなければならない。これは今日の重大事業だ。軍の兵団や部隊の歴史は、兵士を教育する一級の材料であり、経験や知識や戦い方の流儀を伝えるものだ。これは将来、勝利の後に、もっと大きな大祖国戦争の歴史をまとめるのに役立つ」[271]。ミンツがこう心に決めたのは一九四二年三月で、ソ連指導部が赤軍の伝統尊重を旗印にする一年半も前のことだ。親衛隊員に割り振られた役割は、ゴーリキーの『工場史』の突撃作業員に相当する。ほかの兵士（ゴーリキーの言う、農村出身のまだ半ば農民の労働者）に、どうやったら英雄になれるかの模範を示すわけだ。ゴーリキーの英雄モデルがいっそう色濃く現れているのが、ミンツの考えていた二つ目の刊行物である。念頭にあった『ソ連邦英雄百科事典』とは、インタビューなどの記録から得られた略歴を、金星記章を与えられたソ連邦英雄の兵士一人ひとりについて記したものだ。狙いは、ドキュメンタリー制作の助けを借りて兵士の模範例を示し、読み手を鼓舞して英雄を見習わせることにあった。

委員会のこれ以外の重点テーマは、パルチザン活動、戦時経済、ソ連の女性や非ロシア人諸民族の戦争参加、ドイツの占領支配とその影響である。最後にあげたテーマは、歴史員会の設立直後から始まっている。ミンツは、学者と技師から成る調査団の一員として一九四一年十二月二十六日にヤースナヤ・ポリャーナに足を踏み入れた。トゥーラ郊外にあるこのレフ・トルストイの所領は、しばらくドイツの手に落ちていた[272]。このため調査団が占領軍の破壊した旧邸博物館の被害状況をとりまとめることになった。ヤースナヤ・ポリャーナでミンツたちは、速記者をつけて、博物館の職員や近隣コルホーズの農民といった、ドイツ軍と間近に暮らした人から話を聞いた。この出張から生まれた刊行物（これについては後述）が大きなきっかけになって「ドイツ人ファシスト占領者とその共犯者の悪行およびソ連の市民・コルホーズ・社会団体・国営企業の損害を特定・調査する非常国家委員会」が一九四二年十一月に設置された。この委員会が集めた証拠資料は、ニュルンベルク裁判におけるソ連の起訴状でも使われている[273]。

ミンツの行動は、スターリン時代の文化を考えると驚くべきことだが、正式なお墨付きがほとんどない。「モスクワ防衛史委員会」（前出のモスクワ防衛年代記作成委員会）は、設立後すぐに事実上の「大祖国戦争史委員会」に衣替えし、この名称で人を集めてプロジェクトを拡充しているが、党幹部の同意も、これと結びついた資金や権威も得ていない[274]。ちなみにゴーリキーの一九三〇年代のプロジェクトは、党中央の決定で創設されており、このため党の監督下にあった[275]。ミンツは日記で官僚の怠慢と科学アカデミーの支援不足を罵っている。[276] 彼の嘆きと委員会の不安定な地位は、裏を返せば、ミンツが一人でプロジェクトを仕切り、名目的には副議長にすぎない歴史家の独創力に多くが左右されていたということだ。当時のスタッフによると、ミンツは戦争中に数えきれないほど戦地に足を運び、政治将校と兵士を前に講演を数千回している。聞き手はいつもその情熱と一途さに感銘を受けたという。[277]

ミンツの持ち味は史料解釈に顕著で、委員会の活動にも浸透している。スタッフには口癖のように、こう言っていた。先入観なしに収集活動に取り組み、規則では公文書館に納入しない記録や資料にも注意を向けること、例えば「方面軍・軍・師団の新聞、パンフレット、ビラ、政治情報や報告の資料、写真、スケッチ、映画フィルム、さらには個人の証言――手紙、日記、口頭の語り」などだ。[278] 戦闘行為だけを記録で裏付けるのでなく、民間人の戦争参加も正当に評価しなければならない。ミンツの脳裏には「全体史」(histoire totale) があって、戦争の総体をすべての人の協力の下に多様なメディアで示そうとしていた。ここでもまた、ドキュメンタリー精神を掲げるゴーリキーの大プロジェクトが思い出される。[279]

活動が進む中で委員会が重視することになる時代の証人のインタビューは、当初は数多くの資料形態の一つにすぎなかった。[280] 変化したのは、何と言っても時代の証人にインタビューした時の熱気が大きい。兵士やパルチザンが、話を聞いて欲しいと殺到する。誰もが、ある一人の言い方を借りれば、「祖国戦争の歴史において注目に値し、しかるべき場所を獲得する」[281] べきだと思っていた。数多くのスタッフや研究所が関わっているので、ミンツは軍人に話を聞く際の実施要項を文書で作成させた。「生の話を聞く時は、指揮官、政治部員、兵士一人ひとりについて、個々の戦闘エピソード、一生の全期間、目にしたこと、考えたこと、感じたことなどを書きとる必要がある」。要項は、まず部隊の指揮官と参謀長にインタビューすることを薦める。聞き取り中の歴史家に俯瞰で説明してくれるので、次に話を聞く「とりわけ功績のあった英雄、兵士、指揮官、政治部員」を決めるのに役に立つ。どの聞き取りも実施目的は「できるだけ完全かつ正確に事実や出来事を解明し、時期や地名を明確にする」ことにある。どのインタビューも「語り手の基本データを含む必要がある。略歴として、誕生日・出生地、名前、父称、自宅住所、党籍の有無、戦前の職業。場合によっては(特に興味を引く場合)、経歴を詳細に書く。この作業は速記者の手を借りて行うのが望ましい。速記者がいない場合は概略を手書きする。状況が許せば、書き止めたものを語り手に読み上げ、サインをもらう。誰がいつどこで書いたかを明記する」。

繰り返し出てくる要項の中心的な考えは「生身の人間」であり、「その考え、心情、苦しみ、これに関連して戦闘での役割と立場」が強調される。要項のある個所では、「同志一人ひとりが任意の〈自由な〉テーマで語った部隊の歴史にかかわること（戦闘のエピソード、何かの出会い、敵、戦友などについての話）の記録やメモを集める」必要性が力説される。ミンツが何度も強調するのは、兵士を励まして自由にしゃべらせ、最後まで話をさせることの重要性だ。「学問には、回答者の個人的な経験、考え、観察が価値を持つ。だから必要だと思ったことはすべて話させるべきだ」[282]。戦争の声を記録することと並んで、要項は、戦死した兵士の追憶の重要性も強調する。「戦死した英雄の記憶をとどめることに特別の注意を払う。戦死者一人ひとりについて戦友、部下、指揮官、目撃者から戦功と戦死の様子を聞き取り、最も完全な形でその栄えある姿を保存するよう努める」[283]。党員たるミンツには当然のことだが、党の政治活動は、委員会の集めた資料に出てくるが、「部隊の党・政治活動を全体の叙述から切り離してはならない。言動や戦闘の中で示し、部隊の戦闘活動全体と有機的に結びついていなければならない」。要項のおわり三つの項目は、こうなっている。

十、困難と不足を取り繕わない。現実を糊塗しない。同志スターリンが言われた「困難との戦いの中でこそ本物の人材が鍛えられる」を覚えておく。
十一、自分の部隊の日常を示す（生活、余暇、銃後との連絡、文通、悲喜）。
十二、すべての叙述において歴史の真実を厳格に守る。反対尋問と記録によってすべての出来事、すべての日付、名前、事実を念入りに確かめる。[284]

委員会はスターリングラードへ

この要項を携えて委員会メンバーの四人（歴史家のエスフィリ・ゲンキナ、ピョートル・ベレツキー、アブラム・ベルキン、速記者のアレクサンドラ・シャムシナ）がスターリングラードに向かった。一行は包囲網を狭める市内に二週間近く滞在し、残された聞き取り速記録の件数と分量から見て、戦いの参加者と目撃者のインタビューを休みなく続けた。一九四三年一月九日、翌日からソ連の最終攻撃が始まるために現地を離れたが、一九四三年二月にはメンバーを増員して三週間の予定で戻ってくる。一九四三年の一月から三月につくったインタビュー速記録は百三十件。部隊別では狙撃兵師団が十三、航空師団が一、自動車化旅団が一、機械化軍団が一となっている。委員会のメンバーが対話したのは、各軍の司令部将校、地元の党代表、スターリングラードの工場二社の労働者と技師。インタビューした軍高官に、軍司令官のヴァシーリー・チュイコフ（第六二軍）とミハイル・シュミーロフ（第六四軍）がいる。インタビューした軍人の多くは、佐官（軍司令部将校が十二人、師団長が十二人、師団または旅団レベルの司令部将校が二十五人）と尉官（連隊・大隊・中隊レベルの指揮官と将校が三十三人）である。軍曹と一兵卒も十二人にインタビューしている。[285] スターリングラードの歴史家は、時代の証人の数を増やすことに関心がない。目的は、戦いのありさまを最大限の立体感できめ細かく描くことだった。だから、一九四二年夏のドン平原の後退戦以降、隣接する陣地で戦っていた三個軍（第六二軍、第六四軍、第五七軍）に対象を絞っている。また師団レベル、連隊レベル、場合によっては中隊の中で、同一部隊の何人もの人にインタビューを行い、集めた個々の聞き取りをつなぎあわせて多面的な全体像にした。事件のあらすじは（全体的な戦いの経過、局地的な戦闘や別の事件）、それぞれの聞き取りで繰り返されるが、一人ひとり異なった見方や力点が付け加わっている。[286]

委員会が作成した初期の速記録は、兵士の声に加えて、話を聞く歴史家の質問や応答も入っている。これらは後に速記録から消え、インタビューは閉じた語りの性格を帯びる。[287] ただ質問は、多くのインタビューで繰り返される語りの流れがあるので、再構成しうる。時代の証人が話を質問から始める場合が間々あるが、これは明らかに自分に向けられた言葉の繰り返しだ。有名人（名の知られた司令官や勲章をもらった兵士）のインタビューは、たいてい自分の経歴を話して下さいから始まる――幼い頃、学校、職業選択、戦争や入党までの道のり（司令官の多くは長い党歴を持っている、ずっと年下の若い兵士は戦場でようやく入党した場合が多い）。これに続いて、スターリングラード戦での兵士の任務と役割の詳細な語りとなる。

歴史家が尋ねるのは、まずは人生や戦争の「一番思い出深い時期」だ（ニコライ・バチュク大佐、[288] コレスニコフ中佐）。ただ、好奇心が裏切られることもあった――「特徴的な細部や戦いの特徴を選ぶのは難しい。いつだって空襲の日々で、来る日も来る日も連隊は戦闘機の爆撃を浴びていた」（ゲンリフ・フゲンフィロフ連隊長）。郊外の戦いがいちばん激しかった時やスターリングラード戦と他の戦闘との違いも聞いている（アレクセイ・スミルノフ中佐、フゲンフィロフ連隊長）。あちこちで質問したのが、出撃の準備、戦闘の経緯、戦いの後の行動である――「どのような困難が連隊の編成中におきたかですか」（大隊コミッサールのステパーノフ）、「実際のところどうやって戦車恐怖症の一掃を実現したかですか」（アファナーシー・スヴィーリン中佐）、「われわれは狙撃兵の展開でどう動いていたかですか」（オリホフキン大尉）、「渡河にどんな意味があったかですか」（セミョン・ルィフキン大尉）、「工兵大隊は、戦闘中は何をしていたかですか」（アレクセイ・コレスニク中佐）、「攻撃のあと、われわれは何をしていたかですか」（スモリャノフ大佐）、「今われわれは何をしているかですか」（アイゼンベルグ中尉）。ほぼどのインタビューも、戦いで目立った兵士のことを聞いている（「この戦いで誰がすごかったか、よく覚えていない。何人かは殺され、何人かは負傷した」――ミトロファン・カルプシン軍曹）。政治将校は、部隊の政治活動の方法や効果のほどを聞かれている――「われわれが党の政治活動をどのように行っていたかですか」（師団コミッサールのアレクサンドル・レヴィキン）、「お尋ねなのは、兵士がわれわれのやることにどう反応したかですか。……誰がわれわれの党に来たのか、それは一体どういう人びとなのか」（スモリャノフ大佐）、「党員が〔戦いで〕どう振舞ったかですか」（師団党組織書記のアレクサンドル・コシカリョフ）。軍規、諜報、部隊同士の戦略連携といった問題にみられる赤軍の弱点も知りたがった。司令官には「自分自身の誤算」を聞いている（チュイコフ将軍〔271ページ〕）。聞き取りの最後は、たいてい昇進か勲章だった（「あわせて殺したドイツ人は十一人、破壊した機関銃は一丁です」――赤軍兵士アレクセイ・パヴロフ[289]）。

インタビューの場面で極めて話好きの兵士がいる一方で、消極的だった人もいる。これは部分的には言語のハードルのせいでもある。「もっとたくさん話せたらと思いますよ。でも、ロシア語はできないし、自分のことを話すのは何だか気が進みません」とラトビア人の兵士がインタビューで言っている[290]。田舎なまりが何人かの時代の証人に見られ、とりわけ指揮官が自由に話す際に目につく。兵士の多くは朴訥な話ぶりだ。インタビューは速記者が書き留めて後でタイプ打ちするが、短いものは二、三ページ、通例は八ページから十五ページの間だが、時には二十ページや三十ページに達する場合もある。スターリングラード戦の時期に話を絞る兵士もいれば、生まれや戦争までの経歴を長々と話す者もいた。こうした多様さは歴史家が望んだものだ。というのも、「生身の人間」を提示し、時代の証人を一色で塗りつぶさないことが肝心だったからだ[291]。

スターリングラードの作業グループは、仕事ぶりが徹底していた。作成したインタビューの多さは、歴史委員会が代表を派遣した戦線の中でも群を抜いている。とはいえ、委員会が戦争の全期間になしとげた業績も注目に値する。兵士、パルチザン、民間人にインタビューした五千件を上回る速記録は、戦争の範疇を広げ、戦場ばかりか銃後や敵占領地の出来事をも明らかにしてくれる。[292]

軍事史や文化史の研究において、このような膨大な記録は類例がない。この点を分かってもらうために、同じように第二次世界大戦中にアメリカ合衆国が実施したオーラル・ヒストリー・プロジェクトと比べてみたい。アメリカ軍の公認軍事史家のサミュエル・マーシャル中佐が「戦闘後のインタビュー」(interview after combat)という手法を開発した。まず太平洋の戦場で、次いでフランスとドイツの戦場でも、マーシャルは、研究スタッフを使って、交戦後いつも数時間以内に参加した兵士に集団面接を行い、当人から見た作戦行動と当人の体験について詳細な聞き取りを行った。[293]彼の報告では、あわせて四百の中隊(兵員は各百二十五人)にインタビューしている。ただマーシャルは、事実の裏付けを重視する歴史家ではない。望んでいたのは、聞き取りで得られた知見を使った、軍の戦闘力の強化だった。インタビューから引き出された結論によると、兵士の大半(彼が言うには七五から八五パーセント)は戦っている間に激しい恐怖に襲われ、武器を一度も使っていない。[294]だから、強化訓練を通じて、人殺しに対する本能的な恐怖を払拭することを薦めている。事実この研究が影響力を発揮して射撃訓練が徹底され、アメリカ兵の武器使用がその後の戦争では増加したという。しかしながら専門家からは厳しい批判が出た。軍事史家ロジャー・スピラーは、マーシャルの聞き取り者数は大幅な水増しだと見ており、マーシャル本人が「発砲率」(ratio of fire)に関わる詳細なデータを捏造したと考えている。スピラーなどが指摘するように、マーシャルはそもそもジャーナリストで、歴史家「転向」は軍に来てからだ。[295]このため「戦闘後のインタビュー」に速記録はなく、聞き取りメモをジャーナリストのやり方で作っただけで、これを基に後から中隊や小隊の戦闘行為を記述している。

こうした方法とは対照的に、ソ連のプロの歴史家は、細心の気配りをして、時代の証人とのインタビューを速記録に取って保存している。マーシャルとミンツを比べると、安直なジャーナリズムと学問的な仕事との違いが分かるだけではない。ソ連の歴史家が仕事に注いだ歴史の情熱の巨大さが浮かび上がり、歴史プロセスの法則性を信頼し、この法則がソ連を勝利に導くと確信していたことを教えてくれる。このイメージにふさわしく、ミンツ委員会は兵士の聞き取りを一人称で記録している。ゴーリキーの精神そのままに、これによってインタビューした兵士に自覚を植え付け、自身が世界史の大舞台のアクターだと認識させようとしていた。こうした主観的な意識が過去の自分を乗り越えて成長させ、客観的な歴史の歩みを促すのだった。

速記録

委員会は、研究成果の巨大さに比して、刊行物の少なさに驚かされる。今日に至るまで、聞き取りの数千件の速記録は、ほぼ未公開だ。委員会の刊行物は、数点が戦争中に出たが、出来事を主として俯瞰で記すもので、聞き取った戦時の人びとの声は使われていない。成果物の乏しさは、一面ではミンツ本人の確信に由来する。戦争が終わるまで、記録の収集と時代の証人の聞き取りを絶対の優先事項にしていたからだ。加えて、記録した声は歴史家の英雄的な戦争イメージに重ね合わせ難かった。同じ理由で、かつてのゴーリキーのプロジェクトも成果はさして多くない。インタビューした工場労働者のうち、期待された英雄の枠組みで語るのは微々たるものだ。そんな語りは、編集処理するかお蔵入りにするしかなかった。同じことがミンツ委員会でもおきた。内部で議論しても、様々なニュアンスを持つ人間まるごとか、それともその英雄的な行為だけを前景化させるのかで意見が一致しなかった。この問いは言うまでもなく結論が出ている。刊行物の内容を決める最終審は、委員会のメンバーではなく、共産党のイデオロギー担当、強力な検閲機関のグラヴリトだからだ。

グラヴリトの影響力が分かる例として、ミンツ委員会が初めて大々的な刊行を企画した、ドイツ占領軍のヤースナヤ・ポリャーナ（トルストイの所領）での所業にまつわる記録を見てみよう。ソ連政府の下でトルストイ博物館となった田園地帯は、一九四一年十月三十日から十二月十四日までの六週間、ドイツの手中にあった。前述したように、ミンツは科学アカデミーの調査団の一員として一九四一年十二月二十六日にヤースナヤ・ポリャーナを訪れ、占領中に被った被害状況をまとめている。[296]博物館の職員や近隣コルホーズの農民に聞き取りもした。調査団が提出した報告書は、外務人民委員ヴャチェスラフ・モロトフが公表した一九四二年一月六日付のソ連政府声明に盛り込まれ、ドイツ占領地での「蛮行」を初めて明るみに出した。「この名高いロシア文化の記念碑は、占領者を掃討して赤軍部隊が十二月十四日に解放したが、ナチの野蛮人に破壊されて汚され、最後は火を放たれた」。ヨーゼフ・ゲッベルスは、モロトフが公の場で主張した告発の一切を否定した。[297]アレクサンドロフから返答の準備を依頼されたミンツは、ヤースナヤ・ポリャーナの記録が入った本を出すことを提案する。スターリンの承諾も得られた[298]。ところがミンツが校了ゲラを国の検閲機関に提出すると、騒ぎがおこる。担当した検閲官が、本の大半を占める博物館職員マリヤ・シチェゴレワの日記に難癖をつけたのだ。火を放った野蛮人というモロトフの言葉を引き合いに出しながら、ドイツ人によるヤースナヤ・ポリャーナの冒涜がシチェゴレワの日記に適切に記されていないと咎める。「……なのに彼女はこうしたすべてを穏やかに、ことさら俗物的な調子で語っている」。ソ連市民に必要な、ファシストの悪行に対する憤激が欠けているというのだ[299]。検閲官は返す刀で本の編集者の「まったく無責任な」仕事も批判した。「シチェゴレワの日記の中の価値あるものと、明らかに不適切な箇所とを区別することすらせず、そのためファシスト征服者への憎しみを掻き立てる助けになるどころか、むしろ弱めている」[300]。検閲官の見解によれば、編集者は政治的な義務として、時代の証人の語りに介入して整理し、イデオロギー的に「正しい」評価を強調し、「間違った」観察を秘匿する必要があったのだ。本は差し戻しになった。改訂版が出るが、シチェゴレワの日記はもう含まれていなかった。

スターリングラード戦に関して委員会が出版したのは、一九四三年に出たエスフィリ・ゲンキナの『英雄スターリングラード』と、パンフレットで出た狙撃兵ヴァシーリー・ザイツェフのインタビューである[301]。ゲンキナの小論は、スターリングラードを世界大戦の決戦にまで高め、ヒトラーの精鋭部隊がスターリングラードを守るソ連の英雄精神に粉砕されたと書く。党の政治動員と教育活動を強調し、これこそが人びとを駆り立て、何が英雄精神で何が臆病かを教えたのだと説いている。命令第二二七号のような強制措置には一切触れない。スターリングラードの守り手は、剛毅一本槍の英雄として描かれ、深く内面化した共産主義の信念を持ち、眉ひとつ動かさず平然と優勢なドイツ軍に立ち向かっていく。ゲンキナ自身が集めたスターリングラードの速記録からの引用もあるにはあるが、典型的な赤軍兵士の超人的な活躍を褒め称えるためだけに使われた。この小冊子は赤軍兵士とその最高司令官の一体感を謳い、スターリン賛美で締めくくられる。「スターリングラードの栄光は、赤軍司令官の栄光、すなわちスターリンの栄光、勝利の栄光である」[302]。ザイツェフの聞き取りがどう編集されたかは、インタビューの速記録と公開版とのテキスト比較をすれば明らかになる〔第三章第七節を参照〕。ソ連の編集者は、ザイツェフの英雄らしからぬ語りを聞き取りからすべて削除したほか、叙述を整理して共産党に忠誠を誓う箇所をクライマックスにしている。

こうした整理という介入は、もしかすると検閲機関のグラヴリトが命じたのではなく、編集者が自分で行ったのかもしれない。というのは、編集作業にソヴィエト・ロシアで花開いた革命期のドキュメンタリー主義の特徴が見て取れるからだ。思い出して欲しい。ミンツたち歴史家グループは、自身の出版物もソ連の勝利への貢献だと考えていた。自分たちで集めた聞き取りという原料に「効果的に」介入し、厳選したインタビューを使って読み手にソ連の闘志の神髄を伝えて元気づけたいと思っていた。とはいえ、誠実な学者だという自負もある。歴史的な時代の証言を聞き取る方法は、明晰で、今から見ても印象深いし、歴史的な記録に深い敬意を表している。これは、作り上げたインタビューの一点一点に見て取れるし、委員会が四年間の活動で生み出し、歴史家が委員会の解散後も保存し続けてきた膨大な史料の山にも感じ取れる。結局こうした学者の職業倫理があったからこそ、スターリングラードのインタビュー速記録の原本が保存され続け、七十年の時を経て紹介することが可能になったのである。

史料選択と編集方針

イサーク・ミンツの歴史委員会が二百十五人の時代の証人にスターリングラード戦の話を聞いて作り上げた速記録は、タイプ打ち原稿で数千ページになる。これを以下に抜粋して紹介する。[303] 選んだ聞き取りや聞き取りの一部分は、次の基準で配置した。第一に、戦いの経過を立体的に、数多くの関係アクターの集団経験として示す。第二に、時代の証人の個々の多様性や、その時々の役割・視点・表現形式を強調する。

モスクワの歴史家が選んだインタビュー手法の特色は、同じ部隊（師団、連隊、工場など）に所属する多数の人にインタビューした点にある。このため、作った聞き取りの速記録が大量にあり、すべてを合わせると、ある局地的な出来事を包括的に細部に至るまで照らし出す。ただこの三次元性が本領を発揮するには、インタビューを順に続けて読まないといけない。そこで本書は叙述方法として、時代の証人の体験の共通部分を可視化し、その時々のインタビューの接点・一致点・矛盾点が浮かび上がるようにした。個々の証言を縒り合わせて一筋の集団の語りにし、時間と空間の順に並べ替えた。

第三〇八狙撃兵師団のスターリングラード出兵であれば、何人もの指揮官や一兵卒が目にした一つの出来事として示し、参加者一人ひとりが各々の見方を持ち寄る形にした。また特別な交戦、例えば、師団が重要高地の奪還を試みて多大な損害を出した一九四二年九月十八日の戦いは、叙述を手厚くした。質問に答えた時代の証人が、揃いも揃ってスターリングラード戦のこの緊迫した局面を思い出したからだ。

スターリングラードの市当局、党活動家、技師、軍人、食堂の従業員（一人のみ）の語りは、陰影に富んだ、街とその住民の運命の物語であり、一九四二年七月に突貫作業で「前線の街」づくりが始まってから、一九四三年春に疎開先から戻った技師が破壊された工場の再建を計画するまでを描写する。この会話の束で興味深いのは、文民高官と軍人との対立が露呈し、街の防衛と住民避難の不手際をともに相手のせいにしていることだ。

時代の証人のインタビューは個別に行われ、時には数カ月の時差があったのに、まとめて見ると、語っている時と場所と筋の統一ゆえに、一貫性がある。口々に語られる出来事や胸中や感情は、読んでいて興味深いだけでなく、別の話し手が裏書きや補足をするので、説得力もある。こうした語りのモンタージュを思いついたきっかけは、黒澤明の映画『羅生門』だ。映画は、ある犯罪に関与した四人を尋問に呼び出す。誰も彼も自己弁護を繰り返し、再現映像で示される事件の様子は、他の証人と言い分が食い違う。この映画がモンタージュ技法を使ったのは、主観的な供述が当てにならないこと、とりわけ個々の利害がかかわる場合のあやしさを示したかったからだ。[304] しかしながら、『羅生門』と違って、スターリングラードのインタビューは、しばしば細部まで重なることに驚かされる。英雄精神、不安、自己実現を同じように考えているばかりか、戦争中の戦い方や行動様式の描写も一致する。

これほど一致するからには、第一に、語られている出来事が間違いなく本当にあったことで、ソ連の宣伝機関の事後の捏造ではない。第二に、インタビューに頻出した言い回しには間違いなく実質的な意味があった。スターリングラードの速記録を読めば、赤軍兵士の公的な語りはソ連体制の常套句のオウム返しで、戦争の現実と結びついていないと主張することは、もはや不可能だ。多くの将兵が共有する言い方は、むしろ概念の型や経験領域の共通点だと思われる。また、どれほど熱心に赤軍の政治将校が戦場で兵士を教育し、極めてソ連的な語り方で自身や敵のことを話すように教え込んだのかも分かる。したがってインタビューで文字化された語りは、しばしば二面性を帯びる――スターリングラード戦の説明であるとともに、話をしている時代の証人のイデオロギー教化に成功した証拠でもある。

こうした集団の語り〔第二章〕の後につづく九つの個人インタビュー〔第三章〕は、できるだけ全文を紹介し、歴史委員会が入手した史料を元の形で示した。[305] 選択基準は、地位（軍司令官から平凡な赤軍兵士まで）と語り口である。史料は軍の階級の下降順に並べてあり、勝手気ままで自信満々に経歴を語るチュイコフとロジムツェフの両将軍から始まる。ほかには参謀将校アクショーノフの詳細な報告や、インタビュー時に早くも伝説の人となっていた狙撃兵の「ソ連邦英雄」ザイツェフのざっくばらんな語り、平凡な赤軍兵士アレクサンドル・パルホメンコの飾り気のない語りがある。スターリングラード戦線にいる女性は、看護婦、洗濯女、電話交換手といったところだが、歴史委員会の面々が行ったインタビューはわずかしかない。ここでは代表として衛生兵のヴェーラ・グーロワに登場してもらう。これをロジムツェフ将軍のインタビューの次に置いたのは、グーロワが彼の師団の所属だったからだ。最後は、対敵宣伝に従事していたザイオンチコフスキー大尉の報告だが、スターリングラードのドイツ敵軍をソ連側がどう見ていたかが分かって興味深い。

その後〔第四章〕は、対象を転じてドイツ人の記録をみる。まず、ザイオンチコフスキー大尉らが一九四三年二月に捕虜のドイツ人将校に行った最初期の尋問調書を紹介した。続いて、包囲下のドイツ人の日記を載せてある。どちらの史料も、歴史委員会の収集物に由来する。

史料解題の本章はもとより、集団の語りや個別インタビューにも、理解を深めるために導入部を設けた。さらなる説明が必要な場合は、巻末に註を付した。

最終章〔第五章〕は、イサーク・ミンツの歴史委員会の戦後の運命を語り、記録が今日まで秘匿されていた理由を明らかにする。

速記録の翻刻にあたって固有の文体の特徴はそのままとし、明らかな誤記のみ訂正した。史料文中の丸カッコ（＝（　））は委員会の注記、角カッコ（＝［　］）は著者の注記である〔亀甲カッコ（＝〔　〕）は訳者の注記〕。著者による史料の省略は……で示した。史料のドイツ人の名前は、手書きのラテン文字が速記録に書いていない限り、ロシア語から復元するので、正確でない可能性がある。例えばキリル文字でГейнц Хюнельと呼ばれている兵士は、ハインツ・ヒューネル（Heinz Hühnel）と復元した（394ページ）が、ハインツ・ヒュネル（Heinz Hünel）だった可能性もある。

インタビューの速記録に加えて、本書には、スターリングラード戦にまつわるソ連の写真・ビラ・ポスターを収録した。これらは戦いの様子を目に見える形で教えてくれるだけではない。歴史家と赤軍兵士との対話が、戦争体験を記述し、かつまた対話相手のイデオロギー教化もしていたように、多くのこうした視覚資料は、単なる戦いの図解として読むことも可能だが、ビジュアル介入という制作者の意図——当人や作品を目にした人を戦争に巻き込み、戦争に深く関与するよう動員するためでもあった。兵士の小さな写真も、戦友や戦場カメラマンが撮ったものなら、同じことが言える。もの言いたげな時代の証人の姿を伝えているが、その一方で、国民戦争で自分の役目を果たしている兵士の誇りや自覚の明白な表現でもある。

第二章　兵士の合唱

第 308 狙撃兵師団の兵士

一　街と住民の運命

ドイツのスターリングラード攻撃は、この街を消し去り、生き残った労働可能な住民を略取連行するためだと公言していた。これに対してスターリンは街の死守を命じ、ドイツの攻撃が始まるまで疎開を厳禁する。街がどのように防備を固め、最後は壊滅状態になったのか、さらには、ある聞き取り参加者の言い方を借りれば、スターリングラードの「脈拍」が戦いの過程でどう変わっていったのか――これを具体的に説明するのが、ここで架空の座談会に再構成したインタビューである。歴史家は一九四三年一月から四四年一月にかけて、市と州の行政機関の代表、現地の党幹部と工場長と技師、さらには医科大学の教授に話を聞いている。

スターリングラードのドイツ軍は、一九四一年秋のモスクワとレニングラードの攻撃計画を受け継いで、占領前に空襲と砲撃で街を徹底的に破壊する方針をとった。街の制圧にあたって、ドイツ人兵士の身の安全を最優先したからだ。[1]このため第四航空艦隊の爆撃機七百八十機と戦闘機四百九十機がスターリングラードに一斉投入され、八月二十三日から九月十三日までほぼ休みなく爆撃する。[2]司令官のヴォルフラム・フォン・リヒトホーフェン上級大将は、コンドル軍団の参謀長としてスペイン内戦のゲルニカ空襲で史上初の絨毯爆撃を行っていた。[3]同じく指揮をとった一九四一年四月のベオグラード爆撃は、一説によると、住民一万七千人が死んだと言われる。[4]四二年夏のセヴァストーポリ爆撃も彼が責任者だった。スターリングラード攻撃は、東部戦線で最も激しいドイツの空爆が行われており、ビーヴァーの言葉を借りれば、「リヒトホーフェンの活躍が絶頂に達した」瞬間だった。[5]

ドイツの爆撃機がはじめてスターリングラードを襲ったのは、一九四一年十月のこと。四二年二月には、再び散発的な攻撃があった。爆撃は七月後半から頻繁になり、街には連日のように空襲警報が出る。[6]州当局は七月はじめから前線の隣接地域の全面疎開を準備しており、スターリングラード市も対象になった。戦車製造に転換していたトラクター工場、電気冶金工場「赤い十月」、大砲工場「バリケード」にモスクワの軍需産業の代表がやってきて、工場の東部移転を検討している。七月半ばには、地域住民に先んじて戦況を知らされたスターリングラード軍管区の幹部が、家族を連れて後方に疎開する。スターリングラードでこんな動きが人知れずできるはずがなく、NKVDが住民のパニックを記録している。ドイツが街の目と鼻の先にいるという噂が飛び交った。[7]

　七月二十日になった深夜、州党委員会第一書記のアレクセイ・チュヤーノフにクレムリンから電話が入る。電話口の声はスターリンだった。軍管区の幹部をすぐさま連れ戻せ、あらゆる手段を用いて混乱を鎮めろ、スターリングラードは決して敵の手に明け渡すなという命令だった。チュヤーノフはその日の夕方にこの指示を党の同志に伝える。党員は街を守る責任があると述べたという。[8]スターリンの電話の翌週にロストフが陥落して命令第二二七号が出た。この命令は、言ってみれば、スターリンが当初からスターリングラード防衛に求めていた強硬路線の繰り返しにすぎない。労働可能な住民で、軍需産業で働いていない者は残らず堡塁づくりに駆り出された。宣伝員の一団を同行させて（ある区域では政治指導員九十六人が労働力の市民四千人に割り当てられた）、街を取り囲むように溝を三重に掘り起こした。退去が許されたのは、戦争がらみの疎開だけだった（負傷した赤軍兵士五万人、その介護にあたる医療関係者、市内の養護施設すべての児童）。[9]働いていない女性とその子どもの疎開命令を出したことで、州・市当局の幹部は自分の家族の救出を確実にする。女性が働かないでいられるのは、ソ連のエリート世帯しかないからだ。働いている女性は、勤め先の工場と一緒なら疎開できたが、当面は操業継続が義務だった。八月半ばまでに市の上層部の八千世帯弱が退避する。この措置は公表されなかったが、人目につかないはずがない。苛立った労働者から質問攻めにあった工場の党宣伝員は、我慢するよう説得するのに手を焼いた。スターリングラードは通常の生活が八月二十二日まで続く。新学期の準備がすすみ、映画や劇場も大入り満員。党幹部は、ドイツが街を占領することはありえないと胸を張っていた。[10]

　八月二十三日の猛烈な空襲と九月十三日までつづく連日の爆撃の犠牲者数は、定説がない。多くの研究者が支持するのは死者四万人で、この数字がニュルンベルク裁判でも採用された。[11]一九四三年にスターリングラードの歴史家の聞き取りに答えて、市警備司令官のウラジーミル・デムチェンコは、爆撃機およそ二千機が八月二十三日の午後と夕方に一万人のいのち

燃え盛るスターリングラード、1942年8月　撮影：E. エヴゼリヒン

を奪ったと語っている。[12] 空襲の負傷者の救護がなかったのは、現地の医療関係者のほとんどが、その日の午後にドイツの装甲車部隊に突破された市の北部に送られていたからだ。ソ連の第八空軍も、一九四二年夏は戦闘能力がきわめて低かったうえに、大部分がドイツの装甲車部隊の迎撃に投入されており、街の上空にいなかった。[13]

八月二十三日の夜遅く、エリョーメンコ大将の司令部で、軍首脳、地元の党指導部、NKVDと経済界の代表の会見が行われる。参謀総長アレクサンドル・ヴァシレフスキーも同席した。議題は、スターリングラードの労働者の緊急疎開と工場施設の地雷敷設だった。夜半すぎにチュヤーノフがスターリンに電話を入れ、出た意見を知らせている。エリョーメンコの後年の言によると、スターリンは疎開を禁じたばかりか、この問題の再検討も、敗北主義の機運を助長すると言って、認めなかった。[14]

多くの人がパニックに陥って街を逃げ出すが、NKVDが管理する船着き場で足止めされた。渡河できた人もいたが、地元当局の許可がある場合とない場合とがあった。八月二十四日に市防衛委員会が女性と子どもの郊外疎開を命じる。決定は人道的な配慮からではなく、包囲下で不足する食糧を節約するためだった。[14a] 翌日には党指導部が戒厳令を敷き、燃え盛る街で略奪を重ねる暴徒に容赦ない措置を取り出す。宣伝活動も強化された。州党委員会は八月末の数日間に百万枚のビラを刷っている。

市内のあちこちの掲示板や建物の壁に「母なる街を守れ」や「一歩も退くな」といったスローガンが掲げられた。[15]

疎開がようやく始まるが、全焼した工場の専門家や労働者が優先された。住民の一斉疎開は八月二十九日からだが、相変わらず優先は労働者だった。乗船スペースが足りず、家族の一部がスターリングラードに残留させられる場合もあった。[16] ヴォルガ川を行く船は、絶えずドイツ軍に砲撃された。八月二十七日には、避難する民間人をスターリングラードから上流のサラトフへ運ぼうとしていた客船の「ミハイル・カリーニン」号、「パリ・コミューン記念」号、「ヨシフ・スターリン」号が、ドイツ軍の集中砲火を浴びている。最初の二隻は持ちこたえたが、「ヨシフ・スターリン」号は破損して座礁し、集中砲火を浴びた。乗客千二百人のうち、助かったのはわずか百八十六人である。[17] 市内に突入したドイツ軍が中央渡船場に到達する九月十四日までに、三十一万五千人が避難した。一説によると、この時点でまだ同数の人が市内に残っていたという。[18] いまやチュヤーノフも、ほかの地元党幹部の大半も、さらにはNKVDトップも退避していた。

市内の大工場（「赤い十月」、「バリケード」、トラクター工場、スタルグレス発電所）は、規模を縮小してかなり後まで操業を続けている。電気冶金工場「赤い十月」は、一九四二年夏まではソ連の鉄鋼生産の一〇パーセントを担い、航空機や戦車の製造工場に供給するかたわらロケット発射装置を作っていたが、戒厳令が出ると業務転換し、機関銃巣・対戦車障害物・シャベルの製造や、戦車やロケット発射装置の修理に当たった。工場の鉄鋼生産は十月二日までつづき、その数日後に疎開している。[19] 工場の敷地は一九四二年十月から四三年一月はじめまで激戦つづきで、基本的にドイツの手中にあった。大砲工場「バリケード」は、大祖国戦争が始まると、対戦車砲や迫撃砲を量産している。工場長が持ち場を離れたのが九月二十五日、最後の技師の退去が十月五日である。前日にドイツ軍が工場の攻撃を始めていた（本章第四節、グロスマンの「主力の進路」参照）。[20]

二万人が働く巨大なスターリングラードのトラクター工場は、すでに三〇年代末から生産の主力をトラクターから戦車に移しており、開戦後はT34戦車のソ連最大の生産拠点だった。八月二十三日にドイツの第一六装甲師団がヴォルガ川河岸に到達して前線が工場の敷地のすぐそばに迫るが、それでも戦車の製造は九月十三日のドイツの市街地攻撃までずっと続けている。その後数日かけて、生き残っていた労働者の大部分がようやく工場から避難した。ごく一部は第六二軍が手元に残し、戦車連隊で整備をさせている。十月十四日からのドイツの総攻撃（チュイコフ将軍が聞き取りで詳しく語っている＝第三章第一節）は、トラクター工場に集中する。ドイツ師団はここから南進し、ソ連の保持するヴォルガ川の最後の一角を占領する計画だった。ソ連とドイツの時代の証人がともにスターリングラード戦の最大の激戦と述べる攻防だが、工場は十月十七日にすべてドイツの手に渡る。この時の損害は、第六二軍が一万三千人、ドイツ軍が千五百人だった。赤軍が工場の敷地を取り戻すのは、一九四三年二月二日を待たねばならない。[21]

市内の発電所スタルグレスは、街の南端ベケトフカ近くにあり、前線から数キロメートル離れていた。ベケトフカは比較的安全で、チュヤーノフが十月になって州党委員会を移している。第六四軍の司令部もここにあった。ドイツが九月十三日に市内に突入すると、スタルグレスは大砲と迫撃砲の射程内に入って連日砲撃されるが、運転は止めない。操業停止はドイツが総攻撃してきた十一月五日だった。十月十二日のチュヤーノフの日記に、主任技師のコンスタンチン・ズバーノフが、砲声の鳴り止まぬ発電所の地下室で、女医マリヤ・テレンチエワと結婚式を挙げたとある。[22] ズバーノフは、歴史家がスターリングラードで話を聞いた時代の証人の一人だ。職場との結びつきを語ったり、発電機の脈拍(パルス)から街の脈拍を連想するあたりは、ロシアの労働者に広がっていた二十世紀初頭の未来派の潮流を思わせる。[23] もっともズバーノフのメタファーは、レニングラード封鎖下の有名なラジオのメトロノーム音にも重ねうる。レニングラード放送の録音技師がメトロノームを放送停止時に流すのは三〇年代から行われていた。戦争がはじまると、これが早期警戒システムに使われる。メトロノームが早くなると、敵機来襲の合図だった。封鎖中、ラジオは放送時間の短縮を余儀なくされる。流れ続けるメトロノームの音はレニングラード市民を奮い立たせ、わたしたちの街はまだ生きていると勇気づけた。[24]

ズバーノフなど二十数人の時代の証人のインタビューは、まず三〇年代の工業都市の建設・強化と軍需産業に傾斜していく話から始まる。中心は、街を守るための奮闘、ドイツの猛爆撃による破壊、民間人の疎開をめぐるドラマだ。中でもチュイコフ将軍とコミッサールのヴァシーリエフが激しい言葉でスターリングラードの党幹部は街の防衛と疎開で失態を犯したと批判しているのが目を引く。この批判は、的外れのきらいがあるが、疎開しなかったのはスターリンの厳命に起因するのだから、軍が党を批判したと見ると曲解になる。対立の火種はむしろ戦場で戦った人(ヴァシーリエフのような党員も含む)と、戦うふりをしながら我が身大事にしていた人との間にあった。

最も早いインタビュー(チュイコフ、ヴァシーリエフ、技師のジューコフとマテヴォシャン)は、一九四三年一月八日に「赤い十月」工場の廃墟で行われた。歴史家が党幹部を訪ねたのは、一九四三年三月の二度目の訪問時である。集団の語りには、一九六八年初出のスターリングラード州党第一書記アレクセイ・チュヤーノフの戦中日記の一節を字体を変えて挿入してある。チュヤーノフのインタビューは行われなかった。

◆語り手

市と州の行政機関

ジメンコフ、イワン・フョードロヴィチ——スターリングラード州勤労者代議員ソヴィエト議長（スターリングラード、一九四三年三月十四日）[25]

ピガリョフ、ドミトリー・マトヴェエヴィチ——スターリングラード市勤労者代議員ソヴィエト執行委員会議長（スターリングラード、一九四三年三月十四日）[26]

ポリヤコフ、アレクセイ・ミハイロヴィチ——スターリングラード州勤労者代議員ソヴィエト執行委員会副議長（スターリングラード、一九四三年三月十四日）[27]

ロマネンコ、グリゴリー・ドミトリエヴィチ——スターリングラード市バリケード地区党委員会第一書記（インタビュー場所の明記なし、一九四三年三月）[28]

党幹部

ヴォドラギン、ミハイル・アレクサンドロヴィチ——スターリングラード州党委員会書記（インタビュー場所の明記なし、一九四三年三月二十六日）[29]

オジノコフ、ミハイル・アファナーシエヴィチ——スターリングラード市ヴォロシーロフ地区党委員会書記（スターリングラード、一九四三年六月二十四日）[30]

カシンツェフ、セミョン・エフィーモヴィチ——スターリングラード市クラスヌィ・オクチャブリ地区党委員会書記（ス

ターリングラード、一九四三年三月十四日）[31]

チュヤーノフ、アレクセイ・セミョーノヴィチ――スターリングラード州党委員会第一書記、市防衛委員会議長（刊行日記から抜粋）[32]

デニーソワ、クラヴジヤ・ステパーノヴナ――スターリングラード市エルマン地区党委員会書記（スターリングラード、一九四三年三月一日）[33]

バブキン、セルゲイ・ドミトリエヴィチ――スターリングラード市キーロフ地区党委員会第一書記（スターリングラード、一九四三年三月十三日）[34]

ピクシン、イワン・アレクセエヴィチ――スターリングラード市党委員会書記（スターリングラード、一九四三年三月十三日）[35]

プロフヴァチロフ、ヴァシーリー・ペトローヴィチ――スターリングラード州党委員会書記（スターリングラード、一九四三年三月十三日）[36]

ペトルーヒン、ニコライ・ロマノヴィチ――スターリングラード州党委員会軍事部長（スターリングラード、一九四三年三月十二日）[37]

専門家、労働者、住民

ジューコフ、ヴェニアミン・ヤコヴレヴィチ――「赤い十月」工場第七作業所の所長

ズバーノフ、コンスタンチン・ヴァシーリエヴィチ――スターリングラード・エネルギー・コンビナート（スタルグレス）主任技師

マテヴォシャン、パーヴェル・ペトローヴィチ――「赤い十月」工場主任技師

ヨッフェ、エズリー・イズライレヴィチ――スターリングラード医科大学学長代行（インタビュー場所の明記なし、一九四四年二月一日）[38]

軍人

ヴァシーリエフ、イワン・ヴァシーリエヴィチ――旅団コミッサール、第六二軍政治部長（スターリングラード、一九四三年一

月九日）[39]

グーロフ、クジマ・アキーモヴィチ――中将、第六二軍軍事評議会委員（スターリングラード、一九四三年一月六日）[40]

ジミーン、アレクセイ・ヤコヴレヴィチ――中尉、第三八自動車化狙撃兵旅団司令部の警備隊長、元「バリケード」工場の労働者（スターリングラード、一九四三年二月二十八日）[41]

チュイコフ、ヴァシーリー・イワノヴィチ――中将、第六二軍司令官（スターリングラード、一九四三年一月五日）[42]

デムチェンコ、ウラジーミル・ハリトーノヴィチ――少佐、スターリングラード市警備司令官（スターリングラード、一九四三年二月十四日）[43]

ブーリン、イリヤ・フョードロヴィチ――第三八（第七親衛）自動車化狙撃兵旅団の斥候兵、元「バリケード」工場の仕上げ工（スターリングラード、一九四三年二月二十八日）[44]

ブルマコフ、イワン・ドミトリエヴィチ――親衛少将、第三八（第七親衛）自動車化狙撃兵旅団長（スターリングラード、一九四三年二月二十八日）[45]

ピガリョフ（スターリングラード州勤労者代議員ソヴィエト執行委員会議長）――スターリングラードの人口は一九三〇年が約二万五千人、開戦時は四十万人で、避難民が加わると五十五万人か六万人いました。ことに街が膨れ上がったのは一九三〇年以降です。トラクター工場ができると、人口はすぐ七、八万ぺースで増えました。街にはきれいな中心部がありました。駅は二つ、一つはヴォルガ川の河岸、もう一つは街の中心部です。最近の街の成長は、工場のおかげです。一九三四、五年以降、近年は街がとてもきれいになりました。この間に建てられたものは、大スターリングラード・ホテル（三百七十室）、〈斃れし戦士〉広場の「インツーリスト」ホテル、一九三八年か九年にオープンした立派な百貨店、広場の「インツーリスト」の向かいにできたソヴィエト会館の一号館と二号館、州執行委員会の建物（増築）。ブックセンターも建ったし、五、六階建ての堂々たるレスプロムの住宅が「インツーリスト」の近くにできました。こうして広場全体が新しい建物でとてもきれいになりました。……街の中心には、大きな新しいゴーリキー・ドラマ劇場、音楽コメディー劇場、児童劇場がありました。どれも専属俳優のいる

スターリングラードの中心部、1942年夏　撮影：E. エヴゼリヒン

常設のコヤです。ピオネール宮殿のすばらしい建物、印刷研究所。ヴォルガ川に出られる体育宮殿はとてもすてきでした。エルマン地区[46]だけでも、一通りの文化施設があります。美術学校、音楽学校、体育学校がこの地区にありましたし、映画館「コムソモーレッ」、すばらしい映画館はほかにも「スパルタクス」に「赤い星」。トラクター工場には機械製作高専があって、千五百人から二千人が学んでいました。人材育成はトラクター工場のためでしたが、後にほかの工場に送り出すようにもなりました。医科大学も大きかった。約千五百人が学んでいました。

ヨッフェ（スターリングラード医科大学学長代行）――スターリングラード医科大学は、一九三五年の設立です。当時は一学年が百六十人。短期間で若いが熱意あふれるスタッフが集まりました。開戦時に医学博士が二十人、助教授と医学修士が十人以上いました。建て直した四階建ての大きな建物で、中には大教室が三つ、講義室が十、三万冊の蔵書をもつ図書館と閲覧室、解剖学と病理学の博物館、設備の整った実験室があります。顕微鏡は三百台以上、キモグラフ[47]は十台以上、レントゲン機器も。……最初の医師誕生は一九四〇年で、百五十人でした。二期生は戦争の始まった直後で三百人、その後、街の壊滅まで卒業生を四回送り出しました。

ズバーノフ（スタルグレス発電所主任技師）――一九一一年生まれです。スタルグレス勤務は五年をすぎました。大学を出たのが一九三四年。オルジョニキッゼの割り当てで、モスクワの設計トラストに送られました。あのトラストで働いた三年間は、わたしの人生の不愉快な汚点です。生理的にわたしは設計屋ではありません。ずっと発電所に行きたいと言っていました。ようやく異動になったのがここスターリングラードでした。ここではすべての段階を経験しました。一九三七年七月から当直技師で操作係、三九年から主任技師です。専門を終えて、電気技師の資格を持っていますが、今はむしろ熱工学技師、いやエネルギー技師です。

ピガリョフ（スターリングラード州勤労者代議員ソヴィエト執行委員会議長）――文化施設に何があったか、ですか。企業城下町にはクラブや文化宮殿がありました。トラクター工場なら、ゴーリキー・クラブ、映画館「ウダールニク」や小さなクラブです。学校もいくつかあって、どれもきれいでした。ジェルジンスキー学校、第三学校はとても素晴らしく、大きくありませんが、四階建てです。少人数なのを除いて、全部で八校か九校ありました。「バリケード」工場は、文化宮殿と技術労働者クラブがニージニ町に、規模は大きくないものの素晴らしいクラブでしたよ。公園をつくり、自前の夏の劇場がありました。「赤い十月」工場もクラブがあったし、技術会館もいいところでした。

ズバーノフ（スタルグレス発電所主任技師）――一般に発電所は工業の中心ですが、わたしは街の文化の中心だと言いたい。街にエネルギーが供給されて電化が進み、この電化が日常生活や公共事業に深く浸透すれば、それで町が文化的になって産業が発達し、エネルギー供給が不十分なところと差がつくからです。発電所は産業にとって、人間の心臓みたいなものです。心臓が一定の脈拍で動くとすれば、発電所にもこの脈拍があります。この脈拍は、測ると一秒間に五十周期です。一拍も動かず、聞こえなくなると、本当に街のすべての活動が止まります。工場の作業が止まり、暗くなる。今の時代、現代の環境で、これはめったにありません、劇場や映画が活動を止めるなんてね。このようなスターリングラード市の心臓がスターリングラード地区発電所なのです。

ピクシン（スターリングラード市党委員会書記）――スターリングラードという街は工業都市で、連邦レベルの企業が十近くあります。トラクター工場、第二二一（「バリケード」）工場、「赤い十月」工場、第二六四工場など。戦争中はこうした企業だけでなく、どの企業も弾薬や軍の装備品づくりに転換しました。

ジューコフ（「赤い十月」工場第七作業所の所長）――工場では一九三二年から育ててもらいました。ここで成長したんです。最初の仕事は運転手で、作業所長まで行きました。工場はわたしの目の前で大きくなりました。……工場が動いて、わたしも働きました。工場が大きくなって、わたしも工場で成長しました。党組織がわたしを育ててくれました。最近の面白かった仕事は、ＢＭ――48「カチューシャ」の開発です。……主な部品を車に乗せたわけです。戦争の初日に軍に四十台を納品し、州の軍当局から「優秀」の評価をもらいました。車の稼働状況はきわめて悪かったんですけどね。

作業所の所員六十人は、とても熱心にBMの開発に取り組みました。後にこの車を生産から外すことが決まると、所員は意気消沈。われわれは今後この車を生産するに値しないのかってね。大祖国戦争の一翼を担うのは嬉しかったです。

ズバーノフ（スタルグレス発電所主任技師）――軍事行動の時期で言うと、第一期は開戦からこの街の包囲まで。この時期は、必死の努力で、できるかぎりのことをして、この街に、わけても国防に特別な意味を持つ産業に、十分な量の電気を相応の質で供給するよう努めました。……わが国すべてが息づくリズムに加わってファシストの大軍を撃退しようと努めました。戦争でわれわれのテクノロジーは大きく変わりました。ドイツがドンバスを押さえたので、石炭がなくなる。別の燃料転換しないといけない――重油です。でも、何の心配もなかった。何の制約もなく、つまりこの転換を感じることもなく、石炭から重油への転換をきわめて短期間で実現しました。班長のイヴレフ、セルゲイ・ヴァシーリエヴィチや、ボイラー作業所のムドレンコ所長といった機械組立工が、街がこの転換を感じないですむようにしてくれたので、この発電所は新たな燃料でも無事故かつ無制限に電気を消費者に供給しました。

ジミーン中尉（第三八自動車化狙撃兵旅団司令部の警備隊長、元「バリケード」工場の労働者）――工場はフル稼動で、ありとあらゆる火砲を射撃場で試したりクレーンで屋根の上に乗せたり、戦車の試運転をしたりしました。と同時に職場の居住地でも人びとは活発でした。掩蔽壕や防空壕を掘り、貯水池を掘りました。活発さしか目につきませんでした。

ヨッフェ（スターリングラード医科大学学長代行）――大学は、街の防衛活動に積極的に参加しました。一九四一年秋と四二年の七月から八月は防衛線をつくりました。学生数百人が、教授や教師に率いられて、街の外や市内に堡塁を築きました。

チュヤーノフ（スターリングラード州党委員会第一書記）――

七月十二日……この調子で行くと、やがて軍事行動が近隣のスターリングラード進入路で展開されよう。……

七月十九日　いつものように州委員会に長居して夏の早い日の出を見る。夜二時すぎ、高周波通信の電話があった。

「同志スターリンがお話になられます」

「街を敵に明け渡す気か」とスターリンの怒声。「なぜ軍管区をアストラハンに移している。誰が認めたのだ、答えろ」

……I・V・スターリンは街の状況を尋ね、工場の軍需生産の作業に関心を示し、それから緊迫する軍事情勢に関連する党中央の指令を伝えた。最後にこう言った。

「スターリングラードは敵に明け渡さない。全員にそう伝えよ」

受話器はとっくにフックだが、行われた会話の印象がずっと離れなかった。うちに帰る気にならないし、それに遅くなった。開け放った窓のそばに立って訪れた朝の涼気を吸い込むと、力が湧き上がってくるのを感じる。一番大事なことは明らかだ。街をヒトラーに明け渡すものか。

ピクシン（スターリングラード市党委員会書記）――敵が街に

近づくずいぶん前から、各工場は志願者で撃滅大隊を作っていました。撃滅大隊に入るのは工場の優秀な人たち、優秀な労働者（党員にコムソモール員）や優秀な非党員でした。

軍事教練は、いつも現場でみっちり働いた後でした。この時の教訓は、街に困難な時が訪れた戦時に役立ちました。

チュヤーノフ（スターリングラード州党委員会第一書記）——八月十一日 午前中イワン・フョードロヴィチ・ジメンコフが顔を出し、心配そうに聞いてきた。

「家族を長いこと苦しめることになるのだろうか」

何が言いたいのか分かった。

「提案は何ですか」

「今日にでも市と州の幹部職員の家族を全員ヴォルガ川の向こうに送り出しましょう、どこかのソフホーズへ。あるいはパラーソフカ地区にある馬乳酒療養所へ」

問題は簡単ではなかった。たしかに多くの世帯がすでに疎開しているが、それでもわれわれの身内が出ていけば、敵の宣伝に口実を与えかねない。だが他に方法がないのも明らかだ。つまるところ、父親が州党委員会書記だからといって、わずか半年のヴァレリーに責任はない。しかも、もう気に病んで口ごもりはじめている。わたしはジメンコフの提案に同意した。夕方、うちの家族が船でスレードニャヤ・アフトゥバに出発した。その先は車に乗り換えてパラーソフカ地区に向かう。

デニーソワ（スターリングラード市エルマン地区書記）——大部分の党活動家は家族を事前に送り出していました。

ジメンコフ（スターリングラード州勤労者代議員ソヴィエト議長）——農村地区の一部と家畜はヴォルガ川左岸に疎開させました。コルホーズの共有家畜の全頭です。ヴォロシーロフ地区とコテリニコヴォ地区だけは、運び出しが間に合いませんでした。これ以外の家畜は、ドイツの占領した十四地区すべてがヴォルガ川の向こうに送り出しました。疎開したのは馬、牛、羊、豚です。家畜のうち、コルホーズ員、労働者、事務職員の個人所有のものは、疎開対象になりません。ドイツが占領した十四地区にある三十八カ所のＭＴＳは、すべてのトラクターを、七百五十台を除いて、疎開させ（全部で三千八十台）、ヴォルガ川の向こうにトラクターを疎開させて、一部はオリホフカ、モロトフ、ニージニャヤ・ドブリンカの各地区に運びました。[49]

ちょうど穀物の収穫が始まったころでした。十四地区はどこも占領されたのが収穫の最盛期だったので、穀物は全部残してきました。カラチ［ナ・ドヌー］の脱穀ずみの国の穀物はすべて運び出しました。カラチからの鉄道を使って、ニージニー・チルからスターリングラードまで、すべての穀物集積所からすべての穀物を運び出しました。集積所だけでなく倉庫からもです。[50]

ピクシン（スターリングラード市党委員会書記）——敵の襲撃は突然でした。疎開した人は、ほぼ皆無でした。労働者はなおさらです。

ジメンコフ（スターリングラード州勤労者代議員ソヴィエト議長）——防衛線はすぐに四つできました。子どもがいるので自

対戦車壕を掘るスターリングラードの民間人、1942年夏。写真の右側に映っている唯一の男性は、おそらく宣伝員　撮影：L.I.コノフ

宅から遠くに行けない一部のスターリングラード市民は、市内の防衛線をつくりました。これは主に女性です。これ以外の市民、二万八千人弱が働いたのは、二つ目の散兵線、第三・第四ドン防衛線です。……すべての防衛線が完成したのは八月はじめ、全長は千五百キロメートルでした。わが州は、アストラハンも含め、全域が防衛線に当たっていました〔アストラハンは一九四三年十二月までスターリングラード州の領域〕。ドン川、ヴォルガ川、メドヴェージッツァ川、どこも防衛線です。……モスクワに行った時、トゥーラ州ソヴィエトの執行委員会議長に会いました。話をして、防衛線のつくり方や、様々な鉄を運び出して一定の場所に集め、敵の装甲車の前進を阻止する方法を教えてもらいました。これを市防衛委員会議長の同志チュヤーノフに伝え、われわれも市内やあちこちで防衛線をつくりはじめ、同じような措置をとりはじめました。

ピガリョフ（スターリングラード州勤労者代議員ソヴィエト執行委員会議長）――市党委員会の発案で、いわゆる市内防衛線を街はずれにさらに作りました。この防衛線は、中央の総司令部の承認が間に合いませんでした。その他はすべて戦略的観点でつくっています。

交戦中、この防衛線が大きな役割を果たしました。わが軍が中間ラインにたどりつけなかったものの、このラインで何とか持ちこたえました。この防衛線をつくるのに労働法を無視して女性を残らず参加させ、二歳から八歳の子どもを持つ女性も、五十歳以上の女性も駆り出しました。要するに、外に出て働ける人は残らず参加させたのです。その他の住民も動員して市外の防御線づくりに送りました。

チュイコフ中将（第六二軍司令官）――堡塁をスターリングラードの周辺につくった。計画は見事だったが、掘り終えたのは一〇パーセントだ。

グーロフ中将（第六二軍軍事評議会委員）――街は戦闘準備が不足していた。このことを特に感じたのは、市街地でじかに交戦がはじまって街の防衛を引き受けた時だ。

ピクシン（スターリングラード市党委員会書記）――赤軍の司令官の何人かが、防衛線のことは聞いていないと腹を立てています。第六四軍司令官は、一度ならずそう言っていました。こうした状況は、どう説明したものでしょう。それは、この問題の担当者が防衛線のことを機密扱いにしたからです。シュミーロフ中将[51]がこう言っていました。もし防衛線ができると知っていたら、自軍は別の形に配置しただろう。

ピガリョフ（スターリングラード州勤労者代議員ソヴィエト執行委員会議長）――空爆の直前の日々は、市内にバリケードをつくっていました。それまでバリケードはありませんでした。防衛線はつくりましたが、バリケードはありません。ドン川からここまで一日でやって来るなんて思いもしなかったからです。

チュイコフ中将（第六二軍司令官）――バリケードをつくる時は、車のフェンダーでひっかけてかき集めるんだ。

ヴァシーリエフ旅団コミッサール（第六二軍政治部長）――われわれは頼るものがなかった。街の防衛はなっていない。「対戦車障害物（ハリネズミ）」はつくったが、乗用車が触れると、倒れてしまう。堡塁は何一つなかった。駅には掩蓋を敷き詰めたが、ドイツ軍に利用されて、こっちが手こずる始末だ。なのに労働者はぶつぶつと、軍人のためにたくさん仕事をしたと言うが――掩蔽壕やトーチカを掘ったことだ、どれも放置されていた。

デムチェンコ少佐（スターリングラード市警備司令官）――警備司令部の仕事は、わが軍部隊が大きく展開したため、大幅に増加した[52]。いくつかの部隊は拘束が必要だった。十日ほどの間に数万人を拘束した。八月最初の十日間の拘束者数は一万七千三百六十人だった。これは市内の数字だ。哨所の向こうは八万五千人を拘束した。一個軍に相当する。方面軍司令官に報告すると、すぐに前線に転送する中継所ができた。こうした人たち（指揮官もいれば兵卒もいる）は転送中継所に移され、そこからすぐに前線に送られた。われわれの任務は、こうした人のヴォルガ川越えの阻止だ。だから警備司令部は主要道路に歩哨を置いた。督戦隊も町はずれに配置した。道という道に検問所を設けた。民間人もチェックして、もれなく調べた。

チュヤーノフ（スターリングラード州党委員会第一書記）――八月二十二日から二十三日の夜は、州委員会ですごした。遅くに方面軍司令部から戻り、党中央からの電話を待っていた。……州委員会の建物を出てヴォルガ川に向かった。前線のすぐそばなのに、生活はふだんどおり続いていた。庭番はいつものように植木に水をやっている。主婦は、頻繁に来襲する敵機に慣れて、店や市場に急いでいる。女性が子どもの手を引いている。こうした様子を見ていて、胸が張り裂けそうになった。何がこの人たちを待ち受けているだろう。敵はもう目の前に迫っていた。

ピクシン（スターリングラード市党委員会書記）——八月二十三日の午前四時ごろのことです。わたしのいる市防衛委員会に地区委員会から電話が入り、敵がルィノークに向けて侵攻中と伝えてきました。わたしが「でたらめを言うな」と言うと、「本当です。現地に戦車産業人民委員代理のゴレグリャド[53]がいます、電話で聞いてみて下さい」。電話をする。「どういうことです、同志ゴレグリャド」——「目の前を敵の装甲車が通っているんだ」。さて、どうすべきか。すぐ撃滅大隊に出動命令を出す。

ピガリョフ（スターリングラード州勤労者代議員ソヴィエト執行委員会議長）——このような深刻な脅威がスターリングラードに迫っていたのに、軍の部隊はここスターリングラードにまともにいませんでした。トラクター工場の地区で軍が守っていたのは七、八十キロ先。要するに、敵の市内侵攻の危険性があったのに、トラクター工場から先は、さあどうぞ、道路は空いていますよ、だったのです。それでも装甲車が進んで来ると、高射砲部隊が相当頑強に抵抗して、かなりの数を撃破しました。おそらくこれでドイツ軍も警戒しました。進入路で撃たれっぱなしだから、市街地に突入したらさらに強い抵抗にあうと思ったのでしょう。夕方だったので、市内突入を躊躇しました。夕方に進軍したら、市内に入っていたでしょう。市外には高射砲がありましたが、ここに高射砲はありません。家々の屋上に高射砲が設置してあっても、屋上から街中を走る装甲車めがけて撃つことはしません。やつらは市内突入せず、そこで停止して夜営しました。ルィノークとスパルタコフカの手前です。対峙する距離は、数キロメートルでなく数メートルでした。

その夜に［八月二十三日から二十四日にかけての夜間］、市防衛委員会と市党委員会が何とか手勢をつくりました。すべての撃滅隊と、職場の居住地で見つけた手勢に武器を持たせて支えとし、街を自衛する武装勢力にしました。われわれが幸運だったのは、市内のトラクター工場（戦車工場になっていました）と大砲工場を押さえていたことです。トラクター工場は奮起し、その夜は朝までに戦車六十輌をつくりました。完成手前のものをすべて仕上げました。組立台に置かれて修理を待っていたものや、稼働の準備ができていたものです。乗員は様々な人が集められました。大部分はトラクター工場の労働者［ママ］でした。試験や検査などをしていた人です。さらに戦車を引き受けていた人も入りました。ともかく乗員はできました。また戦車教習所も戦車を何輌か持っていました。バリケード工場は自前の大砲を防衛に使い、高射砲を持って来て防衛線をつくりました。分隊にも人をできるかぎり集めました。軍の代表、試験にいた労働者——手当たり次第に送りこんで、手持ちの人材で編成しました。朝にはNKVDの部隊も入りました。

こうして朝までに街の防衛を整えました。形だけです。完全な意味でこれを防衛と呼ぶことはできません。

ピクシン（スターリングラード市党委員会書記）——この撃滅

オリガ・コヴァリョワ

大隊が敵のさらなる前進を食い止めて八月二十四日の朝を迎えました。この時はもう赤軍の正規部隊が近くに来ていました。後にこの撃滅大隊は大部分が赤軍の部隊と合流します。

カシンツェフ（スターリングラード市クラスヌィ・オクチャブリ地区党委員会書記）[54]——この撃滅大隊の戦死者に、党員のオリガ・コヴァリョワがいます。撃滅大隊の紅一点です。彼女は撃滅大隊の隊員ではないのに、撃滅大隊を最前線に送る際に職場の工場から地区党委員会に来て、撃滅大隊と行動を共にしたいと訴えました。はじめは看護婦としてこの撃滅大隊を助けていましたが、後に、まわりにいた人が殺されると、ライフル銃を手に最前線に行きました。そこで彼女も死にました。

オリガ・コヴァリョワは、古くからの党員で（一九二五年か六年の入党）、「赤い十月」工場のベテラン労働者です。工場に入った時は、砕石機で下働きをしていました。工場に来たのは一九二一年から二三年くらい、正確には覚えていませんが、やがて入党すると、社会活動と党活動にとても積極的に取り組みます。女性オルグだか女性担当の政治次長だかの推薦で、政治部の一つに送られました。政治部から工場に戻ってくると、製鋼工の資格を取りたいと言います。女性の製鋼工はこの工場では唯一ですし、わたしの知る限り、全国でも四人目です。三人はマグニトカ[55]で、彼女が四人目でした。この三年間、彼女は製鋼工として肉体的に極めて厳しい仕事をこなし、仕事ぶりも悪くありませんでした。

戒厳令が出る前に、彼女は臨時の昇進で作業所の副所長になって日常問題を担当し、市党委員会総会のメンバーにもなりました。社交的な女性で、思いやりのある人でした。ちなみに、男の子を養子にもらって育てていて、なにくれとなく面倒を見ていました。時間を忘れ、労力を惜しまず、すべてを仕事と党活動に捧げていました。

ピクシン（スターリングラード市党委員会書記）——彼女には子どもがいて、母親も扶養していましたが、後先も考えずに愛する街の防衛に立ち上がりました。オリガ・コヴァリョワは、敵との戦いで壮烈な死を遂げました。……撃滅大隊は敵を遠くメチョトカまで押し戻しました。たしかに多くの人を失いました。オリガ・コヴァリョワがどうやって亡くなったかですか。彼女はずっと倒れていて、それからこう言いました。「さあ、みんな、前進よ」。前進した人も、また倒れました。でも彼女にそれは見えませんでした。立ち上がったところで、すぐ殺されてしまいました。

……労働者の一部が街を守るために武器を手にして立ち上がると、残った労働者は工場で文字どおり奇跡を起こしました。

トラクター工場の労働者が八月二十三日夜から二十四日の一日で工場から送り出したのは、戦車が六十輛あまり、砲兵トラクターが四十五台、さらに戦車などの修理部品も大量につくりました。戦車の一部は新品の、組立台にあったものですが、その他はオーバーホールや修理を要するものでした。張りつめた空気の下で一丸となってこうした戦車を使えるようにしました。工場の外に出ると、戦車は五分か十分もしたら敵と戦いました。

デムチェンコ少佐（スターリングラード市警備司令官）——八月二十三日に、敵軍がトラクター工場の近くに来ていると通報があった。十四時のことだ。……双眼鏡で見て、ドイツの進入状況を観察していた。あそこで最初の反撃に出たのは、工場の労働者だった。

ペトルーヒン（スターリングラード州党委員会軍事部長）——八月二十三日の夕方六時から、倦むことを知らぬ市内爆撃がはじまり、一九四二年八月二十七日まで特に集中的に続きました。

ピガリョフ（スターリングラード州勤労者代議員ソヴィエト執行委員会議長）——最初の飛来は、一九四一年十月のキーロフ地区ベケトフカでした。三機のユンカースが飛んで来て、爆弾を数十発おとしました。爆弾を投下したのは、鉄道の駅付近です。人びとはのんびりしたもので、敵ははるか先でした。駅は人が鈴なり、というのも数十人の犠牲者が出たからです。これが戦争の最初の犠牲者でした。その後は、冬の間、単機の飛来を除けば、何もありませんでした。一九四二年の四月にかなり大きな空襲がありました。編隊はおよそ五十機。被害はごく軽微でした。このころには、かなり強力な防空体制が、この地方以外でも整備されていました。高射砲も数多く投入されました。だから、この時の空襲は大きな被害が出ず、建物の損傷もありません。被害は、小さな家が数軒と死者数人でした。その後は六月まで市街に大規模な空襲はなく、小規模な空襲が散発的にクラスノアルメイスクにあっただけです。たいていは、空襲警報が出ても空襲はほぼない状態でした。たいてい爆弾が落ちるのは、警報が出なかった時です。敵機の飛来は頻繁にあったので、単機の時は警報を出さないことにしていました。さもないと、街の全域が警報つづきで、工場に損害が出かねません。工場の操業を止めないといけませんからね。だから、警報が出てなければ、落ち着いて座っていられると言っていました。不思議なものですが、そんな毎日でした。

こういう状態が八月二十三日まで続いて、街の包囲が始まる日になったのです。

よく晴れた日で、すべてが順調。街は活気にあふれ、工場も稼働していました。そうそう、言い忘れましたが、わたしたちの街は疎開していません。前線がドン川まで来て、南はアブガネロヴォの手前だったのに、街は疎開していませんでした。街が直接包囲される二週間ほど前にようやく工場で働いていない女性と子ども数万人を市外に移しただけ。働ける人は、ごく少数の例外を除いて、誰一人行かせていません。街は全員集合。企業や団体もすべて動いていました。

さて、八月二十三日です。八月二十三日は日曜日でした。休日は守られていなくて、みんな仕事をしていました。気持ちいい一日でした。たしかにスターリングラードの北西で一日中、敵機が集落を爆撃しています。パニシノ、ドン川、イロヴリャから始まってコンヌィ退避駅、ゴロジーシチェ、そして再び向こうへ。爆撃は朝からやっています。でもこれをさして重要と思わず、たいして注意しませんでした。

わたしと副議長のレベジェフが十二時ごろに迂回路の建設状況を見に行きました。……わたしたちが回っている間に、三時間ほどすぎました。この時、空襲警報が出ました。敵機が街に近づいても、市内を爆撃しません。爆撃したのは、トラクター工場の向こうのオルロフカ。[56] 雰囲気は、警報が出たから爆撃はない、でした。

この雰囲気は、わたしたちにも伝わります。二人で思いついて、警報が出たから、指揮所に直行するのは止めて、警報が市内に伝わっているか確認することにしました。指揮所にいると見えないものがある、報告だけでも判断できるが、ともかく自分の目で見てみようと思ったのです。警報が出ている一時間ほど、二人で市内を回りました。それから指揮所に到着。わたしは自分の任務――MPVO[57]の責任者になります。副議長も来ました。ここにいるのは信頼に足る人です。しかるべき地位があって、ずっとその地位にあります。まずまず街は平穏です。市内の爆撃はない。わたしは、MPVOの監視所と連絡をとりはじめました。通信状態があまりよくありません。直接足を運ぶことにしました。警報は二時間になります。もう八月二十三日の夕方五時ごろになっていました。

デニーソワ（スターリングラード市エルマン地区書記）――あんな空襲は、それまで一度もありません。まさに、空一面が戦闘機に覆われたような感じでした。爆弾が落ちなかった場所は一カ所もなかった気がします。爆撃開始は、五時か六時でした。まず炎上したのは第六八七工場――ソリッドタイヤの工場です。建て直したばかりで、まだ製造も始まっていませんでした。この夜は一部の家屋や施設が焼失し、建設トラストや鉄道の車両庫も燃えたし、ここからヴォルガ川にかけての建物も燃えました。わたしは電話番で、外出禁止でした。MPVOの指揮所にも行けません。市党委員会に被害状況を報告するよう言われていました。

あのことは今でも覚えています。ちょっと怖かったです。アナウンスが続きます。「警報は継続中です。警報は継続中です」。警報は解除されず、そのままでした。

ヨッフェ（スターリングフード医科大学学長代行）――八月二十三日に［医科大学は］疎開に出発。この日は休日でした。準備に二日間かけました。夕方に船を出す予定で、疎開の許可が下りていたのは下の学年と図書館と理論講座です。下の学年の本と理論講座の設備の梱包が終わっていました。天気のいい日で、晴れていました。夕方前に荷物を車に積んで川岸に運びました。二時ごろに集中爆撃がはじまり、警報が止みません。七時に乗船のつもりでしたが、六時から百機の空爆が途切れなく続きます。人びとは散り散りに逃げました。わたしは、家族がす

爆撃を逃れる街の住民、1942年8月　撮影：E. エヴゼリヒン

でに避難していたので、六時に腹ぺこで大学に戻りました。見ると、大学は空っぽ。窓は開け放たれ、壁はなく、ドアもない。あちこちが破片だらけ。恐ろしくて鳥肌が立ちました。怖かった。わたしはコムソモール員四人と一緒に大学に一人残りました。当直だったツィガノフ教授（オデッサから疎開してきた人です）は動揺が激しかったので、帰しました。爆撃は津波のようです。二十分爆弾を落とすと去ってゆきます。大学でぼおっとしていると、十時前に地区委員会から電話があったので、コムソモール員を行かせました。このころトラクター工場の北に装甲車の空中降下があったからです。これは目撃した地区委員会書記から聞きました。戦闘機のように装甲車が落ちてきたそうです[58]。そばにいた学生四人に市内を回らせ、党員とコムソモール員を招集しました。当時は十五人ほどいました。招集は夜中の二時近くでした。電話でつかまえた人もいましたが、そのほかは一軒一軒回って集めました。

デニーソワ（スターリングラード市エルマン地区書記）――まわりは火事で、容赦ない爆撃です。その爆撃も、飛んで来て街を爆撃しおえたら、また次が来る。際限なく、コンベアーのように、いつまでも続き、けたたましいサイレンも加わります。爆撃は一晩中つづき、ケガ人は下の階にある党の執務室に運びました。ここに運んでも無駄じゃないかと思いました。……すると車を出してもらえました。ケガ人を乗せると、渡船場に向かいました。一切合切は、手持ちの党スタッフの力でやりました。ケガ人を渡船場に送ったら、地区委員会に行きました。行くとすぐ地区委員会に爆弾が落ちました。……それはそれは怖かった。……衝撃波で吹き飛ばされて地区委員会の壁にたたきつけられ、漆喰の白煙がもうもうと舞い上がり、地区委員会の壁が壊れました。幸いなことに死傷者はいませんでした。

市委員会の地下室に行くと、隣の国立銀行の建物が火を噴いていました。あそこに直撃でした。……

国立銀行が燃え、市党委員会も燃えました。見ると、党員が戻ってきます。「どうしよう。いちめん火事だ、どこも燃えている」。わたしたちの地区は火の海で、暑くなってきました。外を歩くのは不可能だし、市委員会にいるのも無理——煙は壁のようで、市委員会の壁も燃え出しました。

ジメンコフ（スターリングラード州勤労者代議員ソヴィエト議長）——［八月］二十四日の朝に大きな空爆があると、労働者が街の中心部の市立公園に集まりました。わたしたちは労働者と協議して、どうやって街を守るか話し合いました。労働公園は、武装に最適の場所です。ここに集まって労働者大隊を武装しました。八月二十四日と二十五日のことです。労働者はやって来て武器を受け取ると、任務を言われて少尉に託され、最前線へ行って街を守ります。労働者は、トラクター工場や第二二一工場から来ました。集合地点はここだけではないですが、ここは四百人から六百人が集まりました。あの雰囲気は、想像もできないでしょう。

勤続三、四十年の製鋼工は、自動小銃を手にしても、それまで自動小銃なんて知らなかったので、自動小銃の使い方を教えてもらっていました。わたしたちは、弾倉の取り付け方やセミオート射撃のやり方などを学びました。八月の二十三、二十四、二十五日の敵機の空襲は、激烈を極めました。この激しい爆撃の中、人びとは集まって武装し、前線へ向かったのです。こうした労働者大隊は、前線の司令部に送り出しました。

カシンツェフ（スターリングラード市クラスヌィ・オクチャブリ地区党委員会書記）——第一撃滅大隊は八月末に前線から戻ってきましたが、二十二人になっていました。……なぜこんなに損害が大きかったのでしょう。生き残ったコミッサールのサズィコフの説明によると、本隊とトラクター工場の部隊は敵の総攻撃を一手に引き受ける状態が軍部隊の到着まで続き、武器も不十分だったからだといいます。撃滅大隊の武器は、ライフル銃だけでした。

デムチェンコ少佐（スターリングラード市警備司令官）——この間、武器の不足は深刻だった。ライフル銃もなかった。あちこちで正に一丁また一丁とライフル銃をかき集め、なんとか人びとに武器を持たせていた。……戦利品の武器が手に入った時は、すべて部隊の武装に使った。

ヨッフェ（スターリングラード医科大学学長代行）——最初の二日間、州当局はまったくの虚脱状態で、二十六日ごろようやく我に返りました。……二十四日と二十五日は新聞も出ず、電気や水もない。建物が燃えているのに、水がないので、消防隊も出動できない有様でした。二十五日の夜には、ヴォルガ川の川岸の森に巨大な煙の柱を見ました。石油タンクが燃えていたのです。

デニーソワ（スターリングラード市エルマン地区書記）――火事を消すのは不可能でした。水道が使えなかったからです。ドイツ軍がメチョトカ川の主力ポンプを遮断して使えなくしたので、水が出なくなりました。自力で消すしかありません。自警団があって、まずまずの活躍をしました。半時間で火事は止んだものの、また燃え出して時間を無駄にしました。……幹部は、ヴォルガ川の向こうに送り出しました。これは、犠牲者が出かねないので、自発的にしたことです。地区員会で死んだ人は一人もいません。みんな生き残り、活躍しています。地区委員会の書記三人と地区執行委員会の議長がここに残りました。書記二人は女性で、執行委員会議長も女性。三人目の書記は男性です。「女性地区委員会」と言われていました。……

三、四日ですべてが今見るような廃墟になりました。

デムチェンコ少佐（スターリングラード市警備司令官）――最初の空爆でおよそ一万人が死んだ。この数字には、たまたまここにいた軍人も含まれている。地下室の生き埋めが数百人あった。地下室は二、三百人が収容できるところもあったと聞いている。……空襲初日の撃墜は、夜までに三十七機[59]。やつらがどれだけだったか、分かるだろう。二、三十機の編隊が高射砲中隊に急降下し、高射砲を破壊していた。

ピガリョフ（スターリングラード州勤労者代議員ソヴィエト執行委員会議長）――軍人でもないわたしの感想ですが、やつらは住民の戦意喪失を狙ったのです。誰も疎開していないことも知っていました。あたり一面が火事で空襲、住民はその衝撃ですぐ呆然となり、大パニックがおきる。指導部も途方に暮れる。それでもわたしはすぐ市内を掌握できましたが、軍はしばらく無理でした。

でもあの防衛線をつくってあったので、ここはまだ北からも南からも突破されず、体制を整える余裕がありました。

爆撃がはじまって三日すると、人びとを防空壕や掩蔽壕から連れ出して、復旧作業にかかりました。水道の復旧、パン工場の復旧、電気の供給が決まり、路面電車の復旧も決まりました。市の緊急委員会ができました。

デムチェンコ少佐（スターリングラード市警備司令官）――空爆期に、市の経済復興策を断固進めるため、委員会ができた。……爆撃は爆撃として、人びとを食べさせないといけないし、どうにかして経済を動かさないといけない。委員会の議長は、チュヤーノフ。メンバーは、ジメンコフ、ヴォローニン、市警備司令官、つまりわたしだった。

ヴォドラギン（スターリングラード州党委員会書記）――この爆撃がはじまって数分後に主要動脈が切断されました。北部の工場や街の中心部の電力源のことです。多くの場所で百十キロワットの送電線が断線しました。街は、電気も水もパンもない状態でした。市防衛委員会がわれわれに課題を提起しました――どんな代償を払っても街に水を供給せよ。火事が市内で猛威をふるって人びとを苦しめ、ヴォルガ川に行ってちょっと水を飲むのも時に困難を極めました。だからこの課題の重要性が

空襲におののくスターリングラードの子ども　撮影：L.I. コノフ

よく分かりました。深刻で、技術的に難しい問題です。空から絶え間なく爆撃され、後には砲弾や迫撃砲を浴びながら[60]われわれの仲間は率先してこの課題に取り組みました。昼夜を問わず、事実上ぶっとおしで送電線を復旧しました。復旧したばかりの場所が破壊され、衝撃波で十メートルから十二メートルの高さから飛ばされて、でも最初のショックから立ち直るとまた復旧に取り掛かったという例もありました。

ピガリョフ（スターリングラード州勤労者代議員ソヴィエト執行委員会議長）——水道、パン工場、製粉所が復旧すると、住民に供給をはじめて露店販売も開始し、地区でも中心部でも二、三軒の食堂を開けます。食堂は子どもに食べさすことも始めました。いくらか生活が動き出しました。売り買いが始まり、地下室に売店を設けて食糧品やパンを売りました。別の目標も出ました——公衆浴場を復旧して人びとの汚れを落とすことです。人びとは八月二十三日から二十八日まで退避壕や地下室や防空壕にいたので、汚れを落とさないといけません。二日半かかっていくつかの公衆浴場を復旧し、再開にこぎつけました。初日は約二千人が一つの公衆浴場につめかけました。翌日は有線放送を始めて、テープで音楽を流しました。とはいえ、あのカオスや火事や爆撃の中ですから、葬送行進曲みたいでした。一日聞いてみて、それで音楽を流すのは止めて、最新のお知らせを流すだけにしました。ラジオが鳴り出すと、人びとは勇気づけられました。ラジオが鳴ってパン工場が動いているなどすれば、街は生きています。住民が前向きになった、そうだ、すべてがダメになったわけじゃないんだ、と。だからラジオを再開して、人びとの耳に入るようにしたのです。……

エルマン地区の第七棟の地下室。ここの瓦礫の山に女性二人が四、五日埋まっていました。たまたま通りかかると、うめき、叫ぶ声が聞こえる。掘り返して助け出しました。わたしもその場に居合わせました。なんと二人はよく知っている執行委員会の議長で、しっかと抱き合って喜びあいました。……

ある地下室には母親と娘が埋まっていました。母親はうまく掘り出せましたが、娘は埋まっていて、どうやっても掘り出せません。生きているのに、足が埋まって立ち上がれないのです。技師が何人か来ましたが、異口同音に掘り出すのは無理だと言います。これがわたしの耳に入ったのは数日後でした。なんとかしてその人を助けなければ。技師を連れて現場に行きます。技師はやってみると言ってくれて、本当に掘り出してくれました。救出されると、娘は歌を歌い出しました。母親も、掘っている間、実に冷静で、娘に「掘り出してもらったら、荷物を取りに行きましょうね」と言っていました。

ピクシン（スターリングラード市党委員会書記）――非常にむごい光景があちこちでありました。例えば、市委員会書記のフルィニンから聞いた話です。地下室に入って確かめていました。地下室が崩壊して、でも壁の梁が持ちこたえて生きていた例があったからです。真っ暗な地下室に入って行って、誰かいませんかと大声で呼ぶ。すると、いきなり人らしき声が粗野な卑語[61]で叫び出します。髪の毛が逆立ったと言います。マッチを燃やすと目に入ったのは、全身まるこげの人間、目もやられて何も見えません。一体どんな気持ちだったでしょう。すぐに救護班が呼ばれました。……

神経がもたなかった人もいました。どんなに自制心があって我慢強くても、耐えられないことはあります。慣れなんて相対的なものです。

以前は工場に行くのは大したことではなかった。工場によく行っていましたからね。でもこの時は、行けば大事件です。一年も会わなかったかのように出迎えてくれます。わたしが「赤い十月」に行って中に入った時の出迎えのすごかったこと。わたしのところにこんな大きな男性が連れてこられます。武装した労働者が引っ張ってきます。

「どうしました、同志諸君」

「お話があります、同志ピクシン。敵が街を爆撃しています。街がやられ、工場がやられています。なのにこの野郎はその隙に盗みを働いているのです」

「どういうことです」

「こいつは自動車センターで働いていました。あそこに制服や作業着がありましたよね。こいつ作業着を何着身に付けているか、見てやって下さい」

たしかに作業着は六着、さらに懐に紅茶が百十五袋、お腹には八メートルくらいの高級ベルトを巻いて、靴底まで達しています。労働者が問い詰めます。

「なぜ盗った、これは国有財産だぞ」

「そんなの、お前の知ったことか」

「誰からもらった」

「あるやつさ」

「交換したのか」

「しない」

「こいつは盗人です、火事場泥棒です」

「こいつをどうする? 戦場に送るか?」

「こんなのを戦場に送ってはいけません。むこうでもやらかします。銃殺しかありません!」

わたしが、ともあれ戦場に送ってはどうかと言うと
「だめです。銃殺です」

この場に集まったのは地区委員会書記、NKVDの部長、党オルグ、わたし、さらにこの時は人民委員代理もいました。

そして労働者が全員整列です。やつは全部ひっぺがされました。いい長靴、クロム革の長靴を履いていて、その長靴も取られそうになる。でも労働者の叫び声——その必要はない。やつのものは、いいんだ。自分のを履いてあの世に行くんだ。

すぐ近くで整列。労働者の要請により、そいつは銃殺されました。……宣告文は、こうです。この男は裕福であり、腕のいい加硫職人で、子どもはなく、妻は第二二一工場で働いている。何の不足があろう。こんなやつは信用できない。戦場に送るのもダメだ。

……

爆撃の翌日か翌々日に略奪事件が出始めました。小麦粉の持ち去りやあちこちの地下室あらしが起きました。こうなると、緊急措置をとらなければいけません。いくつかの地区ではその場で射殺しました。何人も銃殺されました。これで事態はいくぶん治まりましたが、それでも非合法の略奪事件がぽつぽつおきます。その後、厳格な措置が取られると、略奪は止みました。


ジミーン中尉(第三八自動車化狙撃兵旅団司令部の警備隊長、元「バリケード」工場の労働者)——……主に爆撃されたのは工場だった。このとき「バリケード」工場は二つの作業所が使用不能になった。残りは、直撃はしなかったが、窓が割れて屋根が吹き飛んだ。直撃で「バリケード」工場の熟練工養成学校が三校やられた。トラクター工場の三つの作業所が使用不能になったのが八月二十三日から二十四日。この爆撃のあと人びとがうわっと逃げ出す。先頭は工場幹部だった。作業長が次々と自分の車に荷物を積んで出口へ殺到したが、しばらくして爆撃が終わると、NKVDの部隊が連れ戻し、工場はまた動き出した。


オジノコフ(スターリングラード市ヴォロシーロフ地区党委員会書記)——地区党組織の活動の忌まわしい汚点ですが、一部の企業長や党組織の書記が大規模爆撃の際に我を忘れて怖気づき、パニックに陥って地区や街から逃げ出し、自分の企業を見捨て、祖国でなく敵の手助けをしました。

こうした企業長や党書記に該当するのは、スターリングラード缶詰工場の工場長ブリレーフスキー、アレクセイ・イワノヴィ

チ、党書記のセヴリューギン、製菓工場の工場長代理モスカリョフ、第四九〇工場の工場長マルティノフ、党ビューロー書記のマクシーモフ、第五製パン工場の工場長メゼンツェフ。いずれも地区党委員会の同意を得ずに逃げ出しました。地区食品販売局を見捨てる醜態をさらし、臆病風に吹かれた局長のサマーリンは、ヴォルガ川左岸で家畜の牧夫になりすますと、地区党委員会に分からぬように行方をくらましました。

デニーソワ（スターリングラード市エルマン地区書記）――工場はぼろぼろ、人びとは逃げ惑う。何かしら持ち出した企業もあるにはありましたが、多くの企業は何も救い出せませんでした。それくらい突然の空襲だったのです。「クルプスカヤ名称三月八日」縫製工場は二十三日に焼失しました。この工場は二度燃えています。一度は燃えたものの消火。二度目の火災で全焼です。ここは資材や設備を持ち出しました。伝動装置で動いている作業所が一つだけ無事でした。おそらく機材が七十五台くらい残っています。資材を持ち出した際、企業長も党書記も戻ってきませんでした。この作業所を見捨てたのです。作業所は燃えて、伝動装置が残り、機材はおそらくドイツが持っていったでしょう。わたしたちは、職場放棄者、臆病者として工場長と党書記を除名しました。

ピクシン（スターリングラード市党委員会書記）――八月二十三日から、つまり空爆開始の時点から、住民の避難に取り掛かりました。避難は整然と進みました。一番手は、労働者の家族と労働者本人。ヴォルガ川の渡河が行われました。……

避難条件は非常に厳しく、ヴォルガ川を使っての避難は困難でした。われわれの船は爆撃にあい、多くの人が亡くなりました。鉄道でサラトフに向かった際も、多くの列車が爆撃でやられました。とくに被害が大きかったのは、「赤い十月」工場の労働者が乗った列車がレーニンスクで受けた爆撃、それから、ここへ来るまでのエリトン駅とパラーソフカ駅です。……

住民の避難が極めて厳しい条件下で行われた理由は、何といっても、ヴォルガ川しか輸送路がなく、ヴォルガ川経由で送り届けないといけなかったからです。ヴォルガ川経由で絶えず軍に武器や食糧を届ける必要があり、そこに住民の避難が加わります。避難者は数十万人、多くは女性と子どもです。だいたい六〇か七〇〔パーセント〕は女性、子ども、老人でした。負傷者もいて、避難を難しくしていました。

ヨッフェ（スターリングラード医科大学学長代行）――渡河は、ずっと小舟と軍の双胴船を使っていました。最初の二、三日は無秩序でしたが、二十七日から軌道に乗りました。川岸にあった疎開予定の大学の資産はすべて焼失、大学の建物も八月二十五日に全焼。何一つ救えませんでした。残ったのは、コロソフ教授がサラトフに携行した輸入品の顕微鏡だけです。てんでんばらばらに徒歩でチェボクサルィに向かい、そこで落ち合うことにしました。全員が顔をあわせたのはサラトフです。

ポリャコフ（スターリングラード州勤労者代議員ソヴィエト執行委員会副議長）――ホリズノフの銅像[62]からほど遠くない所に、渡船場が二カ所ありました。とくに大量の人を運んだのは市の中央給水場ちかくの渡船場ですが、ここものべつ幕なしに爆撃されました。市営の連絡船のほかに、動きの速い双胴船があって、この大きな高速モーターボートは、ヴォルガ川を八分から十分で渡ります。ざっと十台から十二台の車を載せて、さらに車とのすきまに二百人から二百五十人が乗れます。二台のボートをつないで、その間に板を敷いています。その板に車を載せるのです。

とても厳しい日もありました。例えば八月の二十七日、二十八日、三十日は、ヴォルガ川の渡河が一日で三万人から四万人に及びました。オールで漕ぐボートも千艘くらい動員しましたが、運営がちぐはぐでした。ヴォルガ川の右岸から運び出すのはとても熱心でしたが、ヴォルガ川の左岸に着くと、そこから戻って来るのが一苦労でした。……

あそこに昼も夜もいました。……責任者がヴォルガ川の川岸にいることが一定の安心感を与えました。……警察の一個小隊、水上警察を陣頭指揮し、秩序の維持と住民支援を行いました。あそこにいたのは九月五日まで。その後はクラースナヤ・スロボダーです。そう、一日のうちに何度も右岸に行き、中央の指揮所には何度も足を運んでいますが、大半の時間はもう左岸です。ひしめき合う途方もない数の人を、さらに遠くへ避難させなければならなかったからです。

ブルマコフ親衛少将（第三八自動車化狙撃兵旅団長）——左岸に行ってみると、なんと興味深い瞬間だったことか。人びとが川岸にひしめきあっている。たくさんの子どもと女性。妻や子どもを送り届ける男性、山積みの荷物。渡河は夜だった。誰もが早く対岸にたどり着きたいと焦っている。秩序ができはじめた。早く送り届けようと誰もが努力していた。女性と子どもの五人を乗せて渡り終えた。次は島を横断しないといけない、およそ一キロ半だ。わたしも子ども二人を負ぶった。全員が歩く。兵士は荷物を持ち、子どもを負ぶって助ける。見れば、女性は荷物を巻きつけ、子どもも二人、三人。見ていて、感情がこみあげ声を失う。川岸には大量の人、大量の子ども。耐えられず、翌日、十台差し向けた。まず子どもを優先して川に運ぶよう命じた。小さな子どもがちょこちょこ歩き回れば、自分のことを、シベリアにいる自分の子どもを思い出してしまう。向こうは何ともないが、ここはこんな苦難を耐えしのいでいる。

ヴァシーリエフ旅団コミッサール（第六二軍政治部長）——ヴォルガ川の渡河の際、避難と言っていたが、この避難のせいで散々な目に合った。つらくて、特に子どもは見ていられなかった。砂地に置き去りにされ、食糧はおろか水もない。労働者が連れ出そうにも、あちこちで爆音が鳴り響いて地雷が炸裂し、上から爆撃されて子どもが流されていく。しばしば島で悲惨な光景を目にし、当局の代表が何とかしてくれないかと思った。近くを通る車が腐るほどいたのだから、なおさらだ。その気になればできたのに、いなくなっていた。許可証をもらった時には、たった一時間後なのに、いなくなっていた。こんな状況だから、地元の住民と協力して自分でやるしかなかった。……

スターリングラードからの避難民、1942 年 9 月

党員だから子どもに無関心でいられない。あちこちでパンのかけらを集めて回る。チュヤーノフにも電報を打つ。ソヴィエト当局の代表を派遣して対策を講じて欲しい。子どもに食べさす食糧がないわけではあるまい、と。こうして食事を分け与えた。赤軍兵士の一家で、夫は戦場、妻は亡くなり、残された乳飲み子に四歳と八歳の子ども、病床の老人。こんな家族を見捨てられようか。

ヴォドラギン（スターリングラード州党委員会書記）――街には、両親を亡くした子どもが出てきました。年齢も実に様々で、乳飲み子から少年少女までいました。そこでコムソモールがそうした子どもを集めてヴォルガ川の対岸に運ぶことに決まりました。率先して動いたのは、エルマン地区コムソモール書記の同志ブィコワです。コムソモール員が中庭や家や壕や地下室を見て回り、親を亡くした子どもがいないか探します。見つけた子どもを市立劇場の退避壕だった地下室に集めると、しばらくして夜の三時か四時もしくは別の適切な時間にヴォルガ川の対岸に送り届けました。一緒に食糧品も送り、必要なものを確保しました。

ズバーノフ（スタルグレス発電所主任技師）――九月十三日になってドイツがクポロースノエに攻め込んでヴォルガ川に近づくと、スターリングラードの心臓と脳との連絡がついに断ち切られました。動脈が切断されたのです。わたしたちに課せられた課題は、市の南部の電力確保、すなわちキーロフ地区の工場と住宅地に電気を供給することでした。……エリシャンカ、クポロースノエ[63]地区の高地に陣取ったドイツは、発電所が動いているのを知っていたのでしょう、猛烈な砲撃を加えてきます。はじめは試し撃ちでしたが、すぐ正確に照準を合わせてものすごい集中砲火を浴びせてきました。

デニーソワ（スターリングラード市エルマン地区書記）――九月十四日に地区委員会のビューロー会議がありました。会議をしたのは防空壕です。バリケード建設と少年少女の疎開に結論を出しました。ビューロー会議が終わると、なぜか静かです。会議には警察長官、ＭＰＶＯ本部長、「赤い哨所」工場の工場長も来ていました。議事録をつくって、ノートに形式無視で書き取って全部保管しました。本部長が「心配なので行って確認してくる」と言います。前日の十三日は激しい爆撃で、めったやたらに爆撃していました。……本部長がこの恐ろしい不気味な静けさの原因を調べに出ていくと、突然わたしたちのそばを黒い制服を着た警官が通りすぎました。自動小銃、背中に背嚢、みんな同じ格好です。行ってしまいました。味方の警官だと思って、「警官が専門家会館に向けて先に出発したのかな」と言っています。実は、通りすぎたのはドイツの自動小銃兵で、専門家会館を占拠し、わたしたちはそのすぐそば、五十メートルほど離れたところにいたのです。三時くらいでした。本部長が来て、言います。すぐさまここを離れろ、ドイツの装甲車がペルヴォマイスキーにいる。ジェルジンスキー地区の橋の下からドイツの装甲車が現れ、自動小銃兵はすでに専門家会館にいました。

デムチェンコ少佐（スターリングラード市警備司令官）――九月十四日にドイツの自動小銃兵が市内に侵入し、NKVD会館を占拠した。すぐに守備隊長から連絡が入り、自動小銃兵の一群が侵入、中央空港からママイの丘の南麓と伝えてきた。確認を命じられた。三人を連れて偵察に向かう。「赤い十月」にある警備司令部に立ち寄って兵士を十人ほどもらうと、偵察させて飛び交っている様々な噂が本当かどうか確認させることにした。……出発してヴォルガ川の岸辺を行く間に、「赤い十月」に行って人を借りようと思いついた。北の造船所まで行くと、ドイツが渡船場を砲撃している。二時間ほど応戦した。部下を集める。渡船場の周辺は百艘くらい集結していたが、機関銃や自動小銃で撃ってくるので、渡河できない。十五人ほど集めて、専門家会館に行かせた。撃ち合いが始まった――やつらはあちらから、われわれはこちらから。若いポリトルークが一人負傷する。埒が明かない。部下を連れて退却し、ツァリーツァの指揮所に向かった。ホリズノフ広場まで行く。あの広場には高射砲がある、川岸のところだ。敵機が五機、急降下して来る。ヴォルガ川の川岸から十五メートルのところに大砲があった。五機はその大砲めがけて急降下する。大砲が火を吹く。爆弾が落ちて来る。部下二人は水の中に突っ伏し、わたしは溝に転げ落ちた。爆弾が落ちたのは、わたしから十メートルくらい。吹き飛ばされてしたたか打ち付けられ、おそらく打撲傷を負った。七時間くらい倒れていた。起き上がって、でもまた倒れた。何かがもぎとられたような感覚。仲間の同志二人に抱えられて指揮所に行った。するとまた空爆だ。爆弾は警備司令部の壁の後ろに落ちたらしく、火を吹き出す。フガス爆弾だった。ここに爆弾が落ちたか、たぶん全員死亡だなと思う。起き上がった。見ると、建物が燃えている。

チュヤーノフ（スターリングラード州党委員会第一書記）――九月十四日[64]……市防衛委員会の指揮所は、前線から数キロメートルの所にある。電話と電報は通信が途絶え、市の南北の連絡ができなくなった。ファシストが数カ所でヴォルガ川に到達すると、街は分断されて、それぞれが独立した防衛戦区になった。ヴォルガ川左岸に移転する決定を下した。渡河の実施は、党州委員会書記（輸送担当）のI・V・シードロフに任された。……夜遅くクラースナヤ・スロボダーから指揮所に二艘の半水上滑走艇が来て、わたしたちは渡河を始めた。最後の便で出たのは、同志ヴォローニン、ジメンコフ、わたし、そしてわたしの補佐官だった。ヴォルガ川の真ん中までは比較的平穏。だが澪に出ると、頭上をロケットが覆っているかのよう。機関銃がダダダッと響きだした。

わたしたちは船べりに身をかがめた。エンジン係がエンジンを抑えようとしたが、慌ててやったので、エンジンが止まってしまった。わたしたちは流れに押し流され、ドイツ人が機関銃を撃ってくるホリズノフの銅像へまっすぐ向かって行く。……シードロフが舵を離れてエンジン係に詰め寄った。

「ちくしょう」と重々しく息をつく。「なんてことをしてくれたんだ。どこに押し流されているのか分かっているのか」

「ファシストにお呼ばれだな」、苦々しそうにジメンコフが混ぜ返した。

しかし笑い事ではなかった。船は機関銃の砲火を浴びる。活路は一つ——水を泳ぐしかない。絶体絶命かと思った瞬間、エンジンが動き出した。慌てて舵に戻ったイワン・ヴァシーリエヴィチ〔シードロフ〕が船を急旋回させてクラースナヤ・スロボダーに向かった。

デムチェンコ少佐（スターリングラード市警備司令官）——九月十四日までこの〔市非常〕委員会は存在していた。九月十四日以降、州委員会と執行委員会はヴォルガ川の対岸に移ったが、警備司令部はここに残った。地区と市の権力のすべてが対岸に移った。……警備司令部の共産主義通りにあった建物が爆撃でやられた後も、警備司令部は活動をつづけ、様々な場所で人びとと応対した。病院に数日おかれた後、十月通りに移り、さらにツァリーツァ通りにおかれ、九月十八日からはロジムツェフ少将の指揮所に相席した。そこに九月二十五日までいた。九月二十五日に第六二軍とともにバリケード地区に行った。バリケード地区から赤い十月（クラスノオクチャブリ）地区に移って、第六二軍の指揮下に置かれた。そこに掩蔽壕をつくり、あとはずっとそこにいた。……

ちなみに、わたしの手元にトレーシング用紙に書いた唯一無二の地図がある。街の地形が特殊なため、どこにどういう通りがあるか案内せよとの命令が方面軍司令部から何度も来た。その度に人を派遣した。例えば、夜中の一時にどこかの軍部隊がやって来れば、通りや方角を教えないといけない。武器や大砲を駅で受け取ることもある。そういう時に行って教えるのだ。この街は谷間で分断されているため、通りや道を見つけるのが容易ではない。

チュイコフ中将（第六二軍司令官）——〔第六二〕軍の軍事評議会、スターリングラード防衛軍の司令部は、ママイの丘に置かれていた。自動小銃兵に包囲されかかると、ヴォルガの川岸に退いた。敵の最前線から百五十メートルだったこともある。ここに地元の党組織があったか、かい。……具体的に言うと、州委員会書記の同志チュヤーノフ、ここの防衛委員会議長だが、直接会ったのはいつだと思う。一九四三年二月五日の集会だ。市委員会書記の同志ピクシンに会ったのは、思い違いでなければ、一九四三年の一月の末か一月の半ば。それまで誰にも会ったことがなかった。

……するとスターリングラード市の警備司令官が、多少落ち着いたので、こちらの岸に現れた。

「何かお手伝いいたしましょうか」

「何者だ」

「市警備司令官であります」

「どこに陣取っているのか」

「ヴォルガ川の対岸です。レーニンスク、アフトゥバ、クラースナヤ・スロボダー。こういったところです。……」

しかるべき指導部があれば、ここはもっと違う状況になっていたろうにと思う。

軍は人なりだが、ボリシェヴィキ指導部がいる所は、こうし

た困難な時に最も危険にさらされる所だ

……敵はすでにスターリングラードに侵入した。トラクター工場には数百トンの燃料がある。燃料をヴォルガ川の対岸に運び出すのは極めて難しい、なにせ途方もない危険が伴う。その燃料を搬出しろ、と命じた。トラクター工場の工場長がやって来て、人民委員会議決定により工場からの搬出は一切禁じられていますと言う。武装した兵士に搬出を命令した。すると武装した警備員が出てきて、味方の兵士に機関銃を突きつける。どうしたらいい。仕方ない、諦めた。燃料は敵に残してやった。

ジミーン中尉（第三八自動車化狙撃兵旅団司令部の警備隊長、元「バリケード」工場の労働者）――部隊が「バリケード」工場の防衛に到着し、この工場の上村（ヴェルフニー・ポショーロク）で守りにつくと、わたしは党の工場委員会と地区委員会に行く機会があった。工場委員会にいたのはスコリコフだけだったが、地区委員会にはコトフがいた。地区委員会の書記だ。地区ソヴィエトはいなくなり、すでにヴォルガ川の対岸に去っていた。工場の管理部もなかった。工場長は九月二十五日にここに戻って来た。正確に言えば、連れて来られた。ここにいろ、許可が出るまで、うろちょろするなと言われていた。

工場では組立作業が行われた。組立て作業所は、ガラスの屋根が割れ落ちた以外は無傷だったので、ここで組立作業を行った。作業所の所長や班長を連れ戻すと、仕事をさせた。完成部品や火砲の組み立て作業が、順調に進むようになった。後に修理も引き受けた。トラクター工場も爆破されたが、しばらくすると部品の組み立てや戦場から戻って来た戦車の修理を行った。

ヴァシーリエフ旅団コミッサール（第六二軍政治部長）――ここに党活動家を残すことはできた。一軒一軒、一部屋一部屋が迎え撃てば、ドイツはスターリングラードに入れなかっただろう。でもやつらは目と鼻の先に迫っていた。われわれには拠点がなかった。街は守りが手薄だった。……わたしは聞いてみた、四十万人の労働者から十万人を出せば、もう立派な軍隊じゃないかとね。ただ、持たせる武器がなかったのだ。高い所に配備して見張らせる、そういう守り方をしていたら、ドイツは決してスターリングラードに入れなかった。近づいた所を、市内と同じく、滅多打ちにしただろう。あのとき残しておけば、もっと楽に対処できたろう。街中では、どんなに力量があっても、つらく困難な任務で、おびただしい血が流れる。ことは、はっきりしている。街を見捨てて守らなかったのだ。

マテヴォシャン（「赤い十月」工場主任技師）――九月十五日にわたしたちはチュイコフ将軍とグーロフ軍事評議委員のところに行きました。二人は工員の退避を強く求め、敵の砲撃と味方の反撃の中で死者が増え続けているからだと言いました。このときからわたしたちは移送を開始しました。

ブーリン（第三八自動車化狙撃兵旅団の斥候兵、元「バリケード」工場の仕上げ工）――労働者の全員避難がはじまり、ヴォルガ川の対岸に向かいました。しばらくすると、工作機械をすべて持ってレーニンスクに行けとの命令が出ます。全員が対象です。レーニンスクに送られました。レーニンスクに着くと、そこからノヴォシビルスクに疎開です。わたしをはじめ何人かが間に合わず、足留めされました。[65]すると命令が出ます。職場仲間からはぐれた者は避難リストに従って拘束し、コンバット送[66]りだというのです。わたしたちは拘束されて、送られました。

部隊編成はソリャンカでした。作業所からは、わたし一人です。のちに同じ工場の人に会いましたが、第十六作業所でした。ネズナモフといいます。以来ずっと苦楽を共にし、今も一緒です。……はじめにいたのは、工場狙撃兵予備連隊です。ここで訓練をしました。訓練が終わると、どこへ行きたいか聞かれます。わたしは自動小銃兵に志願し、後に自動小銃兵から斥候兵に移りました。

デムチェンコ少佐（スターリングラード市警備司令官）――最後は強制的に移住させた。いやがった人もいる。ここにもう二十年もいるの、どこに行けというの。街を最後まで守る、街を決して明け渡さないってね。もちろん中にはドイツが来るのを待ちわびる人もいた。……

［工場地区の住民は］……九月二十三日から十月十五日に十四万九千世帯が避難した。わたしたちは、実は、この任務に警官を動員した。地下壕や防空壕の一つ一つを回り、そこから連れ出して左岸に送り出した。市内に住民はほとんど残っていなかった。住民が残っていたのは主にジェルジンスキー地区とヴォロシーロフ地区だが、ここは不意打ちを食らったところで、ほかの地区は数えるほどしかいない。弱った老人や病人だ。第六二軍が駐屯したところは、第六二軍のいるところに最後まで留まっている。たしかに子どもがたくさんいた。母親が殺されて、子どもが残されたわけだ。掩蔽壕で見つかった子どももいた。

こういうこともあった。ドイツ兵をある掩蔽壕から撃退し、そのトーチカを破壊したが、掩蔽壕にその日は入らなかった。翌日の夜にこの掩蔽壕に入った。すると七歳か八歳くらいの女の子がいて、遺体の間に横たわっている。中に入ると、その子が叫ぶんだ――連れてって、一緒にいると寒いの。母親は殺されていた。第三九師団の師団長ソコロフ少将[67]がこの子を助け出した。

マテヴォシャン（「赤い十月」工場主任技師）――工場爆破の準備と解除は三度ほどしました。わたしたちは、軍司令部・師団司令部と直接連絡をとって守ってもらっていました。最初は工場にＮＫＶＤの師団がいました。どれだけ苦しいか教えてもらっていました。最後にチュイコフ将軍のところに行くと、モスクワから指示はないが、おそらく爆破はない、最後まで戦うことになるだろうと言っていました。スターリングラードは明け渡さないと思っていたものの、最悪の場合は放棄もありえます。爆弾を取り外して、それからまた設置しましたが、まだ個人の判断にすぎず、命令の形で言われたことは一度もありません。……その後モスクワから連絡があって爆弾を取り外しましたが、おそらくベリヤからそうした命令があったのだと思います。……わたしたちが退去したのは十月四日で、最後でした。

ズバーノフ（スタルグレス発電所主任技師）――砲撃が一番激しかったのは九月二十三日で、敷地内に四百発近い砲弾が撃ち込まれました。暑い日で、従業員には試練の時でした。まさに発電所にとって運命の日です。

はじめは散発的だった砲撃が一斉射撃になり（軍人がよく言う猛砲火です）、発電所は稼働停止に追い込まれました。……発電所に砲弾が落ちると、破片が飛び散るだけでなく、建物の拠点や設備を破壊し、ありとあらゆるものが舞い上がります――破片、部品の一部、ガラス、レンガ、木材、金属。これが仕事場にいる人の頭の上に一斉に降り注ぐのです。とくに大変だったのがボイラー作業所です。……例えば、この日、水係[68]のドゥボノソフの足元に砲弾が落ちてきたのに、爆発しませんでした。彼は時限爆弾だとは知らず、命の危険があるのに、持ち場を離れません。爆弾を慎重に作業場から遠ざけ、信管処理をしてようやく安心できました。

ともかく発電所は停止しました。どうするか決めないといけません。ドイツの砲撃は、頻繁で正確です。この状況で従業員を働かせるのは危険でした。……作業所の所長を召集して、今後の活動を相談することにしました。後にこの会議を戯れに（ナポレオンのロシア侵攻の際、戦わずしてモスクワを明け渡すと決めた）「フィリの軍議」を名付けました。どうすべきかと問題提起がありました。もし停止すれば、近隣の工場は戦車の修理も砲弾の製造もできない、地区全体が水なしになる、軍がパンなしになる。稼働すれば、従業員や幹部に直接の危害が及ぶ。よくあることですが、作業所の所長は誰一人「いいえ」を言いません。誰もが冷静で、止むことのない砲弾の音を聞きながら出した結論は、発電所の再稼働でした。発電所は、九月二十三日のその日のうちに再開しました。

暗闇が訪れると、初めはおずおずと、後に完全に砲声が止みます。ドイツの砲撃の照準は、発電所から立ち上る煙と蒸気だったようです。砲撃は十一月十日まで止みませんでした。でも九月二十三日の教訓から、州指導部は発電所の稼働を夜間に限定するようになりました。

ピクシン（スターリングラード市党委員会書記）――こんな笑い話みたいな出来事もありました。信じられないような砲撃です。スタルグレス所長のゼムリャンスキーが軍司令官に要望書を書き、書面で提出しました。「スタルグレスの稼働を不可能にしている敵の砲兵隊をすぐさま制圧して下さい。さもないと上級機関に上訴します」。シュミーロフが最近になって当時のことを思い出し、「わたしはこの要望書を受け取ると、砲兵隊長にこう書いた。〈同志〇〇、すぐさま砲兵隊を制圧し、発電所が稼働できるようにせよ〉」。

ズバーノフ（スタルグレス発電所主任技師）――おもしろい話を一つ。よくあることですが、すさまじい猛砲火がつづくと従業員は大変で、業務指示でそれなりに安全な場所に退避して落下物や砲弾の炸裂を避けますが、まさにその瞬間に中央操作室に足を運ぶと、一風かわったものを目にする、いや耳にします。砲声の音楽にまじってクラシック音楽の作品が聞こえてくる。カロチャンスキーさんが座って蓄音器でレコードをかけているのです。

バブキン（スターリングラード州キーロフ地区党委員会第一書記）――はじめは戦闘機が飛んでいたり、村を通過すると、人びとは防空壕に逃げ込んで隠れていましたが、そのうち慣れてしまう。敵機が群をなして飛んで来ると、人びとはたちまち爆撃先を割り出します。スターラヤ・ベケトフカに「カチューシャ」が約三、四十基あって、撃っていると製粉の風車がすぐ動きます。十月でしたが、ソフホーズに行った時に、「カチューシャ」の砲撃を目の当たりにしました。メッサーシュミットが単機で現れ、空中で八の字を描いて飛び去ります。わたしは、十分後にドイツの戦闘機が数を増してこの場所に飛んで来るぞと予言しました。十五分たつとドイツの戦闘機が現れ、爆撃を始めます。わたしたちは二百五十メートルほど離れたところで見ていましたが、一機が投下する爆弾は八発で、入れ替り立ち替り爆撃し、投下し終えると帰って行く。鈍く低い音が聞こえます。見ると、わたしたち目がけて敵機が飛んで来るので、家の陰に隠れました。爆弾は、三メートル先に二発、五メートル先に一発。わたしと運転手に土煙が舞い上がります。気づくと第三陣も来ています。こんな感じの爆撃が一日中つづきましたが、人びとは落ち着いたもので、平然としています。長距離砲が火を吹くと、子どもたちはスキーや橇を準備して待機し、砲撃の衝撃波を使って丘を滑り降りてゆきます。

ズバーノフ（スタルグレス発電所主任技師）――一九四二年十一月四日のことです。発電所の夜の稼働時間が終わって定期休止に入り、全従業員が（ちなみに包囲初日から昼夜兼行の勤務体制になっていました）横になって寝ました。人びとは自分たちの生活様式にもう慣れっこで、砲撃されても、ふつうに服を脱いでベッドに横たわっています。ところが十一月四日の朝八時三十分、発電所の上空に突如ファシストのハゲワシが現れました。われわれが「音楽家」と呼んでいる「Ju87」〔凄まじいサイレン音を発しながら急降下して目標に爆弾を投下するドイツの爆撃機〕四十九機がひっきりなしに爆弾を投下し、わたしたちのいる発電所を破壊しようとします。四十九機がどれも数回は急降下爆撃をします。とくに不快だったのが、サイレンの音です。どんな音でも、たとえば砲撃や爆撃にも慣れることができると言う人がいますが、わたしは信じません。本当だと思えないのです。爆撃や砲撃はどんなものでも耐えるのは大変で痛みを伴います。要は、どれだけ自制心を発揮できるか、つらい様子を見せないかに尽きると思うのです。ですが、あの瞬間の苦しみは、これまで経験したことのない苦しみでした。爆弾はさほど怖がらない赤軍兵士が急降下爆撃機のサイレン音を怖がるという話は本当によく耳にしました。そうだと思いますし、これはほんとのほんとです。実際、サイレン音は人びとの調子を狂わせます。このとき発電所で何がおきるか想像できるでしょう。人びとは半裸でベッドから飛び起きて退避壕に駆け込み、幾人かは設備に急行して、こうした爆撃への「対応準備」にかかります。

爆撃の時間はさほど長くなく、二十分か二十五分でしたが、わたしたちには永遠に思えました。敵機が去ると、桁外れの力を持つこの爆撃の結果を認めざるを得ませんでした。この日まで一人もなかった犠牲者が、この日は二十人以上。設備もあちこちで被害を受けました。発電所は事実上長期にわたって稼働不能になったのです。

州党委員会書記のイリインが来ました。州党委員会はヴォルガ左岸への最終退避を決定し、残っている少数の勇者を保護することにしたのです。

ペトルーヒン（スターリングラード州党委員会軍事部長）――パルチザンのことです。……ドイツが領内に侵入した際、偵察のパルチザン部隊を三十四つくりました。人数にして八百三十九人の兵士です。この時までに六十カ所以上の食糧基地を設けて、パルチザン部隊の食糧確保に努めました。ほかに物品も用意し、基地に武器や弾薬も備えました。パルチザン部隊の訓練は撃滅大隊[69]の部隊、OSOAVIAKhIM（国防・航空・化学建設協賛会）の州評議会がつくった部隊、いわゆる教育グループで行い、一部は特別学校でも教えました。……

パルチザン部隊がいる場所は、もっぱらステップの開けた場所です。効果的な遮蔽物がなく、水もない。このため、たいていパルチザン部隊は少人数で、七人から十人、多くても十五人です。ファシストの大軍は占領地（州内のあわせて十四地区が占領されました）に厳戒態勢を敷いて民間人を苦しめるとともに、部隊の実際の活動を大いに妨げました。……

一九四二年の九月初旬、カムィシ村のウリヤーナ・ヴァシーリエヴナ・ソチコワのところに数人のパルチザンがやってきて、水を飲ませて欲しいと頼みました。ソチコワが水を汲みに出かけると、パルチザン一行の待つ家にドイツの巡視兵が近づいてきます。それに気づいたパルチザンは、ドイツ人を始末すると姿をくらましました。二日後、ドイツ人は六十歳のソチコワと三十歳のその娘を拘束し、さらにカムィシ村の近隣に非常線を張って騎馬を大量配置し、包囲網を脱してたまたまこの場所に出てきた赤軍兵士五名を捕まえました。村の男性全員を呼び集めて男たちに墓を掘らせ、それから墓のすぐ側に赤軍兵士と逮捕した女性二名を立たせると、男たちの見ている前で銃殺しました。このあとドイツ人将校が男女に警告を発し、今後は誰もがこうなる、ドイツ人兵士が一人殺されるごとに住民百人を銃殺すると脅しました。……カラチ地区のアヴェリノ村では、八歳から十五歳の少年少女十七人が逮捕されました。全員が道端に引き出されて公開笞刑。七日間、水も食べ物も一切与えない。十一月七日、ファシストは弱った若者に極悪非道な血の制裁を加え、十人を銃殺して遺体をコルホーズのサイロに投げ捨てました。数人の男の子が銃殺されたのは、将校がタバコ入れを紛失し、男の子の一人が疑われたからでした。プロドヴィートエ村では、一九三八年に反ソ宣伝の廉で党除名と五年の刑になったコルホーズの元班長の妻の密告で、党員のナターリヤ・ニコラエヴナ・イグナチエワがドイツ占領軍によって逮捕・銃殺され、遺体が一週間あまりさらしものになりました。

自分の師団が解放した「赤い十月」工場の敷地をマテヴォシャン工場長に引き渡すグーリエフ少将
1943 年 1 月　撮影：G.B. カプスチャンスキー

ヨッフェ（スターリングラード医科大学学長代行）——一九四二年十二月には、スターリングラードがまだ占領者の手にあったものの、スターリングラードの教授陣の大部分を帰還させる方針が採択されています。一月末にはスターリングラード医科大学の教授たちが動きはじめ、二月二十五日にはもう四人が到着していました。

ジューコフ（「赤い十月」工場第七作業所の所長）——工場の成長の一部始終を見てきました。だから今［聞き取りは一九四三年一月八日に工場の敷地内で行われた］このような荒廃を目にするのはつらいです。譬えて言うなら、家を出る時は元気だった父と母が、しばらくして家に戻ってみると死んでいた、そんな感じです。……いま目に入るのは廃墟ばかり。車で動くのはおろか、歩いて動くのもままならない。どうにも合点がゆきません。今、仕事のために残っているわたしの作業所の所員が二十二人。工場に行って、すぐに立て直しに着手したいと待っています。

チュヤーノフ（スターリングラード州党委員会第一書記）——二月四日。今日は、戦勝のお祝いがヴォルガ河岸の各地で行われている。〈斃れし戦士〉広場は厳粛で、赤旗につつまれている。……昼の十二時。にわか作りの演壇に方面軍や軍の軍事評議会の面々が現れた。V・I・チュイコフ、M・S・シュミーロフ、A・I・ロジムツェフ、州や市の幹部がいる。……州党委員会、州勤労者代議員ソヴィエト、市防衛委員会の依頼を受けて集会で演説したわたしは、こう述べた。「憎っくき敵、ドイツ人ファシスト侵略者との戦いで、われわれの街は一面の廃墟

中心部のヴォルガ川河岸通りの片付け　撮影：L.I. コノフ

になった。今日われわれは祖国と党と政府に、われわれの愛する街の再建を誓います」。……戦いの同志に別れを告げる。彼らの道は西に向かっているが、わたしは街に残る。また一民間人に戻った。前線は数百キロメートル先に遠ざかった。軍は去りつつある。あれほどの苦しみを分かち合った同志と別れるのはつらい。

プロフヴァチロフ、ヴァシーリー（スターリングラード州党委員会書記）——二月四日に全体集会が行われました[70]。同じような集会が州のあちこちで行われています。ソヴィエト情報局が包囲部隊の一掃を伝えると、同志チュヤーノフやわたしのところにとてもたくさんの祝電が地区から、後にはソ連全土から届きました。最近も電報を受け取り、プレトニョフという人ですが、部隊名を記して勝利を祝っています。スターリングラードの関係者は関心を持っています。関係者だけでなく国中が関心を持っていました。そうした電報を数多く受け取りました。

ピクシン（スターリングラード市党委員会書記）——ドイツ軍部隊がスターリングラードで完全に一掃されると、すぐさま全勢力を動員して遺体の片付けにかかりました。どの地区も数千体の遺体がありました。

ポリャコフ（スターリングラード州勤労者代議員ソヴィエト執行委員会副議長）——ここからの主な任務は、街中をできるだけ早くきれいにすることです。一カ月では片付けようにも片付けられません。仕事が遅いわけではない。数千人がこの仕事に加わっています。スレードニャヤ・アフトゥバとプラレイスク［ママ」のコルホーズの援助も大きかった。ラクダやウシをつないだ荷車五十台と御者のコルホーズ員を送ってくれました。数万の遺体をこのコルホーズ員が運び出しました。

プロフヴァチロフ、ヴァシーリー（スターリングラード州党委員会書記）――コルホーズ員は、ドイツに占領されていた各地区を援助しようと骨折ってくれました。わたしがコテリニコヴォ[71]に行ったのは解放から三日後ですが、この地区にポペレチェンスキーというコルホーズがあります。このコルホーズは、公有化した家畜のほとんどを守り通しました。ずっと谷間に隠してドイツ人に気づかれないようにし、ドイツ人に与えませんでした。この村のコルホーズ員は穀物を穴倉に隠しておき、赤軍がやって来たら、打ち明けました。今このコルホーズは一九四三年に植え付ける種を完全に確保しています。トラクター十二台も守り通しました。どうやったかですか。ドイツがコテリニコヴォの包囲網を狭めてトラクターの運び出しが不可能になると、トラクターの運転手がちょっとした部品をトラクターから取り外してトラクターを事実上使えなくします。ドイツが去ったら部品を持って来て、トラクターは十日ほどで復旧です。こうしてトラクターは今では元通り、部品もすべて保管していました。このコルホーズに修理施設があって、ここがそこそこの働きをするでしょう。ちなみに、ここの住民はコサックでした。ドイツはコサックを取り込もうとしましたが、うまく行きませんでした。コルホーズ員が話してくれました。……

ペレラゾフスキー地区に行った時はリポフスキー村に足を運び、残っていたコルホーズ員と話しました。そこでおきたドイツ人とルーマニア人の蛮行の数々を教えてくれました。この村のウシは数頭残るだけで、あとは全部ドイツ人が持って行ってしまった。このコルホーズの農家は百七十から八十軒くらい――大きな村です。とりわけ住民を憤慨させたのは、捕虜の収容所です。リポフスキー村に小川があって、その川岸に養豚場がありました。このコルホーズの施設はどれも燃えてしまいましたが（牛小屋、牧羊場）、養豚場は無事で、その中庭が有刺鉄線で囲われて、そこに捕虜がいました。食事はライ麦のくずだったそうです。わたしが行く前日が葬儀でしたが、足が凍傷の指揮官が二十三人いました。ドイツ人が連れて行かなかった人たちで、藁でぐるぐる巻きにして養豚場で焼き殺していました。捕虜の赤軍兵士六名を連行してちっぽけな小屋に押し込み、五人は中庭の穴倉でした。住民が助けて、地区委員会の書記が来た時に病院に収容しましたが、多くは凍傷になっていて、痩せこけて食事を与えられていませんでした。

ロマネンコ（スターリングラード市バリケード地区党委員会第一書記）――八月二十三日以前にいた数千人の地区住民のうち、わたしたちがこの地区で見つけたのは、たった百三十人。疲労困憊して、飢えて痩せこけ、凍傷になっています。この人たちの多くが、あと二、三週間来るのが遅れていたら、飢えと寒さとドイツ人の虐待で死んでいただろうと言っていました。

ブーリン（第三八自動車化狙撃兵旅団の斥候兵、元「バリケード」工場の仕上げ工）――わたしの家族はスターリングラードに

スターリングラードの食堂、1943年3月　撮影：ゲオルギー・ゼーリマ

残りました。父はいませんが、母が殺されました。ここに着いて自宅に行くと、母が九月八日に殺されたという通知を受け取りました。台所でご飯を作っていたら、朝の四時ですが、その時に爆弾が落ちてきたそうです。家が燃えて、殺されました。

デニーソワ（スターリングラード市エルマン地区書記）——住民は今この地区に六十二人です。地区住民は一部がドイツ人に連れ去られ、一部は残りました。ここに残ったのはドイツ人に近づいて味方した人です。そうした人は、ここで暮らすことを許されました。ここは制限区域でした。

今は街区ごとに歩いて回っています。三度、住民の員数調査をして、誰が何をしているか確認しています。必要な人がいれば、関係機関に報告しています。[72]

ヨッフェ（スターリングラード医科大学学長代行）——身を隠すのが間に合わなかった住民は、全員ドイツ人が西へ連れて行きました。残ったのは、隠れ家に身を潜めることのできた人だけです。ドイツ人の下で働いていた住民は、すぐ分かります。そういう人は、自尊心を失っています。わたしは職務上、診察で病人を大量に診ましたが、一目見れば、こういう非ソヴィエト的な人かどうか、目つきで分かるし、話し方も自信がなく、押しが弱くて歯切れが悪い。たぶん直感で、おどおど、びくびくしているのが分かるのでしょう。これはすぐ出てくるわけではありません。初めのうち、こうした人たちが他の人たちと違っているのは、心理面です。

ズバーノフ（スタルグレス発電所主任技師）——左岸に退避

戻ってきて、第62軍の掩蔽壕の跡で暮す市民　撮影：ゲオルギー・ゼーリマ

すると、モスクワに呼び出されて、そのまま留め置かれました。おそらく、モスクワ勤務に同意すれば、住宅ももらえたでしょう。これはある種の人間には魅力的でしょうが、わたしは断りました。わたしはモスクワ以上にここで必要とされているのです。困難な時期に発電所を見捨てるなんて出来ません。順調な時期にわたしを鍛えてくれた職場ですから、発電所が困難に直面しているなら、これを助け、すべてを捧げる義務があります。一介の技師がここで鍛えられて主任技師になりました。発電所を復興し、戦前の出力を回復するのは、わたしの良心に課された任務なのです。

ヨッフェ（スターリングラード医科大学学長代行）［このインタビューは一九四四年二月一日に実施］――われわれの一番の問題は住むところです。学生は今でも二人で一つのベッドです。シーツもベッドもマットレスもたくさんあるのに、そうしたベッドを置く場所がないなんて。……

スターリングラードは、住民で膨れ上がっています。すでに今の段階で二十五万人いて、毎月一万人近いテンポで増えていると『スターリングラード・プラウダ』紙の「スターリングラードの復興」欄が書いています。このような人口急増で、住宅入居が大問題になり、児童の食事や教育、病人の治療といった計画に支障を来しています。街の復興は、日常サービスの面では、住民の増加に追いついていません。学校の始業時間は八時から夜の十二時で多部制［ママ］、しかも低学年の授業は一日おきです。とはいえ、住民の流入は街の復興のきざしです。たくさん

赤軍の電話交換手、スターリングラード、1942年12月　撮影：ゲオルギー・ゼーリマ

の人が、まだ［様々な］条件で暮らしています。地下室、塹壕、掩蔽壕。一つの部屋に数十人が寝起きする場合もあります。それでも人びとは、障害をものともせず、戻ってきます。人口流出はごくわずか、たいていはスターリングラード生まれでない人たちです。人びとは帰郷してスターリングラード復興のために戦っています。……意気軒高で、暮らしと仕事を真剣に考えています。赤軍の勝利がわたしたちに不老不死の霊薬を注ぎ込んだのです。

ピガリョフ（スターリングラード州勤労者代議員ソヴィエト執行委員会議長）――電話交換手の女性が消防隊に詰めていました。そこの交換機はむきだしです。二階にでんと据えてある。爆撃されたら、ひとたまりもありません。指揮所はコンクリート製［ママ］です。せいぜい、船に乗っているようにゆらゆらする程度。なのに交換手がいるのは、可哀そうに、交換機のそばなのです。逃げるのは許されず、つなぐのが仕事。電話をかけると、声が震えているのが分かります。

「これこれにつないで」

「つなぎます」

声は震えていても、つなぎます。それから、受話器から泣いているのが聞こえる。でも持ち場を離れず、命令がないので、待機している。あの頃はこれが当たり前だと思っていました。今、落ち着いた状況で当時の様子を思い出すと、違った見方もできますが、当時は逆にこう言っていました。「めそめそするな、泣きべそをかいて」。今あの様子を思い浮かべると、本当につらい。

轟音が鳴り響き、コンクリートの中でさえ気が気じゃない。じゃあ上にいるあの子はどうなる。建物の二階の窓辺ですよ。なんといっても女性です。神経の強靭な兵士ではありません。ふつうの女性、ふつうの交換手なんです。何を求められましょう。

二　料理女——アグラフェーナ・ポズニャコワ

料理女アグラフェーナ・ポズニャコワの語りを、スターリングラードの幹部と住民の声を縒り合わせた集団の語りの後に別置したのは、話をしてくれた時代の証人の中で、この人だけが街から退避せず、ドイツの占領統治を身をもって体験しているからだ。ポズニャコワと同じような運命をたどったスターリングラードの住民は、概算で十五万人から二十万人。[73]疎開のタイミングに許可が出なかった場合もあるが、多くは身内に病人を抱えて離れられなかったとか、流浪の民で冬を迎えるのを嫌ったからだ。ドイツの占領体制をリアルに思い浮かべられる人などまずいなかった。ソ連が宣伝するファシストの残虐行為なんて所詮誇張だと思われていた。[74]

街の破壊は、八月下旬の絨毯爆撃の後もさらに続いた。ドイツの空軍が空爆を繰り返せば、ソ連の砲兵隊が戦闘地域を左岸から砲撃する。生き延びた住民は、たいてい年寄りや女子どもだが、地下室、物置、穴ぐら、水道管に身を隠していた。[75]市街戦でめったやたらに使われた手榴弾で命を落とした人が多い。ソ連のメディアは、語気を荒らげて工業地区のドイツ軍を非難し、多数の民間人を追い込んで人間の盾にしていると報じた。[76]

市内の占領地区と周辺地域は、ドイツの軍政が敷かれた。スターリングラードの司令官に任命されたシュパイデル少佐は、一九四三年二月に赤軍の捕虜になった後で、ドイツの占領統治の目的をこう説明している。「党・ソヴィエト活動家の殲滅、ユダヤ人全員の抹殺」、さらに住民を掌握して利用し、占領軍の安全を強化する。[77]一九四三年四月のＮＫＶＤ報告によると、「ユダヤ人の摘発に当たったのは、主にドイツの野戦憲兵と〈ウクライナ補助警察〉だった。この際、地元住民の中の裏切り者が少なからぬ役割を果たしている。ユダヤ人を見つけ出して抹殺するため、住宅、地下室、防空壕、掘立小屋などを虱潰しに調べて回った」。[78]スターリングラード州に住むユダヤ人など微々たるものだ。それでもソ連の史料に記録されている

平和通り、スターリングラード、1943年　撮影：L.I.コノフ

ユダヤ人の殺害は八百五十五件ある。その多くがおそらくウクライナから来た難民で、時として残酷な殺され方をされている。[79] シュパイデル少佐の供述によると、スターリングラードで見つけたユダヤ人と党員は、拘束を想定しておらず、その場で射殺していた。[80] 殺害者数がさほど多くなかったのは、詰まるところ大半の党員とユダヤ人難民のスターリングラード退去がなんとか間に合ったからだ。

占領軍は市民に地元司令部での登録を命じた。登録証明書の不携帯は収容所か銃殺だと脅している。徴兵年齢の男性は、予防措置として捕虜収容所に入れられた。[81] 第六軍兵站主任参謀の下に置かれた特別司令部が住民の移送担当で、経済搾取の観点から査定した。早くも十月一日ごろには毎日八千人から一万人の住民が、ドイツの呼び出しに従って集合地点に出頭し、一番近い鉄道駅のカラチ・ナ・ドヌーまで、百キロの道のりを歩かされる。水や食糧は提供されず、氷点下の寒さの中、戸外で野宿を強いられた。さらにカラチとチルから鉄道で中継収容所のフォルシュタット（スターリングラードの西三百キロメートル）に運ばれると、ここで様々な官庁が品定めを行った。[82] あるドイツ兵が十一月二十日付の野戦郵便に、マイナス二十度の寒さの中、カラチに向かって伸びる難民の長い列のことを書いている。「道の両側に凍死した女性と子どもが倒れている。塹壕や待避壕にもいるのは、夜に難民が寒さをしのごうとしたからだ。彼らが口にできるのは、死んだ馬しかない。どの馬も骨までしゃぶり尽くされている」[83]

赤軍の反攻がはじまった時、市内のドイツ占領地域にいる住民は一万五千人弱に減っていた。[84] つづく数週間で、この人たちの境遇は急速に悪化する。九月にドイツ兵が来てからというもの、装飾品や日用品の盗難が日常茶飯事だったが、十二月からは兵士が集団で住民の小屋や物置を探し回り、隠してある非常食や温かい衣服を奪っていく。飢え凍えて苛立った占領兵による暴力行為が増えた。露営中の部隊は市中での木材調達を命じ、住んでいる人のことなどお構いなしに住居を解体する。市内に退却した第六軍の将兵は損傷のない住宅を宿舎にし、住んでいる人は外に追い出した。ドイツの将校は味方のルーマニア軍の宿舎も取り上げている。とばっちりを食うのは民間人だった。[85]

一九四三年一月一日を期して、第七一歩兵師団の「スターリングラード南部」地域主任査閲官が、残っている住民全員の登録を命じる。登録証明書を得るには、司令部に穀物二キログラムの納付が必要だった。この手続きに二千五百人が登録し、穀物四トンが集まる。なけなしの蓄えを持って出頭した住民が、司令部の目の前で盗人兵士に襲われることもあった。住民の残留推計数に比して証明書の交付数が少なかったので、司令官は一月十日までの再登録を命じ、小麦二キログラムかライ麦三キログラムの供出を義務づけた。新たな命令に、住民三百人が応じている。[86]

歴史家のインタビューに答えて、アグラフェーナ・ポズニャコワは、この司令部への強制供出とともに、占領統治のほかの経験や印象を語っている。夫と子ども二人をスターリングラード戦で亡くし、残った子ども四人を抱えて、六カ月近くつづいた戦闘と困窮を生き抜いたのは驚くべきことだ。文書記録や写真を探したが、この料理女と家族のことが分かる情報は何一つ見つからなかった。大差ない経験をして廃墟の街で生き残ったと思われる人の姿を、市職員の一人が荒廃した受持地区に戻って来た一九四三年二月に書き留めている。「わたしたちは解放された自分たちの地区を歩いて回った。細い小道を、地雷を避けながら進んでいくと人がいる。記憶を失った人たち。自分の声におびえる人たち。ある人は、背格好は少年なのに、側頭部の髪がすっかり白くなっていた」[87]

祖国戦争史委員会

スターリングラード、一九四三年三月十四日

ポズニャコワ、アグラフェーナ・ペトロヴナ——党市委員会職員

職場は党市委員会。はじめは清掃員、のちに調理室で働いていました。もう五年になります。労働者の夫がいました。子どもは六人です。長女も党市委員会の図書館で働いていました。コムソモール員でした。夫は靴職人で、靴工場で働いていましたが、のちに障害者施設で働きました。夫と二人の子どもをスターリングラードの戦いで亡くしました。

爆撃が始まったのは八月二十三日の夕刻、そのとおりです。みんな仕事に出ていました。一日が無事に終わり、すべて順調だったのに、夕方に家に帰って、座って一息つく間もなく「そいつ」がお客に現れたのです。

逃げようと思えば逃げられたのですが、あの時は子どもが全員病気でした。だからここに残ったのです。味方がここにいる間は、爆撃されても大したことはありません。パンの配給はあるし、地下室に行って爆撃をやりすごしていました。昼夜ずっと地下室にいたこともあります。少し静かになる時があるので、這い出して何かしら手にして戻ってくる。パンを焼くとか配給をもらうとかして、地下室に戻るのです。水を汲みに鉄道まで行ったこともありました。弾丸をかいくぐって行くのです。水を運ぶのは大変でした。水を汲みに行った人が戻ってこないことがしょっちゅうありました。水はタンクから汲むので、よく重油が混じっていました。

住んでいたのは、ソールネチナヤ通り。二階建ての小さな家です。この家の地下室で寝起きしていました。九月十四日の夕方にうちの地下室がドイツ人に接収されて、九月十七日に全焼。一画すべてまる焼けでした。地下室から追い出されて、家族ともども寝起きは中庭の塹壕でしたが、ともかく家は無事だったのに。

出火は十一時ごろです。とっても恐ろしかった、ぞっとします。わたしたちは家にいて、夕飯を食べていました。逃げようと荷物を手に持ち、子どもを抱き上げます。ドイツ人は扉を閉めながら、「寝てろ、ロシア人、寝てろ」と叫びます。窓から脱出するしかなく、子どもを窓から外に放り出しました。何もかもあきらめるしかありません。家で残ったのは壁だけ。この壁の中で一夜をすごしました。朝になるとドイツ人が来て、ここも明け渡せと言います。塹壕に逆戻りです。ちょっと掃除をしたら、中に入って落ちつく。九月二十六日までいました。二十七日は、あの激しい砲撃です。わたしの夫と娘が死に、わたしたちは生き埋め。この子は（と指さす）ケガをしました。掘り出してもらって、脱出しました。身を寄せた地下室は、今日わたしを尋ねて来た女の子の両親がいる所です。その地下室に十月十二日までいましたが、十月十二日にドイツ人がわたしたちをその一帯から追っ払い、街の中心部から郊外へ追い出されました。荷物を肩に担いで行く人もいましたが、うちはこの子がケガをしてますし、ほかの子どもも小さくて、わたしも足をくじいていましたからね。わたしたちが行ったのは、街の郊外、ソヴィエト病院の向こうのジェルジンスキー地区。そこに今も住んでいます。ドイツ人がやって来て、この場所からも追い出されかけました。司令部に行って、掛け合いましたよ。病人ですし、子どももいますってね。確認にやって来ると、肩をすくめて言いました。こりゃダメだ、どのみちくたばる。

激しく罵られ、殴られました。銃口を突きつけられたこともあります。

穀物サイロにはまだ穀物がたくさんありました。[88]ドイツ軍が穀物をサイロから運び出した時のことです。何と恐ろしい輸送隊でしょう。運んでいるのはロシア人の捕虜なんです。運んでいる人にちょっと頼むと、小麦粉を一袋か半袋持って来てくれます。二、三百ルーブルで買っていました。ロシア人の捕虜にはドイツ人が一人ずつついています。だから買うと、一時間か一時間半してドイツ人が［取返しに］来る。買ったのを知っていますからね。何のことはない、丸損です。お金も穀物もなくなってしまいました。味方がいた九月［……］[89]まではパンや小麦粉の配給があり、少しは白パンを子どもにあげられた。あのころは、とにかく食べてはいけました。その後は馬肉ばかり。やつらも馬にやる餌がなくて、馬がどんどん死んでいく。外に出ると、ソヴィエト病院のあたりに、みすぼらしいバラックが並んでいます。バラックに行って、ロシア人の捕虜にお願いするんです。……馬がどのみち死んでしまうと分かると、やつらは射ち殺します。わたしたちはその馬の肉をもらって、食糧にしました。その後、包囲されると、ドイツ人も馬肉を食べ出します。わたしたちに回ってくるのは足や頭や臓物ばかり。おしまい頃は、これもなくなる。やつらは全部持って行って、回ってくるのは蹄と臓物だけでした。馬肉を見つけると、たちまち奪って行きます。特にルーマニア人がカラチから連れて来られた時は（カラチを我が軍が奪ったので）、一人残らず生きたまま食べられてしまうんじゃないかと思いました。それくらい飢えていました。あの寒さに裸同然で、見るも哀れでした。昼も夜も歩き続けるボロ人形。奪うとなると、目に入ったものは何でも持って行きました。

スターリングラードを奪った直後は、やつらもお腹が一杯でした。欲しがったのは衣服、靴のいいやつ、金、時計。その後は手あたり次第です。ドイツの司令部で、例えば、車を手配してスターリングラードから持ち去ったのは、金時計、高級長靴、男物の背広、男物のコート、高級絨毯。うちには、もちろん、そんなものはありません。だから平気で歩いていました。やつらはこんなイタズラもしました。獲物を奪う時に［持ち主を］郊外まで連れて行って、適当にたどり着いた所に置き去りにするんです。……

スターリングラードは、住民がたくさん残っていました。少女、若い女性、十四歳未満の子ども、五十五か六十歳未満の男性、五十歳未満の女性はドイツに連れて行かれました。たくさんの若い女性や少女が働かされ、住み込みをやらされた人もいます。実に立派な愛国者です。このあたりの中心部で働かされた人は、はじめのうちは帰宅できました。ただし、ドイツ人が同行します。最後の頃は禁止になって、家に帰らせません。襟章や書類をつくり、住んでいる場所が壊されないようにしました。誰それはシーツを洗っている、誰それは掃除をしているという具合です。

味方が進軍してきた一月二十八日に、また砲弾が二発うちの家に落ちました。

　戸口を叩く音がして、中で暖を取らせてくれと言っている。中に入れると、モノをあさって持って行きます。最後の頃は、焦げた小麦粉でパンケーキを焼いていたら、それも取られました。子どもたちに何か作ってやる、馬肉のスープとか、馬肉の切れ端が残っていれば、パンの代わりにその切れ端を切ってあげると、そんなものでも持って行きました。だから、もう入れないようにしました。すると、二、三人でやって来ます。一人がナガン銃[90]を持って戸口に立つ。残りがよこせと始めるのです。夫はいないよ、探したけりゃどうぞと言ってやります。探しても探しても何も見つからない。何か見つかれば、持って行く。毎晩こんな調子でした。あるとき中に入れなかったら、パンパンと撃って来ました。

　それから、穀物を司令部に持って来い、二キログラム供出だというお触れが出ました。穀物がなければ肉、肉がなければ馬肉か塩、石鹸かタバコでもいい。うちには何一つありません。司令部に行って、言いました。何もありません。うちはこういう事情で、すっからかんです。すると、持ってこないとパスポートを取り上げるって言うんです。だから言ってやりました。パスポートもありません。わたしと子ども全員をつかまえて、煮るなり焼くなり好きなようにしなさい。

　この女の子のお母さんが焦げたライ麦を持っていて、ネズミがかじっていました。わたしはそれをかき集めてふるいにかけ、袋に入れて持っていたので、こう言いました。「あるのは、これだけよ」。そうしたら、よこせ、これでいいとなりました。

　一月九日広場[91]に住んでいた頃、この子、ゲーラは学校に行っていました。そのとき二人の赤軍兵士が小麦をくれたんです。隠す所がないので、穴を掘って埋めました。うちを追い出された時は、持ち出す暇がありませんでした。その後、鉄道の線路の向こう側に行くのを禁じるお触れが出ます。行ったら、死刑です。

　うちにドイツ人が四人来て、間借りみたいになります。二週間もうちにいました。それからタイーチカの妹が共産主義〔通り？〕で働いていました。ドイツ人のところに住み込みです。彼女が同行の見張りと一緒にやって来ました。その人にかけあって、小麦を埋めた場所に連れて行ってもらうことにしました。子どもが飢え死に寸前に追い込まれていたからです。いいだろうと承知してくれました。ロシア語の会話が上手な人で、その頃はやつらもパンが不足していたので、「山分けだよ、おばさん」と言います。わたしも、もちろんさと言いました。翌日わたしを呼びに来ます。二人で出かけました。火の見やぐらのある橋まで行くと、警官がいて、彼は通すのに、わたしは通してくれません。わたしの許可証をもらってくるか〔それとも帰るかだ〕と説明しています。この地区は銃声がずっと鳴り響いていました。彼が言います。「一緒に行こう、おばさん、許可証をもらってこよう」。二人で監獄に行きました。そこにドイツの軍司令部か何かがあったのです。でも、そこは彼を通してくれません。「軍政司令部に行こう」と彼が言います。また二人で行きました。軍政司令部に行って説明します。将軍や将校がいて、わたしを

自宅の焼け跡に戻って来た避難民、スターリングラード、1943年3月　撮影：N. シトニコフ

呼ぶと、そこに穀物があるのかと聞いてきます。少しはあります、でももうないかもしれませんと答えました。ドイツ人をもう一人、やつらの憲兵をつけてきます。この憲兵と一緒に通してくれました。あの見張りは家に帰して、わたしは憲兵と一緒に動きます。橋をわたって、共産主義通りを行き、さらに進みます。あのあたりは、銃声が一段とすさまじい。彼がわたしに言います、「おばさん、あっちが前線だ」。わたしは「戻りましょう」と言います。彼は壁づたいに進み、わたしは手橇を引いて道の真ん中を歩きます。彼がまた言います、道を歩いちゃいけない、あっちは前線だよ。わたしが言います、お行き、戻りなさい、わたしは怖くないわ。わたしは進みます、気にしません。後ろを振り返ると、彼はこわごわ歩いています。シロフスカヤ通りに着きました。かつて軍事委員部があった所です。道にロープが張られ、見張りが立っています。つまり、この道は通行禁止です。彼がその人にドイツ語で何か説明します。「おばさん、あっちはダメだ、あっちは前線だ」

　見ると、雪が降ったのに向こうは足跡さえなく、誰一人通っていません。着いた、目的地はすぐそこだから、ここにいて、わたしが行ってきます。そこはあたり一面が開けて、何もかも見通せます。銃声が鳴り響いても、わたしは構わず橇を引いて進みます。すると、おそらく女性が歩いているのに気づいたのでしょう、やつらは撃つのを止めて、わが軍が撃ち続けます。目印までたどり着いたら、小麦を掘り出しました。それから夫と娘を埋めたお墓をきれいにして、そこにしばらくたたずんでいました。ようやく橇に袋を載せます。彼が這って近づいて来ました。「埋めた場所を教えろ。まだあるかもしれない」。わたしは言います、「どうぞ、行って見てきて下さい」。彼は見てきました。わたしが歩き出すと、彼は腹ばいで進みます。それから共産主義通りに出ました。橋につくと、曲がって別のところに行こうとする。彼が言います、「いや軍政司令部に行こう、穀物は司令部に供出しなくちゃいけない」。ということは、わたしは軍政司令部のために穀物を取りに行ったのかしら。その通りでした。お触書がロシア語で掲げてあって、穀物や衣服を集めた場所を知っている者は軍政司令部に届け出るようにとあります。見張りを一人二人差し向けて掘り出し、モノや穀物は山分けにするといいます。でも山分けどころか、一粒ももらえませんでした。穀物はすべて取り上げられ、家に送り返されました。わたしの小麦粉二袋はこうして消えてしまいました。

　二十六日にわが軍が市内に突入すると、ドイツ人はうちの家を占拠して、やつらの軍司令部を設置しました。追い出されたのは夜中の四時、子どもとがらくた一式と一緒に中庭にポイです。塹壕で二日間寝起きしたら、わが軍がやって来ました。

НА ИРИ РАН. Ф. 2. Разд. III. Оп. 5. Д. 22. Л. 66-71.

三　グルチエフ狙撃兵師団の転戦

第三〇八狙撃兵師団は、スターリングラード戦に投入されて一九四二年の九月と十月をほぼ休みなく戦っている。主戦場は二つ。まずスターリングラード北西四十キロメートルのコトルバン高地[92]、次が市内工業地区の「バリケード」工場である。一連の戦いで、シベリアからスターリングラードに送り込まれた総勢一万人の師団は、途方もない損害を被った。一九四二年十一月はじめに補充用の予備軍に回されたのは、公式記録によると、わずか千七百二十七人。そのうちまだ戦闘可能なのは、チュイコフの推計では、せいぜい数百人だった[93]。

八週間つづいた激烈な戦いの様子を、集団の語りを綴り合わせたインタビューで見て行こう。語り手は、第三〇八狙撃兵師団の指揮官、政治将校、兵卒、看護婦である。

ドイツの装甲部隊は八月二十三日にスターリングラードの北でヴォルガ川に到達する。ソ連側は完全に不意を突かれた。南東方面軍とスターリングラード方面軍の防衛線に楔が打ち込まれた形である。ドン川を渡っていた後続のドイツ第六軍の一部は、敗走するソ連の第六二軍を追い立てた。南西からはドイツの第四装甲軍がスターリングラードに迫る。第四装甲軍と第六軍がつくる包囲網を逃れるべく、ソ連の第六四軍の残兵は急ぎ東進した。ドイツ両軍の先頭が九月三日にスターリングラード西郊のピトムニクで合流すると、ソ連の部隊がまだ再編中だったために、街は広範囲にわたって無防備になる。ソ連側はドン川の強固な防衛線で対峙するつもりだったのに、はるかに不利なヴォルガ川での防戦を余儀なくされた。

状況をモスクワから注視していたスターリンは、迅速な行動を求めた。八月二十六日には、最高司令官代理に任命されたばかりのジューコフ将軍をスターリングラードに派遣する。計画では、まずジューコフが九月二日までに牽制攻撃を開始。第一親衛軍は、第二四軍と第六六軍に第四戦車軍の掩護を受けながら、北からドイツ軍を攻め、ドン川以東ヴォルガ川まで伸びる「北門」に圧力をかけてドイツ軍を押さえ込む。こうすれば、スターリングラードで苦境に陥っている第六二軍との連絡が回復するはずだった。ジューコフは作戦の準備を進めるが、性急な日程に異を唱える。攻撃に欠かせない数個師団がまだ移動中であり、予定する全部隊が足並みをそろえて攻撃できるのは早くても九月六日だと考えていたからだ。九月三日、スターリンは、方面軍司令官エリョーメンコからの報告で、再び猛烈な空襲が市内であったことを知る。ドイツ陸空軍の攻撃がいまや足並みそろえて目前に迫っているように思われた。切迫した口調でスターリンはジューコフに打電する。「北側の軍集団がすぐさま援軍に行かなければ、スターリングラードは今日明日にも占領されうる。……遅れは今や犯罪に等しい」[94]。ジューコフはやむを得ず第一親衛軍の出撃を翌朝に決める。残る部隊はその翌日に攻撃開始となった。

ソ連軍は、数こそ敵を大きく上回っていたが、いくつかの点から不利だった。まずステップに木がなく平坦で、盾にできるものが何もない。戦車と航空機の援護が十分に望めないソ連の狙撃兵師団は、敵の砲撃や空爆の前に無力も同然だった。またドイツの第七六歩兵師団と第一一三歩兵師団の兵士がバルカ（この地方によくある深い窪地になった水無瀬）に身を隠すと、攻め手がない。とどめが、日中しか戦わせようとしないエリョーメンコの頑なな姿勢だった[95]。それでもソ連の波状攻撃はドイツの防衛線を長さ四キロ深さ八キロにわたって押し戻した。九月八日には第三〇八狙撃兵師団も戦闘に投入される。予備配置からコトルバン村にある攻撃の中央戦区に移され、戦略高地の攻略を命じられた。

ジューコフは、遅くとも九月十日には突破の試みが不発に終わったと見て取った。この日スターリンに電話して部隊の追加と時間の猶予を求め、スターリングラード各軍の「集中攻撃」を行いたいと申し出ているからだ。スターリンは、今後の方針を決めるため、モスクワ召還を決めた[96]。九月十二日、ジューコフとヴァシレフスキー参謀総長の協議がスターリンも臨席して行われ、赤軍のスターリングラードにおける壊滅の危機の回避策を話し合った。ジューコフは部隊の増強を求める。少なくとも一個軍に、戦車と空軍の追加が必要だ。また大規模な反転攻勢を検討すべきだと主張した。この会合でドイツ軍の包囲計画が浮上した[97]。コトルバン攻撃はこの間もそれまでのやり方で九月十五日まで続いた。この時点で、戦っていた兵士二十五万人のうち三分の一が負傷または死亡している。九月十八日に始まった二度目の攻撃は、さらに多くの部隊が投入され、編成も改められた。第三〇八狙撃兵師団は、第二四軍の所属になって、依然として戦っている。九月十八日と十九日の激戦だけで第二四軍の死傷者は三万二千人強に達した。それでも作戦はひとまず成功と見なしうる。ドイツのいくつかの師団に加えて空軍の一部も釘付けにし、九月十三日から続くドイツのスターリングラード攻撃の破壊力を減じたからだ[98]。

九月末、第三〇八狙撃兵師団は疲労困憊のままスターリングラードに向かった。戦線を迂回しながら二百五十キロメートルを行軍すると、十月一日から二日にかけての夜に部隊ごとにヴォルガ川を渡って燃え盛る市内に入り、「バリケード」工場近くの職場居住地の奪還を任された。十月三日、パウルスのドイツ軍が市北部の工業地区全域に総攻撃を仕掛ける。十月四日の第二四装甲師団の「バリケード」工場周辺の攻撃で、第三〇八狙撃兵師団の一個連隊が全滅した。その晩チュイコフは師団の残兵を最前線から引き上げさせる。[99] スターリンは不満だった。十月五日に司令官エリョーメンコを激しい言葉で叱責している。スターリングラードは、ドイツの手に落ちた市内地区を奪還しない限り、陥落する。「このためスターリングラードの家という家、通りという通りを要塞に変える必要がある。遺憾ながら貴君はこれを成し遂げられず、まだ今も敵に次々と街区を明け渡し続けている。これは貴君の仕事の拙劣さを物語る」[100]

十月半ば、工業地区での戦いはクライマックスを迎えた。十月十四日にドイツ軍が北部のトラクター工場に総攻撃を開始。そこから南へとヴォルガ川河畔を進んで市中心部に進出する作戦だった。十月十七日、第三〇八狙撃兵師団が守る「バリケード」工場にドイツ兵が攻め入る。急降下爆撃機(シュトゥーカ)の某パイロットが十月十七日の戦いを自分の日記にこうまとめている。「われわれは昨日は一日中ずっと、燃え盛る廃墟のスターリングラードの戦場を鋤き返した。わたしには理解できない。人間はこんな地獄でもまだ生きていられるのだろうか。でもロシア人はじっと瓦礫や隙間や穴蔵に身を隠し、ねじ曲がった工場の鉄骨の混沌の中で息を潜めている」[101]

十日間の戦いは、両軍の参加者いずれもが地獄絵図と呼ぶスターリングラード戦きっての死闘だが、最終的に第六二軍がヴォルガ川右岸の三カ所の狭い橋頭堡に追い込まれた――ゴロホフの分隊が保持するトラクター工場の北隅、「バリケード」工場のヴォルガ川に面した部分（第一三八、三〇八、一九三、四五の各狙撃兵師団と第三九親衛狙撃兵師団）、ママイの丘の東端からスターリングラードの中心部に伸びる線条帯（第二八四狙撃兵師団と第一三親衛狙撃兵師団）である。[102] 戦闘可能な兵士は、あわせて約一万五千人だった。この数は十一月半ばにさらに半減する。[103] この時まで生きながらえた第三〇八狙撃兵師団の兵士は、負傷して後方搬送か、さもなくば第一三八狙撃兵師団に編入されて、イワン・リュドニコフ大佐の指揮の下、ヴォルガ川河畔で全周防御を取っているかだった。[104] 十一月十七日（「天王星(ウラヌス)」作戦発動の二日前）、ヒトラーは冬の到来前のスターリングラード占領を断念する。ただスターリングラードで戦う指揮官には、次のように訴えている。「少なくとも（「バリケード」）

大砲工場と冶金工場（「赤い十月」）の付近でヴォルガ川に到達し、これら地区を奪取せよ」[105]

スターリングラードの市街戦に参加した第三〇八狙撃兵師団のうち二十四人——上は師団長レオンチー・グルチエフと師団コミッサールのアファナーシー・スヴィーリンから、下は工兵、通信兵、看護婦まで——が、一九四三年の四月と五月にモスクワの歴史家に話をした。インタビューは、市街地や郊外の戦場での戦闘・殺戮・絶命について生々しく伝えている。とりわけ目を引くのが、師団が死傷者続出を物ともせず戦い続ける様子である。これは、このシベリア人師団の自己意識や、献身をいとわない兵士と指揮官の特別な結びつきと無縁ではない。だがそれ以上に大きな理由は、師団の政治活動にある。政治将校の呼びかけは、戦いの混乱の中で精神的・政治的な指針として機能した。褒章と不朽の名声で焚き付けながら、赤軍兵士に繰り返しくりかえし、自分たちの中に隠れているものを見せろ、内に秘めた英雄の資質を表に出せと訴え続けた。ある兵士が英雄行為のために命を落とすと、イワン・マクシン大尉の話に出てくる看護婦リョーリャ・ノヴィコワのように、模範となって他の人たちの中で生き続け、敵愾心と愛国の自己犠牲を燃え上がらせた。

宣伝活動は赤軍兵士の語りや行動の奥深くにまで浸透しており、ここに収録したインタビューの多くがそのことを証明している。衛生兵のニーナ・ココーリナが自己鍛錬の鑑にした英雄兵士は、コムソモール班で模範として薦められた人物だった。狙撃兵のヴァシーリー・ボルテンコとヴァシーリー・カリーニンが胸に刻み付けていた信念を推し量るなら、ソ連の兵士は、内面の強さのおかげで、赤軍とドイツ軍との戦いの顕著な特徴である人間と機械の一騎打ちを決心できた、となろう。この二人が物語る戦闘の様子から、ソ連の軍事教育が効果を上げていたこともよく分かる。兵士たちは、たった一人でもドイツの戦闘機や装甲車を撃破できると信じていた。赤軍兵士の団結力への信頼感は、通信兵フョードル・スクヴォルツォフの言葉——断線した電話回線は人が並んで鎖になれば復旧できる——に端的に現れている。

ミハイル・インゴルとニーナ・ココーリナのインタビューは、四月三十日にモスクワで行われた。それ以外は、大部分が五月十一日から十四日の間にラプテヴォ村で行われている。

◆語り手

インゴル、ミハイル・ラザレヴィチ――大尉、第三四七狙撃兵連隊の政治部指導員[106]
ヴラソフ、ミハイル・ペトローヴィチ――上級中尉、第三五一狙撃兵連隊の砲兵大隊コミッサール[107]
カリーニン、ヴァシーリー・ペトローヴィチ――上級中尉、第三四七狙撃兵連隊本部長の偵察担当補佐[108]
クシナリョフ、イワン・アントーノヴィチ――中佐、第三三九連隊の連隊長[109]
グルチエフ、レオンチー・ニコラエヴィチ――少将、第六二軍第三〇八狙撃兵師団の師団長[110]
ココーリナ、ニーナ・ミハイロヴナ――上級軍曹、衛生中隊の衛生兵、第三四七狙撃兵連隊衛生中隊政治補佐の助手[111]
コシカリョフ、アレクサンドル・フョードロヴィチ――第三三九連隊党ビューロー書記[112]
スヴィーリン、アファナーシー・マトヴェエヴィチ――中佐、第六二軍第三〇八狙撃兵師団の師団長政治補佐[113]
スクヴォルツォフ、フョードル・マクシーモヴィチ――赤軍兵士、第三〇八狙撃兵師団の通信兵[114]
ステパーノフ、アレクサンドル・ドミトリエヴィチ――第一〇一一砲兵連隊の大隊コミッサール[115]
ストイリク、アンナ・キプリヤーノヴナ――軍医助手、第三〇八狙撃兵師団衛生中隊の衛生小隊長[116]
スミルノフ、アレクセイ・ステパーノヴィチ――中佐、師団の政治部長[117]
セレズニョフ、ガヴリイル・グリゴーリエヴィチ――赤軍兵士、工兵大隊
ソフチンスキー、ウラジーミル・マカーロヴィチ――少佐、第三三九狙撃兵連隊の連隊長政治補佐[118]
チャモフ、アンドレイ・セルゲーエヴィチ――中佐、第三四七狙撃兵連隊の連隊長[119]
ドゥドニコフ、エフィム・エフィモヴィチ――第三〇八狙撃兵師団独立工兵大隊工兵小隊の赤軍兵士[120]
トリーフォノフ、アレクサンドル・パーヴロヴィチ――第一〇一一砲兵連隊の政治指導員[121]
フゲンフィロフ、ゲンリフ・アロノヴィチ――第一〇一一砲兵連隊の連隊長[122]
ブルィシン、イリヤ・ミローノヴィチ――少尉、第三〇八狙撃兵師団独立工兵大隊の工兵小隊長[123]

ペトラコフ、ドミトリー・アンドリアノヴィチ——第三三九狙撃兵連隊コミッサール[124]
ベルーギン、ヴァシーリー・ゲオルギエヴィチ——少佐、第三四七狙撃兵連隊コミッサール[125]
ボルテンコ、ヴァシーリー・ヤコヴレヴィチ——少尉、第三四七連隊の小隊長・大隊長補佐[126]
マクシン、イワン・ヴァシーリエヴィチ——大尉、師団の政治部長（コムソモール員担当）[127]
ルィフキン、セミョン・ソロモノヴィチ——大尉、独立工兵大隊の大隊長[128]

グルチエフ少将（第三〇八狙撃兵師団の師団長）[129]——師団は主にシベリア人で編成した。……編成は［一九四二年の］三月、四月、五月。五月には野営地に出た。そこから六月初旬にサラトフ州に移動。しばらくカラムィシェフカ（タチーシチェヴォ駅近く）に駐屯して、そこで軍事訓練を終えた。

あそこでは軍管区や国防人民委員の視察もあった。……七月に同志ヴォロシーロフが来て、二日間滞在している。第一二〇師団との合同演習もあった。同志ヴォロシーロフはわが師団に満足し、上級幹部と協議して、注意を向けるべき欠点の指示を出している。それから個別に師団長や連隊参謀長を呼んで接見し、二時間ほど学校の教室の一つで車座になって懇談すると帰って行った。しばらくして、われわれは前線に送られた。

ココーリナ上級軍曹（衛生中隊の衛生兵）——一九四一年の卒業です。ゴーリキー名称スヴェルドロフスク大学に行くつもりでしたが、そこで戦争が始まりました。姉から手紙が来て、志願して入隊したとありました。派遣先はヴォルホフ戦線です。今はどこか分かりません。兄も前線です。東部から急派されました。父は家にいて、工場の国営漁業トラストで働いています。うちに残っているのは、お母さんとおばあちゃん、それに弟。みんなトボリスクです。姉から手紙が届いた後に帰省し、看護婦養成所に行くと母に告げました。コムソモール加入は学校時代の一九三九年です。□□（ママ）[130]十月に看護婦養成所を修了しました。修了後に登録しようとしたら、登録してくれません。「十九歳になったら、いらっしゃい」でした。同志スターリンに手紙を書きました。届いた手紙の決裁書は、すぐ前線に派遣せよです。それからロシア赤十字社[131]で働きました。軍事委員部に六十人で押しかけ、派遣命令が来ているに違いないので、志願書を書きました。採用されたのはわたしたち女の子四十五人、ほとんどが衛生協力隊員です。派遣先がこの部隊でした。

見送りのことも話したいです。あの瞬間は、まざまざと目に浮かびます。見送りといえば、いつだって涙です。わたしたちのお母さんは気丈で、実に見事でした。母が手紙にこんなことを書いています。よく女性がやって来て、聞かれる。「アンナ・ヴァシーリエヴナ、娘二人と息子一人を戦地に送り出して、よくまあニコニコしていられるね」。そういう人にはこう答えている。「あの子たちを育てたのは、家でじっとしているためじゃないからね」[132]

ベルーギン少佐（**第三四七狙撃兵連隊コミッサール**）——一八九七年生まれ。一九一九年から党員。最初の従軍は一九一六年。旧軍にいたのは九カ月間、一九一七年まで。一九一六年十二月に逮捕されたが、理由は革命政権を触れ回りツァーリの軍隊を腐敗させたからだ。一九一七年二月に釈放。一九一七年九月にパン職人組合の監査になる。一九一八年の召集でロゴシュコ・セミョーノフスキー大隊に配属[133]。一九一九年八月から一九二四年は、チェカーとゲーペーウーの特務部に勤務した。この傍ら、学校にも通い始める。一九三一年に高専を卒業すると、最高国民経済会議（ヴェセンハー）[134]の人事部長、次いで重工業人民委員部の工業輸送研究所の所長、次いで中央委員会決定で一九三五年にスターリン名称全ソ工業アカデミー所長に任命された。その後、人民委員部の仕事に移り、開戦まで務める。六月二十二日に辞表を出して義勇兵として志願した。

モスクワ党委員会と地区委員会に出した請願書により二十五日に辞職が認められ、義勇兵として出兵したが、娘のマイヤもついてきた。娘はこのとき十九歳。駅までわたしを見送りに来たが、雑嚢を引ったくって、一緒に行くと言って聞かない。どんなに説得しても駅から帰らず、連れて行ってくれとしきりにせがむ。このときシベリア軍管区の軍事評議委員がやって来て、事の次第を理解すると、「行かせてやれ」と言うんだ。連れて行ってもいいかと確認した。「いい悪いではない、そうすべきだ」。こうしてわたしと娘は一緒に出発した。

ルィフキン大尉（**独立工兵大隊の大隊長**）——大隊の編成開始は一九四二年の三月です。三月二十五日に設立一周年を祝いました。わたしは、大隊の編成時に着任しています。兵のほとんどがシベリア人です。未経験の若者で、一度も戦ったことがない。ずいぶん長いこと訓練しました。二カ月の訓練を終えて戦場ですから、あわせて五カ月ほど。どの兵士も、もう安心してどんな戦闘任務でも任せられます。

ココーリナ上級軍曹（**衛生中隊の衛生兵**）——グルチエフ少将にはみっちり鍛えられました。行軍は、三十キロや六十キロ

衛生兵ニーナ・ココーリナ

師団長政治補佐アファナーシー・スヴィーリン中佐

がほぼ毎日です。着衣を乾かす間もなく、雨つづきで、寝たと思ったらすぐ警報。警報で起きて、また歩く、なんて日もありました。女の子たちは立派でした。時には三日つづけて歩きづめ、休憩なしなのに、いつも歌を歌っている。小休止には、踊りです。連隊長ミハイロフは、わたしたち衛生中隊のことが大好きでした。

スヴィーリン中佐（第三〇八狙撃兵師団の師団長政治補佐）

——師団では、わたしの前のコミッサールが解任されていた。メドヴェージェフ中将がやって来て、猶予は十五分——飛行機が飛行場で待っている、交戦中の第三〇八師団に派遣すると言うんだ。車が出され、飛行場へ。行き先はオムスクで、軍用地に直に着陸。六月十日にはサラトフに着いた。まずやったのが、政治要員との顔合わせ。八日くらいして師団の党活動家集会をやって、党・政治活動の問題や党組織の任務を議論した。わたしは党・政治活動の現状報告をして具体的な任務を提起し、何をどうすれば師団があらゆる方面に備えられるのかを話した。あらゆることの根本は党組織の活動だ。手始めは身の回りの問題、兵士のことや食堂運営への配慮だ。活動家集会を終えると食堂の活動を点検し、数々の欠点を指摘して様々な改善策を立てた。次の問題は、兵士の衛生状態——入浴と洗濯だ。衛生問題は師団でかなり言われていた。最後が、師団の戦闘訓練。この問題の根本は、党・政治活動の幅広い展開だ。中隊集会や連隊集会といった形で行い、あちこちの集会に出て様々な問題を話さなければならなかった。

戦闘訓練の時に言われた戦車恐怖症（танкобоязнь）や飛行機病（авиационная болезнь）[135]の克服は、今も現場でこれに直面している。

実際のところ戦車恐怖症の克服はどうやって実現したのか、かい。

われわれがまずしたのは、戦車に向かっていく兵士一人ひとりの意識に対戦車砲の性能・能力・威力を植え付けることだ。鉄道で鋼板を手に入れ、兵士が一人ずつ順にこの鋼板を撃ち抜く。どの兵士も、戦車は撃ち抜ける、対戦車砲を上手く扱えると納得していた。［しかし？］ほかにもこの関連で、塹壕にこもっている兵士の頭上を戦車に通過させ、狭い隙間にいれば安全で、直後に這い出して手榴弾を投げればいいと納得させた。

また兵士に見習えと教えていたのは、五人で装甲車に突っ込んだセヴァストーポリの勇士、［モスクワに］雪崩込む装甲車を押しとどめたパンフィーロフの二十八人だ。……

われわれは、たくさんの教育をわがロシア軍の伝統に沿って行ってきた。われわれの偉大な武将を引き合いに出し、妻子が人質になっても祖国を守ろう、自分の命を惜しむようでは祖国は守れないと繰り返し言っている[136]。イワン・スサーニンの英雄的な振る舞いを例に出し、ロシア人の歴史上の実例を数多く引いてきた。こうした諸々が兵士一人ひとりの意識に勝利への確信を抱かせた。移動する際は、道みちで何度も演説し、来るべき戦いで兵士たちを待ち受ける任務を話す。演説にはほかの党幹部も加わっている。宿営地では対話や講演会や報告会をした。それもこれも戦場に着くまでに戦闘面と政治面の心構えを完全にするためだった。……

飛行機に関しては、戦場に行くと行軍中でも戦闘機に出くわすと分かっていた。だから兵士に訴えかけ、戦闘機の撃墜は高射砲だけでなくライフル銃や自動小銃や対戦車砲でも可能だという意識を植え付けた。新聞に載っているライフル銃で撃墜した事例を引いて、恐怖に打ち勝たなければいけないと兵士の意識に植え付けた。

議論された三つ目の問題は射撃の精度向上で、主にコムソモール員に関係する。戦闘訓練の期間中、師団にいたコムソモール員は約三千人。彼らには、二五パーセントが狙撃兵になり、残りも射撃の腕前を「優」か「良」にせよという任務を課した。

……

戦線に投入する直前には、大々的な党・政治活動を行った。党・政治要員の全員協議会を招集し、戦場に到着するまで、兵や政治部員の落伍を途中で一人も出さないことを課題に挙げた。中隊のコムソモール集会も行った。この活動の結果、戦場に着いた時に一人の脱走兵も出なかった。一件だけ、司令部中隊の赤軍兵士が自分のカービン銃を紛失した事例がある。司令部砲兵中隊長が来て、紛失場所はここから約三キロメートルと報告した。当人にカービン銃を探しに行かせたら、五時間ほどして戻ってきた。濡れネズミになっていたが、カービン銃は持っていた。こうやってわれわれは落伍者なしで、戦場に一万二千人を連れて行った。七日かかった。

グルチエフ少将（第三〇八狙撃兵師団の師団長）――降車駅はクマルガ[137]だった。クマルガで降りたのは師団の一部で、一部の連隊は別の少し北か南の場所で降りて後で合流した。無事に着いた。一個梯団が砲撃を受け、小隊長一名が負傷したくらいだ。クマルガで合流すると、そこから行軍でエテレフスカヤ村へ。さらにコトルバンとサモフヴァロフカ村[138]を目指す。数日は無事にすぎた。行軍は困難を極めた。暑さに加えて時間があまりなかったせいで大行軍になり、輜重が遅れた。ずっと縦隊行進だった。ただちに展開し、無事に着いた。一カ所で兵士数名と馬四頭を失った。……

わが師団は初めの数日で非常に多くの損害を出した。多くの兵士を敵機のために失った。榴散弾の負傷も多い。敵の強力な迫撃砲にもやられた。数日間で医療大隊送りは五千人以上。一日中、夜明けから夜まで、頭上に敵機が十五機から二十機、時には四十機近くも飛来したうえ、迫撃砲にさらされつづけた。わが軍の戦闘機は少なかった。戦闘に投入されていたが、一般的な任務を遂行していた。制空権はドイツ軍が握っていた。

スヴィーリン中佐（第三〇八狙撃兵師団の師団長政治補佐）――コトルバン地区には九月一日か二日に着いた。わが師団は数日は赤軍最高総司令部（スタフカ）の直属だったが、その後、第二四軍に編入され、同軍からコトルバン地区での戦闘命令が出た。夜間進撃の命令だった。出撃前に再びすべての連隊と大隊で集会を開き、党中央代表の同志ユージンはじめ何人もの要員が演説し、わたしも登壇した。

敵機があちこちを飛び交い、あたり一帯を照らしつける。集会をしていて、何度も中断を余儀なくされた。開催を知っていて、ロケット弾で照らして砲撃してきたかのようだった。同志ユージンがモスクワからやって来て早速こんな窮地に陥ったので、警護を言い渡された。われわれの演説に続いて兵士が登壇し、誓いの言葉として、命令を遂行してスターリングラードを解放し、スターリングラードの部隊と合流すると決意を述べた。集会は同志スターリン宛の手紙を採択し、シベリア人兵士は、戦闘命令を受けたからには、命令遂行と敵の粉砕に労を惜しまないと各連隊が誓った。

翌朝、師団は出撃したが、誰もが士気高く、特別の興奮が感じられた。

高地一三二、一五四・二、一四三・八の攻撃命令が出ると、第三三九連隊と第三四七連隊が攻撃を開始し、砲兵大隊が掩護した。攻撃の掩護に戦車投入が約束されていたが、戦車はなく、八日、九日、十日、十一日のわが連隊の高地攻撃は戦車なしで行われた。これら高地は極めて重要で、スターリングラードが一望できる。同志スターリンも熟知の場所で、[139]絶対奪取を任務に課した。またこの高地を取れば、グムラクに進んでスターリングラード市民と合流する可能性も開ける。

九月十九日に高地を奪取した。保持は容易ではなかったが、二十七日まで持ちこたえ続けた。

ペトラコフ（第三三九狙撃兵連隊コミッサール）――一九四二年九月四日、われわれはスターリングラード州のレスニーチェストヴォ村にいた。出撃してコトルバン駅まで行けとの命令が下る。五日から八日まで三百キロメートル近い行軍をして、九日の明け方にはコトルバン駅近くにいた。この時、敵機が飛来する。大規模な空襲だった。連隊の行軍縦隊はまだ散開しておらず、爆撃が始まった時は長蛇の行進中だったので、迫撃砲と大砲で狙い撃ちされる。この瞬間から連隊は戦闘に入った。事前の偵察は一切なし、真っ平らで開けた場所、見えるのは前方の高地だけで、敵がそこに陣取って砲火を浴びせてくる。その場で歩きながら、爆撃と砲撃にさらされて、兵士は身を隠そうとする。戦闘隊形が敷かれ、一四三・九（ママ）高地と一五四・二高地の攻撃が始まった。当方の損害は大きかった。

夕方近くに第二大隊が突撃部隊となって敵を追い詰めた。初日は人員の五〇パーセント前後を失い、中隊の政治部員はこの日ほぼすべてが戦線離脱した。ドイツ軍は撃破された装甲車のそばに狙撃兵一人と装甲歩兵二人を残して第二大隊を偵察していたが、この大隊が前進すると、ドイツ兵は後方に下がった。おそらく政治部員の指揮官の誰かがドイツ人を狙っていたのだろう。これ以降、ドイツ人は背後から撃たれることをようやく察知した。

夕方近くに何とも恐ろしいことが始まった。やつらが谷間に逃げ込んで、どこにいるか分からなくなったのだ。師団全体で千人近くが戦線離脱した。政治部員は一晩中、砲撃の下で働かなければならなかった。

ココーリナ上級軍曹（衛生中隊の衛生兵）——スターリングラード入りした時は、二百六十キロメートルを三日で歩きました。この行程を踏破したのです。女の子はずっと兵士に付いて行きました。歩いて歩いて、川も強行突破。兵士はよく足を洗います。そういう時は手を貸しました。女の子は、感謝の言葉をほぼ毎日もらったものです。

コトルバン駅のあたりに着きました。特に印象深いのは初日です。五時に攻撃が始まりました。ここには高地が二つあります。一四三・八高地と一五四・二高地です。わたしたち以前にここに来た師団はいくつかありましたが、どれもこの高地を奪取できていません。あれは九月十日のことです。経験がないし、右も左も分からない。戦争って何なのか、想像もできない。このときドイツ軍が空軍を投入し、わたしたちの陣地の爆撃を始めました。高地を一つ抜けて、谷間に下りる。ここで最初の負傷者が出ました。ここですぐハッとしました。それまでは本当に深刻なことだと思えず、訓練にいるかのようでした。最初の負傷者は、対戦車防衛中隊の兵士でした。わたしはさっと駆け寄りました。内臓が全部出ています。中に全部押し込んで、包帯でぐるぐる巻きにしました。……

兵士の中にドイツの自動小銃兵が一人もぐり込んでいました。赤軍兵士の軍服に着替えて、です。歩いているのが兵士や衛生兵の時は撃ちませんが、指揮官が現れると、すぐに撃ちます。

大隊長のタルニュク上級中尉が、負傷者の包帯を巻いてこい、ついでにどこから撃ってくるのか確かめてこいとわたしに命令しました。第二大隊のいる所の右側を這って進んで、目に入ったのが、ある方向からわたしたちの方にダダダダっと撃っている自動小銃兵です。それから、赤軍兵士が走り出すと、しばらくして自動小銃兵が左側から撃つのも見えます。目算で、そいつの居場所と、どこから撃っているのかを頭に入れました。そこに第三小隊の負傷兵がいたので、報告に行かせます。わたしは残って、その自動小銃兵と赤軍兵士の行方を見守りました。赤軍兵士がうろうろしている間に、自動小銃兵は姿を隠し、装甲車の中に消えてゆきます。窪地から五百メートルほどにいて、わが軍の行く手を阻んでいるやつにです。この自動小銃兵が第八中隊の中隊長をやったのです。指揮はわたしの小隊の小隊長ガンチェンコが引き継ぎました。小隊の半分が向こうに行きましたが、ここら一帯は銃口が光っていて、先に進めません。彼は兵士に、あの装甲車の背後に回り込んで自動小銃兵を退治しろと命じます。この命令はすぐ実行されました。

この戦いが終わると、大隊の女の子はほぼ全員、褒章に推薦されました。

この戦いで負傷したソーニャ・ファテーエワのことを話させて下さい。彼女はトボリスク市の生まれです。とっても背が高くて、血色がいい。訓練に出ていた、まだヤズィコフカにいた時のことです。やって来たとある指揮官の肩を彼女がぽんとたたくと、その人はふらついて倒れてしまいました。仲間内でとっても尊敬されていました。素晴らしい子で、とても魅力的。誰かが落ち込んでいるのに気づくと、すぐ元気づけてあげます。

夕方五時からドイツ軍が味方のいる窪地を爆撃します。わたしは火線を越えて自隊に戻ろうとしました。なんとか通過。衛生兵のモーチャ・グーリナが負傷しています。ドイツ兵が迫撃砲を撃ってくるし、戦闘機や迫撃砲も飛んできます。ほとんどしんがりで塹壕にたどり着きました。見ると、衛生兵の女の子が寝ています。這って近づいて目をこらすと――ソーニャです。頭に包帯が巻かれています。どうやら頭にけがをしていて、頭蓋骨に見えないけれど傷がある。うちの隊の曹長が包帯を巻いて、前線からここまで運んできたのです。あの中立地帯をどうやって越えてたどり着いたのでしょう。

わたしは聞きました。「ソフィア、一体どうしたの」「見てのとおり、負傷よ。血がたくさん出たわ」。わたしが言います。「窪地に搬送しなきゃ」。彼女が答えます――あの言葉は耳にこびりついています――あっちに生命があるのは分かってる、でもあっちには行かない。わたしは命令する気になれなかった。それに命令するなんて、わたしにそんな権限はありません。


マクシン大尉（師団の政治部長、コムソモール員担当）――コムソモール担当者として、かつて中等学校の生徒を教えていた時と同じく、自分を本物の前線のコムソモール活動家に鍛え上げ、兵士の良き資質を育むように努めている。手本は、祖国戦争の英雄になったコムソモール員――アルノリド・メリ[140]、イリヤ・クージン[141]、ゾーヤ・コスモデミヤンスカヤ[142]だ。こうやって自分の軍人の性格を鍛え、と同時にこうした英雄のコムソモール員をイメージしながらコムソモールの支部や組織での対話や女性コムソモール員との対話をしていた。……

われわれはコトルバン地区でこうした状況にあったわけで、これでは秩序立ったコムソモール運営は至難の業。受け持ちのコムソモール組織に的確な指導ができない時もあった。同志シェイコは、模範的な、まさしくコムソモールのオルグという人物だった。コムソモール員がいつ何人戦線離脱し、その理由が、負傷なのか死亡なのか病気なのか、毎日ちゃんと知っていた。毎晩、ビューローがコムソモール活動の総括をする。コムソモール・ビューローのメンバーが指定の場所に集まり、たいてい熱戦の後の比較的静かな時だが、その日の戦いを総括する。どこそこのコムソモール組織は本日コムソモール員の離脱が何人、戦闘可能は何人、戦功を挙げたのはどこそこのコムソモール組織の誰それというコムソモール員といった具合だ。コムソモール員の戦功はこのビューロー会議でまとめられ、その後そうした兵士を有名にする方針を作って、「本日の英雄」が今日明日にもコムソモールの組織で知れ渡るようにした。連隊ビューローのメンバーは、担当する部隊を回って末端のコムソモール組織まで直に接し、会議で出た問題や会議の結果を伝え、コムソモール員の英雄行為を人びとや戦線に広めた。コムソモール員に伝える時は、小さなグループを塹壕や防御線でつくり、夜中だった時もあるが、会議の結果を知らせ、別の部隊のコムソモール員の戦功を話して聞かせる。翌日には全コムソモール員が、本日の英雄がどのコムソモール員か分かっていた。

「本日の英雄」になった男女コムソモール員を有名にするコムソモール集会の中でも出色の例が、コムソモール・ビューロー書記の同志シェイコが直々に取り仕切ったコムソモール集会——衛生中隊の亡くなった英雄、赤旗勲章を死亡叙勲されたリョーリャ・ノヴィコワを偲ぶ催しだ。

リョーリャ・ノヴィコワは、誰もが知る存在だった。はじめは、後に戦場で勝ち得る信頼を得ていない。さながらバレリーナで、戦闘訓練の時にハイヒールを履いていた。仕事は図面描きだったが、ずっと戦場志望で、前線行きを熱望した。多くの人が規律違反者、職務怠慢だと思っていたが、中隊入りして衛生兵になり、弾丸飛び交う前線で負傷者の搬出をしたいとずっと訴え続けた。前線に躍り出たのも結局この規律違反でだった。

一九四二年九月十一日は、攻撃中の師団、とりわけ第三三九連隊にとって一番激しい戦いだった。この激戦の際、長時間にわたってリョーリャ・ノヴィコワは稀に見る英雄精神を発揮する。負傷者に包帯を巻いて、敵の機関銃と迫撃砲が雨あられと降り注ぐ中を遮蔽物まで引きずって行くことを繰り返し、負傷者がどの部隊や中隊かは目もくれない。この日に使った包帯は五十本強、負傷者一人に一本として、戦場から運んで処置した将兵は五十人になる。夕方になって戦場から戻り、わたしも連隊に来ていた。まえに研修と戦闘訓練をしていた時に、彼女とこういう会話をしたことがある。「リョーリャ、君はすばらしいコムソモール員だ。教養もあって、詩の朗読は実に芸術的な才能がある。君がもっと規律正しい子だったら、党に入ることだってできる。君を党に推薦してもいい。真価を見せてくれ」。すると彼女は、まだ自分を戦いで試していないから入党できないと言う。「一番激しい戦いで自分がどうなるか分からないの。もし戦場で立派に振る舞って真価を発揮したら、入党するわ。でもその前に前線に行かなきゃ」。彼女は初志貫徹したわけだ。

彼女がこの激戦から戻った時、袖口をまくり上げると腕に肘まで血がべっとりだったが、洗い落とす場所がどこにもない。水事情が劣悪で、洗濯はおろか時には飲み水にも事欠くありさまだった。彼女が来たのは日没ごろだったが、すぐにリョーリャは戦いで英雄精神を発揮したという声が聞こえて来た。激戦の場から兵士が彼女を抱えて運んで来た。彼女がわたしたちの所へ来て発した最初の言葉は、「それではわたしの入党申請をお願いします。自分を試して、どんなに激しい戦いでも決して怖じ気づかないと確信しました」だった。そして上気した顔で、砲弾や自動小銃兵の弾丸が側をかすめ飛び、兵士が「看護婦さん、助けてくれ」と声を上げたと話してくれた。負傷者を戦場から運び出す様子も。こうした戦場の現実で頭がいっぱいで、思いの丈を打ち明けると、入党を申請した。

翌日は再び激しい戦いだった。大隊長は、前夜のリョーリャ・ノヴィコワの救護で一命を取り留めていた。敵の砲火の嵐をかいくぐって搬送したおかげだ。そこで彼女に拳銃を贈った。彼女はそれを肩からつるし、また二日目の激戦に向かった。戦いが始まって二時間後、ドイツの自動小銃兵の弾丸が彼女を襲う。三発が頭に命中し、リョーリャは死んだ。

こういうわけで、同志シェイコが中隊のコムソモール組織に現れると、今日の議題は一つ、リョーリャ・ノヴィコワの英雄的な戦功だと告げた。この集会はコムソモール員の教育という点で模範例だったと言っていい。同志シェイコが入室。コムソモール員は全員起立。同志シェイコが挨拶のあと、こう切り出す。「衛生中隊のコムソモール集会の開会を宣言する。議題は一つ、リョーリャ・ノヴィコワの英雄的戦功だ」。静粛にと命じると、そのまま発言に移った。彼女の戦功が分かっていて、話せるからだ。まず全員に起立を促し、ドイツ人侵略者との戦いで英雄的に戦って亡くなったリョーリャ・ノヴィコワの冥福を祈ろうと呼びかけた。全員が起立する。多くの人の目に涙が浮かんでいる。誰もがリョーリャの死を悼んだ。朗らかで快活な人だった。同志シェイコが彼女の戦功を話す。続いて女の子が発言し、口々にリョーリャのようにドイツ人と戦うと誓った。誓いの言葉のあとは、コムソモール集会の決議だ——ドイツ人占領者から社会主義の祖国を守る戦いにおいて、全コムソモール員はリョーリャ・ノヴィコワに恥ずかしくない行動を取る。また党ビューローに彼女の入党を、ボリシェヴィキ党の一員に加えて党員と見なすことを請願する決議も採択した。

リョーリャ・ノヴィコワの戦功は、すぐさま連隊の全組織のコムソモール員が知るところとなった。方面軍や師団の新聞にリョーリャ・ノヴィコワの記事が載り、わたしの記事も掲載された。さらにコムソモールがリョーリャ・ノヴィコワの死亡叙勲を申請し、赤旗勲章が死亡叙勲された。彼女の母親に心を込めたお悔やみの手紙を書いたが、返事はなかった。ヴォロネジから疎開して宛先不明とのことだった。

スヴィーリン中佐（第三〇八狙撃兵師団の師団長政治補佐）

——コトルバンの一五四・二高地で初めて装甲車に遭遇した。四十輛近くいた。わたしと師団長が観測所にいた九月十七日に、装甲車が第三五一連隊と第三四七連隊に襲いかかっていた。わたしは政治部の指導員二人を呼ぶと、対戦車部隊に行って装甲車と戦っている兵士の士気を鼓舞し、不屈の精神が押しつぶされないようにしてこい言った。命令を聞くと、二人は出かけて行って、全員に「決死の覚悟」で立ちはだかり、装甲車を押しとどめるよう説いた。装甲車が動き出すと、対戦車防衛隊の強力な一斉射撃が始まった。砲兵連隊が一丸となって高地の麓に立ちはだかり、そこで装甲車十二輛ほどを使用不能にする。残りは向きを変えて戻って行った。どの兵士も、炎上する装甲車を目の当たりにして、装甲車はさほど恐ろしくない、応戦できると確信した。兵士が待避壕にいる間に話をした——装甲車の乗員は、兵士が塹壕にいると、視察口から見えないし、また五メートルまで近づくと、撃つこともできない。このあとわれわれは高地の攻撃を開始した。

ベルーギン少佐（第三四七狙撃兵連隊コミッサール）——第三四七連隊は、師団長の予備として第二梯団に配置された。五カ月の長く実り多い時間をかけて、わたしも連隊長もこの連隊を鍛え上げていたので、割り当てられた戦闘配置に納得がいかない。師団に課せられた任務の遂行計画をつくると、九月十日に師団長のところへ談判に行った。われわれの計画が採用され、第三五一連隊が脇に回り、われわれが主力に座った。課された任務は、前進して一五四・二高地の敵軍を攻撃・撃滅してこの高地を占領、引き続き前進してブロフキン村と「新たな希望（ノーヴァヤ・ナジェージュダ）」村に向かえだったので、九月十八日に任務遂行に着手した。

上級軍曹ヴァシーリー・ボルテンコ
（右胸に祖国戦争一級勲章を佩用）

……夜陰に乗じて身を隠し、間断なく続く敵の恐ろしい砲撃をものともせず、九月十八日早朝——赤軍兵士は稀に見る高揚感に包まれていた——一気呵成に一五四・二高地を占領した。

第一大隊と第二大隊はつづいて連隊の次の任務に移り、ブロフキン村と「新たな希望」村に向けて進軍。十一時前にブロフキン村を占領してさらに前進するが、損害も大きかった。第三大隊は一五四・二高地に登って、成功の固定に着手し、高地の全周防衛を整え始めた。高地は周囲を見下ろすように聳え立っており、八キロから十キロメートル先が見渡せた。朝十時から敵軍の迫撃砲と大砲の砲弾が片時も鳴り止まず、大編隊の戦闘機が超低空飛行で十機から十五機、休みなく暗くなるまで爆撃し、膨大な量の凶悪な金属を投下し続けた。

……観測所から報告があり、敵軍の車両二十台強が接近し、歩兵の投入が始まったと知らせてきた。敵の歩兵は眼前で戦闘隊形を取っていく。敵の最初の反攻が始まった。ここでも指揮官の意思が示される。第三大隊の全火力を連隊長バルコフスキーが予備から出して、敵の縦隊への反攻に投入したのだ。連隊の迫撃砲中隊は一五四・二高地の陰から敵陣営めがけて残る最後の砲弾を目一杯撃ち込んでいた。ヴァシーリー・ボルテンコは四五ミリ砲を射撃陣地に据え、敵軍車両を炎上させていた。

ボルテンコ少尉（第三四七連隊の小隊長・大隊長補佐）——一五四・二高地をめぐる攻防は大きな意味を持っていた。第三四七連隊の十七日から十八日の任務は、この高地の奪取だった。

状況は極めて深刻で、敵の大軍が集中している。この戦いでわたしは第一大隊に同行していた。右翼から敵が激しく撃ってくる。照準手が掩蔽壕に一発撃ち込んだと思ったら、装弾手が殺されていた。目に入る二百メートル内外では砲兵中隊長も殺された。わたしも弾が鉄兜に当たっている。歩兵が高地を占領した後は、われわれの大砲は後退しなかった。わたしはカザフ人二人に大砲を引かせていた。連隊長バルコフスキーは高地の近くにいたが、ここでドイツ軍の装甲車八輌が反撃してきた。わたしが二輌を仕留め、残りは対戦車砲手が仕留めた。すべて鹵獲した。わたしは一輌目の装甲車に三発、もう一つには二発撃って、それで停止させた。

ベルーギン少佐（第三四七狙撃兵連隊コミッサール）――左翼から再び危機が迫ってきた。敵軍の装甲車三十輌が戦闘隊形をとって、ゆっくり一五四・二高地に進んでくる。歩兵が装甲車に付き従い、装甲車には自動小銃兵がいる。連隊長は腹をくくって、高地にあるもの一切をつぎ込んだ。武器を手にして、隣接師団の迫撃砲中隊の砲撃陣地を占領させた。わたしは対戦車砲分隊を十近く集めた。連隊長バルコフスキーは機関銃で強烈な至近距離直撃[143]をお見舞いしようとする。戦車の機関銃を残らず集め、自分で点検して標的を指示していたが、その瞬間に致命傷を負った。何か言い残そうとしたが、最後まで言えなかった。……

装甲車が近づいてきた。連隊の花、参謀長のイーゴリ・ミローヒンを呼ぶ。「ねえ君、連隊を引き受けてくれ。まだチェリョームシキにいた時、こう言ってたじゃないか。〈一、二年は本部で働くが、その後は連隊を任せてくれないか〉って。たった二カ月しかたっていないぜ」。「了解、連隊を引き受ける」。イーゴリ・ミローヒンは砲撃陣地を確認すると、対戦車砲を持って、わたしの隣の塹壕から自分で装甲車へ砲撃を始めた。

敵の急降下爆撃機と超低空飛行の戦闘機が、カラスの群れのように高地に襲い掛かった。だがこれは大したことはない。大事なのは、先頭の装甲車を止めることだ。残りは、順番にやればいい。イーゴリ・ミローヒンは、射撃の名手だ。彼が師団で最初に対戦車砲で「メッサーシュミット」を打ち落としている。また今度は最初の一発で右翼の装甲車を止め、二発目で真ん中のを炎上させた。ただまずいことに、対戦車砲の薬莢に油がさしていない。対戦車砲の弾倉から出すのが一苦労だ。「円匙（えんぴ）を持ってこい」。イーゴリ・ミローヒンは円匙で遊底を開け、また撃つ。三輌目の装甲車が火を噴いた。二百メートル先だ。百五十メートル先で敵が戦闘隊列を変えた。側面にいた装甲車が先頭に出て、戦線から動き出した。イーゴリ・ミローヒンが四輌目の装甲車を止める。「まずい、火をつけろ」。火をつけた。ところが五輌目の装甲車を撃つ音と六発目の音が重なった。ミローヒンの銃声と装甲車の砲声だ。これでミローヒンは死んだ。頭に直撃だった。素晴らしいやつ、勇猛な戦士、鋼の神経を持つ兵士が一瞬で首なしに。脳みそが全部わたしにかかった。

四時間半の地獄のような攻撃。四時間半の超人的な緊張感。指揮はわたしが執った。われわれの四五ミリ砲と対戦車砲小隊が、最終的に敵を混乱に陥れた。装甲車の攻撃は撃退された。
暗くなってきた。指揮官の召集を始める。高地は静かだ。自動小銃兵はわずか十人、対戦車砲は二挺、機関銃は十四挺あったのに使えるのは一挺だけ。すぐに状況を師団長に報告する。第一親衛軍の大隊コミッサール、名前は忘れてしまったが、これが第三四七連隊の伝令として師団長に送られた。

まわりは装甲車が燃えていて、大きな蝋燭のよう。すぐに負傷者の手当てをしないといけない。すぐに師団長に救助を求めないといけない。

同じような緊張感の戦いが十九日も続いた。師団長は戦いに予備を投入する。対戦車撃滅大隊や訓練大隊が戦闘隊形を取った。局長、化学工場、工兵小隊、騎乗輜重兵――すべて通常の兵士として前線に行った。

十九日に師団長のグルチエフ大佐がわたしの指揮所に移ってきた。彼は師団コミッサールのスヴィーリン中佐と一緒に戦いを直接指揮した。攻撃の準備命令。一体どうしたんだ。訓練大隊長が命令を理解している気配がない。それともちゃんと命令を受け取ったのか。すぐ連絡を取れ。応答しない。通信兵が力尽き、通信の修理復旧が間に合っていない。通信線がたびたび敵軍の砲撃で断線していた。

「信頼できる人物が手元にいるか、ベルーギン」とグルチエフが聞く。「五分後に攻撃だ。あちらの方角に――と北西を指さす――訓練大隊が戦闘隊形で配備されている。訓練大隊を見つけて、わたしのメモを渡してくれ」

セリゲエフを呼ぶ。疲れを知らぬ韋駄天、スパルタクス団員[144]だ。戦闘訓練の時から抜きん出ていて、一日に百キロメートル走っても疲れを見せなかった。いかなる代価を払ってもいいから、訓練大隊長に命令を届けるとともに、この命令が遂行されたことを報告しに戻ってくるよう命じた。

セリゲエフは、ドン平原をコサックの前哨歩兵よろしく指示された方角に走り出し、師団長の命令を遂行する任務に赴いた。どうやって一キロ半近い距離をあれほどの短時間で駆け抜けたのか、今に至るまで分からないが、ともかく時間内に師団長に報告し終え、〈命令受領、攻撃開始は時間どおり〉との訓練大隊長の受け取りを示した。

赤色の曳光弾が上空に上がった。大砲の砲撃が遠くへ飛ぶ。攻撃が始まった。特別部隊が遅れていたが、前に押し出された。攻撃は成功だった。高地は最終的にわれわれが確保した。

九月十九日の五時、娘のマイヤがわたしをテントに引っ張って行った。攻撃中に負傷したからだ。マイヤは、嬉しそうに命令完遂を報告しながら、さらにこうささやいた。「すぐ良くなるわ、またここに来ましょう」

気づくと野戦病院だった。

ココーリナ上級軍曹（衛生中隊の衛生兵）――九月十□日、わたしたちは防衛態勢を取りました。防衛態勢を取ったのは夜間で、おそらくドイツ軍の陣地に近づいたからです。わたしと、レーシェトワ・ジーナ、シュヴァーノワ・アーニャがいて、さらに女の子二人――ローシチナとアルハートワで指揮官たちを守っていました。朝方、夜明けとともにドイツ側から「ハルト！（止まれ）」と叫び声がします。わたしたちは三方向から囲まれていたのです。わたしたちのいる窪地に通じるのは細い抜け道だけで、そこを装甲車が砲撃して自動小銃兵が占拠しています。こんな半包囲状態では、わたしたちに援軍なんか送れっこありません。わたしたちは十六人ほど、それだけです。そこに九月十八日までいました。二日間、食べ物も水もなし。負傷者が大勢いて、動かせません。何度も包帯を取り替えました。水筒に非常用の水があったので、それを飲ませて世話をし、塹壕を掘りました。包囲はどんどん狭まってきます。九月十七日に援軍を頼みましたが、もらえません。連隊長は大隊に踏みとどまれと命じました。大隊は全員踏みとどまり、一歩も引きません。

　わたしたちは兵士と仕事する機会がたくさんありました。兵士の中には動揺し、持ちこたえる自信がない者がたくさんいました。そういった人たちとは話をしました。塹壕に入って、兵士や指揮官の英雄的な戦功を話すのです。一兵卒のコスィフの[145]ことも話しました。コムソモール員五人とともにドイツ人六十人の攻撃を撃退した英雄の話です。この出来事は、わたしたちの大隊でおきました。ドイツ人が十メートルまで近づいたところで手榴弾を投げ始めます。そのとき側面から機関銃が火を噴きました。コスィフは仲間の兵士エフィーモフを連れて、コサックの前哨歩兵よろしく、機関銃が鳴り響いた塹壕へ這って行く。這って行って、そこに手榴弾を数発投げ込むと、「大隊、続け！」と叫びました。六人が（大隊が）後に続きました。戦利品に機関銃を二挺と大量のライフル銃を分捕り、三十人を捕虜にしました。いま彼は上級中尉の研修に派遣されています。赤星勲章を授与されました。だいたいこういった例を話しました。

　九月十八日に命令が下りました。隊は（そういうものがあったのです）攻勢に転じ、一四三・八高地を奪取せよ、というのです。隊員の士気は盛んでした。二日間、踏みとどまってドイツ軍の強襲を撃退してきた――これが士気を大いに高めました。味方に負傷者はゼロ、初日に一人出ただけでした。九月十七日には、女の子たちと窪地に忍び込み、負傷者を救出して運び出し、戻ってくることに成功していました。一晩中わたしたちは働きました。九月十八日、攻勢に転じました。

ペトラコフ（第三三九狙撃兵連隊コミッサール）――われわれが高地を占領した際の一番のクライマックスは、九月十八日。高地まであと十キロメートルほどの平坦な場所だった。何度も中隊と攻撃を繰り返し、多数の損害を出した。十八日に高地占領の命令が下った。……課された任務は、何がなんでも夜のうちに大隊の陣地に行き、五時に大砲の用意を始めて夜に攻撃できるように作業せよ、だった。われわれは文字通りすべての塹壕を回った。われわれが撃ったことがあるのは曳光弾だけ。兵士に飯を食わせ、あの高地の意義を説明し、勲章を約束する。ドイツ兵を捕まえたら赤星勲章、将校なら赤旗勲章、高地の一番乗りはレーニン勲章だ。兵士の多くは口々に、捕虜はどのみちお目にかかるまい、捕まえたらぶち殺しちまうからなと言っていた。
われわれに与えられたのは一個砲兵連隊に「カチューシャ」砲の二個砲兵大隊、それに配下の一個大隊だった。ここでわれわれはドイツ軍の撃破を開始し、六時に攻勢に転じた。[146]

グルチエフ少将（第三〇八狙撃兵師団の師団長）――命じられた任務を完全には遂行できなかったが、高地は何とか奪取した。方面軍司令官の同志マレンコフ[147]に呼び出され、エリョーメンコも交えて軍事行動が始まるまで話をした。高地を占領したら、われわれの師団はさほど怒鳴られなくなった。

任務が完遂できなかった理由を言うのは難しい。隣隊が左側から掩護してくれなかったせいかもしれないが、ここで大事なのは戦区の全体状況を知ることだ。言ってみれば、怒鳴られなかったのだから、自慢していいと思う。当時は誰だってそんな目に遭っていたのだから。……

われわれのところでは、督戦隊が勝手に動くことはなかった。脱走や自傷行為も、ごく一部であったものの、広範な現象ではなかった。……赤軍兵士の行動は全体として優秀かつ勇敢で、果てしないとすら言ってもいい。ひとたび立ち上がれば、押しとどめられない。……

おかしな話だが、高地を委員会の記録に取らせている。一四三・八高地はわれわれが占領したが、隣隊も自分たちが高地を占領したと考えていた。わたしはモスカレンコ少将[148]に一四三・八高地の占領を報告したが、信じてもらえない。わざわざ測量技師を呼び寄せ、高地を委員会の記録に取らせなければならなかった。

一五四・二高地は、奔走と口論でもっと大変だった。こっちは左側の隣隊が口を出してきて、高地を攻略したと主張した。彼らの訓練大隊が占領したのはわれわれの東側の斜面にある高地であり、本当の高地はわれわれの部隊が占領している。彼らの本部長はシュリギンで、一緒に仕事したこともある仲だが、この高地のせいであやうく口論になりかけた。……九月二十六日か二十七日に移転になり、スターリングラードに向かった。三日間歩き続けた。

スヴィーリン中佐（第三〇八狙撃兵師団の師団長政治補佐）――九月二十七日にわが師団の後方予備転出の命令が下り、二十八日にスターリングラード出発の命令が出て、三十日にはもうスターリングラードにいた。地図を見ると、二百五十キロメートルある。だが命令は絶対だ。望んだことが実現したのだ――スターリングラードに出発した。スターリングラードに直行、ヴォルガ川を右岸から左岸へ渡り、その後また右岸に渡ると知って、連中は喜んだ。

われわれは大回りを余儀なくされた。そこで兵士にツァリーツィン防衛の伝統を説明するようになった。スターリングラードで政治活動の基軸になったのは、ツァリーツィン防衛の問題であり、同志スターリン、同志ヴォロシーロフ、パルホメンコのツァリーツィン防衛における役割だった。マレンコフやジューコフが来た時も、そうだ。二人ともスターリンが口にした言葉を引きながら、どれほど大変でもスターリングラードは明け渡さない、死んでもスターリングラードを離れない、なぜか、スターリングラードの向こうはステップが広がり、その先にクイビシェフ〔現在のサマラ、当時は政府機関の大半が疎開していた〕とモスクワがあるからだと語った。こうしたことを兵士に繰り返し話して聞かせ、差し迫る脅威に、スターリングラードを明け渡した先に待っていることに注意を促した。……

ヴォルガ川の右岸に送り出す前に、連隊・大隊・中隊ごとに集会を行った。こういう話をした。「見ろ、スターリングラードだ。工場が並んでいる。あれがヴォルガ川、大きなロシアの川だ。あれがスターリングラードの住宅だ。この街は偉大なスターリンがいたところだ。長く白いイルティシュ川の岸辺で編成されたわれわれは、今ロシアの大河ヴォルガ川の広大な岸辺に着いた。むこうで訓練したことを、ここで実行に移す。かつて同志スターリンはこの岸辺に立ち、筏や船があると兵士の心をかき乱して怖じ気づかせるからと、岸からすべて撤去するよう命じた。だからわれわれも、ヴォルガ川の右岸に着いたら、船をすべて送り返し、兵士の心をかき乱さないようにする。ただ前進あるのみだ」

このように進行した集会は、常に思想政治レベルが高く、兵士は宣誓でスターリングラードを最後まで守り抜くと約束した。

グルチエフ少将（第三〇八狙撃兵師団の師団長）――兵士を渡河させ、軍司令部に顔を出しているうちに夜が明けてしまった。なのにドイツ軍が空爆中の所に出て行かなければならない。困ったことになった。河岸通りに向かったのはわたしと部下の指揮官スタフェエフにスミルノフ、副官、第一部部長。一部は迂回路を行った。目的地に無事にたどり着くのは至難の業だった。距離にすれば三キロメートルほど。敵に見つかってしまった。川岸の細長い一帯は、われわれがスターリングラードに到着するまで味方が押さえていたが、高地を占領している敵から丸見えだ。散開して動いていたが、敵がわれわれに気づいて爆撃を開始し、身動きが取れなくなった。博物館のような建物があるが、そこにドイツの自動小銃兵が待ち伏せしていて、様々な迫撃砲を休みなく撃ってくる。目的地にたどり着くまでに、二、三十人の兵士を失った。

わたしは一日中、防御線と偵察の任務で忙しかった。わたしと一緒だったのは、工兵大隊、通信大隊、機関銃大隊に第三五一連隊。配下の二個連隊はまだ右岸（ママ）にいた。……第三五一連隊はシリカ工場の防衛線に陣取った。われわれの連隊は、三百人から三百五十人。敵弾が集中し、戦闘機で爆撃してくるが、そこで力の限り戦った。

わたしが自分で第三五一連隊を発進位置まで連れて行った夜は、まだよく地理が分からなかった。軍司令部で、野営中の師団から案内人を出してもらった。始めは首尾よく前進し、シリカ工場を完全制圧。工場の西側の壁にも近づいた。そこで敵の烈しい砲撃を浴びて足踏みとなり、敵が攻勢に転じてきた。一日中、敵の猛火を浴びた。損害は朝からあり、連隊は行軍で疲弊していた。負傷者も多かった。食料品店「ガストロノム」に置かれたわたしの指揮所に最後に駆け込んできた通信隊長は、狼狽もあらわに、連隊の全滅を報告した。わたしは部下の指揮官一人を供に付けると、またマルケロフのところへ伝令に出したが、それっきり戻ってこなかった。その後この場所には第三三九連隊が陣取り、昼も夜も敵の優勢な軍勢とずっと戦い続けた。

スミルノフ中佐（師団の政治部長）――五日に第三五一連隊が全滅した。……十月四日は、何としても戦区を守り抜かなければならなかった。連隊は後退厳禁の命令を受けていた。夜十一時頃、連隊長マルケロフが戦線離脱する。その後の連隊の指揮はフローロフが執り、防衛線を守り通した。ドイツ軍は最終的に連隊の包囲に成功し、壊滅に追い込んだ。包囲を脱出した者が二人いたが、どうやら逃げて来たようだったので、追い返した。この連隊の戦いぶりは、連隊長のフローロフが知らせてくれた。

第308狙撃兵師団政治部長スミルノフ中佐

連隊がスターリングラードに着いた時は、コトルバンから一人も欠けていない。政治要員は壊滅で、唯一残っていた例外のヴラソフを砲兵中隊長にした。

ヴラソフ上級中尉（第三五一狙撃兵連隊の砲兵大隊コミッサール）――四日か五日、対戦車拠点にいたわれわれは、第三五一連隊の全滅を知った。目撃者と何があったか話し合った。一日は兵士一名と指揮官三人がいたし、連隊の戦区全体でも砲兵五名に司令部付き将校が五名いたが、今は見つけるのが難しい。話を総合すると、一日は、わが連隊が攻勢に出た。二日と三日は、シリカ工場の防衛線を守り通した。三日にドイツ軍が反撃してくる。装甲車と航空機に掩護された自動小銃兵だ。後方と左側の第四二旅団と第九五旅団が動揺し、そのためわが連隊は罠にはまった。文字通り最後の実弾、最後の手榴弾まで使い尽くした。噂では、わが本部の上級中尉ペスツォフが、暗くなってから、十六人ほどの脱出に成功したという。ペスツォフと連隊長マルケロフはともに負傷した。わが連隊の兵士は、第三三九連隊や他の師団に移された。

フローロフに同行していた衛生兵の話では、フローロフは最後の最後まで掩蔽壕にいて、ドイツ人が近づいてきて〈ロシア人、降伏しろ〉と叫んだ時も、まだ撃ち続けていたという。夜陰に紛れて連隊の生き残りは這って撤退したが、フローロフはそのまま掩蔽壕に残った。……

最近戦友から届いた手紙によると、フローロフは生きていて野戦病院にいるらしい。

ミハリョフ中佐

スヴィーリン中佐（第三〇八狙撃兵師団の師団長政治補佐）――連隊で残った兵士は十一人。最後は連隊コミッサールのフローロフがやられ、連隊長が重傷を負った。十一人の兵士が生き残ったのは、師団司令部や連隊本部などへ伝令に出されていたからだ。……

返す返すも残念なのが、ミハリョフ中佐だ。第三三九連隊の本部長で、本部員とともに戦死している。すばらしい指揮官だった。経験豊富、几帳面な性格で、連隊じゅうで好かれていた。衛生兵の女の子は実の父親のように慕っていた。彼と一緒ならどこへでも行けたし、どんな命令も遂行できた。

十月六日にミハリョフからメモが届いた。連隊コミッサールのサンジンとの仲直りを取り持って欲しいとある。ミハリョフのことはよく知っていたので、すぐに政治部長ヴァルシャフチクと行くことにした。出かけて五十メートルも行かないうちに、向こうから師団長の伝令が来て、口論の仲裁をしに来て欲しいと頼まれる。駆けつけて、長いことかかって、師団長に少佐二名も加わって、各部隊の配置の確認をした。戸口をまたいで連隊に行こうとしたところで報告があり、第三三九連隊の本部員全員が爆弾の直撃で死んだと知らされた。殺されたのは十七人で、軍代表も死んだ。

コシカリョフ（第三三九連隊党ビューロー書記）――われわれの部隊はスターリングラードに到着した。渡河は十月一日から二日で、ヴォルガ川のこちら側に着いた……二日から三日の夜にわれわれの支隊は空港公園近くに主要防衛地を構えた。防衛線ができたのは夜だった。というのも、日中は敵機がひっきりなしに動いていたからだ。三日から四日は塹壕掘りと防衛線の手直しを続けた。

われわれの連隊本部は、「ガストロノム」の建物に置いた。その左手が空港公園で、そこにわれわれの大隊が陣取った。特別支隊は、建物の右手だ（自動小銃兵中隊、対戦車砲分隊）。大砲は、行軍中で、まだなかった。この建物に師団司令部があったが、三日の夜に出て行った。ドイツ側がこの建物に砲撃を試みてきたからだ。

十月四日、ドイツ軍の攻撃が始まり、空港公園にいた部隊と、連隊本部と警備小隊の部隊のいた建物に襲いかかる。十一時ごろから装甲車十五輛と歩兵の強襲が始まった。ドイツ軍は戦線を出ると、左側から回り込んで何度もわれわれの防衛線の突破を試みた。……十月四日の戦いは一日中続いた。われわれの支隊は一歩も引かず、ドイツ軍が押し寄せた建物も保持した。ここで稀に見る英雄精神を発揮したのが、コムソモール員のショーニン中尉[149]だ。入党申請を出していたが、受理は叶わなかった――五日に戦死したからだ。一人で装甲車三輛を撃破している。

　夕闇が迫ってくると、われわれは「ガストロノム」の建物を出た。そもそも、あそこに居続けるのは無理があった。兵士と指揮官の一部が戦線離脱してドイツ軍が建物の奪取に躍起なのに、援軍もなかった。移転先は、T字型の工場病院を百から百五十メートル下ったところにある建物だ。……各支隊の指揮官を集めて連携を図る会議を行っていると、本部に爆弾が直撃し、そこにいた全員が死亡した（連隊長、連隊コミッサール、本部長、連隊長補佐二名、政治補佐、大隊の上級コミッサール、方面軍の代表、副官など）。わたしはたまたま席を外して書類を取りにヴォルガ川[150]に行っていた。この建物で生き残ったのは、わたしとジガリンとフゲンフィロフ。[151]ジガリンが指揮を執ることになった。わたしはこの部隊の新参者だったし、ジガリンのことは知っていたので、指揮を執ってくれるように頼み、大隊や師団司令部との連絡を調整した。わたしはこの建物に残り、遺体の確認作業のとりまとめをした。

ボリス・ショーニン中尉

ベルーギン少佐（第三四七狙撃兵連隊コミッサール）――十月十九日の夕方、師団長の元へ出頭して回復を報告するとともに、自らの職責を果たしたい旨を伝えた。師団長の温かく上機嫌な応対と、コミッサールのスヴィーリンや本部員全員の心のこもった歓迎ぶりに新たな活力をもらい、われわれの正しい事業に、われわれの豪胆さに新たな確信を覚えた。

　戦況を教えてもらった。グルチエフ大佐の言葉。「多くの点でここはコトルバン郊外の一五四・二高地とは違う。ちなみに、聞いているだろうが、一五四・二高地のことでは論争があった。われわれが高地を占領したことを誰も認めてくれんので、軍の委員会にお出まし願って、現場で高地の記録を取らせなくちゃならんかった。君がいなかったのは残念だ。ここには別の問題がある。見てみろ、五十メートル先がヴォルガ川、正面は百五十メートル先が敵だ。ここは上手くやらんとな。この幅二百メートルの場所に毎日毎日降り注いでくるんだ、クソっ、砲弾、迫撃砲、銃弾が無数にな。俺たちは慣れちまったが、君はあれだ、野戦病院で静かに寝ていただろう。だからちょっと待て、連隊には行かず、しばらく俺たちと一緒にいろ」

さらに手を変え品を変え、ある時はグルチエフ大佐が、ある時は大隊コミッサールのスヴィーリンが、しばらく同行しろと口説いてくる。結局、師団の指揮所に夜中までいた。「もう少しいたらどうだ」「いえ、行きます」「そうか、じゃあ行け。あっちの新しい指揮官はチャモフだ。挨拶しておけ。あそこは難しい場所だ。聞いているだろうが、第三五一連隊はもうない。生き残りは第三四七連隊と第三三九連隊に編入した。指揮官も死んだ。バルコフスキーに続いてサフキンも壮烈な最期を遂げた。すばらしい指揮官、倦むことを知らぬ闘士だった。ミヘリョフ（ママ）中佐、第三三九連隊長も死んだ。馬鹿な死に方だ、建物に二トン爆弾が直撃だ。ミヘリョフと部下の本部員は一緒に葬った。指揮所は、建物じゃなく、何もない場所を選べ。上手くカムフラージュするんだ。建物の方が危ない。建物はむしろ拠点に使え。建物の間には交通壕を掘れ。出口は、前方の敵の方角につくれ、深い防弾壕だ、それを使え。裏をかくんだ。射撃陣地は頻繁に変更しろ」

こんなはなむけの言葉をもらって、わたしは第三四七連隊の新しい連隊長の元へ移った。

チャモフ中佐（第三四七狙撃兵連隊の連隊長）――スターリングラードで連隊が防衛陣地を構えたのは、空港公園の南側、ペトロザヴォーツカヤ通り、「バリケード」工場の南側。相対する敵は、第三〇五歩兵師団所属の第二七六、第二七七、第二七八連隊だった。十月十七日、敵の爆撃が始まって上空からわれわれの部隊を攻撃し、加えて大砲と迫撃砲の集中砲火も浴びせてきた。どう見ても、敵は連隊の防衛地区に攻め込もうとしている。

十時前に敵の装甲車が左隣の戦区、第六八五歩兵連隊のいるブグルスランスカヤ通りを突破し、わたしの連隊の指揮所に装甲車二十輌と自動小銃兵が現れた。

別の装甲車部隊も十一時に空港公園の南端と「バリケード」工場の北部を突破し、わが連隊を包囲した。

届いた師団長の指令は、包囲下で戦え、撤退するなだった。

……この戦いで活躍したのがボルテンコ軍曹（連隊の撃滅大隊長）の分隊で、装甲車六輌を破壊した。分隊は、持っていた武器が使えなくなったが、防弾壕から対戦車榴弾や火炎瓶で応戦した。

この戦いで敵はわが連隊を分断し、第一大隊と第二大隊がばらばらになった。八輌近い装甲車が、第一大隊の指揮所があるソルモフスカヤ発電所を攻める。この時のコミッサールは、ザリプヒン大尉だった。ドイツの装甲車は発電所を破壊した。発電所から六、七十メートルの距離でドアや窓に砲撃してくる。建物は炎上した。発電所の攻略に中隊の歩兵が投入された。発電所の建物にはザリプヒンと衛生兵二名、伝令兵一名がいた。十六時から十九時まで、七回もドイツの攻撃を撃退した。ザリプヒン大尉も拳銃、手榴弾、自動小銃で応戦し、ファシストを三十二人やっつけた。この部隊はコミッサールを先頭に三時間にわたって包囲された発電所で戦った。

スターリングラードの工場地区での戦闘、1942年10月　撮影：G. サムソーノフ

全員が負傷し、ザリプヒン自身も手傷を負ったが、指揮所はわたしの指示に従い続ける。ザリプヒンは戦場から負傷した大隊長と本部長を運び出した。衛生兵二名と伝令兵一名が発電所の建物で煙に巻かれて死んでいる。

十八時に敵の装甲車十三輌ほどが、わたしの指揮所である連隊本部に近づいて来た。八、九十メートルの距離から直接照準で砲撃を開始。同時に自動小銃兵も撃ってくる。このとき連隊本部長の偵察担当補佐であるヴァシーリー・カリーニン上級中尉が偵察から戻ってきた。指揮所に匍匐で入ると、対戦車砲をひっつかみ、一人でドイツの装甲車に向かって行った。十二分から十五分の間にドイツの装甲車五輌を炎上させ、六両を撃破した。さらに自動小銃兵の部隊七人を引き連れて反撃に出ると、指揮所への侵入を試みている降下部隊を迎え撃った。この反撃の結果、自動小銃兵を含む百人以上のファシストを撃滅し、百五十メートル近く前進して、そこに陣地を確保した。

カリーニン上級中尉（第三四七狙撃兵連隊本部長の偵察担当補佐）――十月十六日と十七日は、敵が猛烈な砲火をわれわれの戦闘隊形と背後に浴びせ、迫撃砲や戦闘機の機関銃で撃ってきた。爆撃の度に大地がうめいた。十七日もまた午前中に爆撃が始まり、二時ごろ攻撃に移る。わたしはこの時、掩蔽壕の電話のそばにいた。われわれの部隊の状態と敵の動きを問い合わせる。敵の機関銃と迫撃砲の砲撃は止まったという。そこで戦況図の整理に取りかかり、敵の火器の移動地点をノートに書き写しはじめ、タバコで一服していると突然エンジンの轟音が聞こえてきた。飛び出すと、装甲車のうなる音が鉄道の路盤から聞こえる。三、四百メートル先にある指揮官の観測所に向かって走る。見ると、装甲車が十輌ほど分散して進んでいる。観測所が敵にやられそうだが、まだ報告が来ていなかった。下の階には隣の部隊の対戦車砲手がいた。下に駆け下りて、対戦車砲を借り受ける。前日に激しい雨が降り、管理が杜撰だったせいで対戦車砲は錆が出ていた。設置して狙いを装甲車に定める。発射――約百メートル不足。そこで大きな照星に換え、装甲車の前部を撃った。バチバチッと、電気溶接みたいな火花が出る。だが装甲車は動き続けて砲塔を回転させている。その前に一発お見舞いしてやると思って狙いを定めたが、発射は同時になった。わたしは燃料タンクに一発ぶち込み、あっちの砲弾は建物の上部の装飾に当たった。

　装甲車が炎上し、三、四分間マッチ箱のように燃えていた。すると、同じ建物の陰から二輌目の小さな装甲車が出てきて、一輌目を引っ張って行こうとする。少し旋回して横を向いたところを撃つと、二輌目も火を噴いた。装甲車二輌を炎上させたので、建物内の位置を変えることにした。あっ、次の装甲車が出てきた。それなら対戦車砲が欲しいし、指揮所がどうなっているか知りたいと外に飛び出したその瞬間、装甲車の大砲が放たれ、対戦車砲をグニャッとへし曲げた。先を越されて打ち損じたのは、砲身が錆びていて撃つたびに足で開けなければならず、それが邪魔で撃つのが遅れたからだ。耳を聾する砲声に続いて、激しい痛みを感じ、しばらく意識を失いそうになった。土ぼこりがもうもうと舞い上がり、何も見えない。まずい、場所を変えなければ、やられてしまう。指揮所の方は、どうやら危険はなさそうだ。わたしが対戦車砲を、伝令が砲弾を持つと、二人で外に出る。途中で負傷した兵士を救出し、伝令に搬送を命じた。送り届けて戻ると、頼んでおいた火炎瓶を手にしている。轟音がとどろくと、耳がどうやら聞こえなくなり、手は血まみれだった。のろのろと装甲車が何輌も現れ、後ろに自動小銃兵が群がっている。わたしが一発撃ち放つと、歩兵が慌てて墓地につづく斜面へ逃げて行った。伝令の合図で、装甲車が鉄道の路盤を越えて指揮所まで百メートルだと知る。対戦車砲を構えると、装甲車の前面に九発お見舞いしたが、着弾しない。そこで側面を撃つことにして、食らわしてやった。装甲車は止まったが、なおも撃ち続ける。そこで対戦車榴弾と火炎瓶を手に取り、伝令には、ハッチが開いたら連射しろと伝えた。将校がハッチを開けると、伝令がそこに向けて連射した。わたしは匍匐して装甲車に近づき、火炎瓶を投げ、続いて手榴弾も投げる。装甲車は炎上した。……

　装甲車だと声が上がるが、対戦車砲まで二百メートル弱。急いで駆け寄る。装甲車は小型だ、すぐ片付けられると思った。ちなみに言っておくと、装甲車はアスファルト舗装した道を進んでおり、防衛線を突破してわれわれの背後に回って来る。近づくとわれわれの戦闘隊形に砲弾を撃ち込み、兵士を乗せて後方に連れて行くのだ。そこでわたしは十三人を選抜した。わが方とドイツ軍の陣地の境目は見極めがたく、どこがどちらか、よく間違えた。わたしは対戦車砲を手に匍匐して次の建物に向かう。鉄道が分岐しているところで、そこに対戦車砲を据え付けた。二発撃って、四輌目の装甲車が炎上した。装甲車が一輌、学校の向こうにいたが、遠すぎる。届かないと思ったが、やってみることにした。ところが、まさかの弾切れ。対戦車砲の弾籠めは、習いそびれて、出来ない。忌々しいことに、どうやっても開けられない。しばらくしてはずみでボタンを押すと固定した箱の蓋が開いたので、そこに砲弾を補充した。装甲車が燃えている場所にほかにも何輌かいたが、一輌がわたしのいる建物めがけて撃ってくる音が聞こえたので、再び対戦車砲を装甲車に向けて発射した。火花は出たが、なんともない。そこで対戦車砲を手に匍匐して鉄道の線路を越え、斜面を下って百五十メートルほど進み、装甲車の最前線に百メートルほどまで近づいた。「これで何とかなるぞ」と思った。一発、二発――当たらない。さらに近づき、もう一発。でも着弾しない。十二発撃って、いろんな方向から試したが、装甲車は炎上しない。そこで対戦車砲を手に腹ばいで後戻りすると、伝令をつかまえて手榴弾と火炎瓶を持たせ、匍匐して元の装甲車がいる場所に戻った。四百メートルほど先だ。目算を外してはいけない。匍匐して近づいて、装甲車の前面に投げる。すぐさま戦車が炎に包まれた。この隙に手榴弾を二個投げ、伝令と一緒に駆け足で防衛線の最前線に急行した。

赤軍兵士スクヴォルツォフ（第三〇八狙撃兵師団の通信兵）――やれ爆弾だ、やれ地雷だと、しょっちゅう爆発しては通信が途絶え、通信線がいくらあっても足りない。仕方なく使い古しの通信線でつなぐと、感度は悪いが、何とか機能した。あるときドイツ軍が攻撃してきて、われわれの通信が突然機能しなくなった。自動小銃兵がわれわれの回線を越えるときに通信線をニッパーで切断したのだ。わたしが通信線をつなごうとすると、自動小銃兵がわたしを狙って撃ってくる。わたしは鉄道の線路のそばに伏せ、十五分くらいじっとして、それから匍匐して指揮所に近づき、通信線をつないだ。……

電気をぬれた棒で流したこともある。電気は手や歯でも伝わる。有刺鉄線を使ったこともあった。何人もの人が手をつないで並んで鎖になれば電気は流せる。

ココーリナ上級軍曹（衛生中隊の衛生兵）――わたしたち衛生中隊がいたのは、初めは島です。あそこは女の子のやるべき仕事が本当にたくさんありました。島内八百メートルほどを徒歩で移送すると味方にたどり着きます。わたしたちが負傷者を運ぶのは川岸まで。そこで引き渡して船に乗せると、あとは背負ったり担架に乗せたりして砂浜にある連隊の救護所まで搬送されました。……明かりは厳禁で、あらゆることを暗闇の中で行わないといけません。衛生兵の運搬係は、運んでばかりでした。島は絶えず迫撃砲で攻撃されました。ここにわれわれの後方部隊がいて、島経由で補充していることを敵も知っていたからです。……

十月十八日、われわれは窮地に立たされます。大隊の指揮所とともに後退を余儀なくされました。ドイツ軍が連隊の指揮所を孤立させたので、連隊の居場所が分からなくなりました。わたしたちは「バリケード」工場の作業所に直行しました。それが十月十九日の朝のことです。ここに一日留まりました。負傷者の搬出が全くできなかったからです。……

夕方になると、包囲されていることが分かりました。その晩と翌日は「バリケード」工場にいましたが、脱出の見通しが立ちません。どこに行こうとしても、敵があちこちに重機関銃を据え付けていて、ほかにも手榴弾を投げてきます。ドイツ軍が五メートル前後まで近づいて来るので、兵士と同じように手榴弾を使いました。夕方になって、血路を開くことで衆議一決します。偵察の報告によれば、ドイツ軍は多勢、味方は無勢。そこで奇策に出ました。作業所の壁の一つに大きな穴を開け、全員がこの穴をくぐって無事に脱出です。ヴォルガ川の河岸に出ました。……わたしは十月二十一日にヴォルガ川の河岸で負傷し、医療衛生大隊に送られました。当初の搬送先は野戦病院から八十キロメートル離れたところでしたが、わたしたちの部隊が撤退するという噂が流れ、取り残されるのが怖くて、無我夢中で病院を逃げ出して指揮所に行きました。わたしはその晩また送り返されました。頭に重傷を負っていたので、放置できなかったからです。わたしの怪我は、掩蔽壕での直撃です。大隊長のポスィルキンもそうで、同じく放置できませんでした。十月二十一日以降、わたしはスターリングラードに行っていません。

赤軍兵士スクヴォルツォフ（第三〇八狙撃兵師団の通信兵）

——二十二日に第三五一連隊が退却を始めた。連隊長が少将に宛てて、退却させたいとメモを書いた。このメモが指揮所に届き、指揮所のタラソフが少将にこのメモを届けるようわたしに命じた。出かけたが、どこも機関銃と迫撃砲の嵐だ。あらゆるものが崩れ落ち、建物は瓦礫と化している。匍匐して三百メートルほど進んで少将のところに着き、メモを渡す。少将は退却の許可を出さず、はじめは兵士を引き留めていたが、しばらくすると退却せざるを得なくなった。ほかにもう方法はなかった。

ソフチンスキー少佐（第三三九狙撃兵連隊の連隊長政治補佐）

——十月二十二日、スターリングラード方面軍の軍事評議会が全党員とスターリングラードの守り手に発した呼びかけが届いた。われわれは各部隊でこの呼びかけの検討を始めた。作業所に党員を集め、連隊集会を行った。集まったのは七、八人。集会は最後までできなかった。敵が作業所を攻撃してきたからだ。党員はすべて、来たばかりの党ビューロー書記も含めて帰らせることになり、命令として、どの作業所にも党員がいること、命令があるまで退却しないことが言い渡された。作業所は二日間守り続けた。ある作業所は半分がわれわれ、もう半分がドイツ軍だった。あれほど多くの弾薬を使ったのは、あの時だけだ。実弾が足りなくなったら、F1手榴弾を使っていた。負傷者がたくさん出た。生き残ったのは、各大隊三、四人だ。

軍医助手ストイリク（第三〇八狙撃兵師団衛生中隊の衛生小隊長）——［十月］二十六日は川岸にいました。敵が迫撃砲の猛火を浴びせてきます。脱出の見通しは立ちません。兵士が負傷します。わたしが駆け寄る。敵はここぞとばかりに乱射してきます。わたしは掩蔽壕でやりすごし、また飛び出しました。この時、隣の迫撃砲手が六カ所の傷を負います。わたしは服を脱がせて包帯を巻きますが、引っ張って運ぶ力がありません。するとロビノワが駆け寄ってきてくれて、二人で掩蔽壕まで運びました。負傷兵は意識を取り戻すと、水が飲みたいと言います。ヴォルガ川まで一走りは危ないけれど、兵士の水筒に水はありません。わたしはヴォルガ川に水を汲みに行き、水を飲ますと、掩蔽壕に寝かせました。夜になると連れ出して、衛生中隊まで二キロメートルほどを防水布で運びました。担架はありません。防水布の端を結んで、肩で担ぎます。ドイツ軍はここでも迫撃砲や自動小銃で谷間を掃射してきました。……わたしがスターリングラードで搬送した負傷兵はあわせて九十七人です。……この活動に対して赤旗勲章を授けられました。

チャモフ中佐（第三四七狙撃兵連隊の連隊長）——十月二十七日は、敵が一日中、迫撃砲や自動小銃の集中砲火に加えて、航空機で準備砲撃をしてきた。通常こうした準備砲撃は夜明けとともに始まり、終わるのは、われわれのデーターでは、十八時三十分か十八時四十五分。この時間にドイツ軍の攻撃があるのが常だった。十二時三十分、師団長の指揮所から、「コンサート」があるだろうと連絡が入る。実際に「コンサート」は十二時四十分に始まり、十三時二十分まで四十分間つづいた。これが準備砲撃だった。ここで、ヴォルガ川の対岸にいたわれわれの砲兵隊が強力に動き出す。正確無比な集中砲火をドイツ側に撃ち込んだ結果、ドイツ側のその後の攻撃を完全に封じ込めた。やつらは連絡不通で火器も壊滅、準備砲撃から二時間は、迫撃砲はもとより自動小銃兵の銃火すら静まりかえった。完全な静寂が訪れた。

ベルーギン少佐（第三四七狙撃兵連隊コミッサール）——十月二十七日は忘れられない日だ。敵は、朝っぱらから猛り狂った。大砲、迫撃砲、機関銃、自動小銃、ライフル銃の音が鳴り止まない。戦闘機から爆弾が文字通り雨霰と降り注ぐ。物理的な銃火の攻撃と精神的な攻撃が繰り返され、歴戦の強者ですら心を平静に保てない。兵士たちは、これは地獄だと言った。ダンテの『神曲』の中の地獄の場面が思い浮かぶ。あの地獄は、婚礼を祝うことができたし、少なくとも「満足」を感じることはできた。だが、ここはどうだ。われわれのいる深い防弾壕にひっきりなしに砲弾の破片や石・砂・土が落ちてくる。砲弾と迫撃砲の破裂音で、もう鼓膜がダメになった気がする。防弾壕から円匙の柄を出すと、一瞬で狙撃兵の銃弾で射貫かれる。こんな条件で敵の攻撃を撃退できるものなら、やってみてくれ。

そしてクライマックスの時が来た。すべてが大地と一体になった。われわれのトーチカは埋まり、塹壕は壊れ、指揮所が破壊された。われわれが指揮所を脱出したのは文字通り二分前。その瞬間、大軍が押し寄せ、敵の兵器に押しつぶされると覚悟した。しかし、そうではなかった。静寂——これはもっとも厳しい命令だ。準備せよ。今だ、直ちにだ。今すぐ位置に着き、戦闘準備を取れ。半死半生でも、腕が一本でも動くなら、その腕で敵を撃て。攻撃してくる先頭を押しとどめよ。先頭を押しとどめるよう努めるのだ。お前の最初の一撃が仲間を勇気づけるだろう。

そして静寂という無条件の命令は、兵士たちを塹壕の廃墟から立ち上がらせ、決戦に向けた心構えをさせる。誰もが思いは一つ。心は決まっている。「自分の持ち場で敵は通さない。退却する場所はない。同志スターリンに言ったように、ヴォルガ川の左岸にわたしの場所はない。名を書き連ねた同志スターリン宛の手紙に記したように、一歩も退かず、体力と知力のすべてを祖国を守る戦いに捧げる」[152]。誰もがこう思いながら、じっと攻撃を退ける準備をしていた。

ついに始まった。大砲の一斉射撃がまず響き渡る。どこからだ。なぜだ。何とも不可解で信じられないが、この猛烈な一斉射撃は左側から、ヴォルガ川の左岸から起きている。続いて第二波、第三波。連続砲撃も始まった。

第六二軍司令官のチュイコフ中将が、敵の準備砲撃に反撃する重責のすべてを担った。賢明な判断だ。軍の大砲のありったけを、敵の主力の進路に浴びせかけた。四十分間にわたって大量の火砲が活躍し、その間わが兵士たち――第三四七狙撃兵連隊の面々――はお祭り騒ぎだった。防弾壕から飛び出し、大きく目を見開いて、高らかに快活に笑った。誰にだって分かる――今日はわれわれのために大砲が活躍している。わたしの過去を振り返っても、一生の間に一度も見聞きしたことのない凄まじい威力の砲撃を軍司令官が敵に浴びせかけたのだ。あらゆるものが燃え上がった。煙、灰、粉塵、砂利が空中にもうもうと漂う中、われわれは今日の勝利を祝ったが、今、敵軍では何が起きているか。あらゆるものがズタズタ、戦闘隊形はバラバラ、指揮系統はボロボロ、攻撃も反攻も今日は絶対ない。食事を取りに行け、お茶を入れろ。この連続砲撃の間、兵士たちは食事に興じた。

猛砲撃は終わった。静寂、勝利の静寂だ。夜まで一発の砲声もない。監視するフリッツもいなければ、戦闘機の影も形もなかった。

十一月一日に連隊がヴォルガ川左岸に撤退した時に経験した重責と不安は、この記念すべき日に勝るとも劣らない。狙撃兵連隊に後を託したが、われわれの戦区で敵がヴォルガ川に到達した。事態の回復には、多くの兵力、多くの武器や犠牲が必要だった。

今でもスターリングラード防衛のことを思い出すと、何度でもこう言いたくなってくる。「偉大なる母なるルーシよ。お前の民はくじけない。お前を愛している。お前の美しさ、母なる祖国のためなら、あらゆるものを、戦況が求めるなら、自分の命すら捧げる」

グルチエフ少将（第三〇八狙撃兵師団の師団長）――十一月一日〔十月二十七日？〕にドイツ軍が大波のように押し寄せると、対抗できるのは大砲の砲火しかなかった。砲兵大隊の指揮は、すべて右岸から無線で行った。砲兵連隊が途切れなく砲撃し、師団全体を守っていた。働きぶりは、満足行くものだったと思う。集中砲火がはじまって半時間すぎると、この戦区は静まりかえった。ドイツ軍は何とかして「バリケード」工場の周辺に入り込

第 308 狙撃兵師団の工兵：（左から右へ）ブルィシン、ドゥドニコフ、パヴロフ

もうとする。とりわけ工場地区に通じる谷間に押し寄せ、結局最終的に十一月九日か十日ごろ、われわれがいなくなってから、そこに進出し、第一三八師団は第九五旅団から分断された。師団長リュドニコフは、両側から分断されて、非常に厳しい状況に置かれたが、氷が張ってからは幾分楽になった。

スヴィーリン中佐（第三〇八狙撃兵師団の師団長政治補佐）――［十月］二十八日と二十九日、それに十一月二日は、われわれにとって非常に厳しい日々だった。兵力の残りがごくわずかだったからだ。軍から電話があり、配下の兵力がどこに、何人、どれくらいの距離でいるかを聞かれた。遠距離に十七人だと答えた。

ブルィシン少尉（第三〇八狙撃兵師団独立工兵大隊の工兵小隊長）――［十月二十八日の］夜中の二時、パヴロフ少尉から攻撃開始の命令が届く。この時点で残りはもう九人だった。堡塁を乗り越えるのは、わたしには無理だった。パヴロフが先頭に立ち、わたしは掩護に回った。ドイツ軍が数の上で大きく上回り、パヴロフの部隊はほぼ全滅した。生き残ったのは、たった二人。コスチュチェンコとバランニコフだ。パヴロフ少尉は戦死、部下はすべて行方不明との報告を受け取ると、コスチュチェンコとバランニコフはわたしの小隊に加わった。

二十八日の夕方六時に、ある建物の二階に見張りを立たせた。ドゥドニコフとカユコフ[153]の二人だ。自分もパヴロフ軍曹とともに別の建物に陣取り、部下の兵士はわたしの周りにいた。明け方、ふと目をやると、丘の上にドイツ人がいて「ロシア人、降伏しろ、ヴォルガでドボンだ」と叫んでいる。動揺して、どうしたらいいか分からなかった。別の建物から隊員が駆けつけて来た。ドゥドニコフとカユコフは二階にいて、下りて来れない。階段が迫撃砲で破壊されたからだ。残りがたった七人なのを見て、ヴォルガ川の川岸近くの、塹壕を掘ったところに行こうと決めた。そこに向かって駆け出す。ドイツ軍は、わたしたちがいた一つ目と二つ目の建物を押さえている。わたしたちの防衛陣地は、ドイツ人から二十メートル、川から二十メートルだ。仲間が二人まだ建物にいることは、隊員に言っていない。隊員は勇敢で、動揺していなかった。対戦車榴弾を持っていた。あそこから脱出するために、榴弾をドイツ人に投げ始めた。煙幕ができて、その瞬間にそこから逃げだし、わたしのそばに集まった。しばらくするとドゥドニコフとカユコフも現れた。ドイツ人の囲みを破ることに成功したのだ。みんなで喜んで出迎えた。

赤軍兵士ドゥドニコフ（第三〇八狙撃兵師団独立工兵大隊工兵小隊）――カユコフとはいつも一緒だ。二人用のたこつぼ壕も造ったな。掘るのはかなり大変だった。だってあそこは、スラグがあるわ大きな石がゴロゴロしているわで、砲盾みたいだから、ちょっと掘っても膝撃ちができる程度だ。スクリプカが殺された日は、ドイツのスナイパーに気づいた。そいつは瓦礫の山や焼け落ちた鉄道施設に身を隠していた。たえず射撃陣地を変えて瓦礫から瓦礫へと渡り歩いていたが、ついに行くところがなくなった。わたしのライフル銃はドイツ製で、慣らし撃ちもしていたが、何度やつを狙っても当たらない。夕方近くになって、ドイツ人のスナイパーが陣地を変えて隣の建物に移ろうとした。ずっとそいつを双眼鏡で追っていたから、ここで命中させて殺した。そのへんの爆弾穴で、カユコフと二人で夜明かしした。どうやら、わたしたちから数メートルのところにドイツ人がいたらしい。日が暮れ出すと、逃げ出した。わたしが撃って、一人殺した。カユコフがもう一人殺して、三人目は逃げおおせた。とっぷり日が暮れてから行ってみると、一人は将校で、もう一人は兵卒だった。信号銃を分捕り、ナガン銃を奪うと、また元の爆弾穴に戻った。

しばらくしてわたしとカユコフは、ブルィシンから命令を受けた。味方が攻勢に出た時は、建物の下に下りて、堡塁に陣取る。逆にドイツ軍が攻勢に出た時は、そのまま建物の二階に身を潜めるという内容だった。ところが迫撃砲が当たって階段が壊れてしまった。どうする、置き去りだ。仲間が下にいると思っていたが、実はいなかった。周囲でドイツ人が叫んでいるのが聞こえる。手榴弾を使おうにも、壁が邪魔して投げにくい。そこで二階から脱出することにした。天井は爆弾で穴が開き、鉄骨がグチャグチャになっている。鉄骨の一つにドイツの防水布を二つつないで、一人ずつ下に下りる。そっと廊下を抜ける。わたしは下に飛び出し、仲間に駆け寄ろうとしたが、五、六メートル先でドイツ人が何かを運んでいるのが目に入る。手榴弾を二発投げつけて、自分はもときた建物に駆け込む。するとやつらはパニックになった。カユコフはこのゴタゴタの間に仲間のところに逃げおおせたが、わたしは建物に一人取り残された。廊下を駆け抜け、別のドアを開けると、そこにもドイツ人がいる。どう見ても、この多さでは太刀打ちできない。瓦礫の山を抜けて逃げ出し、二階に出ると、そこから何とかブルィシンの元に駆けつけることができた。わたしが現れると、大きな喜びに包まれた。

しばらくすると我に返り、機関銃が目に入ったのでそこ目がけて手榴弾を投げ、機関銃を破壊して分隊も道連れにした。それからわれわれは攻撃に移ったが、ここで赤軍兵士のコスチュチェンコが負傷する。負傷して、失血でふらふらだったが、銃を撃ち続けた。左手が動かなくなると、手榴弾を投げ、最後の最後までファシストを殺した。赤旗勲章をもらっている。冷静沈着で、身を挺して戦った。わたしは包帯を巻いてやった。彼は、お礼に自分の自動小銃とF1手榴弾を三個くれた。その後、野戦病院に送られた。

その手榴弾は、あっという間に使い切ってしまったが、見ると、わたしのところに走ってくるパヴロフとカユコフが手榴弾を袋いっぱい持っている。わたしは嬉しくなった。カユコフとは友達で、戦場にやつがいないとさみしい。二人に向かって「早く来い！」と叫んだ。そこは建物と堡塁の間のぽっかり空いた空間で、ドイツの機関銃手が狙っているので、走って通り抜ける必要があった。パヴロフは瓦礫の下にもぐったが、カユコフは走り出し、脊椎と腹に弾の破片が当たった。わたしは慌てて匍匐して近づき、手を伸ばして少し引っ張ってみた。それから下に潜り込んで背中に背負うと、むくっと立ち上がって連れて帰った。包帯を三度変えたが無駄だった。やつは死んだ。……

カユコフは負傷した時に戦闘帽を無くしたので、わたしはやつに自分のをやって、鉄兜をかぶった。しばらくして、鉄兜は座りが悪いので、戻って戦闘帽を探そうとした。その瞬間、地雷が爆発し、あまりの轟音に、数日間耳がよく聞こえなかった。

あちこちで砲弾が炸裂して爆音が続くが、わたしとブルィシンは腹が減ってきた。二人で探して、黒パンを見つけた。このとき何人かの仲間が負傷している。

ブルィシン少尉（第三〇八狙撃兵師団独立工兵大隊工兵小隊長）

──十月二十八日の十時、うちの生き残りは三人──わたしとドゥドニコフとグルシャコフだった。第三四七連隊第二大隊の中隊長に呼び出される。わたしはそのころ髭ぼうぼうで、大きな口髭をたくわえていた。なのでヒゲ軍曹とあだ名されていた。「おいヒゲ、偵察だ。ドイツ軍がどこにいて、どんなトーチカなのか調べてくれ」。昼間の偵察は無理です、明るくて丸見えですと言いたかったが、命令は命令だ。わたしは部下のドゥドニコフとグルシャコフを連れて偵察に向かう。第三七師団第一〇連隊と連絡を取った。

ドイツ軍の位置は教えてもらった。そこで逆戻りして中隊長のクズネツォフに状況を報告に行く。トーチカのことは、二階にいた時に機関銃と迫撃砲を広場にどう設置するか見ていたので、分かっていた。中隊長のクズネツォフ中尉は、このトーチカを破壊しに行けと言ってくる。ドゥドニコフとグルシャコフには、またぞろ任務だよと話した。手榴弾と弾薬を持ち、三人で第三七師団第一〇連隊に向かう。そこには隊員六人と尉官が一人がいた。課された任務を遂行しに行くと話し、掩護射撃して助けて欲しいと頼んだ。これが昼の十二時頃だ。しばらく休憩して一服すると、良い助言がもらえた。ここで仲間二人とどう動くか打ち合わせをすると、外套を脱いで匍匐前進を始めた。わたしがよじ登った高台は、鉄道が通っていて地面の下の爆弾穴に大きな防弾壕が掘ってあった。この防弾壕の近くに機関銃が据え付けてある。鉄道の手前三メートルほどまで近づき、爆弾穴に入ろうと思ったが、防弾壕を見ると、ドイツ人がいるのに気づいた。そこでまず手榴弾を一発投げ込み、さらにもう一発投げてから防弾壕に入った。中でドイツ人が二人死んでいた。ドゥドニコフとグルシャコフに手を振って、近くへ来いと合図した。奪ったドイツ人の鞄に入っていた写真と書類は、すべて線路の下に隠した。

ひきつづき、機関銃の爆弾穴から四十メートル先にある迫撃砲の破壊方法を考えた。また匍匐前進することにして、ドゥドニコフとグルシャコフには爆弾穴にいてわたしを掩護射撃してくれと命じた。匍匐開始。そこはドイツ人のスナイパーが目を光らせていて、十メートルも進まないうちに鉄兜に一発食らう。なので、逆戻りした。その後また匍匐開始で、そのまま進むこと二時間。それから手榴弾を投げ出すが、その時グルシャコフがライフル銃でスナイパーを殺した。わたしの手榴弾で迫撃砲を破壊すると、匍匐で後ずさり開始。それから三人で戻り、ドイツ人の死体を回収すると、連隊本部に引き渡すよう命じ、わたしは中隊長のところ行って命令完遂と報告した。掩蔽壕で休息する許可をもらったのは、四日間寝ていなかったからだ。……眠りにつく間もなく連隊の工兵がわたしたちのところに来て、防衛線に行って連隊本部を守ってくれと言う。人が足りないらしい。連隊本部に行って警護に就いた。……十月二十六日から二十九日までの三日間でわたしの小隊はヒトラーの将兵を八十七人、機関銃四挺と迫撃砲一門やっつけ、スナイパー一人と将校一人を殺した。わたし一人でフリッツ二十五人を殺している。政府から赤旗勲章を授与された。

わたしは医療衛生大隊から野戦病院に送られたが、二日間いただけで自隊に戻り、隊の軍医助手に診てもらった。怪我は軽かった。今は新たな補充があり、わたしが小隊を指揮している。小隊は悪くない。祖国戦争の経験で教育している。

十月二十九日の戦いの後、党員候補になり、今は党員だ。

カリーニン上級中尉（第三四七狙撃兵連隊本部長の偵察担当補佐）——わずか二日間で装甲車七輛を乗員もろとも破壊した。

ルィフキン大尉（独立工兵大隊の大隊長）——うちの隊員で生き残ったのは三十人。全員勲章をもらった。八人が赤旗勲章、三人が赤星勲章、残りは記章だ。

マクシン大尉（師団の政治部長、コムソモール員担当）——ほかにも戦功を挙げたのは、シベリア人のコムソモール員ゾーヤ・ロコヴァノワだ。ゾーヤ・ロコヴァノワは、地方では地区新聞の編集部で植字工をしていた。われわれの師団に志願して来たのは、リョーリャ・ノヴィコワのように前線に行きたいと強く望んで努力したからだ。専門を生かして新聞編集の仕事に採用されたが、前線行きを望んだ。ここスターリングラードでは衛生中隊に配属され、防衛線の、ある建物に陣取った。所属する支隊で生き残っているのはごくわずか、その中には佐官級指揮官のコムソモール員も二人いた。……ドイツ人が圧倒的な力で建物を封鎖して強襲すると、指揮官とゾーヤ・ロコヴァノワは建物の窓からひっきりなしに敵の頭上に手榴弾を投げつける。ドイツ人は伏せて避けた。建物の進入路が手榴弾だらけなので、やつらは建物から撤退した。数分後、この建物に焼夷弾が降り注ぎ、建物が燃え始める。建物の窓から煙がもくもくと立ちのぼる中、われわれの支隊はドイツ軍の封鎖を突破する脱出口をつくり、そこから仲間を連れだそうとしたが、うまく行かない。ドイツ軍が建物のそばに近づくと、まだ建物に残っている人に「ロシア人、降伏しろ」と叫ぶのを支隊の兵士が聞いたが、見ていると、煙が立ちのぼる窓からまた敵の頭上に手榴弾が数個飛んできた。あとは沈黙だった。声を出すのはドイツ人だけで、やつらの呼びかけや忌まわしい怒鳴り声に応えて出てくる人は誰もいなかった。

三日してこの建物をドイツ人から再び取り戻した後、そこで見つかった黒こげの遺体の中に、愛国者ゾーヤ・ロコヴァノワもいた。彼女は、アルノリド・メリの言ったことを覚えていたのだ――コムソモール員は戦場から逃げない、コムソモール員は捕虜にならない、戦場から消え去るのみ。この務めをゾーヤ・ロコヴァノワは果たしたのだ。ファシストの捕虜は死に劣ると知っていたから焼死を選び、捕虜にならなかったのだ。

スヴィーリン中佐（第三〇八狙撃兵師団の師団長政治補佐）

――兵士がわが軍の各戦線での動向を知る情報源はソヴィエト情報局の日報で、われわれが毎日伝えていた。われわれの後方勤務のことも、兵士は知っていた。新聞はめったに届かなかったが、自前のラジオがあったので、日報を書き取って印刷し、各部隊に配った。

政治補佐は各々が毎日の政治保障計画を持っていた。たとえば翌日どこかの建物の奪還戦に行く場合、政治補佐がつくる計画は次の三点だ。（一）戦闘までの準備作業、（二）戦闘の間の作業、（三）戦闘の成果と引き出される結論。

われわれは、英米の新聞雑誌に載ったスターリングラードの豪胆さの論評をよく利用した。この論評をなんとかして全ての兵士と指揮官に届けようとした。わが国の新聞雑誌の紙面を飾ったスターリングラードのことは、どの政治部員も細大もらさず兵士に意識させようとした。党＝政治部員のソフチンスキー、ベルーギン、シードロフ、ペトラコフの各同志、政治部員のヘルヴィモフ、ポリャンスキー、サフチェンコ、マクシン、インゴルなどの各同志は常に塹壕にいて兵士と共にすごした。党・政治機構の面々は、全員その活動を表彰されている。

わたしが支隊に行くときに興味を持つ最初の質問は、日常問題――兵士の食事は十分かだ。スターリングラードには浴場を設けて沐浴していた。今も覚えているが、わたしと将軍が浴場

ПРОЛЕТАРИИ ВСЕХ СТРАН, СОЕДИНЯЙТЕСЬ!

КОМСОМОЛЬСКАЯ ПРАВДА

Орган Центрального и Московского комитетов ВЛКСМ

Воскресенье, 15 ноября 1942 г. ЦЕНА 15 КОП.

«Враг уже испытал однажды силу удар
Красной Армии под Ростовом, под Москво
под Тихвином. Недалек тот день, когда вр
узнает силу новых ударов Красной Арми
Будет и на нашей улице праздник!»
(И. СТАЛИН)

Герой Сталинграда
Борис Шонин

ОТ СОВЕТСКОГО ИНФОРМБЮРО
УТРЕННЕЕ СООБЩЕНИЕ 14 НОЯБРЯ

「スターリングラードの英雄ボリス・ショーニン」を報じる『コムソモーリスカヤ・プラウダ』(1942年11月15日付)

に行ったら、バッタが飛来して空爆を始めた。われわれが浴場を作った場所は、フリッツを埋めたところで、死体の悪臭が漂っていた。そんなことは気にもせず、また爆撃機が飛来しても平気な顔でわれわれは身体を洗い続けた。

155

政治部員は積極的に宣伝するだけでなく、多くが戦闘に参加して出撃した。例えば、ペトラコフは戦って出撃したし、同志ヘルヴィモフは白兵戦に加わった。政治部担当のコミッサール補佐のシードロフ少尉は、対戦車砲で装甲車二輌を撃破し、数多くのファシストを撃滅。カリーニンと同じ戦いで負傷している。周囲で見聞きした限りでは、戦闘に積極的に加わらなかった政治部員は誰一人いない。……

党委員会の活動は塹壕で膝詰めで行い、入党もそこでした。前線では同志に党の規約や綱領を話してもらうことはせず、英雄的な戦功で党の信頼を獲得すれば、党員証をもらうことができた。

赤軍の創設二十五周年にあわせて取りまとめたスターリングラードの守り手から同志スターリンへの手紙は、第六二軍の兵士全員が署名した。同志スターリン宛の手紙を取りまとめていた頃は、激しい戦闘が続いていた。当日、われわれの戦列は激減した。負傷者が三百人ほど出て河岸にいたが、船が不足して渡河できず、爆撃の危険にさらされていた。

あるときチャモフから電話があり、戦闘可能な兵士は十七人しか残っていないと言う。ここに工兵大隊を投入し、敵を撃破した。

スターリングラードにいたのは数日だ。［方面軍］軍事評議会があと二日持ちこたえよと命令してきたので、われわれは力の限り頑張った。対岸に逃げ渡ろうとする兵士は一人もいなかった。全期間とおして脱走はたった二十四件だ。わたしは師団検事に追跡を命じた。

わたしが兵士と話す時は、まず最初に満腹かどうか、ウォッカはもらっているかを聞いて、それから政治の話を始める。たいてい兵士はすべてもらっていると言うが、食欲がない——頭をひょいと外に出すこともできないからな——爆撃に次ぐ爆撃だ。

同志スターリン宛の手紙は、四晩かけて、塹壕から塹壕を渡り歩いて取りまとめた。どの兵士も手紙に署名してくれた。寒い十月の日々で、雨と風が強かったのを覚えている。塹壕に行くと、外套で覆って風が吹き込まないようにしてあり、蝋燭を灯して、同志スターリンに宛てた兵士の誓いの言葉がある箇所を読む。それから兵士は手紙に署名していく。

インゴル大尉（第三四七狙撃兵連隊の政治部指導員）——兵士は、指揮官のたった一言や、まなざし一つで理解していて、手紙に署名した時は、誰もが名前を書くだけでなく、進んでこう書いた。「親愛なる同志スターリン、わたくし兵士某はフリッツをこれだけ掃討しました、かくかくしかじかを誓います」

スヴィーリン中佐（第三〇八狙撃兵師団の師団長政治補佐）[156]——われわれは、ツァリーツィン防衛の守り手の手紙を広く配布した。何人かの同志が健在でスターリングラードにいたので、この手紙に署名してもらった。

「岩となって立て、ヴォルガ川の向こうにわれわれの土地はない」との言葉は、とりわけ兵士に感銘を与えた。ある兵士は、熱烈に切々とわたしに向かって「ヴォルガ川の向こうにわれわれの土地はない」と語った——このことを建物に戻ってから考えた。あの兵士には愛国の思いがある、やつが腰を据え、同志スターリンがいたこの場所に愛がある！

われわれは兵士をこう育てた。「あの小さな丘だ。あれを奪取する。小さなことだが、その先に大きな丘があり、広大な大地が開けていて、そこに家があり、たくさんの家庭がある。だから、一見して価値がないように思える丘でも、一つひとつがその後のために重要なのだ」

スターリングラードの戦いが窓の一つひとつ、階段の一つひとつをめぐって行われたのは、偶然ではない。……

うちの衛生兵の女の子は、実力を遺憾なく発揮した。コトルバンでも負傷者の搬送を、機関銃や大砲の猛烈な砲火や戦闘機の銃撃を物ともせず行っていた。壕に隠れるのを潔しとせず、何ものにも動じることなく、川岸で体育座りをして待っている。なぜ壕に逃げないのかと聞いてみるがいい。今から前進するのになぜ身を隠すのかと言うだろう。

衛生兵の女性は、男性の数倍優れている。負傷兵の搬送は上手いし、包帯を巻くのも上手ければ、武器も負傷兵と一緒に持って行く。うちの女の子は四〇パーセント近くが勲章や記章をもらっている。師団全体では五百人の女の子が叙勲された。

ある女の子――ストイリクは、もとは鉄道の労働者だが、これ以上ないというくらい、死に物狂いの英雄的な活躍をした。負傷した指揮官たちの救出を、渡河の小型艇が撃沈された後に川の中でやっている。

こうした豪胆さと自己犠牲を支えたのが、兵士の教育と訓練だった。……

師団長は一途に師団の戦闘訓練をし、祖国に忠実な人間として働いて、時間や健康は気にしなかった。言っておくが、スターリングラードでわたしが師団長とウオッカを酌み交わしたことは一度もない。グルチエフは、稀に見る配慮の人、好意の人、任務に打ち込む人だ。あらゆることを断って、自分に贅沢を許さず、いつも皆と一緒にいる。戦いでは勇敢だった。スターリングラードでわれわれは幾度も指揮所で生き埋めになり、掘り出してもらわなければならなかった。……

スターリングラードで捕まえたスパイが四人いるが、どれも指揮所の場所を漏らした疑いだ。捕まえたある少佐は、家族がスターリングラードに残っていた。家族を見つけようと、ドイツ人に屈したのだ。情報を寄越さなければ妻を殺すと言われていた。十二歳の少年も捕まえた。自白するまで、わたしと四時間ほど話をした。人名は一言も口にしなかった。第三三九連隊の本部が壊滅したのはこいつのせいだと思っている。われわれの本部や指揮所の特定に役だったのは、双方をつなぐ電話線や、伝令の人数、指揮所近くにある理髪店だったと言っていた。昼食の様子を観察し、食事の入れ物が飯盒か皿かを見ていたという。

わたしたちの所に何度も来ていた女スパイも尋問した。長いことしらを切り続けたが、後に自白して、ドイツ軍が来ると二人の娘を人質に取られ、ソ連のお金で五百ルーブル渡され、われわれの情報を取りに行くよう命じられたという。

スミルノフ大佐（師団の政治部長）――入党手続きは引き続き行われており、手控えたりしなかった。……十月と十一月はスターリングラードでだいたい三百六十人強を迎え入れた。入党させたのは通常、英雄的精神を発揮した人だ。こうした人は模範として部隊中に紹介する。そのため印刷所で肖像画を刷って前線に送付した。例えば、カリーニンがそうだ。功績のあった人はすぐに軍で知れ渡った。ビラも六、七種類出している。わずかばかり残っていた党員が、こうした一切合切を引き受けた。強襲されて孤立した建物が、政治部員の鼓舞で何とか持ちこたえたこともあった。第一大隊の大隊長補佐の同志ザリプヒンは、十六人のグループとともに最後の最後まで一つの建物を二日間にわたって守り通し、ドイツの三、四百人にのぼる大部隊と渡り合った。このグループは元は第三四七連隊だが、手持ちの武器はわずかに対戦車砲が四門、軽機関銃と重機関銃が一挺ずつだった。多くの場所でグループごとに後退を余儀なくされたが、ここでもひるまなかった。ドイツ軍が近距離に迫ってエンジン音すら聞こえていたにもかかわらずだ……

スターリングラードでの党・政治活動は、コトルバンの時と少し違っている。政治要員が減ったので、コトルバンでは決定的な役割を担うのは初級党組織の党員で、すぐ集まって任務を設定していたが、スターリングラードではこの仕事は別の形で行われた。

ここで中隊の党組織の役割が決定的だったのは、四散した党組織の勢力を、大隊の生き残りは十五人から十七人だ、できるだけ効率よく利用したからだ。政治部員が個々の党員と連絡を取ることは、ドイツ軍が目と鼻の先にいるので、極めて難しい。宣伝活動そのものも独特だった。政治部の機構が指導員の任務を決め、最も手薄なところに政治部員を割り当てるようにした。攻撃や進撃の際は、部隊に必ずこうした人がいた。……

無線機は、ヴォルガ川の対岸にはあった。国際情勢の情報は、毎日受け取っていた。ソヴィエト情報局の日報は印刷して各部隊に配布しており、そのために特別のクラブ職員もいたが、その中の一人のスボーチキンは映写技師かつ郵便配達人かつカメラマンで、ソヴィエト情報局の資料を十五部から二十部印刷して各連隊に配っていた。ほかに文献はなかった。モスクワの新聞が二日遅れで届いていた時もあるにはあった。航空便が止まった後は、新聞が届くのは八日後か九日後だったので、ソヴィエト情報局の日報しか使わなかった。

毎日人員の損耗が出た。戦いが終わってわれわれの師団のうち、ヴォルガ川右岸で生き残っていたのは約三百人から四百人。七百八十人いた党員は、スターリングラードに来た時に三百人を切り、スターリングラードで生き残ったのは、来たうちのごくわずかだ。……参謀長のジャトレンコは、負傷しているのに、それでも党員証をもらいたくて、後からわれわれに加わり、足を引きずりながら、すばらしい働きをした。

下士官のフゲンフィロフ[157]は、重傷だった。初級党組織の入党手続きはもう終わっていたが、ビューローの手続きがまだ済んでいなかった。死期が迫った時に党員証のことを思い出し、入党が認められたかどうか気にしていた。

ココーリナ上級軍曹（衛生中隊の衛生兵）――わたしが党員候補になったのは十月十四日です。もうスターリングラード市内は激戦で、スクリプトゥールナヤ通りを行きつ戻りつしていた時でした。このとき受理されたのは、わたしと中隊長のアレクセーエフと衛生指導員のシュヴァノワです。翌日、三人で師団の党委員会に出頭することになっていました。十五日の夕方にシュヴァノワは戦死。アレクセーエフは重傷を負ってヴォルガ川左岸に搬送。残ったのはわたし一人です。それでもこの式典に行くことにして、指揮官政治補佐のポグレブノイと出かけました。指揮所は、細長い赤い建物にあって、ほとんど無傷です。向かっている途中で、ドイツ軍が砲撃と爆撃を始めました。とにかく決めたことですし、待ってくれているのだから、行って党の書類を受け取らないといけません。一人で瓦礫の山を抜け、線路を越えて進みます。あたりで轟音がとどろき、自動小銃兵が撃ってきます。本部に着いてみると、師団からは誰も来ていません。しばらく待って、引き返しました。引き返す途中、はぐれてちょっと迷子になりました。その時分のあそこは、ある通りは味方のものだがある通りは敵のもの、ある建物は味方のものだがある建物は敵のもの、です。歩き始めて、曲がる道を

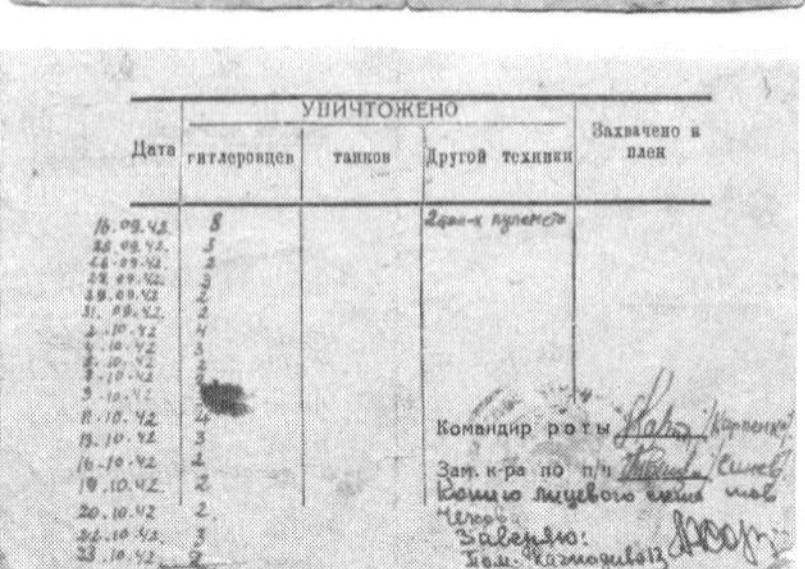

ドイツ人を殺した日付と人数を記録した「個人帳簿」

間違えてしまいました。ある建物に近づくと、ドイツ人の話し声が聞こえます。びくっとしました、ええ、いちおう拳銃はもらっていましたけどね。右へ寄って、脱出。ふと見ると、誰かいます。背伸びをしてよく見ると、その人は機関銃を持っていて、ポグレブノイでした。駆け寄ると、こっぴどく怒られました。指揮所に戻るや否や、兵士が飛び出てきて、大隊の本部長が負傷したと言うではありませんか。むこうに女の子たちがいて、看護をしています。頭に傷を負っていました。わたしは包帯を取り替えて、巻き直しました。党員候補証をもらったのは、対岸のブルヌィでした。一九四三年の二月に党員になり、党指導員に選ばれました。

コシカリョフ（第三三九連隊党ビューロー書記）――スターリングラードでどうやって党・政治活動を行ったか、かい。……そこで新機軸が導入された。兵士は一人ひとり、殺したドイツ人の人数を記した個人帳簿を持つことになり、この個人帳簿が、実質的に社会主義競争を刺激した。誰がたくさんドイツ人を殺すかだ。われわれは後でこの帳簿を点検し、帳簿にフリッツ殺害が記されていなければ、恥ずべきことだと同志を説得した。

ステパーノフ（第一〇二一砲兵連隊の大隊コミッサール）――連隊の編成初期の政治・教育面かい。九十人の受刑者がやって来た時のことは、今でも覚えている。ぼろぼろでシラミだらけの飢えた奴らで、まさに、やつらの隠語でいう〈ならずもの〉だった。はじめはギョッとなって、どうしたらこいつらを教育できるか、どうやって配置しようかと頭を悩ませた。連中はみな同じラーゲリの出身で、ラーゲリの友情で固く結びついているのだから、なおさらだ。そうそう、連中が腰を落ち着けたバラックの点検に行った時のことだ。見ると、上の寝床に座っている坊主頭の四人がトランプをしている。すっと中に入ると、やつらは下にトランプを片付けた。わたしが「トランプを寄越せ」と言うと、使い古しのトランプは寄越したが、すべすべの新品はちゃっかり手元で、決して渡そうとしなかった。当直に、トランプ遊びを見逃しているぞと注意すると、「さあ、どうなっているんでしょう、上品な人たちがトランプですか」と言う始末だ。連中も、「あっしたちは〈バカ〉遊びをしてただけですぜ」と言ってくる。このトランプをしていた四人のうち、二人の名前を言おう。シャフラーノフとガヴロンスキーだ。二人の人生行路は、面白い。

シャフラーノフは今は党員になって連隊にいる。叙勲され、尉官で、最良の連隊長の一人だ。ガヴロンスキーは編成時に連隊から脱走し、スターリングラード郊外で捕まって銃殺された。

われわれの連隊にきた受刑者九十人のうち、更生せず銃殺されたのは二人だけだ。あとは全員再教育を受け、誠実で立派な兵士になった。……

いま述べたような連中の前科取り消し作業を、スターリングラード郊外で政治要員が大々的に行った。うちの連隊の約二五パーセントは、前科者だった。全員が、わずかの例外を除いて、勇敢な行動と戦闘行為の結果、罪が取り消された。これは、人を立派な行動に駆り立てる方法の一つだと考えていた。また連隊の指揮官と政治部員の功績を、すばやく正しく政府の褒賞に推薦することも必要だ。ちなみに言うと、連隊でおきた好ましい出来事は、連隊長の命令で表彰されるのが通例だが、一兵卒の場合は、しかるべき機関の推薦で褒賞に預かったこともあった。連隊全体で叙勲褒賞に預かったのは一五%。絶対数で言うと、百五十人だった。

党ビューロ書記のトリーフォノフ大尉は、わたしが二度も赤星勲章に推薦したが、今に至るまでまだ受章していない。……

生活面についても触れておきたい。兵士はずっと敵の航空機と火器の影響下にあったが、連隊の秩序は良好だった。兵士は髭を剃り、髪を切り、清潔な上着とズボンを身につけていた。風呂場や食堂はもちろん、裁縫部屋まで作って兵士が自分の上着や下着などを繕えるようにした。シラミに悩まされた時もあったが、あっという間に退治した。

スターリングラード郊外での入党者は百二十人にのぼった。この面で功績絶大だったのがトリーフォノフ大尉だ。一人ずつ面談して書類をつくり、しかもそれを戦場でやっていた。

チャモフ中佐（第三四七狙撃兵連隊の連隊長）——師団長のグルチエフ少将は、まず何より慎み深い人だ。これは性格だ。ちょっと見は人畜無害な男に思える。さっぱりした人で、親切で思いやりがある。十回の戦いに勝っても、一人の人間を食べさせられなかったら、物笑いの種だ。戦いが続いている頃、少将は、危険をものともせず、政治部長のスミルノフと一緒にわたしのいる「死の谷」に日中やって来た。二人は半日わたしの

レオンチー・グルチエフ少将

所にいて、兵士の戦いぶりを見ていた。前線からだいたい百五十メートルほど。あれこれと関心を持ち、戦況や敵に関する詳しい具体的な結論を根掘り葉掘り尋ね、どういう措置をこの際取るべきか聞いていた。師団長は実務で大きな独自色を発揮し、決定権を連隊の各指揮官に委ねて、いつも意見を取入れている。

こんな出来事があった。どう見ても、師団長に援軍が出せない、何も出すものがない――もう全部出してしまった。このことは言わないと決めた。代わりに、すべて順調です、戦場ですから、あっちが撃ってきて、こっちも撃ちますと言っておいた。だが実は、左翼に穴があきかけていた。師団参謀長に電話で報告した時にこのことは伝えたが、援軍は無理だと分かっていたので、わたし一人の力で出来ることをやろうと決めていた。ところがグルチエフが電話の会話を聞きつけて、すぐにどういうことだと聞いてきた。援軍が出せない彼は、こう言った。「できることを考えてくれ、ただ知っての通り、わたしの所は何もない、わたしは一人で、出してやれるものは何もないんだ」

彼は程よく口うるさい、言ってみれば、文化的に口うるさい。口うるささは極めて戦略的で、この口うるささが洞察力に支えられた確信と実に見事に結びついている。これが人望を高め、好感を呼んでいる。声を荒らげることも決してない。

師団長は、個人スタッフの信頼も厚い。どこを訪ねても、まず食堂に行って食糧がどれくらいあるか、どんな食事が出るかを聞く。これを聞いた赤軍兵士が「今日はいい食事が出るぞ、少将閣下がおられるからな」と言い合うが、結局は代わり映えのない、いつもと同じ食事だ。コックには、スープの注ぎ方を聞く。端から指二本分だとの答え。「とはいっても指は太かったり細かったり色々だ。注ぐのは細い指二本分でやってくれ」

顔が広いのもいいことだ。幹部だけでなく、ヒラの人まで知っている。稀に見る記憶力の持ち主で、名前は全部覚えている。すべてがきっちりと規則通りなのを好む。規則を守ることにやかましい人だ。

誰もがその慎み深さ、兵士に対する口うるさいまでの親切さ、任務の知識量で尊敬している。悪く言う声は聞かれない。

フゲンフィロフ（第一〇一一砲兵連隊の連隊長）――あの人は、稀に見る人物だ。うちの将軍は、決して大声を出さないし罵らないが、声の調子を変えるだけで、もっと働け、命令をしっかり実行しろと分からせる。将軍の命令はいつも必ず実行された。指揮官だけでなく兵士からも愛されている。始終あちこちの部隊を回っているから、どこでもおなじみだ。兵士の日常をつぶさに見聞きし、台所があれば必ず立ち寄って兵士が食べているものを試さずにはいないから、兵士に愛されている。わたしが車に同乗した時も、そんな愛情を込めて兵士のことを語っていた。兵士を叱ったり罵ったりするのは、老獪な古参兵と同じだが、その後に必ずこう言う。「やつはいい兵士になる、素晴らしい戦士にな」

グルチエフ少将（第三〇八狙撃兵師団の師団長）――われわれは完全な平静さを保っていた。もう打つ手がないと思えた最も厳しい時でも、手持ちの自動小銃をかき集め、最後まで戦う覚悟だった。誰も逃げ出すなんて思いもしなかった。ヴォルガを見ては、向こうからの兵員補充と武器弾薬を期待した。一人ひとりが義務感にかられていた。大きな意味を持ったのは、軍司令官がわれわれの隣にいたことだ。兵士はしばしば身を隠すことなく河岸を行き来したし、女の子はいつも軽口をたたいていた。まわりが迫撃砲の砲火でも、腰を下ろして休んでいる――負傷者の搬送でぐったりだからな。びくびくしている奴は嫌われていた。……ある医者が神経質で嫌われていたが、彼女はとても勤勉かつ献身的で、ずっと戦場にいて包帯巻きをしていた。後に手紙をくれて、われわれが去った後も居続けたスターリングラードでの集会やパレードの感想を知らせてくれた。

それとも、工兵大隊はどうだ。自分たちの主要任務を果たしたほかに、ともに戦い、渡河では英雄的な行動をした。あんな人殺しのボロ船だ、夜中にヴォルガ川を渡るのは平時でも大変なのに、負傷者や武器弾薬や補充兵員の搬送を絶え間ない爆撃の中で行っていた。たしかに、別の渡河も使うには使った。はじめはヴォルガ川に橋があったが、すぐ破壊されてしまい、船乗りたちが犠牲的精神を発揮してわれわれを大いに助けてくれた。彼らは勲章をもらい、英雄的な活躍を称えられた。

ココーリナ上級軍曹（衛生中隊の衛生兵）――戦争が終わっても、軍に残って軍学校に行こうと思っています。ここに数日いますが、仲間が恋しい。みんな向こうでどうしているかしら。軍に来るまでは、大学に進んで歴史・文学部に行きたいと思っていました。記録文書と戯れるのが大好きなので、そういう所に潜り込んであれこれやってみます。

スヴィーリン中佐（第三〇八狙撃兵師団の師団長政治補佐）――われわれの師団には、独自のシベリア人の伝統がある。今は『スターリングラードを守るシベリア人』[158]という本を準備している。第三〇八狙撃兵師団の団歌もある。砲兵と自動小銃兵の歌もたくさんつくった。戦いの経験と優れた兵士の伝統に基づいて、党・政治活動の全般をつくっている。

四　ヴァシーリー・グロスマンの「主力の進路」

モスクワの歴史家が一番先に第三〇八狙撃兵師団の兵士に関心を持ったのではない。一足早い一九四二年十一月にヴァシーリー・グロスマンがグルチエフ大佐やその部下の兵士数人と話をしている。このときの対話[159]を下敷きに生まれたのが一九四二年十一月二十五日付の『赤い星』に掲載された第三五一連隊の物語である。同連隊は侵攻するドイツ軍の「主力の進路」（これがエッセイの題名である）に位置し、十月四日に全滅した。本節は、このエッセイを一九四二年十一月版で再録する[160]。グロスマンの記事は、歴史家がつくった速記録と合致しており、この新聞記者にして作家が時代の証人の歴史的な供述を丹念に自作に取り込んでいたことが分かる。加えてこのエッセイは、本質を浮かび上がらせるグロスマンの卓越した文才を余すところなく伝えている。

ヴァシーリー・グロスマン
スターリングラード、1942年

グロスマンを感激させた兵士の絶対防衛の意志は、師団を一致団結させ、「完璧な、驚くほど息の合った一つの有機体」に変えた。この師団では「英雄精神が日常だ、英雄精神が師団とその兵士たちのスタイルだ、英雄精神主義が何気ない毎日の習い性になった」（198ページ）。間違いなく歴史家はグロスマンのエッセイを知っており、場合によるとこれがきっかけで、一九四三年四月に第三〇八狙撃兵師団の生き残りの兵士を見つけ出したのだろう。

ヴァシーリー・グロスマン「主力の進路」

夜になって、グルチエフ大佐の師団に属するシベリアの各連隊は守りについた。いつだって厳めしく厳しいのが工場の外観だが、世界広しと言えど、この師団の兵士が一九四二年十月の朝に目にしたほど厳めしい光景を見つけられるだろうか。暗闇に威容を誇る作業所、朝露にきらめく所々さびたレール、雑然と置かれた貨車の残骸、広場のようにだだっ広い工場の中庭に無造作に積まれた鋼管、赤ちゃけたスラグの山、石炭、ドイツの砲弾で無数の穴があいた工場の巨大な配管。アスファルト舗装した広場は、戦闘機の爆撃であちこちにぽっかりと穴があき、爆発の衝撃で吹き飛んだ鉄の破片が一面に転がっていて、更紗の細かな切れ端が散らばっているようだ。

師団は、この工場の前に立っている。背後には、冷たく、ほの暗いヴォルガ川があった。二個連隊が工場を守っている。三つ目の連隊が守る切り立った水無瀬は、工場の居住地を経てヴォルガ川へと続いていた。「死の谷」と、連隊の兵士や指揮官が呼ぶところだ。そう、背後には、凍てついた、ほの暗いヴォルガ川があった。背後には、ロシアの運命があった。師団は、決死の覚悟で立っていた。

* * *

一九一四年から一八年の大戦で別々の陣営に分かれたもの、昨年はロシア一国だけで三千キロメートルの戦線に押し寄せたものが、この夏とこの秋はハンマーよろしく猛然とスターリングラードとカフカスに襲いかかった。そればかりか、ここスターリングラードではドイツが再び攻撃の圧力を尖鋭化させている。市の南部と中央部の勢いは落ち着いた。苛烈な猛火は、無数の迫撃砲中隊も大量の火砲と航空軍団も、すべてが市の北部へ、工業地帯の中心に位置する工場へと向かった。ドイツ人は考えたのだ。人は生来こんな緊張に耐えられない、この世のどんな心臓、どんな神経も、このすさまじい地獄の中では――猛火と耳をつんざく金属音、打ち震える大地に狂乱の上空の中では、参ってしまわないはずがない。ここには、ドイツ軍国主義の悪魔のような兵器が一堂に集まった――超重戦車、火炎放射戦車、六連装迫撃砲、けたたましいサイレン音とともに榴弾とフガス爆弾を投下する大編隊の急降下爆撃機。ここでは、自動小銃兵がダムダム弾を、砲兵と迫撃砲手がテルミット焼夷弾を装備していた。ここには、ドイツの火砲が小は口径の小さな対戦車半自動小銃から大は長距離重砲まで集まった。ここでは、昼も夜も火事とロケット弾で明るかったし、ここでは、昼も夜も炎上する建物の煙とドイツの偽装要員の発煙筒で暗かった。ここでは、轟音が大地のように稠密で、短い静寂のひとときは戦いの轟音よりも恐ろしく不吉に思われた。世界がソ連軍の英雄精神に頭を垂れ、感嘆とともにスターリングラードの守り手のことを語っているなら、すでにここでも、スターリングラードの中でも、兵士が恭しく敬意を込めてこう言っている。

「われわれが何だ。あいつらは工場を守っているんだぞ、本当だ」

軍人が恐怖する言葉――「主力の進路」。戦場でこれほど恐ろしい言葉はなく、だから、どんよりとした秋の朝に工場の守りについたのがグルチエフ大佐のシベリア師団だったのは、偶然ではない。シベリア人は、がっしりした、いかつい人たちで、寒さと困窮に慣れており、物静かで、秩序と規律を好み、言葉がきつい。シベリア人は、ずんぐりむっくりの、頼りになる人たちだ。むすっと押し黙って石のような大地を鶴嘴で砕いたり、作業所の壁に銃眼を開けたり、掩蔽壕や塹壕や交通壕を作ったりした。

グルチエフ大佐は、細身の五十歳。一九一四年にペテルブルグ工科大学を二年で中退し、志願兵として露独戦争に行った。当時は砲兵で、ドイツ軍と戦ってワルシャワ、バラーノヴィチ、チャルトリースクを転戦している。大佐は人生の二十八年を軍事に捧げ、戦いと指揮官育成に明け暮れてきた。二人の息子は中尉で、戦場に行った。はるか離れたオムスクには、妻と学校に行っている娘一人が残っている。この厳粛な恐ろしい日に、大佐の脳裏に浮かぶのは、中尉の息子、娘、妻のことや、育て上げた数十人の若い指揮官のことであり、自身の長い長い、働きづめの、スパルタのように質素な一生だった。さあ、ついにその時が来た。軍事学、倫理、職務の原理原則を、口を酸っぱくして息子や教え子や同僚に伝えてきた成果を確かめる時が。不安を胸に、大佐はシベリア人兵士の顔を見渡す――オムスク、ノヴォシビルスク、クラスノヤルスク、バルナウールから来た彼らとともに、不思議なめぐりあわせで、敵の攻撃を撃退するのだ。

シベリア人は、準備万端で守りの最前線に立っていた。師団は大々的な訓練を積んで戦場に来ている。丹念に要領よく、容赦なくびしびしと兵を教育したのがグルチエフ大佐だった。軍事訓練がどれほど厳しかろうと（夜間の襲撃演習、待避壕に身を潜めた兵士の上を戦車に通過させる肝試し、長距離の行軍）、戦争はその何倍も苦しく辛いことを大佐は分かっていた。シベリア連隊の豪胆さと力を信じていた。それは移動の際に確かめられた。長い行程中にあった非常事態はたった一つ。兵士が列車の走行中にライフル銃を落とし、飛び降りて拾うと、三キロメートル走って駅まで行き、戦場に向かう軍用列車に追いついた一件だけだ。連隊の豪胆さはスターリングラードの平原で確かめられた。一度も戦場経験のない兵士が、ドイツの装甲車三十輛の急襲に平然と反撃したのだ。シベリア人の忍耐強さは最後のスターリングラード行軍で確かめられた。兵士は二日間で二百キロメートルの距離を踏破したのだ。それでもなお、不安を胸に、大佐は戦士の顔を見渡した。最前線の、主力の進路に出て行く戦上の顔を。

グルチエフは、部下の指揮官を信じていた。若い、疲れを知らない参謀長のタラソフ大佐は、爆発のたびに揺れる掩蔽壕に昼も夜もこもり続けて地図をにらみ、困難な戦いの計画を立てている。率直さと容赦ない判断、現実を直視し、いかに苦いものでも、軍事上の真実を追い求める習癖は、鉄の信念に基づいていた。この小柄で細身の若者、顔つきも話し方も手つきも農民そのものの若者の中に、押さえがたい思考力と精神力が息づいていた。師団長政治補佐のスヴィーリンは、強靱な意志、鋭い思考力、禁欲的な慎ましさを備えていた。最も冷静で楽天的な人が笑顔を忘れる場面でも、冷静で、陽気に笑っていることができた。連隊長のマルケロフ、ミハリョフ、チャモフは大佐の誇りで、自分自身のように信頼していた。冷静で勇敢なチャモフ、意志堅固なマルケロフ、情の細やかなミハリョフ——連隊の人気者、父のように部下を気遣い、優しくて好感度抜群、恐怖とは何なのかを知らない人。この人たちのことを口にする時、師団の誰もが好意と感嘆を隠さなかった。それでもなお、不安を胸に、グルチエフ大佐は部下の指揮官の顔を眺めていた。なぜなら、主力の進路とはいったい何か、スターリングラード防衛の最前線を維持することが何を意味するのか分かっていたからだ。

「耐えられるだろうか、持ちこたえられるだろうか」と大佐は思った。ようやく師団がスターリングラードの石のような地面を掘り始め、ようやく師団司令部がヴォルガ川の砂崖の中に掘った深い地下道に移転し、ようやく有線通信が延びて指揮所とザヴォルジエ〔スターリングラードの対岸にあたる、ヴォルガ川左岸以東の地〕の射撃陣地にある大砲とを結ぶ無線通信が音を立て始め、ようやく夜の闇に薄明かりが射したところで、ドイツ軍が砲撃を開始した。八時間ぶっ通しでユンカース87が師団の防衛線に急降下し、八時間ひと時の休みもなくドイツの戦闘機が波状攻撃をし、八時間サイレンが鳴り響き、爆弾が唸りをあげ、大地が震え、レンガづくりの建物の残骸が崩れ落ち、八時間もくもくと煙と埃が上空に立ち上り、破片が死の唸りをあげた。戦闘機の爆弾で焼けるように熱くなった空気の叫び声を耳にしたことのある人なら、ドイツ空軍の十分間の急襲の緊張感を経験したことのある人なら、急降下爆撃機の八時間の集中空爆がいったいどんなものか分かるだろう。

八時間シベリア人は武器を駆使してドイツの戦闘機を砲撃しており、だから、おそらく絶望に似た感情がドイツ人を支配していた。この炎上する、黒煙と粉塵に包まれた工場地帯が頑強に抵抗し、ライフル銃の一斉射撃、機関銃の連射、対戦車砲の速射、高射砲のリズミカルな砲声を響かせていたからだ。ドイツ軍は重砲兵連隊の迫撃砲と重砲を投入する。迫撃砲弾のうんざりするシュッという音と砲弾の唸る音が、サイレン音と航空機の爆弾の炸裂音に加わった。これが夜中まで続いた。沈痛な重苦しい沈黙の中、赤軍兵士は亡くなった戦友を葬っていた。これが初日——新居引越の日だった。一晩中ドイツの大砲と迫撃砲は鳴り止まなかった。

その夜、指揮所でグルチエフ大佐は二人の旧友に会った。二十年数年ぶりの再会である。別れた時は若々しい独身だったが、会った時は白髪頭のしわくちゃだった。二人が師団長、もう一人が戦車旅団長だ。三人は抱き合い、まわりの誰もが（部下の参謀長や副官、作戦部の少佐）、白髪頭の三人の目に涙が浮かんでいるのを見た。「いやはや、奇遇だなあ」と言っている。炎上する工場施設やスターリングラードの廃墟を背に、若き日の友と危急存亡の時に出会うのは、実際なんとも重みがあって感動的だ。再び見えるときも、崇高で困難な任務を遂行して、おそらく真っ当な道を歩んでいるだろう。

一晩中ドイツの砲声がとどろいていたが、太陽がのぼってドイツの鉄に鋤き返された大地を照らすや否や、四十機の急降下爆撃機が現れる。またもやサイレンが鳴り響き、またもや黒煙と粉塵がもうもうと工場の上に立ちのぼって大地や作業所や貨車の残骸を覆い隠すと、工場の高い煙突すら黒いもやにかき消された。朝のこの時、マルケロフの連隊は地上にいなかった。ドイツの激しい攻撃を察知して遮蔽物や待避壕や塹壕を出ると、コンクリートや石の穴を後にして攻勢に転じたのだ。大隊は競うように前進する。スラグの山を越え、建物の廃墟を越え、工場の事務所だった花崗岩の建物の脇を通り、線路を越え、街の郊外の公園を抜けた。先へ先へと進む人びとの頭上には、ドイツ空軍のあらゆる地獄があった。鉄の風が顔を打つが、誰もがみな前進する。おそらく敵は迷信めいた恐怖感に襲われただろう。突撃してくるのは人間なのか、彼らは死んでいるのではないか。

そう、彼らは死んでいた。マルケロフの連隊は一キロメートル進んで新たな陣地を奪うと、そこに立てこもった。一キロメートルの何たるかが分かるのはここだけだ。それは千メートルであり、十万センチメートルである。夜になってドイツ軍が何倍もの勢力で連隊を攻めたてた。ドイツの歩兵大隊も来れば重戦車も来たし、機関銃は連隊の陣地を蜂の巣にした。酔いしれた自動小銃兵は夢遊病者のような執拗さで忍び込んで来た。マルケロフ連隊の抗戦の物語を聞かせてくれるのは兵士の遺体であり、夜と翌日、また次の夜に鳴り響いたロシアの機関銃やロシアの手榴弾の炸裂音を耳にした戦友である。この戦いの物語を聞かせてくれるのは破壊されて焼けただれたドイツの装甲車であり、小隊、中隊、大隊ごとにずらっと並んだ、ドイツの鉄兜をかぶった十字架である。そう、彼らは死すべき定めの凡人で、生き残った者は少ない。だが成すべきことを成し遂げたのだ。

三日目になると、ドイツの戦闘機の空からの師団攻撃はもう八時間でなく十二時間だった。日没後も上空にいたので、夜空の濃い闇からユンカースのサイレンの轟音が現れ、ハンマーの重々しい連打よろしく、赤い炎がちらちらする大地にフガス爆弾が次々と落とされる。朝焼けから日没まで師団にドイツの大砲と迫撃砲が打ち込まれた。ドイツ側はスターリングラード地区で百個の砲兵連隊を動かしている。猛砲火を浴びせてくる時もあったが、毎夜の規則的な砲撃は神経をすり減らした。ほかにも迫撃砲中隊が動いていた。一日に何度かドイツの大砲や迫撃砲が不意に沈黙し、急降下爆撃機の重圧が不意に消えることがあった。恐ろしいほどの静寂が訪れる。そこで観測手が声を張り上げる。「注意せよ」――すると哨戒部隊は火炎瓶を手にし、対戦車砲手は薬莢を防水鞄から出し、自動小銃兵は手のひらで自分の銃を拭い、手榴弾兵は手榴弾の箱ににじり寄る。この短い束の間の静寂は、休息を意味しなかった。次に来るのがドイツの攻撃だからだ。やがて数百のキャタピラのガチャガチャ音とモーターの低く唸る音が聞こえて装甲車の接近を知らせると、中尉は叫んだ。

「諸君、注意せよ。左翼から自動小銃兵が侵入中」

ときにはドイツ人が三、四十メートルの距離に近づき、その汚れた顔や破れた外套がシベリア人の目に入り、たどたどしいロシア語の叫び声や脅し文句が聞こえることもあったが、ドイツ軍が後退すると、師団に向けて一段と凶暴さをまして急降下爆撃機や大砲と迫撃砲の砲火の嵐が襲ってくるのだった。

ドイツの攻撃の撃退に功績大だったのは、わが軍の砲兵隊だ。某砲兵連隊のフゲンフィロフ連隊長に、配下の砲兵大隊と砲兵中隊の指揮官は、師団の大隊・中隊とともに前線にいた。無線通信で射撃陣地とつながっており、左岸にある多数の長距離砲は、昂揚と不安を、喜びと悲しみを歩兵と共にしていた。砲兵隊は、多数の素晴らしいことをした。鋼鉄のマントで歩兵の陣地を掩護し、対戦車砲では歯が立たないドイツの超重戦車を、ボール紙のように、めちゃくちゃにした。戦車の装甲に張り付いていた自動小銃兵を、あたかも剣のように切り落とした。弾薬庫を爆破し、ドイツの迫撃砲の砲台を吹き飛ばした。戦時中、スターリングラードほど、歩兵が砲兵隊の友情と威力を感じられた場所はない。

一カ月でドイツ軍はシベリア師団の連隊を百十七回も攻撃した。最も恐ろしい時は、一日でドイツの装甲車と歩兵が二十三回も攻撃してきた。この二十三回の攻撃は二十三回とも撃退された。一カ月のあいだ毎日、三日を例外として、ドイツ空軍の空からの師団攻撃は十時間から十二時間におよぶ。こうしたことのすべてが、全長およそ一キロ半から二キロメートルの戦線で起きていた。その轟音は人類を聾しうるもの、その火と金属は国家を燃やし破壊しうるものだった。ドイツ人は、シベリア連隊の気力を打ち砕けると見ていた。人間の心と神経の耐えうる限界を超えたと思っていた。だが、驚くべきことだ。人びとはくじけることも気が狂うこともなく、心と神経の自制心を失わず、むしろ強く冷静になっていった。無口でずんぐりむっくりのシベリアの人たちは、いっそう厳めしく、いっそう無口になった。赤軍兵士の頬は落ちくぼみ、目つきは沈んでいた。ここはドイツ軍の主力の進路で、束の間の休息の時であっても、歌声もアコーディオンも陽気な軽口も聞こえなかった。ここにいる人たちは、超人的な緊張に耐えていた。三日も四日もずっと眠れない時もあった。師団長――白髪頭のグルチエフ大佐が、赤軍兵士との雑談で胸を痛めるのは、兵士がこうつぶやくのを聞く時だった。

「われわれは何でもあります、大佐殿。パンもありますし――

九百グラムです、温かい食事もきっちり日に二度、魔法瓶に入れて持って来てくれます。でも喉を通らないのです」

　グルチエフは部下をかわいがり大切にしていたので、兵士が「喉を通らない」と言うのはこの上なく、本当に辛い時だと知っていた。だが今は平静だ。シベリア連隊を動かしうる力はこの世にないと分かったからだ。偉大で過酷な経験を、戦いを通じて積み重ねた赤軍兵士と指揮官だ。守りはいっそう固く完璧になった。工場の作業所の前には、掩蔽壕、交通壕、狙撃兵のタコツボなど、工兵のつくったものが山をなしていた。工兵隊の防衛陣地はずっと向こう、作業所の前に移された。兵士は物覚えが早く、息を合わせて地下演習を行い、攻めてくるドイツ軍の装甲車と歩兵が現れる方角を想定して集結と散開を繰り返し、作業所と塹壕を交通壕で行き来していた。

　経験が増すとともに兵士の内的鍛錬も高まった。師団は、完璧な、驚くほど息の合った一つの有機体に変わった。師団の兵士すら無自覚なこの心理的な変化は、一カ月のあいだ地獄のようなスターリングラードの最前線の突端にいた時に起きた。当人はいつもどおり、ずっと同じつもりだった。数少ない自由時間に地下の風呂で身体を洗うし、温かい食事が魔法瓶で届く。髭もじゃのマカレーヴィチとカルナウーホフが、平和なころの田舎の郵便夫よろしく、砲火はげしい前線に革の鞄で配達に来て、新聞や手紙を、遠く離れたオムスク、チュメニ、トボリスク、クラスノヤルスクの村々の便りを届けてくれる。前と同じように、家業の大工や鍛冶や農業を思い出すこともある。あだ名を付けて、ドイツの六連装迫撃砲は「間抜け」、急降下爆撃機とサイレンは「がなり屋」とか「音楽家」とせせら笑う。当人はずっと同じつもりだった。だが、左岸から来たばかりの人の見る目は尊敬と驚きに満ちていた。第三者の目だけが、シベリア人の鉄の力、死をも恐れぬ胆力、決死の守りについた宿命を最後まで耐え忍ぶ冷静な意志に気づくことができたのだ。

　英雄精神が日常だ、英雄精神が師団とその兵士たちのスタイルだ、英雄精神が何気ない毎日の習い性になった。英雄精神はあらゆる所にあった。兵士の戦功だけではない。テルミット焼夷弾の猛火の下でジャガイモを剥いていた炊事兵の仕事も英雄精神だ。衛生兵の女の子の仕事も偉大な英雄精神だ。トボリスクの学校出のトーニャ・エゴロワ、ゾーヤ・カルガノワ、ヴェーラ・カリャーダ、ナージャ・カステリナ、リョーリャ・ノヴィコワとその友人の数々は、戦いのさなかに負傷者に包帯を巻き、水を飲ませた。そうだ、第三者の目で見れば、師団の人たちの何気ない動きも英雄精神だ。通信小隊長のハミツキーは、掩蔽壕の前の丘にのんびり腰を下ろして「読み物」を読んでいたが、その傍らではドイツの急降下爆撃機が数十機も唸りを上げて地面をつついていたし、通信将校のバトラコフは、几帳面に眼鏡を拭くと図嚢に報告書を入れ、「死の谷」を通る二十キロメートルの道のりに出発するが、何気ない涼しい顔で、まるでいつもの日曜日の散歩に行くようだったし、自動小銃兵のコロソフは、崩落した土と板の破片で掩蔽壕の中で首まで埋もれながら、師団長補佐のスヴィーリンの方を振り向いてにっこり笑ったし、司令部のタイピストで真っ赤な頬のでぶ女——シベリアっ子のクラーヴァ・コプィロワは、掩蔽壕で戦闘命令をタイプし始めたところで生き埋めになったが、救出されるとタイプするために別の掩蔽壕に行くと、再び生き埋めになって再び救出、ようやく三つ目の掩蔽壕で命令文のタイプをし終え、師団長のところに持って行って署名してもらった。まさにこうした人たちが主力の進路に立っていた。

二週目も終わりに近づく頃、ドイツ軍は猛烈な工場強襲を行う。あれほどの準備砲撃は、世界の誰も見たことがない。八十時間連続で航空機、重迫撃砲、大砲が動き続けた。三日三晩というもの、煙と炎と轟音のカオスだった。そして突然すべてが静まり返ると、重戦車に中戦車、酔いしれた自動小銃兵の大軍、ドイツの歩兵連隊が攻撃してきた。ドイツ軍は工場への進入に成功する。装甲車が作業所の壁の前で唸りを上げ、われわれの防衛陣地を突破し、師団や連隊の指揮所と防衛の最前線との連絡を絶ちきった。指揮系統を失った師団は抵抗する力をなくしたようで、敵の攻撃をまともに食らった指揮所は全滅目前と思われた。

しかし驚くべきことが起きる。塹壕という塹壕が、掩蔽壕という掩蔽壕が、狙撃兵のタコツボというタコツボが、そして防備を固めて陣取る廃墟の建物が、いずれも要塞と化して、独自の指揮系統と連絡網を持ちだしたのだ。軍曹や一兵卒が指揮官になり、巧妙に裏をかいて攻撃に対抗した。この辛く苦しいときに、指揮官や司令部員が指揮所を堡塁に変え、自身も一兵卒として敵の攻撃に対抗した。十回の攻撃を退けたチャモフ。のっぽで赤毛の戦車長は、チャモフの指揮所を守っていたが、砲弾と実弾を撃ち尽くすと、外に飛び出して、近づいてきた自動小銃兵を石で殴り出した。ある連隊長は、自分で迫撃砲を撃っていた。師団の人気者、ミハリョフ連隊長は、爆弾が直撃して指揮所で死んだ。「うちの親父が殺された」と口々に赤軍兵士がつぶやいた。ミハリョフの後を継いだクシナリョフ中佐は、工場の作業所の下を通っているコンクリート製の下水に自分たちの指揮所を移した。数時間にわたってこの下水の入り口で戦ったクシナリョフと部下の本部長ジャトレンコに六人の指揮官。手榴弾が数箱あったので、この手榴弾でドイツの自動小銃兵の攻撃をことごとく退けた。

この前代未聞の激烈を極めた戦いは、弱まることなく数日つづいた。攻防の場は、もはや個々の建物や作業所ではない。階段の一段一段、狭い廊下の一隅、旋盤の一台一台、旋盤間の通路、ガス管だった。この戦いで師団は一人たりとも後退しなかった。ドイツ人がある空間を占拠したら、それは即ち、そこはもう赤軍兵士の生存者なしを意味した。誰もが戦った。赤毛の大男で、チャモフも名前が分からなかった戦車兵のように。手榴弾のコッターピンを、左手が折れていたので、歯で引き抜いた工兵のコシチェンコのように。死んだ者が生き残っている者に力を授けたのだろうか、大隊の防衛陣地を十人の兵力で守り通した時もあった。何度も工場の作業所がシベリア人からドイツ人の手に移り、またシベリア人が奪い返した。この戦いでドイツ軍は攻

「赤い十月」工場近くの無名戦士の墓、スターリングラード、1943 年

撃の緊張を極限まで高めた。主力の進路で見せた最大限の力だった。だが、あまりに重いものを持ち上げた時のように、突入部隊を動かしていた内部のバネがどこかでちぎれた。曲線を描いてドイツの強襲が落ち始めた。シベリア人はこの超人的な緊張を耐え抜いたのだ。

知らず知らず思いは、この忍苦の精神のよってきたるところへ向かう。ここに土地柄の影響はあったし、重大な責任の自覚も、無愛想でずんぐりむっくりのシベリア人の我慢強さも、とびきりの軍事訓練と政治教育も、厳しい規律も影響していた。だがさらにもう一つ、この悲壮感ただよう一大事件に少なからぬ役割を果たした特徴として触れておきたいことがある――驚くべき高潔な精神、シベリア師団の人たち全員を結びつける深い愛情だ。スパルタ譲りの質素な気風が師団の指揮官全員に行き渡っている。その影響は、日常の些細なことにも、規定のウオッカ百グラムをスターリングラード戦の全期間にわたって拒否する姿勢にも、朴訥で、てきぱきとした仕事ぶりにも出ていた。師団の人びとを結びつける愛情は、死んだ上官や戦友を語る時の深い悲しみに垣間見えた。わたしが耳にした言葉では、ミハリョフ連隊の赤軍兵士が、「調子はどうだい」という問いかけにこう答えた。

「どうもこうもあるか。親父なしになってしまった」

白髪頭のグルチエフ大佐と、二度目の負傷から戻ってきた大隊衛生兵ゾーヤ・カルガノワとの感動の再会でも垣間見えた。「これはこれは、親愛なるわが娘御よ」とグルチエフは静かに言うと、さっと手を広げて、やせこけた短髪の女の子を出迎えた。こんなことができるのは、父親が実の娘を出迎える時だけだ。この愛と信頼感が奇跡を生んだのだ。

シベリア人の師団は、自分たちの陣地を離れなかった。一度たりとも後ろを振り返らなかった。知っていたのだ。背後にはヴォルガが、国の運命があった。

五　ラトシンカ上陸

一九四三年一月一日のことだ。四二年九月からスターリングラード駐在の従軍記者として赤軍の機関紙『赤い星』で健筆を振るっていたヴァシーリー・グロスマンが、モスクワに呼び戻された。日記には、新年の夜に突如襲った別れの悲しみが書き綴られている。周囲の陽気なお祝いムードとは裏腹に、グロスマンの脳裏には、もう誰も覚えていないであろう、ある全滅した大隊のことが去来していた。「栄光の日に思い出すのは、渡河してゴロホフと合流し、［ドイツ軍の］攻撃を引き受けた大隊のことだ。あそこは、一人残らず全滅してしまった。だが、あの大隊のことを栄光の日に誰が思い出しただろう。十月末の雨の夜に渡河した人たちを思い出す人は誰もいない」[161]。スターリングラードにいる間、グロスマンはヴォルガ軍用艦隊の水兵と話す機会があった。おそらくそのときに大隊の運命を知り、忘却を感じ取ったのだろう。一九四三年の六月と七月にモスクワの歴史家が軍用艦隊の乗員四十六人にインタビューした[162]。回答者の多くがこの大隊に言及し、川の右岸にあるスターリングラード北隣の村をドイツ軍から奪い返そうと試みて全滅したと語った。本書に発言を引いた水兵のうち、何人かは兵士を乗せて運んでいたし、別の者は、波状攻撃が敵の砲火を浴びて次々と打ち崩されていくのを左岸からなすすべく眺めていた。この出来事は、日ごろ落ち着いた口調の人も、動揺を隠せないようだった。

一九四三年二月二日以降に聞き取ったスターリングラード戦の語りは、多くがソ連の勝利に向かう形になっている。だが本節で取りあげるのは、失敗に終わった作戦だ。興味深いことに、関係者の多くは上陸の試みに、失敗にもかかわらず、何らかの意味を見出そうとする。グロスマンですらそうで、この作戦に書いていたような目的は一切ない。上陸には、ドイツ側の論評もある。ソ連とドイツの見方を重ね合わせると、スターリングラード戦という大状況における局地戦の様相が鮮やかに浮かび上がってくる。

この大隊が所属した第三〇〇狙撃兵師団は、バシキールでカザフ人とウズベク人の兵士を補充すると、十月半ばから出撃命令を待っていた[163]。十月二十七日にエリョーメンコ大将から命令が下ると、十月三十日未明、増強した一個大隊がヴォルガ川を渡河し、ドイツの第一六装甲師団に押さえられたラトシンカ村[164]を攻撃する[165]。その後は、南進してルィノーク村あたりでゴロホフ大佐の指揮する第一二四狙撃兵旅団と合流することになっていた[166]。ゴロホフの分隊（およそ千二百人）は、ドイツ軍がトラクター工場を制圧して以降、第六二軍の本隊から切り離され、ヴォルガ川を背にして全周防御を取っていた[167]。このゴロホフの陣地の強化が作戦の目標だったが、ほかにもドイツの攻撃が弱まった隙を突いて、十月十四日から続いているスターリングラードのソ連陣地の一掃圧力に一矢報いるつもりだった。この大胆な上陸作戦は、エリョーメンコの立案だが、積極果敢の現れであり、ソ連の軍司令官にありがちな発想、なかんづくスターリンの断固たる圧力に基づくものだった[168]。

「第三〇〇狙撃兵師団の増強大隊が十月三十一日[169]の四時からラトシンカ周辺を占領する戦いに入った」と、十一月一日付のソ連の参謀本部報告は手短に記す。同じ日のドイツ国防軍の報告は、こうだ。「ソ連の数個大隊がスターリングラードの北でヴォルガ川の渡河を試みたが、完全に失敗した。多数の小舟が沈没し、ロシア人の主力は壊滅もしくは捕虜になった」[170]。同じ十一月一日にスターリングラード方面軍の軍事評議会がモスクワのソ連最高総司令部に打電した報告によると、敵は歩兵と装甲車の増強部隊をラトシンカに送り込み、兵力と装備で劣る大隊を攻め立てた。大隊長との連絡も途絶えた。このため軍事評議会は、大隊を夜陰にまぎれてヴォルガ川左岸に戻すと決める。相当の損害を出しながらも「敵の火力と装甲車を自分に引き寄せる目的を達した」からだ[171]。

次にラトシンカがソ連の参謀本部報告に現れるのは十一月四日である。「第三〇〇狙撃兵師団の一個大隊がラトシンカ付近を離れ、交戦しながら鉄道の線路を越え、ニスコヴォドナヤ埠頭付近で戦闘を続けた」。これを最後に大隊は赤軍の記録から姿を消す[172]。

ラトシンカは、八月二十三日からドイツの手中にあった。フーベ将軍率いる第一六装甲師団の大軍は、八月二十三日未明にドン川を横切ると、翌日の午後には七十キロメートル東進してヴォルガ川河岸に到達する。この動きで設置可能になった「北門」は、グルチエフの第三〇八狙撃兵師団の兵士が九月に突破を試みることになる。ドイツのある師団史は、装甲車のドイツ人乗員がヴォルガ川の「西岸丘陵」に着いた瞬間をこう記す。「静かに滔々と流れる黒い大河。艀船が川下へ流れていく。向こう岸にはアジアの平原が無限に広がる。誇らしさと喜びと驚きが人びとの表情にあった。……人びとは、ブドウ畑に囲まれた小さな村落のダーチとラトシンカにもぐりこんだ。樹木のないステップで数週間戦った後だから、せめて休日はこのみずみずしい奇跡の園でクルミ、樫、栗、ジャガイモ、トマト、ワインを楽しみたいと思っていた」。ソ連が反撃してきたので、この牧歌的な暮らしは長続きしなかった。師団の記録にはこうある。「早くも数日後にはスターリングラード北部が一面の廃墟で、容赦ない戦いになった」[173]

師団史は十月末のソ連側の上陸の試みにも言及しているが、ロシア語史料と違って、敵のソ連が人数で上回っていたと力説する。

十月三十一日未明、ロシア人が新たな試みとしてラトシンカにも足場を築こうとした。十月三十日の夜にはシュトレルケの戦闘部隊の兵士がヴォルガ川対岸の物音と動きを察知していた。真夜中に砲艦とタグボートが近づいてきた。ゲルケの装甲小隊がヴォルガ駅付近で砲火を浴びせた。砲艦は三隻が沈没（それぞれロシア人五十人が乗船）、ほかも破損して帰還。上陸成功のボートは三隻で、ラトシンカの北東郊外と南部だった。乗員は、機関銃や高射砲の砲撃を物ともせず河岸に陣を構えると、ラトシンカに向けて攻撃を始めた。ヴィッペルマン少尉（第一六対空戦車部隊）と配下の対空分隊は数で上回る敵襲を耐え抜き、敵に損害を与えた。ロシア人六十人は南下してルィノーク方面の攻撃に転じた。第二工兵中隊（第一六部隊）の砲撃でこの集団は完全に一掃された。作戦の指揮官も戦死した。

敵の北分隊は、第三工兵中隊の指揮所まで到達した。だがクネルツァー中尉の中隊が押し止める。激しい銃撃戦をしながら、上陸した敵を一掃する組織的反攻の機会をうかがった。ロシア人は、作戦開始にあわせて、向こう岸からも全力で撃ってきた。だが何の役にも立たない。中隊の指揮所ちかくでロシア人五十六人が手を挙げた。十三時までにさらに三十六人が捕虜になった。

だがこの間にロシア人が北部に上陸して新たな兵力と重兵器が加わる。ウラーの雄叫びとともに南下してきたが、日中に装甲車九輛が加勢したのでラトシンカ北郊に押し戻された。

次の日、闖入者の残党は蹴散らされるか捕らえられ、ルィノーク攻撃は撃退された。十一月二日から三日の夜半にあった多数の大型船で上陸する試みも阻止できた。再度の掃討作戦で最後の抵抗拠点も制圧した。勇敢な戦闘集団は、シュトレルケ少佐の見事な指揮の下、数では敵を大きく下回るのに、事態を掌握した。バシキール人から成る第三〇〇師団第一〇四九狙撃兵連隊の四百人を捕らえた。ゲルケ少尉は、この勇敢に戦った部下のおかげで、騎士鉄十字章を授与された。[174]

ソ連とドイツの報告を突き合せると、上陸作戦が失敗に至った経緯が良く分かる。エリョーメンコの期待に反して、ソ連の攻撃は不意打ちにならなかった。上陸失敗がここ数週間つづいており、第一六装甲師団の兵士は用心していた。加えてソ連の部隊間の連携が不十分だった。大隊がヴォルガ右岸に橋頭堡をつくっている間、左岸から掩護砲撃が一切ない。第六六軍参謀長は、十月三十一日にスターリングラード方面軍首脳を通じて「左岸から友軍」（上陸した第三〇〇狙撃兵師団の兵士のこと）を掩護するよう要請されたが、なぜ自分の参謀が上陸のことを知らないのかと問い返している。第六六軍はそのわずか二日前にヴォルガ艦隊に掩護してもらって北からゴロホフ大佐の元に進撃を試みていた。[175]また本節の水兵の証言で明らかになる第三〇〇狙撃兵師団長イワン・アフォーニン大佐の采配はとんでもないもので、兵士を乗せた船が次々とドイツの装甲車や大砲の餌食になるのに、命令に従わないなら即刻銃殺だと部下の将校を脅している。アフォーニンは多分こうしないと「意志の弱い」「臆病な」指揮官として責任を問われると怯えていたのだろう。ただ、同時に参加した指揮官は多くが士気軒昂で、スターリンの指示した一歩も退くなを内面化していたようだ。この関連で興味深いのは、多くはロシア人であるヴォルガ艦隊の水兵が、批判的な眼差しを、ぶざまな戦いをする第三〇〇狙撃兵師団の非ロシア人兵士に向けていることだ。

十一月九日にエリョーメンコ将軍が国防人民委員（スターリン）に報告書を書き、失敗の原因は現場の将校と作戦を指揮した師団長の経験不足にあると説明した。エリョーメンコは作戦の損失をまとめている。兵士と指揮官九百十人のうち生き残ったのは百六十九人だった。装備の損失も詳細に算出した。だがその一方で上陸作戦の効用も力説している。「部隊は、課題であったルィノークからの兵力引き離しを成し遂げた。敵は上陸部隊と応戦するため、ルィノーク周辺とスパルタコフカ村から装甲車、大砲、歩兵を振り向けざるを得なかった」[176]。エリョーメンコは回想録でもラトシンカの出来事に一節を割き、スターリンに報告した弁明を繰り返している。[177]チュイコフ将軍はこのエピソードに言及せず、ソ連の戦史研究の泰斗ア

出撃前の上陸部隊を乗せたヴォルガ艦隊の装甲艇、スターリングラード、1942年10月　撮影：A.ソーフィイン

レクサンドル・サムソーノフも言葉少なだ。

第三〇〇狙撃兵師団の砲兵だったイサーク・コブィリャンスキーが、自身の回想録にヴォルガ左岸から目撃した最初のラトシンカ攻撃のことを書いている。交戦の喧噪が村から川越しに聞こえていたが、しばらくして大隊との連絡が途絶えた。ようやく夜になって一人の兵士が川を泳いで戻ってきて、作戦の悲劇的な結末を伝えた。コブィリャンスキーは二度目の上陸にいるはずだったが、乗った船にドイツの砲弾が命中して故障し、おかげで命拾いした。「ラトシンカの大隊の運命は悲劇的だった」と総括する。「九百人近い兵士のうちほぼ全員が捕虜か戦死か負傷だった」[178]

十一月二十三日、ソ連の大反攻の過程でラトシンカは奪還された。二日後、ピョートル・ザイオンチコフスキー大尉が破壊された集落に到着する。解放地域におけるドイツ人の戦争犯罪の解明が任務だった。ドイツ軍の陣地跡では、尋問の際に「残虐な仕打ちをされた」と思われる赤軍兵士の遺体が見つかった、(ザイオンチコフスキーが記したラトシンカの詳細な報告は373ページ)。数カ月後に「ドイツ・ファシスト侵略者の悪行の確定・調査にかかわる臨時国家委員会」の代表がラトシンカの生き残り住民に話を聞いている。第一六装甲師団の兵士は、牧歌的な村を制圧した後、「密会部屋をつくると、見目麗しい娘をすべて洞窟に連れ去り、武器を使ってそこに押しとどめた」。村の若い娘は一人残らず強姦されたという。[179]

◆語り手

オレイニク、ピョートル・ニコラエヴィチ――海軍一等兵曹、装甲艇第一三号艦長補佐[180]
クズネツォフ、イワン・アレクサンドロヴィチ――海軍大尉、砲艦「ウスィスキン」号艦長[181]
ザギナイロ、ヴァシーリー・ミハイロヴィチ――上級中尉、砲艦「チャパーエフ」号艦長補佐[182]
ソロドチェンコ、セミョン・アレクセエヴィチ――海軍一等兵曹、装甲艇第一一号操舵長[183]
ネボリシン、ヤコフ・ヴァシーリエヴィチ――上級中尉、ヴォルガ軍用艦隊の河川艇隊旗艦砲兵[184]
バルボチコ、セルゲイ・イグナチエヴィチ――上級中尉、装甲艇第四一号艦長[185]
リュビーモフ、ユーリー・ヴァレリエヴィチ――上級中尉、装甲艇の航海士、ヴォルガ軍用艦隊の北部船隊連絡将校[186]
レシェトニャク、イワン・クジミチ――海軍一等兵曹、装甲艇第三四号通信兵[187]

リュビーモフ上級中尉（装甲艇の航海士、ヴォルガ軍用艦隊の連絡将校）――ラトシンカ作戦を準備・指揮したのは、ヴォルガ軍用艦隊参謀長のフョードロフ大佐[188]と第三〇〇狙撃兵師団長のアフォーニン大佐[189]だ。上陸する第三〇〇狙撃兵師団は装甲艇に分乗し、北部船隊[190]の船が集中砲撃で掩護した。作戦の目的は、ラトシンカを占領し、交戦中のゴロホフ[191]の部隊と合流して、これによって本戦区のソ連軍の状況を改善することだった。作戦計画によると、装甲艇二隻をアフトゥバから差し向け、ラトシンカの南に接岸して第三〇〇狙撃兵師団の兵士部隊を上陸させる。これと同時に別の装甲艇二隻がシェドリン入り江[192]から出発してラトシンカ北郊に上陸する。前者の掩護のため、作戦のあいだ中、タグボートで増援部隊を送って上陸した両部隊に投入する予定だった。だが作戦はいささか異なる展開になった。

アフトゥバ部隊の装甲艇にエンジン故障があり、出動した一隻は二隻分の兵士（約九十人）が乗っていた。装甲艇は、アフトゥバを出るとすぐ敵に見つかって機関銃と迫撃砲の砲火を浴び、その結果およそ二十人が負傷、一人が死亡する。装甲艇は、アフトゥバに戻らざるを得なかった。だが失敗に終わったとはいえ、その功績は大きく、敵の砲撃を一身に引き受けてくれたおかげで、もう一つの（シェ［ママ］ドリン入り江発の）上陸部隊は気づかれることなく接近接岸。抵抗ゼロで無血上陸すると、ヴォルガ右岸とラトシンカ近郊の鉄道路線を占領した。一番乗りの強襲部隊を助けるために増援部隊が投入された。アフトゥバ部隊は負傷者を装甲艇から降ろすと再出動し、ラトシンカの少し北で揚陸。第三〇〇狙撃兵師団の大隊相当が上陸した。上陸に先立って、装甲艇がアフトゥバから「カチューシャ」砲（M13）[193]を撃った。だが上陸部隊の指揮が乱れたために（大隊は大隊長を失っていた）隊員は小さなグループに分断され、連絡不能に陥った。ドイツ側も部隊の上陸を知ると、このバラバラの、統率を欠いた上陸部隊に装甲車を差し向け、押しつぶしにかかる。上陸部隊は、攻撃に移ることはおろか、敵への組織的抵抗もできなかった。

ネボリシン上級中尉（**旗艦砲兵**）[194]――十月末にヴォルガ川左岸[195]でオサードナヤ・バルカ村からスレードネ・ポグロムノエ村の防衛に当たっていた第三〇〇狙撃兵師団は、師団の大砲で第一二四狙撃兵旅団の掩護を始めた。旅団の各部隊の梃子入れとして戦術部隊がラトシンカ村に上陸したのが十一月一日から二日の夜半。編成は三個中隊で、第三〇〇師団の二個中隊とヴォルガ軍用艦隊の一個上陸中隊だった。部隊の上陸の際、指揮系統が全滅する。船で出発したが、この船が撃沈されて大隊の指揮官が全員死亡したのだ。現場の指示がバラバラとあって、上陸部隊はすべてラトシンカ北郊に追いやられ、攻勢に出るのは不可能だった。

バルボチコ上級中尉（**装甲艇第四一号艦長**）[196]――十月三十日か三十一日にラトシンカとヴィノフカ付近に上陸部隊が上陸した。上陸作戦は、個人的な意見だが、練り上げが不十分だった。最初の強襲と後続隊との間にズレがあった。上陸部隊の指揮官が乗っていた水上バスは、接岸の際にやられた。大砲と増援部隊をつんだタグボートの到着が大幅に遅れ、ドイツ側に再結集を許している。第三〇〇狙撃兵師団を指揮するアフォーニン大佐は、掩護の火砲は百六十門あると豪語していたが、実際に作戦時に放たれた火砲は皆無だった。わずかに四一号艇と一四号艇がロケット砲の一斉射撃を一回しただけだ。作戦は失敗だった。ドイツ軍は装甲車や大砲を投入し、至近距離から上陸部隊や装甲艇を砲撃してきた。

ザギナイロ上級中尉（**砲艦「チャパーエフ」号艦長補佐**）[197]――上陸部隊は、第三〇〇狙撃兵師団（アフォーニン大佐）の兵士だ。部隊を運んだ装甲艇に、事前の準備砲撃はなかった。上陸は成功。だがその先は、途切れなく攻撃を掩護すべきなのに、砲弾に制限がかかった。上陸部隊は、掩護射撃がないので、手榴弾で戦わざるを得ない。ファシストは上陸部隊に装甲車六輛を差し向け、大砲が直接照準で撃ってくる。上陸した部隊と連絡が取れず、どこを狙って撃ったらいいか分からない。作戦を立て直して上陸部隊と連携を取るため、ルイセンコ少佐[198]がラトシンカに二三号艇〔後出では三四号艇〕で向かった。ラトシンカに近づいた時、二三号艇にテルミット弾が命中した。ルイセンコは重傷を負い、まもなく死んだ。

作戦を指揮したフョードロフ大佐[199]は、わたしがいる指揮所にいた。ラトシンカの北に時限信管弾を撃つよう命じた。わたしが四十発ほど撃つと砲撃は止んだ。

オレイニク一等兵曹（装甲艇第一三号艦長補佐）——十月三十日は日中ずっとシャドリン入り江で待機していた。しっかりカムフラージュしてだ。夜になって船に七十人近くを乗せ、武器と弾薬（十九人分）も積んだ。十二時半にほぼ気づかれることなく敵陣に接岸したが、目的地から二、三百メートル下った敵の「目の前」だった。部隊の上陸に取りかかると、集中砲火を浴びる。だが高地にある敵の主要火点からは死角だったので、弾は後ろに逸れた。でも岸の突端から撃ってくる大砲一門が左舷にまともに飛んでくる。匍匐して至近距離に来たドイツの自動小銃兵が暗闇から撃ってきた。

主にカザフ人[200]から成る部隊の上陸はもたついた。兵士が訓練不足だったり臆病だったりしたからだ。船から追い立てなければならなかった。補充弾薬を下ろしたのは赤軍水兵だ。赤軍兵士のミハイロフが箱のほとんどを岸に放り投げた。積み下ろしは数分だった。

退避をはじめると、迫撃砲、機関銃、大砲、自動小銃と、ありとあらゆる武器で撃ってきた。こうして敵の砲撃を浴びながら退避し、何とかシャドリン入り江にたどり着いた。日中はシャドリン入り江にいて、しっかりカムフラージュした。敵機が見つけようとしてもムダだった。

南側から二三号艇[201]（ブチコ中尉）が出動したが、乗せていた自動小銃兵の上陸はできなかった。装甲艇に着弾が多々あって、損害が出た。

ソロドチェンコ一等兵曹（装甲艇第一一号操舵長）——十月二十九日に一一号艇と一三号艇がシャドリン入り江に出動し、第三〇〇狙撃兵師団の配下に入った。大隊規模の上陸部隊をラトシンカに揚陸すると説明があった。装甲艇二隻のほかにタグボートが二艘参加した。作戦の指揮はモロズ[202]だ。それぞれ八十名が乗っており、低速で進んだ。上陸開始となったところで、砲撃を浴びせられた。だが上陸は迅速で、十分間で完了。応戦しながら速やかに退避した。戻ってくると、二回目の出動を命じられた。この時は激しく砲撃され、こちらも反撃した。二度目の上陸は隊員九名が負傷し、連れて戻ってきた。帰還してから分かったが、タグボートから兵士は上陸させたが、武器の陸揚げができていなかった。指揮本部のあった方のタグボートが撃破され、荷下ろしが行われなかった。翌晩出動したのは、一三号艇だけだった。

オレイニク一等兵曹（装甲艇第一三号艦長補佐）——翌日は、上陸できなかった二三号艇の自動小銃兵六十八人と第三〇〇狙撃兵師団の連絡将校一名を乗せた。後者は、師団と上陸部隊とが連絡を取って情報を得るためだ。夜中だが、月が皎々と明るく、忌々しく思いながら右岸に向かった。上陸する兵士は行き先も目的も知らず、われわれに尋ねてくるが、われわれだって上陸地を除けば何も知らない。明らかに混乱が生じていた。おまけに上陸が完了して退避した所で、突如「部隊を揚陸」の命令が出た（?!）。もうとうに揚陸していたのにだ。自動小銃兵の上陸中は二時間ほど敵の砲撃にさらされたが、沈没したタグボートで死角になっていた。エンジンをすぐ止めなかったせいで砲撃されたが、弾や砲弾は後ろに逸れた。ヴァシチェンコ中尉の命令でエンジンを止めた。ドイツ人は間もなく撃つのを止めたので、だまされたのだろう。部隊を上陸させると、連絡将校が待っていて、負傷兵を運んできた。受け取ったのは三十六名。その中にいた負傷した政治指導員は、ついさっき上陸した部隊の一員で、上陸部隊の多くが殺され、中には恥ずべき投降者もいたと教えてくれた。

艦隊コミッサールのジュロフコ[203]と赤軍水兵ラーリンが岸辺を行き来し、船に乗ろうとする負傷兵を見て回った。仮病や脱走兵を何人か摘発し、手や足に包帯を巻いて負傷兵を装っているのを見破った。負傷兵は、一部は自分たちで運び、一部は搬送されてきたが、武器と受渡書類が必携だった。エンジンをかける。敵がまた猛烈な砲撃を浴びせてくる。全速力にしてシャドリン入り江に戻った。

リュビーモフ上級中尉（装甲艇の航海士、ヴォルガ軍用艦隊の連絡将校）——上陸作戦が失敗した主な原因は、個人的な意見だが、明確な指揮がなかったことだ。フョードロフ大佐（作戦の立案者）は、顔を出して「指示」のようなものを出したら、それっきり二度と現れず、たぶんあとは大丈夫と信じて、第三〇〇狙撃兵師団長[204]に指揮を委ねた。ところがこの御仁ときたら、この手の作戦の経験がない。作戦のあいだ中、馬鹿げた命令を連発し、しかも命令に従わないと即刻銃殺だと始終脅していた。例えば、十一月一日の日中、船に連絡将校を乗せて上陸作戦の現場に運べと命令した。どう見たって行くのは無理、ドイツ軍の砲撃で船が川の真ん中にも行けないのだから、案の定の結果になった。二三号艇が上陸地点に派遣されたが、川の真ん中で砲弾を浴び、目的の岸辺に達しないまま沈没した。

ソロドチェンコ一等兵曹（装甲艇第一一号操舵長）——朝四時に命令が下り、連絡将校二名を連れて右岸に上陸、あわせてラトシンカ周辺の状況を調査せよと命じられた。接岸しようとすると激しい砲撃。機関銃、自動小銃、大砲、迫撃砲で撃ってくる。連絡将校が、上陸場所はたぶんここではないと言う。離岸して上流に向かう。そこからもバンバン撃ってくる。岸にさらに近づく。でも連絡将校が降りない。三度目は、岸のすぐ近くまで行ったが、連絡将校は降りようとしなかった。

連絡将校が拒否の返事なので、向きを変えて引き返した。この作戦の間、砲弾、迫撃砲弾、徹甲弾を浴びて多くの弾痕ができた。戻って状況を報告すると、狙撃兵師団の司令部は信じてくれず、すべて連絡将校の責任だと非難する。このときシャドリン入り江に二三号艇が到着した。作戦にわれわれを送り出そうとしたが、ガソリンがない。そこで一三号艇を派遣した。同艇には指揮官代理で下級政治指導員（ポリトルーク）のジュラフコフが乗っていた。接岸すると、船をものすごい砲撃が襲った（この目で見た）。

　船は後退し、応戦しながら向きを変える。ほどなくして傾くのが見えたが、銃弾を浴びながら左岸にたどり着き、浅瀬で座礁した。乗員六人ほどが負傷。赤軍水兵カザコフが戦死、操舵長のヴァシーリエフは負傷して間もなく死亡。下級政治指導員のジュラフコフは、負傷して強制的に野戦病院に送られたが、脱走した（と新聞に書いてあった）。

オレイニク一等兵曹（装甲艇第一三号艦長補佐）――三日目に一一号艇と一三号艇（一一号艇の艦長はツェイトリン中尉、現在は第二装甲艇戦隊の班長）[205]は、上陸部隊の回収を命じられた。右岸に近づくと、そこに装甲車が少なくとも十三から十五輌やってきた。轟音を発している。暗闇で、手探りで行かざるを得ない。だが近づくと砲撃が始まって、接岸できなかった。隊長が方向転換して引き返すよう命じた。旋回が間にあわず、われわれ一三号艇は浅瀬に乗り上げ、一一号艇もこれに続いた。そこは川の中のペシャンスィ島だった。ぐずぐずしている暇はない。船尾の砲塔にまともに被弾していた。これが船にできた最初の砲弾の弾痕だった（銃弾の弾痕はそれまでも数多くあった）。砲弾で操舵機がやられてしまった。敵との距離は三十メートル。一一号艇も破損していた。だが取り乱す者は誰一人いない。艇長のヴァシチェンコ中尉が、操舵長のわたしに、非常操舵への切り替えを命じた。だが非常操舵も役に立たない。連接棒が動かなかったからだ。船が燃えているようにも思われた。銃弾が雨霰と降ってくる。操舵機が使用不能と艇長に報告していると、これを聞いた機関室長のロザが「全速後進」させた。船が鳴動し、後ろに急進して浅瀬から抜けだした。一一号艇も少し遅れて浅瀬を脱した。

ソロドチェンコ一等兵曹（装甲艇第一一号操舵長）――着いてから船を見て気づいたが、砲弾の弾痕が三カ所、機関砲の弾痕が三カ所、銃弾の弾痕は無数にあった。

　一三号艇も帰還して隣に横付けした。すると第三〇〇狙撃兵師団の中佐（ママ）が「なぜ命令を遂行しないのだ」と怒鳴りながらやってくる。でも燃料切れ寸前だ。モロズが「出動できません」と答えた。中佐はモーゼル銃を両手で持って「殺すぞ」と叫ぶ。そこでモロズは出発を命じる。船は出動した。中佐はモーゼル銃をちらつかせ岸伝いに追ってくる。モロズは決断した――一一号艇はシャドリン入り江で待機、一三号艇はアフトゥバに転進。

バルボチコ上級中尉（装甲艇第四一号艦長）――翌朝、三四号艇が討ち死にした。搭乗していた勇猛果敢の誉れ高い北部船隊の指揮官ルイセンコも、壮烈な最期を遂げた。戦死の模様はこうだ。その日アフォーニン大佐が、上陸部隊の残兵が岸辺で撤退の合図を出していると言い出した。三四号艇と三八一号艇（後出の証言にある三八七号艇か三七九号艇のことか？）が残兵の回収に向かった。あそこに上陸部隊はおらず装甲艇は無駄足になるとルイセンコが報告する。するとアフォーニンがルイセンコは臆病だと食ってかかった。海軍将校の名誉を守ろうと、ルイセンコは自ら三四号艇に乗り込んだが、砲弾が直撃して操舵鎖が壊れた。操舵不能になった船はたちまち浅瀬に乗り上げ、敵前百から百二十メートルの距離で動けなくなった。ドイツ軍は装甲艇にテルミット弾を浴びせかける。四一号艇が船を掩護しようと一斉射撃を六回行い、敵の火点に砲弾を九十六発撃ち込んだ。わが方の反撃で六連装迫撃砲（「ヴァニューシャ」）といくつかの火点が破壊された。だが敵の装甲車はそれでも装甲艇にとどめを刺した。上陸作戦を経て、装甲艇の火点は、投降した赤軍兵士によってドイツの手に渡った。

次の日に装甲艇、予備弾薬、燃料、砲艦「ウスィスキン」号が結集する陣地にドイツ機が飛来した。一機は四一号艇に急降下してきた。十五から二十メートルの距離で次々と爆弾が炸裂する。三人が戦列離脱した（通信士一名と砲手二名）。これが、船がスターリングラード戦で被った損害だ。面白いことにドイツの砲兵は船への砲撃があまり上手くなく、このため被害はなかった。迫撃砲の砲撃はきわめて正確だった。だから例えば七四号艇は、接岸時にドイツの迫撃砲弾が当たって炎上した。

リュビーモフ上級中尉（装甲艇の航海士、ヴォルガ軍用艦隊の連絡将校）——兵士の一部は生き残り、ゴロホフ分隊に急行したが、分隊も上陸部隊を掩護する積極的な動きは見られなかった。上陸部隊の一部は懸命に敵と戦った。

戦いは十一月一日と二日も続いた。北部船隊の船は、上陸作戦のあいだ臨戦態勢をとり、部隊の掩護砲撃をするつもりで照明弾の合図を待っていた。だが合図は来ず、砲撃が夜中に始まることはなかった。朝になってドイツの増援部隊がラトシンカに接近中なのに気づいて、装甲艇の「カチューシャ」や砲艦の火砲から砲撃を開始した。掩護砲撃は第三〇〇狙撃兵師団も行ったが、こちらも夜中ではなく、上陸部隊が防戦している日中だ。

上陸作戦の部隊は本格的な訓練も不足していた（隊員の多くが少数民族で、武器の扱いに不慣れで規律が乱れた）。

……十一月二日に北部船隊に第一旅団参謀長のツィブリスキー少佐[206]が現れて命令を出し、二十二時に部隊の上陸地点に装甲艇を二隻派遣し、上陸部隊の残兵を河岸から回収する、これ以上あそこに置いておいても無意味だと言う。二十四時にシエ（ママ）ドリン入り江から装甲艇が二隻出動した。装甲艇第三四号（グロマジン少尉）と装甲艇第二八七号（ルキン中尉）だ。三四号艇には装甲艇戦隊の指揮官ルイセンコ少佐と班長のモロズ上級中尉が乗っていた。川の中ほどで両船は敵のサーチライトに捕捉され、すぐさま砲撃を浴びた。ドイツ軍は船に全火力を集中する。大砲、機関銃、迫撃砲だけでなく、装甲車も直接照準で撃ってきた。両船は、先述した指揮官とその部下のほかに、赤軍水兵が五人ずついて自動小銃を携行しているが、ドイツの砲火を耐え抜くのは、絶対に無理だ。北部船隊の船と砲兵連隊（第三〇〇狙撃兵師団）の砲撃が船を掩護していたが、着弾修正をしておらず、砲声は聞こえても、しかるべき効果は得られなかった。

装甲艇は岸に横付けできず、十五メートル手前で向きを変えて戻らざるを得なかった。帰路で三四号艇は、操舵鎖が壊れて操舵不能になり、浅瀬に乗り上げた。これを見て敵の砲撃が強まる。至近距離の直接照準で蜂の巣になった。もう一隻（三八七号艇）が集中砲火を浴びながら浅瀬から引き出そうとしたが、どうにもならない。がっちりはまり込んでいる。敵の集中砲火のために船の乗員はほぼ全員が死亡または負傷だった。ルイセンコ少佐も負傷し、出血多量で朦朧としながら（両足の腿を撃ち抜かれていた）逃げるなと三八七号艇に命令するが、その間も敵の砲火はどんどん激しくなる。三八七号艇の船長と乗員の一部が三四号艇に移って来て、大量出血している人の救助に当たった。班長のモロズはテルミット弾で重傷を負い、生きたままテルミットの炎で焼かれていたし、三四号艇の船長も重傷だった。負傷者の出血は半端でなく、傷口を縛って苦しみが和らぐ人などいないし、その手段もない。例えばモロズ上級中尉は自分で縛っていたが、それに使っていたのは電話線で、しかももう片方がまだ電話回線につながっていた。三八七号艇の船長と乗員の一部が三四号艇にいる間、三八七号艇の残る乗員がエンジンをかけ、その場を離れて船を動かし、船長と仲間を見殺しにした。十一月三日の朝四時ごろツィブリスキーがわたしに半水上滑走艇の出動命令を出し、三四号艇の瀕死の同志の元に急行して負傷者と生存者を回収し岸まで運ぶよう命じた。半水上滑走艇で[207]わたしに同行したのは、上級政治指導員（ポリトルーク）のレメシコと上級中尉のピョールィシキン（第二班の班長）[208]だった。衰えを知らぬ砲火をかいくぐってボロボロになった船に近づくと、身の毛もよだつ破壊と敗死の光景が広がっていた。船内のほぼ全員が負傷死亡し、血の池ができている。一部は炸裂したテルミット弾のせいで青白い炎をあげて生きたまま燃えていた。ルイセンコとモロズはまだ生きていたが、大量出血していた。二人をほかの負傷者とともに半水上滑走艇に運び、応急処置を行った。半水上滑走艇は、定員の六名を上回る十四名が乗り込み、途切れることなく砲撃が続く中を、何度も浅瀬に乗り上げながら左岸に向かった。後に残した者には、すぐに救助が来ると言い、また戻ってくるか別の船を差し向けると約束した。敵の猛烈な砲撃をかいくぐって負傷者を船から半水上滑走艇に移している間に、砲弾の破片がわたしの左の手と足に当たって三カ所負傷した。

三四号艇に残る仲間をすぐ救助することはできなかった。赤軍水兵三名がボートで到着したのは翌日の夜だ。それからの幾晩かはボートが数回行き来し、その結果ただ一人生き残っていた通信士の水兵レシェトニャクを救出し、機密文書と貴重品の機材を確保して岸まで運んだ。……

三四号艇から助け出された英雄、通信士の水兵レシェトニャクは、無線室にいた。敵の容赦ない砲撃が続き、十一月三日の日中は何度も空から爆撃されたにもかかわらず、まさしく英雄的な振る舞いだった。死体の山の中で破壊の惨状を目にしながら、指揮所とずっと無線で連絡を取り続けた。レシェトニャクはソ連邦英雄の称号に推薦されたが、授与されたのはレーニン勲章だった。破船に向かったボートに乗っていた赤軍水兵のベリャーエフとザーヤツも叙勲された。前者が赤星勲章、後者が剛毅記章だ。ルイセンコ少佐はシャドリン入り江の半地下壕に搬送されたが、たぶん出血多量で一時間後に亡くなった。モロズは入院先で死亡、二週間後のことだ。

ネボリシン上級中尉（旗艦砲兵）――シャドリン入り江を出て現場に向かっていた三四号艇は浅瀬に乗り上げ、ラトシンカの至近砲台から砲撃された。この船に乗っていたのが装甲艇戦隊の指揮官ルイセンコ大尉と班長のモロズ上級中尉だった。乗員は、戦隊長と班長も含め、残らず負傷。一部は戦死した（例外は無線士の水兵長レシェトニャク）。半水上滑走艇が乗員の回収に近づいた際、船にいたルイセンコ大尉が、テルミット弾で重傷なのに、「一人でも船から連れ出すのは許さん、最後の一人まで戦うんだ」と命令した。意識を失ったルイセンコ大尉は船から連れ出されて第三〇〇師団の医療大隊に送られたが、傷が重く、七時間後に死んだ。

レシェトニャク一等兵曹（装甲艇第三四号通信兵）――一九四二年十一月三日にわたしたちの船に命令が下り、上陸部隊のラトシンカ揚陸中に岸辺を偵察し、上陸部隊の動きを監督することになった。この作戦には三四号艇と三七九号艇が参加した。三四号艇には班長のモロズとルイセンコ大尉が同乗した。偵察地には第一旅団参謀長のツィブリスキー少佐が現れた。少佐は自分の無線機と無線士を持っていた。この無線局と絶えず通信を維持するよう命じられたので、作戦の間ずっと履行した。

二十四時にシチャドリン入り江を出発し、進路を敵の占領中の岸に向ける。岸に近づくとドイツ軍が砲撃してきた。船長はグロモジン中尉だ。厳しい指揮官で、極めて勇敢。与えられた任務から決して逃げない人だ。砲撃されても、下った決定に背くはずがない。グロモジンは、別の場所に接岸すると決断した。岸に近づいた時にテルミット弾が落ちて、戦隊長と班長がいる司令室に命中した。そこには操舵手の赤軍兵士ヴォルコフと見張り番の赤軍兵士トロパノフもいた。この砲弾でルイセンコ少佐、モロズ上級中尉、グロモジン中尉が負傷。操舵機もやられた。船は操舵不能になり、浅瀬に乗り上げた。わたしはツィブリスキーの携帯無線と絶えず通信を維持していたが、船が浅瀬に乗り上げると、班長の命令で、旅団長に船の座礁を知らせ、同時に負傷者の後送を伝言した。この無線電報は旅団参謀長に伝えられた。と同時に三七九号艇にこういう内容の無線電報を打った。「三四号艇（現在は四四号艇）を浅瀬から引き出してシャドリン入り江に曳航するため救援に赴かれたし」

三七九号艇は無線電報を受け取ると命令を遂行し始めた。タグボートに三四号艇をつないだが、船が浅瀬に激しくめり込んでいて、鋼鉄のワイヤーが切れてしまう。もう一度ワイヤーをかけたが、これまた切れてしまう。三度目の正直で浅瀬から船を引き出そうとしたら、エンジンが故障した。ルイセンコ少佐の命令を受けて、無線電報で旅団参謀長に三七九号艇のエンジン・トラブルを伝えた。伝えた無線電報に対して、半水上滑走艇を送って負傷者を収容するとの返事が来た。エンジンを直すと三七九号艇は三四号艇に近づき、乗員に下船して三七九号艇に移るよう促した。だが乗員は船に残ることを決めた。三四号艇の指揮は、一等兵曹のムーヒンが執ることになった。……

負傷者を収容すると、半水上滑走艇は立ち去った。故障を直した三七九号艇も去って行った。三四号艇の乗員はその場に残った。ここにはほかに赤軍兵士二名と偵察部隊の軍曹がいた。次の砲弾でこの赤軍兵士と軍曹は戦死した。

われわれは船を浅瀬から引き出す作業を続けた。ドイツ軍がサーチライトでわれわれの行方を探っている。探索の結果、われわれの居場所を見つけ出した。するとファシストは集中砲火を浴びせて来た。ソ連の戦闘機U2が敵のサーチライト照射を妨害したので、ドイツの砲撃は精度が落ちた。

船の生き残りは十人（当初は十三人）。水面に降りてもう一度船を浅瀬から押しだそうとしたが、上手く行かない。クラサヴィン亡きあと指揮を執った一等兵曹のムーヒン同志（隊のコムソモール組織の書記）は、全員に船に移れと命令した。その時ツィブリスキー参謀長と連絡がつながり、一二号艇と三六号艇に連絡を取れと命令して来た。両船ともわれわれの救助に向かっているはずだった。両船と連絡が取れた。われわれから十二〜十五キロの位置にいて急行中だが、夜明けとともに敵の激しい砲撃を浴びていた。このため帰還の命令が出た。ムーヒンは夜明け前に機関室の全員を呼び集めると、暗くなるまで待機することを提案した。暗くなったら闇に紛れて全員で船を浅瀬から引き出す準備を進め、ほかの助けも借りて基地に戻るという算段だ。赤軍水兵は全員一致でこの決定に賛成した。

司令室にいる間、通信を維持していたツィブリスキーが、無線電報で気落ちするなと呼び掛けてきた。無線電報の正確な文面は無線士の当直日誌にあるが、日誌の所在が分からない。

夜が明けて、だいたい六時から十三時まで、敵の砲撃はほぼなかった。理由は分からない（十時までは霧だった）。十一月四日の十二時三十分、砲兵中隊が船に試し撃ちを開始。十三時に砲撃に移った。ドイツの砲兵中隊は、七六ミリ砲が四門で構成。船に直撃もあった。一分間に二、三発飛んでくる。十三時三十分、一発が喫水線の下にある機関室に当たった。この結果、船に大きな穴があき、右モーターの土台が損傷した。

一等兵曹のムーヒンが、ふさげと命令した。だが穴をふさぐのはできそうもない。しかたなく乗員は船尾の砲塔に移動した。砲塔には八人ほどいた。十四時三十分、砲塔が被弾し、塔内で炸裂する。赤軍兵士のヴォルコフと二等兵曹のスヴェルグノフが負傷。二等兵曹（名前は覚えていない）が打撲で重傷、赤軍水兵のヴェトロフと二等兵曹のシェヴィルダが戦死した。砲塔に大きな穴があき、そこから水が入り出した。一等兵曹のムーヒン、操舵手のヴォルコフ、機関長の水兵長は、もはやこれまでと覚悟を決め、味方のいる岸まで泳いで行こうとする。上甲板に出ると、救命具を身につけ、船外に飛び込む用意を調えた。無線室は被弾していないので来るように言ったが、わたしの提案に耳を貸さず、来たのは、甲板にしがみついていた操舵手のヴォルコフだけだった。残りは川に飛び込んだ。ドイツのメッサーシュミット機が上空を飛行中に甲板の人影に気づいて急降下し、川を泳ぐ人と船を機関銃で撃ち始めた。ヴォルコフは再び負傷。これも船外に飛び込んだ。戦闘機は旋回すると、また水中の水兵を撃ちまくった。それっきり仲間は見えない。みんな死んでしまった。
銃撃でブリッジが壊れ、アンテナ設備が破損した。船は通信手段を失った。だが最後の最後までここに留まろうと固く決心した。敵の激しい砲撃は十五時三十分まで続いた。船は破壊したと思ったらしく、ドイツ軍は砲撃を止めたが、煙が四散して船がまだあるのに気づくと、戦闘機を四機出して爆弾をお見舞いし、船にとどめを刺そうとした。四機の飛来で十二発の爆弾を落とし、戦闘機と大砲で船を撃つ。六、七発が命中。共同船室の上で炸裂したし、右舷の燃料タンクの向かい、機関室、甲板、無線室でも爆発した。だが深刻な被害はなかった。被害が大きかったのは、共同船室、燃料タンク、厨房だった。十七時三十分に五十発の砲弾を撃ち込んできたが、照準が甘く、被害はなかった。

　十八時にドイツ軍の砲撃が終わった。夜の闇が訪れると、わたしは甲板に出た。まず機関室に駆けつけ、誰かいないかと声をかけた。問いかけに答える声はない。砲塔に負傷者が二人いた。重傷のスヴェルグノフと赤軍水兵のコマロフだ。二人を砲塔から運び出した。どちらもずぶ濡れで、寒さで震えている。無線室まで連れて行って、毛皮外套にくるんでやる。シーツを破いて傷口を縛ってやった。話ができるようになると、何をすべきか相談した。現状を考えて、装甲艇の救助を待つことに決めた。二十一時までわたしは甲板にいて水面を凝視し、ドイツ軍が来ないか見張った。わたしたちの船の位置は、ドイツ軍が占領する岸から二百～二百五十メートル。手持ちは手榴弾が三発に、PPSh自動小銃とナガン拳銃が一丁ずつ。赤軍水兵コマロフにPPShを渡し、ドイツ兵が現れたら撃つように頼んだ。

　ほかにも負傷した仲間を助け出し、水をあげたり縛っ〔て止血し〕たりしなければならなかった。二十一時前にコマロフの容態が急変した。装甲艇の救援に期待が持てず、負傷者の容態がどんどん悪化するのを見て、味方側の岸まで泳いで渡り、ボートを手に入れて仲間の救出に来ようと決心した。コマロフには、ドイツ兵が来たらPPShを撃つように言っておいた。と同時に仲間に救命具をつけさせた。さあ泳ぎ出すぞと身構えて、ふと見ると、遠くの方に接近中の黒い点がある。コマロフに知らせて、敵かもしれないので心しろと言った。わたしは砲塔に身を隠すと、手榴弾を準備し、PPShを手に持った。黒い点はボートだった。ドイツ軍だと思っていたので、十メートルほどまで近づいたら発砲すると決めていた。ボートがその距離に近づくと、乗っているのは誰だと誰何した。耳にしたのは、なつかしい一一号艇と三七九号艇の仲間の声だった。このあとわたしたちは負傷者を運び出し、スヴェルグノフ兵曹をボートに移した。わたしは無線装置と機密文書を回収し、負傷者をシャドリン入り江の野戦病院に運んだ。シャドリン入り江で別の部隊の指揮官、ピョールィシキン上級中尉に会ったが、この人が船にボートを派遣するよう命令してくれたのだった。ボートはもう一隻出して負傷者を病院に搬送していた。到着したツィブリスキー少佐にわたしから船の現状と損傷程度について報告し、三四号艇の回収は、別の船を失いかねないので無意味だと伝えた。ツィブリスキーは、可能なら船から回収せよと命じた。その晩に一回、次の晩に二回の行き来をして、部品や装備の一部を取り外し、船を使用不能にした。大砲は尾栓を取り外した。

作戦の功績を認められ一九四三年五月三十一日付のソ連最高会議幹部会令でレーニン勲章を授与された。一九四三年七月一日付のソ連最高会議幹部会令では「スターリングラード防衛」記章を授与されている。

クズネツォフ海軍大尉（砲艦「ウスィスキン」号艦長）――十月末にラトシンカに上陸部隊の揚陸を行った。この上陸中隊から数多くの捕虜が出た――少数民族、カザフ人、ウズベク人だ。おそらくわれわれの持ち場が通報され、だから十月末にわれわれの持ち場の集中爆撃と砲撃が始まったのだろう。わたしは持ち場を離れたことがなかったが、砲身は二千三百発も撃ったので交換する必要が生じ、予備がここになかったので、持ち場を離れて別の船に場所を明け渡さなければならなかった。わたしの持ち場には砲艦「チャパーエフ」号がおさまり、この場所に丸一日いた。沖合に移動させることが決まったのは、停泊はほとんど不可能で、日夜爆撃され、死傷者が出たからだ。

ザギナイロ上級中尉（砲艦「チャパーエフ」号艦長補佐）――上陸部隊の兵士は一部が捕虜になり、そこからドイツ側はわが軍の艦船の位置を把握した。

翌朝、敵は北部船隊を殲滅するために九機の戦闘機を差し向けた。爆弾はすぐ近くに落ちた。だが敵機の三度目の来襲時に砲艦「チャパーエフ」号は持ち場を離れており、おかげで撃沈を免れた。……

作戦は、準備がしっかりしていれば成功したかもしれない。だが準備のことはゴロホフですら知らなかった。このため実現しようにも何の手助けもできなかった。第三〇〇狙撃兵師団の大砲が上陸中の部隊を援護することもなかった。このためラトシンカ上陸部隊は完膚なきまでにやられたのだ。

リュビーモフ上級中尉（装甲艇の航海士、ヴォルガ軍用艦隊の連絡将校）――三四号艇は、爆破しようとしたが、なぜか爆破が上手く行かず、そのまま放置した。爆破しても無意味な、ボロボロでぐちゃぐちゃの塊で、何の役にも立たない。冬の間に少しずつ取り外せるものは取り外した。船体は今も現場で勇壮な亡骸をさらしている。偉大なスターリングラード戦の不気味で血なまぐさい証人だ。

六　パウルス元帥を捕える

ロコソフスキー将軍が第六軍司令部に提示した降伏提案が期限切れになると、包囲したドイツ軍とその同盟軍に対するソ連の最終攻撃が一九四三年一月十日に始まった。二週間のうちにドイツの「包囲環」はスターリングラード市街地にまでしぼんで行く。一月二十六日には赤軍が敵を分断し、市中心部の「南の包囲環」と工業地区の「北の包囲環」に押し込んだ。ソ連の軍指導部は、第六軍司令部が市中心部のどこかにあると見ていたが、パウルス大将がまだスターリングラードに残っているのか、それともすでに飛行機で脱出したのかは分かっていなかった。一月二十八日、予備兵力から投入された第三八自動車化狙撃兵旅団[209]が第二九および第三六自動車化狙撃兵師団とともに、南からスターリングラードの市街地に突入する。一月三十一日未明に同旅団の兵士がドイツの軍使に遭遇し、その案内で百貨店の地下室に行ってみると、驚いたことにパウルスとその幕僚がそこにいた。

百貨店の地下室は、一月末の数日間フリードリヒ・ロスケ少将[210]の指揮する第七一歩兵師団の指揮所になっていた。パウルスと第六軍司令部の生き残り（二百五十人の将校、下士官、兵士[211]）が一月末にここに逃げ込むまでに、二カ所の宿営地（市の西にあるグムラクと、市の南西郊外の水無瀬）を放棄している。[212]パウルスは、周囲の多くが後に証言するように、ヒトラーの徹底抗戦の命令にそむく降伏に踏み切らない可能性もあった。部下の司令官に命じた一月二十九日の通達は、担当の戦区では自分の判断で行動して良いとしている。[213]その一方でヒトラーが指示した「壮烈な最期」を追求したわけでもない。一月三十一日未明にヒトラーがパウルスを陸軍元帥に任命する。これは遠回しの自死の要求だった。ナポレオン戦争このかた、プロイセン＝ドイツの元帥で捕虜になった者は皆無だからだ。パウルスは、昇進をおよそ無関心に聞き流している。ソ連の将校が百貨店の地下室で目にした時は自室のベッドで横になっており、隣のロスケの部屋で降伏の話合いが進んでいた。ロスケとその参謀将校に向かって前々から「私人」であることを強調し、そうすることで停戦降伏の権限がないと分からせようとしていた。

一月二十九日の夕刻、ロスケが報告に来て、百貨店の防衛が可能なのは最早わずかな時間にすぎないと伝えている。参謀長のアルトゥール・シュミット中将が、一月三十日はナチの権力掌握十周年の記念日だから、戦いを止めるべきではないと述べた。にもかかわらず、この日は、敵と接触して戦闘終結につなげようとするドイツ将校の試みがいくつもあった。ルートヴィヒ大佐（第一四装甲師団の砲兵連隊長）は、夕刻に〔ソ連の〕第二九狙撃兵師団の大隊長と顔をあわせた。ルートヴィヒが後で参謀長に独断行為を報告すると、シュミットの叱責はなく、むしろ激励されて、翌朝ソ連の軍使が第六軍最高司令部に来るよう手配せよと促された。[214]

スターリングラードの速記録は、ソ連側がドイツの休戦努力をどう受け止め、これにどう応じたかを初めて教えてくれる。一月三十日と三十一日に複数の交渉がいくつかの部隊との間で進行中だったことが確認できるし、一月三十一日朝に第三八自動車化狙撃兵旅団の兵士が現れた場所は、ルートヴィヒ大佐が第二九狙撃兵師団司令部との取り決めでソ連の高位の軍使を待っていた場所だったといった混乱も明らかになる。ソ連の部隊どうしの対抗意識も相当なもので、ドイツの元帥を見つけ出そうと互いに張り合っている。インタビューでは、第三八自動車化狙撃兵旅団の誇らしげな兵士とともに、スターリングラード最大の戦利品の探索で貧乏くじを引いた第三六狙撃兵師団の何人かも発言している。

百貨店の地下室での邂逅は、ソ連の多くの参加者にとって初めてドイツ人将校を間近に見る機会だった。言葉の端々から、ソ連人が戦争中にドイツ人に作り上げていたイメージが伝わってくる。マルクス主義の階級図式に忠実な赤軍兵士の多くは、ドイツの将官将校は例外なく貴族だと信じていた。[215]通常「フォン・パウルス将軍」と呼ばれる軍司令官が平民出身だと知る者は少なかったようだ。この事実誤認は第六四軍司令官シュミーロフも引きずっていた。ドイツの元帥が地下室からシュミーロフの指揮所のあるベケトフカに連行されてくると、シュミーロフは真っ先に相手の身元確認をする。パウルスが軍人手帳を手渡すと、念入りに調べた。モスクワの歴史家にこう語っている。「書かれていたのは、ドイツ軍に勤務し、名前はフォン・パウルス、ドイツ軍人のフォン・パウルスだった」[216]〔245ページ〕

ソ連の指揮官は平凡な家柄の出身がほとんどで、[217]ドイツの将校の立ち居振る舞いや勲章の多さに目を丸くしている。国防軍の規律正しさやドイツ将校が兵士に有する絶大な権威を賞賛する声もあった。赤軍の将校は、こうした発言から推測できるように、同様の名声を得ていない。ロスケ師団長は、ソ連側の証言に「アーリア人の青い目」〔238ページ〕とあって、貴公子然とした物腰が強い印象を与えており、集まった「一同」に自分のシガーボックスから一服勧めた後、やおら降伏交渉に入ったという。[218] 歴史的にロシア人はドイツ人のことを高尚で文化的と見ていた。だからなおのことソ連の兵士は、百貨店地下室の不潔と悪臭に目を疑った。ドイツ人の人格崩壊とナチの差別体質（その現れが、対独協力ロシア人にドイツ人の便所の使用を禁じた張り紙）は、ロシア＝ソ連で思い描かれていたドイツ人は文化的な民族というイメージと相容れないものだった。

　戦後ドイツのスターリングラード物は、国防軍の多数が戦いの最後は戦争に疲れ、次第に敗北主義に陥ったことを強調する。だがスターリングラードの速記録が伝えるのは、部分的には全く異なる姿だ。数多くの国防軍兵士が投降に際して「Hitler kaputt〔ヒトラーはお終いだ〕」と叫んで撃たれないようにしたが、その一方で、ソ連側が「スターリングラード要塞」を攻め立てた際の武装抵抗はことのほか激しかった（この点はアクショーノフ少佐もインタビューで強調している、第三章第六節を参照）。モスクワの歴史家に話をしたアナトリー・ソルダトフ少佐によると、二月末に部下の兵士が爆撃でボロボロの建物で六人の国防軍将校に出くわしたが、手元にはバターと缶詰の三週間分の備蓄があったという。NKVDの報告書によると、一九四三年三月五日に赤軍の中尉一名と軍曹一名が、ドイツの軍服を着た兵士に襲われて負傷している。追跡して八人のドイツ人将校を殺害したが、拳銃と無線機を持っていた。[219] ドイツの同盟国のルーマニア人、チェコスロバキア人、ギリシャ人[220]は、赤軍に捕まって胸をなで下ろし、自分たちの戦争は終わったとほっとしている。逆にドイツ人は、とりわけ将校の場合、うぬぼれが強く、後々の勝利を信じる者がちらほらいた。

　以下の語りを書き取ったのは一九四三年二月二十八日以降のことで、[221] 一部はベケトフカの第六四軍司令部で、一部は市内百貨店の敷地内で行われた。聞き手はエスフィリ・ゲンキナ、速記はオリガ・ロスリャコワである。

◆語り手

第三八自動車化狙撃兵旅団

少将ブルマコフ、イワン・ドミトリエヴィチ——旅団長（スターリングラード、一九四三年二月二十八日）
中佐ヴィノクル、レオニード・アボヴィチ——旅団長政治補佐（スターリングラード、一九四三年二月二十八日）
少佐エゴーロフ、アレクサンドル・ゲオルギエヴィチ——旅団の政治部長（スターリングラード、一九四三年二月二十八日）
少佐ソルダトフ、アナトリー・ガヴリーロヴィチ——旅団の政治副部長・旅団党委員会書記（スターリングラード、一九四三年二月二十八日）
大尉ブハロフ、イワン・ザハロヴィチ——旅団の政治部指導員（スターリングラード、一九四三年二月二十八日）
大尉モロゾフ、ルキヤン・ペトローヴィチ——第一大隊長政治補佐（スターリングラード、一九四三年二月二十八日）
少尉カルポフ、ニコライ・ペトローヴィチ——第三大隊コムソモール組織の主任書記（スターリングラード、一九四三年二月二十八日）
伍長グーロフ、ミハイル・イワノヴィチ——自動小銃兵・通信兵（スターリングラード、一九四三年二月二十八日）
伍長ドゥーカ、アレクサンドル・セミョーノヴィチ——第二大隊迫撃砲中隊の迫撃砲手（スターリングラード、一九四三年二月二十八日）

第三六親衛狙撃兵師団

少将デニセンコ、ミハイル・イワノヴィチ——師団長（ベケトフカ、一九四三年二月二十四日）[222]
親衛大佐クドリャフツェフ、イワン・ヴァシーリエヴィチ——師団長政治補佐（インタビューの場所は不明、一九四三年二月二十五日）[223]
上級中尉フョードロフ、フョードル・イワノヴィチ——第六五親衛砲兵連隊第六砲兵中隊の中隊長（インタビューの場所は不

明、一九四三年二月二十四日）[224]

第六四軍司令部（第三八自動車化旅団と第三六親衛狙撃兵師団の所属先）

中将シュミーロフ、ミハイル・ステパノヴィチ——第六四軍司令官（インタビューの場所と日付は不明）[225]

少将アブラーモフ、コンスタンチン・キリコヴィチ——第六四軍軍事評議会メンバー（インタビューの場所は不明、一九四三年五月十二日）[226]

大佐スモリャコフ、マトヴェイ・ペトローヴィチ——第六四軍政治部長（インタビューの場所と日付は不明）[227]

大尉ゴロフチネル、ヤコヴ・ミローノヴィチ——第六四軍政治部第七課の課長（インタビューの場所と日付は不明）[228]

ブルマコフ少将（第三八自動車化狙撃兵旅団の旅団長）——最後のころは、第六四軍の予備司令部にいた。二週間ほどだ。重大な突破の時[229]は、予備にいた。みんな不満だった。司令官に何度も行かせてくれと頼んだが、こう言われるだけだった。「分かってやってるんだ、指図しないでくれ。戦闘待機！」

シュミーロフ中将（第六四軍司令官）——方面軍司令官から軍に命令が下った。再び北西に転じ、ヴォルガ川沿いに進撃して第六二軍と合流し、市内をドールギー谷まで掃討せよという。……市内全域の敵の掃討は、ツァリーツァ川以南は成功した。だがツァリーツァ川が越えられない。ここはまさに天然の要害で、切り立った崖に石造りの建物があって、ドイツ軍の将校隊と憲兵隊が居座って守っている。激しく抵抗するので、わが部隊のツァリーツァ川突破は、この日は無理だった。

再攻撃は別のやり方を準備する必要があったし、また部隊の損害が大きく、特に狙撃兵の死傷者が多かったので、補充して新たな予備を入れる必要があった。第三八自動車化狙撃兵旅団を投入し、軍の左翼奥から鉄道沿いに進撃し、市の中心部に突入したら左翼で攻撃中の第二九と第三六の両師団を援護するよう命じた。第三六と第三八の両自動車化狙撃兵旅団が夜中にツァリーツァ川の突破に成功し、戦車の一部もツァリーツァ川を渡ると、九輛が市の中心部に移動しはじめた。

……兵力が足りなかったので大砲の配置換えに着手し、二十門から四十門を引き出して直接照準にすると、一二二ミリ砲も含め、どこか一棟のビルに狙いを定めて一斉射撃した後に、ドイツ人に投降を促した。投降しない場合は、一斉射撃をもう一、二回繰り返し、再び投降を促した。たいてい一斉射撃を二、三回やれば建物内の抵抗拠点は次々と落ちた。

モロゾフ大尉（第三八自動車化狙撃兵旅団、第一大隊長政治補佐）――一九四三年一月二十八日に戦闘命令が届いた。……戦闘命令は兵士一人ひとりまで下ろし、党・コムソモール集会を開き、兵士と一対一で対話した。日々の党・政治活動で同志スターリンの命令第三四五号と十一月七日の演説を学んでいる。どの兵士もこの演説は知っていた。どの兵士も同志スターリンの命令は知っていた。だから鉄の軍規が高まり、指揮官の権威が高まり、兵士の自覚が高まったのだ。

戦いの直前に集会を開いた。集会後、四十六人が入党申請した。最良の兵士と指揮官がだ。言ってみれば、戦いに赴く全員だ。戦意高揚は、兵士も指揮官も尋常でなかった。誰もが祖国への責任感、義務を感じ、誰もが忠誠と祖国愛を示そうとした。

ドゥーカ伍長（第三八自動車化狙撃兵旅団、第二大隊迫撃砲中隊の迫撃砲手）――一月二十八日に命令が下ります。市街戦の開始です。戦う前に、党員候補の申請をしました。コムソモールは、第一七八連隊の時に入っています。九時に、前進して戦線へとの命令です。前進したら、小休止。戦いの前に、死ぬならボリシェヴィキとして死にたかったので、党員候補の申請をすることにしました。申請を出したのは、党オルグの何とか言う中尉、名前は忘れました。小休止の時に党集会が行われました。入党したのはわたし一人ではなく、うちの大隊から八人ほど。二人は戦死しましたが、あとはコムソモール員のデムチェンコ、コムソモール員のコヴァレンコ、小隊長のボリソフ中尉、ツカノフ、伍長のクチャーニンなどなど。昼食の時でした。あの時はひどい寒さでした。訓示があって、今日これから戦闘に入る、戦ってドイツ人に、われわれの領土に押し入るのはもうこりごりだと思い知らせてやろう、粉砕はわれわれの義務だと言われました。党員候補になったからには、この戦いで期待に応えないといけないと思いました。どれもあっという間のことです。

エゴーロフ少佐（第三八自動車化狙撃兵旅団の政治部長）――敵は駅を死守していた。長いあいだ駅で持ちこたえていた。駅の壁はとても厚い。「カチューシャ」や「イワン雷帝」を出して大々的に根気よくやる必要があった。ここでもいい働きをしてくれた。おかげで敵の組織の奥深くまで切り込むことができた。建物で抵抗しているのはごく少数で、およそ七、八人。武器はおもに手榴弾。リボルバーを兵士にたっぷり持たせた。……兵士はこれまでリボルバーを持ったことがない。だからリボルバーを手にして興味津々だった。そのうえいいこともある。自動小銃はどこでも使えるわけではない、真っ暗な地下室はとくにだ。兵士と兵士の間隔が互いに片肘程度だったらどうだ。夜だったら同士うちになりかねない。

戦いは昼も夜も続いた。

ああいう夜の闇はわれわれの味方だ。なにせドイツ人が人数を特定できない、地下室に何人入ってきたのかも分からない。カルポフやドゥーカのような剛の者――すぐれた第二大隊のコムソモール書記――ああいった人がすぐさま号令をかける。中隊、撃てってね。大隊も突進だ。あいにくドイツ兵はロシア語が分からない。でもロシアの中隊とは何か、ロシアの大隊とは何か、ともかく分かるはずだ。ドゥーカときたら、五百人くらい捕虜にした。ソルダトフ少佐が手伝ったがな。二人で数百人は捕まえている。大事なことだが、やつが地下室に突入した時は、ぎゅうぎゅうのすし詰め状態だった。その気になれば、闖入者二人くらいボコボコにできたはずだ。でもそこは自信に満ちた威厳ある声で有無を言わさないし、もしダメなら、手榴弾を何発か食らわしてパニックにして震え上がらせる。ごっそり捕まえてしまった。製菓工場のあたりでは少々やられた、手ひどくではないが、ともかくやられた。あの時はやつらが相当いて、千人くらいかな、味方は十五人くらい。だから夜襲にしたんだ。騒ぎを大きく、銃声を大きくするためにね。……

うちには迫撃砲大隊が二つある。電話でどこそこの建物に仕込んでくれと言われると、二個迫撃砲大隊が出動する――何がおこるか分かるかい。敵が意気沮喪するんだ。さらに「ウラー」だな。とりわけ夜間の、地下室の場合だ。「ウラー」と三人が叫べば、大騒ぎになる。兵士はこうしていた。建物を封鎖し、トーチカを押さえる。隠れているドイツ人は厳しい状況になる。戦い続けるうちに崩壊が進み、床も天井もなくなる。唯一残るのは梁だけ。ドイツ人はこの梁に隠れて発砲するようになる。どの窓から撃っているのか見極めないといけない。

ドゥーカ伍長（第三八自動車化狙撃兵旅団、第二大隊迫撃砲中隊の迫撃砲手）――夜に大隊本部に行くと、大隊長から任務の説明がありました。第四中隊が大きな建物を占拠し、その建物の地下室からドイツ人を追い出すといいます。

われわれはそこへ向かいました。送り出されたのは五人。小隊長のボリソフ中尉が先頭です。突入予定の建物に近づきます。まず第四中隊を見つけないといけない。小隊長の命令で、第四中隊を探しに行きます。第四中隊が見つかります。中隊長のネチャエフ中尉を呼び出してもらい、二十五人が援軍に来たと伝えます。中隊長の指示で、われわれはその建物を通りから占拠し、掃討した後は、別の通りから別の建物に突入することになります。大きな建物はそこにありました。

ドイツ人はそこから手榴弾をどんどん投げてきます。ボリソフ中尉は唇に破片が当たって負傷、衛生班に送られ、わたしが階級が一番上になります。迫撃砲中隊は、わたしを含めて四人でした。未明にこの建物に突入です。通りを駆け抜けて建物の端に行き、そこからこの建物の向う側にさっと走る。むこうから一人走ってきたのが目に入りました。壁伝いに先に進む。通り抜けた。煙出しから蒸気が出ているので、ここだなと思いました。そこにまた人が走ってくる。わたしたちはまず中庭に出て……地下室に入り、ドイツ人に投降を促します。わたしは「ゲーベン・ジー・ヴァッヘン」[230]と叫んで、投降を促しました。返事はない。まったく無言です。手榴弾をこの煙出しに投げ込もうとしたら、その地下室からロシア人の老人が出てきました。この老人が言うには、この地下室は一般住民の住まいだといいます。調べてみると、ドイツ人が十一人に負傷者が五人いました。武器を捨てて出てこいと命令します。言われたとおり一人ずつそこから出てきて、負傷者がそこに残りました。すぐに地下室の探索です。仲間の負傷者をこの地下室に運び込んでいた。おかみさんが手を貸して、傷口を洗い、包帯を巻いてやっていました。走ってそこから離れて幸いでした。横合いから飛び出したやつ〈ドイツ人〉が横手から発砲をはじめたのです。捕虜が出てくる間、この地下室に近づく味方を自動小銃で掩護しました。やつは横手から飛び出して撃ってきます。ここで軽機関銃を持った機関銃手のスクリャロフが殺られ、さらに兵士がもう一人、地下室の階段に崩れ落ちました。

夜が明けかけていました。横手から撃ってくる機関銃手の背後に、走って回り込まないといけません。わたしたちは躍進〔早駆け移動〕をはじめました。一人成功、二人目、三人目。十一人が成功し、一人が負傷です。ここで夜が明けました。別の建物からわれわれを見つけて、機関銃で撃ってきます。残りの躍進はもうダメです。十一人のまま。先に進むのは無理でした。

ここで指示が出ます。掩護を待てと中隊長が指示してきました。ここで味方の大砲が唸りを上げます。「イワン雷帝」です。近くで砲弾が炸裂します。二十メートルくらいでしょうか。「イワン雷帝」が別の建物を砲撃し始めました。頭上を銃弾が乱れ飛び、出て行こうにも出て行けません。われわれはくぼみにしゃがんで頭を低くしていましたが、やつらがあの建物に残っています。まわりは、ここが壁の残骸、あそこもそうで、逃げ場がない。あっちは狙撃手が窓から狙っていて、こっちは銃弾が飛び交い、こっちは機関銃の連射。そのまま十二時まで身を潜めていました。約束の中隊が迂回して現れ、機関銃の連射が続く建物の背後に回り込もうとします。続いて戦車も。われわれはその動きを目で追います。戦車が近くに来たら、戦車を盾にして前進できるなと期待しました。戦車は別の建物の制圧にとりかかります。建物を占拠して捕虜を連れ出したと思ったらもう別の建物に移り、われわれを付け狙う機関銃のある建物もとうとう制圧しました。われわれはこの一部始終を見ていました。壁ごしにごそごそ動き出します。……わたしが急いで移ると、機関銃を撃っていた建物が制圧されたのが目に入りました。……すると、この建物の別の角から誰かがナガン銃を持って駆け出しました。わたしは自動小銃を向けます。そいつは逆方向に走り去り、結局、発砲する間もなく消えました。わたしはまっすぐ、自動小銃を構えて先に進みます。中に入る。荷馬車と馬が目に入る。ドイツ人がよってきて、わめき立てます。ロシア人の捕虜が何人かいました。解放だと伝えます。赤軍兵士は出て行きますが、おおっ、待ってたぞと言う者もいれば、ほら、あれがドイツ人だと教えくれる者も。あそこのくぼみ、穴蔵にあるようなやつ、それに階段、あそこにやつらの将校がいると教えてくれました。その時少佐が〈名前は知りません〉が中庭に駆け込んできました。コムソモール員のチャドフ上級軍曹もです。チャドフは運転手のまわりをせかせか動いていましたが、わたしはじっとしています。少佐がそばにやって来る。あそこにロシア人の捕虜がいると伝えます。こっちへ寄越してくれ、と言います。わたしが出てこいと言っても、二度三度繰り返しても出てきません。ちくしょう、あっちで何をしているんだ。自動小銃を装弾状態にします。階段を下りてゆくと、捕虜の一人が、行くな、そっちへ行くな、殺されるぞと言います。そいつは仲間からナガン銃を奪うと、わたしの後ろからついて来ます。わたしが地下室に下りて行き、扉を開ける。そこには山のようにいて、ぎっしり一杯です。地下室は大きくて、二部屋あります。見たところ、照明はバッテリーから自作で、自動車の電球を使っています。それでも暗かった。明かりをつけろと命令します。まず入る時に「バン」と叫びました。すると「バンなし、バンなし」と言ってきます。扉の近くに立って、明かりをつけろと言います。誰かがバッテリーで照明をつける。準備しろと言い渡しました。やつらは毛布をかぶりはじめます。わたしは護送をはじめました。やつらは武器を出してきます。ある者はこっちから、ある者はあっちから。わたしの周りに集めろと言います。集めはじめました。わたしは身体検査をはじめます。実を言えば、何人かの兵士は検査しませんでした。曹長がいたので、そいつらは検査して、さっと通しました。そこには千人以上いました。別の部屋も同じように満員でした。わたしはそこからも追い立てました。そうやって連行です。少佐が集合させ、わたしが武器を山のように集めて、少佐が連れて行きました。中庭に出ると薬莢が散らばっているし、自動小銃の弾倉もあります。わたしはこれも掻き集めて山を作った。ナガン銃がたくさんあって、半自動式小銃などの武器もありました。わたしが中庭に出た時は、訳なくわたしを殺せたはずです――バーンッで片付きます。中庭に出ると、誰もいません。一人取り残されました。少佐も行ってしまったし、コミッサールもいない。通りに出てみます。その角はわたしの大隊が突撃したところですが、大隊はずっと先を行っています。わたしがここであれこれ調べていた間に、うちのコミッサールが殺されて道ばたに転がっているし、大隊はどこか遠くに行ってしまいました。

モロゾフ大尉（第三八自動車化狙撃兵旅団、第一大隊長政治補佐）――二十八日の十七時までに二つの大きな建物を攻略した。製菓工場に、鉄道のそば、踏切近くにあるレンガの建物だ。この二つを奪取した。ドイツ人がこれらを拠点にしていた。

この日、殺られて失った機関銃手と対戦車ライフル銃手は十人にのぼった。

捕虜にしたドイツ人は六百人ほど、七十人は片付けた。集めた戦利品は、軽機関銃に無数の手榴弾と自動小銃。製菓工場の建物に、大きな地下室がある。この地下室を攻略した。そこにはドイツの野戦病院があった。ここで二百人を捕虜にした。実質的に、ここがわれわれの指揮所になった。この地下室の攻略の際、前方右手にあったレンガ製のL字形をした馬鹿でかい白い建物。これこそ敵の堡塁拠点の一つだ。地下室に大口径の機関銃を据え付け、壁に銃眼をこしらえてあった。外見からは何も分からない。広場は十字砲火を浴びていた。この建物を夜襲で落とすことになった。二十九日の深夜、何度もこのL字形の建物の攻略を試みた。何ともならない。三十日の日暮れ前にこの建物を攻略し、八百人近くを捕虜にした。とはいえ、わたしたちだけでなく、別の大隊もあそこで兵士を失っている。三方からの封鎖を余儀なくされたからだ。……三十日の夜に、わが大隊は劇場を確保した。ここでドイツ人の無線機器を分捕って四百人を捕虜にし、自動車や食糧を押収、武器も自動小銃、拳銃、ライフル銃を分捕ったし、捕虜もたくさんいた。わたしに限っても、〔NKVDの〕特務部代表とともに地下室一つで六百人前後を捕虜にした。中にはルーマニアの将軍や師団長もいた。これをたった二人で行った。手勢はいなかった。隊列をつくらせるのが一苦労だった。大勢の兵士を整列させたら、どこかの大尉がやって来て連れていった。

ブルマコフ少将（第三八自動車化狙撃兵旅団の旅団長）――捕虜の身柄確保はどうしていたか、かい。指示を出して、全員が武器を捨てるのを待たなくてもよいとした。武器が何百と山積みになれば、すぐ後方に送る、護送は一人つけておけばいい、人を出すのはもったいないからな。その時点で八百人の捕虜がいたが、三十日に受け取ったのは約二千人だ。捕虜はもう飽き飽きだった。もう高射砲大隊を使っていた、どうしようもないだろう。

カルポフ少尉（第三八自動車化狙撃兵旅団、第三大隊コムソモール組織の主任書記）――その頃はもう日中に突撃していた。建物を攻略すると、たった十人で三、四百人は捕虜にする。ドイツ人は地下室でただじっとしていて、五人くらいの狙撃兵が屋根に上って自動小銃で撃っていた。

ブハロフ大尉（第三八自動車化狙撃兵旅団の政治部指導員）――市街戦はとても苦しい。石壁の一つひとつが待ち伏せしている。ドイツ人は機関銃を据え付けてカムフラージュし、撃ってくる。また屋根に狙撃手を配置している。通り、広場、路地は駆け抜けないといけない。こちらに犠牲もあったが、やつらの方がもっとこっぴどくやられた。

やつらのやり方はこうだ。建物に身を潜め、機関銃を据え付け、自動小銃兵、狙撃兵、擲弾筒手を置く。残りは地下室にじっとして、犠牲を減らすのだ。

われわれも対抗して自動小銃兵と対戦車ライフル銃手を配置し、発火地点をつぶしていった。兵士は一人ひとり手榴弾を持っている。敵の発砲があったら、すかさずその場所に投げ込んで敵の火器をつぶした。火勢を静めたら、そこで兵士が前進。地下室に手榴弾をぼんぼん投げ込む。

フョードロフ上級中尉（第三六親衛狙撃兵師団、第六五親衛砲兵連隊の中隊長）――フリッツをタバコで掩蔽壕から誘い出すこともした。〔ドイツ人を〕十五人くらい連れて行き、一人を選んでそいつにタバコを吸わせ、掩蔽壕に送り返して他のやつらを連れて来させる。そいつが行くと、ほかにも人を連れて来る。われわれが手を出さないでいると、掩蔽壕から見ているやつらがいる。われわれはそっちを狙い撃ちした。

ヴィノクル中佐（第三八自動車化狙撃兵旅団の旅団長政治補佐）――どうやって戦った、かい。五、六発、武器からお見舞いすると、軍使を送る。降伏しなければ、また五、六発お見舞いして、また軍使を送る。同意しなければ、また大砲で攻撃する。やつらが出てくれば、「どうぞ」だ。

ブルマコフ少将（第三八自動車化狙撃兵旅団の旅団長）――二十九日の夜までに約八百人を捕虜にした。二十九日の夜はドイツの野戦病院を押さえた。この病院は負傷した将校が何人かいて、少佐の位を持つ連隊長もいた。そう報告があった。すぐさま尋問し、ドイツの軍集団の司令部はどこだと問いただした。

ちなみにパウルスについては、飛行機で脱出したとの噂が広まっていた。

この少佐に直接パウルスはどこだと訊いた。

パウルスはここにはいないと言う。

翌朝、この少佐がなぜか死んでしまった。うちの兵士が絞め殺したようだ。

夜は戦っていた。三十日の明け方に封鎖がはじまり、党州委員会、州執行委員会、市立劇場の建物と東側の建物に近づいた。日中も戦い、夜も戦った。

シュミーロフから電話で、なぜ攻略が少ないのだと聞かれた。今さっきデニセンコから電話があり、市立劇場と公園を占拠したと伝えてきたぞ、とね。

「将軍閣下、デニセンコが市立劇場を占拠したといいますが、そのころ劇場近くの公園でわたしは八百人を捕虜にしました」

とはいえ、これはたぶんデニセンコが悪いのではない。街のことを知らないと位置の把握が難しい。

わたしには勝手知ったる街だし、部下も大半は詳しいが、あの新参者たちは街のことを知らない。

戦いが始まった。建物を落とすと、百五十人から二百人の捕虜だ。敵は激しく抵抗してくる。二百人が建物を守っていると、こちらの突撃は四百人。要するに、ドカーン、ドカーンだ。三十日は信じられないほどの抵抗だった。建物は一つひとつもぎ取ったと言っておこう。

とはいえ、計略を用いた。捕虜を送り返すのだ。大隊長を全員電話口に呼び出し、政治補佐を呼び出した。

次の指示を与えた。捕虜を二十人ほどの小グループで捕まえたら、送り返せ。どこそこの建物が降伏しないが、数百人の捕虜を捕まえたら、二、三十人を送り返せ。これは役に立った。

エゴーロフ少佐（第三八自動車化狙撃兵旅団の政治部長）――千五百人の捕虜を捕まえたら、うち二十人ほどを選び、少し話をして送り返した。一人きりで捕虜になったり、二、三人の場合も、たいてい送り返した。一人では受け付けないと言ってね。捕虜になりたいなら、仲間を連れて来い。言っておくと、これはそこそこ効果があった、まんざら悪くなかった。……二十九日から三十日の夜は、軍の政治部が捕虜の送り込みを強化すると指示した関係で、突入敢行は二十四時と決まった。旅団長政治補佐のヴィノクルと二人で指揮所から現場に向かい、百貨店の地下室（野戦病院になっていた）が制圧された時にちょうど着いた。負傷者、病人、凍傷が五十人前後。少佐もいたし、大尉もいた。ある少佐は自殺したいからとリボルバーを所望した。頑固一徹と見た。

兵士は意気軒昂だった。一月三十日に駅を占領した時のことだ。わが部隊の突撃準備を点検したところ、準備は完璧で、兵士は戦う用意ができており、意欲に燃えている。翌日の任務は完遂だと自信満々だった。

パウルスのことは、それなのに何も情報がない。当初の情報は、飛行機で脱出したらしいだった。その後、捕虜が大勢で次々やってくると、将校の口から、パウルスはどこかの地下室に随員共々潜んでいると漏れ聞こえてきた。これは当然ながら兵士と指揮官に一定の効果を与えた。捕まえたいと関心を持ったのだ。捕虜を二千人ほど引っ張ってきて、指揮所のある場所に連れてきた。そこで検査をして選別し、将校をより分けた。この連中も、パウルスがここにいるという証言を認めた。

ブルマコフ少将（第三八自動車化狙撃兵旅団の旅団長）――要するに、戦って戦って戦った。［一月三十日の］夕方近くに知らせがあり、封鎖中の州委員会、市立劇場の建物および隣接する建物が、投降交渉に同意したが、時間の猶予を求めており、朝六時まで待っているという。イリチェンコからの報告だった。「すぐに始めろ」と言う。再び向こうへ人をやった。同意しない。どういうことか考える。朝四時まで猶予を求めている。

「朝四時まで認めよう」

わたし自身は、横になる余裕があるか考えている。二十八日から二十九日の夜は寝なかった。二十九日は戦闘、二十九日から三十日の夜も戦闘、少しでいいので休息が必要だ。人間の体力にも限界がある。

シュミーロフ中将が電話してくる。「第一〇一区域が占領だ（この区画にパウルスが潜んでいた）。デニセンコがいるぞ」。こらえきれずに、こう言う。

「将軍閣下、代表を送らせて下さい」

わたしは外に出て、確認した。

デニセンコの兵士は、わたしから百メートルか二百メートル後ろの左側。どうやって第一〇一区域を占領できたのか。あの右側の友軍は第一〇〇区域に入っている。どう考えても、第一〇一区域を攻略なんてあり得ない。攻略したのなら、あの建物を攻撃した方がいい。

デニセンコ少将（第三六親衛狙撃兵師団の師団長）――その後われわれの区域に第三八自動車化旅団が投入された。……誰がパウルスの司令部を包囲したのか、判断は難しかったが、結局、第三八旅団のものになった。

クドリャフツェフ親衛大佐（第三六親衛狙撃兵師団、師団長政治補佐）――わが師団は約六千人を捕虜にした。パウルスを捕まえたのは、どこかの来たての予備で、戦闘に入ったばかりだった。

ゴロフチネル大尉（第六四軍政治部第七課の課長）――一月三十一日未明、第二九師団が敵の第一四装甲師団長ルートヴィヒ大佐と交渉を開始し、はじめは無線で、次いで当人が司令部に来て話合い、一九四三年一月三十一日の朝六時に劇場近くの広場に第一四装甲師団の残兵を整列させ、当方に引き渡すことが決まった。交渉の際、非公式の形だが、百貨店の建物にいるパウルス元帥との交渉を仲介しても良いとの発言があった。これで、それまで推測でしかなかったパウルスの居場所が明らかになった。このことを司令部に報告すると、すぐさまパウルスの司令部を突き止め、そこに兵を送れと命令が下った。

その晩は第七狙撃兵軍団の第九七旅団で次のようなことも起きている。ドイツ人将校の捕虜を集め、パウルスの司令部にソ連代表を同伴して赴き、交渉に入れという任務を課した。長い間拒み続けたが、将校集会を開き、プラテとランゲの二名が選ばれた。二人はヴァシーリエフ上級中尉（第九七旅団の偵察隊長）を伴ってパウルスの司令部に向かった。司令部に着くと、そこで交渉を行い、朝十時にこの一件を法的な文書にするよう努めることで合意した。そこに行った証拠としてヴァシーリエフに拳銃とナチの旗を渡した。

同じくその晩、第二九師団（ここは訓練大隊と訓練連隊がある）の代表もパウルスの司令部と交渉していた。わたしはこの時、第二九師団の司令部にいた。[231] そうした交渉が行われていると伝わってきたので、わたしはそこに出かけた。明け方に百貨店の建物に着いた。着いた時、建物はすでに第三八旅団の歩哨に取り囲まれていた。外側の歩哨は第三八旅団で、内側の歩哨はドイツ人だった。第二九師団の第一〇六連隊が百貨店の建物を通りすぎ、遠くに行ってしまった。そこに第三八旅団が駆けつけ、ためらうことなく司令部がある百貨店の建物を包囲したというわけだ。

ブルマコフ少将（第三八自動車化狙撃兵旅団の旅団長）――そんなわけで、一九四三年一月三十一日の朝四時前に千八百人の捕虜が降伏した。ここで約二百人の将校が投降している。突然イリチェンコが電話してきて、大隊長が三人いると言う。わたしは言った。速やかに尋問してスターリングラードの軍集団の司令部の所在を聞き出せ。

イリチェンコが電話してくる。

「フォン・パウルスの司令部は市の中心部、きれいな広場の地下室にあるとやつらが認めました」

「言わんこっちゃない」――第一〇一区域だ。

すぐに全大隊の大隊長と政治補佐を呼び出し、指示を与えた――速やかにこのことを各兵士に知らせ、速やかに追加調査と建物の封鎖を行え。わたしの読みでは、百貨店かホテルのどこかだ。あそこには広場がある。〈斃れし戦士〉広場だ。速やかに建物を封鎖せよ。あの広場を突っ切るのは困難が伴うだろう。迫撃砲を投入して砲撃し、広場を突破せよ。

モロゾフ大尉（第三八自動車化狙撃兵旅団、第一大隊長政治補佐）――百貨店に通じるやつらの最後の抵抗拠点を制圧し、四十八人を捕虜にした（通訳も一人いた）。わたしは、バリケードが作られた場所にいた。味方がこの建物を攻略すると、捕虜の連行がはじまったが、わたしはすぐ大隊に行って、左翼を百貨店に振り向けた。門はすべてびっしり地雷が敷設されている。重機関銃、対戦車ライフル銃、自動小銃兵を投入した。右手に第三大隊と別の大隊が出ていた。実質的に、この区域はすべて包囲されている。ヴォルガ川の向こうから大砲が唸りを上げていた。劇場に到達した時に大砲の砲撃がなかったのは、その時のわれわれが敵と一体化していて、大砲がわたしたちを撃てなかったからだ。

わたしは第二小隊にいた。第一中隊の中隊長サフチュク大尉が駆け込んできて、こんなことを言う。ある将校が誰か佐官と話がしたいと言うので、わたしが指揮官だと言うと、違う、もっと高位の幹部が必要だ、行って話をつけてきてくれと言われました。わたしは、捕まえた四十八人の中にいた通訳を連れてすぐさま会いに行った。わたしが旅団司令部の大隊長補佐だと話す。通訳が伝える。もっと高位だと言う。わたしは佐官級だと言う。やつはこちらは将官だと言う。そういうことか。この時イリチェンコが現れた。上級中尉で、参謀長の作戦担当補佐官だ。旅団長から戦闘指揮の任務を任されている。いつもわれわれの大隊にいて、わが大隊だけでなくほかの大隊にも指示を与えていた。わたしは、こういう次第です、同志イリチェンコ、交渉に行ってもらえませんかと言った。この間に特務部代表のリャボフもやって来た。わたしたちは出かけた。ここは地雷がある、立ち止まるなと警告された。百貨店地下室の入り口前に来た。中尉がライフル銃と自動小銃を構えて立っており、機関銃もある。当直か誰かが出て来る。交渉に来たと伝えたようだ。こちらは白旗も何もない。どこかからブハロフ大尉が現れた。われわれが中庭にいた時に、先に来ていた。特務部代表が中庭に二人配置した。遅れてルィバク大尉がやって来る。中に入ったのは三人。わたしにイリチェンコ上級中尉にルィバク大尉、おそらくリャボフも。

ブハロフ大尉（第三八自動車化狙撃兵旅団の政治部指導員）

――パウルスはここにいる、脱出していないと分かっていた。飛行機がずっと旋回していると聞いていて、多くの者がそう言っていた。パウルスの司令部がこの地区にあるのは分かっていても、どの地下室なのかが分からなかった。しばらくしてドイツの将校が出てきて、ここで一番上の階級は誰だと聞いてくる。大尉が数名、上級中尉が一人いると伝える。われわれは速やかに降伏せよと迫る。貴様たちは包囲されている、もし降伏しないなら、手持ちの兵器をすべて使って木っ端みじんに粉砕する。相手は、わたしはこの問題を決められない、もっと上の上官がいると言う。そして、ここにパウルス元帥がいるのだと打ち明けた。中央の入口にやって来た。モロゾフ、イリチェンコ、わたし、そして特務部代表のリャボフ。その中庭に入る。中庭はドイツ人で一杯だった。中庭に入ると、地下室の入り口近くで止められた。出てきたのは参謀長、それにロシア語が流暢な大尉。われわれの諺を知っているし、「Шут его знает（知ったことか）」とか「родимая（お前さん）」といった言葉も知っている。[232]この通訳が、パウルスの要望は最高位の高官・公式筋と交渉することだと言う。われわれは協議した。わたしとイリチェンコが行くことになり、残りはここに残ることになった。外に出て、大隊の指揮所と旅団の指揮所に電話した。今から最高位の高官に報告するとの返答。それからわたしはあの建物に戻る。もう顔見知りだ。われわれは五人だったから、覚えるのは難しくない。

わたしはここに来たが、味方は周囲をかため、何かあった時に備えている。ありていに言って、やつらの中にいるのは危険を伴う。どんなならず者がいないとも限らない。でもこの時は自分のことを心配する気持はさらさらなかった。

モロゾフ大尉（第三八自動車化狙撃兵旅団、第一大隊長政治補佐）——シュミット将軍（参謀長）がこう言った。われわれは将軍の身を案じている、誰かが闖入して手榴弾を投げるかもしれない、入り口に立哨を認めてもらいたい。リャボフが出て行った。ブハロフは旅団司令部と連絡を取りに行った。残ったのはイリチェンコ、ルィバク大尉（第三大隊の政治補佐）に、わたし。シュミットとの交渉が始まった。場所は、パウルスの部屋の隣にある大佐の部屋。将軍と通訳が入ってくる。通訳は見事なロシア語を話す。シュミットがイリチェンコに身分証の呈示を求める。身分証を見せてもらえますかな。イリチェンコは旅団司令部参謀長と自己紹介する。身分証を呈示したが、記載事項が言ったことと一致しない。やつらは、われわれに必要なのは、軍司令官ロコソフスキーの全権代表だと言う。イリチェンコがこう言う。「わたしは現在、参謀長を務めている。あながたが関心を持つのはこの戦区だけだが、われわれが関心を持つのは、あなたがたが想像するあなたがたの状況とわれわれの状況のすべてなのだ」。それでもやつらは上の者を要求する。そこでイリチェンコが言う。「わたしは外に出て、無線で大佐に伝えてくる」。ルィバクと二人で出ていった。わたし一人がその部屋に将軍と通訳とともに残った。この将軍が通訳に何か質問し、通訳がわたしに聞いてくる。「新たな階級章——肩章の導入に伴って〔肩章の導入は一九四三年一月〕赤軍の名称が赤軍でなくロシア軍になったというのは本当ですか」。わたしは言う。「いいえ、赤軍がロシア軍に改称したというのは正しくない」。わたしが尋ねる。「赤軍が全方面で成功を収めているのはご存じか」——「はい、最近までラジオを使っていました」。ついでにわたしの職務と階級に関心を示してきた。それから、こう言った。「わがドイツ軍が弱いと思わないでもらいたい。まだ強力で、きわめて強く一流の技術を備えている」。わたしが言う。赤軍にとってそれは結構なことだ、なぜなら赤軍がそうした一流の軍隊を打ち負かしているのだから。やつは言う。「あなたがたは、包囲されていた時におそらく同じような事態に苦しんだはずだ」。わたしは、自分の部隊は包囲されなかったと伝えた。わたしはあの状況で個人的に苦しんだことはなかった。やつは、われわれは百グラムのパンの配給があるだけで、食糧は何もないと言った。それから、ロシアの冬はどれくらい続くのかに関心を示した。だいたい三月十五日まで厳しい寒さが続くと話した。続いてわたしが質問した。「ドイツ軍は最も文化的な軍隊を自負しているし、軍司令部はなおさらだが、なぜどこもこんなに汚いのか」。やつはわたしにこう答えた。「最近はカチューシャや飛行機のせいで表に出られない。そのせいですべてが決まっている」

やつらのところにはソーセージが多分五十キログラムほどあった。やつらはハイエナのようにこのソーセージに飛びかかる。将校と兵士が押し合いへし合いしていた。

シュミット将軍が通訳を介して、われわれはパウルス将軍の身を案じていると言った。大尉を出すので、ドアの前に立哨をつけさせて欲しいと頼んでいる。わたしは「もちろんだ」と言って、向こうに行った。

ブルマコフ少将（第三八自動車化狙撃兵旅団の旅団長）――銃撃が始まったが、突然イリチェンコから電話が入り、パウルスの副官が来て一番高位の指揮官との交渉を求めていると言う。

「お前さん下っ端だが、しばらく話をしてやれ」

「だめです。軍の指揮官とは話したくないと言っています」

「話したくないと言うなら、畜生め、まあいいだろう、すぐさまあらゆる手段を講じてやつがいる建物を封鎖しろ。捕獲できるように手を尽くせ。交渉を始めろ、ただし何かあれば、手榴弾、半自動小銃、迫撃砲だ」

「了解」とイリチェンコが言う。

こっちはすぐさまシュミーロフに電話して、新たな情況を伝える。こう言われた。[233]「指揮所でそのまま待て。今ルキン大佐と参謀長のラスキンを行かせる」

その間にヴィノクルが飛び込んでくる。

「わたしが行きます」

「すぐ行ってくれ。パウルスは捕まえなきゃならん。臨機応変に対応してくれ」

ヴィノクルはいつだって頼りになる。

すぐさま車で現場に向かい、わたしはルキンを待つ。ルキンがやっと来たら、その時イリチェンコから電話だ。

「すでに百貨店の地下室です。砲撃の中止を求めています」

わたしは言う。

「すぐさま砲撃中止の命令を出せ。シュミーロフには今すぐ電話する」

砲撃を中止させて、シュミーロフに電話だ。

「パウルスが砲撃中止を求めています。あちらも部隊に砲撃中止の指令を出すそうです」

シュミーロフが言う。

「すぐさまその命令を出そう」

しかしこの交渉が行われている間、飛行機と迫撃砲から砲撃が続いた。

ヴィノクル中佐（第三八自動車化狙撃兵旅団の旅団長政治補佐）――指揮所を駅の近くに置いて、百貨店の建物を封鎖した。封鎖すると、ドイツの守備隊に即時降伏を促すことにした。いつも何発か撃ち込んだ後、軍使に白旗を持たせて送り込む。捕虜から知ったが、ここには第六軍の司令部があって、参謀長副官（ママ）シュミットがいる。軍使に立ったイリチェンコは、白いハンカチを掲げて投降を促す。通訳として、やつらのおしゃべりを一人連れて行った。拒否だ。そこで旅団長が迫撃砲を二、三発撃ち込めと命令する。この時すでに建物を取り囲んで全大隊が集まっていた。第一迫撃砲大隊もいる。ここからトドメの三発を撃ち込んだ。もちろん、破壊したのも数多くある。例えば、州委員会の建物は雨霰と砲火を浴びせた。その後、十五分ほどしてやつらの代表が現れ、こちらの最高位の司令官の全権代表を

ブルマコフ少将と政治補佐ヴィノクル大佐、スターリングラードの百貨店前にて、1943年2月

呼んでくれと言う。イリチェンコがこの件をすぐ電話でわたしに知らせて来た。わたしはちょうどそこにいた。ブルマコフに言う。
「シュミーロフの司令部に電話だ」。そして自分はすぐ現場に向かった。

グーロフ伍長（第三八自動車化狙撃兵旅団、自動小銃兵・通信兵）――大隊から電話があり、仲間がその建物を包囲したという。すぐにわたしと中佐は隣に政治部長を乗せて車で出発しました。途中で、しまった！ ガソリンがタンクに入っていない。午前中の九時か十時ごろ、もしかしたら八時かもしれません。トランクに予備のガソリンがありました。入れたら急いで出発して、現場に駆けつけました。車から身を乗り出して見ても、どこに行ったらいいのか分からない。味方の兵士を見つけて、教えてもらいました。

ブルマコフ少将（第三八自動車化狙撃兵旅団の旅団長）――シュミーロフは命令を伝えると、今ラスキンが行くから一緒に行けと言う。ラスキンを待つ。三度目の電話だ。こちらが砲撃を止めたのに、第五七がまだやっている。パウルスは砲撃中止を求めている。ヴィノクルはまだ着かない。再びシュミーロフに電話し、全ての戦線に通達を出して第五七も砲撃を止めるよう手を尽くして欲しいと伝えた。報告中に……
通信兵があちこちで屈み込んでは耳をそばだてる。「パウルスを、パウルスを第三八が捕まえました」。どこだ。百貨店の地下室だという。ラスキンを待った。

ヴィノクル中佐（第三八自動車化狙撃兵旅団の旅団長政治補佐）――到着した。わが軍の部隊がその建物を取り囲んでいた。イリチェンコが情況を説明してくれる。やつらが最高位の司令官の全権代表を要求するので、わたしが行くことにした。イリチェンコ、エゴーロフ、ルィバク、モロゾフを同行させ、自動小銃兵も何人か連れて行く。中庭に入る。ここはもう白旗なしだ。旗を持って行くこともなかろう。中庭に入る。どうやら、ここが地下室の入り口だ。中庭からはやつらの自動小銃兵が立っている。通されるが、自動小銃は構えたまま。正直、飛んで火に入る夏の虫だなと思う。機関銃が入り口そばにあり、やつらの将校も立っている。[234]

グーロフ伍長（第三八自動車化狙撃兵旅団、狙撃手・通信兵）――現場［百貨店の中庭］にはドイツの兵士がいて、全員武装しています。味方はここにはほとんどいない。味方がいるのはもうちょっと先でした。イリチェンコがここまで連れて来てくれました。われわれは地下室に入りました。現場にいるのは、ほぼ将校ばかり、ドイツ語を話しています。もちろんドイツ語は分かりません。上も武器を持っていましたが、地下室は全員が武装していました。

エゴーロフ少佐（第三八自動車化狙撃兵旅団の政治部長）――一月三十一日の朝七時か八時に電話でイリチェンコ上級中尉から報告がある。百貨店の建物を包囲しはじめたが、情報を総合すると、ここにパウルスの司令部がある。相手側から猛烈に撃ってくる。建物をほぼ取り囲んで包囲した。交渉を行う予定とのこと。政治補佐［ヴィノクル］が言う。「一緒に行こう」。車に乗り、現場に向かった。車で辿りつけそうもないので、徒歩に切り替えた。百貨店に着くと、イリチェンコ中尉が報告に来る。やつらの司令部の将軍が出てきて、パウルスは交渉を望んでいるが、そのためにはロコソフスキーの全権代表が必要だと言って、相手にしてくれないと言う。わたしと［ヴィノクル］大（ママ）佐は歩き出すが、歩哨を立たせておいた。歩哨はわれわれのとやつらのとが立っている。われわれの指揮官たち八人ほどと合流。ポケットの手榴弾を握りしめる。中庭に入った。大勢の将校に、おびただしい数の兵士。地下室に入ろうとしたら止められた。あなた方が入ろうとしたこの門は入ってはいけない。大佐が言う。

「交渉は交渉だ。君はここで見ていてくれ。建物を四方から取り囲まないといけないから、指示を出してくれ。わたしは行ってくる」

歩み寄って名乗り出る——ロコソフスキーの軍の全権代表だ。身分証を求められた。身分証にあるのは、指揮官政治補佐。どういうことだ。これは古い身分証だと言い返す。わたしは、最後通牒に記された条件の枠内で交渉を行う全権をロコソフスキー本人から委任されている。了解か。

どうやらこの件は、事態が絶望的なこともあって、やつらも折込み済みだった。了解が出た。ヴィノクル大佐（ママ）はすぐさま報告するよう命じた。われわれは大隊相当の兵士がいた。旅団長と軍司令部に報告した。

ヴィノクル中佐（第三八自動車化狙撃兵旅団の旅団長政治補佐）——わたしは通訳を通じて速やかに司令部代表を要求した。代表が出てきて、何者かと聞いてくる。

「政治管理総局最高司令部の代表だ」

「交渉の権限を持っているか」

「持っている」

その場を離れ、報告に行く。二分ほどして通された。薄暗い。こんなところで発電機が動いている。司令部にあるような大きな無線機器があった。中に入った時、副官に通訳を通じて話しかける。

「どこに連れて行くんだ。まだ行かないといけないのか」

副官はわたしの手を取り、連れて行く。自動小銃兵四人とイリチェンコも一緒だ。自動小銃兵は廊下で待たせておく。

グーロフ伍長（第三八自動車化狙撃兵旅団、自動小銃兵・通信兵）——わたしはコミッサールと一緒にパウルスのいる所に入りました。235 するとやつら全員が立ち上がり、何かを言う。コミッサールが答える。何を言ったかは覚えていません。ここでドアの外に出ていってくれと言われました。わたしはポケットにF1手榴弾を忍ばせ、ドイツのブローニング銃を持っていました。やつらが手を挙げたら何ができるだろうと考えてみます。将校たちはわたしなど見ていません。部屋から誰か勲章をつけたやつが出てきて、何か言う。さらにあちらの隅に行って報告し、また部屋に戻っていく。何度もそうやって出入りしていました。通せんぼしたら、まずいだろうか。もしかしたら逃げるかな……。通したら、コミッサールが怒鳴り散らすだろうな。まあいい、何もしないでおこう、やりたいようにさせておけ。静かに立っていよう。

わたしはやはりコミッサールが怖かった。どうやらあっちで何かが起きています。自分のことは考えませんでした。自分自身のことはさほど気にしません。

ヴィノクル中佐（第三八自動車化狙撃兵旅団の旅団長政治補佐）――執務室に入る。イリチェンコと二人、ほかに同行者はいない。円卓、ベッドが四台、ラジオ、電話が二台。ロスケが出迎える。あまり高くない痩せぎすの男、年は四十四か五。神経質そう。その右側にシュミット中将。司令部の全員がいる。わたしが中に入ると、ロスケが立ち上がって挨拶してくる。わたしは返事をした。[236]上着を脱ぐよう促された。わたしは毛皮外套を着て入っていた。たしかに室内は暑かったが、脱ぐのは断った。われわれは暑くないと言っておいた。それから話が始まった。ロスケはまず、わたしが交渉を行うが元帥の名代ではないと念を押した。これが文字通り最初の言葉だった。

パウルスの部屋は暗く、信じられないほど汚れていた。わたしが入っていくと、彼は立ち上がったが、二週間は髭を剃っておらず、自信喪失の態だった。

「何歳だと思う」とロスケが聞いてくる。

わたしは言う。

「五十八」

「はずれ。五十二歳だ」

わたしは非礼をわびた。部屋は汚い。彼はベッドに横になっていたが、わたしが入って行くと、すぐに立ち上がった。寝る時も外套、軍帽だったらしい。手持ちの武器をロスケに手渡す。わたしはこの武器を後にニキータ・セルゲーエヴィチ〔フルシチョフ〕がここに来た時に進呈した。

一番われわれと話をしたのはロスケだ。電話がひっきりなしに鳴っていた。電話線が切断されたと言っているが、まったくの嘘だ。電話はわれわれが撤去した。発電機も稼働中で、これは前線に譲り渡した。ドイツ人は守備隊が壊滅したと書いていたが、まったくの嘘だ。……

ロスケはきびきびして身ぎれいで、捕まえた中では一番印象が良い。

降伏する理由は言わなかった。逆に、軍隊さえあれば、抵抗できただろうと言っている。だがさらなる流血は望んでおらず、命令の中では、いくつかの部隊の裏切りがこのような結果に至ったと言っていた。

参謀長のシュミットはこざっぱりして、始終ロスケとパウルスの間を行き来して、交渉の成り行きを伝えていた。あまり目にしなかったのは、座っていたのがせいぜい三、四分だったからだ。ロスケのほかの副官はみんな颯爽としていた。みな勲章を二十は持っていた。ロスケは、わたしが武器の引き渡しを要求すると、自分のとパウルスとシュミットのを引き渡した。

エゴーロフ少佐（第三八自動車化狙撃兵旅団の政治部長）――ロスケの部屋に行った。どういう態度だった、かい。やつらは振る舞い方を知っている。士気阻喪と思ったら間違いだ。自尊心に満ちていた。

ゴロフチネル大尉（第六四軍政治部第七課の課長）――机に向かい、わたしたちに顔を向けて椅子に座っているのがロスケ。その左でベッドに座っているのがパウルスの参謀長のシュミット中将。二人の反対側に、通訳やパウルスの第二の副官や飾緒を付けた随員。ロスケと向かい合って机に座っているのがヴィノクルで、その隣がルキン大佐。左側に立っているのがルトヴィン中佐（参謀長政治補佐）。

ロスケはどういう人か、かい。背の高い、すらっとした男で、アーリア人の青い目、見るからに毅然とした性格で、エネルギッシュだ。将軍の軍服を着て、騎士鉄十字章を首にかけている。堂々たる風采。ロスケは第七一師団長。

一同が席につくと、葉巻の包みを取り出して、勧め出した。交渉が始まった。

シュミット中将は、背の高い男だ。顔つきはエネルギッシュではない、弱い性格と言ってもいいだろう。ざっと見は五十四歳、色黒で、髭を剃っていない。パウルスにはエネルギッシュな参謀長が必要だったのではないか。交渉で狡猾に立ち回ろうとするが、上手く行かなかった。

モロゾフ大尉（第三八自動車化狙撃兵旅団、第一大隊長政治補佐）――……中佐がパウルス将軍を捕虜にした。それまでにやつらは砲撃の中止を求めている。「誰が撃っているんだ」。同志ブハロフが車に乗り込んだ。同じく将校のドイツ人も同行させた。二人で区域を見て回り、銃撃を止めさせた。やつらが歩哨を立たせた所は、こちらも三、四人を配置し、機関銃を据え付けた。やつらは、あたり一帯に地雷を敷設してある、「われわれと一緒に空中に吹っ飛ばす」と警告する。だがわれわれはそんなことでは驚きはしない。中佐が来るまでに中庭をわが兵士とコムソモール員で埋め尽くした。しばらくしてラスキン将軍がやって来た。やって来たのは、この一件が終わった時だ。その後やつらを集めて車に乗せ、連れて行った。

ブハロフ大尉（第三八自動車化狙撃兵旅団の政治部指導員）――続いて見ると、同志ヴィノクルが歩いている。政治部長だ。パウルスが交渉中の砲撃中止を求めていると伝えた。そのころわれわれの火砲や迫撃砲が砲撃を浴びせていた。パウルスは、部隊が砲撃を止めること、われわれから兵士に砲撃中止の命令を出すことも求めていた。エゴーロフ少佐がわたしを派遣することにした。同志ブハロフ、行ってくれ。やつらの側も将校を出してきた。少佐にその通訳、さらに運転手と車も。一緒に乗り込み、出発する。みなナガン銃を持っている。武装解除はしなかった。やつらは三人、こちらは一人。はじめは白旗を持つことを思いつかなかった。乗り込んで、出発した。味方の部隊のそばを通る。味方の兵士が立っている。すると自動小銃兵が機関銃でわれわれを撃ってきた。わたしは通訳に車を止めろと言った。問いただす。「なぜ撃ってきたんだ」。「指揮官殿、あなたがドイツ人の人質に取られて連れて行かれると思ったのです、だから撃ちました」。わたしは言う。「撃ってはダメだ。強襲中止を警告して回っている、交渉が行われているんだ。われわれは余計な血を流さず平和裏に解決するのだ」。テレーギン少佐のところに寄って相談する、やつらも一緒だ。車を止め、一緒に歩き出した。軍司令部が強襲と一切の銃撃の中止を命令した、パウルス当人と交渉中なのだと伝える。ほかの部隊には部下を行かせた。やつらの守備隊は鉄道沿いの二つの建物にあった。そこへ向かう。敵と味方の境界地帯は銃撃が続いている。うまく通り抜けられた。ドイツの大尉（ママ）〔少佐？〕が将校を呼び出して指令を伝える。やつらの哨兵は壁の後ろに立っている。わたしは地下室に下りて行かなかった。兵士が大勢いて、機関銃があり、自動小銃兵がいるが、すべてこちらに帰順した。銃撃中止を指示する。実際には、一部の狙撃兵や自動小銃兵が、敵も味方も銃撃を続けている。一人ひとりに警告なんてできない。このあと戻る。

ブルマコフ少将（第三八自動車化狙撃兵旅団の旅団長）――ヴィノクルが交渉を始めた。ヴィノクルは部隊巡回を組織した。このためにブハロフを行かせた。ブハロフは、情況が思わしくないと言う。そうだな、心配なこともあるなと応じた。戦いは続いている。ブハロフは、ドイツの車で出かけた。両隣にドイツ人将校、三人目が運転手、そこに混じって座っている。目にした味方が、捕虜になったか裏切ったと考えて、撃つぞとなった。……ラスキンがやって来た。ここまで同乗して来たのだ。どこもかしこも味方ばかり、中庭には大勢の兵士がいる。到着したのは朝七時か七時半、いや七時だな。地下室に入ると、暗い。

大勢の兵士が中庭に立っている。わたしはこれが気に入らない、全員武器を持っている。ラスキンに言う。止まってくれ、いま命令を出す。指示した。この中庭にいるドイツ軍の一団を速やかに分割し、あいだに味方の自動小銃兵を置け。何かあった時は四方から発砲してよい。まさかの時の備えだ。

ロスケのところへ行った。自己紹介をすると、同志ヴィノクルが出した投降の条件を説明する。ラスキンも、最上位の指揮官として、同意した。やつらは個人の武器を手元に持っておきたいと言う。ヴィノクルが許可する。ラスキンはこれを認めず、武器は引き渡せとなった。それから場所を移して、パウルスを拝ませてもらう。この時、パウルスは指揮を執っていないと念を押された。われわれが着くと、北部グループが降伏するかどうかが話題になった。ヴィノクルが、この問題はすでに提起したと言う。やつらは、北部グループとは連絡がないと言う。元帥は昨日から指揮を執っておらず、あのグループは独自に行動している。元帥は全権を委譲したが、わたし〔ロスケ〕は権限を持っていない。

わたしは中庭に出ると、味方の自動小銃兵がいるか、きちんと持ち場についているか今一度確認した。見たところ、わたしの指示は遂行されていた。自動小銃兵はやつらをいくつかのグループに分けた。一つのかたまりが三つに分かれ、自動小銃兵に取り囲まれていた。

この少し前に別の部隊がやって来た。交渉が終わった瞬間、ホテルの建物の右手を第二九師団が攻撃した。百貨店の建物から味方が叫ぶ。

「どこを狙ってるんだ」

　誰も銃撃していないのに、強襲に出て発砲し、危うく味方の兵士に当たるところだった。

　人が続々と広場に集まり出した。

　わたしは迅速に対処するため、指示の出る前にこの集団を武装解除しようとした。でも指示がないから、武器を渡そうとしない。ロスケに命じて、武器差し出しの指示を速やかに出すよう求めた。指示が出る。引き渡しが始まった。わたしは出来るだけ早く片付けようとした。命令を出す。「集めたな、連れて行け、後方に連れて行け」

　ロスケに、軍の人数を尋ねた。約七千人だという。部隊ごとに指示を書いて送れと言い渡す。通訳が訳す。指示をタイプで打つ。通訳が来る。ロスケが立ち上がり、通訳を介して頼み事をする。指示を広げるために将校を使わせて欲しい、われわれの将校はあなたがたの自動小銃兵を恐れている。わたしは通訳にこう言った。

「将軍に伝えてくれ、依頼はかなえられるだろう。われわれの将校は今ここに現れるが、ドイツの部隊に行くことを恐れない」

　この前もやつはヴィノクルに、われわれの代表に部隊を巡回させて欲しいと頼んでいる。これも「いいだろう、行かせよう」となる。ブハロフに任せた。

　エゴーロフ少佐（第三八自動車化狙撃兵旅団の政治部長）――指揮官補佐がメモを書いて寄越す。ロスケが言うには、どこかこの近くに八百人ほどが潜んでいて将軍も二人いる、投降を望んでいるので、このドイツ人少佐と一緒に行って連れてきて欲しいとある。

　少佐がやって来るが、なんてことだ。わが旅団はあっちは行けない、あそこはわれわれの持ち場でなく、第三六親衛のだと言いやがる。そんなことより、一人で行って将軍を捕らえるのが重荷なのだ。ドイツ人の少佐か、ドイツ人の少佐はそうした時に何が頭に浮ぶのだろう。腹をくくり、手榴弾を補充してこのドイツ人と出発。やつを前に行かせて、自分は後ろで行こうと考える。ある掩蔽壕に連れて行かれた。そこになぜか味方の兵士が立っている。どういうことだ。現場に来たら銃撃だ。どうしたらいいんだ。あそこに行ったら殺されてしまう、指揮官の所在も分かったもんじゃない。

　指揮官を待つんですか、それならわたしが行きます。この少佐のドイツ人を先に行かせる。やつはドアに向かって何かドイツ語で叫び出した。撃つなと言ったようだ。この地下室を通って進んだ。空気が悪い。殺された味方の兵士にぶつかった。中に入る。

　誰がこの兵士を撃ったんだと尋ねる。先に行くと、ドイツ人の将校が三人殺されている。さらにもう少し行くと、がさごそと音が聞こえる。少佐がドアを開けると、そこには若い女が四人、明かりが皎々と灯り、ワインの空き瓶やオレンジの皮が机の上にあり、肉の缶詰やソーセージも。女のうち二人はぐでんぐでんに酔っている。わたしは、誰が兵士を撃ったのだ、完全装備だったのだぞと問いただす。女の一人が指さす。「そいつさ、そのバカだよ」

「なぜだ」

「三人を殺したからさ」

わたしは、そいつらとの会話をすぐに打ち切った。しらふの女に、ほかに誰かいるかと尋ねた。

「誰もいないよ、将校は三人いたけどね」

見てみると、将軍ではなく将校だ。将校は必要ない、必要なのは将軍だ。

出てくると、少佐が別の掩蔽壕を指さす。まあいいかと思い、行く。二百メートルほど先に掩蔽壕がもう一つあった。そこは第三六［おそらく第三六狙撃兵師団］の兵士がわんさといる。することは何もない。結局、将軍は見つからなかった。帰路に就いた。われわれの戦いの道もここで終わった。


ブルマコフ少将（第三八自動車化狙撃兵旅団の旅団長）――指示を配って回り、戻ったと報告があった。ドイツの将校がわたしに敬礼する。「指示は遂行しました」。通訳を介しての報告だ。パウルスの身支度のため、十一時まで待って欲しいと要望がある。パウルスと一緒に部下の将校と参謀も出てくる。わたしはラスキンに言う。完全降伏まで南部グループ司令部に手を出さないことをお許し下さい。わたしは、ロスケが完全降伏を保障するまで彼を手元に置いておく。なにより地雷原を聞き出すことが必要だ。

わたしはロスケに地雷工兵を呼ぶよう求めた。すべて地図に記載すると、工兵にすべて撤去させるよう命じた。ヴィノクルが後で教えてくれたが、建物は地雷が仕掛けられていた。ロスケがヴィノクルに言うには、元帥の命を守ると総統に誓った。もしもの時はすべてを空中に吹き飛ばす覚悟だったという。わたしは速やかに地雷撤去を求めた。

彼［ロスケ］が、自動小銃兵と車の提供を求めた。ラスキンは、元帥は自分の車に乗せるので心配ないと言う。わたしも、自動小銃兵を乗せた車で先導すると言った。こうして連行が始まった。軍部隊もすべて連行した。地雷原を明らかにして、地雷を取り出した。この建物の全面に地雷を仕掛けたというのは嘘だった。通路に地雷を埋め、入り口に地雷を仕掛けたが、建物自体の地雷はなかった。地図に地雷原を記入すると、十七時にロスケが出発の準備完了と伝えてきた。

司令部から連行したのはヴィノクルだ。車は二台が要望だったので、わたしが「バンタム」ジープを二台確保した。ロスケはわたしと同乗、部下の将校はトラックに乗せた。われわれはずっと丁寧に応対した。

だいたい九時頃に軍事行動が終結し、パウルス捕獲によってスターリングラードの戦いは市の南部では完全に終わった。捕虜の引き渡しが始まり、数珠つなぎの行列ができた。地元の権力機関の代表がやって来た。武器は大量にあった。兵士が武器を持って行く。夕方には、どの兵士もリボルバーを二丁三丁と持っていた。

多くが自分で武器を捨て、武器なしで広場にやって来た。

ロスケが部下の将校と別れの挨拶を望んだので、許された。

わたしが将校グループを整列させた。

ところで、この中に「ドイツ側が任命した」市警備司令官もいた。ロシア人だ。こいつもここの地下室に潜んでいた。ロスケの通訳の話では、これだけの将校に混じって市警備司令官や、さらには女も八人、地下室にいたという。女の一人は泣き出し、市警備司令官に別れを告げる許可を求めた。伝令が来る。

「大佐殿、バカ女が市警備司令官に別れを告げたいと言っています」

「味方の女がか」と尋ねる。

「いいえ、味方ではありません。ですがロシア人です。まだ泣いています、人間のクズです」

怒りがカッと爆発した。残りは、一部は特務部に、一部はNKVDに渡した。……

ロスケは、わたしの見るところ、四十六、七歳。パウルスより年下だ。子どもが五人いる。

パウルスはどうか。狩り出されたケモノという印象を受けた。万事諸々が全く気に入らないという顔だ。痩せて無精ヒゲ、だらしない格好。好かない奴だ。部屋は薄汚れている。ロスケの所はそれなりにきれいだった。そこに参謀長のシュミットもいた。

パウルスは出てくると、裏口の門から出たいと言った。車が動くと振り返ったが、貧相に、へらへらと笑っていた。異常を来していたようで、きょろきょろ振りかえっていた。

この地下室は、とりわけパウルスの執務室はどれほど汚れていたことか。中庭は実にひどいものだった。われわれは急いで片付けた。

わたしが汚物にまみれた司令部を非難すると、ロスケは恥じ入り、何か話し始めたが、後で通訳が訳してくれた。われわれの状態は、あなたがたの「カチューシャ」と大砲のせいで日中も出歩くことができなかった。われわれは排泄も地下室でするしかなかった。外に出るのは夜だけ、それも恐る恐るだった。やつは少し顔を赤らめていた。文化的で、自制心のある将校なのだろう。


ソルダトフ少佐（第三八自動車化狙撃兵旅団、政治副部長・旅団党委員会書記）——信じられないくらいの汚さで、足の踏み場もない状態が裏口も正面も続くし、胸の高さにも汚物が、人糞や何やかやがあった。悪臭が鼻を突く。ここには便所が二つあったが、どちらにも「ロシア人は立入禁止」と書かれていた。この便所が使われていたかは判然としない。廊下はどこも便所と化していた。ドイツ人はわれわれに見劣りしない射撃の腕だが、われわれは部屋を便所にはしなかった。


ブルマコフ少将（第三八自動車化狙撃兵旅団の旅団長）——ドイツのラジオが全員自殺と伝えたので、これには驚いた。現場に駆けつけて確認した。わたしの当直兵はパウルスの執務室に立っている——二人の自動小銃兵に味方の四人。問題なしだ。

ロスケのグループを送り出す用意にかかると、武器を机の上に出すことを求め、あなたも武器を出しなさいとロスケに言う。全員が武装していたが、十七時近くになってスーツケースから武器を取り出しはじめた。拳銃自殺も十分ありえたし、パウルスは拳銃自殺だけでなく爆破自殺もありえた。

にもかかわらず、殺されるのではないかとロスケはずっと気が気でなく、口を酸っぱくして、元帥の命を守ると総統に誓った、間違いがあってはならないとずっと言い続けた。わたしが車を先に出して先導することを求めた。同志ラスキンが、こう言う。

「心配するな、パウルスはわたしの車で行く」。するとロスケが立ち上がって感謝した。「ありがたい、ありがたい」

あんな臆病者が死ぬものか。勇気が足りないから、死ねなかったんだ。

わたしは直前に顔を剃ったばかりだった。こちらが、貴殿らを捕獲した第三八旅団の旅団長だと紹介があると、ロスケは立ち上がった。ロスケは、わたしより年上だ。実のところ年齢差はさほどない。わたしは若く見えるが、同じく四十四歳だ。一九一八年から軍にいる。シチョルス師団で戦ったウクライナ人、シチョルス隊員だ。やつは少し顔を赤らめた。

「わたしのことはご存じか」とわたしは尋ねる。

「知っている、グート、グート」

ロスケは勇敢な男だ。何人かについて、ダメな指揮官だと言い切った。われわれの部隊のことを良く知っている。ある指揮官のことを聞いてみた。すると、あの行動は正しくない、まずい動きだと言った。軍事のことが分かっている。ロスケは南部グループの指揮官だった。シュミットが第六軍の参謀長だが、交渉の矢面に立ったのはロスケだ。シュミットは、ロスケとパウルスの連絡係に終始した。パウルスには交渉の経過と降伏について知らせ、パウルスの助命嘆願を伝えている。

ロスケは、同じくベケトフカに運ばれた。あとでわたしに恨み言を言っていた。連れて行かれる時、わたしの対応がぞんざいだったからだ。わたしが近づいて手を差し伸べるのを待っていたようだ。車の中でしばらく待ってもぞもぞしていたが、わたしがぞんざいにこう手を振ったらしい。

ヴィノクル中佐（第三八自動車化狙撃兵旅団の旅団長政治補佐）
——一九四三年一月三十一日の午前十一時にわれわれはパウルスを送り出し、ロスケは五時にベケトフカのシュミーロフのもとへ送った。パウルスもそこに運ばれた。北部グループの降伏は、二日後の夕方だった。

アブラーモフ少将（第六四軍軍事評議会メンバー）——朝六時にシュミーロフが電話をかけてきて（まだ寝ていなかった）、パウルスを捕えないといけない、誰かを行かせる必要があると言う。着替えてシュミーロフの執務室に行く。誰を行かせるか、二人で考える。ラスキンに白羽の矢を立てた。ラスキンが見つからなかったので、第一部長で参謀次長のルキン大佐を行かせる。出発した。するとラスキンが見つかったので、ルキン大佐の後を追わせた。九時になる、何も分からない。心配になってくる。そこでセルジュクと行ってみることにした。

われわれは第三八旅団の部隊のいる場所がよく分からなかった。スターリングラードは不案内なので、百貨店前の広場にある第三八旅団司令部を見逃してしまった。このため広場でうろ

パウルス元帥の書類を調べるシュミーロフ将軍：ソ連の記録映画「ソユーズキノジュルナール」（1943年第8号）より

うろした後、われわれが着く前にもう司令部に連れて行ったかもしれないと思って、慌てて司令部に戻った。

このあと一時間ほどしてラスキンがパウルスを連れて来る。シュミーロフの執務室に通した。まずシュミーロフがざっと質問リストを作る。……連れて来ると、最初にラスキン参謀長が入室。パウルスはエムカ[237]で運ばれてきた。シュミーロフが着席し、わたし、セルジュク、チャヤーノフ、方面軍政治局次長トルーブニコフが続く。参謀長が報告する。

「ドイツ軍元帥フォン・パウルスを連行しました」

廊下で上着を脱ぐよう勧めると、やつらは上着を脱いだ。入室したのはパウルス、シュミーロフ〔シュミット？〕、アダムス（ママ）。自国流の手を挙げる挨拶をする。シュミーロフが、座りなさいと言う。着席した。シュミーロフが、身分証をパウルスに要求する。当人が軍人手帳を示した。軍人手帳を調べて、元帥の身分を記した文書を探す。パウルスが言う。文書は手元にない、しかし元帥昇格の無線通信を昨日受け取ったことは参謀長が確認してくれる。

パウルスは無精ヒゲが茫々だが、十字架をかけ、万事ちゃんとしている。

武器は、すでに向こうで押収していた。質問が飛ぶ。部隊の投降命令は出したのか。言う――出した、部隊は投降している。問い――なぜ降伏するのか。答え――弾薬がない、食糧がない、これ以上の抵抗は無意味だ。このとき写真が撮られ、やつらは首を振る。

こうしたすべてで三～五分がすぎた。それからやつらに食事を取らせることにした。引率は、わたしとラスキンだ。シュミーロフは行かなかった。着くと、こう言った。おかけなさい、召し上がり給え。そして二時間ほど談笑もした。あとからシュミーロフ、セルジュク、トルーブニコフも来た。パウルスは、初めは酒を固辞した。そこで、わたしが一杯どうだと勧める。「ダメだ、食べていない」と言い、続けて「われわれは、ウォッカは飲まないことにしている」と言う。その後は一杯空け、二杯目も空けた。シュミーロフが来ると、われわれの健康のためにと言って飲み干した。後はもう雑談だ、こんなふうに座ってな。わたしはやつに、なぜ包囲から出てこなかったんだ、自由に出入りできたのにと質問した。返答は「それは歴史が審判を下す」だった。

何が目標だったのか、自軍の壊滅をどう見ているのかという質問も出た。シュミーロフがこんなことを言った。ベルリンの鍵がわれわれの手にあったことはあるが、[238]モスクワの鍵がドイツの手にあったことはない。ベルリンの鍵はわれわれの手に入るが、ドイツがモスクワの鍵を手にすることはない。やつはこれを聞いて顔をしかめたが、何も言わなかった。パウルスは五十四歳だ。わたしに何歳かと聞いてきた。三十六歳だと言うと、これまた渋い顔をした。

雑談はシュミットも加わった。頭が良く、実務的な人物だ。やつらから聞き出すことは何もなかった。やつらが自軍について話せることは、何の役にも立たないうえ、軍は完全掌握したし、そもそも戦況はわれわれの方が良く知っている。パウルス自身、何も尋ねてこなかった。わたしの見るところ、殺されないと信じて疑わない。われわれは、なぜスターリングラードをめちゃくちゃにしたのかと聞いてみた。あなたがたもわれわれに劣らずスターリングラードを砲撃したではないかと言う。われわれは答えた。もしあなたがたがここにやってこなければ、われわれがスターリングラードを砲撃することもなかった。やつはこれには何も答えなかった。

シュミーロフ〔シュミット？〕は落ちついていた。パウルスは神経質で、顔はひきつり、唇を噛みしめている。年寄り、それしかない。……パウルスには少しご機嫌取りの媚びるような言動があって、われわれを褒めそやし、作り笑いやお辞儀をした。

食堂に来て着席した際、やつらは記録や写真をとらないで欲しいと要望した。しないと答えたが、壁の向こうに書記がいて、すべて書き取っていた。カメラマンは、確かにいなかった。

シュミーロフ中将（第六四軍司令官）――パウルス元帥はここへ、軍司令部へ護送された後、わたしが面談し、多少の供述をした。わたしがまずしたのは、本当にフォン・パウルス元帥なのか調べる身元確認だった。提示した軍人手帳に書かれていたのは、ドイツ軍に勤務し、名前はフォン・パウルス、ドイツ軍人のフォン・パウルスだった。

わたしは手帳を調べながら、次の質問をした。いま報告があったが、あなたは［昨日］か一昨日に元帥に任ぜられている、だから元帥の身分証を見せて欲しい。

シュミーロフ将軍、スターリングラード、1943年1月31日または3月3日　撮影：リプスケロフ

すると、こう言った。そうした証明書は持っていないが、元帥に任命するヒトラーの無線電報を実際に受け取った。参謀長とその副官がそのとき一緒にいたので、これは証明できる。

そこでわたしは次の質問に移る。捕まえたのは上級大将ではなく元帥だと政府に報告してもいいだろうか。

貴国政府に、わたしは元帥だと伝えてもらいたい。

続いて出した質問――スターリングラード近郊にドイツの精鋭部隊を集結させ、両翼に気骨に欠けるルーマニア人やハンガリー人の部隊を置いた理由を元帥はどう説明するか。また、わが最高司令部の情況判断が正しかったから、両翼は総崩れになり、これによってスターリングラード近郊の精鋭ドイツ軍部隊の背後に回り込めたのか。返答――あれはドイツ軍の判断ミスだ。ちなみに、これはパウルスではなくロスケ将軍やほかの将軍が言ったことだが、パウルス元帥はこの点をヒトラーに提起している。スターリングラード占領とベケトフカ方面の攻撃が何度か失敗した後、自軍を冬の間はドン川の向こうに撤退させるよう進言した。ヒトラーへの進言は、ロスケ将軍やほかの将軍の言うには、二度あったらしいが、ヒトラーはドイツ軍のドン撤退を許可しなかった。これは十月の末か十一月のはじめ頃、まだ包囲ができる前のことだった。

続いての質問、包囲されたドイツ軍はまだ抵抗継続が可能だったかには、こういう答えだった。ヴォロポノヴォ＝ペシャンカ＝スターラヤ・ドゥボフカの防衛線が破られた後は、その後の戦いはもう無駄だと考えていた。なぜなら輸送機の着陸できる場所がなくなり、包囲された集団に武器や食糧を供給できなかったからだ。だが軍人なので、最後まで戦えと命じられて、戦いを続けた。司令部が完全包囲されたことで、ついに武器を置かざるを得なくなった。

なぜ自殺しなかったか、かい。その質問はしなかった。[239]

ドイツの新聞は、パウルスはポケットというポケットに拳銃と毒薬を隠していると書いていた。身体検査で拳銃は一丁見つかったが、毒薬は何も見つからなかった。パウルスは無傷で確保し、負傷もしておらず、われわれ司令部は捕獲時になんら危害を加えていない。第六四軍司令部に来た時も、自分の車で、従卒を連れてだった。

ゴロフチネル大尉（**第六四軍政治部第七課長**）――パウルスは、長身で猫背の六十前の老人。目は灰色に近く、元帥らしい威厳を保ち、無精ヒゲ。悄然として、表情が病んでいる。第二副官によると、ここ数日ひどく患っていたという。

一月二十九日にパウルスは指揮から手を引いた。一月三十一日に敵の声明があり、元帥閣下は指揮を放棄し、スターリングラード軍の南部グループの指揮をロスケ将軍に委ねたと伝えられた。パウルスは、参謀長を介して私人であると宣言し、全権をロスケ少将に委譲した。……わたしはパウルス司令部の将校たちと道中やここ（ベケトフカ）で話す機会があった。誰もがパウルスは弱腰の意志薄弱が露呈したと非難する。抵抗はまだ相当期間つづけられたし、力も十分にあった。確固たる意志をもっと発揮すべきだったと言っていた。また、パウルスの司令部は早くもスターリングラードの外郭防衛線で戦略上の重大な間違いをいくつも犯していたと見ている。こうした重大な間違いがなければ、もっとしぶとく抵抗できたはずだと語っていた。

クドリャフツェフ親衛大佐（第三六親衛狙撃兵師団、師団長政治補佐）――ドイツ人は包囲を信じていなかったし、将校も包囲のことを口にしなかった。その後、食べるものが無くなって、納得した。まるで包囲されているようだと口にするようになった。最後通牒のことは将校ですら知らず、兵士はまるっきり何も知らなかった。

ゴロフチネル大尉（第六四軍政治部第七課の課長）――最後の瞬間まで、ドイツ軍の勝利への確信、自らの力への確信がドイツの将校を束縛していた。将校は部下の兵士を束縛していた。兵士は自分の上官に絶対服従していた。……将校の言葉、将校の命令は、ドイツの兵士にとって法律だ。規律意識がやつらは極めて高い。

フョードロフ上級中尉（第三六親衛狙撃兵師団、第六五親衛砲兵連隊の中隊長）――続いて一発も撃つなという命令が出た。フリッツはみんな降伏して捕虜になった。一九四三年二月一日の九時から十一時は撃つなという命令が出た。フリッツはこの間に降伏して数百人が捕虜になった。「Hitler kaputt」〔ヒトラーはお終いだ〕と叫んでいた。連れて来られた捕虜たちは、足が凍傷で、頭に包帯を巻いていた。大半は毛布にくるまり、そうした格好で捕虜は歩いていた。二月一日以降わたしは火砲を撃つことも、拳銃で地下室の負傷者にとどめを刺すこともしていない。

ソルダトフ少佐（第三八自動車化狙撃兵旅団、政治副部長・旅団党委員会書記）――チェコ人、ギリシャ人、チェコスロバキア人は簡単に降伏した。ルーマニア人は言うまでもない。だがドイツ人の野郎は横柄だった。スターリングラードは偶然の成功だと言うのをしばしば聞くことができた。捕虜になっても、そうしたことを言っていた。そうした一人を市警備司令官が袖をつかんで引きずりだし、銃殺した。とにかく、われわれの警備司令官[240]は、こうしたことで有名だ。

ヴィノクル中佐（第三八自動車化狙撃兵旅団の旅団長政治補佐）――偵察輜重隊のオートバイ連絡員が立っていて、その隣にドイツ人の運転手がわれわれ赤軍の外套を着て立っている。わたしは中隊長に言う。なぜお前はやつに外套をやったんだ。

「寒がっていたからです」

「お前が横になっていて、やつがお前を撃ったらどうする」

エゴーロフ少佐（第三八自動車化狙撃兵旅団の政治部長）――

〈斃れし戦士〉広場と百貨店、1943年3月：立て札には「ドイツ・ファシスト侵略者およびその国家、その軍隊、その新〈秩序〉[240a]に呪いと死を」とある　撮影：セルゲイ・ストルンニコフ

味方の捕虜になってたやつらは、ここ州委員会会館で解放した。われわれは、こいつらをすぐに使うことに決めた。集めると、手短にこう告げた。貴様たちは罪を犯した。その処罰は法でなく銃殺である。唯一残された機会は、貴様たちの罪を自らの血で贖うことだ。やつらは大喜びで武器を取ったが、その際「その兵士たちに」こう警告した。パニックや臆病がほんのわずかでもあれば、はたまた投降のそぶりがあれば、人数がどれだけであろうと、全員射殺する。われわれは、あちこちでこういったやつらを上手く使った。

スモリャコフ大佐（第六四軍政治部長）――手始めの主な任務はこう決まった――自分の身なりと部隊と党組織の整理整頓だ。軍全体に命じて五日間の休暇を定めた。この休暇中は、日常のヒゲ剃り、散髪、修繕といったこと以外に、文化行事を行うことも任務にした。党・政治活動の線でこうした問題を事細かに検討し、個々の労働者グループごとにスターリングラード戦の教訓を話し合う連続討論会を開くことを推奨した。このテーマは、どの集会でも主たる問題だった。

ブルマコフ少将（第三八自動車化狙撃兵旅団の旅団長）――次の日、N・S・フルシチョフがやって来た。わが旅団とは顔なじみだ。わたしとはスターリングラードが初対面だった。次にN・S・フルシチョフと会ったのは、十一月の突破を準備していた時で、行軍中に会ったので、感想を語り合った。いつだって「いいか、君たち、期待を裏切るなよ。いいぞ、いい動きだ」と言っていた。

スターリングラード百貨店前のニキータ・フルシチョフ、1943年2月

〈斃れし戦士〉広場での戦勝集会、スターリングラード、1943年2月4日

パウルスを見にシュミーロフとN・S・フルシチョフがやって来る。フルシチョフはすぐさま抱きついて、われわれにキスしはじめた。

「ありがとう、ありがとう、兄弟。元帥を捕虜にするなんて滅多にないことだ。将軍を捕まえることはあっても、元帥は至難の業だ」

こうしたフルシチョフのねぎらいの言葉は、われわれには大きな出来事だ。……

それから現場へ、この地下室へ来て、ここに座った。チュヤーノフが来た。地元当局の代表が来た、要するにたくさんの人が集まった。フルシチョフはどの人にもありがとうと言っていたが、シュミーロフがわたしを指さしてこう言う。

「こいつが詰め寄ってきて、なぜ戦いに投入してくれないんだと食ってかかってきたことがある。わたしは投入の時期をうかがっていたんだ」

二月四日の集会のあと、宴会が催された。

フルシチョフが来て、またわれわれを褒めてくれた。

自慢話は好きではないが、ともかく捕まえたのは事実だし、すばらしいことをしたわけで、成し遂げて満足しているし、旅団の活躍にも満足している。わたしにはこれが一番大きなことだ。

わたしは登壇して旅団を代表して来賓に挨拶をした。まずまずの戦いぶりだったと思う。フルシチョフが立ち上がって言った。

「謙遜しないでもいい。パウルス捕獲、ありがとう」

そこにはパウルス捕獲のフイバルも全員いた。

＊＊＊

早くも一九四三年二月には、スターリングラードの百貨店地下室の交渉をした場所の入り口に、ボール紙の掲示で次のような文章が飾られた。「ここで四三年一月三十一日の七時にドイツ第六軍司令官フォン・パウルス元帥が参謀長シュミット中将をはじめとする参謀ともども第三八自動車化狙撃兵旅団によって捕らえられた」。その下にはブルマコフ大佐とその政治補佐ヴィノクル中佐の名前がある。わずかな修正を加えて――貴族を示す「フォン」を除いて――その年に同じ文面のプレートが百貨店通用口の地下室に下りる階段の脇に掲げられた。これは、251ページの写真で分かるように、一九四四年の夏もまだ見る者を惹きつけていた。

一九五一年にこのプレートから取り替えられた青銅製の銘板は、パウルスの名前こそ正しいが、一九四三年一月三十一日の経緯が叙事詩のように誇張されている。敵である「スターリングラードの軍集団は、大スターリングラード戦において勇

スターリングラード百貨店の地下壕　撮影：セルゲイ・ストルンニコフ

百貨店の地下壕の入り口、スターリングラード、1944年　撮影：サマーリー・グラーリー

敢なる赤軍によって包囲され、完膚なきまでに粉砕された」。青銅板は、第三八狙撃兵旅団を称えるが、旅団長ブルマコフ大佐の名前はあるのに、ヴィノクル中佐には一言も触れない。後期スターリン時代の反ユダヤ・キャンペーンの中で、その名前はソ連の戦史から消し去られた。

今日この青銅板はもはや存在しない。百貨店の建物の地下室に、地元の歴史家が九〇年代になってスターリングラード戦のささやかな博物館を設けた。

近年、博物館は百貨店の所有者と係争になった。後者が地階の権利を主張し、そこにレストランをつくろうとしたのだ。裁判の判決で二〇一二年五月に地下室は国立スターリングラード戦博物館の一部であると宣言された。戦いの七十周年記念の二〇一二年秋に新たな追悼施設の開館が計画されている。[241]

第三章　九人の語る戦争

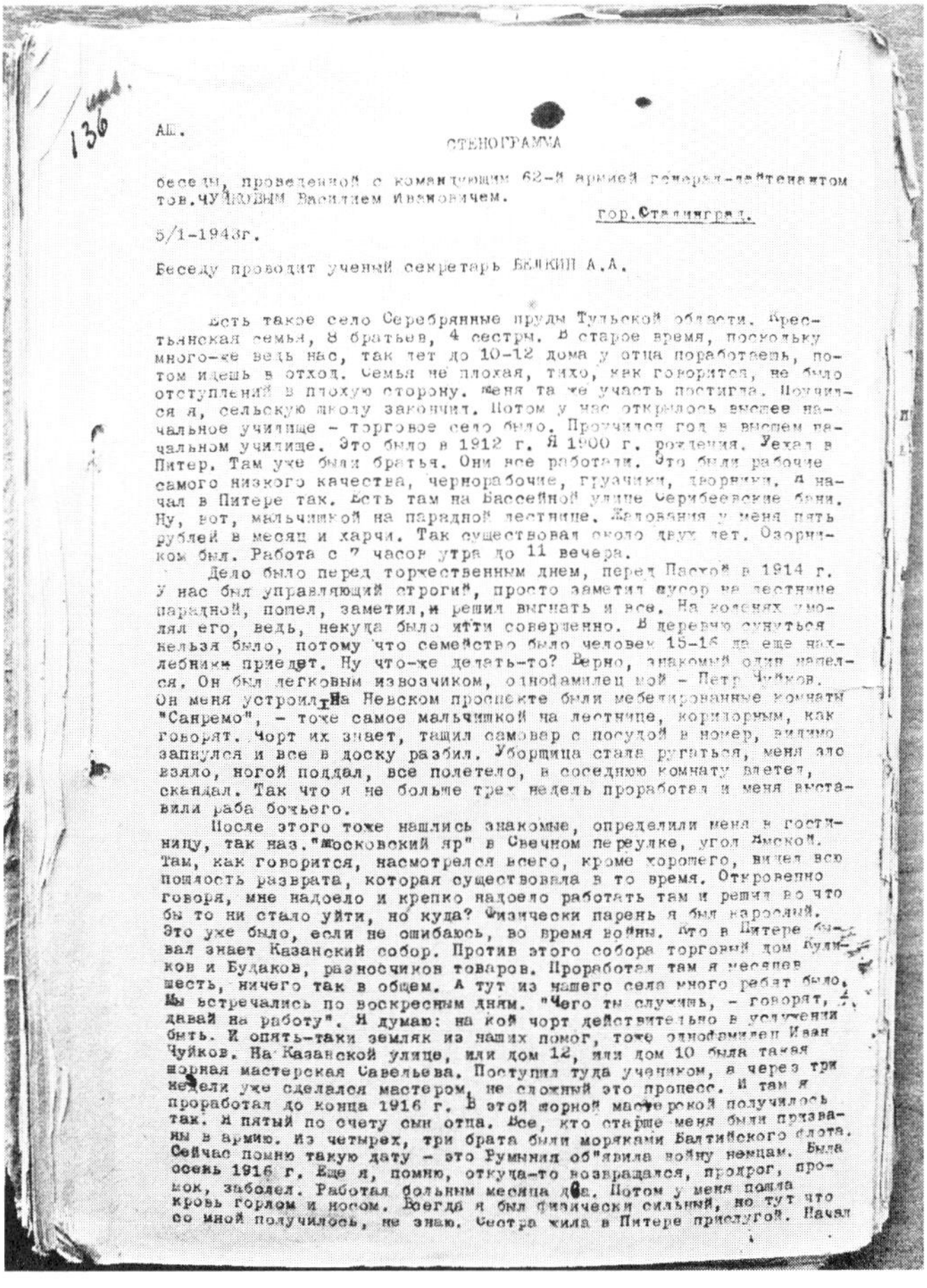

136

АШ.

СТЕНОГРАММА

беседы, проведенной с командующим 62-й армией генерал-лейтенантом тов. ЧУЙКОВЫМ Василием Ивановичем.

гор. Сталинград.

5/1-1943г.

Беседу проводит ученый секретарь БЕЛКИН А.А.

Есть такое село Серебрянные пруды Тульской области. Крестьянская семья, 8 братьев, 4 сестры. В старое время, поскольку много-же ведь нас, так лет до 10-12 дома у отца поработаешь, потом идешь в отход. Семья не плохая, тихо, как говорится, не было отступлений в плохую сторону. Меня та же участь постигла. Поучился я, сельскую школу закончил. Потом у нас открылось высшее начальное училище - торговое село было. Проучился год в высшем начальном училище. Это было в 1912 г. Я 1900 г. рождения. Уехал в Питер. Там уже были братья. Они все работали. Это были рабочие самого низкого качества, чернорабочие, грузчики, дворники. Я начал в Питере так. Есть там на Бассейной улице Серибеевские бани. Ну, вот, мальчишкой на парадной лестнице. Жалования у меня пять рублей в месяц и харчи. Так существовал около двух лет. Озорником был. Работа с 7 часов утра до 11 вечера.

Дело было перед торжественным днем, перед Пасхой в 1914 г. У нас был управляющий строгий, просто заметил мусор на лестнице парадной, пепел, заметил, и решил выгнать и все. На коленях умолял его, ведь, некуда было итти совершенно. В деревню сунуться нельзя было, потому что семейство было человек 15-16 да еще нахлебники приедет. Ну что-же делать-то? Верно, знакомый один нашелся. Он был легковым извозчиком, однофамилец мой - Петр Чуйков. Он меня устроил. На Невском проспекте были мебелированные комнаты "Санремо", - тоже самое мальчишкой на лестнице, коридорным, как говорят. Чорт их знает, тащил самовар с посудой в номер, видимо запнулся и все в доску разбил. Уборщица стала ругаться, меня зло взяло, ногой поддал, все полетело, в соседнюю комнату влетел, скандал. Так что я не больше трех недель проработал и меня выставили раба божьего.

После этого тоже нашлись знакомые, определили меня в гостиницу, так наз. "Московский яр" в Свечном переулке, угол Ямской. Там, как говорится, насмотрелся всего, кроме хорошего, видел всю пошлость разврата, которая существовала в то время. Откровенно говоря, мне надоело и крепко надоело работать там и решил во что бы то ни стало уйти, но куда? Физически парень я был хороший. Это уже было, если не ошибаюсь, во время войны. Кто в Питере бывал знает Казанский собор. Против этого собора торговый дом Куликов и Будаков, разносчиков товаров. Проработал там я месяцев шесть, ничего так в общем. А тут из нашего села много ребят было. Мы встречались по воскресным дням. "Чего ты служишь, - говорят, - давай на работу". Я думаю: на кой чорт действительно в услужении быть. И опять-таки земляк из наших помог, тоже однофамилец Иван Чуйков. На Казанской улице, или дом 12, или дом 10 была такая шпорная мастерская Савельева. Поступил туда учеником, а через три недели уже сделался мастером, не сложный это процесс. И там я проработал до конца 1916 г. В этой шпорной мастерской получилось так. Я пятый по счету сын отца. Все, кто старше меня были призваны в армию. Из четырех, три брата были моряками Балтийского флота. Сейчас помню такую дату - это Румыния об"явила войну немцам. Была осень 1916 г. Еще я, помню, откуда-то возвращался, продрог, промок, заболел. Работал больным месяца два. Потом у меня пошла кровь горлом и носом. Всегда я был физически сильный, но тут что со мной получилось, не знаю. Сестра жила в Питере прислугой. Начал

チュイコフ中将の速記録の最初のページ、スターリングラード、1943 年 1 月 5 日

一　将軍──ヴァシーリー・チュイコフ

ヴァシーリー・チュイコフ（一九〇〇～一九八二年）は、スターリングラードを守り抜いたおそらく最も有名なソ連人である。中将だったチュイコフが指揮を執った第六二軍は、一九四二年九月から一九四三年二月まで街の中心部と北部の工業地区で、当初は圧倒的優位に立つドイツ軍と戦った。十月はじめの同軍の保有地はヴォルガ川沿いの幅十二キロメートル、一部は奥行き二百メートルしかなかった。ひと月後、防衛線はさらに狭まり、三カ所でドイツ軍に打ち破られて河岸まで突き進まれた。

チュイコフは戦いの十五周年にあわせて最初の著書『伝説の第六二軍』を出版すると、スターリングラードの回想録を次々と発表する。[1] こうしたチュイコフの回想好きにもかかわらず、スターリングラードの冶金工場「赤い十月」にほど近い第六二軍の指揮所で一九四三年一月五日に書き留められた軍司令官のインタビューは、多くの新たな情報と感想を提供してくれる。[2]

チュイコフの語りは、長い年月を経て思い起こしつつ書いたものとは異なり、唐突で生き生きとして力強い。考えの飛躍や切り返しに、戦いの間に強いられた神経の緊張が見て取れる。この語りは、回想録を数段上回る鮮やかさで、第六二軍が時に全滅の瀬戸際に立たされ、どれほどの激しさでチュイコフが兵士を戦いに駆り立てたかを明らかにしてくれる。インタビューでは、軍司令官に任命されて二日後の九月十四日に、整列した兵士の目の前でその連隊の指揮官とコミッサールを射殺したと証言している。この二人が命令なく指揮所を放棄したからだ。直後にも旅団長二人とそのコミッサールを、ヴォルガ川東岸に脱走したとして、射殺している。こうした処刑は、チュイコフによれば、即座に効果が出た。チュイコフの回想録は、スターリンの命令「一歩も退くな」の使用を認めているが、三十年以上の時を経て、同じこの出来事の印象が異なる。

こちらは小心者の将校に「厳しく警告した」と書いているだけだ。[3]

話の冒頭でチュイコフは、貧しい子だくさんの農民一家だった自分の幼い頃や、一九一七年の革命で自分の人生におきた急激な変化を物語る。兄のうち三人が革命に同調するバルト艦隊にいたこともあって、本能的にボリシェヴィキに向かい、その過激さと呵責なさを信奉した。ペトログラードで労働者の武装部隊「赤衛軍」に入り、一九一八年一月の赤軍創設と同時にその兵士になる。一年後にはボリシェヴィキ党の党員になった。内戦期には十九歳で早くも連隊を指揮し、ウラルとシベリアで白軍との戦いに加わる。上官かつ指導者だった師団長アジンは、内戦の英雄ヴァシーリー・チャパーエフになぞらえている。「軍事の才のある人だが、チャパーエフのような人で、……臆せず自ら突撃し、戦いぶりが悪ければ鼻面をぶん殴り、そうやって勝利をもたらした」。チュイコフがアジンに見て取り、自身もそうあろうとした指揮官は、紛れもなく肉体的な権威を持っている。自身の階級を強調し、部下への鉄拳制裁も辞さない。多くの同時代人が証言しているが、チュイコフはかっとなる性格で、力に頼る傾向があった。チュイコフの金歯（多くの西側ジャーナリストがスターリングラードでの初対面で気づいている）は、明らかにほかの指揮官の権威を痛感させられた経験があることを暴露している。[4]

内戦が終わると、チュイコフは、それまでわずか四年の学歴ながら、モスクワの陸軍大学に入学する。赤軍に吹き荒れていたスターリンの粛清が、当人は何も語らないが、自身の栄達を後々まで後押しした。一九三九年には軍司令官（一九三五〜四〇年のソ連陸海軍の階級名、大将に相当）に昇進する。こうした経歴は、アレクサンドル・ロジムツェフ同様、ソ連の典型的な立身出世譚であり、帝政末期は貧しい環境で成長したが、その後の革命とソヴィエト政権のおかげで教育や栄達に与った。もちろんチュイコフは、自身の経歴の暗部は伏せている。例えば、フィンランドとの冬戦争は、指揮を執った第九軍が屈辱的な結果に終わり、チュイコフは中国の駐在武官に転出、言わば左遷になった。一九四二年三月にようやく召還されたが、とはいえ前線には配属されず、トゥーラ近郊に駐屯する予備軍の司令官代理だった。この第六四軍とともに一九四二年七月にドン川に向かい、はじめてドイツ第六軍に相まみえる。チュイコフが第六二軍司令官に任命されたのは九月八日のことだ。[5]

チュイコフの語るスターリングラード戦は、この個性的な人物と結びついた英雄的な闘志が赤軍で生まれる様を描くだけではない。自らを時として戦いの決定的な英雄として押し出し、そのためならライバルの功績をおとしめることも厭わない。目の仇にしたのが、当時すでに伝説となっていた第一三親衛師団長ロジムツェフだった。スターリングラードの勝利の栄冠をめぐる争いは、ヴァシーリー・グロスマンが小説『人生と運命』で書いている。スターリングラード戦の勝利を祝う一九四三年二月四日の集会で、「酔ったチュイコフがロジムツェフに食ってかかり、危うく絞め殺しそうになった。というのもスターリングラード戦の勝利を祝う集会でニキータ・フルシチョフがロジムツェフを抱擁してキスしたのに、隣に立っていたチュイコフには見向きもしなかったからだ」。[6] ＮＫＶＤもチュイコフの「良からぬ」振る舞いを非難している。一九四三年三月の内部報告にチュイコフとその政治補佐グーロフ中将との会話が再現されているが、二人はロジムツェフを「新聞将軍」呼ばわりし、ジャーナリストとの有益な接触には勤しむのに、戦場では何もしないとこき下ろした。ＮＫＶＤ内通者によれば、この密議が原因で、ロジムツェフは第六二軍の師団長では唯一、スターリングラード防衛にかかわったのに、勲章を授与されなかった。[7]

一九四三年四月に第八親衛軍と改称された自軍とともにチュイコフはさらに戦い、一九四五年にはついにベルリンを攻略した。一九四九年から五三年にドイツ駐留ソ連軍総司令官をつとめ、一九五五年にはソ連軍人の最高称号であるソ連邦元帥になった。ヴォルゴグラードでは特別な形で不滅の存在になっている。戦いから二十五年後の一九六七年に、かつての激戦地ママイの丘に巨大な「祖国の母」像を戴く大規模な追憶の場所が落成する。記念公園の中心軸には高さ十六メートルの上半身をはだけた兵士が聳え立っている。筋骨隆々としたこの若い男性には、ヴァシーリー・チュイコフの面影がある。スターリングラードを守った英雄は、亡くなると遺言に従ってママイの丘の頂に立つ「祖国の母」の足下に葬られた。

Ａ・Sh[8]
対話の速記録
第六二軍司令官、中将、同志チュイコフ、ヴァシーリー・イワノヴィチ
スターリングラード市
一九四三年一月五日
聞き手は学術協議会書記Ａ・Ａ・ベルキン

トゥーラ州[9]にセレブリャンヌィエ・プルディ［銀の池］という村がある。農家で、きょうだいは男が八人、女が四人。昔のことだから、たくさんいる。でもだいたい十歳から十二歳まで父の元で働いたら、あとは出稼ぎに行く。家族はまずまず。静かだし、まあ悪い方には逸れなかった。わたしも同じような運命をたどった。勉強は、村の学校を終えた。その後、初等学校に高等科ができた――商人の村だったからな。初等学校の高等科で一年学んだ。一九一二年のことだ。生まれは一九〇〇年。ピーテル［サンクト・ペテルブルグ］に出た。すでに兄たちがいた。みんな働いていた。最底辺の労働者――雑役夫、荷役労働者、掃除番だ。わたしのピーテルの始まりも同じだ。バセインナヤ通りにセリベーエフスキー風呂がある。そこの正面階段の小僧だ。給料は月五ルーブルで賄い付き。そうやって約二年生きていた。わんぱくだった。仕事は朝七時から夜十一時までだ。

スターリングラードのチュイコフ

事件がおきたのは、祝日の前、一九一四年の復活大祭の前だ。支配人が厳しいやつで、階段にゴミがあるのに気づいた、行ったら気づいて、馘だときやがる、それっきりさ。懇願したよ、なにせ行く当てがまったくない。村に戻ろうってもダメだ。うちには十五人か六人いて、そこに居候が行くんだからな。さあ、どうしよう。そうだ、知り合いが一人いた。辻馬車の馭者をしていて、同姓のピョートル・チュイコフ。そいつが世話をしてくれた。ネフスキー大通りの木賃宿「サンレモ」だ――ここも同じく入り口の小僧、客室係さ。ひどい話で、サモワールと茶器を部屋に運んで、つまずいたんだろうな、全部ガシャーンと割ってしまった。掃除係が怒鳴り出す、カアッとなって足で蹴飛ばすと、全部飛んでいって、隣の部屋に入ってしまった。大騒ぎさ。だから三週間も働いちゃいない、また追い出された。

この後また知り合いが見つかって、旅館に世話してくれた。「モスクワの断崖」とかいう、スヴェーチヌィ小路の、ヤムスカヤと交わるところだ。あそこは、よく言うだろう、いいこと以外は、それこそ何でもうんざりするほど見た。あのころ存在していた月並みな淫蕩は全部見ている。ありていに言って、あんな所で働くのはもうたくさん、ほとほと嫌になって、何としても逃げだそうと決めたが、ではどこに行く。青二才だが、もう大人だ。あれは、間違ってなければ、戦争の時だ。……わたしは父の五番目の息子だ。上の兄は全員召集されて軍にいた。四人のうち三人がバルト艦隊の水兵だった。日付も覚えている――ルーマニアがドイツに宣戦布告した時だから、一九一六年の秋だ[10]。

ほかに覚えているのは、どこかから戻ってくる時に凍えてずぶ濡れになり、病気になった。病気のまま二カ月ほど働いた。さらに喉と鼻から血が出た。ずっと身体は丈夫だったのに、このざまだ。理由は分からない。姉がピーテルで女中をしていた。どんどん痩せ細っていく。どんな具合かと言うと、夜に目が覚めると、口に血がべっとり。吐き出して、しばらくペッペッとする繰り返し。

二度医者に行った。働くのはもう無理だ。姉が父に手紙を書いた。後で知ったが、弟が死にそうだと伝えたらしい。すると父から涙の手紙が来た。帰って来い、今は誰もいない、男兄弟はみないなくなった、うちの仕事を手伝ってくれ。今でも覚えているが、一九一七年になって、一月にはピーテルを這々の体で離れ、冬の間ほぼずっと伏せっていた。二月革命を聞いたのはセレブリャンヌィエ・プルディだった。

春を迎える頃には回復し出し、仕事の手伝いを始めた。日付は覚えていないが、その頃にはもう全快していた。父の元で暮らすのに飽きて、クロンシュタットの兄たちの所に行くことにした。向こうに着く。政治情勢がいくらか分かってきた[11]。一九一七年の夏は、集会の季節だ。うちの村は左派エスエルがのさばっていた。やって来た兄たちから、何が起きているか知った。われわれ若者はもちろんエスエルが大嫌いで、「ボリシェヴィキ」がわれわれのあだ名だった。何でもかんでもボリシェヴィキのせいにされていたから、われわれもそうなったんだ。言葉なんかもうどうでもいい。ともかく兄たちが来たし、われわれ若者は何てことはない、気を許すなだ。兄の一人は、今はモスクワのセルゴ・オルジョニキッゼ記念工作機械工場の支配人をしている。

クロンシュタットに着くと、そこは全く新しい環境だった。まずクロンシュタットは革命の街だ。十月革命が迫っていた。もちろん表だって口にすることも騒ぐこともないが、準備は進んでいた。ここを離れたくなかったので、兄の一人がいた訓練部隊に入れてもらった。水兵らしい罵詈雑言やカーシャの食べ方を身に付けたし、ラッパズボンのはきかたを学んだ。集会や話合いを積み重ねる中で、それなりの社会の見方がある程度できはじめた。兄たちはみな非党員だが、気分はボリシェヴィキだった。三人の兄はみな十月革命に参加した。わたしはおいてきぼりだ。「こんな乳臭いのが何になる」と言われた。冬宮攻略に参加した兄のうち、二人[12]が潜んでいた士官学校生と真正面からぶつかった。もう一人は、結局上陸しなかった。

この革命蜂起がどうなったかは知ってるだろう。すぐに感じられたのは、それまで存在した軍人組織の崩壊だ。前線から脱走、艦隊から脱走。うちの兄たちも、あれは一九一八年のはじめだと思うが、全員がセレブリャンヌィエ・プルディにいた。父のところに身を寄せたが、もうその頃の家族は十八人くらい。兄たちが結婚していたからな。家族は父の元で暮らしていたが、そこにわれわれ「ろくでなし」がやって来たわけだ、どうしようもない、冬なのにな。[13]

プルディに着くと、若者がわたしの周りに集まってくる。どうなるんだろうと考えたりしていたが、長くはなかった。そのころ赤軍を編成する布告が出た。[14] 行こう。しかし、どこへ。ともかく軍だ。その時プルディを発ったのは、わたし、ヴァシーリー・クジミチ・ルィキン、アレクセイ・グバレフ、エゴール・ミンキンの四人だ。列車でモスクワへ。その先が分からない。当てずっぽうで外套を着た人に、軍部隊はどこにあるのかと尋ねた。これが、いい人に当たった。

「君たちは、どうしたいんだい」と言う。

「赤軍に入隊したいんです」と答える。

「証明書は持ってるかい」

われわれは出る時に村ソヴィエト[15]に頼んで、この者たちは政治的に信頼できるという旨の証明書をもらっていた。その人は、それならレフォルトヴォ[16]に行けと勧めてくれた。

「そこに養成所のようなものがある。たぶん入れてくれるよ」

養成所のコミッサールは、セガリと言ったはずだ。そこに長持を持って転がり込み、従軍ならぬ勉強を申し出た。少し話すと、その場で受け入れてくれた。早速しかるべき所に配属して、毎週日曜日のモスクワ巡視――プロレタリアートの武装勢力のお披露目だ――に連れ出してくれた。まずまず格好良かった。

そこに左派エスエルの蜂起[17]がおきて、われわれはその鎮圧に投入された。この蜂起の鎮圧は、よく言われるように、徹底的に行われた。これが最初の戦闘の洗礼だった。しばらくして、七月末か八月はじめに卒業となる。学んだのは、約四カ月間。第一モスクワ軍事教練養成所という、赤軍がアレクセーエフ学校[18]の跡地に設置したものだ。それから戦線に派遣される。……

［以下、チュイコフの内戦体験の長い話が続く］

入党が認められたのは一九一九年、ヴャトカの河岸[19]でのことで、すんなり認められた。

「えっ？」[20]

「認められないはずがない。問題なしさ」

それから中国に長期間の出張だ。その後は一九三二年まで「……」[21]だった。それからモスクワの赤軍指揮官研修講座の責任者が一九三五年まで、そしてさらに七カ月間スターリン名称陸軍自動車化・機械化大学で学んで、一九三六年にボブルィスクの機械化旅団に行った。一九三八年に狙撃兵軍団長に、次いでボブルィスク軍集団の司令官になった。これは後に第四軍となってポーランドに出動する。この戦役が終わると、フィンランド戦線に配転だ。ウフタ方面で第九軍を指揮した。この戦役が終わる。[22] すぐに西部の第四軍に行き、さらに中国に派遣されて蔣介石の軍事顧問になった。英語はさほど上手くないが会話はできるし、中国語もそこそこ話せるようになった。

開戦は中国で知り、一九四二年三月に戻った。それからトゥーラの第一予備軍の司令官に任命された。この軍とここに到着したのが七月十七日。……

　最初の戦いは第六四軍としたが、失敗だった。原因は、われわれのあずかり知らぬ所にある。われわれは［七月］十七日に到着し、十九日に出撃命令を受けて防衛陣地を構えたが、まだ部隊の一〇パーセントが未着で、戦闘開始時でも集結は最大六〇パーセント。一部は下船場所から二百キロ移動して、ほぼそのまま戦闘に入った。上部がどうにも気まぐれで、いささか苦労させられた。そう、ゴルドフ[23]の一件だ。第六四軍は壊滅を免れた（対岸の第六二軍はダメだった）が、わたしが退避させたんだ。算を乱した退却と見なされたが、実態は砲火の下を必死に軍を動かしたんだし、これをしなかったから、第五一軍や多くの師団は犠牲を強いられた。第六四軍は主力を維持できた。損害はあったが、損害なしでは何もできまい。前線から逃げようなんて思ったこともないし、これからもそうだ[24]。そういうわけで第五一軍の残兵と第六四軍で軍集団をつくり、コテリニコヴォ[25]方面に向かった。そこで戦闘だ。やっこさん［敵］は、バンバン撃ってくる。方面軍司令部は方角なんか考えもしない。同志スターリンがゴルドフはじめ全員に、ツィムリャンスカヤ[26]が敵の最初の重要拠点だと注意していたのにだ。

　そこからドイツの巨大な自動車化集団が現れ、ツィムリャンスカヤからスターリングラードに進んだ。しかるべき措置が取られていなかった。ここで集めて投入が始まる。わたしと軍集団が投入された。はじめは四個師団、後に七個師団だ。われわれが敵を食い止めて配置換えの機会を作ったので、敵がもくろんだコテリニコヴォからスターリングラードを強襲する計画は頓挫した。つまりわれわれが敵の動きを妨害し、大量の装甲車を寸断し、数万の歩兵、とりわけルーマニア兵を倒したことで、やつらの退却がおきたのだ。これはひとえに迅速に部隊を動かし、また再び頑強に守ったからだ。戦線をつくることに成功したが、そうじゃなければ何もない、開けっぴろげの門だ。……

　九月十一日に方面軍司令部のエリョーメンコとフルシチョフに呼び出され、こう言われた。行って第六二軍を引き受けてもらいたい、任務はスターリングラードの死守だ。むこうでどんな部隊があるか確認してくれ、どれがここで戦った師団か分かっていないのだと言われた。

　ドイツは二方面から攻撃してきた。一つはカラチ経由で第六二軍に西側からまっすぐ来て、スパルタコフカとルィノークの北に現れた。もう一つはツィムリャンスカヤとコテリニコヴォから、南西からの攻撃だった。その後この挟撃がスターリングラード近郊で合流して第六二軍に襲いかかる。第六四軍がベケトフカに下がっていたからだ。やっこさん、そっちには侵入しなかった。わたしの見立てだが、できるだけ早く戦略拠点のスターリングラードを奪取し、それによって軍を心理的にゆさぶり、もうどうしようもないと思わせたかったのだろう。大事なのは、北に転じる拠点としてのスターリングラードだった。挟撃はカルポフカとナリマンのあたりで合流し、一斉にスターリングラードに向かうが、そこには第六二軍しかいない。ほかの部隊はすべて［敵の］挟撃の外だった。……

スターリングラード行きの任務を命じられると、ニキータ・セルゲーエヴィチ〔フルシチョフ〕の前でわたしに質問が始まった。「どう見るか」。エリョーメンコも同じことを聞く。昔からの知り合いだ。何と言ったものか。こう答える。「任務はよく分かりました。任務は遂行します。遂行するよう努力します。要するに、わたしは死ぬか、スターリングラードを守り抜くかです」。それ以上の質問はなかった。お茶を入れてくれようとしたが断り、車に乗ってスターリングラードに向かった。

指揮所は一〇二・〇高地[27]にあり、敵はこの高地から三キロメートルの所にいた。通信は大丈夫で、電話も無線もあった。だがどこを見ても、穴だらけで突破されている。師団はボロボロ、それまでの戦いで精根尽き果て、当てに出来ない。追加投入はあっても三、四日後だ。その間はどうしようもないから、兵士を掻き集め、連隊らしきものをつくって急場をしのぐしかない。戦線はクポロースノエ＝オルロフカ＝ルィノークだ[28]。主力はグムラク[29]と市の中心部の駅。もう一つが南側のオリシャンカ[30]と穀物サイロだ。

師団。兵員かい。寄せ集めて二百。旅団。兵員かい。おそらく三百。いくつかの師団は三十五人まで減っていた。砲兵隊はあったが、師団砲兵隊でなく、対戦車砲連隊だった[31]。

この四日間は真の意味で拷問だった。第六親衛旅団は十三日にこてんぱんにやられた。旅団全体で生き残ったのは、T34戦車一輌だけだ。第一一三旅団が戦車をまだ二十輌ほど保持していたが、いるのは南部だったし、第六親衛旅団は右翼だった（旅団長はクリチマン大佐[32]）。すばらしい旅団だが、右翼だ。ほかにもいくつか旅団はあったが、戦車がない。敵はスターリングラードに突き進んでくる。

軍司令部に着くと、とびきり悪い雰囲気を感じた。会えたのは三人だけ。同志グーロフ[33]、参謀長のクルィロフ[34]、砲兵隊長のポジャルスキー[35]。わたしの副官三人は、対岸に逃げていた。だが肝心なのは、頼りにできる精強な部隊がない中で、三、四日持ちこたえることだ。各師団の司令部はヴォルガ川だが、われわれはまだ前方の高地にいる。われわれがいるのがツァリーツァ川の横坑で、指揮所はすべて後方だ。これは正解だった。しかし上手く行ったのは、たまたまだ。われわれはすぐさま臆病者に厳罰で臨んだ。十四日に、ある連隊の指揮官とコミッサールを射殺し、しばらくして二つの旅団の指揮官とコミッサールを射殺した[36]。すぐさま全員に緊張が走った。このことは兵士全員に知らせ、とりわけ指揮官には念押しした。ヴォルガ川に向かう者がいたら、こう言え。軍司令部が前方にある、持ち場に戻れ。ヴォルガ川を渡るのは、わたしがこちら側で殺された時だ。その時はそうする権利がある。状況が切羽詰まっていて、こうせざるを得なかった。

われわれが止めるんだという意識はあった。敵にも弱点があるのは分かっていた。一部の師団は三十五人だが、二百人のところもある。一方のドイツは装甲車と自動車で市内にしゃにむに突き進む。十四日に一気に突入すると、ハーモニカを取り出して祝宴だ。だが道をふさがれると、この部隊の熱狂は消し飛

指揮所のヴァシーリー・チュイコフ将軍（左から二人目）：左端は参謀長のニコライ・クルィロフ、右端はアレクサンドル・ロジムツェフ将軍、その隣は師団コミッサールのクジマ・グーロフ　撮影：ヴィクトル・チョーミン

んだ。やつらは渡船場に突進する。さあどうする。やっこさんがわれわれを完全に分断して、退路がなくなった。司令部の指揮官を集めると、戦車を四輛都合し、すべて救出に投入した。ロジムツェフの師団も到着した[37]。

　われわれがすべきは、渡船場を少しでも解放することだ。これに全力を尽くす。敵を撃退し、駅へ押し戻した。兵士が残らず出て、散兵線を敷く。ロジムツェフ師団の二個連隊が無事に渡河できるようにした。渡船場から上陸すると、すぐさま戦場に展開していく。日を夜に継ぎ、いつ夜が明けたかも分からない。敵が図々しく無警戒に入ってくるのを始終感じる。師団は小さいが動き回り、どんどん殺していく。弾薬がスターリングラードでどれだけ持つか分からない。弾薬庫は全部ここにあった。

　最初の三日間で敵の装甲車に大きな損害を与えた。われわれの損害も多い。火砲は砲手ともども全部やられた。でも、どうしようもない。誰もが退却の権利がないことを分かっていた。戦車恐怖症も消えて昔話だ。しかるべき手順できゅっとひねって、装甲車なんぞ屁とも思わない。もちろん臆病者もいて、何人かは逃げた。だが通信が動いているし、連絡将校もいたので、対岸に逃げても岸に近づけば撃ち殺されることはどの師団長も連隊長も分かっている。

スターリングラードを最後の一人になっても守り抜くと決意し、援軍が来ることも信じて疑わなかった。

政治活動は出たとこ勝負だったが、情勢に合致していた。こうした危険な状況では、兵士に講義したり大仰なスローガンを掲げる必要はない。兵士が知るべきは、上級幹部が、言葉を交わす指揮官が自分とともにあること、ドイツは打ち倒さないといけない、ヴォルガ川の対岸には行かないということだ。指揮官とコミッサールは勇敢な者もいれば臆病者もいた。

この三日間の戦いの時に、ロジムツェフの師団が来て、六日間ことのほか厳しい状況で戦った。たしかに奪回こそなかったが、ヴォルガ川の河岸にあったラインは守り抜いた。敵はこの戦いで痛い目に遭ったので、迂回して、ママイの丘方面で対抗行動を取り始めた。これで少し息が継げた。……それとともに兵士や指揮官の頭に、ドイツ人は何も奪えない、対抗できるしやっつけられるという感覚が生まれてきた。人材が育ちはじめたのだ。兵士が自分でスローガンをつくり、活気にあふれ出した。

飛んできた爆弾は、たぶん百万発前後。砲弾と地雷を除いてこの数だ。通信は順調で、問題なく動いた。通信隊長はユーリン大佐[38]だ。激しい爆撃で、何もかもが吹き飛び、炸裂し、燃えて炎に飲み込まれていたにもかかわらず、わたしは指揮官一人ひとりと一日に二回は電話で話していたし、主力が向かった場合は十回近く話した。指揮所はそのころ「バリケード」工場の石油タンクに移った。この時は最前線まで二キロメートルだ。昼飯だと座れば、ドサッと落としてくるし、どこかに行こうとすれば、爆撃してくる。スープが運ばれてくると、砲弾のかけらが混じっていた。軍事評議会のレベジェフ[39]は、便所にいるところを襲われたと言ってる。便所に行けば、死体が転がっていた。

補給の経路はヴォルガ川だけ、それも夜中に限られた。兵士は二日も三日も食べていないので、モノを運ぶなんてどうやっても不可能だし、そもそも考える暇すらない。負傷者の搬送は、こうしていた。ケガ人が出たら、夜まで寝かしておく。出血しても、何もできない。ただ塹壕から這い出てもたぶん助からないから寝させておいて、夜になったら引っ張り出す。頭上を戦闘機が十五機から二十機は飛び交い、そうじゃない時間は一日に五分もない。ひっきりなしの爆撃に、ひっきりなしの砲撃だ。みんな地面に這いつくばう。やつらの装甲車が出てきて、そのすぐ後ろに自動小銃兵が続く。戦闘機が四、五十メートルまで急降下爆撃する。敵はスターリングラードの地図を持っているし、上空との交信システムも上々だ。協力態勢がしっかり出来ている。しかしわが軍の兵士は、敵に近ければ近いほど良いと見ていた。装甲車も恐れなくなった。歩兵は防弾壕、瓦礫、建物に身を潜め、装甲車の後ろを行進する敵の歩兵に切り込んでいく。通りすぎた装甲車の始末を任された砲兵隊は、最前線から二、三百メートル後ろにいて、二十から五十メートルすぎたあたりで撃ち放つ。歩兵も見逃さない。ドイツ人は全面制圧した無人の野だと思っていたろうが、その無人の野が生き返る。わが軍の「カチューシャ」[40]が火を吹き、大砲が火を吹く。

敵は二キロメートルの戦区に一個装甲師団と三個狙撃兵師団

を集めると、身の毛がよだつような準備砲撃をする。装甲車が近づくと、味方は半分以上やられている。次の日にこうした攻撃がなくても、もうボロボロで、負傷者一万から一万五千人になる。三千五百人ずつ運び出したが、広大な戦線は措くとして、この二キロメートルの戦区に、あの肉挽器と製粉機から生き残った者が一体どれだけいただろう。

渡河は常に砲撃を浴びた。川岸はまんべんなくアイロン掛けされた。エリョーメンコが同志スターリンに命じられて、わたしの所の状況視察に来ることになった。対岸から渡河して到着するのに二日半かかった。副官は肩をやられ、船も一艘撃沈。夜中になんとか渡河できたが、それくらい戦闘機がひっきりなしに飛んでいる。小船一艘がやっとだ。汽船を動かすのは夜だ。夜明けが近づくと姿を消してヴォルガ川に船が一艘もないようにした。トゥマク[41]やヴェルフニャヤ・アフトゥバ[42]に逃げたが、そこでも大変だった。艀船がどれだけ沈められたか、分かったもんじゃない。

海軍歩兵旅団はうちにはなかったが、極東の水兵が補充の形でいた[43]。いいやつらだが、訓練が足りない。意気軒昂だが、PPShを渡すと、「こんな飛び道具は初めて見た」と言う。一晩で慣れさせる。弾をどれだけ使ってもいいから、とにかく撃って覚えさせた。

民族構成は、ロシア人、シベリア出身者が多かった。七〇パーセントくらいがロシア人で、一〇パーセントくらいがウクライナ人。残りが異民族（ナツィオナールィ）だ。ロシア人が一番戦った。

スターリングラード防衛の一番つらかった時期は、ヒトラーの演説を受けてリッベントロップらがスターリングラードは十月十四日に攻略される、しなければならないと言明した時だ。やっこさんは、五日間も準備〔砲撃〕をした。予感して分かっていたことだが、元気な装甲師団を投入して二キロメートルの戦区に新たな師団を集めたし、その前に戦闘機や大砲でアイロン掛けをするので息もできなかった。われわれは水無瀬に潜んでいた。やっこさんは爆撃して砲撃し、火も付けた。軍の指揮所があると分かってのことだ。ガソンリンタンクが八個ほどあった。それを全部ぶちまけた。砲兵隊長が掩蔽壕に石油を撒き散らした。ぱっと燃え上がり、ヴォルガ川の河岸が一キロにわたって炎に包まれた。三日間、あたり一面が火事だった。酸欠や一酸化炭素中毒が怖かったが、踏み込まれたら生きて捕まってしまう。別の指揮所に移った。敵の主力のすぐ近くだ。そこで持ちこたえた。当然だが、通信が一メートルでも長くなれば、それだけ爆撃による断線が増える。指揮官にとって、とりわけ将官にとって最も犯罪的で、最も危険なことは、指揮系統と通信を失うことだ。われわれは、これを何よりも恐れた——部隊の指揮系統を失ってはならない。たとえ予備軍を出せなくても、受話器を握ってすべきことを言い続ければいい。それでもう十分だ。

爆撃や準備砲撃の類いは人生で嫌というほど味わったが、十四日のことはしっかり覚えている。一部の炸裂音は聞こえなかったし、戦闘機の数など誰も数えなかったが、大事なのは、掩蔽壕を出ると、先は五メートルと見えず、すべてが灰と埃と煙に覆われていた。十四日は軍司令部に六十一人の損害があったが、じっと座っていなければいけない。そして十四日の昼の十一時に敵が攻撃を始めた時は、人員の払底は先刻承知で、一縷の望みは、残る守備隊が役割を果たすことだった。その直前に一個戦車旅団の確保に成功し、全輛をすっぽり地面に埋めて歩兵を守りにつかせ、夜中に敵の爆撃もなかった。やっこさんも、この待ち伏せは気づいていなかった。三列縦隊の装甲車を投入したが、こちらの戦車が撃破した。この戦車は火を放たれたが、われわれが攻撃を阻止したのは事実だ。これ以上に強烈なものはなかった。近いのは十一月十一日だ。

　十四日は攻勢だったが、十五日はそうした攻撃を展開できなかった。軍司令部がすべて戦時編制になり、最後の守備隊を最前線に配置して三日間持ちこたえ、第一三八師団[44]の到着を待った。

　市街戦は、道ばたで撃ち合うものだと思われている。でたらめだ。外は無人で、戦うのは建物の中やビルや中庭で、銃剣や手榴弾で引きずり出す。うちの兵士はこの際「フェーニャ」と呼ぶ手榴弾を好んで使った。市街戦で使うのは手榴弾、自動小銃、銃剣、刃物、円匙（えんぴ）だ。鉢合わせしたら殴り合う。ドイツ人は耐えられない。ある階はやつら、別の階はこちらという状態だ。だが、ほかにも、やつらには装甲車があった。やっこさん、可能なものは何でも運んできた。一方われわれはヴォルガ川だ。今ヴォルガ川の川べりを歩くと、なんと気持ちいいことか。

　軍レベルでは、作戦上の戦闘休止はまったくなかった。九月十三日から十四日は、出くわしては激突し、互いに滅多打ちだ。ヒトラーは止めない、惜しげもなく兵力を投入してくるのは目に見えていた。だがやっこさんも分かったろうが、この戦いは生きるか死ぬかの戦いで、われわれに止めを刺さない限り、スターリングラードは屈しない。全面的なスターリングラード攻撃は、十一月二十日まで続いた。少しでも弱まったと感じたら、すぐさま兵力を投入して反攻に出る。ママイの丘も息つく暇を与えず、数十回も敵を急襲だ。トラクター工場の周辺は第三七師団が急襲した。壮絶な死闘で、右からも左からも切りつけた。それまでわれわれは攻勢防御で、攻撃の任務はなかった。だが防衛が攻勢なのだから、攻撃を受け止めるだけでなく、機会を見ては、こちらから敵を急襲した。戦いは強まり弱まり、だが止むことはない。攻撃はずっと続いた。人間の想像を絶する日もあった。

　敵の攻撃を警戒していたのは、十一月の祝日の直前だ。偵察の報告では、ヒトラーの新たなスターリングラード攻勢が三日に始まるという。これに備えて弾薬や兵員を用意した。戦いは止まないが、いつ攻撃が強まるかと待っていた。判断は正しかった。まず「バリケード」工場だ。敵は北渡船場に出ることで、軍の分断を狙っていた。ところが、どうしたことか、三日、四日、七日、十日と攻勢に出ないのだ。戦いは続いていたが、圧力は感じなかった。方面軍が動揺しはじめた。やつらの充足ぶりときたら、技術や火力密度などは途方もない。二個師団が予備軍で残してある。このことはつかんでいた。敵は、われわれの右翼移動を見破ったのだろうか。来る日も来る日もエリョーメンコが問い合わせてきた――そっちはどうだ、戦区から動いていないか。十一日になって敵は予備軍に持っていた最後の師団を投入した。われわれの動きがここに誘い込んだと言ってもいい。第六四軍でもドン方面軍でもなく、われわれがだ。われわれに空中偵察はなかったが、諜報員の情報はそれなりにあった（空中偵察をしていたのは方面軍だ）。捕虜がもたらしたこうした情報は、絶対の証拠で、逆らえない。

二十日をすぎると、まるで切り落とされたように、敵の戦闘機がたちどころに激減し、ほかの攻撃も減った。では一休み、とはいかなかった。あっちで戦っていれば、こっちもむずむずする。このままでいいのか、というわけだ。補充はこっちに来ず、全部むこうの戦区に回っていた。

このような攻勢防御は、二つの段階があって、九月十二、三日から始まり、一九四二年十一月二十日に終了した。ここから攻勢だと直感した。少しずつ奪い返していく。市街戦では集中攻撃を仕掛けた。やつらは火力をしこたま持っている。鎮圧は砲兵隊だけでは心許ない。最新の自動火器を使えば、そこそこの人力で歩兵を制圧できる。戦車は、地雷や鉄屑がごろごろしていて、街中を進めない。敵の装甲車も十月十四日以降、地面が穴ぼこだらけで、動けなかった。わたしは戦車七輌を「赤い十月」工場に入れようとした。撃たれてやられて、どれだけやっても入れられなかった。あちこちに爆弾穴がある。戦車が進むと落ちて、引き揚げられない。すべて砲火の中だ。いくつかの建物を焼き払ったが、それでも通れなかった。

十一月二十三日から［始まった］少人数の突撃部隊の行動で、建物、地下室、工場の作業所の奪還を目指した。少人数だが、周到な計画と慎重な準備を重ねた部隊で、手榴弾を携行している。あらゆる闘争手段を用いたが、今は言わずにおく。たとえば、フガス火炎放射器、そういう防衛手段がある、それにフガス弾。こういうものを道路に持って行って、設置して爆発させた。爆風が百メートルほど出る、わが軍の歩兵はそれに隠れて前進した。ドイツ人は耐えられない。テルミット弾［も使った］。長距離砲であらかた敵のトーチカをたたき、ここは迫撃砲、対戦車砲、携行の手榴弾だ。一番多く、一番効果的だった。

第三段階の意味は、ここにいる敵はここに留め置き、別の戦区に移動させないことにある。われわれは、やっこさんを争いに引きずり込んだ。最高司令部のもくろみは、やっこさんを別の戦区に移動させないことだ。これはできている。装甲車は例外で突破されたが、今日までわれわれと戦っていた師団はそのままで、散々な目に遭わせた。やっこさん、今は最前線に殺到中だ。蹴散らしてやる。やつらの士気が高いなんて、あるはずがない。われわれと対峙中なのは主としてドイツの師団。この二個軍の指揮官が、パウルス大将だ。

われわれの戦いの第一段階は、ドン攻防戦だ。戦ったのは二個軍、おもに第六二軍と第六四軍で、攻撃してきた敵の主力に立ちはだかった。このときはこてんぱんに打ち負かした。スターリングラードに着いた時のやっこさんは、もうボロボロだった。しかしスターリングラードにはクリミアから戦闘機を投入したし、兵力も増強した。二つの主要な攻撃はスターリングラード付近で合流すると、第六二軍に向かった。第六四軍は休んでいて、何もしなかった。

　第二段階は殲滅の夢想だ。やるか、やられるか。ほかに道はなかった。情け容赦は期待できない、ヒトラーは止まらないと、どの兵士も分かっていた。わたしの見るところ、敵の損害は、歩兵でも装甲車でも、われわれの三、四倍はあった。ただ戦闘機は別で、見るも無残だ。われわれの「スターリンの隼（ハヤブサ）」[45]が飛んできて、ヴォルガ川にたどりつくや否や、すぐに爆弾を落とす。飛びながら、時に味方に、時に敵に落として、戻って行く。急旋回しだすと、もう見るに忍びない。ああ、ひよっこたちの殲滅だと分かる。夜の空軍は大したものだ。われわれのU2[46]は、いったい誰の発明だろう、あれは実に立派な発明品だ。われわれは、KV（天空の王）と呼んでいた。本当に怖いものなしだ。ドイツ軍も一目置いていて、垂直の死神と言っている。破甲銃弾だとひとたまりもないが、それでも命中させないといけない。

　第三段階は、直面中だが、ここから敵を逃さず、砲撃で釘付けにすることだ。十一月二十二日、敵が袋のネズミになったことが明らかになった。やつらは、現有兵器のすべてを持ち出せなかった。どうすべきか考えているうちに、包囲されてしまったのだ。われわれは攻勢が準備中だと感じてはいたが、具体的な場所は知らなかった。分かったのは、十一月に入ってからだ。われわれは、まったくと言っていいほど知らされていなかった。以前は毎日、方面軍と話していたが、今は見てもいない。フルシチョフはここに来なかったし、エリョーメンコも一度来ただけ……

　有り体に言って、大半の師団長はその場で死ぬ気がなかった。追い詰められると、すぐに始まる。ヴォルガ川の向こうに行かせて下さいって。怒鳴ったよ、「オレはまだここにいるんだぞ」。そして電報だ、「一歩でも動けば、銃殺だ」。第一一二師団[47]の指[48]揮官に電報を送った。ゴロホフ、アンドルセンコ、グーリエフだ。ロジムツェフはやっとの思いでわたしのいる指揮所にたどり着くと、こう言った。戦場に果てようと、決して逃げません。もちこたえようと師団のどの指揮官も尽力していたが、例外がエルモルキン[49]（第一一二師団）、アンドルセンコ、タラソフ[50]だった。その点、立派だったのがロジムツェフとゴリシュヌィ[51]だ。グーリエフも立派だし、リュドニコフ[52]の戦いぶりはとりわけ見事だった。突撃前に病気になったが、十一日の最大の激戦の最中に病を押して戻り、一歩も退かなかった。バチュクとソコロフ[53]も立派だったし、ジョールジェフ[54]も良かった。受話器を取って電話でまくし立て、「よし、行け」と言う。言われた当人はすぐさま師団コミッサールを呼び出し、同じことをまくし立てる。だが、一番の以心伝心は、ロジムツェフ、バチュク、グーリエフだ。

　そもそも師団長は厳格でなければならないし、厳密でないといけない、ずっと目を光らす必要がある。一番恐ろしく、苦しめられたのは、司令部の出任せだ。師団長も師団長で、事の正否を確かめず、実際にありもしないことを報告したりした。師団長の粘り強さは、名前を挙げた者以外は、十分にあった。たしかに、そのうちのいくつかには対応しなければならなかった。

もう本当に絶体絶命の窮地となると、エリョーメンコにこう具申した。崩壊の瀬戸際です、指揮不能になるくらいなら、軍事評議会はそのままでいいので、指揮基地だけ対岸に移させて下さい。対岸と連絡が途絶え、無線も動かないですが、わたしが責任者になってこちら側から対岸への連絡手段を確保します、そうすれば前線までつながります、とね。わたしは、軍司令部はむこうに置くべきだ、その方が指揮しやすい、軍事評議会がここに残ればよい、と考えていた。なかなか許可が出ない。そこでクルィロフとポジャルスキーにこう告げる。君は向こうに行け、われわれはここに残る。一人ずつ個別に伝えた。すると二人とも異口同音に、一緒じゃないと一歩も動きませんと言うんだ。これはロジムツェフでも言っただろうし、リュドニコフもそう言っただろう、もしかしたらグーリエフも、バチュクも言ったかもしれん、でも何人かは当てにならない。ひとこと中洲に行けと言えば、即答で「おお、ありがたい、動けるぞ」と返ってくる。何人かは年下で、何人かは同年配、何人かは年上だ。前から知っていたわけでなく一緒になっただけだ。しかしここでは長いつきあいは必要ない、関係と結束は一瞬でできあがる。対岸から来た兵士は誰もが一瞬で自分の任務を理解し、一瞬で自分の行動を、何をすべきかを身に付けた。だがすべての問題は、戦列離脱がきわめて多いことにある。……

第三五［親衛］師団[55]のことは全く知らない。直接スターリングラードを守ったわけではないからな。親衛師団だから特に何かに秀でているわけではない。親衛隊員は敢然と戦い、親衛隊員じゃない者とは格が違うと言われるが、そんなことはない。どちらにも良い面があって、粘り強さ、責任感、血の最後の一滴まで守り抜く決死の覚悟といった点で遜色はない。前者にだってそれなりに欠陥はあった。第一三親衛師団にも投降したやつはいたし、「手を挙げた」のが一番多かったのはロジムツェフのところだ。その一方で第八四、第一三八、第九五師団を見てみろ。親衛師団ではないが、ここに親衛隊員がいたら、もっと良くなっただろうか。答えに窮するな、良くなったかもしれないし、悪くなったかもしれない。

弱い面はたくさんある。まず第一に、出任せ。これは致命的だ。出任せに、指揮官の無知から来る指揮のまずさだ。知らないのに、知っていると言い張る。これは何の役にも立たない。それなら黙ってろ。知らないと言う勇気がないんだ。例えば、グーリエフと話した時だ。やつのことは買っているし、戦闘的な指揮官だが、時々考えもせずにしゃべっている。攻勢に出た時だ。事前に調べておいて、銃砲の準備状況、指揮官は誰か、観測や連携の準備状況も把握していた。やつを呼び出す。「同志グーリエフ、そちらはどうなっている」。すると「すべて申し分ありません、お美しい奥様[56]」とくる。「嘘をつけ、そんなはずがない」と

バチュク師団長（中央）とチュイコフ将軍（左端）、スターリングラード、1943年1月1日　撮影：ゲオルギー・ゼーリマ

言って、次々と挙げていく。

「まさか、そんな」

「何が、まさかだ。すぐさま電話して確認し、三十分後に報告しろ」

三十分後に電話がある。

「仰るとおりでした」

こんな具合で、話をしても、自分で調べた事実がないと、えらい目にあう。たいていの報告は、こんなことやこんなことをしただ。すぐ報告書にするか。ごめんだな。部下の連絡将校を、調べて確認してこいと送り出す。自分も師団司令部に行って、そこで話をして、連絡将校の働きぶりを確認して、もしダメならまた行かせる。

自分自身の誤算かい。いくつかの部隊を後退させて、もっと有利な防衛線をつくるべきだった。だが踏み切れなかった。その防衛線で止まるかどうか自信がなかったからだ。これが一つ目。二つ目は、戦車の利用に関して、われわれは全くと言っていいほど問題を詰めておらず、そのままになっていた。戦車は、地面に埋めてトーチカのように使うもんじゃない。伏兵を設けるなら、それより大砲を置くことだ。小さくて小回りが利いて、性能もいい。戦車は機動部隊として用いるべきだ。軽戦車はまったくの期待外れで、ＫＶ[57]とＴ34が残った。ＫＶは、武器、装甲、出力、走破性が優れている。今のように航空機があると、総反攻に向かう戦車に、敵の目を欺くカムフラージュなどしない。わが軍の戦車は消極的な防衛手段に成り果てたという見解には同意できない。戦車はやはり戦車だ、攻撃の武器だ、守りのことは四五ミリ砲に任せれば良い。こっちは建物に持ち込んで屋根裏に置けるが、戦車は分解も持ち運びも据え付けもできない。われわれは戦車を地面に据え付けたが、引っ張り出して突撃隊か何かを作るべきだった。あとでふと思いついて、機動予備部隊をいくつか作り、そこそこ役に立った。……

大砲は十分にある。戦車に搭乗している戦車兵は、装甲で守られているが、爆弾が飛んでくると、爆音などの衝撃が猛烈で、加えて何も見えなくなる。覘視孔（てんしこう）なんか当てになるか。もうちょっとましなのを作れんのか。ドイツの装甲車は視界が優れている。われわれの戦車はドイツに比べて高速で機動性に富むが、何も見えん。

これだけは分かって欲しいが、こうしたすべてはわれわれの精神状態に痕跡を残した、とはいえ、われわれの行動をそのまま規範にしてはいけない。一方で、もう少し上手くできたんじゃないかと思っている。本当だ。どこで失敗したか、かい。白状すれば、工場だ。たしかに命令を出した。兵力があったので、特別の工兵部隊を出して堡塁を準備した。だが作業がばらばらで、ドイツ軍が今われわれに立ち向かってくる頑強な粘り強さがなかった。工場を強力な抵抗拠点にできなくはなかったのに、できなかった。部隊が工場にいたのに、なぜ封じ込められたのか。これは間違いなく敵の航空機のせいだ。工場に爆撃がなかった時は、すべて上手く行っていたが、爆撃がはじまると、旋盤が飛び、屋根が落ちた。鉄筋コンクリートも耐えられなかった。工場から人が消え、墓場同然だ。落ちてくるのが小さな爆弾ならまだしも、五トンや一トンが飛んでくるし、装甲にレール、もう笑い事じゃあない。一番たくさん落としやがったのは戦闘機「メッサー」[58]だ。

この関連でスターリングラードの今回の戦いで何が特徴的だったか、かい。指揮官、兵士は、スターリングラードに来る、こちら側に渡ってくると、もう筋金入りだ、もう自分の任務を知っていて、何のために戦っているか、なぜ来たのか、何をすべきか分かっている。わたしの知る限り、スターリングラード戦の全期間をとおして、われわれの部隊が退却し、どこかで戦闘をしなければならないのに敗走した例はなかった。どの部隊を見ても、そんなことはなかった。朝になれば、日中の移動はままならないので、そこで待機するが、さんざんにやらて夜まで続く。死力を尽くして戦った。われわれは退却を知らない。そうとは思わぬヒトラーは、ここで読み間違えた。

人員の年齢構成は様々だが、だいたい中核は三十から三十五歳だった。若者もいて、とりわけ水兵は極東から増派したが、年寄りが多かった。選別はしたが、行軍中は如何ともしがたい。なぜかどの兵士も、スターリングラードから退くことはありえないと分かっていた。国中がそう言っているのを知っていたし、スターリングラードは降伏しない、スターリングラードはソ連の誇りを守っていると信じていた。

女の子はたくさんいた。通信兵、衛生兵、軍医助手、医者。仕事ぶりはきわめて優秀、わが軍の兵士と女性を比べてもそう言える。肉体的な理由で男のすることができない場合はあるが、勇敢さに関しては男を上回る。忍耐力、英雄精神、誠実さ、献身で見劣りせぬばかりか、多くの場合で上回っている。たしかに、戦いが激烈で困難な時に司令部つきの女性を全員ここから対岸に退避させ、男と入れ替えたが、女性が肉体的に弱いからだけであって、決して精神面が理由ではない。川沿いを歩いてみると、たいてい衛生部隊が仕事をしている。われわれの渡河は、集中管理していた。師団はそもそも搬送はしない。となると急ごしらえの野戦病院、手術施設の出番だ。戦闘中ここには手術室があった。医師一人で難しい外科手術を二百もこなしていた。目をいわゆる看護婦に向けてみる。こりゃまたどうだ。土埃が舞う中で、獅子奮迅の働きだ。女性の活躍の実例は山のように挙げられる。比率で言うと、女性がもらうのは勲章が多く、記章は男と比べると少ないし、特に医療従事者は、わたしの印象だが、スターリングラードにいて恩賞に与らなかった女性は一人もいない、もしいてもそのままではあるまい。

スターリングラードの独創的な戦い方は、都市防衛の点でも都市攻撃の点でも、そっくりそのままあらゆる戦いに適用されるだろう。どんな居住地でも要塞にできるし、守備隊より十倍は敵を粉砕できる。

功名心の要素もあるにはあるが、口にすることは滅多にない。

英雄だって、まったく動じないわけじゃあない。チュイコフが一人の時に何をしているか、誰も知らないし分からない。証人もいなければ見た人もいない。頭の中で脳みそがどう働いているかも分からない。でも指揮官たる者が部下の前で弱気を見せるようでは、出来損ないだ。掩蔽壕にいても、砲弾のかけらは飛んでくる。ともかく待つことだ。何かい、待機していて、そわそわしないかかい。そんなやつは信用しない。自己保存の本能はあるとはいえ、人間の気力が、指揮官の場合はなおのこと、戦いで決定的な意味を持つ。やはりレフ・トルストイには一面の真実がある。

じゃあ、具体的な局面だ。砲弾が飛んでいる、ひゅうっという音が轟音になって、ほら爆発だ。砲弾に怖じ気づかない勇気が誰にだってあるわけではない。わたしだって怖じ気づく、きっと頭に当たる、胸に当たる、こりゃ助からないな、身をかがめるかどうはともかく、やはり怖じ気づく。でもひるんでいては、気力が出ない。絶対にそんなことはしない。一人でいるなら話はまったく別だ。でも、わたしが一人でいることは一度もなかった。わたしはひるまない、首をかけてもいい。

親衛隊などの称号、英雄が得た称号、肩章について話して下さい［聞き手の質問が速記録に残った］。スターリンがこのことを考慮していないと思うかい。あるいは、グロスマンがこんな質問をしてきた。部下に冷淡な人がいる、ずっと一緒に戦っていた大隊長が講習会に行くことになり、暇乞いに行ってポツリと一言。「指揮官殿、お別れを言わせて下さい。全力を出しました」。「そうか、良くやった」。グロスマンにはこう言った。そういう指揮官は貴重だ。状況が違えば、二人はしっかと抱き合ったろうが、ここは弱さを見せるべきではない。指揮官は、目の前で数千の人びとが死んでいっても、まばたき一つしてはいけない。一人きりなら泣くことも許されよう。だが最良の友がここで殺されても、平然としていなければならない。[59]

別の具体的な局面だ。［十月］十四日に砲兵部の掩蔽壕が砲撃された。九人が生き埋め、一人は逃げ出そうとしたが、足が挟まれている。二日間、掘りつづけた。生きているからな。掘り出すそばから、地面が崩れ落ちてくる。どうだ、心臓が跳ね上がらないか。跳ね上がるさ、でも顔に出しちゃあいけない。

あるいは、こんな行動だ。兵士四人が下水管に立て籠もる。それをフリッツ八人が包囲している。一人が下水から傷だらけで出てきて、メモを渡す。われわれを砲撃せよ。砲撃が始まり、兵士たちは死に、フリッツも死ぬ。これを平気でいられるか。

仮にドイツ人が心理データーや政治の局面を考慮していれば、もはや一歩の後退も許されぬ極限にいた兵士や指揮官一人ひとりにとってスターリングラードがどんな意味を持っていたのかを考慮していれば、全員が向こう見ずな勢いまかせでないことを考慮していれば、あれほどの大敗はしなかったはずだ。

ここでは特別な作戦は、戦略的であれ戦術的であれ、いやどんなものでも実行できなかった。戦術面に関してナポレオンのようなことをやろうとしても、できないのだ。

［再度の聞き取り］[60]

……一時（いっとき）味方の記者や作家に辛く当たったことがある。当てつけのように、こう言うからだ。スターリングラードが落ちるんじゃないか、スターリングラードが落ちるんじゃないか、敵の攻撃がどんどん強くなっている、見ちゃあいられない。これをじっと耐え忍ぶのは辛かった。外国の記者も同じだ――スターリングラードが落ちるんじゃないか。これこそヒトラーの思うつぼだ。それでなくても強いのに、おだてられて、ますます攻撃して新たな兵力を投入する。こっちは援軍なしなのに……。

一番こわかった時期は、敵の攻勢に関しては、十月だ。この時のヒトラーは、スターリングラードは落ちると誰彼構わず断言していた。実際に、前線の全勢力をわれわれに投入してきた。戦闘機が二千、いや二千五百機は飛来して、スターリングラード上空ばかりか全軍の頭上を飛び回る。毎日毎日爆撃だ。迫撃砲や大砲の砲火が昼も夜も鳴り止まなかった。

戦闘機が千機って、どういうことか分かるか。五分もせずに頭上を飛び交う戦闘機が十二機、十八機、三十機となる。それが、どんどん落としてくる。もう慣れっこになって、運ばれてきたスープを飲む時は、スプーンで破片を取り出していた。爆弾か石のかけららしく、持ってくる時に入ったんだな。

十一月はじめに一番こわかったのは、ヴォルガ川だ。凍っているが、固まっていない。船では動けない。装甲艇も突破できず、言ってみれば、補給がストップだ。戦闘機で三日ほど投下してみたが、日中に姿をさらせないので、投下できるのは夜だけだ。投下には手を焼いた。スリットが狭いので、投下しても岸辺なのか敵陣なのか自陣なのか、さっぱり分からない。飛んでいるのに、「おい、どこに落とす」となる。U2は基本的に優秀だった。弾薬がなくなるぞと気が気でなかった。弾薬の補給に制限がかかり、食糧の補給も制限される。最後の実弾になってしまい、絶望に打ちひしがれたが、それでも戦った。この時は徹底的な白兵戦になった。たしかカメラマンの撮った写真があるはずだ。余談だが、何人かのカメラマン（とりわけ、このカメラマン）は臆することなく前線でわたしに同行し、二十五メートルの距離から戦いを撮影している。味方の兵士が銃剣でフリッツを突き刺す瞬間を撮った白兵戦そのものの写真もある。まったくの無修整だ。戦いがあれば、それを撮った。戦いがあれば、写真がある。

これが一番の苦境だ。備蓄にチョコレートが数トンあって兵士に一枚ずつ支給できそうだったし、水もある、生き延びられると思っていた。それより困ったのが武器弾薬だ。モスクワの慰問隊がやってきて、軍装や食糧をくれようとする。わたしは突き返して、こう言った。「武器弾薬をくれ、ゲートルで戦うのはゴメンだ」。われわれは何とか苦境を脱した。軍で凍傷になったのは、ほとんどいない。空腹というほどの空腹じゃなかった。虱も少なかった。いま第六四軍でチフスが流行っているが、うちの〔第六二軍の〕疑い例はたった六件だ。うちの兵士は月に三回は風呂に行った、蒸し風呂だ。行くと、〔白樺の枝で〕体をたたいて〔垢を落とし〕、元気百倍だ。これは全部、岸辺でやった。あっちは爆撃なのに、こっちはどうぞ一風呂浴びて下さいだ。おそらく浴場は一カ月以上なかったが、後に数十カ所、もしかしたら数百カ所は設置した。月に十回、兵士は浴場で沐浴した。

指揮系統はずっと維持できていた。こちらは敵の計画が良く分かっていた。計画が分かっているので、見計らったように先制攻撃をした。先制攻撃のお手本だな。

様子をうかがい、捕虜の情報も踏まえて、敵がどこで強襲してくるか察知する。兵力や武器を集結したり、大砲・歩兵・装甲車・弾薬を移動させていれば分かるさ。われわれはドイツ軍を三、四キロメートル四方でグループ分けしていた。軍の密集ができたら、なめてはいけない、必ずやってくる。敵が準備中なのを見計らって、攻撃開始の数時間前に出し抜けに砲撃し、大砲や「カチューシャ」や迫撃砲を撃ち込む、二、三時間ほど前にお見舞いするわけさ。そして観察だ。映画を見るように、敵の弾薬が爆発し、輸送隊が吹き飛び、手足が上空に舞う様子を見守る。敵がつくろうとした整然とした秩序は何も残らない、破壊完了だ。やつらはもう一度陣形を整えないといけない。敵のこうした損害は、いちいち数えなかった。報告も、たちまち最前線で敵に損害が出た、ですませた。この先制攻撃でやつらを散々な目にあわせた。十分か十五分の間に砲弾数千発を敵軍の密集地に浴びせかけた。成果は、これまた捕虜から知った。捕虜がわが軍の猛砲火や作戦の供述をはじめると、誇らしさで胸が高鳴る。ある供述は、こうだ。髪の毛が逆立った、スターリングラードは攻略できない、失敗だ、多大な損害を被った、スターリングラードでは何もできない、ここにいるのは人間でなくて、ケモノか何かだ。「まあ一口やりたまえ」と上機嫌にもなる。

……

ヒトラーの予想に反して、われわれは抵抗を続けた。兵士が市内に入り、フリッツが数十人、数百人と投降しはじめると、兵士はこれに勇気づけられ、ドイツ人を打ち負かせる、こてんぱんに打ち負かせると考えた。これが一つ目の要因だ。

二つ目の要因は、まず命令で、次いで宣伝で繰り返された言葉――死んでも退くな、この先に逃げ場はない、スターリングラードでわが祖国の運命が決まるだ。これが兵士に浸透した。だから兵士の気持ちも、負傷者を肩車して連れ出すと、目に涙を浮かべて対岸に去って行くし、向こう岸に運んでくれた仲間と別れる時は、別れを惜しんで、いっそここに埋めてくれと言う。負傷して対岸に行くのは恥だと考えていた。ここには、同志スターリンの命令の残響がある。

三つ目の要因は、臆病者とパニック野郎を容赦しなかったことだ。九月十四日に第四〇連隊の連隊長とコミッサールが連隊を捨てて逃亡した。わたしはすぐさま全軍の前で二人を銃殺した。二個旅団がわたしのいるこちら側から対岸へ逃げ出し、数日間わたしを欺きやがった。見つけ出して、指揮官とコミッサールは片っ端から銃殺だ。全部隊に向けて、臆病者と裏切り者は容赦しないと命令を出した。

四つ目の要因は、ヴォルガ川を見ても、泳ぎ切れそうもないことだ。これはもう純粋に地理的要因だな。

……

外国の特派員は根掘り葉掘り聞きたがり、ここにいるのはどの部隊か、どこに補充されるのかと尋ねてくる。これはシベリア部隊かと聞かれたこともある。そんなものはないと言ってやった。ロシア人、ウクライナ人、ウズベク人、タタール人、カザフ人。ほぼそういった感じだ。ここにはあらゆる民族がいて、何か特別な、スターリングラードのためにわざわざ作られた選抜部隊はない。もちろんロシア人は、数は多い。ロシア人の住民が多いから当然だ。一番立派に戦ったのはロシア人、次がウクライナ人。かつては決して戦わなかったウズベク人も、なかなかだ。

確かに最初の一日か二日は泣いているが、その後は感化されてロシア人やウクライナ人を見習い、ともに戦って死んでいく。極めて高い政治意識が兵士にあった。

あそこで倒れることがあっても、後退はすまい、弾に額を撃ち抜かれるまでだ。このようにわれわれは心に決め、上官の命令がない限り決して逃げないと誓った。この点について責任をもって明言するが、軍事評議会が逃げなかったのだから、これに続いてほかの者が逃げるはずがない。

モスクワの援助や支援を感じたか、かい。

これはまずN・S・フルシチョフが電話してくる時だ。電話は頻繁にあった。百も承知だが、N・S・フルシチョフは大物だ。政治局員にして党中央委員、しかも同志スターリンと直に話ができる。名前は言わなくても、しばしば電話をかけて尋ねているという事実が、われわれには多くのことを意味した。

「大丈夫、耐えられます」

「そうか、期待しているぞ」

エリョーメンコがやって来た時もそうだ。二日かけてわたしの所まではるばるヴォルガ川を下り、話をしに来た。ヴォルガ川がうねり、炎を上げているが、それでもわたしの所へしがない小船でやって来た。あの人とは昔からの知り合いだ。

「同志スターリンの命令で視察に来た、日ごろの様子はどうだ、何か足りないものはあるか」[61]

弾薬などの供給は、ひどいものだった。補給がさっぱりなくて、弾薬が底をつく。モスクワに電報を打つと、即座に返事があって、すぐに物的支援を感じる。弾薬や砲弾の補給は、われわれにとって全てだ。ここで言う援助は、精神面だけでなく、ゴリ押しが必要になったら、モスクワ経由で来ることだ。この手はめったに使わないが、やったことはある。

負傷者を対岸に搬送した時だ。モスクワにこう書く。「失血で衰弱、死ぬのは平気だ、勇敢に戦う、スターリングラードは守りぬく、もっと兵力を」

そらきた。はっきりと書いてある。「指揮所の私宛て」「なぜチュイコフにこれとこれを供給しないのだ、これとこれを送れ」

新聞は定期的に受け取っていた。兵士も読めば悪い気はしまい、一面の論説記事から最後のページまで中央紙の『プラウダ』

と『イズヴェスチヤ』がずっと「スターリングラード、スターリングラード」と書いているんだからな。

　赤軍衛生局主任代理がこんなことを言った。重症の兵士が歩いている。どこから来た、どこへ行くと聞かれる。負傷兵は胸を叩いて、こう言う。

「第六二軍です。三度負傷しました。治ったらここに必ず戻ってきます」

　小包は国の隅々からどれだけ届いたことか。知恵を絞って兵士にこうした贈り物を回した。リンゴ二個とかソーセージ一切れだ。とはいえ優秀な、とくに抜きん出た兵士は、いつも何かしらもらっていた。……

　妻がわたしに書いてくるのは、こんな感じだ。「あなたはスターリングラードにいる。危険なところですが、スターリングラードで戦っている人たちはわたしの誇りです。これは、さしずめ総統との一騎打ちです。コテンパンにやっつけて、ぐうの音も出ないようにしてやりなさい、風刺画にあるように」。兵士に来るのはどんな手紙だろうな。指揮官に来るのはどんな手紙だろうな。

　国について、モスクワについて、最高司令部やスターリン個人について、悪いことは口が裂けても言わない。われわれは他から物理的に切り離されているので死と隣り合わせだと感じていたし、事態の厳しさは嫌というほど感じていた、戦況によっては死ぬだろうとも感じてた、しかし、われわれの存在が忘れられたとか評価されなかったとは感じなかった。言うまでもなく、大っぴらにスターリングラードの守り手のことを書いたり個人名を挙げるのが厳禁なのは知っていた。これは軍事機密だった。しかし国防人民委員部で第六二軍を大きく取りあげる決定が出た時は、どの兵士も鼻

N.A. ドルゴルーコフ「こうだった……こうなる！」：ソ連のプロパガンダ・ポスター、1941 年

高々で、肩で風を切って歩きはじめたものさ。
　わたしは、同志スターリンの許しを得て、一九四三年に家族のいるクイビシェフに飛んだ。ちょうど赤軍記念日の二月二十三日に当たっていた。わたしは劇場に招待された。頼まれて、挨拶を五分か十分ほどした。ソ連元帥B・M・シャポシュニコフ[62]も出席していた。多くの人が挨拶に立って温かく迎えられ、最後にわたしの番になったが、わたしはでくの坊みたいに五分ほど突っ立っていた。話そうとする度に、遮られる。われわれの置かれた立場やわれわれの戦いが理解されていることをつくづく感じた。
　われわれの兵士は、〔第六二〕軍は親衛の称号に値すると確信していた。誰もがそう確信していた。未だになぜそうならないのか理解できない。ほぼすべての師団が親衛師団の称号を得た。考えてみてくれ、師団がだよ、軍の部隊が、軍の一部がだよ。新たに来た師団が、親衛じゃあない師団だとしたら、まったく別な形で接し、まったく別な形で目の前の課題を考えて、必ずもっと責任を取れと言ってくる。

……

　つまるところ、スターリングラード戦は、わたしたちが知っているだけでも、たくさんの英雄を生み出した。われわれロシア人、ソ連人の能力には、本当に驚かされる。だがわれわれが知らない英雄がまだどれだけいることか。たぶんこの十倍はいるだろう。

……

　四二年の九月二十五日[63]以降、鉄条網をスターリングラードに張り巡らせてツァリーツァ川から「赤い十月」工場までを囲うと、それが「武装捕虜の収容所」だと言ってよかったはずだ。

НА ИРИ РАН, Ф. 2. Разд. III. Оп. 5. Д. 2а. Л. 1-28.

二　親衛師団長——アレクサンドル・ロジムツェフ

ヴァシーリー・チュイコフが初めて名を上げたのがスターリングラードだったとすれば、部下で五歳年下のアレクサンドル・ロジムツェフは、その時点でもう数々の勲功を立てた軍の英雄だった。チュイコフがそうだったように、ロジムツェフも農民の出身で、貧困そのものの幼年時代を送ったが、二十二歳で赤軍に召集されると、二年後に入党。職業軍人の道を選んで出世街道を驀進する。一九三六年に軍事教官としてスペインに派遣され、その地で国際旅団の訓練に当たった。彼の部隊はファシスト側を散々に苦しめたが、スペイン共和国の崩壊とフランコの浮上は阻止できなかった。スペインから戻ると、ロジムツェフはソ連の最高の栄誉である「ソ連邦英雄」を授与されている。

一九三九年の第十八回党大会でロジムツェフは赤軍を代表して挨拶する。こうした演説を三十四歳の大佐に委ねたことから分かるように、この二年間におきたスターリンの粛清がソ連の将官を根絶やしにしていた。ロジムツェフは、一九三九年九月にはソ連のポーランド侵攻に、また直後にはフィンランドとの冬戦争に参加している。対独戦は、当初は空挺旅団を率いて、キエフ近郊でドイツ軍に包囲された部隊の救出を指揮した。この旅団は一九四一年十一月に第八七狙撃兵師団に改組され、四二年一月に親衛の称号を授与される。以後は第一三親衛狙撃兵師団を名乗った。

一九四二年九月九日、同師団は予備軍からスターリングラード方面軍に移され、九月十四日に現地入りする。約一万人の強力師団から選ばれた第一陣が九月十四日から十五日の夜半にヴォルガ川を渡り、右岸に到達するとすぐさまドイツ軍と戦闘に入った。[64] 翌週にはヴァシーリー・グロスマンが第一三親衛師団のスターリングラードでの活躍を早くもルポルタージュにまとめている。「世界の運命」と「問題の中の問題」を決する戦いだと書き、その頃には少将になっていたロジムツェフを中心人物に据えていた。

情熱、意志の強さ、落ち着き、反応の早さ、誰もが攻撃など思いもよらぬ時に攻撃する能力、戦略的な熟慮と慎重さに戦略的かつ個人的な大胆さを兼ね備える——これが若き将官の戦い方の特徴だ。将官の性格は、彼の師団の性格になった。わたしは彼に、こうした昼夜を問わぬ戦闘の緊張感に疲れないかと尋ねた。このように昼夜を問わず轟音が鳴り響き、ドイツ軍の攻撃が数百回も、夜中や昨日の日中にも、明日にもあることに疲れないか、と。

平気さ、——彼は言う——こうでないとな。たぶん全部経験ずみだ。いつだったかは、わたしの指揮所にドイツの装甲車が押し寄せ、後ろから自動小銃兵がご丁寧に手榴弾を投げてきたが、その手榴弾は投げ返してやった。だから、このとおりさ。戦っているし、戦争の最後の瞬間まで戦うだろう。

彼の言葉は落ちついて、静かな声だった。続いて彼がモスクワのことを聞いてくる。いつもの芝居談義に花が咲いた。[65]

グロスマンが気づいた自制心は、ロジムツェフがモスクワの歴史家と話した時にも確認でき、気性の激しいチュイコフと好対照をなす。自分のことはあまり口にせず、話すのはまず第一に軍事面から見た戦いの経過——とりわけ九月に彼の師団が投入された戦略上の要衝ママイの丘をめぐる攻防戦と、ドイツ軍が立て籠もる「L字型の建物」の攻略(十二月はじめ)だった。ロジムツェフは、周到な準備と連隊同士の連携が急襲の成功にどれほど重要かを強調するが、ここからも天性の軍才が見て取れる。師団の多大な損害も隠さなかった。十月はじめまでに四千人強が戦死または負傷したという。また、L字型の建物の攻略命令が出たが多数の兵士(彼の指摘ではウズベク人)が地面にうずくまったままで、後に臆病者として銃殺されたことにも触れている。

世に言うパヴロフの家の防衛は、後年、ソ連のインターナショナリズム精神で潤色されて壮大な物語に仕立てられるが、ロジムツェフは立ち入った話をしていない。[66] ヤコフ・パヴロフ軍曹とイワン・アファナーシエフ中尉の指揮の下、二十数人の赤軍兵士が最前線にある四階建ての住居ビルに立てこもったが、そこにはソ連の十一の様々な諸民族が参加していた(数字は異なることがある)——ロシア人、ベラルーシ人、ウクライナ人、ウズベク人、カルムィク人などなど。ほぼ二カ月にわたって彼らはドイツ軍の強襲をはねのけ続け、ソ連の大反攻の最中の十一月二十四日に解放されたという。[67] 一九六九年に出たロジムツェフの回想録はパヴロフの家に丸々一章を当てているが、L字型の建物の攻略はわずか二ページ。兵士の英雄精神と協力関係を称えるが、自身の部隊での暴力沙汰には口を閉ざし、被った損害にも触れていない。[68]

スターリングラードの後も第一三親衛師団は終戦まで休むことなく戦い続けた。スターリングラードの経験が買われたからだろう、事あるごとに橋頭堡の構築に投入され、ドニエプル川、ヴィスワ川、オーデル川、ナイセ川を次々と確保していく。オーデル川を一九四五年一月に渡河すると、その間に中将に昇進していたロジムツェフは、二度目のソ連邦英雄に輝いた。戦後はソ連国防省の将官監督グループで働き、ソ連最高会議の代議員に選ばれている。一九七七年にモスクワで死去。娘の一人、ナターリヤが今もモスクワで大祖国戦争の学校博物館を運営している。

対話の速記録

第一三親衛狙撃兵師団の師団長、中将、同志ロジムツェフ、アレクサンドル・イリイチ

一九四三年一月七日

スターリングラード市

聞き手は学術協議会書記A・A・ベルキン

記録は速記者のA・A・シャムシナ

一九〇五年生まれ、三月八日にチカロフ州、かつてのオレンブルグ州にあるシャルルィク村[69]の貧しい農家に生まれた。今も向こうに姉が三人いる。一番下が四十歳、真ん中が五十歳、一番上が六十歳。わたしは末っ子だ。父が死んだのが一九一九年、母も二九年に亡くなった。育ててくれたのは主に母で、その後は自活した。

一九一七年まで教会付属学校に行き、それから初等学校の高等科[70]で二年間、一九一九年まで学んだ。土地は一人一チェトヴェルチ〔約一・六ヘクタール〕だった。それから職人になって靴を作った。姉は一人が学校に行っていたが、ほかは嫁いでいた。姉とわたしと母は、姉の夫のところで暮らしていた。一九二一年か二二年まで靴を作っていたが、二一年は飢饉の年[71]で、食べられなくなったので、馭者をはじめた。

母が常々死んでも死にきれないと言うくらい、ひどい腕白ものだった。学校で決まって何か悪さをするので、母はいつも泣いていた。女の先生に七回も追い出された。腕っ節の強さは天性で、誰彼なく殴っていた。ゲンコツ勝負の殴りっこをしたが、手始めはいつだってガキだ。まずチビを様子見に出し、あとからヒゲが出て行く。文化的にケンカしていたが、そうじゃない時は、共同体の裁きがあった。

わたしは姉と一緒に勉強した。姉はガリ勉だった。帰ったら、すぐ予習をする。わたしは聞くだけで、それっきりだ。〔ノート代わりの〕石盤は買えなかった。学校は遠くて、うちの前の、いわゆるオトルヴァンカ通り〔「遠く離れた」の含意がある〕から四キロメートルくらいある。馬に轡をかまして橇にして、行けるところまで行って、ダメになったら、板はポイだ。何がおかしいって、靴が足りなかった。フェルトの長靴やブーツが手に入っても、決して履かず、わらじを履いた。あれはすぐ悪くなる。確かいつも女の先生からお金を二十か三十コペイカもらって、それで新しいわらじを買っていた。

勉強はできた。たいていは、帰るとチェッカーで遊んだ。ほかには馬のスポーツがとても盛んだ。わたしは小さい時から乗馬の達人で、十四歳で騎兵隊に入り、その後はパラシュート隊員、さらに空軍だ。

あるときコムソモールに誘われたが、行ってみると、いたのは中農と富農[72]ばかり。女の子に追い返され、それ以来、近寄らなかった。わたしはとても繊細で、誰かと悶着になると二度と行かない。コムソモールに入ったのは、軍隊に行ってからだ。

一九二一年に縫製や靴づくりをはじめた、要するに職人だ。同郷の人で、裕福なラプシンという男がいた。使用人が五、六人いて、わたしも同じように働いた。修行だから、食事が出るだけで、給金は一切ない。一九二七年までそんな具合だ。二七年に召集されて入隊した。何の不思議もないが、二七年まで鉄道は見たことがなかったし、どんなものかも分からなかった。話に聞くだけだ。古参兵だった義理の兄が軍隊の土産話に、モスクワはでかい、クレムリンっていう所には鐘の王様や大砲の王様があると話してくれた時は目を丸くしたが、それが後にクレムリンで三年も学ぶことになるとはね。

一九二七年に召集されて、配属はサラトフ市の護送部隊だった。はじめは一兵卒、その後は下士官で、ここでコムソモールに入る。中隊のコムソモール組織の指導者に選ばれた。それから、二九年に下士官の訓練を終えると、クレムリンの全ロ中執記念学校[73]に進んだ。とても残念だが、騎兵隊には入れなかった。馬が好きなのに。あれはわたしのすべてだった。なぜか委員会が受け入れてくれなかった。後に、しばらく務めてからも、自分の夢を実現したい、やりたいようにしたいと思っていた。

全ロ中執記念学校は一九二九年はじめから三一年末まで、三年間いた。あそこは初めにホディンカ[74]に連れて行かれ、試験があった。数学が五なのに、ロシア語は二、これは郷里が特別な方言だからだ。一九三七年の里帰りでは、郷里の人が「おらさのサーニカが来たずら」[75]と言っていた。話し言葉が染みついて、書くときに間違えてしまうのだ。ほかの科目は四だった。スポーツは好きだ、鉄棒、平行棒、馬術。体を動かすのが好きで肉体も頑健、だから上手かった。軍事・戦術科目も同様だ。衛兵勤務は、レーニン廟、ボロヴィツカヤ門、スパスカヤ門で三年した。[76]それから騎兵隊学校に行かせてもらった。曲馬や曲乗りがはじまると、すぐ模範演技をするほどだったが、委員会の判断は、ロシア語が弱い、だった。馬鹿げてる、そんなのは克服すると言ってやった。騎兵中隊長が来て、あいつの乗馬術は見事だと言ってくれた。六、七年は夜間放牧に行っていたし、競馬も十年は出ていた。村にいた富農が、いい馬を持っていて、競馬には子どもを騎手にする。その馬が一番になると羊がもらえた。

これは一九二七年のことだ。それから訓練がはじまった。優等生で卒業した。学年長補佐もしていた。小隊を率いるのは小隊長でなく、学年長。その補佐役として、実戦部隊を任された。訓練中は優等生だったからな。勉強では何が良かったか、かい。数学と物理だな。歴史も良く出来たし、政治も良かった。レーニンの引用はお手の物で、文字通りページごと覚えていて、今でもさほど忘れていない。文芸作品にはあまり興味がなかった。興味を持ち出したのは、卒業してからだ。それからようやく読むようになった。愛読したのはトルストイ。『戦争と平和』は三度読んだし、『アンナ・カレーニナ』も『復活』も読んだ。『アンナ・カレーニナ』で馬に乗ったヴロンスキーが落馬する場面では、わたしも馬場を何度も走ったなと思った。障害物のせいで馬が倒れると、わたしも馬乗りなので、彼の立場に同情し、読書にいっそう熱が入った。『戦争と平和』は、人びとの一挙一動が好きだ。でも、もし今手にすれば、もちろんまったく違う。作中に数々の英雄が登場するが、今のわが軍はそれ以上に立派だ。かつてはスヴォーロフが立派な人だった。あれは個人の英雄精神だ。剣を取り、槍を持ち、前進する。ああいう人は今も大勢いるが、今はあれだけでは不十分で、戦いの組織化が必要だ。あれは相互関係が全くない。偉大な指導者でも、役割は小隊長、中隊長、大隊長と同じだ。今なら大隊長でも怒られる。……

［スペイン内戦の長文の体験談は省略。「あそこで初めて自分でファシストを狙い撃ちした」］

外国にいると、やはりロシアの大地が恋しい。国境を越えて祖国の大地に立ったら、思わず知らず、ああ、ようやくロシアだと言っていた。それでも逃げ出そうと思ったことは全くない。むこうはこのうえなく辛かった。今はもちろん状況が厳しいし、装備も似たようなものだ。「メッサー」もいた。マドリードは破壊された、スターリングラードほどではないにしろ、ひどいものだった。同じように通りに爆弾が落ちてくるのを目にした。それでも住民は避難しなかった。朝になるとみんな持ち場に行き、掩蔽壕や穴蔵に潜んだ。住民の参加は極めて積極的だった。民主主義がどっさりあった。身内の評価は、おそらくわたしは及第点だろう。

民間人の服に着替えるのは断乎反対だ。将官が民間人の服に着替えて包囲を逃れ、戻ってきてまた軍を任されるとしたら、どうだ。自己保存の本能が強烈で、あらゆるものを凌駕する。そんな奴は、もう空っぽだ。実際、わたしの師団でそんなことはおきなかった。一度包囲された時は、党委員会書記が着替えたし、作戦部長も着替えた。すぐさま二人を師団から追い出すと、旅団を整列させて、こんな奴らは仲間じゃないと言い放った。確かに批判を浴びたし、君だってそうせざるを得ないかもしれないと言われたが、自尊心がある間は誰にも屈服しないし、民間服も着ない。軍人にとって、これは屈辱だ。ロシア人の誇りにまつわる論文を書いた――『赤い星』に載るはずだ――武人の名誉について、状況の如何を問わず武人のあるべき姿について述べている[77]。

スペインから一九三七年に戻ると、静養に出かけた。二十五日ほどあちこちを回った。パリ万博[78]があって見に行ったし、パリの名所に足を運び、人びとの暮らしや、お芝居、ご婦人方の様子を見て回った。ちょうどモスクワ芸術座が専属俳優と出演中で、これも、どんなものか見てやろうと、人びとの関心を集めていた。パリは良いところで、極めて愉快だ。それに万博があって、イルミネーションが途方もない。夜が昼のようだ。ベルリンは一日しかいなかった。パリの方が清潔だ。ベルリンは景観が黒ずんでいて、どこも工場のようで暗い。煤だらけで、レニングラードみたい、とりわけ工場が立ち並ぶあたりのようだ。……

休暇が終わると、第六一連隊の連隊長に任命された。小隊長としてスタートした連隊だ。前任の連隊長は一九三七年に銃殺されていた。人民の敵だったかどうかかい――それは未確認だ。行ってみると、師団はほとんど解任されていた。連隊の指揮をはじめた。八カ月ほど務めると、それからフルンゼ陸軍大学[79]に行った。全優で卒業した大佐だ。一九三七年に大佐になっていた。卒業は一九四〇年。それから第三六師団の師団長補佐に任命された。わたしの連隊が所属する師団だ。八カ月間ほど師団長補佐としてフィンランド戦線にいた。師団長が離脱したので、病気だった、事実上わたしがずっと師団長だった。あそこでは戦闘に加わることになった。親衛軍団が到着してわれわれも十二日にヘルシンキ攻撃に向かうことになり、フィンランド湾を突破したが、そこで休戦になった。

戦争の直前に空軍の募集が始まっていた。大きな師団から指揮官の将校を選んで作戦学部に送り込むのだ。空軍の人員補強は、指揮官が飛行技術を身に付け、戦術にも詳しくなるためだった。……わたしもU2が自分で操縦できるようになった。それから落下傘降下部隊に配属され、まず第五空挺旅団長に、次いで第六空挺旅団長に任命された。戦争前はペルヴォマイスク[80]に駐屯し、第三空挺軍団[81]と呼ばれていた。

ペルヴォマイスクにいたわれわれの空挺旅団は、キエフ近郊へ投入される。敵が押し寄せてキエフを脅かしていた。列車で急行すると、そこで下り、十五日から二十日ほどダルニツァ地区のブロヴァルィにいた。続いてわたしの旅団はイヴァニコヴォに投入。そこには第五軍と第二六軍団がいた。敵が押し寄せてくる。当時はわれわれを歩兵に使う決心がまだつかなかった。

手持ちの武器は誰もかれも自動火器、こんな軽装備では戦おうにも敵の背後がせいぜいだった。

敵がスターリンカ[82]に近づきかけた頃に戦線が崩れ、スターリンの命令——キエフを明け渡すな、が出る。われわれの旅団は、部隊単位で投入が始まった。わたしがキエフに着いた時は、第六旅団と第一二旅団がもう戦っていた。われわれは一九四一年八月八日に交戦開始。十五日間で十五キロメートル追いやられた。それからさらに十日ほどそこで戦ったので、政府から感謝状をもらっている。後にウクライナ人民委員会議からだ。ウクライナはわたしのことを悪く思っていない。……

ハリコフに出撃した。四キロ手前まで行ったが、たどり着けなかった。師団総出で向かったのに、ペレモガで手ひどくやられた。続くドン川近くの戦いは第六二〔軍〕に入った。出動は九月の十四日。行ったのはこの師団だが、補充が終わっていた。指揮官は全員そのまま。これが第八七狙撃兵師団だ。後に第一三親衛狙撃兵師団になった。一月十九日で結成一年になる。ここに至るまでも、とてもひどかった。部下の連中はとびきり優秀で、全員が士官学校卒だ。尉官になるに違いない。兵力は一万人——標準的な師団だがとびきり優秀な連中で、[83]全員が教育を受けている。西部方面軍司令官補佐のゴリコフが、師団の出撃に際して閲兵してくれた。

火砲は〔九月〕十三日より前に受け取っていた。十三日はまさにこの場所で武器を受け取った。[84]この時はエリョーメンコ司令官が大いに助けてくれた。自動小銃だけだが、約二千丁。ともかく、師団の形は整った。十四日の未明はもうここに敵がいた。来るのが一日でも遅れていたら、スターリングラードはなかったろう。……

かつての絶体絶命の窮地に比べれば、スターリングラードはまだましだ。掩蔽壕のトンネルは、酸素がないのでマッチを擦っても消えてしまうが、ともかく座っていられる。指揮所めがけて手榴弾を投げ込まれても、この掩蔽壕なら届かないと分かっている。〔ウクライナの〕コノトプにいた時の、一面の平原で、装甲車が掩蔽壕に近づいて破壊しだすのとは大違いだ。ほかには森の指揮所にいた時。爆撃機の飛来が二十七回あって、わたしの指揮所を狙い撃ちする。森は焼け野原になり、掩蔽壕で無事だったのは二つだけ。指揮官もこの時あらかた手傷を負った。文字通り装甲車の下から這い出て、応射しながら敗走した。わたしは大隊にたどり着くと、再び戦いを挑み、生き延びた。

同じことがカザツカヤでもあった。師団党委員会書記が変装までした時だ。茂みを行くわたし、隣に敵の装甲車、だが機関銃も火砲も撃てない。やつらが手榴弾を投げ始めたら、身を伏せる。同道する副官は、特務部の全権代表。逃げたかと思うと、また戻ってくる。兵士は組織的に戦っていた。敵はわれわれを四方から取り囲み、生け捕りにしようとする。だが落下傘部隊の方は、命令されたとおり戦っていた。装甲車は乗員がいなければ何ともないが、歩兵の行く手をさえぎる。あのときは死の寸前だった。脱出して、同じように兵士を助け出した。包囲中の出来事だ。

さて、スターリングラードだ。

敵は市街地めがけて突進した。それが、ここで大きな被害を喫して突破が不可能と見ると、オルロフカから工場街へ転じる。むこうも大変だ。その時、新たな師団が投入され、わたしの状況は改善した。

九月十日にはカムイシンにいたが、車でスレードニャヤ・アフトゥバに急行せよとの命令を受け取った。師団はまだ武装しておらず、武器を急いで供与しないといけない。わたしは抗議した。武器なしでは出撃しない、むかし兵士の武器が底を突き、脱走兵から武器をぶんどる羽目になったことがあるからだ。すると、直通電話に呼び出された。声の主はヴァシレフスキーだった。武器は向こうで受け取れ、スターリングラードは状況が厳しいと言われた。十二日にスレードニャヤ・アフトゥバに着いた。武器はまだ届いていない。武器は一部が支給されたが、兵士の半分以上が武器を持っていなかった。十二日にエリョーメンコ司令官のところに出向いて現状を報告したが、師団にライフル銃が六百丁しかないと言うと、本当に憤慨していた。

「今すぐスターリングラードへ行ってくれ。敵が侵入し、小グループで市内に潜入している」

わたしは言います。

「できません。兵士の武装が必要です」

「いるものは何だ」

「自動小銃を下さい」

自動小銃を四百五十丁（?・）(ママ)くれたほか、重機関銃を二十門、軽機関銃を五十丁、対戦車ライフル銃を約四十丁くれた。十二日にこれを受け取って武装させると、十三日未明にそのほかの武器も届いた。十三日に武装は完了したが、実弾や弾薬がまだだ。大砲も、あるにはあるが、対岸に置きっ放し。すぐにこっちに運ぶのは無理だった。戦車もなかった。

十四日に命令が下り、ヴォルガ川を渡って第六二軍に加わり、チュイコフ中将とグーロフ軍事評議委員の指揮下に入れと言われた。戦況が分からない。そこで任務はこうなった。一個連隊は渡河して第六二渡船場へ、中央渡船場には二個連隊。前者（第三九連隊）の任務は一〇二高地の奪取、後者（第四二連隊と第三四連隊）は渡河して中央渡船場に着いたら市内を掃討してツァリーツァ川まで行く。一個大隊は第六二軍司令官の直属にする。

この大隊の引き渡しは何のためだったのだろう。私見だが、司令部がそもそも敵の包囲下にあるので、これを守るためだろう。

エリョーメンコの命令で、渡河は夜半までに終えて、わたしと参謀も含め、全員が対岸に行くことになった。わたしは戦況がさっぱり分からず、敵は今のところ対岸にいないと思っていた。ところが第一便、第二便と出発し、第一陣と第二陣が橋頭堡を築くために出て行くと情報が入ってきて、敵が対岸にいて部隊は交戦状態に入り、川から上がるとすぐに戦っていることが分かった。そこでわたしは強硬突破し、実弾を文字通り艀船で配って回った。[85] すぐに第四二連隊の千五百人が出発した。機関士はなぜかうろたえ、行ったり来たりで動かない。敵が機関銃を撃ちまくり、大砲も火を吹く。怖じ気づいたのだ。やむな

赤軍兵士を乗せた船がヴォルガ川の真ん中で沈没、スターリングラード、1942 年

く撃ち殺して、別のやつに任せた。[86] 渡河がはじまった。第四二連隊の連隊長エーリン大佐[87]も渡河する。自隊を実戦に移すのは初めてだった。

朝になると、師団全体の渡河が必要だと分かる。エリョーメンコに電話して、対岸へ行く許しを求める。日中に司令部を船に乗せて渡河［開始］。午前十時のことだ。敵が激しく撃ってきて、工兵隊長のウスキー中佐が迫撃砲弾で負傷した。渡河完了。スターリングラード州のＮＫＶＤ職員が待っていた。坑道が用意してある。そこを指揮所にした。エリョーメンコとの無線電話があったからだ。チュイコフとはまったく連絡がとれない。日中の渡河はわたしの後にもう一艘、艀船があった。この船は砲弾で沈没した。

そのころ航空機はあったが、まだしっかり動いていなかった。その後渡河して戦況が分かると、各連隊に明確な指示を出して攻撃を開始した。十四日、十五日と、まだチュイコフと連絡が取れない。十五日の日が陰るころに鉄道に出ると、駅舎を占拠したが、もう死傷者が出ていた。チュイコフに呼び出された。十七時頃に訪ねて行く。みちみち航空機に手ひどくやられた。着くと、総員しかじか到着、戦況はしかじかと報告する。任務が下ったので、この時から連絡を取った。これ以降、指示は上からになった。……

十七日は午前中に敵が反攻に出てきた。猛烈な航空機の準備砲撃とともに一〇二高地の攻略に四十輌近い装甲車と二個連隊近い歩兵がやって来る。すべて撃退し、ママイの丘の高地は十七日はわれわれの手にあった。連隊は八百機以上のドイツの空爆を耐え忍んだ、連隊長はドルゴフだ[88]。この連隊はわたしと連絡を取っていない。野戦局と連絡を取って渡河点六二でチュイコフの副官とつながり、そこから独自の任務を与えられていた。

十七日に激しい戦闘が始まった。組織的な攻撃——何がしかの主要部隊をどこかで得て撃って出る可能性はゼロだった。十七日は一つの通りや一つの建物をめぐって争奪戦が行われ、十八日、十九日、二十日と続いた。

二十日に報告があり、敵が駅舎に火を放ったのを知った。そこにいた味方の兵士は、撤退すると駅前広場の共産主義の森を占拠し、塹壕を築き始める。何日だか覚えていないが、第九二旅団[89]が来た。この旅団は、穀物サイロの左翼に配置された。与えられた任務は、穀物サイロに潜入した敵の残党を一掃し、そこを確保することだった。……

建物は、こちらが一つ押さえても、その隣は敵、その隣はこちらといった具合で、どこが前線と言い切れない。はじめの頃は市街戦の経験がなかった。こちらの弱みは、敵がすでにスターリングラードを占拠していたのに、そうした戦況を考慮していなかったことだ。市街戦の準備が必要だった、つまり通りを特定し、建物を特定し、グループも特定して指示すべきだったのだ、これこれの前線でこれこれの師団が攻勢に出るといった指示ではダメなのだ。ドイツは、この時は優勢だった。早々に専門家会館と国立銀行を占拠し、今も押さえている。味方はすぐ隣、三十メートルの距離にいたが、何度試みても奪取できなかった。はじめの頃ならできたろうが、兵士を無駄死にさせたくなかったし、鉄道に出て分断しよう、そのうち補充があるだろうと考えていたので、橋頭堡を作って敵を崩そうとした。だが結果は逆だった。左翼グループは、敵が圧力をかけると、左岸に行ってしまった。むこうで師団の指揮官とコミッサールは射殺だ[90]。こうしてわたしの左翼は、左側に隣り合うのは、敵になった。

二十二日まで、昼も夜もこうして争奪戦だ。敵が建物や通りを取ったかと思えば、味方が取り返す。そこで順番に割り振って強襲グループをつくり、誰がどこに行くかを決めて送り出す。戦うのも、分隊ごとに通りを割り振った。……二十二日の午前中、だいたい午前十時ごろ、敵が攻勢に転じ、最前線を攪乱して火砲六門を使用不能にし、一月九日広場を占拠する。ここで対戦車ライフル銃も数丁破壊すると、大砲通りに出た。味方の兵士は血を流しながらこの戦いで敵の装甲車四十二輌を破壊し、ドイツ兵千五百人弱をやっつけた。すると、ここで敵が攻撃を止める。それ以上動けなかったのだ。パニヒンが、そこの地下壕にいた。戦況は厳しい。敵の装甲車は数輌がもうヴォルガ川に達しており、地下壕に向かって進んでいたが、猛烈な大砲の砲撃、対戦車砲によって撃退され、一部は損壊、一部は炎上していた。ここで敵の攻撃は頓挫し、後退を余儀なくされた。

二十三日は、敵が小グループで戦況の打開を試みた。わたしは若干の補充を得ると（五百人ほど）、二十三日に反攻に出るが、領域面で何ら成果が出ない。敵の兵力は三、四倍なのだから、仕方ない。そこで目標を攻勢防御に切り替え、この方面に予備

市街戦をたたかうロジムツェフの親衛師団の兵士、スターリングラード、1942 年 9 月　撮影：S. ロスクトフ

ロジムツェフ将軍と師団の兵士、スターリングラード、1942年9月26日

軍が集結する猶予をつくり、しかる後に、ほかの師団と協力しながら、決死の大攻勢に打って出ることにした。チュイコフとは始終連絡を取っていた。その時チュイコフが、これこれの戦区は防衛に切り替え、自陣に留まれと命じた。フェドセーエフ上級中尉の第一大隊が取り残され、左翼が無防備になって右から敵集団が襲いかかり、包囲したからだ。この大隊は、〔十月〕二日には存在を止めた。連絡の回復も成功しなかった。その行動について言えるのは、報告書の記述だけだ。負傷して離脱した指揮官と、衛生指導員の言葉が記録されている。報告書には、こうある。「敵がわたしの屍を踏み越えていかない限り、われわれは誰一人出ていかない」[91]。こうしてこの大隊は最後の一人までその場で英雄的な死を遂げた。

　戦いはすでに局地戦の様相を帯びていた。建物一つひとつをめぐる戦いだ。敵はここで兵力を再編成する。抵抗が激しいのに気づき——ここには概算で装甲車約七十輌と歩兵千人弱を投入していた——、ここでは勝ち目がないと見ると、敵は北上してオルロフカ方面の工場地区へと、右に迂回して進んでいった。

　一日まで、われわれの持ち場は、まずまず静かだった。そこで司令官に申し出て、第二九連隊が欲しい、師団の補充があって、バチュクの第二八四師団が来たのだから、と頼み込んだ。十月一日の未明にこの連隊が交替になると、自分の左翼に投入し、中央渡船場、ペンザ通りとスモレンスク通りを確保して、敵にヴォルガ川到達の可能性を与えるなと指示した。

　連隊は交替するとこちらに来たが、この勇敢な部隊が撤退したママイの丘は、二日目にドイツ軍に占領された。こうして敵はヴォルガ川のほぼ全域を砲撃範囲に収め、一〇二高地は今に至るまでやつらの手中にある。

わたしのところは何も残らなかった。一個大隊が全滅、第三四〔連隊〕はすべてボロボロ。四千人あまりがここで死んだ。これは生やさしいことではない。火砲だけで戦って、装甲車六輌を撃破。そのあと手ひどくやられたが、四輌目が来て踏みつぶされるまで、誰一人後退しなかったし、どこかで後退したり捕まったりすることもなかった。死んでも離れなかったのだ。

二日に敵がママイの丘の全域を占領したので、渡河はすべて砲撃されるようになった。

……

その後、北部で反攻が始まった。わたしに来た命令は、掌握した防御線や占領した通りの守りを固め、堅固で厳重な防衛体制に移ることだった。これは、兵士がもうほとんど残っていなかったからだ。積極的な行動はもう無理で、左翼の部隊はもう左岸に移っていた。わたしの任務は、北部での行動の強度を確保することと、右翼の部隊を使って敵が渡船場に突進してヴォルガ川を占拠する暇を与えないことだった。以後は積極的な動きはない。わたしの戦区にいる敵も、同じように堅固な防衛に移っていた。十月、十一月、十二月とわれわれが有利になって、敵はヴォルガ川の砲撃ができなくなった。L字型の建物と鉄道員会館を奪取すると、戦いはつづくが局地的になった。[92]

L字型の建物と鉄道員会館が、ヴォルガ川の渡河や出歩きをままならなくしていた。動けるのは坑道だけ。だから司令官から命じられた拠点確保は、L字型の建物、鉄道員会館、空軍会館、第三八学校だった。これに第三四連隊〔連隊長パニヒン〕の増強一個大隊を当てた。任務は、L字型の建物と第三八学校の奪取。第四二連隊には、二個大隊を増強した上で、鉄道員会館と第三八学校を奪取し、一月九日広場に出て、そこを確保せよと命じた。わたし自身が向かったのは、エーリンの第四二連隊がいる製粉所。中隊長の指揮所だ。ここは戦況がよく分かる。作戦は用意周到だった。兵士一人ひとりが役割を理解し、どこに行って何をするのか、どの一角を、どのトーチカを襲うのか、その後どこを押さえて撃ち始めるか分かっていた。砲兵に命じて、前進が始まる直前に十分間の猛烈な砲撃を行い、この砲撃中に突撃開始となるようにした。敵までの距離は四、五十メートル。一つはL字型の建物で、もう一つは鉄道員会館。第三八学校は百メートル先。一月九日広場は、敵が猛烈に撃ってくるので、駆け抜けなければならなかった。[93]

こうした任務を負った第三四連隊と第四二連隊は、坑道掘りを昼夜突貫で開始し、ほぼ二、三十メートル手前まで近づいた。坑道を掘るのは夜中。日中は敵の目をくらまし、作ったものは朝までに擬装して、すぐ近くまで近づいた。かかったのは八日ほどで、六十メートルほど掘った。従事したのはそれほど多くない、二人ずつ交代でやった。土は地上に捨てず、ヴォルガ川の断崖まで運んだ。これが突撃の準備だ。攻撃の日は十二月三日の午前十時と決まっていた。わたしは観測所がある第四二〔連

L字型の建物に突撃する第13親衛狙撃兵師団の兵士、スターリングラード、1942年11月　撮影：ゲオルギー・ゼーリマ（背景の中央の建物が鉄道員会館、その右がL字型の建物）

隊」の第七中隊に行った。連隊長がいたほか、コミッサールのヴァヴィーロフも残っている。後者は観測所の潜望鏡に行った。わたしの場所は観察に最適で、L字型の建物も軍百貨店も一月九日広場も見える。パニヒンに準備砲撃なしで急襲の命令が出ていて、朝六時にL字型の建物に突入して確保したら、十時から第三八学校の攻略がはじまることになっていた。それまでは夜中に連続砲撃がはじまって朝四時まで続き、四時になると砲声が一斉に止んでいた。そんな中、六時に第三四連隊が急襲してL字型の建物を奪取するのだ。十時には第四二連隊が攻撃をはじめる。準備砲撃の開始は六時十五分、つまり連続砲撃で九時四十分までに敵のトーチカの一部を破壊する。火砲を持って来て、直接照準で診療所を壊す。火炎放射中隊二十八名を連れてきており、十名をL字型の建物のパニヒンに、十八名を第四二連隊に配置した。火炎放射隊の任務は、拠点の奪取に際して地下室に潜むドイツ人を焼き殺すことだ。

　われわれは今言った建物を何度も奪ったが、持ちこたえられなかった。兵士にずば抜けた動きがなかったからだ。敵が反撃してくると、味方は戦死か白陣退却しかなかった。部隊を置いて、奪取後も残って確保すべきだったのだ。

　やり方そのものは、筋が通って理にかなっていた。六時に部隊がL字型の建物に物音一つ立てずに侵入する。屋上にあったものは、すぐさま破壊した。あそこは六階建てだった。下りるとすぐに中で交戦。各部屋、各階でだ。味方は上にいて、敵は下。何人かは七階（ママ）にいた。兵士は文字通り切り裂き、殴りかかった。終わると死体の運び出しだ。味方のものもあれば、敵のものもある。まだ問題があった。地下室から追い出しておかないと、後々厄介だ。六十人ほどいた。結局、押収したのは機関銃だけで十七丁、ライフル銃が十八丁、自動小銃に火炎放射器。対戦車砲が二門に、迫撃砲もあった。

わたしも現場にいたが、十時に鉄道員会館の攻略が始まる。これは奪取した。捕虜を一人捕まえたし、ファシストの死体もあった。兵の一部を片付けたが、一部は第三八学校に移り、そこからL字型の建物に反撃してきた。わたしは大隊長代理のジューコフに命じて、火砲システムを準備させた。準備は攻撃が始まる前にうまくできて、トーチカと突撃隊をつくり、兵士それぞれに任務を指示し、誰がどこへ行くか、どうやって行くのかを決めた。しかし一つだけ「些細なこと」を間違えた、一番大事なことだ。重機関銃は攻撃に加わってはいけない、掩護に徹するべきだった。地面に埋めることをせず、擬装して隅っこに、一挺は右側に、左側にもう一挺を置いておいた。歩兵が攻略に行く時は、この機関銃と迫撃砲から集中射撃をして敵のトーチカを圧殺する手はずだった。ジューコフはそのようにしていたが、迫撃砲弾よけの掩蔽をしていなかったのだ。歩兵が出撃すると、ドイツ人が迫撃砲を撃ってきて、機関銃を狙い撃ちする。機関銃はまず一挺が使用不能になり、もう一挺も同様、なのに歩兵は動き出している。ズタズタだ。その時ジューコフが駆け出してナガン銃を手に「スターリン万歳、祖国万歳、前進！」と叫ぶが、掩護射撃はない。わたしは六十メートルほどの距離にいたので、すぐにこのバカ者の交代命令を出した。これで死亡八人、負傷二十人だ。死傷者が出たのは、敵のトーチカが味方の火砲で減殺されず、味方が制圧されたからだ。

二つ目は、大隊長アンドリアノフのグループ。こっちは機銃を地面に埋めておいた。ドイツ軍が反攻の準備砲撃をこちらの機関銃に向けても、機関銃は何ら気にせず撃っている。強襲グループは立ち上がるとすぐさま突進し、建物内で戦いが始まった。そうして鉄道員会館を占領すると、一部が第三八学校に向かったが、落とすには兵士が足りなかった。守備隊はどこも二、三十人だと思っていたが、どこも中隊なみの七十人はいた。

L字型の建物が交戦中と分かったので、パニヒンに対して、どんな手段を使ってもいいから建物の掃討を必ずやり遂げろと命じた。パニヒンは兵士を集め、準備する。連隊長補佐のクツァレンコ、実戦担当だ。こいつに地下室の敵の殲滅を任せた。あそこは地下室がたくさんあるんだ。ある地下室はバールで天井に穴を開け、火炎放射器を三台押し込んだ。二十人くらいいたが、全員焼死だ。別の地下室は二百五十キロのトロチル火薬を天井に設置して爆破してみたが、それでも持ちこたえた。そこで地下室に飛び込んで、残党を掃討した。一部のドイツ人は逃走した。

戦いは二十六時間つづいた。朝までに完全解放し、確保した。今は互いの距離は三十メートル。第三八学校は誰も手が出せない。あの建物は重要な意味がある。スターリングラードが見渡せるのだ。

あそこでは新しい方法を採った。人間は、生きているかぎり、知恵をしぼって自分のやり方を思いつくものだ。地下室は接近が難しい。大砲で壊せないからな。そこでバールで壊して穴を開け、そして火を放つ。つまり、守りを固めた場所から火を付けて、爆破するのだ。

鉄道員会館の下に五十メートルの地下道を掘る。地下五メートルの深さだ。ここに三トンのトロチル火薬を敷設した。それから強襲グループを準備した。爆発が起きた瞬間に強襲をかけるのだ。ところが起きたことは少し違った。補充で加わった兵士が動かなかった。ウズベク人だ。戦いぶりがなってない。このグループの中で動かなかった者は全員銃殺になった。このグループは、爆発がおきたら、火砲の掩護を受けながら鉄道員会館に突入するのが任務だった。ロシア人の兵士もいるし、古強者も斥候もいる。勇ましい雄叫びを上げていた。むこうはトーチカが三カ所、将兵が三十人。生き残りだ。さあ、攻撃開始。爆発すると一分半にわたって土と石のかけらが飛び散る。戦闘の場所から三十メートル、ということは直径六十メートルの爆発だ。この距離に強襲グループがいた。建物まで二十メートル。わたしの計算では、爆発から一分半はじっとしていて、突進に一分間。上手く行けば、当然だが突入してこの建物を奪取する。ここまでに二分半を見ていた。爆発は予定どおりで、噴煙があがる。部隊には工兵も用意されていて、有刺鉄線を切ったりトロチル爆薬のかけらを敵の砲眼に投げ込むことになっていた。工兵や斥候が駆け出す。有刺鉄線を切る。トロチルのかけらを投げ込む。なのに突撃する者が誰もいない。全員、身を伏せている。工兵と斥候が死に、負傷した。小隊長は怒り心頭で、銃殺にした。まったくなっていない。戦わせるのはシベリア出身者にすべきだった。

最初の勲章はスペイン学生村の功績、二つ目はグアダラハラ〔スペイン内戦の激戦地〕の功績、三つ目はキエフとハリコフと[94]チムでの包囲脱出の功績。ソ連邦英雄はスペイン内戦全般の功績で。

НА ИРИ РАН, Ф. 2. Разд. III. Оп. 5. Д. 6. Л. 1-7.

モスクワの歴史家が第一三親衛師団でインタビューしたのは三人――ロジムツェフ師団長、看護婦のグーロワ（次節参照）、そして「同志コーレン」と呼ばれる師団司令部の政治将校である。[95]最後のインタビューは短いもので、コーレンの師団長評から始まる。

同志ロジムツェフとは戦争中ずっと一緒だ。明けっ広げで、まっすぐな人で、これが一番の取り柄だな。思っていることは口に出して遠慮しない。人の評価は戦場で決める。一度でも期待を裏切ったら、もしくは臆病風に吹かれたら、もう見向きもしない。経験が豊富で、犬死にはしない。

L字型の建物の攻略中は第四二連隊がいる製粉所にいたが、わたしも一緒だった。製粉所も弾は飛んでくるから、危険はもちろんあった。でも冷静な目で、危険が少なく、でもすべてが見えて戦いを指揮できる場所を選んだ。昨日われわれのところで中隊長補佐が一人殺された、狙撃兵にやられて犬死にした。でもロジムツェフが選んだ場所は戦況がよく見えるので、戦況を観察している。これが冷静な計算というものだ。時おり強い恍惚状態、向こう見ずになる。わたしが連隊にいた時がそうだ。南西戦線へとドン川からヴォルガ川に脱出した時は、慌てふためいて退却したとは誰も言えまい。交戦しながら進んでいた。

こんなこともあった。オリホヴァトカ[96]付近で休止した時、装甲車を数えてみたが、六十輛を超えて、数えるのも面倒になった。それがこっちに向かって来るのだ。ロジムツェフはもう誰の言うことも信じず、自ら外に出て、馬に乗ってやってくる。

「装甲車はどこだ、こんちくしょうどもが」

三百メートル先に装甲車がいる。そう伝えると

「大丈夫だ、まだ遠い」

そこは指揮所なんてものはなく、小隊は休憩中で、指揮官が立っている。ただそれだけ。でも包囲の中で戦いながら進んでいた。包囲下で戦えという特別命令を受けていたのだ。覚えているのは、軍服を着替えたので勲章を付け直している時だ。「今に見てろよ。誰を殺そうとしたか馬鹿者どもに分からしてやる」と言っていた。……

НА ИРИ РАН. Ф. 2. Разд. III. Оп. 5. Д. 6. Л. 8-8об..

三　看護婦——ヴェーラ・グーロワ

ロジムツェフ将軍は、スターリングラード上陸後の一週間で自分の師団が被った損害を四千人以上と見積もっていた。看護婦ヴェーラ・グーロワの語りは、この数字を具体的にする。二十二歳のグーロワは、フィンランドとの冬戦争、一九四一年の夏と秋の厳しい対ドイツ後退戦と、軍隊ですでに多くのことを経験していた。だが、スターリングラードほど多くの負傷者を見たところはなかったと言う（死者のことは口にしていない）。彼女の衛生大隊は、新たに担ぎ込まれる負傷者を毎日六、七百人は移動救護所で手当てする必要があった。兵士を対岸の野戦病院に入れようにも、ヴォルガ川が妨げとなって緊急搬送できない。移送できるのは夜間に限られ、しかも少人数で危険と隣り合わせだった。だから負傷した兵士の多くは、その場で応急処置をして収容していた。第一三親衛師団の手術室は、チュイコフ将軍の回想録によると、ヴォルガ川の絶壁につながる下水管にあった。負傷者の九月半ばの緊迫した状況は、ＮＫＶＤの秘密報告から確認できる。「九月十五日の一日の交戦で第一三親衛師団は四百人の死傷者を出し、自動火器の弾薬を使い尽くした。……負傷者のヴォルガ川左岸搬送に大きな問題が生じている。第一三親衛師団長は、負傷者の移送手段が一切ない。軽傷の兵士が自分で筏をつくり、重傷者を乗せて左岸に向かおうとすると、ヴォルガ川の流れにあっけなく流され、あちこちの村に手分けして救助を求めることになる」[97]

ソ連の女性は、第二次世界大戦で約百万人が従軍しており（これは他の交戦国よりずっと多い）、半数が正規兵として、残りが看護婦、通信兵、洗濯係、高射砲助手として赤軍に加わった。グーロワのような看護婦も、衛生兵として最前線に送られるので、敵の砲火をかいくぐって負傷者の救出に当たることを覚悟しなくてはならない。不平不満を言わず引き受けていたのは、モスクワの歴史家が話を聞いたほかの衛生兵と同じだ。

グーロワは、ソ連体制が推し進めた戦時の性分業撤廃をおそらく歓迎していた。「わたしの考えでは、女性は軍隊で男性のように役立ちます」（300ページ）と自信満々に言っている。自分のしたことは、党員になるにふさわしいと、まだコムソモール員でもないのに、自負していた。

　チュイコフ将軍（「土埃が舞う中で、獅子奮迅の働きだ」（272ページ））やスターリングラードでインタビューを受けた別の司令官や政治将校は、従軍女性のはたらきを評価し、ときに男性兵士を上回る辛抱強さがあったと証言している。こうした人たちが口にせず、グーロワが言外ににおわせるのが、赤軍での女性の厳しい状況――文字通り男になる必要があったばかりか、特に上官の性的な攻撃に耐える必要があったことだ。もう一つ言うと、グーロワはこの点では男の視点を内面化している。自分の部隊の看護婦を、品行がよくなく、男を誘惑していると非難しており、力関係が通例と逆になっているのだ。こうした背景からグーロワは、「道徳心」を保ち続けることも戦争従事者の義務だと強調する（300ページ）。この姿勢が人間を人間にするのだという。

　グーロワが誇らしげに語る「戦功メダル」（За боевые заслуги）は、対フィンランドの冬戦争の功績で得たものだ。男性兵士は、女性兵士がこの勲章をつけているのを見て、「床入り功メダル」（За постельные заслуги）なる言い方を考え出した[98]。戦争が終わりに近づくと、女性をおとしめる粗雑な物言いが強まる。将校と恋仲になった女性兵士が「行軍野戦妻」（ロシア語の略称でＰＰZh）と呼ばれたのは、ＰＰShと呼ばれるソ連の自動小銃の略称[99]に似ているからだった。純潔への疑念から、動員解除になった女性兵士の多くが、戦後の市民生活への再統合で困難に直面した。このため、女性の元兵士が自身の従軍体験を家族にも話さないことがしばしばあった[100]。

　ヴェーラ・グーロワのその後の運命は、何も分かっていない。

対話の速記録

スターリングラード戦線のスターリングラード防衛陣地で実施
スターリングラード市
一九四三年一月七日
聞き手は学術協議会書記Ａ・Ａ・ベルキン

速記はA・A・シャムシナ

第六二軍

第一三親衛狙撃兵師団

看護婦グーロワ、ヴェーラ・レオンチエヴナ

一九二〇年、ドニエプロペトロフスク州クリヴォイ・ログ生まれ。ウクライナ人です。クリヴォイ・ログの看護学校を出て、志願してフィンランド戦線に行きました。専門は手術室看護婦です。上級手術室看護婦をしていました。フィンランド戦役では戦功メダルを、キエフでは赤星勲章をもらいました。二度目の赤星勲章はこの師団で、ヴァヴィーロフ大佐からもらいました。ドン方面軍命令でチム近郊の戦い[101]も表彰されています。

キエフは大変でしたが、スターリングラードほどではありません。まわりで地雷や砲弾が爆発して一面に飛び散っても働いていたし、難しい手術もしていました。働くのは医療衛生大隊です。キエフは、さほど労働条件がつらいわけではなかった。あのときは大きな病院にいたので、砲弾は飛んではきたでしょうが、ここみたいに妨げにはならない。ここは一日に六、七百人が来ます。一晩中働かないといけません。設備もしょっちゅう壊されます。医療衛生大隊はヴォルガ川対岸のブルコフカ村に駐屯する第二梯隊に置かれていて、ここは単に前線の救護所です。わたしも向こうにいましたが、仕事が少なくなったので、今は交代要員としてこちらにきました。

難しい手術はすべてむこうでやっています。ここより状況が落ちついていますから。負傷者を手術してここに四－六日も置いておいておくなんて出来ません。今はここも静かで、病人も多くありませんが、あの頃は本当にたくさんいました。

一番多かったのは破片による傷です。地雷や砲弾や爆撃のね。スターリングラードで診たのは大半が破片による傷でした。それ以前のハリコフにいた時は、前線の救護所は大したことはしていません。負傷者が出たら、すぐに医療衛生大隊に搬送して手当てできました。ところがスターリングラードはこの救護所が非常に大きな役割を果たします。負傷者のお腹を手術したら、ここでしばらく寝かせておく。医療衛生大隊へ搬送している間に死んでしまうかもしれませんから。担架で運びました。

スターリングラード戦の時は搬送に問題があったので軍司令官が前線に救護所を設けてくれました。外科医が二名、上級看

護婦と下級看護婦がいます。ここでは負傷者への輸血や手術を行い、そのままこの掩蔽壕で何日か休ませ、それから向こうに運びます。わたしが向こうにいたのは、仕事の負荷が結局、第二梯隊にいる医療衛生大隊にかかってくるからです。ここほど負荷を感じた場所はありませんし、個人的にもこれほどの数の負傷者は見たことがありません。

　今になって分かるのですが、看護婦はほかにも「人当たりが良く」ないといけないし、陽気でないといけません。負傷者はみんな見ています。爆撃の時は負傷者はその行動を見て、そのとおりに動くものです。わたしが覚えている例では、爆撃されて、でも負傷者の手術が終わったばかりで、まだ手術台に乗っています。あっ、これはキエフでの出来事です。何度か負傷者と一緒に取り残されたことがありました。師団救護所のテントに手術室があったからです。戦闘機がとてもたくさん飛び交っています。外科医が処置をすませて出て行って、負傷者六人を手術台から下ろさないといけない。その時に爆撃が始まったのです。わたしともう一人が残っていて、わたしたちを見て、こう言うんです。

「行きなよ、看護婦さん、逃げなきゃ。おれたちゃどのみち助からない」

　逃げるところなんてありません。それに逃げられますか、負傷者が見ているのに見捨てるなんて。こういう条件で取り残されたことが二度ありました。こっちはケガをして苦しんでいるのが分かっているし、むこうもさらに手傷を負えばどうなるか分かっている。負傷者を残して逃げようなんて思いもしませんでした。後でテントに戻ったら、どんな目で負傷者を見ればいいんですか。助けるためにやって来たんですよ。結婚はしていません。[102]

　兵士が自分の加わった攻撃を語るように、わたしも仕事中に感じたことは話せます。丸一日というもの、とにかく歩き回って、ただ負傷者を見ていただけということもありました。上級看護婦として出した結論ですが、高い技能を持つ戦場看護婦であるだけでなく、優秀な組織者でないといけない。例えばこうやって新しい場所に来たら、わたしは上級看護婦ですから、外科医が場所の設営を頼んできます。ほかの上級看護婦と一緒に、仕事の準備や人員配置を考えないといけません。わたしがここで参加したのはさほど難しくない手術ばかりでしたが、それでも組織業務はずっとついて回ります。すべて揃っているか、仕事の空白はないか監督しないといけません。さもないと外科医や看護婦が、何かの機材が足りなくて立ち往生してしまいます。

　ある負傷者には本当に涙しました。少尉で、若い、一九二二年生まれの人です。ブルコフカで、十月にあったことです。その人は負傷して運ばれてきて、足の切断手術をしました。出身はウクライナ。家族はお母さんもお父さんも恋人もみんな向こうに残っていて、生死のほども分からない。そうしたことをみんな話してくれて、敵への激しい憎しみを切断手術の間ずっと言い続けました。準備している時や、手術台に乗せられてからも三十分ほど。手術は麻酔をかけました。術後も水や食事をあ

スターリングラードの看護婦、1942 年　撮影：ゲオルギー・ゼーリマ

げる時に、スターリングラードに残るなら代わりに復讐してくれと強くせがみました。その後は後方の野戦病院に送られました。

重傷を負って自分の道徳心を失う人、自分のことしか考えないような人は、非常にわずかです。たいていは気力を維持しています。一瞬忘れる時があるとするなら、手術の時でしょう。手術が終わると、負傷した様子を話してくれますし、怒りをあらわにして、復讐心に燃えて祖国に尽くしたいと言います。負傷者の中には、軽傷なのにもう人間じゃないと考える人もいますが、重傷の人は意気消沈しません。

五年間、手術室看護婦をしてきて、血はのべつまくなしに見ています。こんなに大量に見たことは、もちろんありませんでした。全部忘れるべきなんでしょう、これがわたしの仕事です。だからと言って、わたしが負傷者に同情していない、丸太みたいに見ている訳ではありません。苦しんでいます、でもそれが負傷者に手を差し伸べるのに影響するようではダメなんです。難しい手術の時に何か別のこと、手術の進行以外のことを考えていては、上手く行きません。

コムソモール員ではありませんが、党員候補の申請を考えています。

わたしの考えでは、女性は軍隊で男性のように役立ちます。もちろん、いくつか例外はあります。でもそうした例外は平時だってあります。時々悔しく思うのは、女性が蔑みの目で見られることです――女か、それも軍隊にか、といった具合に。わたしが軍隊に来たのは自分の義務を果たすためです。品行が悪い人のせいで、あんな意見が広まるんです。

НА ИРИ РАН, Ф. 2. Разд. III. Оп. 5. Д. 6. Л. 9-10..

四　オデッサの中尉──アレクサンドル・アヴェルブフ

ここからのアヴェルブフ上級中尉とゲラシモフ中佐の二人の聞き取りで描かれるのは、第三五親衛狙撃兵師団の連隊が、ドン川からスターリングラードへと進むドイツの装甲車部隊を迎え撃った一九四二年の八月と九月の防衛戦である。同師団は、一九四二年八月はじめに第八空挺軍団をもとにモスクワ近郊で編成されたもので、すぐさまスターリングラード戦線に送られる。現地では第六二軍に合流することになっていた。スターリングラードまでの行程は、何度も敵の空襲に遭って、五日かかった。駅という駅はほとんどが爆撃を受けており、焼け焦げた貨車に乗ったゲラシモフは、線路の脇にソ連兵の死体が点在するのを目にしている。兵士の多くが初めて経験した空襲だったので、「丸め込む」必要があったと述べている。本書が抜粋収録したインタビューでは続く数週間の混乱にも触れており、軍司令部と戦場の指揮官との連携不足やソ連の敵情探索の質の悪さをうかがわせる。ゲラシモフの連隊はまずドン川左岸に投入。四十キロメートルを一日で移動する強行軍を経て、焼けつくような暑さの中、装備や武器（四十五ミリ砲を含む）を人海戦術で運び、目的地のペスコヴァトカに到着。川の対岸に橋頭堡を築く計画だった。だが、すでにドイツ軍が川岸に強大な軍部隊を集結させていた。そこで新たな命令が下る──北西二十キロメートルにいるドイツ軍の進撃をコトルバンで食い止めよ。少し遅れて別の命令も届く──この間に分断されたドイツ軍をスターリングラードの西三十キロメートルのボリシャヤ・ロッソシュカ村付近に釘付けにせよ。[103] 混乱の中で補給部隊との連絡が途絶え、食糧と弾薬の蓄えが底を突きかける。

こうした状態で連隊は高地争奪戦に投入される。師団長グラズコフは、方面軍司令官の命を受けて大隊長たちに電話をかけ、高地が奪取できなければこの手で銃殺だと伝えた。時を同じくして軍司令部から届いた電報は、師団の兵士と指揮官の「勇敢さ」と「英雄精神」を称え、「ファシストの徒党」の殲滅を呼びかけた。ゲラシモフは、出撃を目前に控えた兵士の間

スターリングラード近郊の赤軍の部隊、1942 年 8 月

で電報を読み上げさせた。高地は甚大な損害を出しながらも奪取された。ゲラシモフの連隊は三百五十人を失っている。数日後、連隊は高地を再び手放さざるを得なくなる。ドイツの第二四装甲師団が左右を通過して、包囲の危機に陥ったからだ。この後退戦はスターリングラードの南西郊外でドイツの第一四および第二四装甲師団の部隊を相手に行われたが、これをアヴェルブフ上級中尉の語りで見ていく[104]。

アヴェルブフの語りは、はるか昔から始まる。二十二歳の中尉は、国中を股に掛けた盗人という自身の恥ずべき前半生を率直に語り、ソヴィエト国家の諸制度のおかげで初めて「真人間」になれたという。彼の一生の物語は、ロシアの教育改革家アントン・マカレンコの著作に出てくる浮浪児の経歴を思わせる。目的を定めた規律訓練と動機付けの介入のおかげで「人生への切符」を手に入れたのだ。戦前のソ連のほかの機関、例えばＮＫＶＤなどが使う「鍛え直し」のメタファーは、暴力も交えながら「階級敵」を再教育して分別あるソ連市民にすることを意味した。アヴェルブフはこの文化モデルを内面化している。また彼の語りから明らかなように、赤軍兵士は第二次世界大戦の最中でも革命期に由来する変容と自己生成の枠組みで思考していた。

アヴェルブフの語りが通例と異なるのは、聞き取りをしているのが歴史委員会の代表ではなく、アヴェルブフの中隊の政治（ポリ）

指導員インノケンチー・ゲラシモフ[105]であることだ。一九四二年十一月、ゲラシモフが委員会トップのイサーク・ミンツに手紙を送り、自身の親衛連隊の歴史を書くアイディアを披露した。ミンツは赤軍の編成補充総局に手紙を書いて、ゲラシモフに二カ月の休暇を与えて委員会の手助けができるようにして欲しいと頼んだ。[106] 政治指導員のゲラシモフと中隊長アヴェルブフの組み合わせは、コミッサールのフールマノフと師団長のチャパーエフという内戦時のコンビを思い起こさせる。フールマノフが農民出身の師団長に自制心と自覚的な行動を獲得させたように、ゲラシモフは教育係となってアヴェルブフが模範的な戦士に成長する手助けをした。間違いなく政治指導員ゲラシモフが後押ししたからだが、アヴェルブフは八月二十八日に負傷した後に入党が認められている。入党は、アヴェルブフの人間形成の語りにおいて、ひとまず頂点をなすものだった。

一九四二年十二月十七日の日付のあるこのインタビューは、アヴェルブフとその上官アレクサンドル・ゲラシモフ連隊長（政治指導員インノケンチー・ゲラシモフと混同しないこと）に話を聞いたものだが、これこそ大祖国戦争史委員会が試みたスターリングラード防衛の記録の嚆矢である。たぶん聞き取りはモスクワで実施されている。インノケンチー・ゲラシモフがソ連邦英雄の授与式に呼ばれているからだ。この時の速記者アレクサンドラ・シャムシナは、調査団の一員に加わって、翌年一月からスターリングラードでさらに多くの戦争証言を記録することになる。

対話の速記録
第八親衛空挺連隊対戦車砲中隊長、上級中尉、同志アヴェルブフ、アレクサンドル・シャプソヴィチ（赤旗勲章に推薦中）
聞き手はソ連邦英雄I・P・ゲラシモフ
一九四二年十二月十七日
速記はシャムシナ

一九二〇年、モルドヴァ共和国ドゥボッサルィ生まれ。後に移ったオデッサでわたしの全人生がすぎた。オデッサに移った後、十一歳で家を離れ、両親とは暮らしていない。浮浪児と顔見知りになり、仲良くしはじめた。はじめは自分でこそ泥をして、そのかたわら学校で勉強していた。その後、こそ泥はやめ、もっと大物と知り合って窃盗団の親玉になった。十四、五歳のころだ。自分で盗むのはやめたが、窃盗品はすべて上納してくるので、それを好きなように使い、そのかたわら勉強を続けた。ソ連中を回った。ソ連で行ったことのない街はない。

それから十年制学校の、成人［向け］の夜間部を卒業した。試験に合格した時も泥棒だった。オデッサに住んでいられなくなった。チラスポリに移って十年生の試験に合格すると、真人間になろうと決心した。夏はずっと［受験］勉強だが、飲み屋、料理屋、女郎屋に通うのは続く。それから一九三八年に工業大学に入る。倍率が高くて、八倍だった。トップクラスで合格した。大学の二年生の時にこんな生活とは縁を切ろう、真人間になって軍に志願しようと決心した。仲間はみんな捕まって、わたし一人しかいなかった。その後、新しい仲間ができて、また料理屋に逆戻りした。

母は大好きだが、父は好きじゃない。弟が好きだった。みんなわたしに影響を与えている。何より、医大の女の子に恋をした。彼女も愛してくれたが、条件があって、以前の生活とは縁を切るよう言われた。オデッサではサーシャ・ブロートと呼ばれ始めた。それから以前の生活を捨てる決心を固め、勉強するようになった。大学では優等生で、盗みは止めたが、以前の仲間が助けてくれた。どこに行っても必ず仲間に会う、つきあいは続く。でもあの子が好きだったので、縁を切ると決心した。

一九三八年に軍に志願した。戦車部隊を希望したが、そこは年齢で入れず、地元の第一二八狙撃兵連隊に配属された。常備軍の一兵卒を一年したあと、連隊学校を卒業。分隊長になった。それから、［国防］人民委員命令が出て、学歴が中等教育修了および高等教育未完の者が、軍学校に派遣されることになった。願書を出したら、すんなり認められた。そのころ部隊を第一キエフ砲兵学校に引率する仕事があった。そこが気に入ったので、そのまま残ることにした。この学校を卒業して、そのまま小隊長になって軍務を続けた。軍学校連隊の一員として前線に出発したのは、［一九四一年］六月二十二日の午後九時だった。

ルジシチェヴォ[107]で野営した。三発の砲撃を合図に前線に進んだ。出撃を前に胸が高鳴った。二十六日にはじめて敵機の襲撃にあった。大きな森があったので、道から離れて身を隠した。犠牲が少し出て、連隊で十人が負傷した。大きな損害はなかった。極めて大きな損害を被ったのは、敵がすぐ近くまで接近していたジュリャヌィ村[108]だ。当時のわたしは、第一射撃小隊の小隊長だった。不安で仕方なかったが、臆病ではなかった。部下の前で臆病風に吹かれるのを恐れた。折良くこの交戦は成功に終わり、敵は撃退した。

あのころのドイツ人は、ねちっこかった。うちの砲兵中隊は至近距離で撃ち合っていたし、散弾でドイツ人を撃っていた。わたしも負傷した。戦いの後に中尉になり、キエフを離れてクラスノヤルスクに向かった。戦いは三カ月つづいた。うちの連隊で部隊の入れ換えがあった。……［一九四二年］八月からは連隊の対戦車砲中隊長で、中隊とともに前線に向かった。

砲兵中隊の訓練は、後方にいる時にした。鍛え上げたよ。夜間訓練もあって、行軍も夜にやって、起伏の多い場所、沼、川や海など百キロメートルを歩かせた。査閲も受けた。実弾演習で砲兵中隊は「優」だった。

旅団が親衛連隊へと名称変更したことは、わたしには大きな喜びだ。第一に、なぜなら連隊は、……[109]でないが、親衛の称号を得たわけだし、第二に、わたしたちが行くスターリングラードには、わたしの母と妹が住んでいたからだ。

一九四二年八月五日に戦線に出た。中隊は、三個小隊で編成。指揮官は第一小隊がカノネンコ少尉、第二小隊がミャスニコフ、第三小隊がコペイキン（片足を負傷）。中隊長補佐はノヴォシツキー少尉、中隊の政治指導員（ポリトルーク）[110]はゲラシモフだ。この陣容で前線に出た。途中で訓練をしている。講話はゲラシモフ、軍事教練はわたしと中隊長補佐がした。

十日にスターリングラードに到着。到着すると中隊はガヴリロフカまで行軍し、そこで塹壕をつくり、防衛陣地を構えた。最初の交戦は八月二十一日。わたしは政治指導員ゲラシモフから新聞をもらうと、各部隊をまわって配布し、議論をした。第二大隊に向かう途中、乗った車二台が砲撃され、運転手が二人とも負傷する。手をやられていた。わたしは包帯をしてやった。大隊に急ごうとしたが、運転手の一人がわたしにすがりついて放さない。

車の近くに空挺部隊がいて、爆撃を避けて散開していた。その中にも負傷者がいる。彼らを集めると、班長にソスニン少尉を任命し、一人ひとりの安否に責任を持つこと、爆撃が止んだら指揮所に行って報告することを命じた。

新聞はもちろん届けられなかった。激しい戦いが起きていた。連隊の指揮所に戻る。前進して装甲車の位置を探り出し、破壊せよと命じられた。アライユニャン上級中尉の分隊と一緒に前進した。同じころ戦車戦が激しくなる。味方の戦車が四輛、ドイツが八輛。味方の戦車二輛が炎上するが、乗組員が脱出できない。二人の兵士、レオーノフとマチューハとともに戦車によじ登り、少尉一人と軍曹二人を引っ張り出した。二輛目は、ドイツ軍の近くだったので、近づけなかった。また、もう一人、大やけどの戦車兵を助け出せた。次の戦車にボンダリとカルペンコが近づき、助け出したのだ。後者はグレチの衛生班に、前者は第一〇一連隊の指揮所に運ばれた。

その後われわれが対戦車砲を撃ち始めると、装甲車は去って行った。それから退避命令が出たので、退避した。

……

その後わたしは大隊の指揮所に移った。そこの戦況はきわめて苦しかった。大砲の着弾観測員が最前線にいないからだ。そんなところへ敵の自動車化部隊が前進してくると、左手が装甲車でわれわれの対戦車砲手を釘付けにし、右手ががら空きになった。これは、一三七・二高地でおきたことだ。わたしは目標を割り出すと、初期データーを準備し、角度を決めて部隊の撃滅に取りかかった。

わたしはずっと冷静で、このことに熱中した。部隊は撃滅した。

それから砲口を、左手で迂回をはじめた歩兵部隊に向けた。装甲車が六輛くらい、歩兵が二個小隊ほど。この攻撃を跳ね返し、そこで撃破した。ところで、その時は暖かい晴天だった。昼の二時くらい。もうもうと土煙が上がって何も見えず、わずかに太陽が顔を出すくらいだった。自動車の部隊は壊滅だ。装甲車四輛を味方の兵士が破壊し、歩兵二個小隊を撃滅した。

　われわれがドイツ軍を撃退したのを記念して、クラシン大尉が最前線で夕食会を開いてくれた。スメタナや牛乳が出て、ウォッカも少々、焼いた羊肉もあった。部隊を蹴散らしたのを祝して、上級政治指導員のカーシンがわたしにまで祝福のキスをしてきた。

　わたしが一番嬉しかったのは、戦いが終わったこの夜、この最前線で党員候補に採用されたことだ。夜中に指揮所のゲラシモフ中佐[111]を訪ねた。わたしの戦死が伝えられていたので、無傷で無事なわたしが現れると、誰もが驚いてわたしを見つめた。

　九月八日に命令が下り、リズノフ大尉の大隊とともに防御陣地を構え、その場所を守り抜くよう言い渡された。夜中にすべてを回って、見てきた。兵が非常に少ない。わたしの中隊は、銃が六丁の二十二人だ。第二〇撃滅大隊（ママ）から〔増強で〕加わってもらった。

　射撃陣地を見て回ったが、すべて立派だった。前哨にカシュタノフ少尉を小隊とともに送った。リズノフは左翼に残り、わたしが小隊とともに右翼に移った。襲撃された際は、最後の一人まで戦い、一歩も退かない、死ぬか軍務を遂行するかだと確認し合った。兵士にはわたしが手短に任務を説明し、敵がどれほどの人数であろうと、死守しなければならないと伝えた。夜半に兵士全員に食事を与えると、横になって休んだ。

　朝四時、はじめに口火を切ったのはドイツの六連装の迫撃砲システム「ヴァニューシャ」[112]だった。このあたりで敵の攻撃が始まった。雪崩を打ったように驀進してくる装甲車、その後ろに続く歩兵。対戦車砲小隊が塹壕に配置してあったが、あの塹壕では敵の装甲車への発砲にしっかり対応できない。敵の装甲車は右翼からだと想定していたのに、左翼から来て丘を迂回したため撃てなかったからだ。塹壕を捨てて、開けた場所で撃つ必要があった。装甲車八輛を撃破。すぐに引かれて行った。装甲車を撃破したのは、赤軍兵士のニコラエフ、ベレズニコフ、ニキーチンだ。ニキーチンは書記兼兵站係のはずだったが、武器を取った。

　最後の一人になるまで戦った。弾薬が尽きると手榴弾で装甲車に立ち向かった。兵士は櫛が欠けるように消えていった。大隊との連絡も途絶えた。わたしはリズノフの指揮所に移動した。残っていたのは銃一丁と実弾八発。大事にしろと命じた。

　匍匐で指揮所にたどり着いた。途中、モーゼル銃の弾倉を壊してしまった。リズノフに戦況を報告する。各中隊や連隊本部との連絡はすべて途絶えていた。連絡兵を送っても、死ぬだけだ。だが最後の一人になっても死守すると誓ったからには、死守するのだ。掩蔽壕に残っているのは、わたしとリズノフ大尉と連絡兵だけ。他は誰もない。誰ともまったく連絡がとれなかった。ドイツの歩兵隊が側を通り抜け、わたしたちの背後に回る。掩蔽壕が敵に見つかった。わたしの手元にあるのは、モーゼル銃と弾薬箱、ＰＰSh自動小銃。リズノフは、ＰＰShと信管なしの対戦車弾が三発。一人ずつ打って出ることに決めた。わたしがまず掩護する。二百メートルほど離れたら、わたしも離れる。わたしたち三人しか残っていなかった。

　わたしが対戦車弾を投げた。爆発しない。この間にリズノフ大尉が百五十メートルほど走ったが、左の太ももをやられた。彼がわたしに叫ぶ。「出てくるな、どこからでも撃ってくるぞ。また足を撃たれた」。わたしは駆け寄ると、すぐさま包帯をして、ほどけないようにきつくしばった。ドイツ人がやってくるので、急いでしばった。やっとの思いで包帯をし終えたが、血が止まらない。彼を背中に乗せると、五十メートルほど這って進んだ。そこに運良く高射砲の砲座がある。狙いを定めて彼を投げ込もうとしたその瞬間、右の太ももをやられた。包帯はリズノフ大尉で使い切ったので、自分は包帯なしだった。多少落ちついたので、大尉を助けながら、前進しはじめた。二時間ほど前進した。リズノフ大尉はもう生きている気配がなかったが、小声でオレのことはもういいから自分の命を守れと言っていた。わたしはもちろん見捨てはしなかった。

　這って進み、無線局のあるヴェルフニャヤ・エリシャンカ[113]に着いた。立ち上がって方角を確かめると、再び自動小銃兵にやられて胸の左半分と左手を負傷した。そこで倒れて意識を失った。どれだけ倒れていたのか覚えていない。気がついたのは、ひどく寒かったからだ。もう夜中で、朝の四時ごろだった。夜がもう明けかけていた。まわりでドイツ兵の話し声が聞こえる。リズノフがわたしの側にいない。家に近づいてみることにした。もう九日だ。どうやら家にはドイツ人がいる。銃を撃ちまくってやろうと決めた。これ以上力は出ないし、おめおめと捕まって降伏したくない、万事休すと思ったからだ。引き金を引いたが、モーゼル銃に砂が入って、撃てない。右手はまだ大丈夫だった。右手を使って這って動き出し、師団の指揮所に奇跡的にたどりついた。もうお昼前だった。そこでユービン大佐と法務官のトルッペに会った。ゲラシモフ中佐が見つからない。少将に面会を求めると、死んだと言われた。わたしをからかって笑っているんだと思った。だがしばらくして本当だと分かった。師団指揮所に戦況を報告した。

　包帯はここでももらえなかった。自動小銃兵が師団指揮所の目の前に迫っていた。わたしはせめて武器をくれるか、一緒に連れて行ってくれと頼んだ。自動小銃はくれなかった。ドイツ軍が押し寄せ、師団司令部は遠くに退避した。自分で這って進むしかなかった。二日かけて何とかスターリングラード近くまでたどり着き、あと三百メートルというところで生まれて初めて涙した。スターリングラードはもうすぐだ、なのにたどり着けない。さらに百五十メートル進んだら、一人の老人が、娘も連れていたが、わたしに手を差し伸べ、スターリングラードの自分のうちに連れて行ってくれた。娘はわたしに包帯をしてくれて、牛乳を飲ませてくれた。ゾーヤという名前だった。それからヴォルガ川を渡河させてくれた。わたしはお別れに老人と娘にキスをした。老人は、わたしのことを自分の息子のように思って、泣いていた。それからわたしは野戦病院に入った。

НА ИРИ РАН. Ф. 2. Разд. III. Оп. 5. Д. 38. Л. 36-37 об.

五　連隊長——アレクサンドル・ゲラシモフ

ここに示した連隊長アレクサンドル・ゲラシモフの語りの抜粋は、部下のアヴェルブフ中隊長のインタビューの中断箇所につながる。アヴェルブフが重傷を負った九月八日の戦いは、第三五親衛師団のヴァシーリー・グラズコフ師団長[114]が戦死している。二個連隊がこの時点でほぼ壊滅しており、生き残った兵士はゲラシモフの連隊に編入された。チュイコフ将軍によると、第三五親衛師団で九月十二日にまだ戦闘可能な兵士は二百五十人にすぎなかった[115]。ゲラシモフの連隊は、さらに数日間、後退を続ける。しばらくスターリングラード南郊の穀物サイロで持ちこたえたが、九月二十日にドイツとルーマニアの部隊に四方から包囲された。ここで新たな師団長からゲラシモフに命令が届く。兵士とともにドイツ軍の陣地を突破し、ツァリーツァ川河口にいる師団指揮所へ向かえと言うのだ。この突破は、自身のスターリングラード戦の経験で「一番面白い戦い」「一番苦しい危機的な局面」〔312ページ〕だったとゲラシモフがインタビューで詳細に語っている。戦いの混乱は、後に負傷してサラトフの野戦病院に入っている時も、悪夢となって連隊長を苦しめ続けた。

対話の速記録
中佐、ゲラシモフ、アレクサンドル・アキーモヴィチ、第一〇一親衛連隊の連隊長
一九四二年十二月十七日
速記はシャムシナ

……［一九四二年九月］八日の夕暮れまでにすべての部隊がスターリングラード郊外に退却していたが、そこに第六二軍司令官の指令が来て、そのままスターリングラード市内の守備につくことになった。このときは通信がすべて途絶え、支隊と連絡が取れず、砲兵隊との連携もまったく取れなかった。その折も折、少将の同志グラズコフ（第三五師団長）が死んだ。まず自動小銃兵に足をやられ、続いて車が手配されて車に乗せたところを、戦闘機から狙い撃ちされた。これで陣頭指揮に甚大な影響が出る。とはいえ、こうした苦境をものともせず、第三五師団司令部は帰属部隊をかき集めて隊形を整えると、スターリングラード市内、とりわけ南部のクポロースノエの守備に着いた。第三五師団長[116]の指示で、クポロースノエ南部の防衛地を押さえ、スターリングラード＝ベケトフカの鉄道を遮断することになった。九月九日には生き残っていた全部隊が守備についた。敵の主力は、第六二軍と第六四軍を分断しようと、ベケトフカの住宅地とスターリングラードとの間に向けられる。装甲車と兵力がこの境界地に殺到し、わが方の部隊を攻撃しはじめ、南から西へと押してゆく。

わが師団の生き残った兵士は約千人ほどだが、スターリングラード防衛を九月九日から二十一日まで続け、防衛戦を直接スターリングラードの市街地で行った。ここではずっと激しい防衛戦が続いた。師団で残っていたのはわたしの連隊だけだ。八日にはもう第一〇〇連隊も第一〇二連隊も存在していない。この連隊の残兵はすべて集めて、わたしの第一〇一親衛連隊に組み入れた。この結果、師団で残っているのは、わたしが指揮する統合第一〇一親衛連隊だけとなり、九月九日から二十一日まで直接スターリングラードで防衛戦を行った。

ちなみに、このころの前線は、スターリングラード市内だと、師団相当のドイツ軍がいて、部分的にはルーマニア軍もいた[117]。スターリングラードでパヌィチキン少尉[118]が一個分隊でルーマニア人の小隊を殲滅し、将校も捕虜にした。そいつは抵抗した。パヌィチキンに指示したのは、一個分隊とともに穀物サイロ付近に向かい、そこに一個小隊を配置してわれわれを掩護することだった。彼は二個分隊を残すと、一個分隊とともに穀物サイロ付近に向かう。ルーマニア人の小隊がいて、先頭に将校がいる。一斉射撃を命じる。赤軍兵士が撃つと十人か十二人が死傷し、残りは逃げた。将校は建物に隠れる。急襲されて、拳銃をつかむ間がない。パヌィチキンはそいつの手をつかみ、手をひねりあげる。そいつが叫び声をあげる。振り払う所に、顔に一発おみまい。将校が倒れる。そこへ赤軍兵士が駆け寄って捕獲した。こいつのおかげで、ルーマニア人がいるのが分かった。前方はルーマニア人が撃っているが、後方はドイツ人が機関銃を持っている。ルーマニア人が突撃してくる場合もあった。やつらはいくつかのグループで攻撃してくる、十五人か二十人ずつかな。走りながら叫び声をあげ、機関銃を撃ちまくり、掩護射撃をしてもらう。やつらの叫び声は甲高くて、よく響く。最前線にやってくる。こちらが反撃。十人か十五人で三十人に立ち向かう。弾帯をはずし、一切合切を捨てる。

水筒を捨てて逃げてゆく。だがここで強烈な砲撃がおきる。おそらくやつらに向けてドイツ人が機関銃を撃っているのだ。やつらは押し戻される。行くも退くもままならない。……

われわれは少人数の兵でスターリングラード防衛を二十一日まで続けた。二十一日に残っていた兵士は百人ほどだった。

……

二十日の夜十時ごろ、第三五師団長、同志ドゥビャンスキーの指令書を受け取った。内容はこうだ。「第一〇一親衛狙撃兵連隊長ゲラシモフ中佐へ。守備交代のため、第九二狙撃兵旅団の二個大隊を向かわせる。守備区画を引き渡したら確認書を受け取り、従前の守備区画をともに守備しながら次の指令を待て」

……

二十一日の夕刻に第二の指令書を受け取った。ただこの時はもう敵が右翼の作戦部隊からわたしを切り離し、ヴォルガ川に到達していた。つまり師団指揮所とわたしは敵に分断されていたのだ。敵は迫撃砲中隊で、重機関銃と軽機関銃を備えている。あわせて百五十人から二百人ほど。ヴォルガ川上流をしっかり固め、われわれを師団指揮所や右翼の作戦部隊から切り離した。

指令書を届けてくれた伝令は、ドイツ軍の戦闘隊形をやりすごし、匍匐して何とかやってきた。補充されたばかりで、名前も覚えていない。ドゥビャンスキー大佐の指令書をともかく持って来てくれた。ちなみにドゥビャンスキーはわたしを元気づけようと、ワインとウォッカを少々に缶詰を二つ送ってきた。連隊の食糧事情が悪かったからだ。食糧は小船で運んでいた[119]。指令には、ゲラシモフ中佐は生き残った兵士と指揮官を集めてツァリーツァ川付近の師団指揮所に向かえとある。このころ師団指揮所はツァリーツァ川にあった。

これは一番面白い戦いだった。今では二度と出来まい。これは一番苦しい危機的な局面だった。私が死んでも、誰かが代わりに話題にするだろうと思っている。……

第三五親衛師団長の指令書を受け取ると、伝令にコミッサールを呼びに行かせた。コミッサールはこのとき支隊にいた。コミッサールがやって来る。掩蔽壕に集まった。第一三一師団長補佐と第二〇狙撃兵旅団も来た。一緒に食べて、もちろん飲んだ。見計らったようにスイカ、スメタナ、鶏肉、卵、ウォッカ、新鮮なリンゴを船でクリニチ中尉が運んできた。腹いっぱい食べて飲んだら、どうやって脱出するか議論しはじめた。四百メートルにわたるドイツ軍の戦闘隊形を突っ切らないといけない。指令はわたしに下っているのだから、この四人の参謀の脱出と退避を指揮するのはわたししかいない。こうして生き残りの兵士と参謀三人(ママ)の退避をわたしが指揮することになった。と同時に指揮官から、五人から十人の小グループの脱出もやって欲しいと言われた。われわれは包囲され、自軍から切り離されていた。敵はヴォルガ川の左翼にも右翼にも進出し、前線からもいた。戦闘隊形を突っ切らないとどうしようもなかった。

わたしは参謀のグループごとの退避には同意しなかった。残っている戦闘力を無にしかねない。脱出は戦いながら、行動計画は出たとこ勝負で行くことに決めた。なぜこうしたのか。わたしの兵力は敵より少ない。やつらは二百人ほどで迫撃砲や機関銃も持っているが、わたしは指揮官をあわせても七十人くらいだ。……生き残りの赤軍兵士と指揮官を集めて任務を告げると、匍匐で敵の防衛の最前線に向かった。左翼には重機関銃を配置し、鉄道の線路に沿って掩護射撃して敵がヴォルガ川に向けて援軍を投入できないようにした。

　機関銃手は弾帯を三本持っていた。彼は一番。二番がいなかった。[120]彼は位置に着いた。わたしは残兵と参謀を連れて動き出す。ドイツ軍はわれわれを見つけると機関銃や小銃を激しく撃ってきた。照明弾をあげて迫撃砲を撃ってくる。人はそれと分かる程度。わたしが先頭で、ドイツ軍の戦闘隊形に早く近づくよう指示を出す。近づいた。兵士を立ち上がらせて背中を押すが、行こうとしないのが何人かいた。わたしは真っ先に駆け出し、コミッサールと一緒に手榴弾を二つ準備した。

　なぜ上手く行ったのだろう。ドイツ軍の戦闘隊形の脇で貨車が一両燃えており、われわれはやつらが良く見えたが、ドイツ人は光源を見る形になって、われわれが良く見えなかった。わたしはこれ幸いとすぐに全員を突撃させ、コミッサールとともに真っ先に駆け出すと、小銃を手に「突撃！　祖国のために」と叫んだ。「同志諸君、一歩も退くな、前進あるのみ」のスローガンは使わなかった。むこうはドイツ人が十五人ほど、爆撃で出来た大きな爆弾穴にいた。あと三十メートルほど。わたしは手榴弾を一つ投げる、続いて二つ目も。むこうで悲鳴や呻き声がおきる。「ルッセン、ルッセン〔ロシア人だ〕」と叫ぶ声。赤軍兵士は、わたしが手榴弾を投げたのを見ると、走りはじめた。照明弾の打ち上げが止まり、迫撃砲も止む。自動小銃の音がするだけ、手榴弾も使い出した。

　わたしが真っ先に駆け出し、全赤軍兵士と指揮官がわたしに続いた。すぐにもみくちゃになり、ドイツ側もわれわれも手に手のつかみあい。白兵戦が始まった。暗い最中だ。つかみかかって、よく見ると味方で、先を急ぐということもあった。ジャンパーを着ていればドイツ人だ。おまけに手榴弾も使う。われわれに手榴弾をよく投げてきたが、こっちもさんざん殴ってやった。百人以上はぶちのめした。もみくちゃになって何も分からない。誰かが「祖国のために」と叫ぶと、誰かが「スターリンのために」と叫ぶ。悪態をつくやつもいた。わたしはずっと「前進、わたしに付いてこい、遅れるな、ヴォルガ川に近づけ」と叫び続けた。ドイツ人から金切り声があがり、負傷者がうめく。味方からは「負傷した、運んでくれ」の声。ドイツ人が負傷してわめいている。まさに悪夢だった。

　わたしが突撃すると、ライフル銃と自動小銃の銃火がドイツ側で止み、戦いは手榴弾だけの白兵戦になった。おそらく武器の装弾ができず、弾を使い果たしたのだろう。攻撃されていては装弾する時間がない。ところが味方の弾も尽きてしまった。ある中尉は、はっきり覚えているが、ＰＰSh〔シュパーギン短機関銃〕の携帯ベルトがちぎれると、その端を持って敵の頭をなぐり続けていた。ドイツ人はわらわらと逃げていく。われわれは、その後を追う。わたしの後ろにドイツ人が一人ついて来て、走っている。クリニチ上級中尉が、こう言う。「連隊長殿、ドイツ人です」

わたしが自動小銃で撃つと、そいつは倒れた。逃げたドイツ人は、自動小銃すら持っていなかった。ここでパニチキン少尉が死んだ。

わたしは、手榴弾を二つ投げて白兵戦が始まったのを見ると、ポケットから三つ目の手榴弾を取り出し、小銃を左脇にかかえて準備する。そこにはまだドイツ人のグループ、五人から八人くらいがいた。振り返って手榴弾を投げようとしたら、ドイツ人が手榴弾を投げてきて、わたしの胸に当たった。爆発前の火花が飛び、起爆部が燃えている。と、そこで胸から落ちて五メートルほど先に転がった。とっさに顔を両手で覆った。本来なら伏せるべきだが、多少動揺していた。このとき爆発がおき、右手の前腕と――破片は二つだった――左足の膝上に命中した。

このときコミッサールが「ウラー」と叫んだ。その瞬間、彼の口に銃弾が飛び込み、舌を傷つけて歯が欠け、顎を貫通した。二発目は頬骨に当たった。彼がわたしに叫ぶ。

「アレクサンドル・アキーモヴィチ、負傷しました」

わたしが言う。

「わたしも負傷した。歩けるか」

「歩けます」

「じゃあ行け、わたしは兵士を搬送する」

クリニチ上級中尉も負傷したと叫んだ。

赤軍兵士グリュトキンについて一言いっておきたい。八日に副官シハノフが行方不明になって、自動小銃兵のグリュトキンを副官にした。背が低くて風采のぱっとしない、とても痩せっぽちの若者で、一九二一年か二二年の生まれだ。ところが何と、すべての戦いで――わたしはそれまで三度突撃していた――やつはいつもついてきて、一分たりとも遅れず、いつも用心深くこう言っていた。

「中佐殿、命を危険にさらしています。殺されるかもしれません。上に立つ者がいなくなると大変です」

ある突撃は、援軍として木材工場付近にナザロフ同志の工兵中隊を投入してもらい、敵の攻撃を命じた。中隊長が兵士を立ち上がらせない――迫撃砲、機関銃、自動小銃が激しく火を噴く。夕方近くだった。家々が燃えている。わたしの帽子が飛ぶ――風があった。無帽で飛び出すと問いただす。「なぜ前に進まないんだ」。拳銃に手をやった。

「前進」と叫ぶ――「すぐさま攻撃だ、敵は百五十メートルに接近」

動かない。わたしは中隊の前に出ると、拳銃を手に立ち止まった。

「同志諸君、わたしに続け、前進、突撃、ウラー！」

連中は、じっと見ているだけ。誰もが顔にうすら笑いを浮かべていた。全員が立ち上がり、中隊全員がわたしの後を駆け出して攻撃に移った。赤軍兵士グリュトキンが言う。

「先頭に立って駆け出していけません、機関銃の掃射があります」

彼はいつだって敵の砲撃側を走り、自分の体でわたしを守ってくれた。それから興奮して、わたしが「前進！」と叫んでいるのに気づくと、同じくＰＰShをつかんで「前進！」と叫ぶが、しばらくすると我に返り、こう言う。

「この先は行ってはいけません、ここは危険です」

この先わたしのすることはないと分かると、指揮所に行った。わたしが参謀を退避させていた時は、見失わないようにわたしの左腕の袖をつかみ、もう一方の手でＰＰShを抱えて、自分の体でわたしを覆い隠す。だから両腕を負傷していた。手榴弾があたって、ともに負傷したこともあった。彼のことを話す時は、稀に見る献身的な人物なのを思い出さずにはいられない。

二人とも負傷したのに、自分は負傷したと言わず、こう聞いてくる。

「中佐殿、ご無事ですか」

「無事だ」と言う。

わたしが負傷して倒れると、死んだと思ったらしい。だからこう言う。

「無事だ。おまえは？」

「少し手をやられました」

手を負傷してもずっとわたしと一緒に駆け回り、わたしの盾になろうとする。もう腹が立って、こう言う。

「あっちへ行け、指揮の邪魔だ」

すると、こうだ。

「ダメです、先頭に立って行ってもらわないと」

全員が次々と前進して突破し、水兵[121]と合流した。わたしは負傷していたが戦いの指揮を四十分ほど手当てもせずに続ける。走り抜けた。一部の兵士はもう脱出したが、一部は交戦中だ。わたしは水兵のもとへ駆け込む。出迎えてくれたのは、第九二旅団の重機関銃小隊の指揮官。兵士はどこだと尋ねられた。十八人を集めてくれて、小隊長とともに送り出した。戻って行って交戦し、この兵士の掩護で残りを脱出させ、負傷者を搬出した。

このときわたしはふらついてきた。四十分も手当てせずに放っておいたからだ。声をあげるが、傷を負って喉が渇き、水が欲しくてたまらない。水兵が鉄兜に水を入れて持って来てくれた。石油臭かったが、ほぼ鉄兜いっぱい飲んだ。ここで医療助手が呼ばれ、手当てしてもらう。われわれは味方と合流した。師団の指揮所で休息だ。もう歩けない。わたしとコミッサールは抱きかかえて運ばれた。指揮所に着くと、師団長に本部の撤退完了を報告した。報告は伝令を通じて行った。そこに行こうにも、まだ半キロ先だったからだ。ヴォルガ川対岸に即時後送の許可をもらい、部下の兵士は全員パヴロフ上級中尉の管轄になった。この時から師団は休暇に入った。二十五日のことだ。わたしは負傷者として二十三日にサラトフの野戦病院に移った。最初の夜はベッドでずっと戦っていた。

撤退の時に赤軍兵士の一部は胸まで水につかって進んだ。わたし自身も水に入ったが、足を怪我していた。あそこには森がある。丸太のふりをして、這って這って、全員を引っ張り上げた。

あそこで三十五人ほどを失った。

　パヌィチキンは、すべての戦いの間ずっとわたしの側にいた。勇敢な指揮官の一人だ。兵士を連れて守備につけと言うと、期日をしっかり守り、やって来て報告する。稀に見る勇敢さだ。この戦いで戦死したが、勲章に推薦された。グリュトキンも勲章に推薦された。

　スターリングラード付近の戦闘を通じた連隊の戦果は、兵力およそ三千人、装甲車およそ六十輌、戦闘機三機、装甲自動車およそ二十八台を破壊したほか、自動車を百五十台近く使用不能にし、迫撃砲中隊二個、火砲十二門ほどを使用不能にした。

　捕虜は出なかった。わが赤軍兵士や指揮官は上陸隊員として教育されているからだ。第一、敵の背後で活動するので、捕虜に取るのは不可能、一掃するしかない。このようにわれわれは兵士を教育してきた。だからわが指揮官や兵士は捕虜を取らずに一掃する。捕虜をよこせと言ったとしよう。例えばテリツォフ大尉が十八人を捕虜にしたと言ってくる。これを師団長に報告すると、捕虜をここに連れて来いと言われた。テリツォフに捕虜はどこだと尋ねると、やつは立ち止まってニヤリとしながらこう言う。

「報告は間違いでした、全員射殺です」

　どういうことかというと、テリツォフ自身が射殺命令を出していた。全期間を通じてわれわれが捕虜にしたのは八人。うち将校が二人、パイロット一人にルーマニア人も一人いた。赤軍兵士は捕虜を取らない。「なぜお前は捕虜を取らないんだ」と言う師団長ドゥビャンスキーと、言い争いになったことがある。

　いつだって口実は、脱走したので射殺した、だった。

НА ИРИ РАН. Ф. 2. Разд. III. Оп. 5. Д. 38. Л. 25-32.

六　歴史教員の大尉――ニコライ・アクショーノフ

ニコライ・アクショーノフ大尉と狙撃兵ヴァシーリー・ザイツェフがこの先二つのインタビューの語り手だが、二人の所属する「シベリア」の第二八四狙撃兵師団は、スターリングラード戦の功績で「親衛」称号をもらい、以後は第七九赤旗勲章親衛師団と称している。同師団は、一九四一年十二月にトムスク州、ノヴォシビルスク州、ケメロヴォ州の兵士で編成された。[122] ウクライナ東部とヴォロネジ近郊で多数の損害を出して四二年八月はじめにウラルへ撤退すると、現地の新兵および太平洋艦隊の水兵数千人を補充する。教練を重ねていたが、九月六日になって師団長ニコライ・バチュク大佐にスターリングラード戦線への即時配置の命令が下る。[123] 九月十八日にはスターリングラードに到着した。このころドイツ軍はすでに戦略の要衝であるママイの丘を押さえていた。[124] 市内の戦いはヴォルガ川右岸の中央渡船場にまで及んでおり、渡河は少し北側にある「赤い十月」工場あたりで決行する必要があった。九月二十日、バチュクの兵士は艀船に乗せられて川を渡る。バチュクのインタビューでの回想によると、「岸を離れた直後に任務を知らされ、状況の分からないまま戦い始めた」。

師団長ニコライ・バチュク

スターリングラードでバチュクの部下の一部は「赤い十月」の向こうに聳えるママイの丘の奪還を、別の一部は九月二十二日に中央渡船場を失って以降、北側へ押しやられている第一三親衛師団の援軍を命じられた。ママイの丘は、いったん奪還したものの九月二十八日に再びドイツ軍の手に渡る。バチュクの兵士が高地の南側と東側の斜面に食い込んだので、工業地帯とヴォルガ川への出口を塞ぐことはできた[125]。赤軍が高地の全域を奪還するのは一九四三年一月二十六日であり、以後この地はそこに葬られているタタールの頭目ママイの名を冠して呼ばれている。戦中の軍事地図には一〇二・〇高地と記されていた[126]。

アクショーノフ大尉は、第二八四狙撃兵師団の連隊長補佐だが、補給部隊とともに九月二十日に燃え盛る市内に入った。微に入り細を穿つ描写で自身の連隊の戦いぶりを物語り、ママイの丘の防衛や、ドイツ軍を包囲する一九四三年一月の総攻撃と二月二日のドイツ軍壊滅について語っている。戦前はトムスク師範学校の歴史教員だったが、興味深いことに、歴史の知識を兵士の動員に用いている。戦いの最中に、かつて講義で内戦期やツァリーツィン（スターリングラードの一九二五年以前の名称）防衛について語った記憶がよみがえったのだ。連隊の兵士に、ヨシフ・スターリンがママイの丘から街の防衛をどのように指揮したかを話して聞かせた。その語りがあまりに鮮やかだったので、高地の麓にある連隊の掩蔽壕で話を聞いていた兵士の一部が、掩蔽壕を飛び出して一九一八年の塹壕を自分の目で確かめようとしたほどだった。それ以来、アクショーノフの兵士はママイの丘のことを「聖なる場所、スターリンがいた場所」（326ページ）と呼び習わした[127]。この語りから明らかになるのは、スターリン崇拝の動員力だけではない。ソ連の指導者の礼賛が戦争の間にスターリンの軍才の礼賛へと発展していたことも見てとれる。スターリンは、戦前のようなレーニンの最良にして忠実な弟子ではなく、一人でロシア防衛の舵取りをして敵の侵入と戦っていると見なされていた[128]。アクショーノフは、インタビューで喜びもあらわに、スターリンが一九四三年三月にソ連邦元帥に昇進したと語っているが、スターリングラードの数多くの証言者と同じく、軍事面のスターリン崇拝を促進した一人である。スターリングラードで集めたり自分で撮ったりした写真を戦後に歴史委員会に提供しているが、その中の何枚かに、ツァリーツィン攻防戦の際に赤軍の第一〇軍司令部が置かれた建物が写っている。ある一枚は銃弾で蜂の巣にされた記念プレートの大写しで、そこにはこの建物で一九一八年にスターリンとヴォロシーロフが活動していたと記されていた。

アクショーノフの語りは生き生きとして、具体的かつ詳細である。ママイの丘を攻略した一月二十六日の描写は、映画を見ているようだ[129]。燃え盛るスターリングラードに初めて足を踏み入れた一九四二年九月二十日や、百四十九日におよぶスターリングラードでのほぼ絶え間ない戦いの後に初めてまたヴォルガ川をわたり、左岸で無傷の木造家屋を目にして驚いた四三年二月二十五日も、同じくらいの鮮明さで思い起こしている。

アクショーノフ、ニコライ・ニキーチチとの対話

第七九親衛赤旗勲章師団第一〇四七連隊の親衛大尉。参謀長作戦担当補佐。一九四三年五月五日と八日。[130]

聞き手はマズーニン。[131]

一九〇八年、アルタイ地方パンクルシハ地区ポドイニコヴォ村の生まれ。スターリングラード防衛への参加で赤星勲章をもらいました。民間の職業は、トムスク師範学校の教員です。

スターリングラードに着いたのは一九四二年九月三十日です。煙がもうもうと上がって十キロメートルほど先からでも見えましたが、近づくと空の赤らみが広がって、街全体が燃えているようでした。火の手が特に強かったのは「赤い十月」工場と石油シンジケート[132]ですが、ちょうどそこがわたしたちの師団のいた所です。ヴォルガ川の川岸に近づいたところでもう暗くなり始めました。そのときのスターリングラードはとりわけ恐ろしかった。すべてが火に包まれています。岸では石油シンジケートの壊れたタンクから石油が流れ出し、火の波が水に映るので、火の強さをいやがうえにも印象づけます。事態はきわめて深刻でした。

渡河は夜中です。ドイツ軍が、われわれの乗った艀船を砲撃してきます。艀船はタグボートにロープでつないであったのですが、ロープが切れてしまった、そこでタグボートは岸にロープを取りに戻り、われわれが川の真ん中で碇を下ろして待機していたら、そこを敵が狙い撃ちです。この渡河はあわせて二時間ほどかかりました。艀船は負傷者も出ました。機雷が艀船の近くで爆発したんです。忌々しいことに、ドイツ軍がパラシュートで照明弾を落とし、川がさっと明るくなったので、為すべがありませんでした。

十月一日の未明にわたしは自分の連隊に到着しました。朝になって作戦部門に挨拶しようと、最前線に行って連隊の全戦区を回りました。そこで目にした光景の恐ろしさといったらありません。九月のおしまいにドイツ軍はわが師団の陣地を砲撃しました。とくにわたしたちが守備区画にしていた石油シンジケートです。味方にたくさんの死者が出ました。兵士は身を隠す場所がなく、無数の死体が爆弾穴に転がっているし、民間人もた

くさん死んでいる。女性や子どもの死体が船のまわり、建物のまわり――いたるところにありました

わたしはすぐ「メチズ」工場[133]に向かいました。工場は燃えていました。焼け焦げたにおい、死体のにおい、暑さ、粉塵、煙――こういったことを覚えています。戦闘は第一大隊の戦区で続いていました。

わたしは参謀長ピテルスキー、第一狙撃兵大隊のベネシュ大隊長と一緒に連隊の全戦区を見て回り、交戦地点の配置や銃撃地点を修正すると、日暮れ前に指揮所に戻りました。指揮所はヴォルガ側の右岸にあって、最前線から三、四百メートルのところです。

九月三十日以来、スターリングラードを出ることはなく、滞在は百五十二日になりました。スターリングラードから用もないのにヴォルガ川左岸へ戻っていった人はまずいません。スターリングラードですごした五カ月はこれまでの人生の五年間に匹敵すると言ってもいいでしょう。

戦いの初日にわが方は五百人近い死傷者を出し、十月五日の連隊は千三百人だったそうです。中隊には、二十人から二十五人しか残っていないところもありました。

十月はじめに頻繁に反攻を撃退していたのは、わたしたちが守っていた二カ所、「メチズ」工場と有名なママイの丘、一〇二・〇高地です。

味方の防衛ラインの最前線は、ドイツの防衛ラインに近く、目算で五、六十メートルから百メートルです。こんなぎりぎりまで接近するのは滅多にありません。頻繁にこうした最接近がおきる市街戦は、すぐに手榴弾の登場です。攻撃の撃退はふつうは手榴弾、ほかの武器も使いますけどね。わたしたちの戦区は、ドイツ軍がわたしたちを数で五、六倍上回っていました。これは斥候の情報でも、観測手の情報でも、ほかの情報でもそうで、だからドイツ軍は部隊を波状攻撃で差し向けます。ドイツ軍が一日に四回も五回も襲ってきた日もありました。

……

十月半ばは猛烈な戦いが全戦区で繰り広げられました。わたしは歴史家として、知っている歴史上の戦いとの比較を試みました――ボロジノ、ヴェルダン[134]、帝国主義戦争。ですがどれも違います。スターリングラード戦の規模はほかとは比べられません。スターリングラードの大地が一晩中、炎を噴き出すかのようでした。なのにわれわれの「イリューシン」[135]は、出てきても損害ばかり。「メッサーシュミット」がばんばん撃ち落とします。ドイツに大きな打撃を与えたのは夜間のＵ２ですが、これは十一月になってからです。この複葉機は、「菜園労働者」と呼んでいましたが、大いに役立ちました。ヴォルガ川の左岸から飛び立って右岸へ向かい、敵の防衛ラインに達する前にエンジンを切ると、積み荷の投下をはじめる、爆撃ですね。そして現場を離れたら、またエンジンを入れる。だからＵ２は捕捉不能でした。でもドイツ側も夜間の爆撃はしてきました[136]。

そうそう、あるとき食肉コンビナートから連隊指揮所に向かった時のことです。外に出てすぐドイツ軍が照明弾をつけて爆撃

を開始し、どの建物もがたがたと揺れました。夜中の爆撃は精神衛生上よくないです。昼間なら爆撃機の飛ぶ方向が見えて爆弾の落ち方も分かるので、空襲でパニックになることはないし、最終的に慣れてしまいます。

ちなみにスターリングラード近郊で初めて友軍の低空爆撃機が「カチューシャ」を搭載[137]しているのを目にしましたが、あれはめったに出てきませんでした。全体として航空機はスターリングラードには非常に少なく脆弱でした。なぜかは分かりません。なぜかは分かりませんが、師団の兵士はほぼ全員が下痢になりました。飲むのは生水だし、ヴォルガ川は汚い。石油が浮いているし、死体もあるし、木々の破片などもある。下痢で誰もがぐったりです。わたしも長いこと苦しみました。軍司令官のチュイコフ将軍のおかかえ料理人ボリスは、わたしたちを将軍の乾パンで治してやったと笑っていました。あのころ軍司令官がわたしたちの連隊指揮所に移ってきて、軍司令官と連隊の厨房が合併したから、料理人がそんなことを言ったんです。

十月半ばはわれわれの最前線も持ちこたえていました。ドイツ軍がママイの丘に押し込んでくることはなく、逆にわれわれがいくぶん押し返していました。ママイの丘は二分されていました。東側［斜面］がわれわれ、西側は依然やつら。ただしドイツ軍は給水タンクを押さえている、悪魔の塔と呼ばれたやつです。やつらはこのタンクに射弾観測所を置いていて、観測員は全員われわれの目と鼻の先なのに、タンクに腰を下ろして、のうのうとしている。このためママイの丘の戦況はずっとドイツ軍優位でした。だからママイの丘の攻防戦は後半になると実質的にタンクの攻防戦でした。タンクを制する者がママイの丘を制するわけです。

……

弾薬に困ったことは一度もありません。ヴォルガ川に氷が張り出した時はさすがに弾薬が苦しくなりましたが、それまで弾薬の不足は感じませんでした。弾薬の輸送は左岸からですが、もっぱら小型のオンボロ船です。師団の補給所[138]は左岸にありました。左岸から右岸はどの連隊も自分で弾薬や食糧を送り届けなければなりません。軍の緊急便が右岸にあることはあるのですが、弾薬はほとんど運んでくれませんでした。

チュイコフ司令官と師団長の命令で、自前の渡河手段を確保する必要がありました。艀船は、破壊・焼失・沈没で全滅です。大型艇ですら船首を突き出して座礁しています。自前の輸送船を持つ唯一の方法は、小型船を使うことでした。はじめ連隊にあった船は七艘、後に十艘ほどに増えました。ただし、うち二艘はポンツーン、正確にはポンツーンの一部でした。この艦隊もどきをわたしたちは戯れに「コロブコフ記念艦隊」と呼んでいました。コロブコフは参謀長の後方担当補佐で、自分でこの艦隊を組織しました。ちなみにこの人も元教員の校長先生、立派な組織者で後方の労働者です。ご健在で、戦功メダルを授与されています。オンボロ船は、ヴォルガ川を渡河する最適の手段でした。

そういえば、一九一八年に同志スターリンが命令を出し、街中の川から渡河手段をすべて没収し、北部に移しています。ドイツ軍が街に近づき、もはや後退もままならない最も緊迫した局面でした。[139]わたしたちのいたスターリングラードは、渡河手段がなかったし、ああした命令もありません。ときおり夜中に小型艇が現れて、負傷者を運んでいました。これは氷が張る前までのことで、その後は軍装も弾薬も車両も負傷者も、すべてオンボロ船で運びました。連隊の補給用の輸送手段はほかにありえません。ボートですら迫撃砲や機関銃を浴びますし、艀船は間違いなくやられます。だから一番長持ちの輸送手段はこの小船でした。

氷がヴォルガ川に張り出したのが十一月九日で、結氷が十二月十七日。これは、本当にまいりました。軍にとって一番つらかった時期です。船はやっとの思いで氷の間を縫って行き来し、氷で身動きが取れなくなると、兵士が歩いて氷の塊を渡っていきます。ある時など、船が流されて下流のドイツ側の岸に行ってしまい、船を捨てるか積み荷を捨てるかして対岸に退却しなければなりませんでした。スターリングラードの下流三キロメートルほどまで船が流された時は、五日間かけて捜索しました。要するに、「麗しのヴォルガ」がわれわれの忍耐力を試すので、神経に障ったわけです。あのころはヴォルガ川が好きじゃありませんでした。朝になると、ヴォルガ川は凍結したかと誰もが尋ねます。ドイツ人も、捕虜から聞きましたが、同じように早くヴォルガ川が凍結しないかと待ちわびていたらしい。われわれの苦境を知って、流氷を攻撃に利用する計画だったそうです。

十一月十一日にドイツ軍が「メチズ」工場の戦区で攻勢に転じましたが、この攻勢でドイツ軍が得たものは何もありませんでした。

……

ドイツ人をもう一人捕虜にしたと、わたしたちの連隊本部に連れてきました。これが、連隊のスターリングラード初の舌頭〔敵状を聞き出すために捕らえた捕虜〕です。負傷した上等兵で、兵士は担架で運べと言われていたのに、十一月で、まだ手袋の支給前だったので、途中で担架を捨てると、そいつをめった打ちにして手を温めながら連れてきました。とはいえ、初めてのドイツ人の捕虜ですから、回復させないといけない。医師のクラスノフが骨を折って、意識を取り戻させ尋問しました。確かに良くなって、第二一六連隊の上等兵だと言わすことまではできたのですが、それ以上は何も得られず、すぐに死にました。この捕虜は一貫して極めてずうずうしく、挑発的でした。ファシスト党の党員だときっぱり言っています。軍司令部に送られ、さらに方面軍司令部に回されました。自分は勝者だとまだ思っていて、気落ちの兆候が一切見られなかった。最近はドイツ人が軍服に不自由していると話していました。わたしたちは十一月末に冬服が支給されましたが、ドイツ人は結局スターリングラード戦の最後まで支給されず、ずっと支給に期待をかけていました。

……

スターリングラードの攻勢防御に大きな役割を果たしたのが連隊の狙撃兵です。連隊は、親衛中佐メテリョフが連隊長ですが、ここに狙撃兵が生まれたのはスターリングラード戦が一番激しかったころ、つまり十月です。連隊の狙撃兵運動の先頭にいたのは、シベリア出身のアレクサンドル・カレンチエフと、ウラル出身の水兵ヴァシーリー・ザイツェフ、今はソ連邦英雄の二人です。連隊には全部で狙撃兵が四十八人いました。スターリングラード戦の間に市街地やママイの丘で仕留めたドイツ人は千二百七十八人になります。連隊の四十数名の優秀な狙撃兵の中で指導的な立場にあったのは、もちろんヴァシーリー・ザイツェフです。ザイツェフは射撃の名人で、狙撃兵の戦術と単独兵の戦術を即座にまた完璧に身に付けました。事実上、連隊の指導員の責任も果たしていて、連隊のすべての部隊に行っています。早くも弟子がたくさん生まれていて、戯れに「子ウサギたち（ザイチャートィ）」と呼んでいます。狙撃兵運動が一番上手く行ったのは、コトフ大尉の第二大隊です。この大隊は「メチズ」工場とママイの丘の南麓を守っていました。面白いことに、スターリングラードにいると、兵士も指揮官もできるだけ多くのドイツ人を殺そうと感じます。ドイツ人への強烈なまでの憎しみがスターリングラード市民には感じられました。こうしたこともあって連隊で狙撃兵運動が生まれたのでしょう。狙撃兵を志望する兵士が大勢いたこともあって、狙撃兵になった兵士は狙撃銃でなく普通の銃を使っていました。ザイツェフが優秀な者を選抜しますが、選抜に当たっての主たる条件は勇敢さと機転と冷静さでした。ザイツェフは連隊の各部隊に足を運んで指揮官に聞いて回り、前線の兵士を観察して狙撃者を選りすぐると、あとは訓練です。光学照準器や的撃ちに慣れたところで、射撃陣地に連れて行きます。ザイツェフが編み出した狙撃兵養成の確実で理想的な方法——狙撃兵の行動をじかに最前線で見せるのです。

　よく多くの者が自ら志願して最前線に行きました。医師のクラスノフはこっそり最前線に行き、帳簿ではドイツ人を八人殺しています。

　軍医助手のイズヴェコフは、最前線にいる間、掩蔽壕で負傷者の手当てをするかたわら、射撃陣地に走って行って自分のライフル銃でドイツ人を撃っていました。帳簿では、ドイツ人を二十一人殺しています。

　第二大隊軍医助手のゼコフは、狙撃兵になったことで二つの資格を持っていました。軍医助手であり、狙撃兵なのです。帳簿ではドイツ人を四十五人殺しています。赤旗勲章を授与されています。ただ残念な出来事がありました。仲間のパイロットを殺してしまったのです。われわれの戦闘機がドイツの爆撃機に体当たりをしました。パラシュートが二つ落ちてきます。一つ目のパラシュートはわれわれの側を飛んでいました。燃えていて、煙がもうもうとパラシュートから上がっています。このパイロットは敵か味方か判然としなかったのですが、着地の寸前で、叫び声が聞こえました。ドイツ人を死ぬほど憎んでいるゼコフが、ドイツのパイロットだと決めてかかり、一発浴びせてパラシュートの人を殺したのです。ところが、それは味方の、二度も勲章をもらった人でした。ゼコフは悲しみに打ちひしがれ、この事件が連隊に与えた影響も甚大でした。われわれは亡くなったパイロットを弔いました。ゼコフは裁判にかけられ、十年の判決が出て前線送りになりました。とても勇敢でエネルギッシュ、戦闘的な人です。軍医助手の本職はあっていない気もします。前線で罪をつぐなうと、ザイツェフと一緒にドイツ人殲滅に乗り出し、戦いが終わるまでに四十五人を殺しました。前科は取り消され、赤星勲章を授与されています。

連隊長の副官たちも同様で、こっそり最前線に行くと、これまた熱心に狙撃兵になっていました。

本部長は、最前線まで行くと必ず機関銃を一挺ずつ試し撃ちします。わたしもこれが好きでした。機関銃座の点検もよくしました。前線に監督に行くと大隊の戦闘準備を確認しますが、まず何より自動火器です。機関銃を撃つのが大好きでした。

ザイツェフの訓練は、個人教授もあればグループもあり、狙撃隊の選抜もありました。連隊の狙撃隊が防御の攻撃性を高めたので、連隊の防御の際の粘り強さが増しました。われわれの狙撃兵は短期間でドイツ人に大きな損害を与え、やつらを地面に這いつくばらせ、ドイツ人が大手を振って歩けないようにしました。狙撃兵が大きな成果をあげた理由は、きわめて長期間にわたって狙撃兵が狙い撃ちを続け、通り道でも掩蔽壕でも坑道でも正に何一つ見逃さず、ドイツ人が身を乗り出せば、すぐさま狙撃兵の弾丸が飛んだからです。メテリョフ中佐の連隊はスターリングラードでは有名で、スターリングラード戦線でも狙撃兵連隊として知れ渡っていました。連隊の狙撃兵の行動を伝える記事は、紙面を飾りつづけます。これが狙撃兵を刺激して奮起させますし、経験を別の部隊の兵士に広めることにもなりました。ザイツェフは有能なアジテーターです。話に説得力があって力強い。コムソモールのビューロー員なので、部隊を回るかたわらコムソモールの活動もして、狙撃兵運動を盛り上げました。

スターリングラードの攻勢防御で大きな役割を果たしたのは、防衛の最前線を日常的に強化したことです。例えばわたしはわざわざ手配してもらって連隊本部からママイの丘の第一大隊へ通いました。大隊長はゲオルギー・ベネシュ上級中尉です。二、三日おきにママイの丘に行くと、いつも二人で最前線の強化に取り組みました。……

ベネシュ大隊長は本当に勇敢な人でした。諜報員、狙撃手、そして有能な戦略家です。死をまったく意識せず、死をものともしない。死を恐れているかと聞かれると、死はキエフ攻防戦までは背負っていたが、キエフ以降、死は心から捨てたと話していました。こんなことがありました。二人で一緒に前線に行った時のことです。ママイの丘に登ると、ドイツ軍が機関銃を浴びせてきます。しゃがまないといけません。わたしが伏せろと叫びます。彼はいつだって茶化して、わたしに笑いながらこう答えます。「ベネシュはスターリングラード戦で死ぬとしても、立ったまま死ぬ」。からかうのも好きでした。二人で最前線に行ったら、不思議なことに回りに誰もいない、そこでベネシュが狙撃兵のライフル銃で撃つ準備をする。わたしが潜望鏡（ペリスコープ）を上げて観察し出す。すぐにペリスコープに銃撃が来る、つまりドイツ人がわれわれを注意深く追っているわけです。わたしは別の場所に移ります。一方ベネシュはひょいと身を乗り出して撃ち始める。見ると、帽子を取ってペリスコープの上を見ている。ドイツ人が一人、装甲車の下から駆け出して、タンクに走って来る。ベネシュはそいつをさっと撃ち殺しました。これで殺したドイツ人は十一人だと言っていました。

何度か一緒に行軍しましたが、昼も夜も、彼は決して身を守らない。自分に対して犯罪的と言ってもいい接し方なのです。無駄死の、馬鹿な死に方でした。ある建物から別の建物に移ろうとした時に、流れ弾にやられたのです。看護婦のラーダ・ザヴァツカヤが同道していました。彼女にこう言ったそうです。「君と僕はね、ラーダ、スターリングラードを守っているんだ」。ベネシュは詩人でした。腹違いですがヴァシーリー・グロスマンのいとこに当たります。少し前からグロスマンを探してくれと頼まれていたのですが、果たせませんでした。ベネシュは叙勲に推薦され、昇進と叙勲の命令が死の三日後に届きました。カストルナヤ[140]の戦いの軍功に対してです。グロスマンについて言っておきたい。彼は連隊長と話をした時にベネシュのことを尋ねることもなく、日記にも関心を示しませんでした。[141]日記は焼き捨てました。日記には指揮官は臆病者だと罵る箇所がしばしばあり、自作の詩や本当の話がたくさん書かれていました。ベネシュは、ヴォルガ川河畔の墓地に葬られました。それ以来このお墓が第一〇四七連隊の指揮官の墓になりました。[142]

［対話の続き――一九四三年五月八日］

ベネシュほど丘を奪取したいと思っていた人はいないし、誰よりもそのことを口にしていました。夜中に訪ねて行くと、決まって「前線へ行こう」「行こう」となる。いつだって足を向けていました。自分なりの判断があるのでしょう、決まって北側から給水タンクを迂回する道筋でした。

バチュクの師団を除くと、九月二十一日から一月十二日は、ママイの丘に誰も行っていません。ママイの丘に向かえば、大きな損害が出ました。ドイツ軍はわれわれを丘から完全に追い出そうとする。われわれはタンクを奪おうと死に物狂い。なにしろママイの丘は街を一望できる高地で、晴れた日は十キロほど先まで遠望できます。スターリングラードからだとこの高地は八十メートルほど。だから初めは空に向けて撃っていました。軍事的に最も危険で厄介なのは、反対側の斜面に防衛陣地をつくられることです。砲撃システムがうまくつくれません。ずっと尾根を登ることになるし、ドイツ軍を撃退できて夜中に五から七メートル前進したとして、それが勝利と言えますか。……

十月十八日に面白い出来事がありました。気分は上々。目の前に広がる街を一望すると、スターリングラードが手に取るように分かります。そこで思い出したのがツァリーツィンのこと、少し前に師範学校の教壇で話したツァリーツィン防衛のことです。今度は自分の手でスターリングラードを守る巡り合わせになったわけです。去来した思いを仲間に話してきかせ、一九一八年はママイの丘が同志スターリンの指揮所で観測所だったと教えました。これを知っている人はまだほどんどいませんでした。スターリンがツァリーツィンに来てツァリーツィンを守ったと言われていますが、細部は知らなかったのです。ベネシュが一部始終に関心を持ちました。リトヴィネンコ上級中尉の掩蔽壕に連れて行かれ、集まっていた十五人くらいに、ツァリーツィン防衛の話をする羽目になりました。講義のようなものを一時間ほどしたわけです。この記憶は今でも鮮やかです。掩蔽壕を出た一同は、誰もが一九一八年の塹壕を見たがりました。ベネシュはこの話を持ち出しては、ツァリーツィン防衛のことをほかの中隊でも話してくれとせがんできました。これ以降、兵士はスターリングラード防衛の象徴的な意味をいっそう強く感じるようになりました。そこにスターリンがいたという事実が、兵士の心に深く染み入り、強く内面に働きかけたのです。ベネシュがママイの丘の奪取を切望した背景には、こんなことがあったのです。われわれは戯れにママイの丘のことを聖なる場所、スターリンがいた場所と呼んでいました。

師団や第六二軍の全軍が反転攻勢を開始した十一月二十日の命令。この命令を受けて、兵士や指揮官は大いに奮い立ちました。……ママイの丘や、わが師団が受け持つタンクの攻撃には、わたしたちの連隊が必要です。ベネシュはこの時には亡くなっていました。第一大隊はジードキフが指揮していました。第二大隊は「メチズ」工場におり、第三大隊はわれわれとともに丘の南麓で攻撃ですから、最重要課題を遂行するのは第一〇四七連隊の第一大隊しかいません。この時までに攻撃の新戦略はもうまとまっています。少人数の突撃部隊で攻撃する方がはるかに有利だと分かっていました。どの大隊も、どの連隊も、攻撃は少人数の突撃部隊。攻撃はこれしかありません。ママイの丘がたとえ街でも村でもない、野外環境だとしてもです。

最初の攻撃は成功せず、非常に多くの損害が出ました。兵士は突撃してゆきます。指揮官も規則を無視して先頭に立ちますが、成功しません。二十人中、大隊で無事だったのは四、五人です。残りは戦死するか負傷です。日中の出撃は三、四回。ただし時間はばらばらです。早朝もあれば日没時も、日中もあれば夜中もありました。あらゆることを試しますが、上手く行きません。はじめは戦車と一緒に攻撃です。戦車二輌がタンクに向かいましたが、一輌が焼失し、もう一輌は行方不明。残る三輌の戦車も前進できず、一輌が故障、残りは炎上しました。

それはそうと、砲兵隊の掩護は、準備砲撃が猛烈だった間はあまり上手く行かず、しばしば失敗に終わりました。タンクをめぐる戦いは二十日、二十一日、二十二日、二十三日、二十四日、二十五日と休みなく続きます。わたしもはじめは本部におり、連隊長と本部長もずっとそこにいました。二十六日、二十七日、二十八日は自ら前線に赴き、観測所や前線で大隊長のウスチュジャニン上級中尉と一緒にいました。この五、六日は、タンクを三個大隊が攻めます。側面から正面へ攻撃です。六日目にタンクの北側で二百メートルほど前進に成功し、これでタンクを危機に追い込みます。ドイツ軍は旗色が悪くなりました。われわれはすでに側面攻撃が可能でした。第三大隊が南側で前進して側面攻撃ができたし、第二大隊もタンクの東側にいて正面攻撃ができます。このようにわれわれは三方向から攻撃可能でしたが、それでもタンクは奪取できなかった。その後、四三年一月十日にタンクを押さえてママイの丘を手に入れると、われわれはこのタンクが敵からどう見えたのかに関心を持ちました。わたしもタンクに登ってみました。壁は鉄筋コンクリートで、厚さは一メートル弱、外側が地面に覆われて、見た目はタンクではなく丘です。そうした丘が二つあって仕切りで分けられていて、そこに以前は水が入っていました。このタンクに多数の砲眼がつくってあって、近づこうにも近づけない。ドイツ軍が大砲を発射できるようにした、正しく永久トーチカです。大砲は二十門以上ありました。ドイツの狙撃兵も陣の構えが絶妙で、われわれの指揮官がよくやられていました。……

二十八日の未明がスターリングラードの初雪でしたが、二十七日は風と雨でした。外套が凍り、棒のようになりました。誰もが凍え、気分がすぐれません。最前線の戦闘隊形を整えるため、現場に第一大隊の戦闘部隊担当大隊長補佐のサリニコフ上級中尉を送りました。匍匐して塹壕から塹壕へと巡回し、兵士を励まして回ったそうです。補充として十人ほど置いてきました。明け方に朝食が運ばれてきました。サリニコフは、今日から冬服に衣替えだと約束すると、中隊長シェヴェリョフに攻撃準備を命じました。一緒に突撃予定だったのは、わたしたちに預けられた師団の訓練大隊と、第一〇四三連隊の第一大隊でした。全員の準備がほぼ整うと、サリニコフが最前線に出て行きます。もう一度、部下の戦闘隊形を確認したかったのです。もう明るくなっていて、ドイツ人の狙撃兵が頭を狙ってサリニコフを撃ち殺しました。最も忠実な古参ボリシェヴィキの一人だったサリニコフは、こうして亡くなりました。

二十八日の十時に再度突撃しましたが、タンクの奪取はこの時もうまくゆきません。訓練大隊はほぼ壊滅で、数人しか生き残りませんでした。この攻撃を最後にわが師団の訓練大隊は存在しなくなったと言えます。幹部は一部をわれわれの連隊に、一部を師団司令部に引き渡しました。……

攻撃は十二月も依然として厳しかった。攻略できたのはごくわずかですが、市内で展開する友軍の動きで敵軍は釘付けです。これが、西側から進軍してくる部隊には大事なことでした。敵を包囲の環にとどめおき、策動の隙を与えませんでした。

われわれの連隊は、ママイの丘の北麓に配転になります。丘を避けて東で迂回する鉄道とタンクとの間の守備につきました。十一月はわが連隊の行く手にママイの丘のタンクが立ちはだかり、どうしても奪取できませんでしたが、このとき連隊の行く手に立ちはだかったのはベズィミャンナヤ高地――ママイの丘の北側にある丘陵でした。この高地を奪取しなければならない、というのもこれがタンク奪取を邪魔していたからです。ここはほかの高地より若干高いこともあってドイツ軍が堅固な堡塁を築き、三十挺以上の機関銃を配備して交通壕や掩蔽壕を張り巡らしていました。また射撃に適した高地への近道を確保して、そこにたくさんの掩蔽壕をつくり、夜中にそこへ潜り込んでは防備を固め、必要とあらば補充も行っていました。

一月十二、十三日に第一〇四三連隊と第一〇四五連隊がようやくタンクを奪取し、丘の西麓へと前進を始めました。次はドイツ軍が牛耳るママイの丘のベズィミャンナヤ高地、この高地の奪取です。

第一大隊はこのとき大隊長がジードキフ大尉、隊長補佐がボルヴァチェフ上級中尉でした。

一日かけて高地突撃の準備です。少人数の突撃部隊を編成しました。一月十四日の午後一時、突撃部隊が次々と突進し、簡易トーチカや掩蔽壕を正面から、一部は右側から攻め立てます。

わたしがいたのは第二大隊の指揮所。最前線から約七十メートル離れた鉄道の線路沿いでした。少人数での突撃です。総員四十人ほど。ドイツ軍が兵力でも機関銃でも明らかに上回っています。われわれが上回っていたのは迫撃砲でした。午後一時までは双方とも通常の撃ち合い。寒くて凍えるような昼下がり。友軍の準備射撃は一切ありません。一面の静寂。どうやらドイツ軍は掩蔽壕にひっこみ、攻撃がないと思っている。攻撃などあるはずのない時間でした。わが軍の大砲が五門、開けた場所にありました。これが掩蔽壕を砲撃し、煙が上がります。攻撃は半時間遅れました。白の迷彩服を着た自動小銃兵の一群が百メートル走ってドイツの坑道に突っ込み、両端から掩蔽壕をたたいてゆきます。ドイツ人が掩蔽壕から飛び出すと、友軍はドイツ人に並走です。一つ目の突撃部隊を指揮するのは赤軍兵士のアントーノフ、二つ目はクドリャフツェフ軍曹、三つ目はババーエフ少尉、四つ目はマクシーモフ少尉。この人たちは皆、立派な活躍をこの日も続く戦いでもしました。

当時のわたしの印象は、まだしばらく本当の戦いはない、進めているのは準備にすぎない、でした。スターリングラードにいた四カ月でわれわれは危険に慣れっこになり、危険に鈍感になっていた。だから、これは訓練だ、戦いではないとよく思ったものです。この時もそう——訓練だと思っていました。友軍の兵士は白の迷彩服ですが、ドイツ軍は着ていないので黒い人形に見えます。寒さで兵士の口から蒸気が上がっていました。

坑道に突入すると、アントーノフはライフル銃の銃身を持って左右のドイツ人の頭を殴ってゆきます。ちなみにスターリングラードで銃剣は使わなかった、全部投げ捨てていました。わたしは命令を出してドイツ人の頭の少し上めがけて大砲を撃たせ、接近してくる部隊を砲撃で阻止しようとしました。アントーノフがライフル銃を振り回すので兵士は砲撃中止の合図だと受け取り、わたしに向かって狙撃兵が砲撃中止と叫びました。

わたしは双眼鏡で見ていました。アントーノフがドイツ人を殴打。クドリャフツェフが反対側に行ってドイツ軍の坑道に手榴弾を投げ始める。ここで激しい手榴弾の戦いが起きます。マクシーモフの部隊がその先へと急行。これがだいたい十五分から二十分の出来事でした。ドイツ軍はまだ動転しているのか銃

ママイの丘に翻る赤旗、1943 年　撮影：ゲオルギー・ゼーリマ

を撃ってきません。白兵戦になっていて、ドイツ軍が銃を使わないのが不思議でした。われわれも機関銃や迫撃砲は使っていません。大がかりな火器は、仲間を殺しかねないので、おちおちと使えません。高地をめぐる戦いは、ドイツ軍の坑道で続きました。

白い迷彩服を着たわれわれの兵士が高地めざして登り始めると、ドイツ軍は高地から援軍を投入し、突撃してくる兵士を迎え撃ちます。わが軍はここで射撃を開始。機関銃、迫撃砲、大砲が火を噴きます。この日は高地の大部分を占領しましたが、高地全帯はダメでした。

……

高地の完全掌握は一月十六日。ドイツ軍を西麓で撃退しました。このように戦いは二日にわたって続きました。この後、高地に赤旗が掲げられます。旗には「祖国のために、スターリンのために」の文字。このスローガンを書いたのは、連隊の宣伝員、ラキチャンスキー大尉です。……

ドン方面軍と出会った一月二十六日は、歴史的な日です。忘れられない日、忘れられない出会いです。わたしは連隊本部にいました。指揮官も本部長も前線に出ているのに、本部にじっとしているのは辛かった。観測所と電話がつながっていて離れられなかったのです。

午前十時、第一大隊の観測所にいた斥候のシャヴリンが、戦車が九輌、北西からママイの丘に接近中なのを目にします。友軍が来たに違いないと思う一方で、ドイツ軍が大バクチを仕掛け、友軍を擬装したのかもと不安になります。だからどちらの戦車か、にわかに決めかねました。数分後、斥候は戦車が十四輛になったと伝えてきます。しばらくして先頭車に赤旗があるのを見て、すぐさま友軍の戦車だ、ドイツ軍ではないと判断しました。接近してくる友軍部隊の目印になるように赤旗をベズィミャンナヤ高地、タンク、車両に掲げます。このとき全員が緊張しました。歴史的な瞬間が近づいている——二つの方面軍が出会うのです。

昼の十一時にコトフ大尉（第二大隊の大隊長）が報告に来て、部下の兵士が先頭車にたどり着いたと知らせてくれました。兵士は互いに挨拶を交わし、抱き合い、一瞬、戦争のことを忘れました。戦争がないかのようでした。わたしは、誰の部隊だと尋ねます。コトフ大尉が、あの先頭車はネジンスキー中佐だと教えてくれました。それから、送られてきた部下の少佐が、連隊の指揮官たちと顔合わせです。場所は、ベズィミャンナヤ高地に立つ旗の竿のそばでした。ママイの丘の西麓でも顔合わせがありました。小さな集会が催され、わが連隊の政治部長、トカチェンコ中佐が正式に出迎えます。この瞬間は『プラウダ』に載っていました。

第六二軍とドン方面軍という二つの戦線が出会うと、敵を包囲した環が二つに割れます。以後、包囲のグループは二つ。市内を中心とする南部グループと、「バリケード」工場を中心とする北部グループです。ドン方面軍司令官は、このグループを順番にたたくが、手始めは市内にいる南部グループと決めていたようです。最も手強く、パウルスがいると噂されており、間違ってはいませんでした。

……

一月二十八日に作戦は終了しましたが、師団長の命令でわが連隊はドールギー谷の北面（リャージュスカヤ通りと大砲通りのあるあたり）に移り、ドールギー谷の防衛を突破して市の中心部に進み、鉄道の線路まで出る任務を命じられました。

二十八日は終日戦って多くの兵士を失い、ドイツ軍から一メートルも奪えません。やつらの以前からある堅固な防衛線にぶつかったのです。ドールギー谷は無数のトーチカや簡易トーチカが設置され、斜面に地雷を埋めて鉄条網を張り巡らしてあり、奪取できませんでした。……師団長は何が何でも任務を遂行せよと命じますが、兵士がほとんど残っていません。[143]……兵士は疲弊していました。眠っている者、機関銃などの武器を手に当直に当たる者。大隊長たちも眠っていました。……わたしが自分で心がけたのは、兵士の食事と飲み物です。一晩かけて念入りに準備しました。わたしとウスチュジャニンは、ドイツの守りがどれほど固いか嫌というほど思い知らされました。力で奪うのは無理だから、ドイツ人の精神状態の不安定さに賭けることにしました。すべてを組織の問題と見なす。足並みを揃えて突撃の準備をし、それによって速やかに敵に打撃を与え、士気沮喪させて捕虜にする。このころ別の連隊でもこのやり方を取っていました。

指揮所にいる間、連隊長に送り出されたので、連隊長の名代として動き、われわれに課された任務を詳しく話しました。ただし命令ではないので、決断は大隊長が下しました。……斥候数人が奥深く入り込むことに成功し、偶然ドイツの大隊長の指揮所に行き当たります。そこには副官とともにいて、ほかのドイツ人は前線の掩蔽壕にいました。ドイツの大隊長の副官が走り出て発砲してきたので、こちらは手榴弾で応戦します。このあと大隊長が自分で出てきて手を挙げました。がっちりした身なりのいい指揮官で、不細工な毛皮コートを着ています。ちなみに、毛皮のコートを着ていたドイツ人は、こいつだけです。

この時、突撃部隊が防衛線を越えて正面からドイツ軍に襲いかかり、一斉に手榴弾を投げました。大混乱。てんでんばらばらに逃げ出します。ドイツの大隊長を捕まえたことが分かると、斥候に命じてそいつを高い場所に登らせ、シーツを持たせて、部下に降伏の合図を出させました。明るくなってきました。ドイツの大隊長がシーツを部下の兵士に見せて、降伏を促します。手を挙げて捕虜になるドイツ兵が数十人単位で出てきました。斥候と指揮官が武器を取りあげ、武器が山となってゆきます。はじめは六十人、その後さらに増えて百人が投降しました。

第一〇四三連隊と第一〇四五連隊も駆けつけ、捕虜を分配しはじめます。午前中にわが連隊は百七十二人を捕虜にしました。これまで連隊がつかまえた捕虜の最高人数です。このあと、さらに増えました。わたしは捕虜を受け入れては武装解除してゆきます。部下で、やつらをからかう者はあまりいません。ドイツ人は手当たり次第の重ね着です。どちらの足にも毛布を巻いている者がいれば、シーツをぐるぐる巻きにしてカカシみたいな者もいます。捕虜は整列させて、連隊の指揮所に連れて行きました。わたしが師団長に報告すると、成功をほめられました。チュイコフ軍司令官の指揮所の近くを通った時は、司令官にも報告しました。

ここで撮影カメラマンがやって来て、切り立った崖に登ってくれと言われました。カメラマンは撮影に最適な場所を選ぶと、スターリングラードを背景に捕虜を崖に沿って歩ませ、不格好な毛皮コートを着た大隊長も撮影しました。ちなみにわたしも鞭を振りながら歩きました。わが連隊の歴史で面白かった一日の一つです。

ドールギー谷を越えた後は、敵の堅い守りがなかったので、市内の中心部まで進むことができました。

一月三十日、成功を積み重ねながら、わが師団は一月九日広場に到達しました。ドイツ人はまだ抵抗を続けています。ドイツ人が連隊ごと投降することは一度もなかった。ぼろぼろになのに、丸ごと投降はしないのです。北部グループのドイツ人はこの日、包囲環の押し広げすらしており、若干の危険がありました。……

中央ホテルに立て籠もったドイツ人は全周防御を敷いていました。出口はどこもドイツ人将校が立っています。二階に降伏の旗が掲げられたので捕虜にしようと出向くと、別の階から撃たれるといったこともありました。投降してきて捕虜になった

スターリングラードの捕虜、1943年　撮影：ナターリヤ・ボデー

ポーランド人が、その後、十回ほど軍使となって行き来し、その度に十五人から二十人のドイツ人を連れて来ました。有能な宣伝員でしたし、熱心にドイツ人から将校や狙撃兵を選別して銃殺に突き出していました。

　三十日の日暮れごろ師団長が、この将校の住み家〔中央ホテルのこと〕はどうする、放置か一掃かと聞いてきます。無線電報はおおよそこんな内容でした。「司令官に照会、中央ホテルの守備隊はどうする、見逃すか一掃か」。軍司令官は、わたしを通じて守備隊は一掃と命じます。実際は、兵の一部を残して師団は前進し、市の中心部と鉄道駅を奪取する任務に向かいました。三十一日の十四時に師団はスターリングラード中央駅に着きます。駅を奪取すると、南から市中心部に向かっていた第六四軍と合流しました。三十一日の十四時にドイツ人の南の包囲グループは万事休すでしたが、将校の住み家はまだ持ちこたえていました。

　司令官に、将校の住み家攻略の難しさを今一度報告します。司令官は即時奪取を命じると、戦車を五輌出動させました。われわれの連隊には四つか五つのグループがあります。ここで再び活躍したのが、勲章をもらったマクシーモフとババーエフとクドリャフツェフです。戦車がやってきて直接照準で建物を砲撃すると、突撃部隊が部屋に突入。ドイツ人はそれでもまだ抵抗します。百人ほどが殺され、六十人が投降して捕虜になりました。われわれは、やつらの医療大隊を捕虜にしました。わたしはこれが医療大隊だとは信じられなかった。看護兵が新品の外套を、しみ一つない外套を着ているんです。どう見ても、変装した将校です。とはいえ、自分は将校ではない、建物の防御には無関係だと言い張りました。

　三十一日の十六時、市の中心部において、ドイツ人が市の中心部に擁した最後の拠点が陥落しました。従軍画家がこの将校の住み家を絵に残しています。

　三十一日に連隊で痛ましい犠牲が出ました[144]。地雷に触れてヴァシーリー・イワノヴィチ・ラキチャンスキーが爆死したのです。連隊の宣伝員、前線で二度も負傷した、恐れを知らぬ猛者でした。シベリアの同郷人です。〔トムスク近くの〕ナルィム市党委員会の第二書記をしていました。文学の教育をうけた政治要員です。何が何でも今日は兵士と一緒に前線に行くんだと張り切っていて、拠点の奪取が伝わると、赤旗も用意しました。撮影カメラマンと話をつけて、ラキチャンスキーが赤旗を持って行き、ホテルに掲げることになっていました。カメラマンが撮影の準備をしていた正にその時、ラキチャンスキーは地雷に触れたのでした。無駄死にです[145]。……

　二月一日に連隊すべてが市の中心部を離れ、北部グループの戦いに向かいました。……二日の未明に戦闘命令が出て、まず空港とパラシュート塔の方面を攻撃、次いで右に曲がって「バリケード」工場です。面白いことに、攻撃の開始は兵士が命令の前に自分でしました。見る限り事態は悪くない、ドイツ人はめったに撃ってこないし、投降してくる。そこで命令の約三十分前に突入したわけです。連隊長が来たら、もう戦っていました。ドイツ人はそこそこ抵抗しました、特に「バリケード」工場ですね。ですがわれわれの強襲はすばやく強力で、ドイツ人を一気に追い込みました。この日捕まえた捕虜は八百人以上。スターリングラード戦の全期間では千五百五十四人でした。ドイツの防衛態勢は、これでもう中核を失ったことになります。「バリケード」工場は守りがしっかりしていました。連隊長も参謀長も捕虜にする。日暮れ前に将校の尋問に行きました。わたしのいる掩蔽壕にドイツ第一一三師団の参謀長補佐の少佐が連れて来られた時のことです。捕虜にしたのは後方担当の参謀長補佐で師団の指揮官でした。捕虜は腰が低く順従です。尋問すると、すぐには思い出せず、間違えたりしますが、別の者が先を争ってそれを訂正し、誠実に話そう、誠実に振る舞おうとしてます。ある少佐が被っていた赤軍の帽子にファシストの鉤十字がついていました。司令部付小隊の兵士がそいつから帽子を奪って、鉤十字を引き剥がして投げて返すと、帽子を脇に捨ててしまいました。

「バリケード」工場も奪取しました。これが北部グループの最後の砦でした。「バリケード」工場が落ちたのは二月二日の十三時三十分です。十四時すぎにはすべての作戦が完了し、われわれの師団はヴォルガ川の岸辺に出ました。

十四時三十分——これは歴史的と言っていい時間です。スターリングラード戦の砲声がついに止んだのです。わたしはこのことを電話で知ると、手持ちの日記にこう書きました。「勝利者に栄光あれ。本日十四時三十分、一九四三年二月二日、スターリングラード会戦の最後の戦いが「バリケード」工場で終わった。この歴史的な時に大会戦の最後の砲声が鳴り響いた。本日、砲声は止んだ。スターリングラードをわれわれは守り抜いた。数千のドイツ人がヴォルガ川の上をよろよろ歩いている。やつらはわれわれの戦って勝ち抜く能力を認めたのだ。この戦いははるか後の子孫も覚えているだろう。緊張がとけて頭が休息し始めた今、ようやく、実に多くのことをスターリングラードの人びとが成し遂げたのだと分かり始めている」

捕虜についてひと言。捕虜は意気消沈していました。はじめは一人ずつ検分していましたが、そのうちもう興味を引かなくなりました。捕虜はもう「ヒトラーはお終いだ（カプート）」と言っていましたが、これに対してわれわれのある兵士が「貴様たちは十一月とはちがう、今や大量カプートの時が来たんだ」と言っていました。

あるとき捕虜の持ち物検査が行われました。ドイツ人が七十人ほど並びます。わたしは通訳を介して話をしました。連隊長が近づいてきて、何を話していたのかと尋ねます。ヴォルガ川を見たかと聞いていたんですと言いました。実は大半がまだ見ていませんでした。すると連隊長はやつらに向かって、通訳を介して、今日はついにヴォルガ川を渡るぞと言いました。本当に半時間後に捕虜の隊列がヴォルガ川に伸びていました。……

わたしたちはスターリングラードに三月六日までいました。戦闘が終わった後はしばらくぶらぶらして、それから訓練に入りました。任務にあったのが、すぐさま現場でドイツの防衛システムを学ぶことです。一帯で資料を収集しました。指揮官も

破壊されたスターリングラードの赤軍兵士　撮影：ゲオルギー・ゼーリマ

自分であちこちの掩蔽壕や塹壕やトーチカを見て回り、われわれの欠点が何だったのかと考え、自分たちの戦闘経験を考慮してそれを将来に活かすような結論を出しました。

資料はすべて回収し、司令部が取りまとめました。司令部は懸命に働きました。わたしが連隊長に報告した資料は、連隊長から師団長に伝えられ、師団長が師団の指揮官を大隊長まで全員招集した場で詳細に検討されました。軍のクラブはどこも連隊や師団の配置図や地図で埋めつくされました。師団長が行った師団の戦闘能力についての報告は、とても面白かったです。……

百五十六日ぶりにヴォルガ川を渡ったのが二月二十五日です。指揮官たちの先頭に立って〔氷結した川の上を〕歩きました。クラースナヤ・スロボダー村にさしかかって最初に目に飛び込んできたのが無傷の一軒家。窓ガラスもちゃんとあります。煙突から煙が出ていました。廃墟に慣れきって、それが当たり前になっていたので、無傷の一軒家が異常なことに思えて、注意を引いたのです。立ち止まって、無事だった家をしげしげと見つめました。……

スターリングラードの戦功でたくさんの人が勲章やメダルをもらいました。死後叙勲もそこそこあります。われわれの連隊だと、三人の大隊長が師団で初めてアレクサンドル・ネフスキー勲章を授与されています。兵力で優る敵との戦い、機動力、戦術行動の経験が評価されてのことです。アレクサンドル・ネフスキー勲章をもらったのはコトフ大尉、ニキーチェエフ大尉、ポノマリョフ大尉です。

二月十日は師団にとって記念すべき日です。この日、われわれ第二八四師団に赤旗勲章を授与する政令が出たのです。慶賀の至りで、この日を祝いました。

三月二日も記念すべきです。バチュク大佐が少将の称号を授与されたのを知りました。

しかし、われわれ師団の歴史で最も記念すべき日は、三月五日です。ラジオ放送でわれわれ師団が親衛の称号を授かり、第七九親衛師団となったことを知った日です。……

わたしは二月二十四日に、赤星勲章をもらった日ですが、車に乗ってスターリングラードで自分が必要だと思うものの写真撮影に行くことができました。ちょうどこの時分は死んだドイツ人の死体を集めていました。市の中心部で民間人に会ったので、職業を尋ねました。スターリングラード市党委員会の軍事部長で、死体の回収を担当していると言います。何体ほど集まったか聞いてみました。この日は市内で八千七百体のドイツ人の死体を回収したそうです。わたしは選びながら写真撮影を始めました。ドイツ人の死体の山が、二百人、三百人、六百人と積み上げられています。スターリングラードで目に付くのは、この死体の山に数千台の車の残骸。建物の残骸や、まだドイツ人の負傷者がいる病院も写真に撮りました。市立劇場に置かれたドイツ人の病院にも行ってみました。死んだ人、ケガ人、病人が収用されています。ひどい悪臭です。負傷者を撃ち殺したくなるのを必死に抑えました。

三月六日にスターリングラードから離れる際、包囲環だった所を通りすぎました。数十キロメートルにわたって放置されている自動車、装甲車、大小様々の武器、迫撃砲、そして実に多くの死体。戦場が、棺桶のない茫漠たる墓地のようでした。スターリングラード戦の偉大さを今一度噛みしめました。

こんなこともありました。何もない野っ原に村が見えて、一休みできるかなと思う。でも近づいてみると、それは車を集めて山にしたもので、村のように見えただけ。そう、あれは機械の墓場でした。

三月七日に集会を原っぱで行っていた時に、同志スターリンにソ連邦元帥の称号を与える知らせを聞きました。この出来事は全員を大いに喜ばせました。わたしたちは以前から同志スターリンの軍服姿を見たいものだとよく話していました。

同志スターリンの文献や命令はわたしたちに大きな感銘を与えました。最もつらい時でも、見捨てられていないことが分かりました。そう、例えば十月、わたしたちが最もつらかった月のことです。わたしは部下の伝令兵コロスティリョフと歩いていました。夜中です。砲撃が終わるまで、爆弾穴で待つ羽目になりました。戯れに聞いてみました、スターリングラードは持ちこたえられるだろうか、と。部下は「スターリンが間違うことはありません」と言いました。さりげない一言でしたが、スターリンはわれわれやスターリングラードの人びとのことをしっかり考えていると心から信じていました。

スターリン[146]の配慮をとくに感じたのが[147]、「スターリングラード防衛」メダルの制定と三都市に英雄都市の称号授与を知った時

戦いがすんで　撮影：セルゲイ・ストルンニコフ

です。

スターリンの命令の一つ（おそらく十一月の命令）に連隊の文書係がこんな反応をしました。「あの命令ほど考え方を整理してくれたものはない」。このようにスターリンの数々の命令は人びとの行動も考え方も整理してくれたのです。わたしたちは同志スターリンのわれわれへの配慮と賢明さをいつだって感じていました。

スターリングラードでわたしは党員になりました。スターリングラードでは大尉と受勲者にもなっています。

［署名］Ｎ・アクショーノフ、四三年五月二〇日

［手書きの書き込み］速記録は目を通しました。少佐アクショーノフ、四六年三月五日。

НА ИРИ РАН, Ф. 2. Разд. III. Оп. 5. Д. 4. Л. 3-16 об.

七　狙撃手――ヴァシーリー・ザイツェフ

ヴァシーリー・ザイツェフの名前は、映画『スターリングラード』（二〇〇一年、原題Enemy at the Gates）のおかげで、多くの読者が知っているだろう。映画の主人公はシベリア出身の赤軍兵士。子どものころから祖父に狼狩りに連れて行かれ、長じてスターリングラードに狙撃兵として出征し、数多くのドイツ兵を殺している。ザイツェフの行動はコミッサールが宣伝し、新聞も報じた。ドイツ軍はザイツェフに手を焼いて、腕利きの狙撃手をベルリンからスターリングラードへ送り込む。廃墟と化した工場の敷地で二人の男が互いに相手をつけねらった。一騎打ちはザイツェフの勝利に終わる。

映画で狙撃兵を演じたジュード・ロウが小柄なヴァシーリー・ザイツェフに全く似ていないのは措くとしても、スクリーンで展開する物語はほとんどが純然たるフィクションである。映画の中でザイツェフと対決するエルヴィン・ケーニッヒなる少佐も、ドイツ側の資料に見あたらない。[148] ザイツェフは、党のコミッサールが見出したのでもない。ほかのスターリングラードの狙撃手と同じく、その殺害報告が赤軍の中で広く宣伝されただけだ。歴史家のインタビューで語っているように、射撃の腕前を磨いたのも祖父との狼狩りではない。正しくは家族総出で――父、母、姉、弟と森へ行ってはリスを狩っていた。たくさんリスを撃って、母親がリスの毛皮で姉のコートをつくろうとしたのだった。

狙撃兵運動がスターリングラードで始まったのは、アクショーノフ少佐（スターリングラード戦の後に大尉から少佐に昇進）が先に述べていたように、激烈な戦いがスターリングラードで繰り広げられていた一九四二年十月のことだ。狙撃兵の投入は、突撃部隊の使用とともに、第六二軍司令部が未曾有の市街戦で好んで用いた戦術である。中でも注目されたのが、メテリョフ親衛中佐（第二八四狙撃兵師団）の連隊に所属する狙撃兵だった。この連隊の四十八人の狙撃兵が殺したドイツ人は、アクショーノフによると、千二百七十八人。この連隊で最初に有名になった狙撃兵が、赤軍兵士アレクサンドル・カレンチエフである。

カレンチエフは、狙撃兵の訓練を受けたが、連隊本部で伝令として働いていた。軍の新聞の取材を受けた十月はじめに、ほかの狙撃兵の活躍が広く宣伝されるのに刺激されて、後に続こうと思ったと語っている。最前線に行くと、「フリッツを十人殺しました。これが初めての二桁です」。十月革命の二十五周年の記念日を見据えて、この「報告」を十一月七日までに数倍に増やしたいと豪語している。[149] だが殺した敵が二十四人まで行ったところで、ドイツの狙撃兵の銃弾で命を落とした。[150] カレンチエフらスターリングラード戦線の赤軍兵士は、政治指導員から「個人帳簿」と題する小さなメモ帳を渡されて持っており、そこに殺した兵士と破壊した軍の装備品の数を書き込むことになっていた。表紙にはイリヤ・エレンブルグの言葉「ドイツ人を一人も殺さない日は、無駄に終わった日」が記されていた。[151]

十月のあいだ狙撃兵をめぐる宣伝工作はますます強まった。有名な狙撃兵が公の場で決意表明し、革命記念日に向けて射殺数を増やすと誓う例が相次ぐ。軍指導部が働きかけて、後進の育成や本格的な狙撃兵運動が始まった。[152] 新聞も狙撃兵の成果の伸びを宣伝し（例えば軍の新聞『祖国防衛のために』の十月二十一日の記事は、見出しに太字の数字「66」が躍っている）、革命記念日に向けた「社会主義競争」を褒め称える。「狙撃兵スィトニコフはドイツ人を八十八人殺した。君が殺したのは何人だ」と見出しがずばり問いかける。まだ殺したことのない兵士は、実名を挙げてさらしものにされた。[153] キャンペーンは三〇年代の突撃運動の踏襲だ。実際、先の狙撃兵スィトニコフは、戦前は炭鉱労働者としてスタハーノフ運動に積極的だったと語っており、革命記念日に向けた競争と聞いて脳裏をよぎったのは、狙撃兵としても超過達成することだったという。[154] 三〇年代は、スタハーノフ運動の活動家が社会主義という新時代の「有名人」（знатные люди）として称えられていた。同じ言い回しがスターリングラードに取り入れられたのである。「有名な狙撃兵」と称される狙撃兵は、四十人以上を撃ち殺している。[155]

政治部は「社会主義競争」で抜きん出ることを促すだけでなく、赤軍兵士のドイツ人への敵意をかきたてた。教え込んだ敵意は実を結ぶ。どの兵士もどの指揮官も、スターリングラードでは、アクショーノフの聞き取りで見たように、できるだけ多くのドイツ人を殺すことに「血眼になった」。この敵意こそが狙撃兵運動が第二八四狙撃兵師団でおこる土台だったという。同じように敵意を誘因のバネと呼ぶ狙撃兵アナトリー・チェーホフ（第一三親衛師団）のことを、ヴァシーリー・グロスマンが一九四二年十月に書き留めている。チェーホフは最初に殺したドイツ人のことを思い出す。「わたしは怖くなりました。人を殺してしまった。でもすぐ仲間のことを思い出しました。それでやつらを容赦なくやれるようになったんです。……人の皮をかぶった獣になってしまった。やつらを殺し、憎む。まるでわたしの人生が最初からこうだったかのようです。殺したのは四十人。三人は胸に、残りは頭を撃ちました」[156]。ヴァシーリー・ザイツェフも、ドイツ人への敵意が殺害の中心的な理由だと書いている。

軍の新聞は十一月二日に初めてヴァシーリー・ザイツェフの名前を伝え、スターリングラード戦線の新人と紹介するが、あっという間に正確無比の狙撃手へと格上げした。毎朝、夜が明けるころに「フリッツ狩り」に出かけるといった書きぶりである。とりわけ高く評価するのがザイツェフの成果（百十六人の敵を射殺）と、同じ部隊のほかの兵士の面倒を見て狙撃兵に育て上げている事実だった[157]。四日後の新聞は、来る革命記念日を前に、ザイツェフの帳簿に記された敵兵士がすでに百三十五人であること、弟子たちの成果にも言及して、「義務を立派に」果たし、それぞれドイツ人を二十人、二十五人、三十三人殺したと伝えている[158]。革命記念日が終わった後は、「果敢な競争」を脈々と受け継ぐことを狙撃兵に呼びかけたという[159]。ザイツェフは、スターリングラード戦の終結までに二百四十二人のドイツ人を殺した。第六二軍の狙撃兵で随一である[160]。一九四三年一月十五日に目を負傷し、三週間入院。さらに眼の専門医のいるモスクワに運ばれる。二月二十日に滞在先のモスクワで、ソ連邦英雄として表彰されることが分かる。授与式が二月二十六日にソ連最高会議幹部会議長ミハイル・カリーニンによってクレムリンで行われる、その前のことだが、大祖国戦争を研究する機関から出頭要請の通知が届く。ミンツという教授が話をしたいというのだ。スターリングラードの狙撃兵運動について講演してほしいのだろうと思って行ってみると、準備不足で何を話そうか悩んでいるのに、プラウダ編集長のポスペロフも来ている。「質問に答えたり、仲間のことを話す。メモ帳に講演テーマを少しだけ書いてみたが、目をやる暇もない。一時間がすぎ、二時間がすぎる。どうしたんだ、なぜこんなに長引いて講演開始が告げられないのか。ようやく向こうが結論に入る。わたしの言ったことに学術的な価値があるという。えっと言いそうになった。どんな価値があるというのだ。メモ帳のテーマは何一つ読み上げていないのに」[161]

ミンツとザイツェフの対話には速記者が同席していなかった。そのためザイツェフは一九四三年四月に再び研究機関に招かれ、以下に収録したインタビューが記録に取られた[162]。四三年八月にもう一回、補充のインタビューが行われている。インタビューはテキストの校閲をすませると、その年のうちに小冊子の形で出版された[163]。歴史委員会がスターリングラード戦の参加者に話を聞いて刊行にまでこぎつけたのは、このザイツェフの聞き取りだけだ。刊行後と刊行前のテキストは、比べてみると、大きな違いがある〔註167＝451ページ参照〕。まず省略や表現の手直しが多いのに、それが明記されていない。またザイツェフがあまり英雄的に見えない箇所は、どこも勝手に削除または誇張する。ザイツェフが初めてドイツ人兵士を撃ち殺した時の距離は八十メートルだが、刊行版は八百メートルになっていた〔註180＝451ページ参照〕。二〇〇一年の劇映画のクライマックスにあるようなドイツの狙撃兵と一騎打ちであれば、ザイツェフが敵を撃つのは、武器を手放したのが見えた時である。しかし刊行版は、この場面を違った形に描く。武器を持ったドイツ人はザイツェフが塹壕から飛び出したのを見て「動転し」、「神聖なロシアの弾で」撃ち倒された〔註184＝450ページ参照〕となっている。[164]

ザイツェフは、その後も戦い続けた。再び戦場に戻ると、終戦をベルリンで迎えて大尉になった。戦後はキエフの縫製工場「ウクライナ」の工場長をしている。一九九一年にキエフで亡くなり、同地に葬られた。二〇〇六年には、生前口にしていた意向にしたがって、改葬してヴォルゴグラードのママイの丘に埋葬された。[165]

赤軍は自軍の狙撃兵を高く評価したが、敵の優秀な狙撃兵に敬意を払うことはせず、むしろ大量殺人者とみなして、捕虜にしたら他から選り分けて射殺した。[166] イワン・ブルマコフ大佐が、一九四三年一月三十一日に第七一歩兵師団司令部の捕虜受け取りを監督していた際、師団長フリッツ・ロスケの願いを入れて、捕虜収容前に部下の将校との別れの挨拶を許した。

「部下の指揮官がやって来る。全員と抱擁し、握手した。出し抜けにみすぼらしい青二才のフリッツがやって来る。今度は何とロスケの方がちやほや。わたしの隣にイリチェンコがいた〔フョードル・イリチェンコ中尉はドイツ語を話すので通訳をしていた〕。やって来たそいつにロスケが手を差し伸べて抱擁する。「誰なんだ」と聞いてみた。ロスケは、自分の部隊で一番の自動小銃兵だ、ロシア人を三百七十五人殺した、と答える。ロシア人三百七十五人と言うのを聞いて、隣にいたイリチェンコの足をこっそり踏んだ。この青二才のフリッツが地下室を出ることはなかった——三百七十六人目として始末された」

大祖国戦争史委員会
同志ザイツェフ、V・Gとの対話の速記録
一九四三年四月十二日[167]

聞き手は委員会の学術研究員、同志クロリ[168]
速記は同志ロスリャコワ[169]

ザイツェフ、ヴァシーリー・グリゴーリエヴィチ――ソ連邦英雄、有名な狙撃兵

一九一五年の四月二十三日にエレーニンカ村、チェリャビンスク州のアガポフカ地区にあります、そこの農家の生まれです。父は森番でした。一九二九年まで森の中で育ちました。子ども時代はずっと森の中です。森で射撃を覚え、ウサギ、リス、キツネ、オオカミ、ノロ〔小型のシカ〕を狩っていました。森がとても好きなのは、子ども時代をずっと森ですごしたからでしょう。だから森では絶対に迷子になりません。どんな森でも、絶対に。一九二九年に両親がコルホーズに入ります。わたしは両親と一緒にコルホーズがあるエレーニンカ村に行きました。その冬は上級生のグループにいて、夏に家畜の放牧をしました。牧童です。マグニトゴルスク市に建築の専門学校があって、放牧のかたわら入る準備をしていました。入ろうと選んだのではなくて、勉強する目標にしただけです。そもそも建築は好きじゃなかったけれど、勉強はしたかった。家畜の放牧が恥ずかしかったんです。それでも放牧は続けて、やりながら勉強していました。家畜を放して馬を長い紐で結わえたら、木陰で横になって勉強です。二九年の夏は放牧をして、冬になったら建築専門学校に行きました。どこに行きたかったかですか。希望を言えるなら、もちろん航空専門学校です。パイロットになりたかった。でも今は健康も視力もダメですね。一九三〇年[170]に建築専門学校に入りました。成績は優秀でした。二年生と三年生の時は報奨金をもらっています。卒業時の成績は「優」。一九三二年に建築専門学校を終えました。子どものころは痩せたチビの虚弱児でした。在学中にマグニトゴルスクの第一第二高炉をつくりました[171]。わたしがつくったのは溶鉱炉とパッドリング炉です。しばらく研修生として働きました。あそこの労働者はもう年寄りで、理論はさっぱりですが、経験は豊富です。指示を出そうものなら、はなたれ小僧のくせに口出しか、オレはずっとこの仕事をしているんだと言ってきます。これが気に入らない。自尊心を傷つけられたので、辞めました。働いたのはたった三カ月。それに汚れ仕事だし、温度が高いのに、フェルト服ですからね[172]。簿記の講習に通いました。シャドリンスク市で九カ月の簿記講習です。講習を終えたら、チェリャビンスク州キジリスコエ地区に赴任しました。一九三三年からキジリスコエの地区消費協同組

合で簿記係です。この仕事は気に入っていました。落ちついた、座り仕事ですからね。一九三六年まで簿記係でした。……コムソモールの枠で徴兵になり、太平洋艦隊へ行きました。専門学校時代にコムソモールに入っています。太平洋艦隊に行ったのは一九三七年の二月です。……艦隊の基地のウラジオストクは独特な街で、山の上にあります。チェリャビンスク、スヴェルドロフスク、シャドリンスク、チュメニといった街と比べると、あまり印象がよくない。汚い街です。中国人や朝鮮人がたくさんいましたしね。最初の印象はとても悪かったですが、暮らしているうちに街にも艦隊にも慣れて、今では極東がたまらなく恋しいです。極東なら、勤務はツンドラでもどこでも構わない。それくらいあそこが気に入っています。自然がとても素晴らしいし、街自体もすばらしい。大好きになりました。気候条件は確かにとても厳しいですが、あの街が好きになりました。もし戦争が終わって無事でいられたら、絶対に極東に行って働きます。六年勤めると転勤が相場ですが、わたしは七年も暮しています。

軍経理学校の修了にあたって、太平洋艦隊軍事評議会の指示で、われわれ優秀修了生は、主計中尉の階級が付与されました。この指示は電報で受け取り、命令は後から来ると言われました。[173]わたしは尉官に編入されて尉官に任じられたのに、赤軍水兵でした。任務は、分隊長。ウラジオストクの第四潜水班の主計官です。一九三九年から四一年三月まで主計官で、主計中尉です。昇進する段になって、最初の階級がまだ付与されていなかったことが分かりました。わたしに主計中尉の階級を与える人民委員部[174]の命令が届かなかったというのです。イライラさせられるお役所仕事が始まりました。六カ月は尉官だったが、今は赤軍水兵にするしかない。この間、規律違反の処分はゼロ、党でもコムソモールでも職場でも何一つなかったのにですよ。軍事評議会から表彰状ももらっています。この間ずっと処分なしで、真面目一筋の勤務でした。結論が出ます――わたしから尉官の軍装一式を取り上げ、再び赤軍水兵の制服に戻せ。命令は命令です。わたしの上申書は却下。一般兵舎に移らされ、兵役期間も延ばされました。わたしは同志スターリンに手紙を書きました。十五日ほどして返事が来ました。同志スターリン名義の回答です。調べて報告せよとあります。直ちに調べてくれて、兵役超過者の肩書きをくれました。一兵卒だったのが、十年の兵役超過者に繰り入れです。[175]

……

ドイツ軍がスターリングラードに近づき出すと、わたしたちは軍事評議会に請願書を書いて、コムソモール員の水兵でスターリングラード防衛の志願兵を組織する許しを得ました。わたしも志願してスターリングラード防衛に向かいました。……クラスノウフィンスクでの部隊編成は一九四二年の九月。九月六日にわたしたちがクラスノウフィンスクに到着すると、七日には梯団が次々と編成されてスターリングラードに向けて出発です。梯団は大規模で、五千人くらい。クラスノウフィンスクでバチュクの師団に編入されました。この時はまだふつうの狙撃兵師団です。訓練は、道中の梯団でやらざるを得ない。機関銃なら、こんな具合です。板寝床の上段に機関銃を据え付けると、機関銃手の隣に座り、操作の仕方を教えてもらうのです。わたしは指揮官、相手は一兵卒。でも隣に座って教えてもらうわけです。経理小隊の指揮官に任命されましたが、断って一兵卒の狙撃兵になりました。ライフル銃を持って狙撃兵として出撃です。艦隊にいる時から射撃には自信がありました。

スターリングラード到着は九月二十一日から二日の未明です。二十一日はブルコフカ[176]で野営でした。スターリングラードはそのころ一面が燃えていました。朝から夜七時まで、友軍の戦闘機と敵軍の戦闘機が空中戦です。一機また一機と戦闘機が墜落して炎上し、街全体が燃えています。ヴォルガ川の対岸から見ると、めらめらと燃え上がる炎が見えます。別の場所にも火の手が上がり、そのうちすべてが一つになって、巨大な炎が夜空を焦がします。負傷兵が、ある者は歩いて、ある者は運ばれて、やって来る。ヴォルガ川を渡って運ばれてきたのです。これは来たばかりの人間には強烈な一撃で、激しい敵意が沸き立ちました。

わたしたちは武器を磨き上げ、銃剣を装着して待機。今か今かと待ち構えていました。戦闘準備は万全です。弾薬を携帯し、迫撃砲と機関銃も持っています。目立たないようにヴォルガ川まで出て、ヴォルガ川を渡ったのが二十一日から二日の未明でした。親衛師団の誰かが案内役でしたが、誰かは覚えていません。ヴォルガ川を渡り終えて、河岸に上陸しました。市内はこの頃もうドイツ人がいました。朝六時にわれわれに気づくと、迫撃砲を激しく撃ってきます。そこは石油備蓄タンクが十二個ありました。わたしたちはこのタンク十二個を占領しました[177]。すると敵機が六十機飛来して、撃ってきます。石油タンクが爆発して、石油まみれです。ヴォルガ川まで撤退すると、水をかぶって消火しますが、火がついた服を脱ぎ捨てたので下着姿。素っ裸だったり、テント兼用の防水マントをひっかぶる者もいました。ライフル銃を構えると、突撃です。工場地区をドイツ軍から奪い、「メチズ」工場を奪い、食肉コンビナートを奪う[178]。この付近に陣地を確保して守備につきました。ドイツ軍がその後何度か攻撃してきましたが、すべて撃退しました。

最初の戦いの後、大隊長が副官に登用してくれました。大隊長の副官、つまり右腕です。戦闘中に大隊は蹴散らされ、ドイツ軍に戦闘隊形を崩されます。大隊長が、総員集結と交信を命じます。わたしには自分の副官がいたので、一緒に総員集結と中隊の補充を始めました。名簿上の生き残りは各中隊に七人です。しばらくして人が集まり出すと、各中隊は六十から七十人でした。戦闘隊形をつくります。ドールギー谷で、ある味方の部隊が動揺し、退却を始めました。わたしと伝令が駆けつけます。大隊長が下した命令は、戦線を維持して整列させよ、でした。わたしはこの命令を遂行し、維持しました。突撃してドイツ軍を打ち破って立て直し、ドイツ軍の動きを食い止めました。戦いが終わって守りに移ってからですが、本部がわたしを「剛毅」記章[179]に推薦してくれました。「剛毅」記章の授与は一九四二年十月二十三日です。

　ドイツ軍が狙撃兵を差し向け、われわれの動きを狙撃兵で釘付けしだします。一度、大隊長のコトフ大尉と二人で行って見ていると、ドイツ人が一人、飛び出してきました。「ほら、ドイツ人だ。殺れ」と彼が命じます。わたしがライフル銃を隙間から構え、撃つ。ドイツ人が倒れます。八十メートルくらい[180]、殺ったのは何の変哲もないライフル銃です。**感嘆の声が上がります。わたしのことはみんなが知っていて、兵士の間でもう大きな権威を得ていたからです。おどけて笑い顔、感嘆しています**[181]。見ていると、二人目が救護にやって来ます。わたしが殺したドイツ人は、報告書を運んでいたようです。声が掛かります。「ザイツェフ、ザイツェフ、もう一人来たぞ、あいつも殺っちまえ」。わたしがライフル銃を構えて撃つ――そいつも倒れました。三十分かそこらでもう二人です。この仕事に興味を覚えました。立ち上がって隙間から見ていると、ドイツ人がさらに一人、殺された二人に向かって匍匐しています。そいつにおみまいして、そのドイツ人も殺しました。

　それから二日して、連隊長のメテリョフ中佐が大隊長のコトフ大尉を通じて渡してくれたのが、光学照準器のついた名前入りの狙撃銃です。すぐにこの銃の扱い方の勉強です。われわれの連隊に当時アレクサンドル・カレンチエフという狙撃兵がいました。彼の助けを借りながらこの狙撃銃を理解しました。三日間この狙撃兵カレンチエフに同行し、その動きや銃の扱い方の観察です。銃の機能面の習得はヴァシーリー・ボリシェシチャポフ上級中尉に助けてもらいました。**このころからわたしは待ち伏せ場所に通い出します。すでになかなかの成果が出ていました。一人で行動していたら、もっと楽にドイツ人の後を追えたでしょう。ただ、わたしを付け狙うやつはとても多く、ドイツ人にもう知られていました**[182]。

　そこで狙撃兵をもっとたくさん募集して教えようと決めました。毎日、一人とか三人とか四人とかドイツ人を殺していましたが、今度は弟子を取り始めたのです。まず五、六人を選びました。訓練は鍛冶場。銃の機能面の習得はメチズ工場の換気ダクトです。鍛冶場に着くと、わたしが撃ち方の模範を示し、それから待ち伏せ場所に行きます。取った弟子は合わせて三十人。銃の扱いが上手くなったなと思ったら、待ち伏せ場所に連れて行きます。一日、二日、三日。射撃の経験を積みながら、敵の守備位置や行動などを覚えさせます。兵士は自分で選び、仲良くして、かわいがりました。何でも分かち合いました。時には食糧事情が悪くなって、乾パンやタバコを分け与えたこともあります。心を開いて接してもらっているのが分かると、愛着が湧くものです。わたしのことを心から好きになれば、決してわたしを見捨てたりしないでしょう。わたしも同じです。わたしが教えたことは、一言一句覚えています。こんな感じで部下の選抜と訓練をしていました。

　その人の戦場での技量を見極めるのはさほど難しくありません。狙撃兵は勇敢で冷静で粘り強くなければいけない、武器の扱いに習熟し、戦術に長け、視力が良くないといけません。こ

待ち伏せに向かう狙撃兵ザイツェフ（右端）と弟子、スターリングラード、1942年12月

うした特質が、その人が狙撃兵になれるかどうかを決めます。訓練しながら一緒に待ち伏せ場所に通いました[183]**。**

　ママイの丘のとある場所にある簡易トーチカを攻略することになりました。機動作戦の妨げになっており、ある場所からある場所への移動や、食糧の運搬、弾薬の補給ができない。だから本部が、あのトーチカの攻略を任務にしたのです。歩兵隊が何度か向かったものの撃退されていました。ドイツの狙撃兵が隠れていたからです。わたしが部下の狙撃兵を二人送り出しましたが、ヘマをして負傷し、戦線離脱。大隊長の命令で、わたしが自ら出向くことになり、狙撃兵を二人選びました。現場に向かいます。敵の狙撃兵は優秀でした。わたしが塹壕から鉄兜を見せると、すぐに鉄兜を撃ち落とします。相手の居場所を特定する必要がある。でも、これが極めて難しい。顔を出したら即座に撃たれて殺されます。とすると、だまして裏をかく、つまり正しい戦術で対処する必要があります。わたしが［塹壕の前に土を盛った］胸壁に鉄兜を置く、相手が撃って鉄兜が飛ぶ。探索は五時間あまり続きました。その時はこういう方法を取りました。手袋を外すとスキー板にかぶせ、坑道から突き出します。ドイツ人は、誰かが手を挙げている、投降だと思う。バンと一発。わたしは手袋を下ろして、手袋の撃たれた所を見る。撃たれた場所から、撃っている場所を突き止めるのです。手袋は正面側から撃たれている、ならば、やつはこのあたりだ。別の場所なら、手袋が横から撃たれるはずだ。その一撃が、敵が撃ってくる方角を教えてくれたのです。**塹壕の潜望鏡（ペリスコープ）を手に取って**

目をこらすと、見つけました。味方の歩兵が最前線で伏せていて、三十メートルほど障害物を克服すればドイツの簡易トーチカです。やつの動きを追うと、伸び上がってわれわれの歩兵を見ている、ライフル銃を置いた。このときわたしは塹壕を飛び出し、さっとライフル銃を構えて撃つ。やつは倒れました。簡易トーチカから機関銃で撃ってくるので、簡易トーチカの銃眼に銃弾を浴びせます。銃眼を狙い撃ちして、機関銃手が機関銃に近づけないようにしました。その間に友軍の歩兵隊がこの簡易トーチカに殺到。われわれは損害なしで簡易トーチカを落としました。[184]

これが一つのやり方、正しい戦術です――欺いて、損害を一切出さずに任務を達成するのです。

ある高地で、友軍の中隊が機銃掃射とドイツの狙撃兵のせいで分断されました。近づくのが極めて難しい。本部が敵の潜伏先を見つけ出そうと試みます。二度三度と向かったものの、特定に至らない。連隊長のメテリョフ中佐に命じられて、敵のトーチカの位置と狙撃兵の潜伏先を特定し、接近路を確保することになりました。わたしは赤軍兵士のニコライ・クリコフとドヴォヤシキンを連れて出発しました。出たのは朝五時、まだ暗い中です。日中は銃弾が見えず、どこから飛んでくるのかも分からない。となれば、夜に動くしかありません。わたしたちは塹壕に入ると、マホルカで大きな巻きタバコをつくり、角材を十字に組んで上の方を布きれで覆い、顔のようなものをこしらえます。鉄兜をかぶせ、口のところに火をつけたタバコを差し込み、外套を引っかけて外に出します。ドイツの狙撃兵が見たら、人がタバコを吸っているわけです。暗闇で銃を撃てば、銃火が見えます。これでドイツの狙撃兵がいる場所を突き止められます。クリコフが角材のおとりを塹壕から出すと、ドイツ人がそいつめがけて撃って来る。撃ち終わるとクリコフがそいつを倒し、また立てる。ドイツ人は殺し損なったと思って、また撃って来る。この間にわたしがドイツの簡易トーチカの位置と狙撃兵の位置を特定しました。狙撃兵の銃火を撃退するのは無理でした。したのは位置の特定だけです。友軍の対戦車砲隊に連絡すると、対戦車砲隊がドイツのこの掩蔽壕と狙撃兵を撃破しました。こうして、分断されていた友軍の中隊を救出しました。

機転が必要です。戦略的に正しいやり方で敵に接近し、欺かないといけない。殺すのは訳ないことですが、欺くこと、どう欺くか考えることは、難しいです。

こんなこともありました。鉄道の橋を奪還しようとしていました。奪還を何度も試みますが、上手く行かない。攻撃しても跳ね返されていました。わたしは狙撃兵四人のグループと迂回して左翼からこっそりドイツ軍に近づきました。いや、左翼というより後方からですね。ボロボロの建物に忍び込みます。われわれが撃って出ると、ドイツ人が飛び出して手榴弾を投げつけて来ました。遮蔽物から出て来た隙を狙って倒してゆきます。やつらは、われわれを見つけると、火砲を引っ張り出して狙ってきました。まず砲手を全員片付ける。二時間ほどの間にわれわれ四人でドイツ人を二十八人殺しました。一九四二年十二月十七日のことです。これで友軍の歩兵隊がこの堅塁の橋を落とせました。それまで何度となく奪還を試み、何度も直接照準の砲弾を浴びせたのに、一向に崩せなかったところです。あそこは厚さ約六メートルのコンクリート。砲弾を浴びても僅かな傷ができるだけです。

一九四二年十月五日から一九四三年一月十日にかけて、わたしの帳簿にはドイツ人二百四十二人を殺したとあります。わたしが教えた狙撃兵は三十人。狙撃兵運動を組織しました。『赤い艦隊』の一九四三年三月十五日号に載ったアクショーノフ親衛大佐の記事が、わたしの活動を記しています。

海軍では本当にひどい目にあいました。勤務条件はまったく耐えがたいもので、頭のいい人でさえ、なあザイツェフ、もしオレがお前の立場なら、自殺してるよと言っていました。それでも耐えてきたし、海軍は好きです。ずぼらな奴が、全員ではないにしろ、あちこちにいるし、経理部はずぼらだらけですけどね[185]。

それから、こんなことも。ドイツ軍が増援部隊を集結させていました。日付や月は覚えていません、もう別の部隊にいた時です。わたしは教え子を連れて来ていた。四人が別の場所で活動中。観測所にいて、隣にそこの指揮官もいます。伝令が駆け込んできて、わたしを探している。こう言います。同志ザイツェフ、どこそこの観測区域でドイツ軍の動きが認められます、増援部隊です。この増援を監視するため、わたしは部下の狙撃兵を連れて出動しました。例の四人を呼び寄せ、こっちは二人、計六人です。現場に駆けつけ、廃墟と化した壊れた建物に忍び込み、待ち伏せすると、ドイツ人が隊列を組んで歩いている。三百メートルまで近づいたところで、ライフル銃で発砲。これが驚くべき効果をもたらします。やつらは九十人か百人ほどでしたが、突然のことに動転し、立ち止まったのです。一人が倒れ、二人、三人と続きます。発撃つのに二秒かかりますが、SVT四〇〔トカレフM一九四〇半自動小銃〕は十装弾なので、撃てば自動で装弾・排莢します。一時間半ほどの間に六人でドイツ人を四十六人殺しました。最も記憶に残る待ち伏せです。わたしたちに続いて砲兵隊が迫撃砲も撃ち始めました。

記憶に残ると言えば、面白い逸話があります。よく仲間が会うとこのことを笑います。初めて怪我をした時のことです。わたしはボロボロになった暖炉に潜り込みました。建物が焼け落ちて、暖炉と煙突だけが残っていたのです。暖炉に潜んでこの暖炉からドイツ人を撃っていたら、ドイツ人に見つかって煙突から迫撃砲を撃ち込まれました。暖炉の中で崩れたレンガで生き埋めになり、ライフル銃も壊れます。暖炉からたくさんのドイツ人を殺していました。生き埋めになった際、ブーツが大きかった、四五号〔二九センチ〕だったので足から脱げ、防水マントが真っ二つに裂けて足に巻き付きました。足を引き抜き、ブーツを見つけました。どうやら二時間ほど意識を失ってそこに倒れていたらしい。退却だとレンガを払いのけ、足を引き抜く。ブーツは、先ほど言ったように暖炉にありました。レンガを全部取りのけ、殺されると思いましたが、どうとでもなれです。壊れたライフル銃を首にベルトで吊し、足にゲートルを巻いてブーツを手で持つと、ブーツを手に素足の小走りで脇道に逃れました。仲間は笑います。写真に撮ったら面白かったでしょう。ドイツ人はこの時はなぜか撃ってこなかったですね。

　こういうことも。ドールギー谷での出来事です。ここにやつらの厨房がありました。地下室です。夕方のこと。もう遅くて、お日さまは隠れている。わたしたちは、ある建物で腰をおろし、タバコで一服していました。ふと目に入ったドイツ人。健康で血色もいい。とても大きな保温容器を持っている。白ずくめの格好で、コックでしょう。容器を洗い始めました。距離は四百メートルほど。はっきり見えます。「ザイツェフ、撃てよ」のはやし声。さっと銃を構え、やつが隅を持って容器をのぞき込んだ時に、頭を撃ち抜きました。頭が容器にドサッと落ちて、胴体が残っています。仲間が言います。「自前の道具を敵のために使ったな」。多くがこのことを笑いました[186]。

　射撃を始めたのは十二歳です。弟が一人います。子どものころは二人でヤマウズラやクロライチョウを捕まえていました。子どものころから射撃は上手かったです。父に教わってリスの仕留め方を身に付けました。木から木へ飛び移る時に、父の合図で撃つのです。狩りにはよく行きました。父、母、わたしと弟、それに姉。気晴らしに行こうってね。散弾銃で撃つと傷だらけになって毛皮が台無しです。姉がいるので、弟とリスを取りまくってリスの毛皮でコートをつくって贈ろうと決めました。リスは一発で仕留めないといけない、そうやって技術を習得しました。弾は自作です。弾の大きさはTOZ〔トゥーラ兵器廠〕の小口径の銃弾とほぼ同じ。当時十二歳でした。射撃が上手くなると、父が猟銃をプレゼントしてくれました。ともかく二人でコートにするだけのリスを取って、二百匹くらい捕ったかな、コートを作りました。弟は一九一八年生まれ。姉と母も銃を撃ちます。うちの母は戦闘的です。森は主に松で、白樺もあります。撃つ時は左目と右目を使います。左目はまだよく見えますが、右目は悪くなりました。

　わたしは重傷でした。破片が右目の下に、さらに目の隅に、同じく右目です。右目の下の破片は摘出不能、粘膜の下にあるからです。不安はありませんが、下を見ていてすぐ上を見ると、赤いものがチラチラします。左目にも破片があります。五日ほどよく見えなかった。顔中が焼けるようでした[187]。

　極東でも狩りをしました。仕留めたことがあるのは、イノシシ、クマ、バイソン、ヤマネコ、オオカミ、キツネ、キジです。軍隊でもよくしました。子どもの時から射撃が上手くて、両親も上手いのだから、まあ遺伝ですね。母親は、今では年を取って眼鏡をかけていますが、出ていくとパンとやってます。クロライチョウが飛んできて白樺かどこかに止まると、出て行って撃って殺します。戻ったら、羽むしりです。

　ソ連邦英雄の称号の授与は、一九四三年二月二十三日に知りました。ここに来たのは、政治管理総局長の同志シチェルバコフの命令です。補佐官のヴェジュコフ（ママ）大尉のところに着いた時は、まだ授与のことは知りませんでした。行くとお祝いされます。わたしに授与する決定は一九四三年二月二十日付でした。二月二十六日にレーニン勲章をもらいました。ミハイル・イワノヴィチ・カリーニンからです。今は研修でソルネチノゴルスクに行くところです。

狙撃兵は通常、建物で待ち伏せします。われわれの部隊が市外にいた時は、平原で活動しなければなりませんでした。事前に地理を調べます。そうすれば敵が現れる場所や近づいてくる方法が分かりますし、待ち伏せに適した場所を見つけて、敵の防御線を調べます。

将校や敵の兵士を狙う場合、その場に釘付けにする場合は、立ち上がれないように、弾薬や実弾や食糧などを持って来られないようにします。そういったことをいつするのか調べます。現場に着いて腰を下ろしたら、使うのはどちらがいいか、自動小銃かライフル銃かを確定します。数が多いと、ライフル銃では全員殺せない、自動小銃をダダとやって、なぎ倒します。一定のあいだ一つの場所から撃ったら、別の場所へ移動します。やつらがその場所へ撃ち始めると、そこにはもういなくて、別の場所にいるわけです。どんな時でも事前にいくつかの射撃拠点を準備します。おとりをたくさん作って、敵を徹底的に惑わす。撃っても、的に当たらないようにするわけです。わたしは、例えば、死体の下に隠れて撃ったことがあります。岩の陰もいいでしょう。

どうして負傷したか、ですか。待ち伏せをしていた時です。ドイツ人に気づかれました。でも、わたしを捕まえようにも、その時は誰もできなかった。やつらの狙撃兵をわたしが立ち上がらせないからです。わたしは貨車の下にいました。やつらは攻撃の狙いを貨車にします。貨車から破片や木っ端や鉄くずなどが飛び散って、身動きできなくなると見たのでしょう。そのとおりにしてきました。直接照準で貨車に砲撃です。貨車の破片が直撃します。砲弾の一つはわたしの真上で爆発しました。顔が大やけど、破片で負傷して服はボロボロ、足の膝が脱臼して、右の鼓膜が破れました。ともかく極めて重傷でした[188]。

入党は一九四二年十月。しばらく包囲されていた時です。すぐそこがヴォルガ川。川向こうからの投入は無理。袋のねずみです。生き残れる見込みはゼロ。当時は指揮官です。そんな風に思っていても、兵士に言ってはいけない。事態はきわめて深刻でした。当時は上等兵曹でした。最初の戦いのあと、政府の勲章を、「剛毅」記章をもらいました[189]。

恐ろしく厳しい状況でした。赤軍の政治管理総局の人がいます。わたしは、この人に請け合いました。「ヴォルガ川の対岸に第六二軍の居場所はありません。われわれの場所はここです。われわれは持ちこたえ、守り抜きます」[190]

朝の六時、七時から夜の七時まで爆撃につぐ爆撃。一日に「原本に欠落」も空襲です。砲弾や迫撃砲も撃ってきます。六連装の迫撃砲がうなり、朝から晩まで鳴り止みません。夜には夜間爆撃機が飛来し、またもやドサッと落として行く。こんな状況では生き残れる見込みは露もありません。死傷者があちこちに

党員候補証を授与される狙撃兵ザイツェフ、スターリングラード、1942年10月

出る。でもこんな時は憎しみが心底湧いてきます。ドイツ人を見つけたら、何をしでかすか分からない、でもそれはダメ、情報源として貴重です。不本意でも連行します。[191]

「メチズ」工場のあたりにいた時のこと。ドイツ人が女性を一人引っ張ってきました（たぶん強姦するため）。男の子が叫んでいます。「ママ、どうなるの」。母親が遠くから叫ぶ――わたしたちのすぐ近くです――「後生です、見逃して下さい」。胸をかきむしられます。でも助けようがない、ここは前線です。多勢に無勢、飛び出したら全滅です。庭先に目を向けると、枯れ枝に女の子や子どもがぶらさがっている――胸をかきむしられます。目を背けたくなる光景です。

疲れは感じませんでした。今は街を歩いていると疲れますが、あの時は朝四時か五時に朝食、九時か十時に戻って夕食、一日お腹をすかしていても疲れない。三、四日は寝なかったし、眠くなかった。どう説明したものでしょう。ずっと不調で、そうした状態が何とも辛かった。どの兵士も、わたし自身も、考えることはただ一つ、できるだけ大きな代償で自分の命を捧げよう、できるだけたくさんドイツ人を殺そうと考えていました。もっと大きな損害を与えてやろう、きっと一泡吹かせてやろう、そればかり考えていました。スターリングラード戦では三度、打撲負傷しました。今は神経系が不調で、震えが止まりません。思い出すことがよくあって、思い出すと胸をかきむしられます。

わたしはヴォロシーロフ砲兵中隊の政治グループ長で、コムソモール末端組織のビューロー員です。党史は優で合格、ソ連

ザイツェフの狙撃銃を手に取るチュイコフ将軍とコミッサールのグーロフ　撮影：ゲオルギー・ゼーリマ

諸民族史も優です。党史は一九三九から四〇年にやりました。党史は好きですが、一番好きなのは内戦史です。いろいろ読みました。フールマノフの『チャパーエフ』[192]は読みましたし、パルホメンコ[193]やコトフスキー[194]、スヴォーロフ[195]やクトゥーゾフ[196]のことも読みましたし、ブルシーロフ攻勢[197]も読みました。全部、海軍時代です。『二つの世界』（ザズーブリン作）[198]や『バグラチオン』[199]、『デニス・ダヴィドフ』（最初のパルチザン）[200]を読みました。セルゲイ・ラゾの大きな木も。[201]スタニュコヴィチの海軍物語[202]も大好きだったし、スタンダールの『黒と赤』（ママ）やノヴィコフ＝プリボイ[203]も読みました。『戦争と平和』や〔ヴィクトル・ユーゴーの〕『ノートルダム・ド・パリ』も。[204]

……

簿記は穏やかで静かな良い仕事です。人生の奥深さを明らかにしてくれます。主人のように感じられるし、ごくわずかなことでもあなたにかかっている。わたしは好きでした。独立した仕事ですし、働くとなれば生涯使えます。[205]

……

労農赤軍政治管理総局からヴェジュコフ大佐が来ていました。二十三日に〔……〕中将のところに呼ばれたのです。その場で叙勲がありました。[206]その時はまだ待ち伏せ中でした。伝言が届き、政府の勲章をもらうので呼ばれているという。まわりに狙撃兵や水兵がいました。わたしのことは皆知っています。あっという間にザイツェフが政府の勲章をもらうと広まりました。仲間の水兵に尋ねます。「なあ、何か渡さないか」。ヴェジュコフ大

仲間から肩章を祝福されるザイツェフ大尉、1943年2月

佐がわたしたちの前線にいることは知っていました。重ねて聞きます。「同志スターリンにわれわれ水兵コムソモール員から何か渡さないか。ヴェジュコフ大佐がこっちに来ていると言うから、頼めばモスクワに行った時に渡してくれるぞ」。ざわざわと話し声。

オレは渡すぞと言いました。

それがいい、行け。

出かけて行ったら、後で新聞に載りました。

……入党したのは、一番苦しい時期です。もう弟子も取っていました。十月はドイツ軍に押されて生きた心地がしなかった。わたしはずっと宣伝員でした。入党の準備をしなければと自分でも思っていました。［助言があって］入党しようとした時は、まだ綱領を知らなかったと思います。綱領を読んで申請書を書いたのは塹壕でした。二日ほどして党委員会に呼ばれました。そのときは殺したドイツ人が六十人で、勲章ももらっていました。［十月］二十三日より後のことです。[207]

……本部の仕事は、軍で一番いやなことです。経理の仕事を離れてここに来たと思ったら、また経理に逆戻り。心の中で思います。人びとはここで戦っている。何かを成し遂げたい、こんな人がいたと歴史で言われるようなことをしたい。なのにここでやることときたら、地面を掘り返して天を焦がすだけ。

必ずしも狙撃銃を使う必要はありません。狙撃銃は光学照準器がついていて、四倍に拡大できます。ふつうの銃だと二百メートルの距離はそのまま二百メートルです。狙いの精度は落ちますが、撃つことに大した違いはない。部下の狙撃兵は三十人いますが、狙撃銃は八丁だけ。残りはふつうの銃で撃っています。住宅地で、例えば建物に潜んでいて、朝顔口〈厚い壁に朝顔状に開けた窓〉が小さい場合。狙撃銃の照準を合わせるには、朝顔口は大きくないといけないですが、朝顔口が大きいと敵からまる見え。だからふつうの銃で撃つのが良い場合もあるのです。[208]

НА ИРИ РАН, Ф. 2. Разд. III. Оп. 5. Д. 4. Л. 17-26.

八　赤軍兵士──アレクサンドル・パルホメンコ

一九四三年二月二十八日、エスフィリ・ゲンキナが速記者オリガ・ロスリャコワの手を借りて、第三八自動車化狙撃兵旅団の指揮官と兵士にインタビューした。一月三十一日にパウルス元帥とその幕僚を拘束した旅団である。二人は現場であるスターリングラードの百貨店に足を運び、一連の経緯を詳しく聞き取ることができた（第二章第六節「パウルス元帥を捕える」参照）。その百貨店でゲンキナがたまたま出会ったのが、赤軍兵士アレクサンドル・パルホメンコである。所属する中隊ともども二月はじめからそこに宿営中だったパルホメンコは、パウルス拘束にまったく関わっていない。聞き取りが行われたのは偶然だろう。多くのほかのインタビューが、武勲を立てた兵士や重要任務の遂行者に狙いを絞っているのとは様相が異なる。加えてこのインタビューは、ふつうの赤軍兵士が自分のことを戦争中にどう語り、何を考えていたのか、格好のイメージを提供してくれる。

パルホメンコの語りは、率直で飾り気がない。戦いの経過を個人の尺度で推し測っており、将軍や参謀将校のような俯瞰的で大仰な語りとは対照的である。またヴァシーリー・ザイツェフと違って、英雄物語とも無縁だ。そればかりか、ほかの人は勇敢なのに自分はそうでないと認めている。彼が口にした、戦闘中につきまとわれた恐怖が動かぬ証拠だ（358ページ）。ただし、恐怖が現れたのはスターリングラード戦の初期で、むかしのことだと言い繕っている。過去の弱みを口にするのは許容範囲なのだろう（「そもそも臆病でした」〔360ページ〕）。パルホメンコの言わんとしたのは、この間に良きソ連市民として低級な本能を克服したことだった。

最後になったが、興味深いのが「経験不足の中尉」の話（359ページ）、ガソリンを詰めた瓶だけを持って敵戦車に突入し、命を落とした人物の評価だ。兵士パルホメンコは、自殺に等しい行為をどうやらあまり評価していない。自己犠牲をとにかく誇示し、誇示するだけの意味しかないと否定的だ。一九四三年の春はそうした行為を称える党の宣伝が戦争の初期ほど多くなかったとはいえ、それでも競合する規範の一つとして兵士の行動を左右していた。パルホメンコは、ドイツ人の空輸補給物資を横取りしたとも言っているが、軍司令官シュミーロフの路線と同じく、軍事の知識を重視して策略で敵を出し抜こうと試みていて、堂々と胸を張って渡り合うことはしていない。[209]

第六四軍
第三八自動車化狙撃兵旅団
パルホメンコ、アレクサンドル・イワノヴィチ

一九二一年の極東生まれ、沿海鉄道[210]の沿線です。ウラジオストクの工業学校を卒業しました。一九四二年からコムソモール員です。海軍召集は一九三九年九月。一九四一年に病気で故郷の極東に戻りましたが、まわりを見ても、わたしの年頃の若者がいません。親戚や知り合いに、どこにいったんだと尋ねると、前線へ行ったと言われました。若者がみんな前線に行ったのを見て、わたしも前線行きを志願します。司令部に上申書を書きました。でも司令部は受け付けてくれません。ここにいろ、われわれもここで戦うことになる[211]ってね。海軍旅団の編成がはじまると召集されました。一九四二年二月二十二日のことです。ロゼンガルトフカ駅[212]の連隊学校に送られました。連隊学校での訓練が約五カ月。学校を出た時の階級は上級軍曹でした。

一九四二年六月十二日に前線に出発。前線到着は六月二十八日のスターリングラードです。海軍旅団に歩兵部隊を補充。スターリングラードからすぐドン川の対岸に送られました。われわれ兵士は戦況が分からず、とても怖かった。夜間に航空機が飛来し、照明弾が光って爆撃が始まると、我慢できません。正直に言います、ほかの人は強がりを言っていましたが、わたしはダメでした。

ヴェルチャーチー村[213]の近くに着くと、防御陣地を構えました。斥候隊長と前哨に向かいます。前哨の見回りです。斥候隊長の命令で、敵の兵力を探りました。われわれは第三梯団に入れられました、ヴェルチャーチー村ですぐにです。われわれが向かった前哨は、ドン川の対岸でした（あの歩兵の軍服、フレンチ[214]ですか、あれは物珍しかったですね）。夜で、何も見えません。前哨の向こうに……［手書きで「連隊？」と加筆］がいます。あの

服装はロシアのではない。合言葉は、と叫びます。知りません。知らないからには、警告射撃です。向こうも同じ。やつらの部隊がこちらを襲ってきたので、迎え撃ちます。やつらが発砲しました。双方から機銃掃射がはじまったものの、すぐに止みました。無線で自分の旅団に知らせます。旅団は総展開し、攻撃に移ろうとしていました。わたしたちは、敵が縦隊で心理攻撃を仕掛けてくると新聞で読んでいました。[215]目をこらすと、縦隊は前線に向かうものもあれば離れていくものもあります。すぐ友軍に照明弾を上げ、すぐに無線で伝えました。無線の報告で、友軍だと分かりました。

そのあとはドン川の対岸にいました。七月十五日にわれわれの旅団が攻勢に移って、大損害を被ります。わたしは斥候隊長の副官に任命されていました。敵に突進したのが、チングタ駅[216]からペスコヴァトカ[217]のあたり。われわれは機械化がまったくだったので、徒歩の移動です。交戦に入ってすぐ損害を被り、呼び戻されます。総司令部の命令でチングタ周辺に行き、陣地を確保しました。防衛線はチングタ＝ペスコヴァトカ＝イワノフカです。わが方の全大隊がそこにいます。わたしたちは斥候隊長とともに指揮所にいました。

一九四二年八月二十三日に航空機の大規模な空襲がありました。先頭を飛ぶ四機の戦闘機。二機が爆弾を落とし、二機が準備。前者が飛び去ると、後者が飛んで来ます。煤煙がもうもうと舞い上がる。この煤煙に隠れてドイツの装甲車が接近してきます。戦闘機がずっと旋回していました。スターリングラードの要塞は粉塵がひどい、信じられないくらい、なのに水がちっともありません……。ドイツの装甲車の襲来です。八月二十四日に装甲車がブリンキノ[218]方面から来て、サレプタ[219]あたりに集結しました。斥候隊長に、サレプタの敵の勢力を探れと命令が下ります。わたしたちはこの命令の遂行に出かけました。このとき斥候隊長が負傷します。副官であるわたしは、隊長が負傷であれ木っ端みじんであれ、いかなる場合も支隊に連れ戻すこと、できない場合は、一命を賭して斥候隊長が持っていた重要書類を救い出すことを命じられていました。わたしは書類を確保するとともに、旅団長（ママ）も旅団司令部に搬送しました。隊長は重傷でした。そっと運びました。旅団長のところまで運んだところで亡くなりました。状況は八方塞がりです。わたしは中隊に戻り、職務を続けなければなりません。斥候隊長にはホドネフ上級中尉が任命されました。二人で装甲車ＢＯＢ１に乗り込むと、偵察に出発。ブリンキノ駅あたりの敵勢力を探ります。敵の勢力を探って戻りました。敵の勢力は特定しました。敵は装甲輸送車が三両。各車両に上陸隊員らしい斥候が乗っていました。わたしたちはブリンキノ駅まで出ると、車を降りて密かに装甲車の偵察に向かいました。敵は装甲車のカムフラージュをさほどしておらず、あっさり丘の上に置いていました。

ある経験不足の中尉が別の分隊にいて、まったく同じように敵の装甲車の台数を探っていました。この装甲車を焼き払おうと考えた。伏せの号令が出る。液体〔ガソリン〕を入れた瓶を装甲車に投げつける、装甲車が旋回、ぼっと火が付いて一丁あがり。

戦いを終えた第13親衛狙撃兵師団の兵士、スターリングラード、1943年2月　撮影：G.B. カプスチャンスキー

小隊は残らず制圧しましたが、中尉はというと、装甲車が動き出すと、塹壕に飛び込みます。そこへ装甲車がやってきて、五回ほど行ったり来たりして踏み潰しました。戻って司令部に報告です。斥候隊長はクージン中尉でしたが、これまた殺されました。

八月末にスターリングラード近くに行き、ヴォルガ川で守備につきました。旅団は左翼と連絡をとらねばなりません。車で偵察に行きました。八月二十七日のことです。敵はこの頃トラクター工場の付近にいて、ヴォルガ川を機関銃で撃ってきます。偵察は装甲車で行きましたが、臆病風に吹かれて若者が取り乱します。そもそも臆病でしたが、わたしが考えていたのはそんなことじゃない。車に急降下爆撃してくる戦闘機は十五機。どう考えても、爆弾を落とされたら、一巻の終わりです。わたしは車を止めろと命じると、走って窪地に逃げる。一機がキーンという音をさせたかと思うと、わたしの左手と両足を撃ち抜きます。運転手は無傷でした。すぐに車の銃塔に乗り込むと、自分の分隊へ引き返します。着いても、自分で外に出られません。ベケトフカに運ばれました。野戦病院があるのです。夜までそこにいて、その後まず島へ、続いて島からシチューチー村の第[220]二二〇九野戦病院へ搬送。そこに五日ほど。さらにレーニンスクへ送られました。レーニンスクからは、さらに奥地の後方へ避難する手はずになっていました。車両に乗せられ、さあ出発という段で敵の航空機が飛来して爆弾を落とし、跡形もなくほぼ焼失です。わたしはカプストヌィ・ヤール[221]に送られます。ここの病院に入ります。入院は八月二十七日から十月二十六日まで。十月二十六日に第一七八予備連隊のいるソリャンカ[222]に送られました。その日のうちに第三八［自動車化狙撃兵］旅団に配属となります。ここでも偵察で、斥候隊長の補佐役です。十一月三日に前線に向かいます。足が悪かったせいでついて行けません。取り残されたわたしは、ベリャーエフ少佐の命令で、倉庫配給係になりました。倉庫配給係として弾薬をヴォルガ川の左岸から右岸へ送り込みました。十一月いっぱい弾薬の供給を担当。また捕獲した武器を砲兵工廠に収用していました。それからすぐベケトフカに向かいます。ベケトフカで戦闘部隊から斥候に回されました。

守備についたのは第二梯団、ベケトフカの左手です。それから司令部の命令でヤーゴドナヤ・バルカに行きました[223]。ヤーゴドナヤ・バルカで応戦したのは砲兵大隊だけ。斥候は位置確認に走り回りました。それから司令部の命令でゴールナヤ・ポリャーナ[224]に行きます。ゴールナヤ・ポリャーナはいわば観測所でした。小隊長のシャーリン、キセリョフ、クリーモフ——軍曹です、それにわたしで司令部の命じた任務に取り組みます。敵の軍の動きを追って、どの場所でどの部隊が動いているか確かめるのです。たくさん捕虜を捕まえて旅団司令部に連れて行きました。一度は半地下の壕舎に潜り込み、十七人を捕虜にしました。旅団に連行した数は五十人ほどになるでしょう。

それから一月二十八日にスターリングラード地区の攻撃に加わりました。わたしとシャーリン、キセリョフ、クリーモフとで左翼の偵察に入り、左翼がどれだけ前進しているか調べました。第五七軍の第二大隊が左翼から動いていました。わたしたちは敵の正面を突きました。そのあと守備に付きます。守備に付いている間、何をしてたかですか。ドイツの戦闘機が飛んでいたので、わたしたちは照明弾を撃っていました。やつらがわたしたちの陣地にチョコレートとパンの入った保温容器(ママ)や、弾薬を落とし出します。様々な食糧を落としてくる、何度もベケトフカに食糧を落としました。その間ずっと戦利品を鹵獲していました。

一月三十一日は指揮所にいました。わたしたちは水運者病院[225]のそばで野営中でした。その頃わが軍がパウルス将軍を包囲していました。朝早く起きて、ここに来ると、パウルスが出てきて取り囲まれているのが目に入りました。政治指導員(ポリトルーク)と車を探しに行きます。ガソリン満タンの車が見つかって、中隊長の元へ戻りました。野営地を引き払って今はこの百貨店[226]の地下室に住んでいます。

НА ИРИ РАН, Ф. 2. Разд. III. Оп. 5. Д. 14. Л. 154-159.

九　敵向けの宣伝工作員――ピョートル・ザイオンチコフスキー大尉

スターリングラード戦線で屈指のドイツ通であるピョートル・アンドレーエヴィチ・ザイオンチコフスキー大尉は、第六六軍の政治部で敵向けの宣伝工作をする第七課の主任指導員だった。[227] 所属する第六六軍は、スターリングラードの北に陣を構え、一九四二年九月に数個軍と連携し、スターリングラードを抑えるドイツの「北門」をこじ開けようと試みたが失敗する。[228] スターリングラード入りできたのは、ようやく一九四三年一月になってだ。部隊に大損害を出しながら、ドイツ軍にとことん破壊されたトラクター工場を制圧したのが二月二日である。ドイツの「北の包囲環」降伏の後、ザイオンチコフスキーの指揮の下、第六六軍が捕まえた戦争捕虜のドイツ人将兵の尋問が始まった。尋問の記録は、次章に収めてある。

三十九歳の大尉が敵向け宣伝工作の部署でポストを得たのは、ずば抜けたドイツ語力を買われたからだが、これはずっと以前の革命前に家庭と陸軍幼年学校で身に付けたものだった。敵向けの宣伝が成果を挙げるには、敵を徹底的に知ることが前提になる。ザイオンチコフスキーは指揮官一人ひとりの名前を諳んじており、メガホンを通じて話しかけ、諦めろと呼びかけている。それればかりかドイツ人の考え方や行動様式も熟知していた。目的は、敵兵士の戦意をくじき「崩壊」させることにあった。[229] 歴史家との対話で、ザイオンチコフスキーの分析は、ドイツ第六軍の兵士のことや、その社会的出自や「政治・精神状況」に及んでいる。描写は微に入り細をうがち、一九四二年夏の手紙や日記に見られた勝利の確信が、ソ連側の激しい抵抗に直面して、疲れの蓄積と諦念に変わっていく様を明らかにする。とりわけ包囲後の時期にソ連の反戦宣伝が大きな効果を上げたと見ている。ザイオンチコフスキーはドイツ人の「盗っ人根性」を厳しく批判し、兵士が盗んだ乳母車や産着が戦闘終了後にドイツの地下壕に捨てられているのを見つけたと語っている〔371ページ〕。こうした略奪行為を目の当たりにしたことで、敵が内面を破壊されている、つまり精神的に未熟な兵士だからこそ軍事的に無意味な方法で民間人に暴行できたのだと結論づけた。

　同じような厳しい眼差しは、ソ連の戦争遂行の欠陥にも向けられる——部隊間の連携の悪さ、会戦初期のソ連空軍のみじめな成果、部隊内に蔓延する無規律。返す刀でドイツ側の高い規律と几帳面さを高く評価している。

　ザイオンチコフスキーは、一九四一年に前線に志願する前は歴史を学び、大学院で修士号を得ている。このため語り口に、目撃者としての観察だけでなく、歴史家としての洞察も見て取れる。政治部が押収した、捕虜や戦死したドイツ人の手紙や日記を目の前に置き、これら文書に綿密な史料批判をしているのだ。ある箇所では、ドイツ人のある手紙を引用しつつ、これが郵便で届けられたのではなく、別の兵士に託されたものだと指摘する。この手紙の書き手が軍の検閲を恐れる必要がなく率直に語っていると言いたかったのである。手紙は歴史家ザイオンチコフスキーにとって高い史料価値を持っていた。

　現代の歴史家には、この語りの冒頭がとりわけ興味深い。ザイオンチコフスキーは自身の出自を、ロシアの提督ナヒーモフの一族だと誇らしげに語っている。ナヒーモフは、一八五三年にオスマン艦隊をシノープの海戦で全滅させ、続くクリミア戦争では包囲されたセヴァストーポリの防衛を指揮した軍人だが、第二次世界大戦の際に再び名声が高まり、一九四四年にスターリンによってナヒーモフ勲章がソ連の海軍関係者のために制定されている。これは、ソ連体制が三十年代末から推し進め、「大祖国戦争」の命名にもつながるロシアの伝統を受け継ぐ流れと軌を一にする。[230]戦争前にザイオンチコフスキーが自身の家系を口にすれば、逮捕またはもっとひどいことを危惧せざるを得なかっただろう。高貴な一族の末裔であれば、ソ連体制の創設期はいわゆる「旧体制の人びと」として投票も高等教育も認められず、反革命に加担していると疑いの目で見られた。ザイオンチコフスキーがインタビューで簡潔に述べた言葉（「七年間工場でかんな工として働きました。入党は一九三二年です」〔365ページ〕）の背後には、若者がソ連の階級システムに帰属するための苦闘が隠されている。ザイオンチコフスキーはモスクワの陸軍幼年学校で一九一八年の閉校まで学び、次いでキエフの陸軍幼年学校に移ってもう一年学んでいる。その後は消防隊や鉄道に勤め、さらに数年間モスクワの機械工場で働いた。[231]若者で「敵対階級」の出身だと知られている者は、社会復帰のために過去の「汚点」を消し去ろうとした。ザイオンチコフスキーもそう考えたのだろう、工場労働者として本物の「プロレタリア」意識を得ようとした。[232]入党にあたって家族の出自を尋ねられた際に、経歴を詐称した可能性もある。

　ザイオンチコフスキーは、工場で働きながら名門のモスクワ歴史・哲学・文学大学の夜学で歴史を学んだ。一九三七年に優秀な成績で卒業すると、三年後には十九世紀のスラヴ派の結社「キリル・メトディウス団」で修士論文を書いた。

スターリングラード戦の後も敵向け宣伝の部門で働き続けたザイオンチコフスキーだが（所属する第六六軍は一九四三年五月五日に第五親衛軍と改称）、一九四三年十二月に頭に傷を負ったために親衛少佐の肩書きで軍を離れ、歴史家の仕事に戻る。一九四四年から五二年までモスクワのレーニン図書館の手稿部長。一九四八年からまず助教授として、一九五〇年に博士号を取得した後は教授として、モスクワ大学の教壇に立った。八冊の単著に加えて、数多くの史料集を編纂して出しており、帝政末期の政治・軍事の分野では並び立つ者がない。彼の手になる、革命前のロシアの回想録や日記をまとめた多巻本の文献目録は、ロシア史研究者にとって今でも不可欠の参考資料である。[233] ザイオンチコフスキーは大学教員として学派もつくった。多数の大学院生を育てたが、ソ連人だけでなく、研究でソ連に滞在したアメリカ人や日本人も彼の薫陶を受けた。一九六八年にハーバード大学のマクヴァン賞が授与され、一九七三年には英国アカデミーの名誉会員に選ばれるが、いずれも受賞式に出るための外国旅行は許されなかった。ザイオンチコフスキーの史料重視の研究が生前にイデオロギーの逸脱とみなされたのは、それが一般的なイデオロギーの枠組みの外で展開されていたからだ。こうした「実証主義」のまなざしは、スターリングラードの聞き取りからすでに打ち出されている。

ザイオンチコフスキーは一九八三年九月三十日に心不全で亡くなる。レーニン図書館で第一次世界大戦前のロシア将校団の歴史について執筆中の出来事だった。

対話の速記録
少佐、ザイオンチコフスキー、ピョートル・アンドレーエヴィチ
四三年五月二十八日
聞き手はG・N・アンピロゴフ同志[234]
速記はA・A・シャムシナ

一九〇四年生まれ、父は軍医[235]、貴族の家系です[236]。祖母がP・S・ナヒーモフ提督[237]の姪に当たります。職業軍人の一族の出です。曾祖父はボロジノ[238]で聖ゲオルギー十字勲章[239]をもらっており、わたしも三年間、陸軍幼年学校で学びました。

子どものころから一八一二年戦争の英雄崇拝で育ちました。例えば、六、七歳で一八一二年戦争の英雄を全員覚えています。ナヒーモフの一族の伝統が、当然ですが、大きな役割を果たしてきました。手紙が何通か残っていて、中にはナヒーモフがシノープの海戦の後に書いた一通もあります。これは軍事史公文書館に寄贈しました。

わたしも、当然ですが、海軍将校になるべく育てられました。最初の学校は、第一モスクワ陸軍幼年学校。伝統、つまりロシア軍の誇り、ロシア将校の誇りはわたしに大きな痕跡を残しています。一九一七年のこと、十月革命のことは覚えています。そのときの父の見解ですか。言ってみれば、カデットやオクチャブリスト[240]の類ですね。わたしが十三歳の時です。ボリシェヴィキが肩章を残していたら、折り合いはついたと思います。よく覚えていますが、十一月のある日、父が声を荒げて、肩章を外さねばならぬと言って涙をこぼしました。わたしも泣いて、十一歳だった弟も泣きました。今はまた肩章で嬉しいです[241]。この伝統は一族で大きな役割を果たしてきました。

そういう父は、軍とは無縁で、医者でした。一九二六年に亡くなっています。母は年金暮らしです。父がソ連支持になったのかとお尋ねですか。もちろん、ちがいます。

父は長く臥せっていました。このため一家を支える責任がすべてわたしにかかってきます。学校で学んでいる間も、年上のグループで働いていました。卒業したところで父が亡くなります。わたしはずっと通信教育で、大学も大学院も通信で終えました。七年間工場でかんな工として働きました。入党は一九三一年です。論文審査に合格したのが一九四〇年、大学は一九三七年に終えていました。一九四一年十二月に軍に志願しました。七月三日に義勇軍に入ったのですが、数日したら、わたしたちの連隊は、何かの指示が出て解散です。その後、防空監視隊に送られました。木の枝に座って、航空機が飛んでいるかどうか見るくらいしか能がない仕事です。シベリア軍管区の政治本部に回されたのも、ついていませんでした。修士号があるなら、講師をやれというのです。講師は三カ月間しました。政治本部

赤軍兵士ピョートル・ザイオンチコフスキー、1942年

長に提起しました。除隊にするか前線に送るかしてくれ、ノヴォシビルスクでじっとしているために軍に来たんじゃないってね。このとき部隊編成があったおかげで第三一五狙撃兵師団の敵軍対策の指導員に任命され、スターリングラード州カムイシン市に出発し、第八予備軍に編入されました。

第八予備軍の司令部は、サラトフにありました。すぐに軍政治部に転籍になり、第七課の主任指導員として敵軍対策に取り組みます。八月二十六日には、直前の八月二十三日にドイツの第一四装甲軍団がヴォルチャーチー村付近を突破、ドン川を渡ってヴォルガ川に出たことを受けて、第八予備軍は第六六軍として実戦投入されました。……

軍は、九月四日に前線に近づき、五日未明に防衛線に陣取ります。ヴォルガ川の右岸、西に十二キロメートルのエルゾフカ村[242]付近、トラクター工場の十六キロメートル北です。九月五日に戦闘に入ります。十二キロメートルにわたって広がるドイツの防衛ラインの強行突破が任務です[243]。編成は六個狙撃兵師団——第六四、第二九九、第二三一、第四二〇、第九九、第八四の各師団。このほか二個戦車旅団と二個反動弾連隊[244]もありました。われわれの攻撃は八日間。多大な犠牲を出し、目に見える成果を挙げられません。前進やドイツの防衛ラインの突破はできませんでした。損害が極めて大きかった。しかも、わが軍の立場から言わせてもらえば、許しがたい誤りがいくつもありました。例えば、交戦前に場所の検分もなければ戦いの偵察もしていない。一、二日は余裕を与えて部隊に準備させるべきでした。移動も長距離だった。サラトフから徒歩の行軍もあったくらいです。今、大局的に見るなら、一、二日の遅れはスターリングラードに必要だったと言えます。

ドイツ側の損害も極めて大きかった。手紙を一通紹介しましょう。当時、戦死者から回収したものです。九月二十三日に書かれています。フーベルト・ヒュースケン上等兵の手紙で、野戦郵便〇六三八八。ドイツにいる友人のフランツ・ダーリンに宛てたもの。ただし、幸便に託すことを前提に書いています。

親愛なるフランツ!

フーベルトから最良の挨拶を送ります。あれこれ書くことがようやく出来ます。手紙の事情がどんなものか、よく知っているでしょう。とりわけここでは、情勢が情勢なので、書けないことがあります。わたしの中隊は多くの人がもういません。百八十人中、生き残りは六十人。戦いの洗礼はとにかく激烈でした。このことはシュプレンゲルがいろいろ話してくれるでしょう。思っていた戦争とはまったく別ものです。こんなにひどいとは思っていなかった。誰もがこれを自分で体験すべきです。ドン川の戦いもこれほど激しくなかった。白兵戦が頻繁にあったけれど。

八月二十二日に始まった大きな戦いは、スターリングラードの郊外でヴォルガ川近くまで達しました。一日でドン川からヴォルガ川まで前進し、夜七時にはヴォルガ川の河畔にいました。ロシア人は一日目は茫然自失でした。われわれの兵士十人で百五十人を捕虜にしましたが、うち六十人が十八歳から二十歳の少女。これでは勝てるはずがない。ところが翌日には立ち直り、ここからあらゆる方面で君が想像もできないようなことが始まり、これがまだ今も続いています。

第二大隊は北進し、ロシア人がスターリングラードに入って来られないようにするはずでした。われわれの陣地から郊外までは十キロメートルほど。でも、これがどれほど手強いことか。来る日も来る日も猛攻で、装甲車を投入しても、われわれの戦区を突破する。その度に味方はパニックです。こんな具合ですから、われわれの損害がどれほどか想像できるでしょう。師団のある戦区は、数百輛の装甲車がオシャカでした。次第に神経が耐えられなくなってきました。こんな状態になったのは、ここが初めてです。支援がまったく届かない。すべてが遅れ、食糧も遅配です。酒保の食糧や様々な物資が左翼の第五大隊にありましたが、すべてロシア人に奪われました。大隊は昨日解体です。残兵はたった二十七人。第七大隊では、臆病とパニック状態の退却の廉で二十六人が懲罰処分になりました。第一大隊でも同様のことが起きて、生き残りはもっと少ない。われわれの分隊の生き残りは四人で、わたしが指揮をしています。これで、どんな状態か想像できるでしょう。来る日も来る日も交代を待っています、もうすぐだと信じています。四週間も体を洗っていません。


言っておきますが、この手紙は典型例です。ドイツ兵の心情がよく出ています。われわれは死んだ兵士の手紙や日記を大量に保有しており、実例として紹介しました。

敵について一言。第六軍の精鋭は第一四装甲軍団で、第一六装甲師団、第三自動車化歩兵師団、第六〇自動車化歩兵師団から成ります。軍団長はフォン・ヴィータースハイム中将です。[245]……強調したいのは、これら師団がすべてドイツ人だけで編成されていることです。しかも、どの師団もズデーテン・ドイツ人は皆無で、もっぱらドイツの北西部と西部、ヴェストファーレン、ザクセン、ブランデンブルク、プロイセンなのです。年齢は二十歳から二十五歳、ヒトラー・ユーゲントの学校で長年学んでいます。これも兵士の確固たる精神力・政治姿勢の理由です。

われわれの九月の作戦の欠陥、そう、どんな客観的な理由をあげても許すことのできないものは、まず第一に、戦車と歩兵の連携のまずさです。その証拠にもってこいの、ちょっとしたことを紹介しましょう。九月二十五日に捕虜になった第一六装甲師団第七九装甲擲弾兵連隊の上等兵ヨハン・ヴァイングランが、捕虜になった時の様子を次のように語っています。


ロシア人がわれわれの防衛線を突破した。夕方には戦車が来た。われわれは掩蔽壕でじっとしていた。戦車は少しいて、また戻って行った。しばらくして明け方にまた戦車が来た。歩兵はおらず、およそ二時間後にようやく歩兵が来て、われわれを捕虜にした。

二つ目の欠陥は、梯形編成が長いこと。このため莫大な損害を無駄に被りました。そして最後が、いくつかの師団で昼日中に突撃発起線についた例があったことです。……

空軍もひどかった。九月のドイツ軍は正しく空を支配していました。物量で、それから実動でもわれわれの空軍はパッとしない。戦闘機の爆撃がまるでデタラメ。味方の最前線を爆撃したり、師団の指揮所を爆撃したこともある。九月七日に友軍九機が第六四軍と第二三一軍の指揮所を爆撃しています。

九月十三日に軍が攻勢防御に出ます。ところが九月末に戦線がさらに十二キロメートルほど拡大、これを受けてわが軍に組み入れられた師団に、第三八親衛師団と第四一親衛師団があります。この親衛師団は、モスクワのどこかで編成されたもので、母体はドイツの後方で活動していた空挺旅団。精鋭です。ドイツ軍とクレツカヤ[246]で戦っていますが、言ってみれば、最強のライオンです。わが軍に移ってきた時は五千か五千五百人でした。九月二十日に親衛師団に補充がありました。この補充が場当たり的だった。このため親衛師団は、新たな補充兵から多くの自傷行為を出し、ドイツへの投降もありました。とは言うものの、この目で見ましたが、親衛隊員はつらい気持ちでこれを耐え忍んでいた。自分たちはまったく悪くないのに、親衛の旗を汚す出来事がおきたのが本当につらそうでした。この事実から分かるように、親衛部隊の補充は場当たり的にならないよう注意すべきです。そのためには親衛予備連隊のようなものを作る必要があるかもしれません。

とは言うものの、今に至るまでわが赤軍には補充の問題で、本質に触れるような仕組みがない、ドイツ軍にあるものが、ありません。ロシアの軍隊は一八一二年以来、第一大隊と第三大隊が各連隊にあり、第二大隊は予備です。ドイツも同様ですが、ドイツの予備大隊は独特で、特定の師団が補充しています。このため兵士は後方にいる時から自分の師団とつながりを持ち、訓練もその師団にいる将校かして、部隊の伝統を教え込みます。派遣先を知っていることは、部隊の強化を大いに助けます。われわれにはこれがありません[247]。何と言うか、師団が予備連隊を後方に持つべきだとまでは言いませんが、とにかく兵士が行き先を知っていることは必要です。われわれは、例えば負傷したら、指揮官が軍の野戦病院に入れられたら、自分の連隊に復帰するのは至難の業です。これがドイツなら、後方の予備連隊に六カ月ほどいて自分の部隊の、元いた中隊に戻ります。このことにもっと注意を払うべきです。人員補充の問題は、われわれにこれといった仕組みがなく未整理です。……

ドイツ人の政治・精神状況について一言。前にも言ったように、政治・精神状況は一連の出来事のおかげで当初はしっかりしていました。ところが、莫大な損害を九月に出したことで、早くも相当程度が甚だしい疲労状態に陥ります。スターリングラー

スターリングラードで使われたソ連のビラ

ドを落としたら、第一四装甲軍団は冬のフランスで休暇だとずっと心待ちにしていた、それを楽しみに生きていたからです。言い添えると、九月と十月の戦いを経て、ドイツ人はわれわれの反戦宣伝に熱心に耳を傾けるようになりました。われわれのビラが、捕虜からも戦死者からも見つかっています。また、ドイツ人の捕虜の話では、顕著な作用を及ぼしたビラは「パパが死んじゃった」です。四歳の女の子が描かれている。手紙を手にして、死んだドイツ兵が横たわっている構図です[248]。ある捕虜が話してくれましたが、戦友がこの手紙を幸便に託して家に送った例もあったそうです。

全体としてヒトラー体制の化けの皮を剥ぐ社会宣伝はあんまりでしたが[249]、反戦宣伝は訴求力がありました。反戦宣伝を通じてドイツ人は結論に至る——やつらはドイツ人の愚かさや視野の狭さが分かっている、というわけです。

十月半ばに塹壕の機材から放送をしました。ヴォルガ川近くのスハーヤ・バルカ、ドイツ人から百八十メートル離れた所にあった掩蔽壕からです。拡声器が鳴り出すと、すぐに交通壕に気配を感じます。ドイツ人が拡声器の近くに急ぐ音です。たいてい放送中は撃ってきません。撃ち出すのは放送が終わってからです。

同じ場所で十一月半ばの、まだ包囲前に非常に面白い出来事がありました。次はこの話をしましょう。十一月十九日の朝のこと。第九九師団第一九七狙撃兵連隊第二大隊の指揮官ドゥプレンコ上級中尉がドイツの塹壕から這い出てきた兵士に気づきます。そいつは悪態をつきながらライフル銃を地面に突き刺します。しばらくして、さらに二人の兵士が出てきて、同じようにします。そこでドゥプレンコは外に出て、「フリッツ、こっちへ来い」と呼びかけました。ドイツ人がちょっと動いて、四十メートルほどで止まる。ドゥプレンコは自動小銃兵二人を率いて迎えに行きます。対峙しました。ドイツ人がタバコを勧めてきます。一本もらうと、それから身振りで会話を始める。それから二人の手を引いて、われわれの塹壕に向けて歩き始めました。ドイツ人が二十メートルほど進む。でもドイツの塹壕から曹長か軍曹だかが出てきて、何か叫び出します。やつらは手を放すと、「ルッセ〔ロシア人〕、夜……」と言って帰って行きました。ドゥプレンコも立ち去りましたが、誰も撃ってきませんでした。夜になって対策が取られました。この連隊の斥候隊長で、敵軍対策指導員のマカーロフ上級中尉が待ち伏せしてドイツ人を待ちます。挑発の可能性もあるため、斥候兵二十人ほどを待機させ、自動小銃を持たせています。夜中は、思ってもみない展開でした。ドイツ人は来たのですが、前線を突っ切るのではなく――場所はヴォルガ川の河岸です――、一度ヴォルガ川に下りて、そこから崖を登ってきました。武器を持たずにです。われわれの歩哨が先頭のドイツ人に手を貸し、ドイツ人が上がって来ました。そのときです。斥候中隊の政治補佐のシェフチェンコが撃ての命令を出します。寝ていて目を覚ましたらドイツ人がいるのでびっくりしたらしい。ドイツ人は逃げ帰って行きました。翌朝、十一個の背嚢に毛布などの私物が発見されました。……

われわれが攻勢をかけた十月の戦いで、ドイツ軍は極めて大きな損害を出しました。このことは捕虜の証言や入手した文書からも確認できます。例えば、十月二十日に捕虜にした狙撃兵ヨハン・シュミッツ（第三自動車化師団第八自動車化狙撃兵連隊第八中隊）の証言ですが、十月の十八、十九、二十日に第八連隊は非常に多くの損害を出し、とくに砲兵隊がひどかった。中隊の生き残りは、シュミッツやそのほかの捕虜の証言によれば、どこも二十五人から三十人ほど。ドイツ人は、わが部隊の頑強な戦いぶりに驚いています。戦死した曹長シュタインベルクから発見された未発送の手紙には、こう書かれていました。「ロシア人は、この場所を守り抜こうと、猛然と頑強に戦う。この街が持つ意味、陥落が与える影響を分かりすぎるほど分かっている」

曹長の中には非常に知的なドイツ人が見受けられます。最終学歴は高等教育がとっても多いし、中等教育はふつうでした。

ただこれも包囲までです。十一月半ばにドイツ軍はドン付近とスターリングラード南部で反撃にあい、第六軍を取り囲む包囲網が狭まって行きます。十一月十九日からは大慌てで部隊をスターリングラードからドンに移し始めます。わたしも十一月の二十日、二十一日、二十二日にドイツの自動車と歩兵隊が列を組んで西に向かうのを目にしました。すでに十一月十七日には第一六装甲師団が、一部の小さな分隊は除きますが、撤収してカラチ方面に投入され、わが軍に包囲網を閉じさせまいとしていました。十一月二十二日の夕方と夜には、この目で目撃しましたが、ドイツ軍の後方でずっと爆発音がつづきます。その上ドイツ軍は砲撃を執拗に、特にわれわれの左翼で繰返します。わたしも最前線には近づけませんでした。四百メートルほど平原を抜けて行く必要があるので、不可能でした。これが朝の五時くらいまで続き、それからすっと静まります。われわれの斥候が朝八時前にドイツの塹壕を探った時は、誰もいませんでした。わが軍の左翼にあたるヴォルガ川以西の約八から十キロメートルでドイツ軍が逃げていったのです。十一月二十三日には第九九師団の左翼で戦わずしてトミリン、アカトフカ、ヴィンノフカ、ロトシャンカ[250]を占領し、日中に第六二軍の部隊と合流しました。第九九師団の部隊は、ルィノークのあたりで合流した後、あたりを見下ろせる高地を占領しようとしてドイツの頑強な抵抗にあいます。それでも高地は占領しました。ここではもう全期間にわたって死者は一人も出ませんでした。

……わが軍の右翼は、ドイツ軍がまだそのまま残っていました。退却を急ぎながら倉庫や自動車を爆破し、地下壕に火をつけ、何かを地面に埋めています。例えば、水無瀬のスハーヤ・メチョトカでわれわれは午前中に軍服や長靴などの物資を掘り出しました。この水無瀬はドイツの大隊や連隊の兵站部があった所です。わたしは職務柄、大半の掩蔽壕に足を運びました。ドイツの掩蔽壕に入った最初の経験です。そこで見つけたもののおぞましいこと。ドイツ人の盗っ人の本性がまざまざと見えてきます。次の例だけで十分でしょう。勝った者の論理、戦争の論理からして奴らが羽布団や暖かいモノを持って行く、鏡を持って行くのは分かります。でも一体何のために手作りの乳母車なんか持って行くのか。近くの村まで十キロメートルもあるんですよ。それから産着。掩蔽壕で見つけて我が目を疑いました。まるで教科書どおり。産着はまだしもドイツに送れますが、乳母車はどうするつもりだったのか。

住民から聞いた話です。くたびれてボロボロのシャツが、農民の着る女物のシャツが干してある。通りかかったドイツ人が、失敬してポケットに入れる。必要ではなかったかもしれないが、盗っ人根性が習い性になっていて、必要かどうかに関係なく、何でも持っていく。……

ドイツ人が十一月に動転してパニック状態で退却したことは、捕虜の証言や押収した日記などの文書から証明できます。少し紹介します。兵士ハインツ・ゴスマンの日記、野戦郵便一二三八七Zです。

十一月二十一日。夜中の三時に突然起こされ、朝五時に退却。ロシア人が、イタリア人とルーマニア人の持ち場を突破。やつらは何もかも捨てて逃げていったから、われわれがごたごたを片付けないといけない。十七時、退路が断たれた。十八時、包囲された。火砲三門は、唯一の自衛手段だったが、処分した。

二十時。二時間にわたって前後左右を包囲されたが、ようやく逃げ道を発見。ガソリンがない自動車はすべて爆破した。

十一月二十二日。朝六時。ようやくまた退路が開けた。しゃにむに進む。道にはルーマニア人が捨てていった馬の死体がごろごろ。動物はほぼすべて凍死。火砲、弾薬、自動車など、部隊にあったものがあちこちに散乱している。三度砲撃されたが、ドン川の渡船場に到着。十三時に無事カルポフカに到着、しかしここでロシア軍が南から追い立てて来た。

十一月末に戦死した兵長ホレスキがつけていた日記はもっと淡々としています。

十一月二十三日。ロシア人から逃げて、あちこちを点々とする。

十一月二十六日。ロシア人が前線を突破、われわれはさらに進む。

十一月二十七日。水無瀬で停止。ふたたび掩蔽壕の建設。

十一月二十八日。掩蔽壕がほぼ完成、しかし午前中にさらに逃げる。何もかもクソだ。

十二月一日。われわれはまだ囲まれている。食糧が乏しい、輸送路は遮断されている。

十二月二日。手紙はまったく受け取っていないし、送れない。包囲が解けないだろうか。

ドイツ人は、前にも言ったように、兵器や物資を処分しました。このことを証言したのが第九四歩兵師団第二六七連隊第四中隊の伍長ルドルフ・ボルマンです。オルロフカにあった倉庫は、大量の軍装品や食糧を保管していましたが、焼き払われました。処分された食糧には、クリスマスの祝日の特配品があり、ワインもたくさんあったといいます。ワインの一部は将校が飲んだようですが、飲みきれない分は処分したそうです。

投降して捕虜になった第一四装甲師団の上等兵ハインツ・ヴェルナーの日記に、次のような書き込みがあります。

十一月二十二日。ある飛行場は、ガソリンがないため、戦闘機を二十機、爆破した。

十一月二十三日。朝、自動車と装甲車の大半を爆破。

ドイツ人は、まさに文字どおり袋のねずみ、包囲の当初は右往左往していました。最前線に輜重兵や書記が見捨てられていましたし、軽傷者や病人もカラチの野戦病院に置き去りです。ルーマニア第一近衛師団の兵士たちは、撃破されて逃げ出したものの、気づいたら包囲網にいたので捕まり、三人から五人くらいずつドイツの中隊に送り込まれていました。捕虜の中には書記や輜重兵などの非戦闘員も見受けられました。ベルリンの大きな演芸場の司会者もいて、こんなことを言っています。「ねえ、大尉さん、こんなおかしな目にあったのは、おたくが初めてですよ」

しかしこのパニックと動揺をドイツ司令部は十二月初めに抑えることに成功します。パウルス大将の命令が出て、どんなことがあってもスターリングラードを守り抜くのが軍の任務である、この街は戦争の帰趨に決定的な影響を及ぼすと述べたからです。命令の最後はこう締めくくられています。「守り通せ、総統が救い出してくださる」。この命令にはヒトラーがナポレオンもどきのスタイルで書いた呼びかけも引用されていました。「諸君、諸君は罠に落ち包囲されている。それは諸君の罪ではない。余はあらゆる手段を用いて諸君をこの状況から救い出す。スターリングラード攻防戦はいま頂点に達している。諸君のこれまでは厳しい日々だが、この先はいっそう厳しい。諸君は自らの持ち場を最後の一人になるまで守り抜かねばならない。退却はありえない。持ち場を離れる者は、厳罰に処す」[251]

こうしてドイツ軍は十二月初めに全周防御を敷き、相対的に秩序を整えることに成功しました。

続いて残虐行為です。十一月二十六日に第九九師団に派遣され、アカトフカ＝ヴィンノフカ＝ルィノーク周辺で敵軍向けに宣伝をするとともに、残虐行為を調査しました。と言うのも、十一月一日から二日にかけてヴォルガ川左岸から第三〇〇師団の部隊が上陸作戦をしています[252]。結果は悲惨でした。まずヴォルガ川で多数が亡くなり、辛うじて川岸にたどり着いても、殺されたり捕虜になったり。わたしが見て回ったドイツの掩蔽壕は、いくつもの遺体が、しかも残虐な仕打ちをされた遺体が見つかりました。例えば、ある赤軍兵士の遺体は、右腕の皮が剥がされ、ツメもありません。目が焼きえぐられ、左のこめかみに焼きごての傷。顔の右側がガソリンか何かを浴びて焼けただれている。写真と調書もあります。

脱線して、ちょっと言っておきたいことがあります。まず、虐待された人の遺体が残された現場にわたしが到着した時はもう遺体の一部は埋められていたので、掘り返す必要がありました。しかも英霊の亡骸は穴を掘って埋めただけで、葬儀の形跡が一切ない。残念ながらこうした例がいくつもありました。戦没者を敬う意識がない、赤軍の政治管理総局と国防人民委員部が厳命を出しているにもかかわらず[253]、遺体の取り扱いはひどいものです。戦没者を敬う意識がまだ教え込めていません。

次は敵軍の瓦解工作、もう包囲した時期のことです。十二月に入ると敵軍の瓦解工作が本格化します。……とりわけ大きな位置を占めたのが口頭宣伝です。塹壕の無線機器やメガホンを使って毎日ドイツ人に話しかけました。宣伝で多用したドイツ人将兵への呼びかけには、エリョーメンコ大将とロコソフスキー中将の名前が入れてあります。将校に呼びかけたのは、これが初めてです。ほかに書き込んだのは、そうですね、戦史を見ると、勇敢な将兵が絶望的な状況に追い込まれて降伏した例は少なくないとか、降伏は臆病の行為ではない、理性の行為だ、ですかね。

この頃は毎日ドイツ人にメガホンから情報局のニュースを伝えていました。ドイツ人が撃ってくることはまずありません、もっとも放送が終わるとすぐ砲撃開始ですけどね。自発的に投降して捕虜になったり寝返る人が増え続けました。しかも日を追うごとに宣伝が浸透してゆきます。例えば、こんなこと

敵兵にドイツ語で「最後の時」を伝えるソ連の兵士、スターリングラード、1942 年 12 月　撮影：レオニードフ

も。一月十日から十一日の夜中に第一一六師団の通訳で主計中尉のゲルシュマンと出動し、最前線でドイツ人にパウルス将軍の降伏拒否のニュースを伝えたことがあります。明け方前、朝の六時頃です。最前線に着きました。攻撃が行われているので、わたしたちとドイツ人とは間隔が離れていて、二百メートルくらいある。二百メートル先のドイツ人に話すなんてできっこありません。二人で最前線の中立地帯へ出ると、われわれの塹壕から八十から百メートル離れたところで、倒れている戦死者に身を隠して、伝え始めました。そのときドイツ人が照明弾を打ち上げたので、五、六十メートル先でドイツ人のグループが耳を傾けているのが見えます。正直、ちょっと怖かった。でも一回、二回と伝えても、ドイツ人は撃ってこない、わたしたちのことはまる見えなのに。二回伝えたら、走って戻りました。ドイツ人はこの時も撃ってこなかった、撃ち殺すのは何の苦労もなかったのにです。

　とりわけ効果的だった手は、捕虜の送り込みです。これは十二月半ばから盛んに用いられました。ドイツ人を捕虜にしたら、すぐに大隊や連隊の指揮所で食事を取らせ、とくに任務も与えず送り返すのです。これは反響が大きかった。というのもドイツ人は、やつらの宣伝の効果で、ロシア人は目をくりぬき耳を切り落とすといったことを信じていたからです。

　思い出すのが、十二月の末だったかに捕虜になった上等兵のヴェルナーです。職業は音楽家・作曲家で、一九二八年からファシスト党〔ナチ党のこと〕の党員です。掩蔽壕で尋問し、それから捕虜のいる掩蔽壕に連れて行った時のこと。彼は足にちょっと傷があって、足を引きずっている。つるつるした坂を登るので、手を貸して助けようとしました。その時こう言いました。「わたしが何者か知っているかい。政治委員（コミッサール）さ」。すると何が起きたか。すぐさまわたしから飛び退いたんです。

連れて行った掩蔽壕にいるのは、夜中に最前線で出撃するはずだったドイツ人です。その人たちがロシアの捕虜になってどうしているかヴェルナーに教えてから引き合わせ、話を聞いてごらんと言っておきました。夕方この掩蔽壕に行くと、ヴェルナーがわたしに頼み込んで来ます。「大尉殿、ここで見たことを今日、戦友に伝えさせてもらえませんか」。こうしてヴェルナー当人がその夜マイクの前に立ち、前の晩にいた二百メートル離れた塹壕に向けて話をしました。

とはいえ宣伝の成否を左右するのは、当然ながら、ひとえに軍事作成が成功してドイツ人を窮地に追い込んだかどうかです。

ドイツ人との接触には二つの手段を使いました。第一四九旅団であった例ですが、ある掩蔽壕にネコが迷い込みました。六十メートル先のドイツの掩蔽壕から来たらしい。ドイツ側に食べものが何もないからです。このネコを敵軍の瓦解工作に引き入れました。まず尻尾にビラを一枚結わえ付け、ドイツ人のところへ送ります。しばらくするとネコが戻ってくる。何度か上手く行ったので、次はコルセットを巻き付け、ビラを百枚近く持たせました。二週間ほどドイツ人のところへ通ってはビラなしで戻ってきていましたが、ある時ドイツ人に後ろ足を撃ち抜かれ、虫の息でわれわれの掩蔽壕に戻って来ました。[254]

ドイツ人は定期的にわれわれの放送を聞き、ビラを読んでいました。これは数多くの捕虜の証言から分かります。あるとき、もう降伏の後ですが、宣伝の効果を確かめるため、捕虜の集団、五百人ほどをドゥボフカに留め置きました。最新のロストフ奪還の戦況を伝えた後、この中でビラを読んだことがある者、拡声器のラジオ放送を聞いたことがある者はいるかと尋ねました。するとほぼ全員が、数人の例外を除いて、手を挙げました。

降伏前の最後の数日、トラクター工場制圧のころは、強力な放送機材を使ってドイツ人に軍集団の状況や最新情勢[255]を伝えていたので、われわれのラジオ放送はトラクター工場の全域で耳に入りました。

英雄精神について一言。誇張でもなく、こう断言できます。スターリングラード戦の全期間にわたって、もちろん例外は稀にありますが、指揮官も兵士も偉大すぎるほどの英雄精神を発揮しました。最前線で防衛に当たっている時でさえ、赤軍兵士はいつだって問いかけてきました。まだ待つのですか、いつになったら攻撃に移れるのですか、と。

ただね、否定的な側面と言ったらいいのかな、そういうものがわれわれの英雄精神にはありますね。過剰なまでの向こう見ずな勇敢さと、時としてまったく無意味な冒険主義。例えば昼日中の最前線でおきていること。〈ヴァーニカ、一服させてくれ〉と、ごそごそ出てきて、タバコをもらいに行く。ほかには、匍匐前進すべきところで立ち上がって進み、ばたばたと死んでいったり。

　スターリングラードの英雄のことは、たくさん言われているし、たくさん書かれています。わたしにも英雄がいます。従軍女性マルーシャ・クハルスカヤ[256]。四百四十人の負傷者を搬送しています。戦場で会いました。本当に恐れを知らぬ人です。掩蔽壕に身を潜めて数を数えていました。「よし、あと六十人運べばソ連邦英雄だわ」。それからアブホフ大尉[257]。第三四三師団第一一五三（ママ）連隊の大隊長。無傷の兵が三十人もいない大隊で、一月に装甲車の反撃を数十回も撃退しましたが、一月中旬に地雷の爆発で亡くなりました。第二二六師団第八〇三砲兵連隊の砲兵たちが、守備についていたヤブロネヴァヤ・バルカからスターリングラード・トラクター工場までの行軍の間、火砲を人力で運んでいます。雪の吹きだまりで馬が役に立たなかったからです。兵士自身も、していることが英雄精神だと思っていなかった。ここに何も特別なことは見えなかったし、これが日常になっていたからです。

　ドイツ人の機械じみた規律の厳格さにも触れておきたい。われわれの宣伝が一定の成果を収め、包囲された部隊で瓦解プロセスが始まっていたとは言え、それでも兵士の大部分は将校の命令に唯々諾々と従っていました。これはこの軍集団の解体に際しての困難を際立たせる一方で、ドイツ軍の機械じみた規律の厳格さをも物語ります。ドイツ人個々人と、兵士一人ひとりと話をしてみると、戦うのは誰だって嫌だと言うでしょうが、曹長が「整列」の号令を掛けさえすれば、整列して立っています。わたしはこの目で見ました。二月二日から三日の夜中に降伏した連隊が投降してスターリングラードのソフホーズ周辺に集まって来ました。トラクター工場から数キロのところです。ここで捕虜の登録、人員点呼、パン二百五十グラムの配給をして護送隊に引き渡し、後方のドゥボフカに送ります。凍てつくような極寒の夜でした。そう、千人くらいいる、ある連隊の前に立った時です。まさに烏合の衆でした。整列の号令をかけると「軍曹、曹長、こっちへ来い」と呼び出し、十人単位で番号をかけて点呼、パンを二個ずつ渡したら、護送隊が来るまでその場で待機と言い渡しました。待機は数時間に及びました。ときおり人間とは思われぬ悲鳴が聞こえます。凍えた人の叫び声です。倒れる者、半死の者が出ても、兵士は整列して立ち続けます。曹長や軍曹が命じたからには、立っているのです。これが機械じみた規律の厳格さ、正しくエレンブルグが指摘したとおりです[258]。

　降伏の際は可笑しなこと、興味深いことがたくさんありました。例えば、第二四装甲師団長フォン・レンスケ（ママ）少将[259]が部下の将校を見送った時のこと。すでに第三四三師団の指揮所にいたのに、師団長のウセンコ少将[260]の許しを得て、将校に送別の辞を述べることになりました。隷下の連隊長フォン・ベレフ（ママ）大佐[261]が将校を整列させてフォン・レンスケに報告し、右端に立ちます。フォン・レンスケは将校に近寄ると、言葉をかけます。「諸君、共同の戦闘行為の期間中、わたしの命令を常にしっかり果たしてくれたことに感謝する。諸君は自らの務めを立派に果たしてきた。前途に幸あらんことを」。この演説は、ナポレオンが古参近衛隊と別れるような趣で、将校に感銘を与えました。涙を浮かべる者もたくさんいました。

それから将校を車に乗せて出発です。わたしはドイツの参謀将校に近寄ります。大佐です。話しかけます。

「大佐殿、将校を何人かここに相席させないといけません」

すると、ブロークンなロシア語で、ここはモノが多いから難しいなと言って、ニヤッとします。訊いてみました。

「どうしてロシア語をご存知ですか」

「なに、この道のりは二度目なのでね。一九一五年に捕虜になってクラスノヤルスクで三年暮したことがある。どうやら今回もその方角だね」

一月二十二日にドイツ軍がわが部隊に押されてスターリングラードへと後退を始めました。とくに二十三日と二十四日は、この目で見ましたが、終始途切れることなく車の隊列がスターリングラード・トラクター工場へと向かって行く。トラクター工場に相当な人数のドイツ人が集結しました。これは三千人だなと思いましたが、その後捕まえた捕虜だけで、ご存知のように、五千人ほどいました。

二十三、二十四、二十五、二十六日と、われわれの部隊が西からトラクター工場にじりじりと迫る。北はしっかり守備を固めてトラクター工場を取り囲んでいる。第一四九狙撃兵旅団の一個大隊がいる場所がいわゆる長靴——トラクター工場の敷地です。そこにレンガ工場があります。丘の下の窪地とバラック数棟がわれわれ。残りはドイツでした。二十五、二十六〔日〕にわれわれの部隊が西からトラクター工場に迫る。こうしてトラクター工場はわれわれの部隊が半ば包囲しました。このほかトラクター工場の南にいる部隊が〔ドイツ軍を〕南北に分断していました。

一月二十七日にトラクター工場に突撃開始です。二十六日の夜に軍事評議会メンバーと政治部長から要請があり、ドイツ軍との折衝に加わって投降を呼びかけることになりました。トラクター工場はドイツ軍が押さえていますが、そのトラクター工場から出ている水無瀬がいくつかあります。新公園と言われるところです。やつらはこの水無瀬を押さえていました。モークラヤ・メチョトカ[262]にドイツの掩蔽壕があって、対岸はわれわれの掩蔽壕があります。わたしがここに足を運んだのは、ドイツの大隊長の名前が分かっていたからです。そこにいたのは第二七四連隊で、指揮官はカンネンギッサーでした。国際法の規定でわたしが話せるのは階級が同じ人だけ。やつらの掩蔽壕までは五十メートル。赤軍の士官ザイオンチコフスキーが軍指揮官の依頼で話していると切り出す。カンネンギッサー大尉と話し合いたいと呼びかけます。塹壕からメガホンで話し、時に身を乗り出す。反応がありません。もう一度繰り返す。わたし目がけて機関銃を浴びせてきます。じゃあ、からかってやれと「ドイツの将校は勇敢だろう、返答を恐れたりしないはずだ」と言います。また機関銃です。なので兵士に引き継ぎました。このろくでなしが六日後に捕虜になった時、言葉を交わしたくなかったので、通訳に回しました。そんなことは聞いていない、連隊の指揮所にいたと言っていたそうです。嘘をついています。わたしが三度空砲を撃てとドイツ側に言ったのに撃たなかった。これも、大尉殿に向けて発砲はできないと言ったそうです。ああ言えばこう言う、何ともなりません。

トラクター工場の突撃予定は［一月］二十七日でした。とはいえ、われわれの保有兵力は非常に僅かです。［一月］二十六日から二十七日の夜中にドイツ軍は自ら水無瀬から退避し、すぐ近くのトラクター工場に移ります。これは、こうやって分かりました。わたしは呼びかけを一晩中していました。朝六時ごろ中隊の指揮所に戻り、掩蔽壕で横になります。一時間後、中隊長が呼び起こします。「おい、大尉、仕事は無駄じゃなかったな。ほら、投降してきた捕虜だ」。三人のルーマニア人でした。やって来たルーマニア人は、ドイツ人がいないと言います。信じませんでした。一時間してドイツ人が一人現れます。これも投降です。自称、元コムソモール員で、名前はオットー。大量のポルノ画などの愛欲充足の道具を持っていました[263]。こいつも、みんないなくなったと請け合います。わたしは言いました。「よし、先に立って進め、われわれは後ろから行く。いいか、もし嘘だったら、すぐに脳天に一発お見舞いするからな」。行ってみると、もぬけの殻。本当にいなくなっていました。

一月二十七日の十二時か一時にトラクター工場の攻略が始まりました。わたしは北側にいました。水無瀬のモークラヤ・メチョトカに降りて行き、斜面にあった小屋の奪取に成功します。しぶとい抵抗でした。機関銃をこれでもかと撃ちまくるが、それだけです。砲弾がほぼ底を突き、迫撃砲もない。でも小銃や迫撃砲の実弾はたくさんありました。

ここで何ともすごいことが起きます。想像を絶する数の味方の空軍が、途切れることなく三十機から三十五機の編隊で何波も押し寄せたのです。それから火砲。あれほどの大砲は生涯一度も見たことがありません。本当に砲撃に次ぐ砲撃で、すべてがドイツ人めがけてです。手当たり次第の何でもあり、反動弾[264]もあるし、ないものがない。賢明だったのは、わが司令部ではなく、同志スターリンその人でしょう。われわれは粗っぽかったということです。われわれは人がいない、どの大隊も十人しか残っていない、補充もありえない。人がいないわけです。だからこの攻略は、事実としては空軍と火砲の攻略でした。歩兵が一万人いたら、お出まし願わなかったでしょう。

トラクター工場内の戦いがどうだったかと言うと、いくつかの建物を除いて、交戦はありません。砲撃と空軍の威力は絶大で、やつらの地下室は負傷者でいっぱいでした。最後の数日は、連隊間の交信も途絶えた。砲撃ですべて破壊され、これが降伏につながりました。ドイツ人は、「お前たちの歩兵はどこに行った」と驚いていました。あちこちの建物に潜んで攻撃してくる。そういう、われわれが想像するような最前線はなく、砲撃の与えた影響が非常に大きかったのです。やつらは死に物狂いで、一致団結して反撃していました。

二月二日の朝に降伏となり、われわれの戦車が動いて現場に到着すると、敵の投降が始まりますが、投降は整然としたものでした。歩兵は撃退だと、もっぱらの噂でした。一万五千人の軍はどうなったんだ、というわけです。たしかに後方をあわせれば一万五千人です。各師団に四千人いますが、砲兵隊を入れてです。迫撃砲手、通信中隊、医療大隊は、ほぼ損害なしでも、兵士がいません。ともあれ第一四九狙撃兵旅団が「長靴」に防御線を築きます。前線の長さは約二百メートル。兵士は三十人いたかどうかでしょう。トラクター工場の掌握は砲兵隊と空軍の活躍のおかげ、歩兵は全く関与していません。

　この数日、前進はできませんでしたが、トラクター工場にぶち込んだ砲撃の威力で、ドイツ人はもう抵抗不能となりました。トラクター工場は、じっと座っていられないほどの鉄と鋼が延々と飛んでくる灼熱の包囲環だったのです。

　トラクター工場地区のＮＫＶＤトップは、本当に恐れを知らない人でした。名前は知りません。何と言っても、どこにも逃げなかった、ずっとスパルタコフカとルィノークに留まっていました。ドイツ軍がルィノークに昼日中に現れても、住民は誰一人その行方を知らない。一月以降は、いや十二月以降はスパルタコフカにいて、すぐ隣の、トラクター工場から二百メートルほどの所ですね、トラクター工場の住民の間に築いた諜報網を使いました。送り込まれたドイツ人の人数は毎日知らせてくれました。第四九師団の政治部から電報で、女性と中尉を送ったと知らせてきたりする。それもそのはず、ＮＫＶＤトップが毎日トラクター工場から報告していたからです。そこにいて助けてくれて、われわれからビラを受け取るとそこへ部下の女性に運ばせていました。本当にずっとそこにいたのです。ルィノーク、スパルタコフカが持ち場でした。住民がもしかしたら一人もいなかったかもしれない、でもそこが担当の地区でした。ＮＫＶＤ職員として、職務を最前線で遂行していました。軍と連絡を取ってつながっており、旅団長や旅団政治補佐とずっと一緒でしたが、つながっているだけで、われわれの指示で動くわけではありません。まだ平時にレーニン勲章をもらっています。

　旅団の指揮所ではスターリングラード・トラクター工場の工場長を見かけました。降伏の直前にも、攻略中にもです。来ていたのはスパルタコフカに住んでいたからで、ほかにもまだいました。もう設備復旧の準備をしていたのです。

НА ИРИ РАН. Ф. 2. Разд. III. Оп. 5. Д. 54. Л. 1-7.

第四章　ドイツ人の語り

ドイツ人の捕虜、スターリングラード、1943 年 1 月　撮影：ヴィクトル・チョーミン

一　一九四三年二月のドイツ人捕虜

一九四三年一月三十一日にパウルス元帥がソ連の捕虜になった。この日、街の「南の包囲環」にいたドイツ兵が武器を置く。二日後にはカール・シュトレッカー大将率いる「北の包囲環」もついに降伏した。数十万の兵士が捕虜になると、ソ連の諜報機関は仕事に取りかかる。ソ連の第六六軍が北の包囲環で捕らえた将兵は、ザイオンチコフスキー大尉（第二章第九節のインタビュー参照）と同僚のレレンマン少佐が二月五日から尋問した。ザイオンチコフスキーは、戦後にモスクワ大学に戻り、一九五一年から教授としてロシア史を教えたが、スターリングラード戦線での自身の活動記録とともども、イサーク・ミンツの歴史委員会の記録庫に引き渡している。以下に紹介するのはその記録だが、場所も時間も、スターリングラードの百貨店の地下室やシュミーロフ将軍の司令部での出来事とほぼ切れ目なくつながっている。尋問記録を読むと、興奮を禁じ得ない。捕虜になった直後のドイツ人将兵の気持ちや印象が何人も実名つきで考察できるだけでなく、ソ連側の捕虜の扱い方や入手したがっていた情報も分かるからだ。

スターリングラード戦が終わってほどない頃だが、少佐に昇格していたザイオンチコフスキーが第七課（「敵の部隊と住民への特別宣伝を担う部署」）の職員を前に講演し、「戦争捕虜の政治尋問」の目的とその実施方法について語っている。おそらく第七課は、包囲環の殲滅戦に加わっていたソ連軍のすべてで一九四三年の二月と三月は人員を増やし、膨れ上がる捕虜の人波に対処したはずだ。主任指導員であるザイオンチコフスキーは増援課員に任務の手ほどきをしたのだろう。

尋問に当たる士官の主たる任務は、講演で諄々と説くところでは、国防軍の「政治・精神」状況の見極めである。捕虜が戦争についてどう考えているのか。ドイツの勝利をまだ信じているのか。部隊の規律はどうか、はたまたファシズムのイデオロギーが国防軍にどれだけ浸透しているのか。赤軍の政治将校は、自国の兵士がそうであるように、敵軍も世界観を重視し、イデオロギー上の確信や政治面の教化で兵士の士気を高めていると見ていた。政治的な尋問の目的は、ナチズムの支配システムに忠誠を誓う兵士の心理に破損箇所を見つけることにある。こうした弱点を見つけると、前線にいるソ連の対外諜報機関は、そこに付け込んで敵の政治・精神の土台を掘り崩そうとした。ザイオンチコフスキーや同僚は対敵宣伝が専門だったので、尋問では、ソ連側の前線での宣伝がドイツ人兵士にどのような影響を与えたのかを詳しく問い質している。ソ連側が知りたがったのは、何が効果的な感化技法なのか、修正点は何かである。何人かの兵士によると、ソ連のビラは、とりわけ戦争初期はお粗末で、お笑い草でしかなかった。ファシズムという概念が何のことか分からなかったと言うドイツ人もいたという。

ザイオンチコフスキーは、講演で尋問の実施方法を詳しく語っている。尋問する将校と捕虜だけが部屋にいる一対一の対話形式を推奨したのは、戦友や上官のいる時よりも捕虜が心の内を明かしやすいからだという。尋問は基本的に節度を保ち、親しげな態度は取るべきでない、そんなことをしたら質問するソ連将校の「名誉と尊厳」に傷がつく。ただ例外として、極めて重要なことを自白しそうな高位の将校を尋問する時は、お茶で一服しながらの非強制的な尋問スタイルも考えられる。対話の間、尋問する将校が軍のことを熟知していると見せつけるべきだ。会話の端々で捕虜の所属部隊に言及したり上官の師団長の名前を挙げて話題にしたりすると、強い印象を与える。質問の仕方もよく考える必要がある。ドイツ人兵士に国民社会主義党の党員かどうか尋ねても、事実に即した回答が出てこないことが多く、勧められない。むしろずばり「いつナチ党に入党したか」と問うべきだ。

以下に紹介する尋問は、ほぼすべてが一九四三年二月五日から九日にかけて第六六軍司令部のあるドゥボフカ（スターリングラードの北五十キロメートル）で行われた。尋問を受けた将兵が提供した情報は、スターリングラードの包囲環での最後の日々や、所属部隊が降伏に至る経緯である。また国防軍の残存兵力や敵国ロシア人の強みについて意見を述べた。尋問調書は、スターリングラード戦の最後の日々について、これまで知られていなかった情報を数多く含んでいる。例えば指揮官が異なると（将校のシュトレッカーとアルノ・フォン・レンスキーとでは）部隊ごとに崩壊の兆候への対応が異なっていた。ドイツに拘束されていたロシア人捕虜の過酷な生存条件や、第六軍の兵士が狭い空間に押し込められ、ソ連の砲撃や空襲にさらされて味わった恐怖も分かる。

ドイツ人は飢えと疲れで死者続出なのに戦い続けたが、おそらくその理由は、強情さと軍の服従義務とイデオロギーの信念とがないまぜになっている。とくに強い誘因だったのが、ロシアの捕虜になることへの怯えだ。この点ソ連の対敵宣伝は、少なくとも包囲の初期段階は、ほとんど成果を挙げていない。国防軍の兵士は、ソ連の捕虜になったドイツ人兵士の暖衣飽食の写真を空疎なプロパガンダだと一蹴した。このためその後はソ連のやり方も変わり、ドイツ人捕虜にタバコやパンを与えて仲間のところへ送り返し、紛れもない証拠を示して、ソ連の捕虜は死も同然との見方を否定しようとした。いくつかの尋問で言及のあるドイツ人兵士ホルツアプフェルの事例がとりわけ印象深い。

こうした興味深い細部にもかかわらず、尋問からはドイツ軍のスターリングラード戦最末期の信頼に足る心証は得られない。尋問という状況と手引きに従ったソ連側の質問がドイツ人の供述を決定的に歪めるからだ。第三八九歩兵師団の諜報将校コンラーディ中尉がこうしたからくりを精確に見破っている。尋問での供述によると、夏と秋に次々と捕虜にしたソ連兵を彼自身が尋問すると、耳にするのは、戦ったのはコミッサールの暴力的な脅しに屈したからとか、赤軍は何日も食糧の支給がないといったことばかり。そこでコンラーディが尋問に基づいて敵情報告をつくって師団長に提出すると、無意味なたわごとだと一蹴された。ソ連側が激しく抵抗してスターリングラードにいる第三八九歩兵師団が苦しめられているのだから、捕虜になった赤軍兵士が語った心証の偽りは明らかだった。してみれば、捕虜という捕虜は、ドイツに捕まった赤軍兵士であれ、ソ連に捕まったドイツ人であれ、尋問する将校に少なくとも部分的に迎合するものなのだろう。

こうした背景を踏まえると、尋問で繰り返し出くわすナチズムの信条告白はかなりの重みがある。参謀本部将校ヘルマン・リューベンは、国民社会主義を信奉するドイツ兵はきっと勝利すると信じており、ドイツ民族の「純血」の危機だけを気に病んでいた。スターリングラードでドイツがこうむった軍事的な敗北は、リューベンによれば、非アーリア人のイタリアとルーマニアの同盟軍が主たる原因である。また小隊長エルンスト・アイヒホルン（第二四装甲師団）の発言がとりわけ印象深い。まず、ロシア人に取り入るためかもしれないが、驚いた口調でドイツ人捕虜への好待遇について述べる。アイヒホルンによれば、まわりの兵士は一体全体ドイツ人とロシア人がなぜ反目しあって戦ったのか疑問だったという。これに続くひと言、尋問調書の締めくくりでアイヒホルンが口にした言葉だが、彼やほかのドイツ人将校には戦争の張本人が誰か分かっている、ユダヤ人だ、やつらはドイツを除くすべての国で権力を握っていると言っているのだ。アイヒホルンの与り知らぬことだが、尋問をした将校レレンマンもユダヤ人だった。

捕虜マックス・ヒュトラー中尉の政治尋問調書
ドゥボフカ市
一九四三年二月六日
尋問担当　第六六軍政治部第七課　課長コルトィニン少佐
主計中尉　第九九狙撃兵師団通訳　ゲルシュ

マックス・ヒュトラー――中尉、第三八九歩兵師団第五四四歩兵連隊付副官。ドイツ人。三十四歳。ヴェストファーレン生まれ。妻帯者。国民社会主義党員。学術研究員（林学）、ゲッティンゲン大学助手。予備役将校。住所 *Göttingen Universitet*[3]

捕虜の供述。「スターリングラードの作戦が始まった当初からわたしには、いやわたしだけでなく将校のほぼ全員が、わが最高司令部はとてつもない危険を冒している、あんな大きな楔を打ち込んでと思っていた。ロシア人が楔を断ち切り、先端にいる軍を包囲してドイツ軍集団の背後に出ようとするのは分かりきっている。でも司令部はそんなことは百も承知でやっていると思っていた。予備の部隊が十分にあって楔の各翼に補給可能なのだろうと思っていた。なぜ各翼に部隊を増強しなかったのか今でも分からない。予備はあった、十分に。これはわたしにとって言ってみれば謎だ。貴軍が一九四二年十一月末にわれわれ守備隊を遮断すると、パニックが起きた。広めた張本人は不明だし理由も分からない。冷静さを失ったのは兵士だけじゃない。かなりの数の指揮官が、中でも大きな部隊の指揮官がそうだった。

だいたいクリスマス前には事態が絶望的なのは明らかだった。援軍は来ないし、ありえない。誰もが気づいていながら、認めるのが怖かった。破滅なのは分かっていた。にもかかわらず、大半は投降して捕虜になる気もない。われわれの任務は、できるだけ多くの兵力を釘付けにしてカフカスやロストフへの投入を遅らすこと。兵士にはそのように話して聞かせた。自分の運命が分かっていて、だから特に命令しなくても、武器を置いて投降したのはごく一部。兵士の大多数は義務感と自己犠牲の精神がしっかり身についている。この大多数が全体を束ねている。ごく一部など恐れるに足らず。何ら脅威ではない。

兵士は誰しも人間だから、命が大事だし、祖国にいる家族や妻や子どものところへ帰りたいと思っていると仰る。たしかに、そのとおり。でも祖国がすべてを上回る。祖国のためなら誰もが自分を犠牲にできる。われわれの兵士は誰もがそのように教育されている。包囲にあった時も、自分の義務を果たすだけだと誰もが分かっていたし、実際にそうした。

包囲の二カ月間、軍規にかかわる命令、一兵卒の管理強化にかかわる命令は一切出ていない。わたしの知る限り一つだけ、たしか四三年の一月二十七日か二十八日にシュトレッカー将軍がこういう内容の命令を出している。一、自部隊を離れて敵の配下に入る者は、誰であれ即座に発砲する。二、飛行機から投下された食糧を私する者は、誰であれ即座に軍法会議にかける。三、不服従の態度を取るもしくは指揮官の命令の遂行を拒否する者は、誰であれ軍法会議にかける。

にもかかわらず、なぜ投降したか。第一に、パウルス元帥のいる主要部隊が四三年一月三十（ママ）日に投降したので、抵抗の継続に合理性がなくなった。われわれの部隊が引きつけに成功したロシアの兵力はごくわずかなのに、被った犠牲がバカにならない。状況が許す間は任務を遂行したし、わが軍が釘付けをまだ二、三週間できるなら、武器を置くことなく戦い続けた。第二に、負傷者が非常に多く、戦闘を行う妨げになっていた。建物の二つに一つが彼らで埋めつくされ、さらなる抵抗は負傷者が砲撃で殲滅されることを意味した」

「今のドイツの戦況をどう見ているか。ドイツは今とても厳しい、深刻な危機にあるが、これは敗北ではない。軍はまだ二百万の兵士を動員できる。とはいえ貴軍の攻撃が今のようなテンポでさらに二カ月も続いたら、危機が敗北に発展するかもしれない」

話のついでに捕虜が言ったことだが、勝者が誰かを占う材料の一つが、トルコの参戦だという。トルコは勝つ側につく、ただし戦争の帰結に疑いの余地がなくなった時だが。[4]

「軍に入る前から国民社会主義党員だったが、今のわたしは兵士だ。軍に国民社会主義党員はいない。みな兵士だ」

「一九四二年の四月から十月までわたしは中隊長だった。いま仰ったロシア人捕虜への蛮行というのは、初めて聞いた。[5] 中隊でも連隊でもそうした事例はなかった。どんな場合も例外はあるが、あくまで例外だ。そんなことは命令で禁止されている。同じことが地元住民についても言える。地元住民への暴力は逮捕に処するとの命令が出ている。また住民から貴重品はもちろん、何か持ち物を奪うことも禁止されている。時には何か食べものを取ってくることが許されたことはある。靴とか衣服とかを小包にしてドイツに送った者はいるにはいるが、あれは廃屋や焼けた家屋で見つけたものだ」

「ロシア兵は、なかなかだ。守りが、攻撃より数段うまい。ここでも少人数で守っている時は、大人数よりも見事な行動だ。狙撃兵も良かった」

第六六軍政治部第七課　課長コルトゥイニン少佐
第九九狙撃兵師団通訳　主計中尉ゲルシュ

第二四装甲師団第二一装甲擲弾兵連隊
捕虜ヘルムート・ピスト伍長の政治尋問調書
ドゥボフカ市
一九四三年二月九日
尋問担当　政治部第七課　主任指導員ザイオンチコフスキー大尉

ピスト、ヘルムート（*Pist, Helmut*）。一九一六年一月十一日、シュヴァルツェナウ（ポズナニ）生まれ。実科ギムナジウム卒。職業は農業指導員。プロテスタント。ドイツ人。ヒトラー・ユーゲント隊員。入隊は一九三七年。住所 *Krefeld am Rhein, Prinz-Fridrich-Karl-Str. 139.*

ピスト、ヘルムートは、包囲下の最後の日々の部隊の状況について尋ねたところ、次のように証言した。

「一月初旬にわれわれの師団は連隊がそもそも存在しなくなり、指揮する将校の名前を冠した部隊がいくつかできました。例えば、第二一連隊と第二六連隊からできた、ブレンダール大佐の指揮する部隊です。また *Alarmgruppe*――「散り散りになった兵士をかき集めた臨時部隊」もつくられました。人数はバラバラで、例えば成員が五十人の部隊もあって、ヘルマンス中尉が指揮して、オルロフカ付近にいました。兵士は機嫌が悪く、多くが政府を罵り、見捨てられたと非難していました。食糧は日を追うごとにどんどん悪くなりました。一月二十日ごろからはパンの配給が一日五十グラムです。厳命と銃殺の脅しにもかかわらず、飛行機から出てくる食糧（*Fersogungsbombe*（ママ））は、見つけた者が隠匿しました。このように部隊の食糧は平等にほど遠かった。規律は日に落ちてゆき、兵士の間で降伏の話題が多くなりました。一月二十五日ごろだったでしょうか、師団司令部のコアルス（*Koars*）中尉が教えてくれたのですが、フォン・レンスキー将軍、わたしたちの師団長です、彼が命令を出して、部隊の全指揮官に行動の自由が与えられた、つまり降伏が認められました。しかし翌日になってこの命令は撤回されました。

　包囲前まで貴軍のビラは兵士に見向きもされませんでしたが、包囲中に事情が変わり、とりわけ一月は兵士の間で貴軍のビラがむさぼるように読まれていました。前線の戦況図が描いてあるビラが飛行機から投下されると、文字通り探し求めました。

　最後のころのスターリングラードは、ひどいものでした。死体は数千、負傷者が野戦病院からあふれ出して道端で死にかけている、おまけに貴軍の大砲や戦闘機の恐ろしい砲撃もある。降伏は無秩序に行われました。われわれの掩蔽壕は師団司令部から五十メートルです。でも司令部のすぐそばにいたのに、降伏を知ったのは司令部にロシア人が現れた時です。わたしたちは掩蔽壕から出て武器を置きました。ロシアでの戦争は、西側でやるのとは訳が違います。一九四〇年のフランス遠征もわれわれ擲弾兵はずっと先頭でしたが、損害は二名が戦死しただけです」

第六六軍政治部第七課　課長コルトィニン少佐
第六六軍政治部第七課　主任指導員ザイオンチコフスキー大尉

第二四装甲師団第二四装甲連隊第九中隊
捕虜エルンスト・アイヒホルン騎兵大尉の政治尋問調書
ドゥボフカ市
一九四三年二月五日
尋問担当　第六六軍政治部第七課　指導員レレンマン少佐

エルンスト・アイヒホルン（*Ernst Eichhorn*）。住所 *Regensburg an Dunai*（ママ）*. Luitpoldstrasse 11a.* 野戦郵便一一四六八。民族はドイツ人。軍務は一九三五年から。国民社会主義党には入っていない。前線でロシアと戦うのは一九四一年六月から。ハノーヴァー市の騎兵隊学校卒。一九〇二年生まれ。ポーランド、オランダ、ベルギー、フランスの戦役に参加。独身。

スターリングラードで包囲されたドイツの部隊が降伏した理由の一つは、その数日で前線が狭まったためだ。機動作戦の余地がない。飛行場を奪われた、さほど大きくない戦区に、かなりの数の軍が集結していた。この結果ドイツの部隊は砲撃や航空機で甚大な損害を被った。二つ目の理由は、食糧・燃料事情の厳しさだ。最後の日々の兵士の配給は、パン百グラム、馬肉少々、油脂四十グラム、一日一回のスープとタバコ四本だった。

大砲の砲弾の保有量はごくわずかだったが、歩兵砲の実弾は十分ある。装甲車はトーチカになる。このため連隊全体が歩兵部隊のようだった。

第二四装甲師団の将校は、包囲された部隊が極めて困難で厳しい状況にあることを分かっていたが、絶望的だとは思っていなかった。

降伏は、師団司令部の命令だ。この命令が口頭で伝えられ、さらに軍使も来たので、第二四師団の部隊は武器を置いた。師団の状況は深刻だったが、降伏命令は誰にとっても予期せぬものだった。将校の大半は最後の最後まで外からの援軍に期待していた。兵士は、包囲の時の戦闘命令のように、降伏命令を淡々と遂行した。ドイツ人兵士は、どんな場面でも命令どおり動くよう教え込まれている。外界と通信できたのはロシアの部隊にピトムニクの飛行場が奪われる前まで。それ以後、郵便は途絶えた。

ドイツ軍では、将校であれ兵士であれ誰もが、ロシアの捕虜になると扱いがひどく、苦しみ抜いて死ぬと言っていた。将兵が読んでいたロシアのビラは、捕虜の扱いが良いと書いてある。ロシアで暮らす捕虜を撮った写真入りのビラもあった。でも誰も信じないし、プロパガンダにすぎないと思っていた。攻めて行った時に頭を撃ち抜かれた死体などを目にしていたので、ロシア人は捕虜を射殺するものだと信じていた。

第二四装甲連隊の将校は誰もがロシアの砲兵隊を高く評価している。狙いが正確で、砲弾を雨霰と撃ち込む。スターリングラードに砲兵隊がなかったら、包囲下のドイツ部隊を攻撃するのが歩兵隊だけになり、包囲された側は戦いやすく、抵抗はもっと長く続いただろう。ロシアの歩兵隊はあまり褒められたものではない。攻撃の突破力が足りない。一九四二年になって、開戦当初に比べれば動きが良くはなった。一方ドイツの戦闘機は優秀でロシアの比ではない。ロシアの空軍は若いパイロットが多く、経験不足だ。戦車は動きが良い。T34戦車が優れている。ロシアの戦車は装備も優秀だ。戦車兵の訓練もすばらしい。

ドイツ人を包囲する攻勢が成功した理由は、攻撃を同期させて北と南から、次いで西からも行ったことだ。おまけに、ドン川の上流部にいたルーマニア部隊が逃走した。包囲されたドイツ部隊でおきた若干のパニックも、ロシアの攻勢成功の後押しだった。包囲の初め頃に食糧や軍需物資のある倉庫が破壊されている。これが包囲された部隊の状況を苦しくした。

スターリングラード攻撃の際、将校の間で噂されたのは、ロシアは冬に望みを掛けている、冬を前に攻勢に出るという見立てだ。ドイツ司令部は、大したことはない、ロシアが攻勢に出る可能性は一切ないと否定した。冬が来る前に勝利をつかめると思っていた。将校なら覚えているが、ドイツ司令部の戦略計画がダメになるのはこれが初めてではない。最初は分からなかったが、今や一目瞭然、司令部の計画は非現実的だったのだ。レニングラードとスターリングラードの同時攻撃などできっこないのに、カフカス奪取すら計画していた。これは多すぎる。しかもスターリングラードを奪取したらヴォルガ川を下ってアストラハンに出ようとしていた。落とすことは出来なかった。アストラハンに出るにはカルムィク平原[6]を突っ切らないといけない、これがドイツ軍の損害を増やした。

赤軍の攻勢が今のまま続き、大事なことだが、ロストフとハリコフを奪取するようなら、戦争の帰趨に決定的な意味を持つ。ドイツ軍にとって最も重要なのは、ハリコフとロストフの保持だ[7]。

ヨーロッパの第二戦線は不可能だ。フランス北部は、ドイツ軍がにらみを利かせ、海岸も固めている。ドイツがフランス南部を押さえればスペインからの攻撃も不可能。イタリアに英米軍が上陸するのも無理だ。ドイツ海軍が許さない。ヨーロッパに上陸するには極めて……［判読不能］計画する必要があるが、それは無理だ。

ドイツは十分な量の……［判読不能］予備がある――と捕虜は言う――必要なだけ戦うことができる。

ロシアのビラはたいてい将兵のお笑い草だった。というのも、ロシアのプロパガンダはドイツ人兵士の心理特性を考慮していない、厳格な規範意識が分かっていない。例えば、わたしが目にしたあるビラは――と捕虜は述べる――将校を殺せ、やつらはいいものを食べているのに戦闘に行かないと書いてある。別のビラはファシストを皆殺しにしてロシアに寝返ろうとある。第一に――と捕虜は言う――、将校と兵士の食糧は平等だ。「ファシズム」という言葉はわたしたちには分からない。ファシズムと聞いてわたしたちが思うのがイタリアの国家制度だ。

降伏する時にドイツ人将校が心配したのは自分の将来のことだ。投降して捕虜になるなら、アメリカかイギリスかフランスだと言っている。あっちなら捕虜の命が間違いなく安全だからだ。

捕虜が疑問を呈する。「なぜこれほどわれわれのことを心配してくれるのか。われわれはこんな良い待遇を期待していなかった、とくにロシアの将校からは。もしこれがドイツ人将校の投降を促すためなら、とても賢いやり方だ」。この関連で大きな影響を与えそうなのが、家族に手紙を書くのを許すことだ。いま兵士は口々に言っている。「捕虜になって、ロシア人が悪いやつでないことが分かった。なぜ戦争を始めたのか分からない、なぜこんなに血が流れるのか分からない」

われわれ将校には明らかなことだが、戦争がおきたのはユダヤ人のせいだ。やつらはドイツを除くあらゆる国で国の主導権を握っている。

第六六軍政治部第七課　課長コルトィニン少佐

第一六装甲師団第七九装甲擲弾兵連隊第一大隊副官
捕虜ヘルマン・シュトロートマン中尉の政治尋問調書
一九四三年二月九日
尋問担当　第六六軍政治部第七課　主任指導員ザイオンチコフスキー大尉

シュトロートマン、ヘルマン（*Srotmann, Hermann*〔ママ〕）。ドイツ人。カトリック。独身。一九一八年五月十八日、ミュンスター〔生まれ〕。銀行員。住所 *Münster, Westfalen, Herrmannstrasse 50.*

一九三八年に一兵卒として入隊。一九四一年に士官に任官。一九四二年五月から十月まで第七九連隊の中隊長、また九月からは〔判読不能〕〔ヴォータ〕少佐の指揮する第一大隊の副官。

「九月から十一月のスターリングラード北部（エルゾフカ村の南）での戦いで第七九連隊は戦闘要員の八〇～九〇％を失いました。断続的に輜重隊で補充したものの、質がかなり悪化しました。……一番の被害をもたらしたのは貴軍の迫撃砲で、われわれは“*Böiswaffe*”〔邪悪な兵器〕と呼んでいました」

自部隊の包囲下での状況について問われるとシュトロートマンは次のように供述した。「スターリングラードは、かなりのリスクを抱えた作戦でした。当初は五週間で制圧できると考えていたものの、実現しない。退却しようにも、カフカスの軍集団を脅威にさらしかねないので退却もできない。司令部のそもそもの誤算は、攻撃が晩秋間近だったせいで防衛線の確保も冬の備えも間に合わなかった。そこにつけ込まれ、昨年も今回もやられてしまったのです。ドン川で止まっていたら、しかるべき準備ができて壊滅とはならなかったでしょう。われわれの降伏の主たる理由は、食糧・兵力・弾薬の不足、加えて、今後も戦いを継続する物理的可能性がなかったことです。兵士の質は低劣でした（大半が輜重兵ですから）。われわれは飢え苦しみ、大半は凍傷にかかっていました。将校ですら疲労と飢えで立っていられないほどでした。人間の可能性の限界が近づいている――そうした限界が二月二日に来た。だから降伏したのです。投降は自然発生的に起きました。朝六時、ロシアの戦車がわれわれの掩蔽壕に来ていると耳にしました。わたしは叫び声を上げて壕を出ると、武器を置きました」

　われわれのプロパガンダの問題に移ると、シュトロートマンは、最近になってわれわれのビラの質がかなり良くなったと述べた。中尉はこう言っている。「初めのころは、とても未熟でした。例えば、スターリングラード近郊でわれわれが火砲四千百門を失ったと報じていましたが、それだけの数の火砲は全軍あわせてもありませんでした」

　最後にシュトロートマン中尉はこう語った。「どの兵士も勝利を信じている。しかし正直なところ、アメリカが出てくれば勝てないだろう」

第六六軍政治部第七課　課長コルトィニン少佐
第六六軍政治部第七課　主任指導員ザイオンチコフスキー大尉
［ザイオンチコフスキーの署名］

第一六装甲師団第七九装甲擲弾兵連隊第三中隊
捕虜ウィルヘルム・ヴゲラー伍長の政治尋問調書
ドゥボフカ市、一九四三年二月九日
尋問担当　第六六軍政治部第七課　主任指導員ザイオンチコフスキー大尉

ウィルヘルム・フゲラー（*Vugeler, Wilchelm*）。ドイツ人。プロテスタント。一九一六年三月一日、ニーンブルク／ヴェーザー生まれ。一九三四年から国民社会主義党員。国民学校卒。職業は商業事務員。住所 *Nienburg, Weser, bei Hanover, Quellhorststrasse 10.*
「包囲された時からわれわれの大隊は八十人から百人でしたが、毎日十五人から二十人を失っており、断続的に輜重隊から補充していました。十二月三十日から状況がいくぶん改善したのは、掩蔽壕が出来て損失が減ったからです。一月四日にわたしは輜重隊に移動。一月中旬には第一六装甲師団の残兵が第二四装甲師団に加わります。第一六装甲師団で生き残ったのは輜重だけでした。

兵士の気力は日に日に落ちてゆきました。一月に入るまでは救援に望みを託していましたが、一月に退却が始まると気力が一気に衰え、スターリングラード市内に撤退してからは兵士の大半が状況は絶望的だと悟ります。それでもロシアの捕虜になることを兵士はひどく恐れていました。
貴軍のビラは読みましたし、クリスマスの祭日の時はちょうど貴軍のラジオも聞きました（その時はオルロフカ北東の鉄道近くにいました）。貴軍のラジオに全兵士がじっと耳を傾けていました。われわれの多くに疑念が生まれ、われわれの現状は将校が言っていたことと合致しないと思いました。でも対抗プロパガンダが強く、われわれは完全には信じていませんでした。
二月一日にトラクター工場周辺で負傷して診療所に運ばれました。二月三日になった夜中の三時半（ベルリン時間）に医長から説明があって、二時間後に診療所がロシア人の引き渡されると知りました。こうしてわたしは捕虜になったのです」

第六六軍政治部第七課　課長「ルトィニン少佐
第六六軍政治部第七課　主任指導員ザイオンチコフスキー大尉

第三八九歩兵師団第五四四連隊第一二中隊
捕虜ハインツ・ヒューネル伍長の政治尋問調書
軍司令部
尋問担当　第六六軍政治部第七課　指導員レレンマン少佐

ハインツ・ヒューネル。住所――――。野戦郵便四〇八八六。一九〇八年五月二十七日生まれ。教育は国民学校の八年制、商業高専。妻帯者、一九三三年から国民社会主義党員。

ヒューネルは一九三三年から国民社会主義党員だが、尋問中、捕虜になって生まれ変わったと盛んにアピールし、ヒトラー党と縁を切ったことを装っている。国家やイデオロギーの制度を研究したい、ドイツには別人になって戻りたい、ロシアに残って新たな思想の宣伝員、共産主義イデオロギーの伝道者になりたいなどと言っている。捕虜によれば、かつての自分は政治に縁遠かった。国民社会主義党に入ったのは、大衆の国民社会主義ヒステリーや妻の親族の説得が影響している。国民社会主義党の一員になってドイツにおける国民社会主義の現実を見た今は、ヒトラーのファシズム・イデオロギーとは征服と隷属のイデオロギーだと分かった。

共産主義やロシアについてドイツで言われていたことは、まったくそうではなかった。ロシアの現実に戦争中に触れたことで状況を［判読不能］［確かめられた］。

包囲の初期は、兵士に鉄環の早期突破の期待があった。援軍を待つ一方で、もうその頃から一部の兵士は状況を深刻にとらえ、冬は包囲下ですごさなければならない、出られるのは三月か四月だと見ていた。兵士の気力は日に日に落ちていった。兵士は命令をただ闇雲に遂行するだけになって判断力を失い、どうとでもなれと思っていた。

救出の可能性は大半が考えないようにしていた。捕虜と死は同じことだと深く信じていたからだ。兵士はロシアのビラを読んでいるが、信じるのは多くない。

ヒューネルは、彼が知っているドイツ人兵士がロシアの捕虜から戻ってきた出来事を話した。彼によると、一月八日の夜二十時ごろ、中隊の掩蔽壕にホルツアプフェルが現れた。二十四時間、ロシアの捕虜だったと言っていた。食事にありつき、パンをたくさんもらい、タバコも出たという。ホルツアプフェルは、目にしたドイツ人捕虜の待遇は良いことばかり、この目で赤軍兵士の暖衣や整った装備を見たと語った。同席者に、指揮官のポルテ曹長がいた。彼はホルツアプフェルの話を遮ると、そんなの全部プロパガンダだ、食事は作為、捕虜はそんなんじゃないと言った。ポルテはホルツアプフェルを大隊長のビテルメン大尉のところへ連行した。以後ホルツアプフェルの姿を見たものは一人もおらず、どこへ行ったかも分からない。

ホルツアプフェルの事件がおきる三日前から兵士の間で噂が流れ、ロシアの捕虜から戻ってきたやつがいて、捕虜の待遇が良かったと吹聴していると言っていた。

ホルツアプフェルが消息を絶つと、兵士は口々に、やつの話のいくばくかは真実だと噂しあった。捕虜はこう述べた。「わたしは兵士たちに言いました。落ちついて事態を注視しよう、投降して捕虜になるかもしれない。恐れるな、わたしが命じることを行え」。一月十日に赤軍部隊の攻撃が始まると、ヒューネルは全員に身なりを整えて外へ出るように命じたという。わたしの手元に——と捕虜は言った——兵士七名と機関銃が二丁ある。自衛は義務だったし能力もあった。しかしロシア人がやって来たら、撃つことなく手を上げるよう命じた。七名のうち六名が手を上げたが、一名は電話に駆け寄り、中隊長に起きていることを報告した。そいつは近づいて来た赤軍兵士に殺され、残りは投降した。

投降する用意はどの兵士にもあったが、そのためには命令がいる。上官の命令なしで捕虜になる者はごく僅かだ。判断力を失って体が衰弱しているので、自分で考える力を失っていた。ドイツ人兵士が投降して捕虜にならないもう一つの理由は、それが臆病や仲間の裏切りと見なされるからだ。投降の命令が出るなら、結果責任は命令を出した者にある。

最後は兵士の気力が衰えたため、監視を強化していた。あらゆる方法で兵士の慰労を試みている。将校は、耐えろ、もうすぐ楽になると繰り返すばかり。一月はじめにドイツのあらゆる新聞にゲーリングの演説が掲載されたが、スターリングラードで包囲下にある者は休暇が出るとか、総統から小包を受け取ると書いてあった。食糧はウクライナから包囲下に運ぶとか、兵士は何も心配することはないとも。

兵士はこの演説を読んで、多くが苦々しく笑った。誰もが夏は戦いに明け暮れ、一部は大きな損害を被った。交代が言われても交代はなかった。救援が言われても救援はなかった。だから、こんな演説は信じられないのだ。

最後の数日は、兵士も気づいていたが、不満や、将校の言う「有害な気分」を表に出す者は監視の目が光り、無害化の対象だった。兵士の監視はナチ党員が自発的に手を貸し、スパイよろしく暗躍した。兵士を監視する命令は出ていないのに、ナチ党員はそれを義務と見なしていた。

兵士は寄ると触ると、将校は自分大事で生きていて勲章に目がない、中隊のことも兵士の運命も関心がないと言い合っていた。

第六六軍政治部第七課　課長コルトィニン少佐
第六六軍政治部第七課　指導員レレンマン少佐

第六四連隊伍長
捕虜カール・ハンス・ピュッツ（Pütz）の政治尋問調書
第三四三狙撃兵師団の部隊が一月十日に捕獲
一九四三年一月十一日
尋問担当　第六六軍政治部第七課　主任指導員ザイオンチコフスキー大尉

一九二四年五月十五日、ケルン生まれ。住所 *Koln*（ママ）*, Nippes*〔Köln-Nippes〕, *Escherstraße 21.* 父は電気技師。国民学校とギムナジウムを卒業。民族はドイツ人。カトリック。

入隊は一九四一年九月。イーザーローン市にあった予備オートバイ大隊に配属。大隊では銃器係を勤めた。ロシア戦線に来たのは一九四二年九月で、第一六装甲師団第六四連隊に配属。

包囲された後に被尋問人がいた独立部隊は、主に第一六装甲師団の部隊で編成。具体的には、第六四連隊と第七九連隊の兵士から成る二個大隊に第一六オートバイ大隊、加えて第三八九師団第五四四連隊の一個大隊である。

ピュッツがいた最初の大隊は、四十五人から五十人。二つ目もほぼ同じ大きさ。歩兵大隊の人員編成は百五十人から二百人。部隊長は、ドルネマン大尉。最初の大隊にいる将校はシュリッパ（*Schlippa*）中尉一人だけで、一月一日に飛行機で直接ドイツからやって来た。被尋問人によると、輸送機で運んでくるのは武器、食糧、燃料および補充将校だという。

部隊がいた戦区は一三七・八高地から一三九・七高地の南崖。

食糧――現時点で兵士の配給は毎日パン二百グラム（一日おきに四百グラム）に肉の缶詰四十グラムと冷たいスープで、脂肪はまったくない（馬は食べ尽くした）。このほかに毎日ビタミン剤が――出る。包囲下にある間、捕虜は一度だけバター八十グラムをもらった。クリスマスの祭日は特配のチョコレートが三百グラム、新年は百グラム出た。兵士は飢えている――と捕虜は述べる――、今日七人分として出たものが大隊全体の一日の配給量とほぼ同じである。

暖房も非常に劣悪である。週に一回、車で薪を運んでくるが、一日分にしかならず、暖炉を二、三回焚けば終わってしまう。兵士は、使わなくなった掩蔽壕から木材を持って来て暖房に使っている。それでも全く足りない。多くの者が凍傷になっている。例えば、十二月二十五日に大隊で二十五人から三十人が凍傷になったが、診療所に空きがないので、今は輜重隊にいる。

兵士は気持ちがふさいでいる。大多数が状況は絶望的と考えているが、将校は元気づけようと躍起になり、まもなく援助が来るとか、ドイツ軍の主力は包囲された集団から四十キロメートル離れたところにいるなどと兵士に向けて語っている。

兵士は、ロシアの捕虜になるのを恐れている。将校が、ロシア人は銃殺すると吹き込むからだ。ロシアの捕虜の真実をピュッツ（*Pütz*）に教えたのは、一月九日の未明に掩蔽壕にやって来たホルツアプフェル（*Holzapfel*）だった。ピュッツはそのとき歩哨に立っていて、ホルツアプフェルがロシア側からやってきたのを見ていた。ホルツアプフェルは、掩蔽壕に入ると興奮状態で、すぐにロシアの捕虜は好待遇だとまくしたて、すかさずポケットからパンを取り出すと、その場にいる人がよってたかって食べてしまった。そのとき掩蔽壕にいたのは七名と、ホルツアプフェルが所属していた歩兵大隊の曹長だった。

曹長はアプフエル（ママ）に一緒に来いと言うと、輜重隊に連れて行った。翌日の晩に彼［ピュッツ］は兵士から「赤毛のホルツは祖国の裏切り者として銃殺される」と聞いた。兵士は口々にホルツアプフェルに同情し、慎重さに欠けていたことだけを惜しんだ。

ピュッツは、捕虜になった状況について次のように語った。

「一月十日にロシア人が攻勢をかけてわれわれの掩蔽壕に近づく

と、伍長がわれわれに、抵抗するのは無益だ、投降しようと言いました。われわれが手を挙げると、別の掩蔽壕からわれわれ目がけて撃ってくる、そのためわたしは負傷し、戦友のヒルベック上等兵は死亡しました」

ザイオンチコフスキー大尉
[自署]

参謀本部第二将校、第三八九歩兵師団兵站長
捕虜ヘルマン・リューベン少佐の政治尋問調書
ドゥボフカ市
一九四三年二月五日
尋問担当　第六六軍政治部第七課　指導員レレンマン少佐

少佐リューベン、ヘルマン（*Lüben Hermann*）は一九〇八年生まれ。軍務は一九三九年から。一九四〇年に参謀大学を卒業。住所 *Deutsch-Eylau, Hindenburgstrasse, 32.*

捕虜はドイツ陸軍省に勤務し、続いて、当人の弁によれば、オランダで（ドイツの占領後に）堡塁の設計と建設に参加した。フランスにいたこともある。ポーランド、ベルギー、オランダとの交戦に参加し、フランス軍の解体と武装解除に加わった。参謀本部に勤務中のリューベンは、新たな軍部隊の編成作業に加わり、指揮も執った。

勤務活動の中でリューベン少佐はドイツ軍将校団の多種多様なグループと交際した。

尋問中に捕虜が言ったことだが、このところ赤軍が攻勢をかけてドイツの軍事機構を圧迫している影響で、権力の上層部でドイツ軍の将校団と国民社会主義党とがいっそう緊密化する傾向が強まった。このため、ドイツ軍が得てきた勝利は国民社会主義党の政治のおかげだとする理論のプロパガンダが広範に行われている。また同じ理由から、古株の、一部は反抗姿勢の軍幹部が排除されてヒトラー忠誠派の将軍と入れ換えられた。

国民社会主義党の指導部と将校団との緊密化の必要性が喫緊の課題になったのは——と捕虜は言う——最近のことで、ドイツ軍のロシアでの戦略計画が頓挫したからだ。……

ヒトラーとその政府は、権力の座についた時から、職業軍人の圧倒的大多数の共感を得ていた。一連の軍事的成功をドイツ軍がヨーロッパで勝ち得ると、一時的にヒトラーの権威が上昇した。だがロシアと戦って、向こう見ずなモスクワ遠征計画が失敗し、ロストフやスターリングラードの突破も頓挫すると、ヒトラーの名声が大きく傷ついた。……

このところ将校の間で季節をドイツに好ましいものとそうでないものとに分ける考えが流行っていた。つまり多くの者が、ドイツが連戦連勝で前進できるのは夏の間、冬は赤軍に好ましいと考えている。

捕虜は、最高司令部の戦略計画について将校団に並行する意見があるのは認めるものの、方向が矛盾するわけではないと力説する。一九四一年のロシア遠征とスターリングラード突破の計画について、ブラウヒッチュ将軍はじめ、多くの将軍が難色を示したが、不同意の表明は別の計画の提示という形にとどまった。命令が出ると、通例あらゆる議論は打ち止めになる。にもかかわらずスターリングラード奪取の向こう見ずな目論見を批判する声は将校の間で依然として強かった。戦局と戦争の見通しについて捕虜はこう述べている。スターリングラードの敗戦と赤軍の西方・南西への進軍はドイツ軍にとって深刻な打撃だが、だからと言って戦局の重大な転換点だとかドイツの敗北の始まりだと見る理由にはならない。赤軍がロストフとハリコフを奪還するなら、転換を意味する重大な指標になるし、勝利の女神がこれまで攻勢だったドイツ軍から離れたと見る理由にもなる。とはいえ赤軍が両都市の奪取に成功するとは信じられないと捕虜は述べた。

尋問中、リューベン少佐は、ドイツの人的資源が尽きたとか限界にあると見なすのは正しくないと述べた。外国人労働者や捕虜を産業界で利用する政策の結果、ドイツの男性動員力は一千万人、場合によっては一千二百万人になる。一部は徴兵年齢だし、一部は兵役免除者だ。またドイツ軍は大量の人的資源を病院から得ることができる。

捕虜はその一方で、強制して働かせる外国人労働者や捕虜の労働生産性が低いことを認めた。また純血の問題が立ちはだかる。こうした人たちと住民との接触を禁じる特別法はあるものの、純血保持の問題は重大な危機にあり、これが問題化している。ドイツ優勢での戦争の帰結を捕虜に期待させる次なる要因は、ドイツ軍の厳格な規律への信頼感である。戦略・戦術面の明らかな誤算にもかかわらず、ドイツ軍の規律水準は、捕虜によると、時機が来ればさらなる攻勢をしかける可能性を秘めている。

どの失敗も主たる原因はドイツ同盟軍の弱さだと見ている。イタリア軍の悲劇は、訓練を経てしかるべき地位に登用された下士官がいなかったことだ。イタリア軍の訓練システムは、戦場で主力となるべき下士官の育成を促すどころか、むしろ阻害している。ルーマニア人は兵士として悪くなく、求められることはこなせるが、ルーマニアの将校は戦争前はカフェに入り浸りで、自分の仕事、兵士の訓練をしていなかった、ここからルーマニア軍の重大な欠陥が生じている。「まあ、こんな同盟国では結果は惨めなものだ」とリューベンは結論づける。このところ投降するドイツ兵が増えているのは、ドイツ人が同盟国に引きずられているからだと説明し、ドイツ軍の秩序の弱まりを否定している。……

ドイツが占領した国々の住民について、捕虜は次のように語っている。「フランスでは街中で何度もドイツ兵への銃撃があったが、フランスで反独蜂起が起こるとは思わない。フランス人は常に浅はかで、今も敗戦から何も学んでいない。前と同じく、フランス人は歌と踊りに明け暮れている」

フランスの生活をカフェの窓やドイツ料理店から観察していたのかと問われると、捕虜は、自分の印象を言ったまでで、広く一般の人びとの気持ちは分からないと述べた。オランダとベルギーでもドイツ人への反感に直面している。彼によると、これはオランダとベルギーの商工関係者で、ベルギーとオランダの植民地が奪われて商売に動揺を来したからだ。

ロシアの捕虜になることにドイツの将兵が否定的なのは、投降が臆病や裏切り行為と見なされるからだけでなく、実際にロシアで捕虜にどう接しているかの情報が少ないためでもある。捕虜が祖国に手紙を書くことができるなら、接し方は当然ながら軍でも良くなるだろう。またロシアの捕虜にまつわる様々な噂も消え去るだろう。

第六六軍政治部第七課　課長コルトィニン少佐
第六六軍政治部第七課　指導員レレンマン少佐

第三八九歩兵師団偵察隊一Cの隊長
捕虜コンラディー・オットー中尉の政治尋問調書
ドゥボフカ市
一九四三年二月七日
尋問担当　第六六軍政治部第七課　主任指導員ザイオンチコフスキー大尉

中尉コンラディー・オットー（*Canrady*〔ママ〕 *Otto*）。一九〇四年三月十三日、ベルリン生まれ。父は警察官。ドイツ人。カトリック。ベルリン大学法学部を一九二六年に卒業。妻帯者、子ども四人。直近の仕事は、ハム市（ヴェストファーレン）の主席検事。住所 *Hamm Westfalen Ostenalee 93*。入隊は一九三九年八月二十六日。この年の十二月二日まで勤務した後、予備役になるが、一九四〇年十一月に再入隊。一九四〇〔ママ〕年六月から第三八九歩兵師団司令部の偵察隊一Cの隊長。

師団司令部の偵察隊の構成は次のとおり。隊長、O-三（司令部付き将校）、通訳二名、製図工一名、書記二名（後ろ三名は兵士）、および曹長一名。

包囲下の最後のころの師団の状況について尋ねたところ、コンラディー中尉は次のように述べた。「一月中旬から状況が絶望的なのは分かっていましたが、戦い続けました。というのも、われわれの任務は、できるだけ多くのロシア軍をスターリングラード周辺に釘付けにし、その後の攻撃に参加できないようにすることだったからです。耐えがたい犠牲でしたが、祖国のために遂行する覚悟でした。最後のころは砲弾や地雷が底をついたものの、小銃や機関銃の弾薬なら十分にありました。食糧も悲惨でした――百グラムのパン、約百グラムの肉の缶詰、それにスープです。

一月三十一日にパウルス元帥が降伏した後は、われわれが抵抗を続けることは全く無意味になりました。師団に投降命令は来ておらず、すべては自然発生的でした（ある程度までは）。わが司令部は投降までの十日間は三カ所に分散しており、なかでも偵察隊は第三〇五歩兵師団の包帯所が置かれたトラクター工場の南側にいました。朝七時ごろ（ベルリン時間）、われわれがいた建物にロシアの戦車が三輌近づいてきたので、投降しました。ほかの師団がどうだったのかは分かりません。投降するとオルロフカに連れて行かれましたが、その道中でロシア兵の追いはぎにあい、身ぐるみ奪われました。いちおう言っておくと、ロシアの将校はそうした行為を禁じていますが、全員に目を光らせる余裕はない。どうしようもないです。*A la guèrre*〔ママ〕 *comme a la guèrre*〔ママ〕――戦時には戦時のように」

話題を変えてスターリングラード作戦の評価をコンラディーに尋ねると、多くの将校が作戦の当初から非常に危ういと考えていた、なぜならスターリングラードに突入した軍集団の両翼ががらあきだったからだと答えた。作戦の当初はこれでもまだ何とかできた。というのもスターリングラード奪取を速攻で終えたら、イロヴリン＝［一語判読不能］＝ヴォルガのラインあたりまで北上する計画で、ヴォルガ川からドン川以西に至る単一の方面軍を作るはずだったからだ。ロシア人の頑強なスターリングラード防衛が別の状況を作り出し、最後の最後に破局に至った。……

わが赤軍の軍事力について、コンラディー中尉は軍指導部を、とりわけ南方での諸作戦を指揮したソ連邦元帥ジューコフを高く評価した。

「あなたがたは戦争でたくさんのことを学びました。実は勤勉な教え子でしたね」。さらに被尋問人は、赤軍の抵抗の激しさを評して、次のように言った。「赤軍の部隊の抵抗は粘り強かったですが、中でも飛び抜けて勇敢な敵に出会ったのは、八月のドン川、ドブリンスカヤ付近の戦いです。あれはクラスノダール将校学校［クラスノダール軍学校――ザイオンチコフスキー大尉の注記］で、獅子奮迅の働きでした。[8]そのうちの百人ほどを捕虜にしましたが、わが師団長のヤネケ将軍は整列させると、これほど勇敢な兵士は見たことがないと訓示しました」。個々の兵科についてのコンラディー中尉の評価を記すと、ロシアの大砲と迫撃砲は極めて優秀、航空機についてはドイツより弱い――貴軍の航空機がわが方に与えた損害は少ないし、最近でも航空機による被害は軽微だった。

偵察隊や師団が敵対する部隊についてどれくらい知っていたかと尋ねると、コンラディー中尉は次のように述べた。「われわれはずっと相当厄介な状況にありました。われわれの主な情報源は捕虜や投降者です。一九四二年六月（もしくは七月）以降でおよそ三万人を数えますが、このうちの九五％が軍に強い反戦感情があると供述しました――戦っているのは恐怖のため、国は飢えている、兵士は軍で四、五日も食糧をもらっていない。この結果、貴軍は崩壊寸前だとの心証が形成されました。その一方で、赤軍部隊の頑強な抵抗を目にする。どういうことなのか。今に至るまでこれがわたしには大問題です。わたしは捕虜の尋問調書を将軍に提出して、本当に何度もばかげた状況に陥りました。何度かは面と向かって言われました――何たるたわごと、目の前の赤軍部隊は頑強に抵抗しているぞ」

話題を変えて敵軍でのプロパガンダについてコンラディー中尉に尋ねると、それに従事するのは軍諜報隊の特別な部署（*Unterabteilung Prop.*）だという。ここがビラの印刷や配布を担うほか、プロパガンダ部門がこのために二、三台の移動ラジオを車に積んで持っている。構成員は、将校数名、通訳数名、さらに軍曹と伍長が数名。われわれのプロパガンダの効果のほどを尋ねると、コンラディー中尉はこう答えた。「貴軍のプロパガンダが効果に乏しいのは、影響を受けるのが道義的に節操のない分子に限られるからです。われわれは包囲下ですら最後の最後まで兵士は完全に指揮官の支配下にありました。投降者も多くないし、脱走者は数えるほどです。一番効果的だったのはビラでしょう。ラジオ放送はどうかといえば、効き目があったとは思えません。自分の仕事の経験から使いませんでした。

最後のころは捕虜の送り込みを多用していることは分かっていました。これは当然ながら一番効き目のある方法です。あなた方が送り返してきた捕虜は、通例、尋問の後、別の戦区にいる別の部隊へと送っていました」

最後の質問としてコンラディー中尉にプロパガンダ中隊の活動について尋ねた。プロパガンダ中隊はどの軍にもある、とコンラディー中尉は言う。人数は百人から百二十人。活動内容は、次のとおり。軍の新聞の発行（そのために専門の編集部と印刷所がある）、戦闘エピソードの写真を撮って後方に伝える、記録映像も撮ってこれも後方に伝える（カメラマンの定員は十五人）、さらには将兵が話す個々のエピソードをテープに収めたり、専門のアナウンサーが様々な前線生活の事件を物語るのを吹き込んだレコードをつくる（アナウンサーの定員は十人前後）。プロパガンダ中隊は前線にいても活動中の部隊に奉仕することはほとんどない。部隊が休暇に入った時にだけ映画の上映、講演会の実施、ドイツからきた芸人の演芸会（Kabare-Waretje〔即ちキャバレー・バリエテ〕）の組織を行う。

第六六軍政治部第七課　課長コルトィニン少佐
第六六軍政治部第七課　主任指導員ザイオンチコフスキー大尉
［ザイオンチコフスキーの署名］

第三八九歩兵師団通訳
捕虜ブレダール・ヴァルデマールの政治尋問調書
ドゥボフカ市
一九四三年二月六日
尋問担当　第六六軍政治部第七課　主任指導員ザイオンチコフスキー大尉

ブレダール・ヴォルデマール（Bredahl Waldemar）。一九〇四年、サンクト・ペテルブルグ市生まれ。プロテスタント。独身。父親は技師で、サンクト・ペテルブルグの石材工場の所有者。ペテルブルグ中等学校で学ぶ。一九一八年に両親とともにエストニアに移住し、そこで一九四〇年まで暮した。一九四〇年にドイツはポズナニに移住。職業は通商代表、ポズナニの［判読不能］社で働く。一九四二年十月二日に入隊。一九四二年十一月四日に前線入りし、第三八九歩兵師団の捕虜集積地（Gefangenensammelstelle）の通訳をする。

包囲されている間の最後の日々の気持ちを尋ねると、ブレダールは次のように語った。「一月二十二日にスターリングラードへ退避しましたが、将校の大半は、これ以上の抵抗は無益で、無用な人的犠牲につながるだけ（keine Kriegsführung, aber zielloses

Menschenmorden〔戦争指導ゼロ、なのに無益な人殺し〕なのが分かりすぎるほど分かっていました。将校は仲間うちで大っぴらにそう言っていて、司令部が投降の交渉をしないことに驚いていたそうです。最後の日々はその話ばかりでした。一方、兵士は、本当の状況を知らないので、救援にまだ期待をかけ続けていました。われわれが投降を余儀なくされた主な原因は、あらゆる資源の枯渇です。加えて絶望的で先の見えない現状。待てど暮らせど救援はどこからも来ませんでした。二月一日に司令部の輸送司令官シュテグナー大尉に呼ばれると、ロシア人が来た時は通訳である貴君が白旗を掲げて出て行って、ここには診療所があるので抵抗はしないと言うように命じられました。二月二日の朝八時ごろ、突然、叫び声がしました。〈通訳、行け、ロシアの戦車が三輛いる、戸口のそばだ〉。ロシアの戦車兵はすぐに武器と時計を押収しだしました」。規律については、——とブレダールは述べた——見聞きした違反例は少ないが、最後の日々の投降直前は規律が乱れていて、例えば、塹壕に向かったはずの兵士が一時間後にまた指揮所に現れたり、最前線に向かう命令を遂行しなかったのを目にしたことがある。

赤軍について尋ねると、ブレダールはこう述べた。「貴軍の大砲はとても優秀ですし、迫撃砲も悪くない。でも空軍は弱くてわが軍に劣ります。第一に、貴軍の飛行機は、われわれの戦闘機にしばしば撃墜されるので、びくびくしています。第二に、命中精度が高くない。ただし最近の貴軍の戦闘機は、われわれの高射砲が機能していないので、のびのびしていました。赤軍の司令部については、われわれの将校の間でこんな意見が広まっていました。ロシア人はわれわれドイツ人から戦い方を学び取った、だから今の戦い方はまずまずだ」

ロシア人捕虜の状況だが、ブレダールの供述では、一月十三日に師団司令部の命令が出て、脱走者が一名出るごとに捕虜二人を銃殺することになった。こんな命令が出たのは、一月に脱走の事例が大幅に増えたからだ。ブレダールによると、この命令は実行されなかった。ロシア人捕虜の状況は厳しい。最近はパンの配給が全くなくなった。包囲前は、パン三百七十グラムと馬のスープが出ていた。

第六六軍政治部第七課　課長コルトィニン少佐

第六六軍政治部第七課　主任指導員ザイオンチコフスキー大尉

〔ザイオンチコフスキーの署名〕

НА ИРИ РАН. Ф. 2. Разд. II. Оп. 258. Д. 5. Л. 3-8 об., 10-10 об., 12-13 об., 20-23.[9]

二　包囲下のドイツ人の日記

歴史委員会がスターリングラードで収集した記録の中に、ドイツ人兵士の日記の抜き書きがある。ソ連兵が戦いの続くスターリングラードで一九四二年十二月か四三年一月に、おそらく死んでいた持ち主のかたわらで見つけたものだ。日記は分析のために第六二軍の諜報部に渡され、抜粋してロシア語訳が作られた。

翻訳で現存しているこの抜き書きの始まりは、十一月二十二日。カラチ・ナ・ドヌーに駐屯していた兵士の連隊に、ソ連の戦車部隊が襲いかかる。北と南東から前進すると、天王星（ウラヌス）作戦の二つの槍先となり、カラチ付近で合流する。こうしてスターリングラードの包囲環（Kessel）が閉じた。日記には、その後の数日間の混乱、失敗に終わったドイツの包囲環打破の試み、さらには東へ退却してスターリングラードに向かう様子が記される。その間に配給が減らされ、工場地区では戦いに送り込まれている。一九四二年十二月十八日に記した死の予感と祖国にいる家族への悲しげな感謝が最後の記述だが、鬼気迫る人間の苦しみの心打つ証言として読むことができる。

包囲環の絶望の声は、『スターリングラードからの最後の手紙』（一九五一年）で初めて紹介されて以来、ドイツではよく知られている。[10] あまり知られていないが、ソ連もこうした記録を手にしており、その一例がこの日記である。ソ連の会戦参加者がこの日記をどう読み、自らの目的のためにどう使ったのかは、この記録を紹介した後で説明したい。

一九四三年一月一日に第六二軍政治部第七課にもたらされた鹵獲記録の翻訳

第三〇五歩兵師団第五七八連隊第一〇中隊の上等兵の日記

十一月二十二日――夜にカラチから撤退。
十一月二十三日――ロシアの戦闘機、絶えず飛来。
十一月二十四日――三時四十五分起床、重苦しい行軍が始まる。砂地をドン川へ向かう。
絶えず砲声。ドン川の切り立った崖に何人ものロシア人。はっきり見える。ずっと砲弾の炸裂音が聞こえる。夕方に陣地から下がる。夜は凍って氷の張った大地ですごす。
十一月二十五日――一個部隊を失った。爆撃、戦闘機、砲撃。
十一月二十七日――大急ぎで砂地を後退する。取り囲まれた、とても寒い。かじかむ。砲撃を浴び続ける。
十一月二十八日――真っ暗な中で全員が荷造り、出発の準備。わたしと仲間八名も。行き先は、誰も知らない。
十一月二十九日――街道で立ち往生、この先どうなるのか分からない。腹が減って死にそうだ。ここ数日は食べ物がひどい。これからどうなるのだろう。近くの別の部隊が食事の支度をしていたが、わたしはスープの一滴すらもらえなかった。動き出した。谷で止まる。自分の中隊を探す。近くの村はごったがえしている。ルーマニア人、ロシア人、ドイツ人。長いことかかって自分の中隊を見つける。
十一月三十日――朝早く自分の小隊に行く。冷たい地面に身を隠す。日中も夜間も激しい戦い。夕方にロシアの戦車が突入してきて、防衛を強いられる。空襲に榴弾の砲撃。もう三十六時間も食べていない。ようやくもらえたのは、パン八分の一個、缶詰十六分の一個、豆のスープが数匙とコーヒー数滴。
十二月一日――夜は塹壕ですごす。食事は同じ内容。絶えず榴弾が炸裂。恐ろしく寒い。前線に出て、それから戻った。近くの場所の家畜小屋で眠った。ごみと糞尿まみれ。じとじとして、恐ろしく寒い。
十二月二日――朝方に砲撃。死者に負傷者。危うく死にかけた。持ち物をすべて盗まれた。残っているのは身に付けていたものだけ。十二キロメートルを歩き通し、みな死ぬほど疲れて飢えている。またもや丸一日食べ物なし。衰弱がはなはだしい。
十二月三日――またもや行軍、またもや水なし。腹一杯飲むことすらできない。恐ろしく不調。雪を食べる。夕方、家が見つからなかった。雪が降っている、全身ずぶ濡れ、長靴に水。運良く壕舎を見つける。仲間六人と身を寄せる。雪の水で馬肉を少し煮る。未来は何をもたらすだろう。包囲され、パンは十二分の一個!!!
十二月四日――十九キロメートルのつらい行軍。すべてが凍っている。グムラクに着き、貨車で眠る。
十二月五日――どんどん悪くなっている。大雪。足の指が凍傷になった。激しい飢え。夕方、つらい行軍を経てスターリングラードに入る。歓迎するかのように砲弾の炸裂音。運良く穴蔵に入れる。ここに三十人いる。みな信じられないほど汚れて髭ぼうぼう。ほとんど身動きできない。食べ物は極めて少ない。タバコが三、四本。恐ろしいほどすさんだ一団。わたしはなんて不幸なんだ。すべてを失ってしまった。ここは言い争いが絶えず、まともな神経の持ち主は一人もいない。郵便も来ない、恐ろしい。

十二月六日――相変わらず。穴蔵で寝ている。ロシア人に見つかるので、外に出るのもままならない。今日はなんとかパンが四分の一個、八人で缶詰一つ、バター少々がもらえた。

十二月七日――すべてこれまでどおり。主よ、助け給え、無事に祖国に帰れますように。わたしのかわいそうな妻、愛しいパパとママ。どんなに苦しんでいることか。全能の神よ、このすべてを終わらせよ。われわれに再び平和を与え給え。早く家に戻れますように、人間の生活に戻れますように。

十二月九日――今日の昼食は分量が少し多かった、でもパンは十二分の一個だし缶詰も十二分の一個。昨日はわたしの金髪の妻の誕生日だった。つらい。生きていてもまったく意味がない。ひっきりなしの口論につぐ口論。飢えは何てことをしてくれるんだ！

十二月十日――昨日から何も食べていない。ブラック・コーヒーを飲んだだけ。絶望でやりきれない。神よ、これがまだ長く続くのでしょうか。負傷者も一緒にいる。搬送できないのだ。包囲されてしまった。スターリングラードは地獄だ。死んだ馬の肉を煮ている。塩がない。赤痢が多発。何て恐ろしい生活！人生でやった悪いことの罰を今受けている。この穴蔵に三十人がひしめき合っている。〔午後〕二時に暗くなった。夜は長い。日は昇るのだろうか。

十二月十一日――今日の食事はパン七分の一個に脂身少々。ほかに温かい食べ物があるはずだ。しかし夜になって衰弱で倒れた。

十二月十二日――まだスターリングラードにいる。新たな部隊が補充。食事は依然として極めて悪い。昨日は少し馬肉を探してきた。今日は残念ながら何もない。それでも耐えられると思う。良くなるはずだ。今日の夜中はとても騒がしかった。砲火に榴弾。地面が揺れた。われわれの伍長が戦いに行った。間もなくわれわれも後に続く。赤痢の病人が出ている。腹が減って死にそうだ。もう少し楽になってくれないものか。せめて病気や怪我がなければなあ。主よ、我を守り給え。絶えず大砲を撃ってくる。榴弾が唸りを上げる。今日、手紙を書いた。肉親ができるだけ早くわたしの知らせを受け取ってくれますように。いま目の前に妻の姿がありありと見える。

十二月十三日――今夜出たのは、米粉と缶詰十六分の一個。幸せだった。このほかは何も新しいことはない。とても弱っているのを感じる。頭がくらくらする。

十二月十四日――卒倒が続く。援軍はまったくない。ここは負傷者が多いが、看る者がいない。すべて包囲のせいだ。最後のタバコを吸った。すべてが終わりに近づいている。この一週

スターリングラード近郊のドイツ人兵士の墓、1943 年　撮影：ナターリヤ・ボデー

間の体験は、とてもつらい。ずっと腹が減って死にそうだ。昨年のロシアは、今起きていることと比べれば、良い時代だと思える。今日昼前に食べたのはパン七分の一個とバター一かけ。一晩中そして今も砲撃が続く。何と苦しい生活！　何と恐ろしい国！　わたしが望みを託すのは神だけ、人間への信頼はもう失った。

十二月十五日——前線に行く。躓いたり坑道を這ったりしながら、スターリングラードの廃墟を縫って行く。近くで重傷者を運んでいた。指揮所に着く。次に工場の地下室に降りてゆき、次に仲間の大部分が戦闘に行った。残ったのは、たった十二人。わたしが、その中では階級が一番上。まわりはごみと残骸。出て行けない。ロシアの大砲の衝撃で、あらゆるものが揺れてミシミシ言う。

十二月十六日——まだここにいる。ここに負傷者がやって来た。穴蔵は、昼も夜も暗い。床で直に焚き火をする。十六時に配膳係が来た。スープ、パン八分の一個、バター少々、肉の缶詰少々。すぐに全部食べて横になった。次の食事まで二十四時間ある。十二月十五日に航空便で手紙を送った。クリスマス前に届くだろうか。かわいそうな愛妻と両親。

十二月十八日——一日がすぎて行く。すべてこれまでどおり。夕方に食事。食べ物が出るのは二十四時間で一度だけ。あとはまた何もなし。負傷者を運ぶことになった。長いことかかって医者を見つけ出したが、これまたほぼ廃墟の建物の地下室にいた。自分の塹壕に戻ると、やられて死んだやつがいる。リルだ。三日前に話をしたっけ。塹壕に座り込む。隣にまた別の兵士。オーストリア出身の二十歳の若者。赤痢に罹っていて、耐えがたい臭い。絶えず砲声。耳が痛くて、とても寒い。五十メートル先はヴォルガ川。敵のすぐ近くにいる。あらゆることが、もうどうでもよくなった。この恐ろしい地獄を抜け出すにはどうしたらいいのだろう。負傷者でも運び出せない、包囲の環の中の村に置いておくだけ。望みを託せるのは神の奇跡しかない。ほかはここでは何の役にも立たない。味方の大砲はすっかり沈黙している。弾薬が足りないのだろう。お腹がすいた。こごえる。足が氷のようだ。二人ともひと言も口を利かない――何を話すというのか。クリスマスの祭日が近い。楽しかった思い出、子ども時代……。

愛するパパとママ。遠くから挨拶を送ります。してくださったことすべてに感謝します。不快な思いをさせていたら謝ります。よこしまな思いはありませんでした。かわいそうなママ、どうなるのでしょう。愛する妹よ。一緒に遊んだ時を思い出すと胸が張り裂けそうです。これからの人生に幸あれと心から祈ります。君ほどわたしが愛した人はいない、わが愛しの妻、わたしの金髪のミンツィ。幸せに再会する方法が分かるなら、すべてを差し出します。そうした運命でないのなら、君がわたしの人生に与えてくれた幸せな時間に感謝します。

この文章がいつか君の手に届くのだろうか。書いていると、この孤独と空虚感の中でほっとする。神が君を支え慰めてくれますように、わたしに万一のことがあったとしても。でもそんなことは考えたくない。人生はこんなにすばらしい、ああ、平和に生きることができたなら！　死の認識はまだ受け入れられないが、死をもたらす地獄のような戦いの音楽はまだ止まない。

今は昼間、太陽が輝いている。でもまわりで絶えず榴弾が炸裂している。ほとほと疲れ果てた。これが生き延びられるだろうか。あらゆるものが地震の時のように揺れている。

НА ИРИ РАН. Ф. 2. Разд. III. Оп. 5. Д. 3а. Л. 4-5 об.

＊＊＊

この日記は、ソ連の手に渡って特異な運命をたどる。専門家の鑑定を経て、軍事戦略と宣伝の目的で使われたのだ。ロシア語への翻訳を手がけたと思われるアレクサンドル・シェリュブスキー少佐は、第六二軍政治部第七課（宣伝担当）の課長であり、第六六軍のピョートル・ザイオンチコフスキーと同じ役割を果たしている。ザイオンチコフスキーと同じくプロの歴史家で、ドイツ語を流暢に話した[11]。スターリングラード戦では、第六二軍が戦っていたドイツ人部隊の「政治・精神状況」の報告書を数週間ごとに作成している。報告書は個々の師団とその師団長にまで言及しており、鹵獲した日記や手紙、さらには捕虜の供述に基づいて第六軍の戦意を詳細に描いている。そうした報告書の一つ、一九四三年一月五日付にシェリュブスキーが付録として付けたのがドイツ人上等兵の日記だった[12]。

シェリュブスキー当人は、モスクワの歴史家と話をした際に、敵の評価をこう語っている[13]。第六二軍と戦った兵士は、ほぼ例外なく「エリート軍」の「幹部師団」であり、「純血のアーリア人」で構成されていた。ドイツ同盟軍のルーマニア人やイタリア人ではない。これらは、経験上、戦い方のまずさで分かる[14]。十月はじめまでドイツ兵は期待にあふれ、「スターリングラードを手早く攻略する」つもりだった。転機となったのは、様々ある中でも、第三〇五歩兵師団が始めた工場地区への総攻撃だった。「この師団の戦意は、いわば勝利の雷鳴よ轟けだった[15]。戦闘に入ったのが十月十四日ごろ。二、三日して大損害を被る。この師団が投入されたのは「バリケード」工場の向かいだった。すべて順調、スターリングラードはわれらのもの、占領したら、予定どおりに仕事だという高揚感の後なので、何が起きているのかまったく分からなかった。われわれはやつらに分からせようとして、ビラを多少まいた……」――この指摘は、シェリュブスキーが敵の戦意を常に戦略的な目で見ており、影響を与える可能性を探していたことをうかがわせる。

シェリュブスキーによると、早くも一九四二年十月から宿命論が広まってドイツ兵の手紙や日記に滲み出ていたが、十一月に第六軍が包囲された後は、しばしば正真正銘の絶望となって噴出した。彼はこの進展を「精神的」安定が欠如した表れと見ている。捕虜の尋問や敵の文書の精査をする中でとりわけ彼の目をひいたものが二つある。一つ目は、頻発した窃盗など、兵士がソ連の民間人を蹂躙する事例である。「地元住民の略奪がドイツ人将兵の普段の日常になっており、捕虜はこのことを口にしてもしばしば全くためらいがない」[16]。二つ目は、ドイツ兵の空腹の訴えだ。

ここでさらに触れるべき要素がある。包囲下の敵の精神状況で重大な役割を果たしていると思われるもの――それは食事だ。ドイツ人は飢えに耐えられない。われわれロシア兵は、祖国戦争だけでなく、国内戦やその他の戦争でも飢えに耐えてきた。

ドイツ人は飢えに耐えられない。戦っている時も、豚のようにがつがつ食べる。これはいくつもの手紙で証明できる。何とも浅ましい。食べ物のことばかり言っている。わたしは数十人の捕虜を尋問したし、同僚も尋問しているが、開口一番が食べ物でなかった捕虜に会ったことがない。食べることが、いの一番。脳みそが食い物で一杯なのだ。最後のころは極めてひどかった。最後のころはパンが百グラム弱になっていた。

シェリュブスキーなどの赤軍の政治将校は、ドイツ人の訴えを独自のソ連共産主義の色眼鏡で読んだ。兵士が戦うのは何よりも意志の力という独自の考えを、敵の供述に投影したのだ。彼らによれば、兵士の意志が強固で「健全」なのは、「ファシズムとの戦い」や「隷属に苦しむ住民の解放」といった高邁な目標に尽力している時である。そうした目標を掲げず、ただ侵略と略奪と破壊をするだけの軍隊は、かえって精神の廃兵を生みだしかねない。パウルスなど捕虜になったドイツ人将校が自身の行動について何ら偉大な目標を口にできず、軍人は政治問題に関与しないと言うのを、ロシアの尋問官は弱さと解釈した。ドイツ軍の規律はソ連側も一目置いていたが、政治となると、彼らの目には赤軍の方がずっと強固だった。

シェリュブスキーの報告から始まって、ドイツ人上等兵の日記は、ソ連のメディアを放浪する。一九四三年一月二十五日に抜粋がソ連のラジオで読み上げられると、翌日はプラウダ紙にも掲載された[17]。報道は大筋でシェリュブスキーの原文を踏襲しているが、国防軍での生き延びるための戦いが濃くなり、兵士どうしのいざこざやささくれ立った神経が強調された。運命に翻弄される兵士のドラマはもはや感じられない。代わって主題化するのは、ドイツ軍の精神の荒廃だった。

一カ所だが、プラウダは日記を改竄している。上等兵は、シェリュブスキーが訳したテキストでは「神の奇跡」に望みを託していたが、新聞では別の展開を願っている。「この恐ろしい地獄から抜け出す道は、捕虜しかない」。スターリングラード戦が終わりに近づくと、シェリュブスキーやザイオンチコフスキーなどのソ連の対敵宣伝員は働きかけを強化し、ドイツ兵に降伏を促す。ドイツ人の間で広まっていた、ソ連の捕虜は拷問や死と同義だという思い込みを打破しようと試みた。しかし、ソ連の捕虜になることを恐れるあまりドイツ人の抵抗は止まず、却ってソ連側の憎しみを煽った。実際にも、スターリングラードの速記録が何度も物語るように、ドイツの兵士は、戦いが終わって降伏すると、赤軍兵士に殴打されたり射殺されたりしている。

第五章　戦争と平和

一九四三年二月四日、ドイツ帝国では三日間の国民服喪が始まった。映画館や劇場はすべて休業、ラジオ放送は荘重な音楽を流した。スターリングラード陥落の知らせは、ヨーゼフ・ゲッベルスが日記に記したように、ドイツ人には衝撃だった。「われわれが目下すべきことは、国民がこの厳しい時を乗り越えるよう手を尽くすことだ」[1]。同じ二月四日には『プラウダ』がスターリングラード戦の終結と強大なドイツ軍三十三万人の壊滅を伝えている。同紙はスターリングラードで終結した「歴史的な戦い」を、物量の規模でも被害の大きさでも世界史上有数の激戦だったと持ち上げた[2]。軍の機関紙『赤い星』は、こう書いている。「このような勝利を達成するのは、しかも近代戦の困難な状況下で達成するのは、軍の熟練が高度なレベルに達した第一級の軍部隊でなければ有り得ない。赤軍が勝ち取ったのは、そのような勝利だ」[3]

気勢を上げる赤軍の自信の表れは、早くも一九四三年一月初めに見て取れた。革命後は禁じられていた帝国軍の肩章が再び採用された時だ。ある兵士は、ＮＫＶＤがドン戦線から伝えた秘密報告によると、驚きを隠せず、なぜ二十五年間も金の肩章をけなす宣伝をしていたんだ、鳴り物入りでまた導入かと言ったという。ソ連と同盟を組む西側列強の圧力を感じる者や、赤軍が「ブルジョア資本主義」の軍隊に変質するのを恐れる者もいた。とはいえ、大多数の赤軍兵士はこの措置を歓迎したようで、当然のことだと見ており、わが軍は軍の若干の慣例を西側の同盟国や敵国の軍から取り入れた、これでやつらも一目置くだろうと考えていた。熱狂的な改革歓迎を、第二八四狙撃兵師団コミッサールのレヴィキンが歴史委員会の代表との対話で語っている。「一九一八年から一九年にあったような、この問題の否定的態度は一件も見られなかった。態度はすっかり変わっていて、まだ肩章を受け取っていなければ、赤軍兵士は襟章を縫いつけて肩章代わりにした。誰もが肩章が届くのを待ちかねていた。中には冗談半分に、肩章がないと羽をむしられた鶏の気分だよと言うやつもいた」

数千人の赤軍兵士が戦いの終結後に昇進した。歴史家が話を聞いた将校は揃いも揃って戦っていた時より高い地位についている。連隊、師団、軍は親衛の称号をもらって改称した。第六二軍改め第八親衛軍だけでも一九四三年六月までに九千六百二人がスターリングラード戦の功績で勲章をもらっている。勲章の配分に発言力を持っていたのは政治管理総局だ。総局の人事部が受勲候補の兵士一人ひとりの記録を作成している。[4]

褒賞の配分は、勝利の栄冠は誰のものかという論争を引き起こした。ヴァシーリー・グロスマンが辛辣な目でそうした場面を書き留めている。一九四三年五月のことだが、この作家にして従軍記者は、クルスク平原で予備軍にいた第六二軍司令官と、四三年の元日にスターリングラードで別れて以来の再会をはたす。日記には、スターリングラードでの思い出を共有する人たちとの再会を前にした胸の高鳴りを記していた。だが再会の様子はこう書く。

会見。チュイコフと昼食、別荘風の家のテラスで。庭がある。チュイコフ、クルィロフ、ヴァシーリエフ、大佐が二人――軍事評議会のメンバー。

座はしらけた。誰もがいきり立っている。不平不満、功名心、褒賞不足、自分より立派な勲章をもらった者へのやっかみ、新聞雑誌の悪口、映画『スターリングラード』[5]をボロクソに言う。大物が、重苦しく、良くない印象。戦死者、記念碑、帰ってこなかった者の追憶は一言もない。

誰もかれも自分のことや自分の功績ばかり。

午前中はグーリエフのところ。同じような光景。

謙虚さがない。「おれがやった、おれは耐えた、オレがオレがオレが」。ほかの指揮官に敬意を払わず、女々しいたわごとばかり。「聞いた話だが、ロジムツェフがこんなことを言ったらしいな」

要するに、考えてるのはこんなこと。「手柄はすべておれたち第六二軍のもの、第六二軍の中ではおれ一人だけ、あとはその他大勢」

空しい、空しい、一切は空しい（旧約聖書「コヘレトの言葉」一‐二）。[6]

スターリンもたびたび介入したこの司令官同士の論争は、戦後もかなり長い間くすぶり続けた。一九四五年六月二十四日の戦勝記念パレードに引き続いて催された祝宴でソ連の独裁者が述べた乾杯の辞は、大いに注目を集める。「平凡で普通の謙虚な人びとのために乾杯したい。こうした〈ネジ〉のおかげで、われわれの偉大な国家機構は学問、経済、軍事のあらゆる分野で活動状態が維持されている。この人たちはとても多く、その数は無数だ〔新約聖書「マルコによる福音書」五－九〕。数千万人にもなろう。これは、謙虚な人たちだ。誰も彼らについて一言も書かないし、肩書きもなければ官位も低い。だがこの人たちが、われわれを支えている。土台がてっぺんを支えるように。こうした人たちの健康のために、われわれの尊敬すべき同志のために、乾杯！」[7] スターリンの意思表明は、クレムリンの宴席に集まった元帥、将校、士官に対する計算づくの当てこすりだった。スターリンは勲功の配分に目を光らせ、栄光のピラミッドにおける彼自身の席次をうかがっていた。一九四五年六月二十七日には、ただ一人のソ連邦大元帥に昇格する。これは、彼のために新たに設けられた軍の階級である。戦勝パレードは、彼を補佐するジューコフ元帥が白馬にまたがって観閲した。何人かの目撃者の証言によると、ジューコフの白馬があまりに白く、また態度もあまりに誇らしげで、スターリンの癇に障った。しばらくするとジューコフの追い落としが始まる。「ボナパルト主義」の罪を問われ、オデッサ軍管区司令官に左遷された。[8]

スターリングラードを境にソ連の対独勝利が次第に確実になると、戦争の記録づくりの時が到来した。取り組んだ作家にとって、手本は言うまでもない。トルストイの大河小説『戦争と平和』である。赤軍が革命前の伝統に回帰したように、ソ連の文化もそのころ十九世紀の大河小説を思い出す。偶像破壊の意志に満ちたソ連のアヴァンギャルドは過去のものになっていた。トルストイの傑作は一九四一年以降、大増刷され、文学に人生の答えを探し求める無数の読者を鼓舞し続けた。文芸批評家のリージヤ・ギンズブルグが書いているが（当人も戦争中は封鎖下のレニングラードで飢えを耐え忍んだ）、「人びとは貪るように『戦争と平和』を読んだ――自分を確かめるために（トルストイではない、トルストイが現実にふさわしいことは誰も疑わなかった）」。トルストイの主人公たちは、小説の中で私的な人生を「国民戦争の大義」に捧げており、ソ連の読者が自らを推し測る基準を与えていた。ギンズブルグは続ける。「そして読み手は自分にこう言う。さて、してみると、わたしの感覚は正しい。そう、たしかにそうだ」。[9] スターリングラードでの歴史家の聞き取りに、チュイコフは、司令官なのでトルストイが描いた将軍に自身を重ね合わせていたと説明しているし、ロジムツェフ中将も「愛読したのはトルストイ。『戦争と平和』は三度読んだ」(283ページ)と述べている。

教育人民委員部は小冊子を出して『戦争と平和』という複雑な展開の大長編を軍人読者に分かりやすく解説した。一九四二年に行われた赤軍兵士の読書習慣の調査によると、トルストイの大長編がほかのどの本よりも議論の対象になっている。[10]終戦が迫るころには、一八一二年の戦争と「大祖国戦争」との類似はソ連では誰の目にも明らかだった。どちらの場合も敵の侵攻がロシアの中心部まで迫ったが、その後ロシア農民の懸命の奮闘で壊滅に追い込んでいる。トルストイの小説は一八一五年まで進み、アレクサンドル一世に「ヨーロッパの調停者」の役割を見た。[11]一九四五年のソ連指導部もそう見ていた。ヒトラーのドイツに打ち勝ち、ヨーロッパをファシズムの脅威から解放した、と。問題は、誰がソ連のトルストイになるか、誰が二十世紀の『戦争と平和』を書くかだった。[12]

ヴァシーリー・グロスマンは、この功名争いの中心にいた。一九四三年から戦争物語に取り組み、『戦争と平和』に範をとった大長編の大河小説を構想する。[13]自身の戦争経験を執筆中の小説に盛り込み、と同時にこれを戦争中のあらゆる出来事の記録へと広げていった。トルストイのように、グロスマンは叙事詩の形式で歴史的な一大事の精神をまとめあげようとした。トルストイ譲りの技法を用いて、数多くの登場人物が二つの枝分かれした家族のもつれあいを通じて互いに関係し合う。第一部(完成は一九四九年)は、開戦から一九四二年九月まで。コミッサールのクルィモフが夜間にヴォルガ川を渡って燃え盛るスターリングラードに向かう場面で終わっている。グロスマンが原稿を一九四八年八月に雑誌『ノーヴィ・ミール』に渡すと、連載が決まる。題名は『スターリングラード』になった。原稿は四年近く関係部署をたらい回しになり、その間グロスマンは少なくとも三回は書き直している。口うるさい輩を満足させるためだ。批判したのは、雑誌の編集者、ソ連作家同盟の幹部、党中央委員会や党政治局。ソ連の軍当局も口を出し、グロスマンの戦闘場面の描写を事細かにチェックした。[14]

コンスタンチン・シーモノフは、『ノーヴィ・ミール』編集長として一九四八年の草稿を受け取ると、グロスマンの戦争をめぐる歴史観を厳しく批判する。小説は戦争を一九四二年の時点で描いているが、知っているはずの結末を伝えていない。これはいただけない。書物は今日の読者のために書かれるべきであり、楽観主義を広めるものでなければならない、というのだ。[15]別の批評家は小説の題名に異を唱える。客観的な歴史叙述を目指すが故に、数多くの主体的な立場をともなう描写ができていないと批判した。反感が噴出したのが、登場人物の物理学者ヴィクトル・シュトルームである。一見してユダヤ人と分かる書き方がしてあった。この話題を持ち出したのは作家のショーロホフで、グロスマンの小説が俎上に載っている最中に編集長のトヴァルドフスキー（シーモノフの後を継いで一九五〇年に編集長に就任）に電話をかけ、こう怒鳴りつけた。「誰にスターリングラードの執筆を任せたんだ。君は正気か」。ソ連は一九四〇年代末から激しい反ユダヤ・キャンペーンが吹き荒れていた。グロスマンは、主人公のシュトルームと同じくユダヤ人であり、ショーロホフの考えでは、ユダヤ人がスターリングラードのようなロシア的なテーマに手を付けるのはもってのほかだった。

ところが、驚いたことに作品は活字化され、一九五二年の夏から秋（七月号から十月号）に連載される。グロスマンはスターリン賞の候補にも挙げられた。ところが一九五三年一月、クレムリンに勤めるユダヤ人医師がスターリン殺害を計画していたとの陰謀が報じられると、新たな展開が生じる。一九五三年二月十三日の『プラウダ』が、グロスマンの小説を完膚無きまでにたたきのめす論評を掲載したのだ。執筆者のミハイル・ブベンノフは、ソ連のトルストイの座を争うグロスマンのライバルだった。それまでの支持者もあっという間にグロスマンから離れ、彼の姿勢を公の場で批判した。

一九五三年三月五日にスターリンが死ぬ。クレムリン医師団事件は幕引きになった。グロスマン批判も沈静化する。仲間の何人かは私的な会話で彼に謝罪した。その後も続けられたスターリングラード小説の執筆は（早くも一九四九年に仮題で『人生と運命』と名付けている）[16]、激しいスターリン告発の場になる。グロスマンは、スターリン体制と全体主義の国民社会主義（ナチズム）イデオロギーとの本質的な類似性を強調した最初の告発者だった。反ユダヤ主義を告発し、スターリン時代のいかがわしい人物をグロスマン自身も含めて告発する場となった。作品は一九五九年に完成したが、出版不可能だった。イデオロギー問題を担当する党中央委員会書記は、グロスマンと聴聞で顔をあわせた際に、この小説の影響力を（自分では読まなかったことを認めた上で）[17]原子爆弾に喩えた。別の党官僚は、意見を求められると、この作品の出版を「少なくとも二百五十年は」ありえないと言った。グロスマンは、鬱屈と病の中、一九六四年に亡くなる。禁じられた原稿は、作者の死後ひそかに国外に持ち出され、（一九八〇年にスイスで）出版された。一九八八年のソ連での出版は、ミハイル・ゴルバチョフの公開性向上キャンペーン（グラスノスチ）のおかげである。今日『人生と運命』は世界中で二十世紀文学の記念碑と認められている。これに対して前作『正義の事業のために』は、グロスマンが構想したスターリングラード二部作の第一部なのに、日陰の存在である。スターリン時代の刊行がマイナスに作用している[18]。二つの作品を一つと見なすことで、出版に際して生じた傷はあるものの、この大作のトルストイ的な構想がようやくすべて明らかになる。と同時に、もう一つ見えてくることがある。ソヴィエト国家への批判を強めながらも、グロスマンは確固たる信念として、普通のソヴィエト人の集団的な英雄精神がスターリングラードの運命を、さらには戦争そのものを決めたと信じていた[19]。

グロスマンの確信が思いがけない形で伝わってくる場所がある。ヴォルゴグラードのママイの丘にある追悼施設だ（一九六七年のスターリングラード戦二十五周年に完成）。グロスマンが長生きして、剣を高くかかげた全長八十二メートルの女性像（「祖国の母」像）が追悼施設の最後を飾っているのを見たら、そこに自身の主張の裏づけを見て取り、二十世紀の強大国家はやはり人間を政治権力の目指す方向へ思いのまま押しやると思ったことだろう。しかし追悼施設を飾るのは、グロスマンの戦中の言葉だ。いくつかは、追悼施設を訪れた人が「祖国の母」像へと向かう途中で通りすぎる壁に刻まれている。「鉄の風が顔を打つが、誰もがみな前進する。おそらく敵は迷信めいた恐怖感に襲われただろう。突撃してくるのは人間なのか、彼らは死んでいるのではないか」――「主力の進路」の一節だが、グロスマンがここで取りあげた第三〇八狙撃兵師団の連隊は、ドイツ軍の攻撃を受けて「バリケード」工場で全滅した。訪れた人がさらに進むと、「兵士の栄光の間」につく。中心には地面から白い大理石の手が伸びて、永遠の火がともる松明を持っている。円形のパンテオンは壁にスターリングラードで亡くなった七千二百人の赤軍兵士の名前を刻んである（将兵や男女の名前は戦死者名簿から無作為に抽出[20]している）。天上のすぐ下に銘文がある。これがまたもやグロスマンの文章に由来する。「そう、われわれは死すべき定めで、生き残った者は少ない。だが自らの愛国の義務を聖なる祖国の母の前で成し遂げた」。グロスマンの元々の言葉は、もっとつつましい。「そう、彼らは死すべき定めの凡人で、生き残った者は少ない。だが成すべきことを成し遂げた」。ソ連の制作者によって悲壮感が強張されているが、それでもグロスマンがスターリングラード戦の早々から唱えていたトルストイゆずりのソ連版国民戦争の精神は、明確に見て取れる。もちろんグロスマンがこれら文言の筆者だとはどこにも書いていないし、ママイの丘で働く観光ガイドも誰一人その典拠を知らないようだ[21]。

＊＊＊

グロスマンがそうだったように、イサーク・ミンツの歴史委員会も「大祖国戦争」の記録を刊行しようと試みるが、数年にわたって妨害されたあげくに握りつぶされ、最終的に関係者の大半も忘れ去られる。委員会の戦争史料の収集は、一九四五年まで精力的に続いた。ミンツの望みは戦争の歴史を残らず記録することであり、個々の戦線でおきた戦闘の経緯だけでなく、パルチザン闘争や戦時経済の動き、ソ連の文化や後方の日常生活、ドイツ占領地の影響までも含んでいた。ソ連が一九四五年八月に日本との戦争をはじめると、ミンツは委員会の何人かを極東に派遣し、戦場で赤軍兵士にインタビューさせている。[22]四五年十二月には科学アカデミー幹部会の決定によって委員会の活動が新たな基盤を得る。委員会をもとに研究員十八人から成る「大祖国戦争史部門」がつくられ、科学アカデミー歴史研究所に配置された。イサーク・ミンツは、部門長に任命される。翌年には科学アカデミー会員選出の栄誉に輝いた。[23]

大祖国戦争史部門の残された文書は、活発な活動が一九四七年まで続いたことを示している。ミンツはソ連の軍事出版局に出版企画を持ち込んだ。筆頭はスターリングラード戦の五周年を記念する資料集――『戦いの参加者自身が書いた教訓の歴史書』である。モスクワ防衛の本も脱稿とある。このほか「祖国戦争の各戦線における女性」というテーマで出版を準備中の作業グループもあれば、百科事典のためにソ連の戦争英雄三千人の略歴を集めるグループもあった。しかし出版局は木で鼻をくくったような回答で、プロジェクトはそれ以上進まなかった。[24]おそらくミンツも、出版の機会を得るには、スターリンの主導的役割を戦争の全局面で強調すべきなのを分かっていた。[25]とはいえ、それは戦場で集めたインタビューの精神に反する。語り手は自分の胸の内や振る舞いを思い出しながら語っており、話の中心は兵士集団であって、偉大な指導者スターリンではなかった。一九四五年から再び勢いを増したスターリン崇拝の下では、兵士の合唱は存在理由がなかった。スターリングラード戦のあるべき描き方は、一九四九年のスターリン賞映画〔チアウレリ監督の『ベルリン陥落』〕から分かる。映画の中の第六二軍司令官は、ドイツの砲撃を受けて苦境に立たされてもなお庇護者のスターリンに望みをつなぐ。場面は変わってモスクワのクレムリン。スターリンが平然と遠く離れたスターリングラードの防衛を指揮し、精鋭部隊の投入とドイツ軍の包囲を計画している。ほかの人たち――最高司令部の面々、将官、士官、兵士は、誰もが実施機関にすぎず、スターリンの世界精神に駆り立てられ、勝利に導かれたネジや梃子にすぎない。

戦場の聞き取りの速記録がこのころ歓迎されなかったのには、もう一つ理由がある。ミンツがユダヤ人だったのだ。作家のグロスマンと同じく、歴史委員会のトップもソ連で吹き荒れる反ユダヤ主義に苦しめられた。荒波がミンツを襲ったのはグロスマンよりも早く、破滅寸前まで行っている。反ユダヤの敵意はすでに戦争中からソ連の社会生活に浸透していた。あけすけに、ユダヤ人が戦うのはタシケントだとか、ユダヤ人がカネとコネを使って後方に避難するから別の者――つまりロシア人――が戦場で尻拭させられるなどと噂していた。赤軍のユダヤ人兵士の戦いぶりの目覚ましさは、高い損傷数と獲得した勲章の多さで裏づけられるのに、党指導部はこの事実を隠した。[26] ソ連のユダヤ人がドイツ人のせいで筆舌に尽くし難い苦難をなめたことも秘匿する。新聞はホロコーストを「無辜のソ連市民」の大量虐殺と書いた。グロスマンとイリヤ・エレンブルグは、一九四一年設立の「ユダヤ人反ファシスト委員会」の一員として、ユダヤ人に対するドイツの犯罪行為を記録する『黒書』を執筆中だったが、これが疑いを招いた――ソ連全体の目標と矛盾するユダヤ人独自の利益のために奮闘しているのではないか、というわけだ。『黒書』は出版を許されなかった。同時に党はロシア人のことを最良の兵士にして犠牲的精神に富む祖国ソ連の守り手だと褒め称えた。このキャンペーンは戦後も強まるばかりだった。ソ連指導部は西側連合国に敵対姿勢を取りはじめ、外国の影響を忌避し、ロシアの価値観が万物の尺度だと力説した。ロシア中心主義がまかりとおる後期スターリン時代のソ連世界において、ユダヤ人は祖国を持たない疑わしい存在とされる。生まれつきソヴィエト・ロシアの愛国主義に無縁で、これを掘り崩そうとするだけの「根無し草のコスモポリタン」と見なされた。[27]

イサーク・ミンツが一九四七年に小冊子『ソ連邦の大祖国戦争』を出版したのはこうした環境だった。この七十ページの本は、歴史委員会の戦時中の活動に一言も触れない。かわりに「偉大なロシア人」を称える言葉が次々と現れ（戦争中に「全力で自らの才能を発揮した」民族）、大元帥スターリンの讃美で締めくくられる。[28] 明らかにミンツは自分がロシア愛国者だと見せようとしていた。しかしこの本も火の粉を払いのける力はなく、同年、激しい批判がミンツを襲う。

発端は、歴史委員会の親しい同僚アルカージー・シードロフだった。[29] シードロフはミンツの数歳年下で、同じように内戦期に入党している。知り合ったのは一九二四年。ともに高等党学校で学んでいた時だ。ミンツがその後、有力なポストを次々と得て出世したのに対し、シードロフはずっと脇役に甘んじた。ミンツが率いる『内戦史』の編集スタッフとして働いたこともある。一九三六年に党を除名されるが、数カ月後に名誉回復された。査問ではミンツにも呼び出しがかかり、同僚の人物証明を求められた。ミンツが出頭しなかったのを、シードロフは恨んだ[30]。戦争がはじまった時は、科学アカデミー歴史研究所で博士論文を準備中だった[31]。一九四一年十月十四日にモスクワでパニックが起きてドイツの進軍を前に住民が大挙して逃げ出すと、武装した党員自警団に加わり、ほどなく赤軍に合流した。モスクワ攻防戦では、大隊コミッサールの少佐だったが、重傷を負って野戦病院おくりの後、予備役になる[31a]。そこでミンツが一九四二年五月に歴史委員会にリクルートした。戦後は、ミンツが率いる「祖国戦争史部門」で作業グループの責任者を務めた。

一九四七年十一月、党中央委員会扇動宣伝部の機関誌にシードロフの書評が載る。ミンツが出した初期ソ連史の講義録を激しく批判した[32]。これに先立って四七年六月にミンツは『内戦史』編集長を解任されていた。四八年にはモスクワ大学の教授ポストも失う。

一九四九年はじめには「根無し草のコスモポリタン」糾弾キャンペーンが反ユダヤ主義と同じく頂点に達する。ソ連の学問の多くの分野を巻き込み、劇場でもオーケストラでも猛威を振るった[33]。科学アカデミー歴史研究所は「ミンツ・グループ」を敵性ユダヤ人集団と見なす。上級研究員が何日も鳩首協議してこのグループの関係者全員の正体を暴き、処分を決めた。非難の先頭に立ったのがシードロフだった。ミンツはその場に同席し、屈辱的な自己批判をしなければならなかった[34]。ミンツは研究所のポストを失い、モスクワ教育大学の教授に左遷させられる。シードロフはミンツが去って空席になっていたモスクワ大学のソ連史講座を手にし、一九五三年には科学アカデミー歴史研究所の所長に任命された[35]。

シードロフは、自分一人だけ出世したのではない。博士の院生（その多くが従軍経験者）を大量抜擢している。戦場の経験、強い自負心、そしてポケットに党員証を持つかつての兵士たちが講義室へ殺到し、ソ連の学術機関のしかるべきポストを要求した[36]。ミンツの運命は、皮肉といえば皮肉だ。戦争中は平凡な赤軍兵士の英雄精神を謳い上げ、彼らが自分の声を獲得して自身の歴史的役割を自覚するのを助けた。戦後になると自意識を強めた兵士は偉大な国家ソヴィエト・ロシアにおける自身のポストを要求し、そうしたポストを占領する「ユダヤ人の徒党」に憤慨する。彼らの反発はミンツとその仲間だけでなく、収集した聞き取り記録にも向かう。ブルジョア「経験論」の流儀で、必要なロシア郷土愛が足りないと見なした。そんな時代に出版作業を進める者など誰一人いない。こうして記録は忘却の淵に沈んでいった。

ミンツは、スターリンの死後、名誉回復された。[37] 作家のグロスマンが、自身を襲った衝撃を文学によって昇華したのと違って、ミンツはその後スターリン時代のことに沈黙を守り続けた。[38] 宿敵シードロフは一九六六年に亡くなるが、死の直前にふたたびミンツを酷評する。偽善者で機を見るに敏な輩、「どこに現れようと、いつだって周りにユダヤ人ばかり集めた」。シードロフはわざわざミンツの英語力の高さを取りあげ、だからロシア性が不足しているのだと力説している。また、いい時機に「寄生虫」を大学から追い出せたと自慢していた。[39]

ミンツは、シードロフより二十五年長生きした。五〇年代以降に取り組んだ十月革命の研究は、後期ソ連体制と呼応するように、論争的なスターリン時代を枠外において革命の源流をたどった。[40] 大転換の中でスターリンの名前は教科書から削除され、遺体もレーニン廟から撤去された。一九六一年にはスターリングラードがヴォルゴグラードに改称されている。[41]

一九八四年に、歴史委員会の戦中の仲間が回想の夕べに集まった。存命の最長老として八十七歳のミンツも顔を見せた。ミンツは、かつての仲間に実現しないままの夢を打ち明ける。「若いころは、ソ連邦英雄の殿堂をつくることを夢見ていたが、進められなかった」。グロスマン以上の強烈さで、ミンツは人生の最期まで英雄的で明るい戦争の思い出を持ち続けた。それは彼自身が戦争中に手を携えて作ったものであり、育ての親マクシム・ゴーリキー譲りの、目立たない労働者が大文字の人間へと上昇する鋳型（マトリックス）に由来するものだった。

グロスマンは死を前にして発禁小説のコピーを数部つくり、友人宅に隠す。こうして作品はKGBの手を逃れた。グロスマンの自宅にあった『人生と運命』は清書原稿が押収されたばかりか、小説をタイプ打ちする時に用いた複写カーボン紙も持ち去られる。小説を生んだタイプライターの、タイプ・リボンも没収された。[42] ミンツも同じように、後世のために記録を守る試みをしている。スターリン死後のある年、モスクワ近郊のポドリスクにあるソ連国防省文書館が委員会のインタビュー記録に関心を持っていることを知る。これは、そのころ顕著になっていた、戦争の記憶を中央に集め、国家がその解釈に目を光らせる傾向に合致していた。軍の文書館がため込んだものは、長い目で見ると消えてしまうことをミンツは分かっていた。ソ連がなくなっても、この点はあまり変わっていない。ロシア国防省は、第二次世界大戦における赤軍の歴史の守護者を任じているが、今日に至るまで、五百万点におよぶとされる戦中の記録の一部しか公開していない。ミンツはポドリスクの照会を知ると、すぐさま手を打つ。記録を隠したのだ。数年間、科学アカデミーの保養所「ウースコエ」の地下室にしまっておき、それから歴史研究所の地下室に運び込んだ。研究所の職員（かつて歴史委員会で働いた女性一人を含む）が記録を整理し、その内容をはじめて目録にまとめた。[43] こうして生まれた手がかりが、今日のスターリングラードの記録刊行につながったのである。

地図

スターリングラードのドイツ人捕虜　撮影：サムソーノフ

ブラウ
青作戦（ドイツの攻勢1942年6月～11月）
トゥーラ
オリョール
ソ連
ヴォルガ川
クルスク
ヴォロネジ
サラトフ
北
南
ブリャンスク方面軍
ヴォロネジ方面軍
1942年7月7日
ベルゴロド
B軍集団
南西方面軍
ドン川
ハリコフ
ドネツ川
クレツカヤ
カラチ
南方軍集団
第6軍
カチャリンスカヤ
クラマトルスク
ルガンスク
ヴェルチャーチー
スターリングラード
ドニエプル川
ドンバス
モロゾフスク
スターリングラード方面軍
1942年7月12日
A軍集団
南部方面軍
第4装甲軍
コテリニコウォ
タガンログ
ロストフ・ナ・ドヌー
南東方面軍
1942年8月5日
エイスク
カルムイク平原
アゾフ海
エリスタ
アストラハン
ケルチ
クロポトキン
クリミア半島
クバン川
クマ川
クラスノダール
ヴォロシーロフスク
（スタヴロポリ）
カスピ海
マイコープ
トゥアプセ
ピャチゴルスク
テレク川
モズドク
北カフカス方面軍
グローズヌィ
エリブルス山
スフミ
オルジョニキッゼ
（ウラジカフカス）
黒海
ザカフカス方面軍
カフカス
バトゥーミ
トビリシ
前線
1942年 6月28日
7月 7日
7月22日
8月 1日
11月18日
ドイツの装甲車
ドイツの歩兵
クラ川
至バクー
トルコ
0 40 80 120 160 200 km
イラン

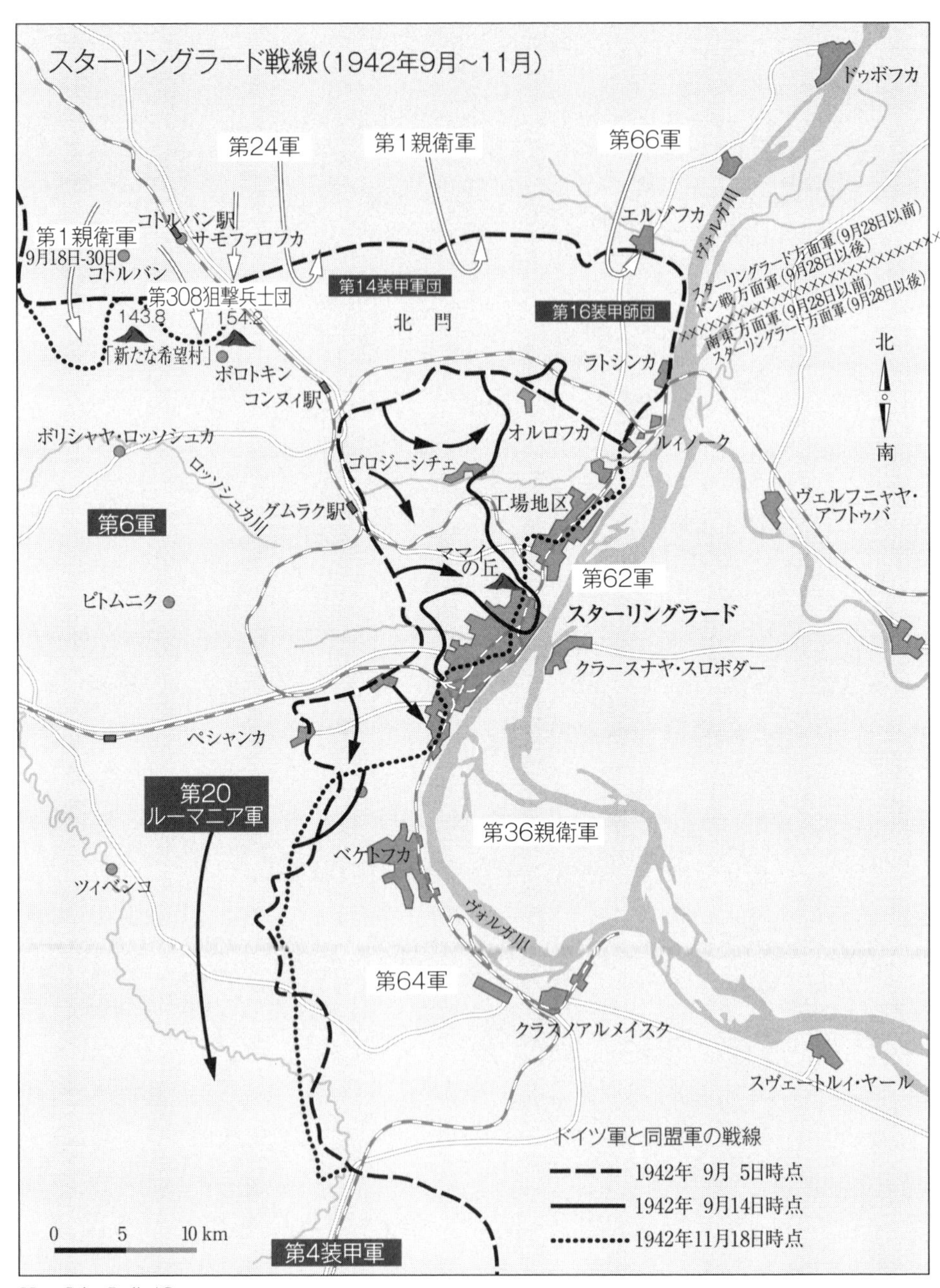

スターリングラード戦線（1942年9月～11月）
ドゥボフカ
第24軍
第1親衛軍
第66軍
エルゾフカ
ヴォルガ川
コトルバン駅
サモファロフカ
第1親衛軍
9月18日-30日
コトルバン
第308狙撃兵士団
143.8
154.2
第14装甲軍団
第16装甲師団
北　門
「新たな希望村」
ボロトキン
コンヌィ駅
ラトシンカ
オルロフカ
ルィノーク
ボリシャヤ・ロッソシュカ
ロッソシュカ川
ゴロジーシチェ
グムラク駅
工場地区
ヴェルフニャヤ・アフトゥバ
第6軍
ママイの丘
第62軍
ピトムニク
スターリングラード
クラースナヤ・スロボダー
ペシャンカ
第20
ルーマニア軍
第36親衛軍
ベケトフカ
ツィベンコ
ヴォルガ川
第64軍
クラスノアルメイスク
スヴェートルィ・ヤール
スターリングラード方面軍（9月28日以前）
ドン戦方面軍（9月28日以後）
南東方面軍（9月28日以前）
スターリングラード方面軍（9月28日以後）
北
南
ドイツ軍と同盟軍の戦線
1942年 9月 5日時点
1942年 9月14日時点
1942年11月18日時点
0 5 10 km
第4装甲軍

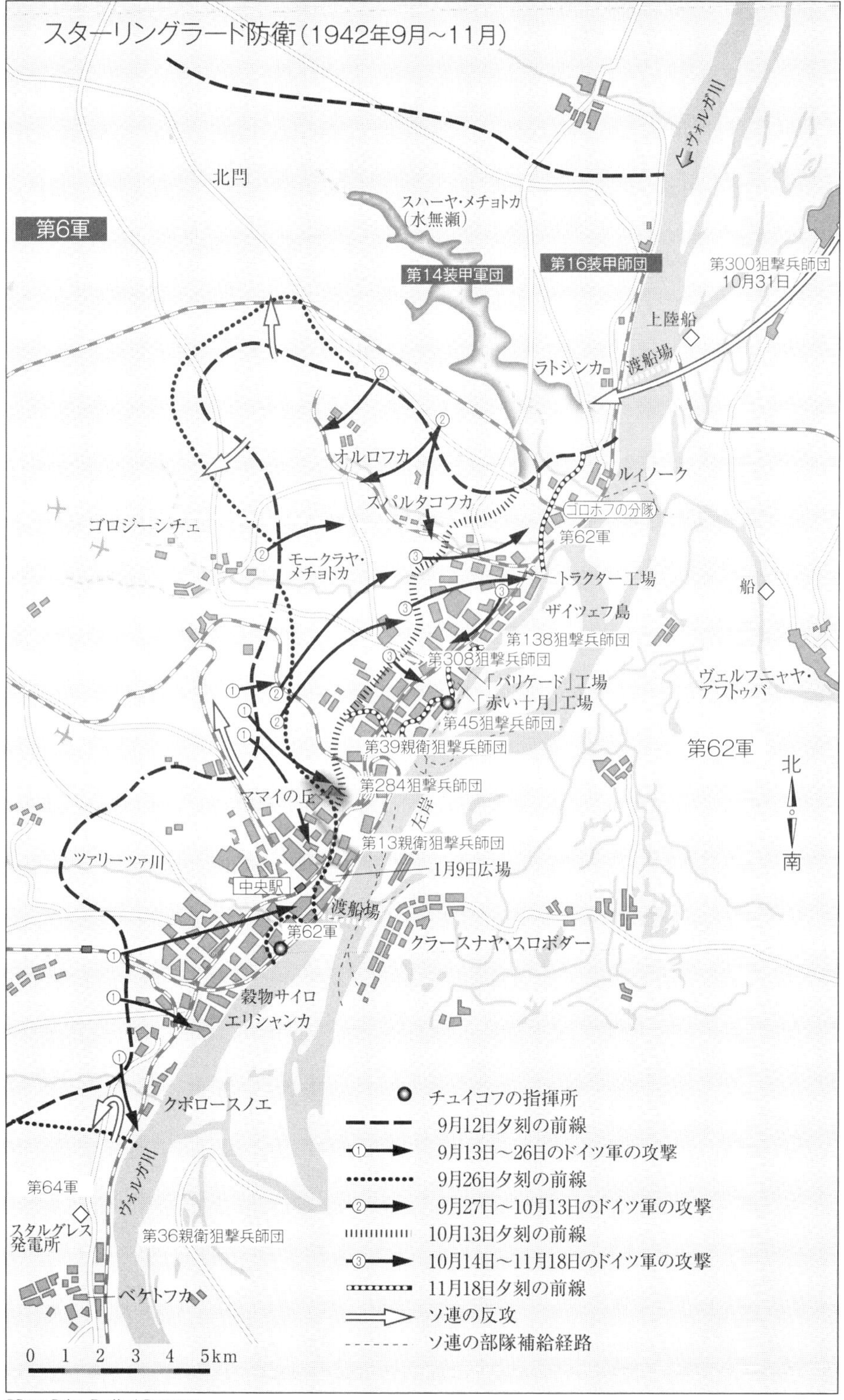
スターリングラード防衛（1942年9月～11月）
北門
第6軍
スハーヤ・メチョトカ（水無瀬）
第14装甲軍団
第16装甲師団
第300狙撃兵師団 10月31日
ヴォルガ川
上陸船
渡船場
ラトシンカ
オルロフカ
ルィノーク
スパルタコフカ
ゴロホフの分隊
ゴロジーシチェ
第62軍
モークラヤ・メチョトカ
トラクター工場
船
ザイツェフ島
第138狙撃兵師団
第308狙撃兵師団
「バリケード」工場
「赤い十月」工場
ヴェルフニャヤ・アフトゥバ
第45狙撃兵師団
第39親衛狙撃兵師団
第62軍
第284狙撃兵師団
ママイの丘
左岸
北
南
第13親衛狙撃兵師団
ツァリーツァ川
1月9日広場
中央駅
渡船場
第62軍
クラースナヤ・スロボダー
穀物サイロ
エリシャンカ
クポロースノエ
ヴォルガ川
第64軍
スタルグレス発電所
第36親衛狙撃兵師団
ベケトフカ
0 1 2 3 4 5km
チュイコフの指揮所
9月12日夕刻の前線
9月13日～26日のドイツ軍の攻撃
9月26日夕刻の前線
9月27日～10月13日のドイツ軍の攻撃
10月13日夕刻の前線
10月14日～11月18日のドイツ軍の攻撃
11月18日夕刻の前線
ソ連の反攻
ソ連の部隊補給経路

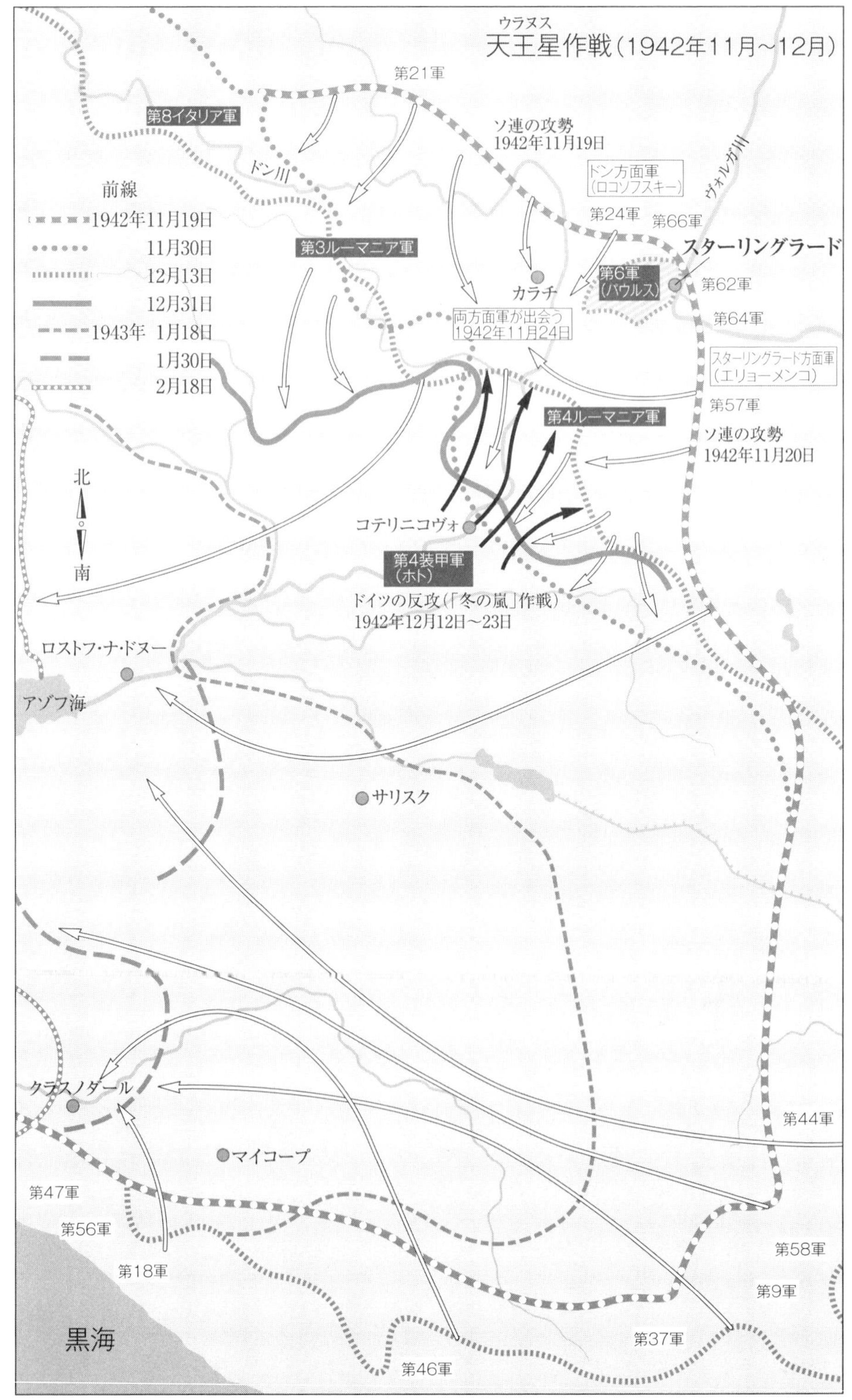

ウラヌス
天王星作戦（1942年11月～12月）
第21軍
第8イタリア軍
ソ連の攻勢
1942年11月19日
ドン川
ドン方面軍
（ロコソフスキー）
ヴォルガ川
前線
1942年11月19日
11月30日
12月13日
12月31日
1943年 1月18日
1月30日
2月18日
第24軍
第66軍
第3ルーマニア軍
スターリングラード
第6軍
（パウルス）
第62軍
カラチ
第64軍
両方面軍が出会う
1942年11月24日
スターリングラード方面軍
（エリョーメンコ）
第57軍
第4ルーマニア軍
ソ連の攻勢
1942年11月20日
北
南
コテリニコヴォ
第4装甲軍
（ホト）
ドイツの反攻（「冬の嵐」作戦）
1942年12月12日～23日
ロストフ・ナ・ドヌー
アゾフ海
サリスク
クラスノダール
第44軍
マイコープ
第47軍
第56軍
第18軍
第58軍
第9軍
黒海
第37軍
第46軍

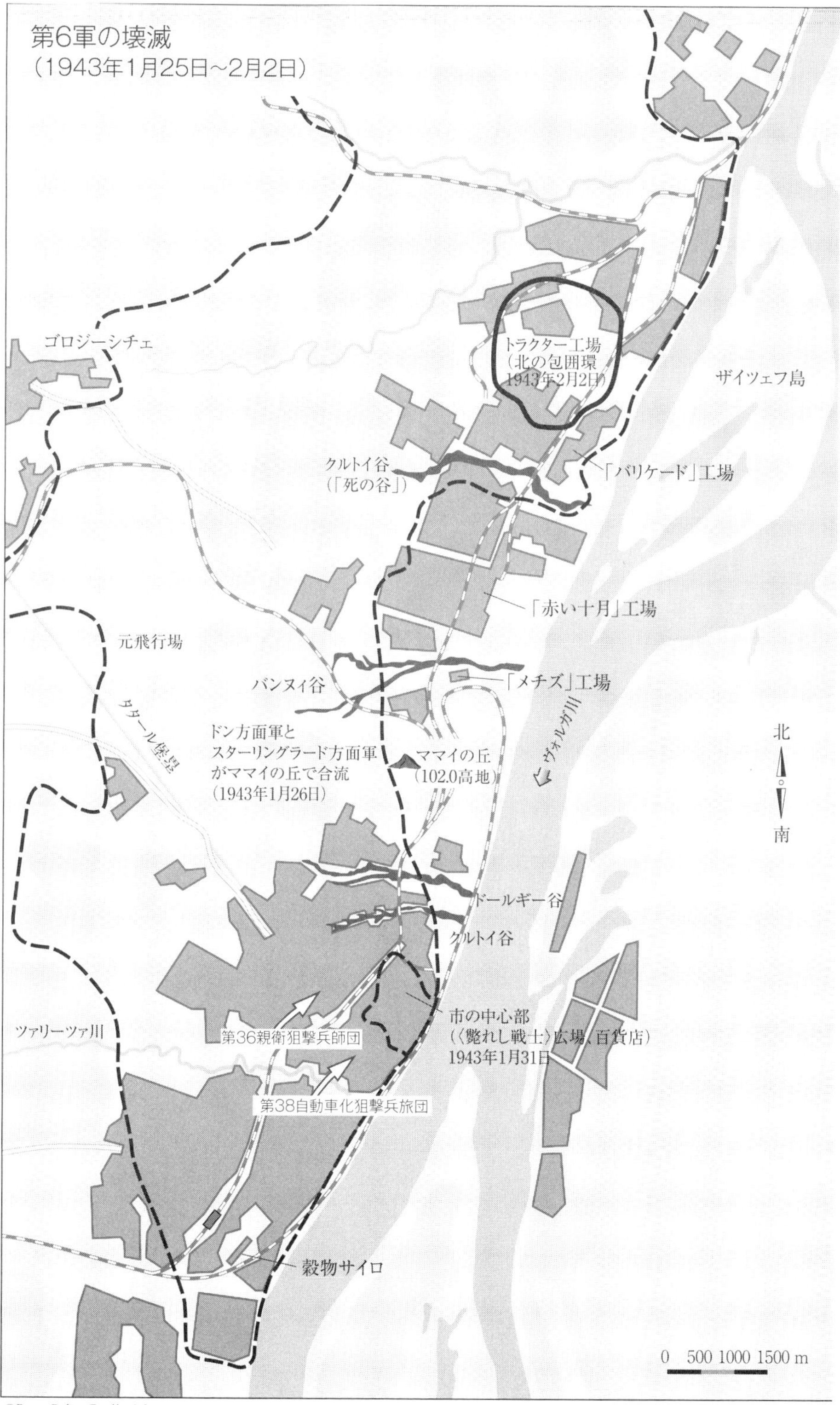
第6軍の壊滅
（1943年1月25日〜2月2日）
ゴロジーシチェ
トラクター工場
（北の包囲環
1943年2月2日）
ザイツェフ島
クルトイ谷
（「死の谷」）
「バリケード」工場
「赤い十月」工場
元飛行場
バンヌィ谷
「メチズ」工場
タタール堡塁
ヴォルガ川
ドン方面軍と
スターリングラード方面軍
がママイの丘で合流
（1943年1月26日）
ママイの丘
（102.0高地）
北
南
ドールギー谷
クルトイ谷
市の中心部
（〈斃れし戦士〉広場、百貨店）
1943年1月31日
ツァリーツァ川
第36親衛狙撃兵師団
第38自動車化狙撃兵旅団
穀物サイロ
0 500 1000 1500 m

謝辞

本書は多くの方々の支援と協力なしには生まれ得なかった。みなさんに心から感謝したい。
まずフリッツ・ティッセン財団、とりわけフランク・ズーダーに感謝したい。このプロジェクトを大規模かつ効果的に支援していただいた。財団は私たちの研究グループをほぼ三年間にわたって資金援助するのみならず、ロシア語史料のドイツ語への翻訳についても助成金を出してくれた。おかげで、最良の翻訳者を本プロジェクトに得ることができた。

スターリングラードの速記録をめぐる作業は、ロシア科学アカデミー・ロシア史研究所とモスクワのドイツ歴史研究所の共同プロジェクトとして行われた。良好な協力関係について、両組織のトップに感謝する。とくにロシア側の代表であるアンドレイ・サハロフとリュドミーラ・コロードニコワ（二〇一〇年十二月まで）ならびにユーリー・ペトロフとセルゲイ・ジュラヴリョフ（二〇一一年一月以降）には、この国際的プロジェクトに寄せてくれた信頼と、史料の準備および整理に際しての支援について感謝する。中でもセルゲイ・ジュラヴリョフは、何度も助言してくれただけでなく、実際の支援にも駆けつけてくれた。研究所の文書館職員であるエレーナ・マレトとコンスタンチン・ドロズドフも重要な支援をしてくれた。

モスクワのドイツ歴史研究所の創設時の所長であるベルント・ボンヴェチにもとくに感謝したい。彼の献身的な協力や外交の才がなければ、このプロジェクトは実現しなかっただろう。また、研究所の現在の司令部（コマンド）であるニコラウス・カッツァー、ヴィクトール・デニングハウス、ブリギッテ・ツィールにも感謝したい。三人にはこのプロジェクトを精力的に支えてもらった。

プロジェクトの協力者であるダリヤ・ロタリョワ（モスクワ）、スヴェトラーナ・マルコワ（ヴォロネジ）、ダイナ・ファインバーク（ロンドン）、アンドレイ・シチェルベノク（サンクト・ペテルブルグ）は、スターリングラードの速記録の調査と評価で抜群の仕事をしてくれた。速記録は手始めにスキャンすると、内部のイントラネットで協力者全員が使えるようにした。

スヴェトラーナ・マルコワは、速記録の文字起こしを数百ページもやってくれた。ダリヤ・ロタリョワは、ロシア史研究所などのモスクワの公文書館での調査の大部分を担当し、これまでほとんど知られていなかった歴史委員会の成立史を調べてくれた。どの記録をどんな形で本書に収録するかは、すべての協力者が知恵を絞ってくれた。チーム全員がモスクワに集まったのは一回きり。それ以外の意見交換はイントラネットもしくはスカイプで行った。こうした協力作業は私にとって大きな喜びだった。

オメル・バルトフは、わたしをこの道に導いてくれた。ずいぶん前のことだが、ソ連とナチ・ドイツの考え方を対話形式で研究できないだろうかというアイディアを彼に語ったことがある。「なぜスターリングラードについて書かないんだい」と彼は言ってくれた。

タチヤーナ・エリョーメンコ、ナターリヤ・マチューヒナ（旧姓ロジムツェワ）、ボーデ・ロスケ、アレクサンドル・チュイコフには、それぞれの父の記憶やスターリングラード戦にまつわる記録を提供してくれたことに感謝する。それらの一部は本書に活かされている。アリベルト・ネナロコフが詳細に教えてくれた師匠イサーク・ミンツの人生は、いかなる伝記にも記録が残っていない。

ヤン・プランパー、カティンカ・パッチャー、ピーター・ホルキスト、イガール・ハルフィン、ベルント・ボンヴェチ、ゲルト・R・ユーバーシェアは、草稿の一部に目を通してくれた。その指摘や改善案に心から感謝したい。ほかにも支援や提案は、ミハイル・アダス、スヴェトラーナ・アルガスツェワ、アントニー・ビーヴァー、ジョン・チェンバース、アンドレイ・ドローニン、アレクサンドル・エピファノフ、ジヴァ・ガリリ、セルゲイ・クドリャショフ、ジャクソン・リアーズ、ヤン・マン、ゾーハル・マナル＝アベル、アネローレ・ニチュケ、セルゲイ・ウシャーキン、イングリッド・シールレ、ヴゥリフ・シュミーゼ、ジョイス・セルツァー、エレーナ・セニャフスカヤ、マティアス・ウール、リュボーフィ・ヴィノグラードワ、アミール・ヴァイナー、ラリーサ・ザハーロワといった方々から、さらにはこの研究プロジェクトの結果の一部を発表したモスクワ、ロサンゼルス、チューリヒ、プリンストン、パリでの学会やワークショップの参加者からもいただいた。

ラトガース大学のサバティカルは、本書の完成を大いに助けてくれた。刊行準備に際してはシルヴィア・ナーゲルが何度も経験に基づいた支援をしてくれた。本書はもともと二〇一二年秋にドイツ語で出版された。二〇一五年にロシア語版と英語版が出るに際して大幅に改稿するとともに、近年刊行された公文書史料や、前述した研究者などから寄せられた批判や提案を盛り込んだ。

この本がこのような形で生まれたのは、ひとえに三人のすぐ側にいる人たちのおかげである。

父のハンスペーター・ヘルベックは、ロシア語を学んで大学でロシア史を勉強するよう一九八四年に助言してくれた。父は、十七歳の一兵卒として参加した戦争の最中にロシア語を学んだものの、その後は外務省で東アジアの専門家としてキャリアを積んだ。父がはなむけにくれた本の中にあったのが、一九八四年にドイツ語訳が出たヴァシーリー・グロスマンの『人生と運命』だった。

妻カティンカの愛とユーモアと落着きは、母として発しているものだが、わたしも育て穏やかにしてくれた。

本書で見てきた恐ろしい出来事を考えながら小さな息子のことを思うと、その人生が、新たな人生が幸多いものとなり、グロスマンがわれわれの運命に見たものを上回って欲しいと願っている。

解放後、1943年2月2日　撮影：アレクサンドル・フリドリャンスキー

訳者あとがき

本書の存在を知ったのは、二〇一七年のおそらく秋のこと。ロシア革命百年にあわせて岩波書店から出た五巻本の論文集『ロシア革命とソ連の世紀』の第二巻で松井康浩が紹介しているのを読み、興味を覚えた。ヘルベックの名前は日本のソ連史研究者には夙に有名で、スターリンの独裁体制が確立した一九三〇年代に名もなき人びとがつけていた日記を素材に、西欧のリベラルな主体のあり方とは異なる「スターリン主義的主体」の存在を示した研究で知られている（Jochen Hellbeck, *Revolution on My Mind: Writing a Diary under Stalin.* Harvard University Press, 2006.）。そのヘルベックが今度は独ソ戦に取り組み、前著に引き続いてスターリン体制下に生きた人びとの内面や行動規範を明らかにした本だと書かれていた。驚くべきは用いた史料で、スターリングラード戦の直後に将兵や民間人から聞き取った二百十五人の生の声とあり、まずもってこんな記録があること自体が信じられなかった。

プーチン政権下のロシアで独ソ戦＝大祖国戦争の記憶がナショナル・アイデンティティーの中核に位置づけられていくのを見ながら、ソ連史研究者の端くれとして独ソ戦に一家言もつ必要性を感じていたころだった。また、ちょうどユルチャク『最後のソ連世代』（みすず書房、二〇一七年十月刊）を訳し終えた直後で、多数の人びとの語りを撚り合わせてソ連時代の経験を再現する手法にも関心があった。

手元の記録を確かめると、この年の十一月中旬にロシア語版を見つけて購入し、十二月はじめに届くとすぐ読み始めている。一読しての印象は強烈で、戦場のおぞましい現実に身震いする一方で、将兵の率直な語りや軍を束ねる共産党の役割の大きさに新鮮な驚きを覚えた。

ヨーロッパ全土を席巻しつづけた不敗のドイツ軍を押しとどめたスターリングラード戦は、独ソ戦の転換点となって第二次世界大戦の帰趨を決めただけでなく、巨視的に見れば、ソ連がアメリカと並ぶ超大国として二十世紀後半の世界に君臨する跳躍台である。いわば世界史の分岐点とも言える戦いだが、当初はドイツ側が持ち前の軍事力を背景にソ連側を圧倒していた。敗北必至の絶望的な劣勢に立たされた赤軍は、しかしながらこの窮状を耐え抜き、「人が鉄に勝利した」とも評される凄絶な死闘の末に戦局をひっくり返し、ドイツ軍を撃退する。このような不可能を可能にした原動力は何なのか、とりわけ戦場のソ連兵士が戦うモチベーションは何だったのか。これがスターリングラード戦の大きな問いとして残されているとヘルベックは言う。

ソ連解体にともなう史料事情の劇的な改善が数多くの研究を生みだしたが、アントニー・ビーヴァーはこの問いに「ソヴィエト体制の信じがたい残酷さ」を挙げる。弱みを見せた指揮官が部隊の全兵士の目の前で次々と公開処刑になる。戦場の兵士が怯えて後退しだすと督戦隊が拘束して処分する。赤軍では暴力の脅しや強制が蔓延し、他国とは比べものにならないほど大きな役割を果たしていた。またキャサリン・メリデールは、ソ連の兵士は当局のプロパガンダにだまされ、正義の戦いだと信じ込まされた犠牲者だったと主張する。

こうした見方に、ヘルベックは異を唱える。確かに「赤軍の処罰文化は極めて（多くの意見では、異常なほど）厳しかった」（68ページ）。しかし、兵士は、暴力や強制に怯えるだけの、受け身の存在ではない。スターリングラードで戦った二百十五人の生の声から浮かび上がるのは、「自身を戦争の積極的な参加者」（27ページ）と見る兵士の主体性である。

マルクス主義のイデオロギーは、人間も社会も可塑的存在であり、働きかけることで変わると説く。だから「どんな人でも徹底的な社会教化によって意思を強化できるし、英雄にもなれる」（55ページ）と考えられていた。このため共産党は「兵士のイデオロギー教化にきわめて積極的に関与し」、「塹壕で宣伝・激励・強要し、なだめて気づかい、説明して意味づけをした。……不安感、克己心、英雄精神の共産主義的な理解を説いて、どうやって自分を乗り越えていくかを教えた」（27ページ）。過酷な懲罰の脅しをちらつかせながら（顕著だったのは戦線が崩壊の危機にあった四二年の八月と九月）、その一方で戦いの意義を諄々と説き続けて兵士に浸透させた結果、秋ごろから稀に見る高揚感と一体感が生まれて劣勢をはねのけた。これがヘルベックの見立てである。

またメリデールの言う「だまされた」については、メリデールの本に出てくる兵士も実は「公的な言葉や時代の価値観と強く一体化している」（26ページ）し、スターリングラードの二百十五人の語りも、一人ひとりは個性豊かなのに、戦い方や行動様式の描写は「細部まで合致する」。主観として兵士がそう信じて戦っていたのは否定しがたい。ソ連体制の常套句のオウム返しに見えてしまうのは、ある意味では「イデオロギー教化に成功した証拠」（93ページ）だと述べている。

このように党が共産主義の価値観を兵士に浸透させて一体感をつくり出したことが勝利の鍵だというのがヘルベックの見立てだが、ここで言う共産主義は戦時の独特の色合いを帯びている。戦時の党員とは、端的に言えば、良き兵士のことだ。二百十五人のインタビューには、党員が攻撃の先頭に立って部隊全体の士気を高めた、突撃隊を編制する際は必ず経験豊かな党員やコムソモール員を混ぜたなど、「党員は軍の大黒柱だった」（50ページ）との語りが頻出する。また兵士は殺した敵兵や破壊した武器の数を書き込む「個人帳簿」を携帯しており（43ページ、現物の写真は188ページ）、これが入党審査の重要な材料になっている。ドイツ人をたくさん殺していれば、極端な場合、党綱領を知らなくても入党できた。「戦時の理想的な党員は、時として血に飢えた兵士だった」（44ページ）との一文は衝撃的である。共産主義に愛国主義が接ぎ木されるだけでなく、ロシア・ナショナリズムも浸透しつつあった。民族差別の公言は憚られるはずなのに、指揮官の中には、ナツィオナールィと呼ばれる非スラヴ人の兵士に立派な兵士は一握りしかいないと見下し、対照的にロシア人兵士は勇敢で抜群の闘争心を持つと高く評価する例がちらほら見られた。

西側の多くの研究は、軍と共産党は水と油であり、「共産党が軍の活動を妨害している」（27ページ）と見てきた。先にあげたビーヴァーも「スターリングラードのソ連将校がコミッサールと呼ばれる指揮官の政治補佐を恐れて絶えずびくびくしていた」（25ページ）と書いている。赤軍は、指揮官とは別に政治将校がいる二元構造になっており（大隊レベルまでは軍事コミッサール、中隊は政治指導員（ポリトルーク））、政治将校は「指揮官の命令であっても、政治的に間違っていると思えば、取り消す権限を持っていた」（47ページ）からである。

しかし、ヘルベックは具体例を挙げてこれを却ける。独ソ戦の勃発直後に再導入されたコミッサール制は、一九四二年十月に廃止されている。以後、コミッサールは政治補佐として指揮官の補佐に徹することになり、軍の一元指揮が復活した。「軍が政治的に強固になり、外からの監督がもはや必要なくなった」（49ページ）からだというが、先に見たように、ちょうどイデオロギー教化が成果を挙げて兵士の間に稀に見る高揚感と一体感が生まれだした時期だから、これは蓋然性がある。二百十五人のインタビューには「指揮官とその政治補佐との息の合った協力関係を述べたもの」があるし、「指揮官と政治将校のほぼ全員が自分は一つのチームの一員であって関心を共有していると考えていた」(49～50ページ)という。数々の実例から浮かび上がるのは党と軍との協力関係であり、軍と対立関係にあるとすれば、秘密警察(NKVDの特務部＝オソビスト、四三年四月以降はスメルシュ)ではないだろうか。

蛇足だが、スターリングラードでの死を厭わぬ、精神力重視の戦い方は、日本人からすると玉砕や特攻と重なって見える(例えば「できるだけ大きな代償で自分の命を捧げよう」(353ページ)と語ったザイツェフ)。またスターリングラード戦を評したグロスマンの「鉄の風」が、沖縄戦を象徴する「鉄の暴風」に酷似するのは、どちらも物量に物言わせて攻め立てる敵にほぼ徒手空拳で立ち向かったからだ。もとよりソ連は疎開先でフル稼働する工業力があり(アメリカからレンドリースで届く物資もあった)、資源の乏しい日本が成算なく無謀な戦争に突き進んで進退窮まったのと同列に語れないが、少なくとも絶体絶命の戦局を精神力で打開しようと試みたのは同じだろう。

日本が無謀な戦争に敗れて別の道を歩み出したのとは対照的に、ソ連は勝利を収めたことで多大な犠牲をものともしないスターリングラードの精神をその後も維持し続けた。社会主義に愛国主義が接ぎ木されたことで、三〇年代後半の大テロルで傷ついたソ連体制が生命力を取り戻したことも重要である。

閑話休題。西側で書かれたスターリングラード戦の歴史は、「ほとんどがドイツ中心の歴史、……ドイツの犠牲の大きさを書いた歴史である」(21ページ)。このため描かれるソ連兵は「拳銃を振り回す政治委員(コミッサール)に追い立てられて「ウラー」と叫びながら襲来する土人の群れ」(23ページ)、プロパガンダで洗脳された無個性の存在でしかなかった。本書は、ソ連の将兵一人ひとりに個性と主体性を取り戻すとともに、そうした人びとを束ねてスターリングラード戦を勝ち抜いた共産党の戦い方を明らかにする、ソ連側から見たスターリングラード戦の歴史である。また言い添えると、本書はスターリングラード戦の歴史であるとともに、スターリングラード戦を記録に残して後世に伝えようとした人たちの物語でもある。歴史家イサーク・ミンツと作家ヴァシーリー・グロスマンは、本書の陰の主役と言ってよい。二人の戦中の奮闘には共感を覚えたし、戦後の不遇には胸が痛んだ。

＊＊＊

本書の翻訳開始は、二〇一八年九月一日。ロシア語版を底本にして訳しはじめたが、出版契約を交わした後に届いたドイツ語版を確認するとロシア語版に誤訳や欠落が散見されたので、ヘルベックの書いた解説文はドイツ語から訳して正確を期すことにした（速記録の載録箇所は、もちろんロシア語から訳してある）。ただ訳者のドイツ語力に不安があったため、ドイツ現代史が専門の小野寺拓也氏に校閲をお願いし、訳語の誤りを正してもらった。

脱稿は二〇二四年八月三十日。コロナと戦争を挟んだこともあって丸六年の長期戦になった。訳出を思い立ってからだと七年の歳月が流れている。慣れない軍事用語に苦労させられたし、速記録の翻訳、特に第二章の断片的な発言のモンタージュは、文体を定めるのが容易でなく、かなり手こずった。また戦闘の生々しい描写をコロナと戦争の時代に訳すのは、精神的に大変に辛かった。

この長く辛い翻訳作業を完成に導いてくれた二人に感謝の言葉を述べて訳者あとがきを締めくくりたい。まず人文書院の井上裕美さん。レニングラード封鎖の訳書の企画があると連絡をもらったのが二〇一七年六月中旬のこと。話は二転三転し、最終的に本書を訳すことになったが、遅々として進まない翻訳を温かく見守り、折に触れて励ましてくれた。会食しての雑談も楽しく、いつもやる気をもらっていた。そして、わが妻。いつも変わらぬ心の支えだが、とくにコロナ禍で神経をすり減らした時は、あなたがいなければ立ち直れなかった。ともに暮らす日々に感謝している。

二〇二四年十二月十六日　名古屋市内の自宅にて

半谷　史郎

ли воспоминания. 科学アカデミー文書館のミンツ個人ファイルは今のところ非公開。

39　*Сидоров А. А.* Институт красной профессуры. С. 397, 399 и сл.

40　こうした研究の主な成果が、『大十月革命史』（全3巻）である。第1巻は、革命50年の記念の年に出た。*Минц И.И.* История Великого Октября : В 3 т. М., 1967-1973. ミンツは、歴史学の雑誌に1968年に載ったインタビューでは、30年代の『内戦史』編集長の仕事と戦後の革命史研究とを一直線につないだ。戦争中の活動は枠外に置かれている。Наши интервью : Академик И.И. Минц отвечает на вопросы журнала《Вопросы истории》// Вопросы истории. 1968. № 8. С. 182-189（引用はС. 187）. ミンツの業績一覧は К истории русских революций. С. 280-330.

41　1957年に『ソ連内戦史』の第3巻が出たが、もはやミンツは関与していない。この巻は、8ページにわたって1918年の夏と秋のツァリーツィン攻防戦を取りあげている。だがスターリンの名前はたった3回しか出てこない。この箇所の主たるアクターは、ツァリーツィンの労働者、「ツァリーツィン中央委員会」（スターリンもその一員）、スターリンの同僚ヴォロシーロフである。История гражданской войны в СССР. М., 1957. Т. 3. С. 250-257.

42　『人生と運命』ドイツ語版の、ウラジーミル・ヴォイノーヴィチの後書きを参照。*Grossman W.* Leben und Schicksal. S. 1061.

43　РГАФД. Ф. 439. Оп. 4м. № 1-2（ナジェージュダ・トルソワの回想）. 第1章の註266も参照。

1995. Кол. 286-291.

27 Yuri Slezkine, *The Jewish Century* (Princeton, NJ, 2004), pp. 297-313; Gennadi Kostyrchenko, *Out of the Red Shadows: Anti-Semitism in Stalin's Russia* (Amherst, MA, 1995).

28 *Минц И. И.* Великая Отечественная война Советского Союза. М., 1947.

29 ミハイル・ポクロフスキー（1868～1932年）が率いるモスクワの赤色教授学院のこと。

30 *Сидоров А. Л.* Институт красной профессуры // Мир историка: Историографический сборник. Т.1 (2005). С. 399; 次と比較せよ。*Тарновский К. Н.* Путь ученого // Исторические записки. 1967. Т. 80. С. 207-251.

31 博士論文は、第一次大戦時のロシア帝国の戦時経済の研究である。提出は1942年12月だが、完全な形での刊行は死後。*Сидоров А. Л.* Экономическое положение России в годы первой мировой войны. М.,1973. 次も参照 *Тарновский К. Н.* Путь ученого. С. 226-228, 244.

31a *Тарновский К. Н.* Путь ученого. С.225; НА ИРИ РАН. Ф. 2. Разд. XIV. Д. 22. Л. 18-19; Д. 23. Л. 14, 23, 56; *Минц И.И.* Из памяти выплыли воспоминания. С. 50. 委員会のためにシードロフは数多くのインタビューを行っている。1943年秋には解放直後のハリコフで住民と話をしている。1945年には、ケーニヒスベルク突入やチェコスロヴァキア解放に参加した赤軍兵士にインタビューした。赤軍での功績を称えて赤星勲章を授与されている。*Тарновский К. Н.* Путь ученого. С. 225-227.

32 *Сидоров А.Л.* О книге академика И. Минца《История СССР》// Культура и жизнь. 1947. № 33. С. 1,4; 次も参照 *Тихонов В.В.* Борьба за власть в советской исторической науке : А.Л. Сидоров и И.И. Минц (1949 г.) // Вестник Липецкого государственного педагогического университета. Научный журнал. Серия《Гуманитарные науки》. 2011. Вып. 2. С. 76-80. シードロフの書評がこのように格上の党機関誌に載ったことから、どの程度ミンツの追い落としキャンペーンが「上から」操作されていたかが分かる。とりわけミンツが不興を買った理由は、『内戦史』編集部の何人かの同僚がソ連社会の歴史を描く「基礎」をつくりあげたと主張したことだ。基礎たりえるのは、1938年以降、スターリンが書き換えたソ連共産党小教程だった。ミンツに対するもう一つの非難は、『内戦史』の執筆をなおざりにしたというものだ。確かに、それまで二巻しか出版されていない。ミンツは1942年に編集スタッフをすべて「大祖国戦争委員会」に組み入れている。К истории русских революций. С.224, 251.

33 詳しくは、Kostyrchenko, *Out of the Red Shadows*, pp. 179-221.

34 ミンツはこれに関連してスターリンとマレンコフに手紙を書き、学術著作における様々な誤りと違反行為を懺悔した。К истории русских революций. С.224, 251.

35 Kostyrchenko, *Out of the Red Shadows*, p. 198. シードロフの追悼文は、「反コスモポリタン」キャンペーンへのシードロフの関与には口を閉ざしている。*Тарновский К .Н.* Путь ученого; *Волобуев П. В.* Аркадий Лаврович Сидоров // История СССР. 1966. № 3. С. 234-238. シードロフは1959年に健康上の理由で所長を辞めている。著作一覧は、*Тарновский К .Н.* Путь ученого. С. 245-251.

36 *Некрич Л.М.* Поход против《космополитов》в МГУ // Континент. 1981. Вып. 28. С. 304 и сл.; Edele, *Soviet Veterans of World War II*, pp. 61, 129-136.; *Тарновский К .Н.* Путь ученого. С. 229.

37 ミンツは、70歳の誕生日を迎える記念の年に、ソ連の最高の栄誉であるレーニン勲章を受賞した。ソ連を代表する歴史学の雑誌に、ミンツの業績を振り返る論文が載る。執筆したのはスターリングラードの経験者アレクサンドル・シェリュブスキーで、かつて第62軍政治部第7課の課長だった。シェリュブスキーは、ミンツが戦時中につくった歴史委員会に言及し、文書館に眠る委員会の記録がこれまでほとんど研究対象になっていないことを残念がった。*Шелюбский А.П.* Большевик, воин, ученый С.168. 次も参照 К истории русских революций. С. 277. サムソーノフは自著のスターリングラード戦史でミンツ委員会の史料に何度も言及しているが、驚いたことに、この史料をほとんど利用していない。

38 死後に公開されたミンツの日記も、情報に富むとは言いがたい。*Минц И.И.* Из памяти выплы-

だ唯一の本だった。1941年10月、グロスマン率いる赤軍兵士の部隊が、モスクワ南西部のオリョールからトゥーラに展開するドイツの装甲部隊を避けて、急ぎ退却していた。グロスマンが道ばたの道路標識に目をやると、ヤースナヤ・ポリャーナの方角が記されている。『戦争と平和』が生まれたトルストイの領地である。グロスマンはトラックの同乗者を説き伏せて、そこに向かう。ヤースナヤ・ポリャーナに着くと、彼には過去と現在が一つになっているように思えた。トルストイ博物館の動産が箱詰めされてトラックに積み込まれるのを見守っていると、「とつぜん強烈な感慨にとらえられた」、これが『戦争と平和』のボルコンスキー家の所領だった禿山(ルィースィエ・ゴールィ)なのだ、前進する大軍を前に住人から見捨てられてしまうのだ。グロスマン自身もその日、攻撃してくるドイツの装甲部隊の挟み撃ちを辛うじて逃れれた。*Гроссман В.С.* Годы войны. С. 287. Beevor and Vinogradova, *A Writer at War*, p. 54f〔邦訳101~102ページ〕; Jochen Hellbeck, "Krieg und Frieden im 20. Jahrhundert".

14 グロスマンは幸運で、党中央委員会が依頼した軍事専門家はロジムツェフ中将だった。ロジムツェフはグロスマンがスターリングラードで書いた戦場ルポを覚えており、好感を持っていた(РГАЛИ. Ф. 1710. Оп. 2. Ед. хр. 1, 1950年5月31日の記述)。グロスマンの遺品には、全部で12の草稿が残っている。グロスマンはわざわざ日記をつけて、原稿がスターリン時代の官僚組織の迷路におちいる様子を記録している(РГАЛИ. Ф. 1710. Оп. 2. Ед. хр. 1)。

15 РГАЛИ. Ф. 1710. Оп. 1. Ед. хр. 106. Л. 26; 次も参照 Ф. 1710. Оп. 1. Ед. хр. 152.

16 Там же. Ед. хр. 37.(表紙のタイトルページ)

17 John Garrard and Carol Garrard, *The Bones of Berdichev: The Life and Fate of Vasily Grossman*(New York, 1996), pp. 355, 358.

18 長い間絶版のドイツ語訳がある。Wassili Grossman, *Wende an der Wolga*. Ubersetzt von Leon Nebenzahl, Berlin 1958. 英訳は2019年に出た。Vasily Grossman, *Stalingrad*.(translated by Robert Chandler and Elizabeth Chandler) New York Review Books, 2019〔白水社から2024年に全三巻で邦訳が出た〕.

19 グロスマンの娘は、ソ連の国民戦争の神話が父親を強くとらえていたことを覚えている。家族の夕べの集いでは、しばしば戦時中の歌が歌われた。感極まってくるといつだって父親は調子はずれの声で有名な歌「聖なる戦い」を歌ったという。この歌は強い威力を持っていて、必ず立って歌っていた。「背をかがめて父は立ち、手はパレードのようにぴっと伸ばしている。厳粛で真剣な面持ち。〈立て、広大な国よ、死の戦いに立ち上がれ……国をあげての戦争だ、聖なる戦いだ〉」(引用は Beevor and Vinogradova, *A Writer at War*, p. 348.〔邦訳509~510ページ〕)

20 Sabine R. Arnold, *Stalingrad im sowjetischen Gedächtnis: Kriegserinnerung und Geschichtsbild im totalitären Staat*(Bochum, 1998), S. 293.

21 グロスマンの言葉がどうやって記念建造物に入ったのかは、明らかではない。生存者の証言は一部で食い違っている。以下を参照。Arnold, *Stalingrad im sowjetischen Gedächtnis*, S. 294.

22 НА ИРИ РАН. Ф. 2. Разд. XIV. Д. 22. Л. 210.

23 К истории русских революций. С. 224. 記述に異同があって、委員会の解散と部門への改編を命じた決定は、1945年の9月15日付と11月15日付がある。НА ИРИ РАН. Ф. 2.《Приказы по институту истории за 1945 г.》. Неподписанная папка. Л. 119; *Левшин Б.В.* Деятельность Комиссии по истории Великой Отечественной войны. С. 317. 同部門の活動場所は、かつて委員会があったコミンテルン通りの建物である。

24 多くの書類は、軍事作戦と交戦が詳細に書いてあるために戦後も機密扱いである。*Городецкий Е.Н., ЗакЛ.М.* Академик И.И. Минц как археограф :(К 90- летию со дня рождения // Археографический ежегодник за 1986 год. М., 1987. С .131-142 (引用はС. 142).

25 НА ИРИ РАН. Ф. 2. Неподписанная папка с материалами сектора за 1946 г. Л. 71 и сл.(25 июля 1946 г.).

26 Краткая еврейская энциклопедия. Иерусалим, 1976. Т. 1. Кол. 682-691; Дополнение 2. Иерусалим,

10 Jens Ebert, “Organisation eines Mythos,” in *Feldpostbriefe aus Stalingrad*, S. 333-402.

11 シェリュブスキーは、戦争中にイサーク・ミンツの知己を得ると、戦後にその指導の下、モスクワで働いたと思われる。*Шелюбский А.П.* Большевик, воин, ученый ; *Он же.* Большевистская пропаганда и революционное движение на северном фронте накануне 1917 года // Вопросы истории. 1947. № 2. С. 67-80.

12 НА ИРИ РАН, Ф. 2. Разд. III. Оп. 5. Д. 3а. Л. 1-48.

13 НА ИРИ РАН, Ф. 2. Разд. III. Оп. 5. Д. 2а. Л. 101-133.

14 シェリュブスキーはこう書いている。「われわれと戦ったわがドイツ師団にはオーストリア人の小さな部隊がいくつかあった。オーストリア人は、ドイツ人に次いで、第一位だ」

15 詩人ガヴリイル・ジェルジャーヴィン（1743〜1816年）が書いた、18世紀末から19世紀初めにかけての非公式のロシア国歌の冒頭の一節。

16 НА ИРИ РАН, Ф. 2. Разд. III. Оп. 5. Д. 3а. Л. 14-15.

17 Правда. 1943. 26 января. С. 3（вечернее сообщение 25 января）; см. также : Правда. 1943. 10 января. С. 4（« Письма окруженных немцев »）.

第5章

1 次から引用。Kempowski W. *Das Echolot*. Bd. III. S. 173.

2 Правда. 1943. 4 февраля. С. 1.

3 Красная звезда. 1943. 4 февраля. С. 1.

4 受勲兵士9602人のリストには第62軍政治管理総局人事部長のサインがある。НА ИРИ РАН. Ф. 2. Разд. III. Оп. 5. Д. 3. Л. 1.

5 ソ連で1943年につくられたスターリングラード戦のドキュメンタリー映画。監督はレオニード・ヴァルラーモフ。グロスマンは、脚本づくりに協力している。

6 *Гроссман В.С.* Годы войны. С. 369（1943年5月1日の記述）

7 Правда. 27 июня 1945 года., С. 2. 最近の研究は、スターリンの「ネジ」イメージをしばしば人間に対するシニカルな見方のあらわれと解釈する。その可能性はあるが、ソ連市民が戦争中から進んでこのメタファーを引き受けていた証拠がある。モスクワのジル工場のある技師が1943年9月の日記にこう記している。「伝えられる報道は毎日どんどん良くなっている。戦争は今年中に終わるとの確信が強まっている。われわれは、どんな出来事の証人か。壮大極まりない出来事だ。君もこの出来事の中のちっぽけなネジであることに喜びを覚えることだろう」（V・A・ラプシンの1943年9月7日の記述、引用元は *Сомов В.Л.* Духовный облик трудящихся периода Великой Отечественной войны. С. 342. シニカルな解釈の一例は、*Сенявская Е.С.* Фронтовое поколение. С. 4.

8 *Конев И.С.* Записки командующего фронтом. М., 1991. С. 594-599; Laurence Rees, *World War II Behind Closed Doors: Stalin, The Nazis and the West*. New York 2010. pp. 395-398.

9 *Гинзбург А.Я.* Записки блокадного человека. СПб : Лениздат, 2014, С. 265.

10 *Гусев Н.Н.* « Война и мир » Л.Н. Толстого — героическая эпопея Отечественной войны 1812 года. Блокнот лектора. М., 1943; *Рашковская А.* « Война и мир », прочтенная заново // Смена（Ленинград）. 3 февраля 1943 года ; James von Geldern “Radio Moscow: The Voice from the Center”, in *Culture and Entertainment in Wartime Russia*. p. 53.

11 *Толстой Л.Н.* Война и мир. М., 1978. Т. 4. С. 1501.〔トルストイ（望月哲男訳）『戦争と平和』第6巻（光文社、2021年）、278ページ。〕

12 *Эренбург И.Г.* Летопись мужества : Публицистические статьи военных лет. М., 1974. С. 355; *Лазарев Л.* Дух свободы // Знамя. 1988. № 9. С. 128.

13 *Сарнов Б.* « Война и мир » двадцатого века // Лехаим. № 177（январь 2007）(https://www.lechaim.ru/ARHIV/177/sarnov.htm).『戦争と平和』は、グロスマンが認めるように、彼が戦争中に読ん

(некролог).〔クハルスカヤは、スヴェトラーナ・アレクシエーヴィチが戦争体験を聞いた従軍女性の一人。アレクシエーヴィチ『戦争は女の顔をしていない』(岩波現代文庫、2016年)、121～123ページ。〕

257 ニコライ・ドミトリエヴィチ・アブホフ(1922～1943年)は、大尉。第343狙撃兵師団第1151連隊第1狙撃兵大隊の大隊長。ОБД « Мемориал »;*Науменко Ю.А.* Шагай, пехота ! С.43-67.

258 戦争中エレンブルグが書いた数百本のコラムは、ファシスト・ドイツの「文化」に対する辛辣な指摘に満ちている。自身の観察を補強するためにしばしば押収したドイツ人の手紙や日記を引用している。*Эренбург И.* Война. 1941-1945/ Ред. Б.Я. Фрезинский. М., 2004; Jochen Hellbeck, 'The Diaries of Fritzes and the Letters of Gretchens'; *Ilja Ehrenburg und die Deutschen* hg. v. Peter Jahn.

259 正しくはフォン・レンスキー。アルノ・エルンスト・マックス・フォン・レンスキー(1893～1986年)は、1942年9月から第24装甲師団長。1943年に大佐。

260 マトヴェイ・アレクセエヴィチ・ウセンコ(1898～1943年)は、1942年12月23日から第343狙撃兵師団(第97親衛師団)の指揮官。1943年に少将。

261 正しくはフォン・ベロフ。第24装甲師団の連隊長。

262 モークラヤ・メチョトカは、ヴォルゴグラードのトラクター工場地区を流れる川。川の水は、周期的に水無瀬にあふれ出る。

263 ソ連側の観察者は、ポルノ絵画が捕虜になったドイツ人兵士のポケットや退去した塹壕で見つかったとしばしば指摘している。「ドイツ人の持ち物、新聞、写真、手紙に接した後は、絶対に手を洗いたくなる」と、慎重な書きぶりだが、ヴァシーリー・グロスマンが日記に書いている。*Гроссман В.С.* Годы войны. С. 261-262. モスクワの歴史家の聞き取りで、アナトリー・ソルダトフ少佐がはっきりこう言っている。「そこには猥褻な雑誌がたくさん残っていた。あんな猥褻なのは、写真ではめったに目にしない。あれは公式の出版物だ」。おそらくソルダトフが念頭に置いているのは、第6軍兵士のために出版された *Ostfront Illustrierte* 誌。同誌は、猥褻なドイツ女性の絵がたくさん載っており、ナチが強力に推進した出産奨励策に完全に合致している。一部がフライブルクの連邦軍事文書館で閲覧できる。Bundesarchiv-Militararchiv (Freiburg), RWD 9/32. 次の文献も参照 Dagmar Herzog, *Sexuality in Europe: A Twentieth-Century History* (Cambridge,2011), pp. 67-94.

264 註244を参照。

第4章

1 カール・シュトレッカー(1884～1973年)は、上級大将(1943年)。1942年6月から第11軍団の指揮官。1943年2月2日にスターリングラードの北の包囲環の指揮官として降伏。

2 НА ИРИ РАН, Ф. 2. Разд. I. Оп. 258. Д. 2. Л. 8-11.(日付なし)

3 本章で斜体で示した箇所は、タイプ印刷の尋問調書に手書きで書き込まれたことを示す。

4 トルコは、第2次世界大戦の勃発後も中立を保っていたが、1945年2月23日になってドイツと日本に宣戦布告している。

5 ザイオンチコフスキーが報告した、辱められたロシア兵の遺体が1942年11月にラトシンカ付近で発見された出来事を参照(ザイオンチコフスキーのインタビュー〔373ページ〕と第2章第5節「ラトシンカ上陸」〔206ページ〕)

6 カルムィク平原とは、スターリングラードの南に広がるほぼ未開のステップ地帯。

7 赤軍のロストフ解放は1943年2月14日、ハリコフは2月16日。ハリコフは3月15日に再びドイツの手に落ちたが、8月23日に最終的に解放した。

8 正しくはエルヴィン・イェーネッケ(Erwin Jänecke, 1890-1960年)。中将。1942年2月に第389歩兵師団の師団長に任命。

9 紙幅の都合で、このファイルにある尋問調書のすべては紹介できなかった。本書での尋問調書の掲載順は、ファイル内の元々の配置順とは異なる。ファイル内の配置順に明確な基準はない。

軍・第64軍との連絡を回復することになっていた。詳細は17ページおよび149～50ページを参照。

244 おそらく反動迫撃砲、いわゆる「カチューシャ」のこと。

245 グスタフ・アントン・フォン・ヴィータースハイム（1884～1974年）は、歩兵中将。軍団長をつとめた第14装甲軍団は、1942年8月のスターリングラード攻撃では第6軍の隷下にあった。軍司令官パウルスと1942年9月に対立した後、軍団の指揮権を剥奪され、待機司令官に配置換えになっている。

246 クレツカヤは、ヴォルゴグラード北西230キロメートル、ドン川の河畔にある駅。

247 ドイツ軍は、かつてのプロイセン軍のように、予備部隊を持っており、ここが生まれ故郷で教育部隊を運営し、負傷兵の面倒を見ていた。負傷したり一時帰休の前線兵士は自動的に予備部隊に編入され、ローテーションでここから再び戦闘部隊へ戻った。第1章の註80も参照。

248 ソ連の軍事宣伝は、効果が証明されたビラ「パパが死んじゃった」の数多くのバリエーションを作った。赤軍政治管理総局長のアレクサンドル・シチェルバコフは、1942年6月に軍の宣伝専門家と面会した際、この点に発言のかなりを割いている。彼が入手した情報によると、そのころにはこのビラを知らないドイツ兵は一人もいなかったという。ソ連軍に降伏する際、これを手に握りしめていたものが多かった。興味深いのは、シチェルバコフがビラの効果をこう説明していることだ。ヒトラーが定めた不屈で厳格な新世代の育成という方針にふさわしく、ドイツ兵は獰猛で非人間的だが、加えてセンチメンタルでもある。シチェルバコフは、この敵の弱みを利用して新しい「センチメンタルな」宣伝を準備せよと専門家に発破を掛けた。*Бурцев М.И.* Прозрение.М., 1981. С. 100-102. ザイオンチコフスキーの描写に合致するビラは見つかっていない。

249 ザイオンチコフスキーが念頭に置いている宣伝は、ドイツの兵士に向けて、労働者と農民の子供であるなら、資本家に操られるナチ支配に立ち向かえと訴えかけるもの。

250 正しくはラトシンカ。ヴォルガ川河畔、スターリングラードの北にある村。第2章第5節「ラトシンカ上陸」の203ページと206ページを参照。

251 ヒトラーの第6軍兵士への呼びかけは1942年11月26日付。次の文献にも記述がある。Kehrig, *Stalingrad*, S. 264-265.

252 第2章第5節「ラトシンカ上陸」を参照。

253 おそらく1941年の国防人民委員部命令第138号のこと。戦時の赤軍の全構成員について、死傷者の個人情報のとりまとめと戦死者の埋葬について規定がある。

254 スターリングラードの別の場所でもソ連の宣伝物を運ぶのにネコが用いられている。第62軍諜報部の1942年11月15日から12月31日の報告書に、第149独立狙撃兵大隊の兵士2名が次のような報告をしている。「掩蔽壕にいるネコが時々ドイツの掩蔽壕に行っているのに気づいた。これを使って敵のところへビラを運ばせようと考えた。ネコにビラを結わえ付け、しっしっとドイツの掩蔽壕に追い払った。ネコはこうやって8回往復し、ドイツ側に100枚前後のビラを持って行った。ネコがビラなしで戻って来た状況からして、ドイツ兵はわれわれのビラを読んで興味を持っていたはずだ」。ザイオンチコフスキーの話と異なり、この報告は、最後にネコが英雄的な死を遂げたりしない。興味深いのは、ネコをドイツ側へ追い払う必要があったと述べていることだ。自分から行こうとしなかったのだろう。НА ИРИ РАН, Ф. 2. Разд. III. оп. 5. Д. 3а. Л. 27 об.（« Обзор политико - морального состояния немецко - фашистских войск, противостоящих 62- й Армии（за период с 15 ноября по 31 декабря 1942 года）.», 5 января 1943 года）.

255 ソヴィエト情報局の伝える報道番組のこと。

256 マリヤ・ペトローヴナ・クハルスカヤ（スミルノワ）（1921～2010年）は、衛生指導員。1941年に志願して前線に行く。1946年にドイツのドレスデン近郊で、中尉の肩書きで除隊。*Науменко Ю.А.* Шагай, пехота ! М.: Воениздат, 1989. С. 63-67; Акмолинская правда. 2010. № 115. 28 сентября

224 スターリングラード戦の際は、ソフホーズ。鉄道のバサルギノ駅の近くにあった。

225 現在のカヌンニコフ通りにあった。ヴォルガ川河岸から約1キロメートル、〈斃れし戦士〉広場から1キロメートル離れていた。この広場に面した百貨店の地下にパウルス元帥が潜んでいた。

226 パウルスとその参謀を捕虜にした百貨店のこと。

227 第7課の活動は、Norman Naimark, *The Russians in Germany: A History of the Soviet Zone of Occupation, 1945-1949*（Cambridge, MA, 1995）, pp. 17-20.

228 17ページおよび149～50ページを参照。

229 *Епифанов А.* Советская пропаганда и обращение с военнопленными вермаха в ходе Сталинградской битвы（1942-1943 гг.）// Россияне и немцы в эпоху катастроф. С. 67-74.

230 ソ連がロシア帝国の伝統に回帰する過程は、Kevin M. F. Platt and David Brandenberger, eds., *Epic Revisionism: Russian History and Literature as Stalinist Propaganda*（Madison, WI, 2006）.

231 ここまで、および以後の伝記情報の典拠は、*Захарова Л.Г.* Петр Андреевич Зайончковский - ученый и учитель // Вопросы истории. 1994. № 5. С. 171-179; Terence Emmons, "Zaionchkovsky, Petr Andreevich," in *The Modern Encyclopedia of Russian and Soviet History*, ed. George N. Rhyne, vol. 55（Supplement）. Gulf Breeze, 1993, pp. 185-186.

232 Hellbeck, *Revolution on My Mind*; Orlando Figes, *The Whisperers: Private Life in Stalin's Russia*（London, 2008）, pp. 64, 196-199.〔オーランドー・ファイジズ（染谷徹訳）『囁きと密告：スターリン時代の家族の歴史』（白水社、2011年）上巻128、322～26ページ〕

233 История дореволюционной России в дневниках и воспоминаниях : Аннотированный указатель книг и публикаций в журналах / Научное руководство, редакция и введение профессора П.А. Зайончковского : В 5 т., в 13 ч. М., 1976-1989. ザイオンチコフスキーの単著の多くは、アメリカで翻訳が出ている。〔日本でも農奴解放の研究書の翻訳が出ている：ペ・ア・ザイオンチコーフスキー（増田冨壽、鈴木健夫共訳）『ロシヤにおける農奴制の廃止』（早稲田大学出版部、1983年）〕

234 グリゴリー・ニコラエヴィチ・アンピロゴフ（1902～1987年）は、ソ連の歴史家。1942年から45年まで大祖国戦争史委員会で活動。

235 アンドレイ・チェスラヴォヴィチ・ザイオンチコフスキー。この兄（ピョートル・アンドレーエヴィチの伯父）のニコライ・チェスラヴォヴィチ・ザイオンチコフスキーは、元老院議員、聖シノドの宗務総監補佐。

236 ポーランド出身の貴族であるザイオンチコフスキー家は、スモレンスク県スィチョフカ郡ミハイロフスコエ村に領地を持っていた。隣村がヴォロチョク村（今のナヒーモフスクコエ村）。

237 パーヴェル・ステパーノヴィチ・ナヒーモフ（1802～1855年）は、著名な海軍司令官、海軍提督。スモレンスク県の貴族の出身。クリミア戦争（1853～56年）時は黒海艦隊分艦隊司令官。

238 ボロジノの戦い（1812年8月26日〔西暦9月7日〕、死者およそ8万人）は、モスクワ近郊でおきて1812年の祖国戦争の帰趨を決めた戦いである。Dominic Lieven, *Russia against Napoleon: The True Story of the Campaign of War and Peace*, New York 2009, p. 209.

239 聖ゲオルギー十字勲章は、エカテリーナ2世が1769年に制定したロシアの功労勲章。

240 カデットは、立憲民主党の略称（「人民自由党」とも）。1905年から17年のロシアにおけるブルジョア自由主義政党。1917年の十月革命後にボリシェヴィキによって解党。オクチャブリスト（正式には「10月17日同盟」）は右派リベラル政党で、官僚・地主・商工ブルジョアジーが結成。1905年革命後のツァーリ政府の有力与党。

241 ロシア軍の肩章は1917年12月に廃止され、反革命のしるしだと罵られた。1943年1月に赤軍が再導入。

242 現在は、ヴォルガグラード州ゴロジーシチェ地区の町。

243 第66軍は、第4戦車軍、第1親衛軍、第24軍とともに、ドイツの「北門」を突破して第62

203　アレクセイ・シールィチ・ノヴィコフ＝プリボイ（1877～1944年）は、ロシア＝ソヴィエトの作家、マクシム・ゴーリキーの弟子。1932年に代表作『ツシマ』を刊行、1941年には第二部も出た。

204　この部分の後に、聞き取り記録には次の書き込みがある。「V. ザイツェフ。対話の速記、ソ連邦英雄ザイツェフ・V・Gの校閲ずみ（速記の補足）。聞き手は学術研究員のR. N. クロリ。速記はA. I. ロスリャコワ。1943年8月23日。」

205　刊本はこの部分が欠落。

206　「剛毅」記章のこと。ザイツェフに授与したのはチュイコフ。

207　刊本はこの部分が欠落。宣伝活動については、こう言っている。「わたしはコムソモールのビューロー員だったので、あちこちの分隊に行く機会がありました。コムソモールの登録に始まって、狙撃兵グループの組織まで、あらゆることをしています」（*Зайцев В.Г.* Рассказ снайпера. С. 11）

208　刊本はこの部分が欠落。

209　第1章70ページ参照。

210　現在は極東鉄道。

211　1941年12月の日本の対米宣戦布告によってソ連の二正面戦の危機がなくなった。真珠湾攻撃の翌月、赤軍の23個師団と19個旅団がソ連極東から西部へ移動している。Glantz, *Colossus Reborn*, p. 154.

212　ハバロフスク地方ビキン地区レールモントフカ村にある駅。

213　ヴェルチャーチーは、ドン川の湾曲部にある居住地で、今のヴォルゴグラード州ゴロジーシチェ地区にある。

214　フレンチとは、フレンチ型の軍服のこと。シングルブレストの男性ジャケットで、正面でボタンをかけ、袖が長く、折襟。この軍服は、例えば、通信部隊の技師中尉が着用した。これに対して歩兵が着用するのは、とりわけ夏期は、軍服でなくギムナスチョルカ。ジャケットのように羽織るのではなく頭からかぶり、襟ぐりに正面から前立てをつけてボタンを留め、首回りに折襟がつく（1943年からは立襟）。胸元に張り付け式のポケットがある（1943年からは切り込み式）。

215　「心理攻撃」のことは、33～4ページと第1章の註184（472～3ページ）を参照。

216　チングタ駅は、スターリングラード＝コテリニコヴォ間の鉄道にある駅で、ヴォルゴグラードから約30キロメートル離れている。

217　ペスコヴァトカは、ヴェルチャーチー村にほど近い、今のヴォルゴグラード州ゴロジーシチェ地区にある村。チングタ駅とペスコヴァトカとは、100キロメートル以上ある。

218　ブリンキノは、ヴォルガ川沿岸鉄道の駅。今はこの名前の駅は存在しない。

219　サレプタは、革命前まではドイツ人入植者の集住地。大祖国戦争時は、スターリングラード市キーロフ地区にあるクラスノアルメイスク村（現在のヴォルゴグラード市クラスノアルメイスク地区）。ここにヴォルガ川沿岸鉄道のベケトフカ駅がある。

220　1963年から市。左岸のアフトゥバ近く、ヴォルゴグラードから70キロメートルに位置。スターリングラード戦の際は、食糧や弾薬の備蓄品の集積基地。

221　正しくはカプスチン・ヤール。レーニンスクからおよそ50キロメートルにある村。今はアストラハン州アフトゥバ地区。スターリングラード戦の際は、ここに電話回線の中継局が設置され、最高総司令部と直通電話ができたほか、野戦病院の振り分け拠点もあった。

222　ソリャンカは、カプスチン・ヤールから約15キロメートルにある村。今はアストラハン州アフトゥバ地区。

223　11月20日未明、ソ連軍の反転攻勢の第2側面攻撃が開始。第204狙撃兵師団（第64軍）は、敵の包囲を突破すると、3日間の交戦で15キロメートル前進し、11月22日にヤーゴドナヤ・バルカとヤーゴドヌィ村を奪取した。

181 刊本はこの部分を次のように記述している。「これは同志たちの興味をひいた。誰もが感嘆している。」(Там же. С. 10.)

182 刊本はこの部分を次のように記述している。「初めの頃は、当然だが、狙いを外すこともあった。焦って動揺したのだ、生来、落ちついた人間なのだが。街中で戦うと、敵まで40〜50メートルということがある。野原とは違うのだ。多くの助言が狙撃兵に寄せられるが、当を得なかった。しかし間もなくドイツ人がわたしのことに気づいた。」(Там же. С. 11.)

183 刊本はこの部分が欠落。

184 刊本は、テキストのこの部分が次のようになっている。「このときわたしは塹壕を飛び出し、背伸びをしてライフル銃を構えました。やつはこんな大胆な行為を予想しておらず、動転します。わたしが先にやつを神聖なロシアの弾で撃ちました。ライフル銃がフリッツの手から落ちます。わたしは簡易トーチカの銃眼を狙い撃ちし、ドイツの機関銃手が機関銃に近づけないようにしました。」(*Зайцев В.Г.* Рассказ снайпера. С. 16.)

185 刊本はこの部分が欠落。

186 刊本はこの部分が欠落。

187 刊本はこの部分が欠落。

188 刊本はこの部分が欠落。

189 刊本はこの部分を次のように記述している。「10月、わたしの人生にもう一つ重要な出来事がありました。コムソモールが党員に推薦してくれたのです」(*Зайцев В.Г.* Рассказ снайпера. С. 8)。

190 このエピソードは、インタビューの末尾で詳述。触れているのは、おそらくヴェジュコフ大佐のこと。

191 刊本はこの部分が欠落。

192 フールマノフとチャパーエフのことは第1章33ページ参照。

193 おそらく国内戦の英雄A. Ya. パルホメンコ(1886〜1921年)のこと。1939年にフセヴォロド・イワノフがパルホメンコの小説を出している。

194 グリゴリー・イワノヴィチ・コトフスキー(1881〜1925年)は、ソ連の軍司令官・政治家、内戦の参加者。ザイツェフが読んだのはおそらくシュメルリングのこの本。*Шмерлинг В.* Котовский. М. 1937.

195 アレクサンドル・ヴァシーリエヴィチ・スヴォーロフ(1730〜1800年)は、ロシア軍元帥。ロシア軍史上もっとも有名な司令官。

196 ミハイル・イラリオノヴィチ・ゴレニシチェフ=クトゥーゾフ(1745〜1813年)は、ロシアの将軍。ナポレオンと1812年の祖国戦争で戦った。

197 ブルシーロフ攻勢は、A. A. ブルシーロフ将軍が指揮して第1次世界大戦の1916年6月から8月に行われたロシア軍の南西戦線での反攻作戦。ロシア軍が大勝利を収めた。おそらくザイツェフが読んだのはヴェトシュニコフの次の本。*Ветошников Л. И.* Брусиловский прорыв. Оперативно-стратегический очерк. М., 1940.

198 ウラジーミル・ヤコヴレヴィチ・ザズーブリン(ズブツォフ)(1895〜1937年)は、ソ連の作家。コルチャクの破滅を描いた小説『二つの世界』は1921年の刊行。

199 ピョートル・イワノヴィチ・バグラチオン(1765〜1812年)は、1812年の祖国戦争の将軍。おそらくこれはボリソフの次の本。*Борисов С. Б.* Багратион : Жизнь и деятельность русского полковника. М., 1938.

200 デニス・ヴァシーリエヴィチ・ダヴィドフ(1784〜1839年)は、中将で詩人。1812年の祖国戦争の際、パルチザン運動を率いた。

201 セルゲイ・ゲオルギエヴィチ・ラゾ(1894〜1920年)は、内戦時のソ連の指揮官。おそらくザイツェフが言っているのは、この本。Сергей Лазо : Воспоминания и документы. М., 1938.

202 『海軍物語』(1888年)は、スタニュコヴィチ(1843〜1903年)の作品。

152 *Чуйков В.И.* Сражение века. С. 174 и сл.
153 На защиту Родины. 1942. 21 октября. С. 1; Там же. 1942. 26 октября. С, 1; Там же. 1942. 30 октября. С. 1; Он погиб, не убив немца // Правда. 1942. 3 ноября. С. 2.
154 Там же. 1942. 26 октября. С, 1.
155 Beevor, *Stalingrad*, p.203〔邦訳 279 ページ〕. 典拠はロシア国防省公文書館の記録〔ЦАМО РФ. Ф. 48, оп. 486, д. 25, л. 122.〕。
156 *Гроссман В.С.* Годы войны. С. 387.
157 На защиту Родины. 1942. 2 ноября. С. 1（" Снайпер Василий Зайцев "）.
158 Там же. 1942. 6 ноября（" Дела снайперов "）.
159 Там же. 1942. 14 ноября С. 1（" Ширится боевое соревнование "）.
160 ザイツェフのインタビューを参照。НА ИРИ РАН, Ф. 2. Разд. III. оп. 5. Д. 27. Л. 44. 次も参照：Сталинградская битва : Энциклопедия. С. 151. モスクワの公文書館にザイツェフのスターリングラードでの「個人帳簿」が保管されている（期間は 1942 年 10 月 5 日から 12 月 5 日まで）。コトフ大尉の署名があるこのメモ帳には「ヒトラーの兵士」184 人を殺害と記されている。РГАСПИ. ф. М -7. оп. 2. д. 468.
161 *Зайцев В.Г.* За Волгой земли для нас не было. С. 105 и сл.
162 インタビューの準備にアクショーノフ大尉が間接的に協力した節がある。1943 年 3 月 9 日に「スターリングラード防衛における狙撃兵の役割」と題する論文を書いているが（НА ИРИ РАН, Ф. 2. Разд. III. оп. 5. Д. 26. Л. 1-20.）、どうやらこの論文を歴史家が見た上でザイツェフの 4 月のインタビューを行ったようなのだ。その証拠に、話すエピソードが重なっている。論文もしくはその一部はおそらく『赤い艦隊』紙の 1942 年 3 月 15 日号に掲載された（アクショーノフのインタビューを参照〔本章第 6 節 323 ページ〕）。
163 *Зайцев В.Г.* Герой Советского Союза. Рассказ снайпера. М., 1943. 本文に先立って次のような注釈が付されている。「ソ連邦英雄のコムソモール員ヴァシーリー・ザイツェフと大祖国戦争史委員会との対話の速記録」。1943 年 10 月 11 日組版。
164 ザイツェフの後年の発言、とりわけ 1981 年の回想録は、1943 年の聞き取り速記としばしば矛盾する。*Зайцев В.Г.* За Волгой земли для нас не было.
165 Сталинградская битва : Энциклопедия. С. 151; Герои Советского Союза : Краткий биографический словарь. Т. 1. С. 524.
166 ニコライ・アクショーノフのインタビューを参照〔本章第 6 節 333 ページ〕。
167 刊行テキストと異なる箇所は、字体を変更した。
168 ライサ・イワノヴナ・クロリが委員会で働き始めたのは、1942 年の疎開先のスヴェルドロフから。
169 オリガ・アレクサンドロヴナ・ロスリャコワは、委員会の速記者。
170 おそらく 1929 年の間違い。
171 マグニトゴルスク冶金コンビナートの第一高炉の起工は、1930 年 7 月 1 日。
172 刊本はこの部分が欠落。
173 赤軍水兵は、1918 年から 1943 年まで存在した海軍の階級で、陸軍の「赤軍兵士」と同じく、一番下の地位。
174 海軍人民委員部のこと。1937 年に国防人民委員部から分離独立。
175 刊本はこの部分が欠落。
176 ブルコフカは、ヴォルゴグラード近郊にあるスレードニャヤ・アフトゥバ地区の村。
177 刊本はこの部分が欠落。
178 アクショーノフのインタビューを参照〔本章第 6 節 319-20 ページ〕。
179 剛毅記章は 1938 年の制定。
180 刊行されたインタビューでは、「約 800 メートル」。*Зайцев В.Г.* Рассказ снайпера. С. 10.

別の箇所は 156 日となっている。

130 速記録には、鉛筆の手書きで修正がある。

131 ニコライ・パーヴロヴィチ・マズーニンは、歴史家。1941 年にヴォロシーロフ記念海軍兵学校大学院を卒業。三等主計。後に管理部大尉。大祖国戦争史委員会のメンバー。

132 石油シンジケートは、クルトイ谷〔別名「死の谷」〕に隣接し、その建物は「赤い十月」工場まで続いていた。

133 現在の「ヴォルゴグラード・トラクター部品工場」。1932 年にスターリングラード金属製品工場として、ママイの丘の麓にあった大砲倉庫の跡地に創建。

134 早くも内戦期にツァリーツィンが「赤いヴェルダン」と呼ばれている。第 1 章の冒頭（9 ページ）と「スターリンの街」（35 ページ）を参照。

135 ソ連の戦闘爆撃機 IL のこと。セルゲイ・イリューシンの指導で開発され、戦争中に実戦投入された。

136 1914 年にママイの丘の斜面に屠殺・冷蔵場がつくられ、これが 1931 年に食肉コンビナートに変わった。

137 おそらく IL の改造機のこと。IL に口径 82 ミリのロケット弾を搭載した。

138 師団の補給所とは、弾薬の補給箇所のことで、ここから弾薬の割当分が引き渡される。

139 1942 年のソ連のプロパガンダと同じように、アクショーノフはツァリーツィン攻防戦をドイツ軍との戦いとして描いている。実際は、ウクライナを占領したドイツの部隊が 1918 年の白軍のツァリーツィン攻撃に手を貸した事実はない。

140 カストルナヤは、クルスク＝ヴォロネジ間の鉄道拠点。1942 年 7 月にここで激戦があった。

141 グロスマンは、この時期の手紙を見ると、実はベネシュのことをとても心配している。Beevor and Vinogradova, *A Writer at War*, pp. 203-204〔邦訳 311〜312 ページ〕.

142「読みました、43 年 5 月 12 日、N. アクショーノフ」の署名がある。

143 元々は「全く残っていません」だったのを手書きで修正。

144 ラキチャンスキーは 1913 年生まれ。ロシア国防省が作成したデーターベース「メモリアル」に記録がある。

145 このあとに「とても残念でなりませんでした」とあったのを削除している。

146 ソ連最高会議幹部会令で 1942 年 12 月 22 日に制定。メダルのデザインは、画家の N. I. モスカリョフ。

147 1945 年 5 月 1 日のスターリンの命令では、レニングラード、スターリングラード、セヴァストーポリ、オデッサを英雄都市としている。後にこの数は 12 まで増えた〔ブレスト要塞を含めると 13〕。

148 ザイツェフも軍司令官チュイコフも、回想録の中で「ベルリンから来た大物狙撃手」について語っている。この人物は、敵のドイツ人から認められたいという二人の承認願望を満たすものだったのだろう。*Зайцев В.Г.* За Волгой земли для нас не было. Записки снайпера. М., 1971. С. 199; *Чуйков В.И.* Сражение века. С. 176.

149 На защиту Родины. 1942. 5 октября. С. 2.

150 Капитан Аксенов Н.Н. Роль снайперов в обороне Сталинграда // НА ИРИ РАН, Ф. 2. Разд. III. оп. 5. Д. 26. Л. 2.

151 これは、イリヤ・エレンブルグの文章「殺せ」の一節（『赤い星』1942 年 7 月 24 日号掲載）。作家でジャーナリストのイリヤ・エレンブルグ（1891〜1967 年）が戦争中ほぼ毎日ソ連の日刊紙に書いていたコラムは、ドイツ人への憎しみをかきたて、その占領政策や文化を非難するものだった。エレンブルグはその際しばしば、押収したドイツ人の手紙や日記を引用した。憎しみのプロパガンダをあおった作家には、ほかにシーモノフ、アレクセイ・トルストイなどがいる。*Ilja Ehrenburg und die Deutschen*, hg. v. Peter Jahn, Berlin 1997; Hellbeck, "The Diaries of Fritzes and the Letters of Gretchens", pp. 588-598; Berkhoff, *Motherland in Danger*, pp. 173-192.

105 インノケンチー・ペトローヴィチ・ゲラシモフ（1918～1992年）は、ドイツの戦車10輛を破壊した功績で1942年10月にソ連邦英雄の称号を得ている。Сталинградская битва. Хроника, факты, люди. Кн. 1. С. 74 и сл.; Герои Советского Союза : Краткий биографический словарь. Т. 1. С. 319.

106 НА ИРИ РАН, Ф. 2. Разд. XIV. Д. 10. Л. 1; Д. 22. Л. 75, 79, 84.

107 ルジシチェヴォは、キエフ南方の小村。

108 ジュリャヌィは、キエフの南西に隣接する村だったが、1985年にキエフ市に編入された。

109 原文に欠落がある。

110 アヴェルブフにインタビューをしている政治指導員インノケンチー・ゲラシモフのこと。

111 連隊長アレクサンドル・アキーモヴィチ・ゲラシモフのこと。同姓の政治指導員と混同しないこと。

112 6連装の15センチ反動迫撃砲「ネーベルヴェルファー41型」のこと。ソ連の兵士が「ヴァニューシャ」（イワンの愛称）と呼んだのは、自分たちの「カチューシャ」（エカテリーナの愛称）と対比するため。

113 エリシャンカのこと。現在はヴォルゴグラード市の一部。

114 168カ所も銃弾を浴びたヴァシーリー・グラズコフ少将（1901～1942年）の血まみれの軍服は、現在ヴォルゴグラードのスターリングラード攻防戦パノラマ博物館に展示されている。

115 *Чуйков В.И.* Сражение века. С. 111. 別の指摘によると、師団は9月11日時点で454人の兵士がいたという。Glantz, *Armageddon in Stalingrad*. p. 85.

116 グラズコフが戦死すると、師団参謀長のヴァシーリー・パーヴロヴィチ・ドゥビャンスキー（1892～1980年）が第35親衛狙撃兵師団を指揮した。

117 第35師団と戦ったのは、ドイツの第14および第24装甲師団と、ルーマニアの第20歩兵師団である。Glantz, *Armageddon in Stalingrad*, pp. 64, 93.

118 正しくは、パニチキン。

119 これはつまり、ゲラシモフの連隊が、スターリングラード南郊でヴォルガ川に進出したドイツ軍の南にいたことを意味する。師団司令部とのやりとりは船を通じてだった。

120 重機関銃は、操典によると、機関銃手と6人の兵士で扱うことになっていた。その際、1番が照準手、2番が照準手補、3番が砲弾運搬人、4番が砲弾運搬人、5番が測距手、6番が騎乗砲兵を意味した。

121 渡河を担当する水兵のこと。

122 Сталинградская битва : Энциклопедия. С. 127. バチュク師団長のインタビューも参照。

123 師団コミッサールのアレクサンドル・レヴィキンのインタビュー。

124 スターリングラード戦線NKVD特務部からソ連内務人民委員部へ宛てたスターリングラード戦の戦況報告、1942年9月16日付。Сталинградскдя эпопея. С. 196.

125 William Craig, *Enemy at the Gates*（New York, 1973）., p. 120.

126 Краткие сведения об основных этапах боев 62- й армии по обороне гор. Сталинграда // НА ИРИ РАН. Ф. 2. Разд. III. Оп. 5. Д. 3. Л. 5.

127 歴史教師としてアクショーノフは、イサーク・ミンツの歴史委員会に親近感を覚えていた。モスクワの歴史博物館の所蔵品である砲弾の薬莢でつくった石油ランプには「歴史学博士I.I.ミンツへ、スターリングラード防衛の思い出に、大尉N.N.アクショーノフより」との銘が入っている（「1943年、証言者の目から見た戦争」展、国立歴史博物館の2003年の展覧会：«1943 год. Война глазами очевидцев.» Выставка из собрания Государственного Исторического музея при участии Центрального музея Вооруженных сил. М., 2003. С. 8.）

128 ソ連のスターリン崇拝については、Jan Plamper, *The Stalin Cult: A Study in the Alchemy of Power*（New Haven, CT, 2012）.

129 アクショーノフは、ある箇所では152日間ずっとスターリングラードにいたと語っているが、出た。*Крылов Н.И.* Сталинградский рубеж. С. 128 и сл.

85 このエピソードは、ロジムツェフの回想録には違う形で書かれている。聞き取りでは独自の行動だが、回想録ではチュイコフの命令である。*Родимцев А. И.* Гвардейцы стояли насмерть. С. 40.

86 射殺のことは回想録に一言もない。

87 イワン・パーヴロヴィチ・エーリンは、第42親衛狙撃兵連隊の連隊長。ロジムツェフが指揮する第13親衛ポルタワ赤星狙撃兵師団の所属。後に第6自動車化狙撃兵旅団（1943年10月25日に第27親衛自動車化狙撃兵旅団に改組）の旅団長。この出来事も出版されたロジムツェフの回想録に言及がない。

88 セミョン・ステパーノヴィチ・ドルゴフ（1904～1944年）は、親衛少佐、1942年12月まで第39親衛連隊の連隊長。

89 ソ連海軍とバルト艦隊の水兵で編成された第92独立狙撃兵旅団のことだと思われる。

90 射殺のことはロジムツェフの回想録に一言もない。

91 鉛筆で「離れない」と修正がある。

92 サムソーノフは、70メートルの距離でともにペンザ通りにあるL字型の建物と鉄道員会館のことを「堅固な地下室を備えた高層の建物」と書き、こう評している。「敵は、この建物を占領すると、強固な抵抗拠点に変え、対戦車砲、重機関銃に軽機関銃、迫撃砲、擲弾筒、火炎放射器の火砲一式を備え付け、どの階のどの部屋も建物で戦える準備を整え、鉄条網や地雷原や簡易トーチカを張り巡らして接近を阻んだ。この二つの拠点には重要な戦略的意味があり、周辺地域がコントロールできるので、第34および第42親衛狙撃兵連隊の戦区での積極的な行動を完全に拘束した」。*Самсонов А. М.* Сталинградская битва. С. 265 и сл.

93 市街戦における突撃グループの戦略を論じたチュイコフの論文も参照。L字型の建物と鉄道員会館の攻略の様子が詳細に書かれている。*Чуйков В.И.* Тактика штурмовых групп в городском бою // Военный вестник. 1943. № 7. С. 10-15. L字型の建物の強襲は、従軍映画カメラマンのヴァレンチン・オルリャンキンが撮影してドキュメンタリー映画『スターリングラード』（レオニード・ヴァルラーモフ監督、1943年）に使われている。

94 チムは、クルスク州の町。

95 この聞き取りは、ロジムツェフの聞き取りと同じく、1943年1月7日にスターリングラードで行われた。聞き手はA. A. ベルキン、速記はA. A. シャムシナ。

96 おそらくヴォロネジ州の村のこと。

97 *Чуйков В.И.* Сражение века. С. 350; Сталинградская эпопея. С. 196.

98 Gabriel Temkin, *My Just War: The Memoir of a Jewish Red Army Soldier in World War II*. Novato, CA 1998. p. 208. 次の文献も参照。*Mascha, Nina, Katjuscha: Frauen in der Roten Armee*, hg.v. Swetlana Alexijewitsch, Berlin 2002, S. 17, 160f.

99 G. S. シュパーギンが設計したソ連の自動小銃「シュパーギン短機関銃」のこと。

100 スヴェトラーナ・アレクシエーヴィッチが行った元兵士の女性へのインタビューは、それだけに価値が高い。*Алексиевич С.А.* У войны не женское лицо. М., 1985.〔スヴェトラーナ・アレクシエーヴィチ（三浦みどり訳）『戦争は女の顔をしていない』群像社、2008年（現在は岩波現代文庫、2016年）〕

101 ロジムツェフのインタビューで注記した註94を参照。

102 おそらくグーロワはここで家族に関する質問に答えている。話を聞いた歴史家の質問は規則で速記録に記さないことになっており、発言への干渉度合いを測るのは難しい。

103 Сталинградская битва. Хроника, факты, люди. Кн. 1. С. 417,427; Сталинградская битва : Энциклопедия. С. 402. ロッソシュカ村の近くにドイツ戦没者埋葬地管理援護事業の発意で1999年に独ソ戦没兵士墓地が設けられ、5万人近いドイツとソ連の戦死者が埋葬されている。

104 次も参照 Glantz, *Armageddon in Stalingrad*. pp. 79-81.

63　明らかな誤記。正しくは「43 年の 1 月 25 日から」。

64　*Родимцев А.И.* Гвардейцы стояли насмерть. М., 1969. С. 7-10.

65　*Гроссман В. С.* Сталинградская битва（20 сентября 1942）//*Гроссман В.С.* Годы войны. С. 21, 29.

66　『イズヴェスチヤ』紙が早くも 1942 年 10 月 18 日に報道しているが、その家はまだパヴロフの名前がついていない。歴史家の聞き取りでロジムツェフが語った戦闘行為は、師団長として指揮していたものだ。パヴロフの家の防衛は、下位の指揮次元で行われていた可能性がある。

67　破壊されたパヴロフの家は 1943 年 7 月に再建され、相当なプロパガンダが費やされた。この家は、ペンザ通り 61 番地にあることから、『人生と運命』で重要な役割を果たす「第 6 号棟第 1 フラット」のモデルにもなった。Сталинградская битва : Энциклопедия. С. 136 и сл. テレビのドキュメンタリー番組 Искатели. Легендарный редут.（2007 年、監督レフ・ニコラーエフ）も参照。

68　*Родимцев А.И.* « Дом солдатской самоотверженности » // Родимцев А. И. Гвардейцы стояли насмерть. С. 85-105, 133 и сл., 138.

69　シャルルィクはオレンブルグ州にある村で、アレクサンドル・ロジムツェフの出生地。彼を称えて胸像が設置され、通りと学校に彼の名前が冠されている。

70　チュイコフのインタビューの冒頭部分を参照。

71　ロシアを 1921 年から 22 年にかけて襲った大飢饉のこと。内戦と旱魃が原因とされ、約 1000 万人が犠牲になった。被害地は、ヴォルガ川からウラル山脈にかけての農業地域で、オレンブルグもここにある。

72　富農とは、ソ連時代の攻撃対象だった豊かで金持ちの農民のこと。ヨシフ・スターリンの下で行われた「富農撲滅」（1929〜33 年）で数百万人の自営農とその家族が財産没収のうえ追放され、数千人が処刑された。1937 年から 38 年には NKVD 命令第 00447 号に従ってふたたび富農の追放と銃殺がおきた。

73　全ロ中執〔全ロシア中央執行委員会〕記念学校は、軍幹部の養成学校で、現在のモスクワ高等士官学校。

74　ホディンカは、モスクワ北西に位置する野原。19 世紀末からここにニコライ（十月記念）兵営が置かれている。軍事教練や射撃訓練にも使われた。

75　原文の " Санька наша приехала." は、男性の名前であるСанькаを女性名詞に見立てており、正式なロシア語文法では誤りである。

76　全ロ中執記念学校の生徒は、レーニン廟の警護につく特権があった。

77　『赤い星』の 1943 年 1 月から 6 月の各号を見たが、この記事は見つからなかった。

78　1937 年のパリ万国博覧会のこと。エッフェル塔の足下で行われ、呼び物は向かい合って鎬を削るナチのドイツ館とスターリンのソ連館だった。

79　前身は、1832 年創設のニコライ陸軍士官学校。1918 年に改組され、赤軍陸軍大学と改名。1925 年から M. V. フルンゼの名前を冠している。1998 年からはロシア連邦総合軍事大学。

80　ペルヴォマイスクは、ウクライナのニコラエフ州にある都市。

81　第 3 空挺軍団の編成開始は 1941 年 5 月。

82　スターリンカは、ポルタワ州の村落。現在はチェルノザヴォツコエ〔2016 年にザヴォツコエと改称〕。

83　フィリップ・イワノヴィチ・ゴリコフ（1900〜1980 年）は、ソ連の軍司令官、ソ連邦元帥（1961 年）。1942 年 7 月からヴォロネジ戦線の軍司令官、42 年 8 月から第 1 親衛軍司令官として南東およびスターリングラード方面軍に配属。1942 年 9 月にスターリングラード方面軍、1942 年 10 月にヴォロネジ方面軍の司令官補佐。1943 年 3 月にモスクワに召還され、以後、前線には戻らなかった。1943 年 4 月に国防人民委員補佐（人事担当）に任命。

84　師団は、ハリコフ近郊の戦いで大損害を受けた後、装備を改めて整えて増強された。補充兵の多くは軍学校の生徒で、実戦経験がなかった。再編中にスターリングラード戦線行きの命令が

50　P. I. タラソフ中佐は、第 92 狙撃兵旅団の旅団長だった 9 月 26 日に、ドイツの攻撃を受けて指揮所を独断で市街地からヴォルガ川の中州に移した。軍法会議は臆病の廉で有罪とし、彼（と旅団コミッサールの G.I. アンドレーエフ）の無責任な行動が部隊を防衛陣地から退却させた指摘した。二人は 1942 年 10 月 9 日に処刑された。*Дайнес.* Штрафбаты. С. 133. タラソフとアンドレーエフは、チュイコフが隊員の前で処刑した二組目の指揮官だと思われる（262 ページ参照）。チュイコフの回想録に二人の名前はない。

51　正しくはゴリシュニー。ヴァシーリー・アキーモヴィチ・ゴリシュニー（1903〜1962 年）は、親衛中将、ソ連邦英雄。NKVD 軍第 13 自動車化狙撃兵師団の師団長。同師団をもとに 1942 年 9 月に編成された第 95 狙撃兵師団は、9 月 19 日にヴォルガ川を渡ってスターリングラードに入り、ママイの丘と「赤い十月」工場で戦った。

52　イワン・イリイチ・リュドニコフ（1902〜1976 年）は、大将、ソ連邦英雄。第 138 狙撃兵師団の師団長。同師団は「バリケード」工場で戦った。

53　おそらくアフリカン・フョードロヴィチ・ソコロフ（1917〜1977 年）のこと。ソ連邦英雄。スターリングラード戦の時は大尉で、第 62 軍の第 397 対戦車連隊本部長。

54　ヴィクトル・グリゴーリエヴィチ・ジョールジェフ（1905〜1944 年）は、少将、ソ連邦英雄。第 62 軍の第 37 親衛師団の師団長。同師団はスターリングラードのトラクター工場で戦った。

55　この師団は、1942 年 8 月にモスクワ州で第 8 空挺軍団を基に編成された。アヴェルブフとゲラシモフのインタビューを参照〔本章第 4 節と第 5 節〕。

56　この表現は、ソ連の軽音楽家レオニード・ウチョソフの持ち歌だったフランスのシャンソン "Tout va très bien, Madame la Marquise" に由来する。歌は、長い留守から戻った伯爵夫人が使用人に電話して、領地がどうだったかを尋ねる。「すべて申し分ありません」という返事だったが、夫人の灰色の愛馬の死など多くのことを些細なことにしていた。

57　KV とは、ソ連の重戦車「クリメント・ヴォロシーロフ」のこと。ドイツ兵には、頑丈な装甲から「Dicker Bello」（分厚いベロ）と呼ばれた。Zaloga S. J., Ness L. S. *Red Army Handbook.* p. 189 f.

58　ドイツの戦闘機メッサーシュミット Bf109 のこと。

59　ヴァシーリー・グロスマンが、『赤い星』紙のスターリングラード特派員として、早くも 1942 年 12 月にチュイコフにインタビューしている。彼の対話メモは、チュイコフのこのインタビューの答えと見事に合致している。例えば、「〔チュイコフとの〕最後に話したのは、厳しさや冷淡さを原則とすること。議論になる。最後に思いがけない言葉。《そうさ、わたしは泣いた、でも泣いたのは一人でだ。四人の赤軍兵士が自分に砲火を向けろと言った時は絶句した。泣いたよ、でも一人だ、一人の時だ。誰も決して見ていなかった》」。*Гроссман В.С.* Годы войны. С. 367.

60　前出の註 2 参照

61　グロスマンはスターリングラードで方面軍司令官エリョーメンコとも話をし、チュイコフの人物評を尋ねている。「チュイコフを抜擢したのはわたしだ。顔見知りで、パニックに屈しない男だ。《お前の勇敢さは知っているが、大酒飲みから来る場合がある、そういう勇敢さはいらない。よく考えずに決定を下すな、お前にはその傾向がある》。やつがパニックになりかけた時、わたしは助けてやった」。グロスマン自身の方面軍司令官エリョーメンコ評は厳しい。ドイツ軍を包囲する構想を自分のものにしたり、スターリンとの親しさを繰り返し強調するエリョーメンコに、不快感を覚えている。*Гроссман В.С.* Годы войны. С. 350-353. グロスマンのスターリングラードを描いた小説『人生と運命』には、方面軍司令官のチュイコフ訪問の場面がある。エリョーメンコは、「実際、彼はスターリングラードの主人のところにお客に来たかのよう」に感じていた。*Гроссман В.С.* Жизнь и судьба. С. 12.〔邦訳第 1 巻 64 ページ〕

62　ボリス・ミハイロヴィチ・シャポシュニコフ（1882〜1945 年）は、ソ連の軍人、政治家、軍事理論家、ソ連邦元帥。1942 年 5 月から 1943 年 6 月までソ連国防人民委員代理。

ラード方面軍と南部方面軍の軍事評議会メンバー。

34 ニコライ・イワノヴィチ・クルィロフ（1903〜1972 年）は、ソ連の軍人、ソ連邦元帥、2 度のソ連邦英雄。1942 年 8 月に第 1 親衛軍参謀長に任命されたが、数日後にスターリングラードに緊急召集されて第 62 軍参謀長になった。後任司令官のチュイコフが着任するまで、ほぼ 1 カ月間、軍を指揮した。戦後に回想録を書いている。*Крылов Н.И.* Сталинградский рубеж. М., 1969.

35 ニコライ・ミトロファノヴィチ・ポジャルスキー（1899〜1945 年）は、砲兵中将、ソ連邦英雄。1942 年 9 月 18 日から第 62（第 8 親衛）軍の砲兵隊長。

36 本章の註 50 を参照。

37 第 13 親衛狙撃兵師団がスターリングラードに到着した 9 月 14 日から 15 日は、最初の防衛戦が最も苦戦した瞬間である。ロジムツェフのインタビューを参照。

38 イワン・アレクセエヴィチ・ユーリン（1896〜1951 年）は、ソ連の将軍、第 62 軍通信隊長。ポーランドの通信部隊の創設者。

39 ヴィクトル・マトヴェエヴィチ・レベジェフ（1903〜1943 年）は、連隊コミッサール。1941 年 1 月から開戦時はモロトフスク〔現セヴェロドヴィンスク〕市党委員会第 1 書記。1941 年 11 月に赤軍招集。1942 年 6 月、連隊コミッサールとして戦線に派遣され、第 62 軍の軍事評議会メンバー。

40 「カチューシャ」は、第 2 次大戦時に使われたソ連の多連装ロケット砲 BM-13 のロシア語の俗称。多くの場合、ロケット砲はトラックや自走式ランチャーに据え付けられた。ドイツ兵が「スターリンのオルガン」もしくは「ヨシフのオルガン」と呼んだのは、ずらっと並んだロケット砲がパイプオルガンを思わすからである。S. J. Zaloga and L. S. Ness, *Red Army Handbook 1939-1945.*, Sutton Publishing, 1998. pp. 211-215; « Катюша » // Военный энциклопедический словарь М.: Воениздат, 1986. С. 323.

41 トゥマクは、クラースナヤ・スロボダーの下流にある入り江。ここが第 62 軍の主要渡河点だった。

42 ヴェルフニャヤ・アフトゥバは、ヴォルゴグラード州の村で、ベズロドノエという名前でも知られていた。1950 年代以降ここにヴォルシスキー市がある。

43 本章第 7 節のザイツェフのインタビューを参照。

44 第 188 師団だったのを書き直してある。

45 ソ連の戦闘機パイロットを意味する口語の言い回し。

46 複葉機の U2 は、1927 年にポリカルポフが設計し、訓練飛行や農作業に使われていたが、戦争中は偵察機や近距離爆撃機として用いられた。飛行が遅いうえ計器もなく、二人乗りの乗務員は防御手段もない開けっぴろげの運転席に座り、マスクも武器もパラシュートもない。このため損害が多かった。ドイツ側は、この不穏な夜襲を恐れた。兵士たちは敵の爆撃機を「神経にさわるやつ」とか、エンジンのカタカタ音から「ミシン」などと呼んでいた。Kempowski, *Das Echolot*. S. 556.

47 コルネイ・ミハイロヴィチ・アンドルセンコ（1899〜1976 年）は、1918 年から赤軍に勤務。スターリングラード戦には第 115 狙撃兵旅団の旅団長として参加。チュイコフは、アンドルセンコが 1943 年 11 月 3 日のドイツの総攻撃の際に敵前逃亡したと非難した。アンドルセンコは連隊長に降格している。アンドルセンコの波乱に満ちた軍歴は、次を参照。http://www.warheroes.ru/hero/hero.asp?Hero_id=4530

48 ステパン・サヴェリエヴィチ・グーリエフ（1902〜1945 年）は、親衛少将、ソ連邦英雄。第 39 親衛狙撃兵師団の師団長。

49 イワン・エフィーモヴィチ・エルモルキン（1907〜1943 年）。第 112 狙撃兵師団の一員としてスターリングラードの外郭防衛線の戦闘に参加。1942 年 8 月 9 日に師団長 I. P. ソログープが戦死した後、部隊の指揮を執った。

チチ)、もう一つはチュイコフ記念中等学校の記念碑(制作はA. V. チュイコフ=元帥の息子)。またチュイコフ博物館もできた。

10　ルーマニアがドイツに宣戦布告したのは1916年8月28日、旧暦では8月15日のこと。

11　左派エスエル(社会主義者·革命家)党は、1917年から1923年まで存在し、エスエル党の反対派サークルを構成した。メンバーはロシアの第1次大戦からの離脱、土地の農民への移譲、臨時政府との協力の破棄を求めた。1917年11月にソヴィエト権力の左翼社会主義革命に加わったが、1918年夏からは共産党政権と激しい敵対関係になり、弾圧された。

12　欄外に鉛筆でイリヤ、イワンと名前が書いてある。

13　冬は農作業がないので、農民は町に出稼ぎに行くのが常だった。

14　布告はレーニンが署名し、1918年1月15日(新暦28日)に公布された。

15　村ソヴィエトは、ソ連体制の末端機関、人民代議員ソヴィエト制度の最下級にあたる。

16　レフォルトヴォは、モスクワの東部にある地区で、兵舎や陸軍大学があった。

17　1918年7月の左派エスエル党員の武装蜂起は、モスクワ駐在のドイツ大使ウィルヘルム·フォン・ミルバッハ伯爵が1918年7月6日に殺害されたことから始まった。

18　アレクセーエフ陸軍(歩兵)学校は、1864年に創設されたもので、レフォルトヴォの赤軍兵舎の場所にあった。

19　ヴャトカ川は、ウラル山脈の西側が源流。カマ川(ヴォルガ川最大の支流)に合流する。

20　速記録から削られた歴史家の質問に、チュイコフが反応したのだろう。

21　インクのしみで判読不能。公式の経歴によると、チュイコフは中国から戻った後、1929年9月以降、ヴァシーリー・ブリュッヘルの特別赤星極東軍の参謀長。

22　蔣介石(1887～1975年)は、中華民国軍人・政治家、中国国民党総裁、1927年から中国大陸を掌握。日本が中国に侵略した後、1937年に中国共産党との国共合作に転じた。

23　第1章の註233参照。

24　チュイコフは2度目のインタビューでは次のように語っている。「1942年7月23日に出撃した第64軍は、第62軍の左側に防衛陣地を構えるべくドン川右岸、スロフキノとタモシの線に向かった。このとき敵が攻勢に出て第64軍と第62軍の間に割って入ったため、第214師団、第66と第154の両海軍旅団が孤立の危機に陥った。これら部隊はドン川右岸で包囲・壊滅の危険が生じた。わたしはこれらをドン川左岸に移動させることを決断した。この退却がなければ、あの部隊は優勢な敵勢力によってあのまま右岸で壊滅しかねなかった。この退却の際、約2000人の将兵を失ったが、大事なのは、主力は退避できた。方面軍司令官ゴルドフ将軍はこれが気に入らず、方面軍の状況を司令官なのに最後の最後まで理解していなかった。わたしはこれが理由で処罰され、軍から外された」。チュイコフの回想録は、1942年8月6日に解任された方面軍司令官のことを極めて否定的に書いているが、この対立には触れていない。

25　コテリニコヴォは、ヴォルゴグラードの南西190キロメートルに位置する村。

26　ツィムリャンスカヤは、現在のヴォルゴグラード州ツィムリャンスク町(都市型集落)。

27　スターリングラードの軍用地図には、ママイの丘は102.0高地と記されていた。

28　オルロフカとルィノークは、スターリングラードの北にある居住地で、街の外郭防衛線の中にある。

29　グムラクはスターリングラード北西の居住地。

30　正しくはエリシャンカ。

31　師団砲兵隊とは、1939年から師団に設けられた独立対戦車砲隊のことで、6門を備えた3個砲兵中隊から成る。対戦車砲連隊とは、対戦車砲を備えた連隊のことで、1940年から赤軍で編成するようになった。

32　ミハイル・ナウモヴィチ・クリチマン(1908～1969年)は、1942年6月16日から1943年4月14日まで、第6親衛旅団の旅団長。

33　クジマ・アキーモヴィチ・グーロフ(1901～1943年)は、ソ連の軍人。中将。スターリングないが、数百人の武装したドイツ兵と百貨店の中庭で出会ったことは全く異なる調子で描いている。「ドイツ人は、隅にかたまって雑談していた。言葉の端々が耳に入ってくる。〈Kamrad, Kamrad, Hitler kaputt! Paulus dort - kaputt,kaputt …〉。味方の将校と兵士は大胆で勇ましく、威厳がある。ファシストの将軍が捕まることは彼らにはよくある、日常の出来事だったのだろう」。*Винокур Л.* Пленение фельдмаршала Паулюса. С. 145-148. 引用箇所は С. 146. 戦闘の発生から時間的に近いインタビューは、数多くの武装したドイツ人に取り囲まれてヴィノクルがどれほど恐怖を感じたかを伝えている。回想録はこの感覚を弱めて、時代錯誤のドイツ人イメージを提示する。ドイツ人は自身の敗北を感じ取り、偉い敵軍ソ連に媚びを振ろうとしたという演出である。

235 パウルスは別の部屋にいた。グーロフは、ドイツ側の代表して元帥とともに交渉を行ったロスケと取り違えている。そのことは次の描写から分かる。「ロスケは長身で痩せぎす。パウルスは太り気味で背が低い」

236 インタビューの締めくくりの箇所でヴィノクルは再びこの場面に言及している。「わたしは通訳を介して話した。ロスケの部屋に入った。わたしは＿＿（ママ）と言った。向こうも同じことを言った。やつは、これが気に入った。着席を促した」。ヴィノクルがどういう言い方でドイツ人将校に挨拶したか知りたいものだ。ただ、速記者はこの箇所を棒線ですませたが、その方が良かったのかもしれない。

237 エムカとは、ソ連のM1型リムジンのこと。口語では「M型」もしくは「エムカ」と呼ばれた。

238 七年戦争の際の1760年10月に、ロシアとオーストリアの両軍が数日間ベルリンを占拠したことがある。

239 おそらくシュミーロフは、パウルスになぜ自殺しなかったか尋ねたかと聞かれたのだろう。

240 これはおそらく、スターリングラード市警備司令官デムチェンコ少佐のこと。本章第1節を参照。

240a 空間的・精神的な「新秩序」をヨーロッパと世界につくることが、枢軸国である独伊日の公然たる目標だった。Mark Mazower, *Dark Continent: Europe's Twentieth Century* (London, 1998), pp. 143-146.

241 Российская газета. 2012. 9 мая.

第3章

1 *Чуйков В. И.* Легендарная шестьдесят вторая. М., 1958; *Он же.* Начало пути / Литературная ред. И.Г. Падерина. М., 1959; *Он же.* Выстояв, мы победили. Записки командарма 62-й.М., 1960; *Он же.* 180 дней в огне сражений. Из записок командарма 62-й. М., 1962; *Он же.* Беспримерный подвиг. О героизме советских воинов в битве на Волге. М., 1965; *Он же.* Сражение века. М., 1975; *Он же (ред.).* Сталинград - уроки истории : воспоминания участников битвы. М., 1976.

2 1943年の2月もしくは3月にチュイコフに再度のインタビューが行われており、本節ではこれも抜粋の形で紹介する。

3 *Чуйков В. И.* Сражение века. С. 108 и сл.

4 Kerr W. *The Russian Army: Its Men, Its Leaders and Its Battles.* N.Y., 1944. p. 144; Werth A. *The Year of Stalingrad.* London, 1947. p. 456.

5 Richard Woff, "Vasily Ivanovich Chuikov," in *Stalin's Generals*, ed. Harold Shukman (London, 1993), pp. 67-74.

6 *Гроссман В.С.* Жизнь и судьба. С. 751.〔邦訳第3巻80ページ〕

7 Сталинградская эпопея. С. 390; см. также : *Чуйков В.И.* Сражение века. С. 257 и сл.

8 速記者А. シャムシナのイニシャル。

9 現在は町（都市型集落）で、モスクワ州セレブリャンヌィエ・プルディ地区の行政中心地。ここにはチュイコフの記念碑が二つある。一つはチュイコフ元帥広場の銅像(制作はE. V. ヴチェ

219　出典は、テレビのドキュメンタリー番組『スターリングラード』三部作（2003年）。スターリングラード市警備司令官のデムチェンコ少佐は、聞き取りに、1943年3月11日にもドイツ人グループを地下壕で捕まえたと話している（出典は本章の註43）。

220　ドイツと同盟関係にあったヨーロッパの義勇兵部隊のことは、vgl. Hans Werner Neulen, *An deutscher Seite. Internationale Freiwillige von Wehrmacht und Waffen-SS*, München 1985; 断片的な情報は : Müller, *An der Seite der Wehrmacht*.

221　第38自動車化狙撃兵旅団の14人（ブルマコフ、ヴィノクル、エゴーロフ、ソルダトフ、ブハロフ、モロゾフ、カルポフ、グーロフ、ドゥーカ、チモフェーエフ、ガーリン、ブーリン、パルホメンコ、ジミン）から聞き取った速記録は、一つのファイルにまとめられ、表紙に1943年2月28日とインタビューの日付が記されているが、エスフィリ・ゲンキナがこれほど多くの聞き取りを一日でするのは不可能だろう。НА ИРИ РАН. Ф. 2. Разд. III. Оп. 5. Д. 14.

222　聞き取りは大祖国戦争史委員会研究員のP. I. ベレツキー大尉、速記はO. A. ロスリャコワ。НА ИРИ РАН. Ф. 2. Разд. III. Оп. 5. Д. 15. Л. 1-11.

223　聞き取りは大祖国戦争史委員会研究員のE. B. ゲンキナ、速記はO. A. ロスリャコワ。Там же. Л. 12-23.

224　聞き取りは大祖国戦争史委員会研究員のP. I. ベレツキー、速記はO. A. ロスリャコワ。Там же. Л. 37-46.

225　シュミーロフは、アブラーモフ少将やスモリャコフ大佐と同じく（後出の注記を参照）、インタビューを二度行っている。一度目は1943年1月4日にサレプタ（ベケトフカ付近のヴォルガ川沿いの町）で、聞き取りはベルキン、速記者の明記はないが、A. シャムシナだと思われる。НА ИРИ РАН. Ф. 2. Разд. III. Оп. 5. Д. 11. Л. 1-5. 本節で引用した二度目の聞き取りは、日付が明記されておらず、スターリングラード戦の終了後に行われた。Там же. Л. 6-21. 聞き手と速記は不明。おそらく1943年5月12日だと推測されるが、これは軍参謀長アブラーモフの聞き取りが行われた日だからだ。後出の注記を参照。

226　一度目の聞き取りは、1943年1月3日にサレプタ。聞き手はベルキン、速記はシャムシナ。両名は二度目の1943年5月12日のインタビューにも名前がある。Там же. Л. 22-25 об., 26-31 об.

227　一度目の聞き取りは1943年1月3日、ベルキンとシャムシナによってサレプタで実施。Там же. Л. 32-38, 39-56.

228　Там же. Л. 63-71

229　1943年1月10日に始まった「鉄環（コリツォー）」作戦のこと。

230　ドゥーカは、「武器を渡せ」（Geben Sie Ihre Waffen）と言いたかったのに、「見張りを寄越せ」（Geben Wachen）と言ってしまっている。

231　このことは、次の文献で確認できる。Kehrig M. *Stalingrad*. S. 542-543.

232　これはおそらくボリス・フォン・ネイハルトのこと。第51軍団の通訳で、予想される降伏交渉のためパウルスと第6軍の配下に1943年1月22日に移っていた。

233　イワン・アンドレーエヴィチ・ラスキン（1901～1988年）は、第64軍参謀長（1942年9月から1943年3月まで）。1941年に南西方面軍で狙撃兵師団長だった際、自分の部隊をドイツ軍の包囲から見事に脱出させる。この作戦時にラスキンがドイツの捕虜になって尋問を受けたことを1943年12月にスメルシュが嗅ぎつけた（捕虜から脱走した後、ラスキンはこの事実を隠した）。少将という高い地位やパウルス元帥の捕獲でソ連とアメリカの勲章を得ていたにもかかわらず、ラスキンは逮捕され、祖国反逆罪とスパイ活動の罪で禁固15年を宣告される。この厳しい判決の元になったのが、スターリンが1941年8月に署名した命令第270号だった。ラスキンは1952年に恩赦で釈放され、1953年に名誉回復された。*Наумов В.П.* Судьба военнопленных и депортированных граждан СССР. Материалы Комиссии по реабилитации жертв политических репрессий // Новая и новейшая история. 1996. № 2. С. 91-112.

234　ヴィノクルが1972年に出版した回想録は、百貨店到着の様子はここに記した事実と寸分違わ

199 ザギナイロは、インタビューの別の箇所でこう言っている。「フョードロフは驚くほど冷静な指揮官で、大声を出すことも動揺することもなかったし、指示を出す時も穏やかな口調だった」

200 オレイニクは、おそらくカザフ人とバシキール人を取り違えている。師団が上陸作戦の前に人員補充したのはバシキールなので、地元の新兵を補充したと思われる。

201 大砲を一門か二門そなえた装甲艇。

202 おそらくラーザリ・イサーコヴィチ・モロズ(1942年戦死)のこと。上級中尉で、第1班の班長は1942年10月4日から12月7日まで。参照 Военные моряки на защите Волги. М., 1942.

203 正しくはニコライ・ニキーチチ・ジュラフコフ(1916〜1998年)。少将、上級政治指導員(ポリトルーク)。1942年9月28日から10月7日は軍事コミッサール。

204 これがイワン・アフォーニンのこと。

205 ボリス・イサーコヴィチ・ツェイトリン(1919〜?年)は、親衛上級中尉。1942年6月から10月はスターリングラード第1河川艇隊の装甲艇長。その後、同地の装甲艇戦隊の指揮官。

206 1965年から少将。

207 アントン・グリゴーリエヴィチ・レメシコは、上級中尉、上級政治指導員。1942年9月から10月はヴォルガ軍用艦隊の北部船隊コミッサール。

208 おそらくイワン・ミハイロヴィチ・ピョールィシキンのこと。

209 同旅団は1942年9月からスターリングラード近郊で戦っていたが、はじめは第64軍の麾下だったが、のちに第62軍、第57軍、第51軍に移り、1943年1月にようやく第64軍に戻った。ブルマコフのインタビューおよびСталинградская битва : Энциклопедия. С. 401を参照。

210 フリードリヒ・ロスケ(Friedrich Roske, 1897〜1956年)は、第71歩兵師団の連隊長だったが、師団長のアレクサンダー・フォン・ハルトマン将軍が1943年1月26日に死ぬと、その後任に指名された。ハルトマンは「壮烈な最期」を望んでおり、最前線に立っている際に頭部に被弾した。Kehrig, *Stalingrad*, S. 533; Torsten Diedrich, *Paulus: Das Trauma von Stalingrad*, Paderborn 2008, S. 289.

211 Akte Dobberkau (S. 2), in: RMA Hirst Collection, Hoover Institution Archives (Stanford University), Box 10.

212 Diedrich, *Paulus*, S. 285.

213 *Ibid.* S. 289-291.

214 Kehrig, *Stalingrad*, S. 542f.

215 1860年のプロイセン軍の将校は、65%が貴族階級の出身だった。1913年になると帝国軍における貴族将校の割合は30%を切り、1918年は21.7%にすぎない。10万人に制限された国防軍では比率が再び上がり、1932年は将官の52%が貴族だった。ナチの政権掌握の後は、度合いが再び下がっている。1944年は全将官の19%が貴族の出身だった。Bartov, *Hitler's Army*, p. 43.

216 ベケトフカの様子は、フィルムに記録され、ドキュメンタリー映画『スターリングラード』(レオニード・ヴァルラーモフ監督、1943年)で見ることができる。語り手はドイツの司令官を「フリードリヒ・パウルス」と正しく呼んでいる。1972年に出た回想録で、レオニード・ヴィノクルは、またもや「フォン・パウルス」の呼称を使っている。*Винокур А., гвардии полковник.* Пленение фельдмаршала Паулюса // Радуга : орган Правления Союза писателей Украины. 1972. № 2. С. 145-148.

217 軍司令官シュミーロフは貧農出身だし、ルキヤン・モロゾフ大尉やイワン・ブハロフ大尉といった、百貨店地下室でシュミット中将やロスケ大佐との交渉に同席した人も同様だ。シュミーロフ、モロゾフ、ブハロフのインタビューを参照。

218 Fritz Roske, Stalingrad [1956] (草稿)、ボド・ロスケの個人資料(在クレーフェルト)。短縮版は *Die 71. Infanterie-Division im Zweiten Weltkrieg 1939-1945*, hg. von der Arbeitsgemeinschaft »Das Kleeblatt«, Hildesheim, 1973. S. 299-300.

無批判に踏襲している（Beevor, *Stalingrad*, p. 139〔邦訳 197 ページ〕）。

174 Werthen, *Geschichte der 16. Panzer-Division*, S. 116; Glantz, *Armageddon in Stalingrad*, pp. 521-524.

175 Сталинград 1942-1943. С.183 и сл., 187. ザギナイロのインタビュー〔208〜9 ページ〕も参照。

176 Сталинград 1942-1943. С.192.

177 *Ерёменко А.И.* Сталинград : записки командующего фронтом. М., 1961. С. 248. 最近のロシアの出版物には、上陸作戦の損害を指摘しつつ、と同時にソ連の大隊が「10 輛から 15 輛の敵装甲車や敵の歩兵大隊まで」破壊したと書くものがある。またこの行動がソ連の天王星（ウラヌス）作戦の準備のカムフラージュに役立ったとも述べる。Сталинградская битва. С. 224 и сл. 言うまでもなく、上陸作戦に元々そんな目的はなかった。

178 *Кобылянский И.* Прямой наводкой по врагу. М., 2005. С. 57.

179 *Павлова Т.* Засекреченная трагедия. С. 370 и сл. 1942 年 11 月設立のこの臨時国家委員会の報告書は、ニュルンベルク裁判におけるソ連側の告発の根拠になった。

180 インタビューの場所と日付は不明。НА ИРИ РАН. Ф. 2. Разд. I. Оп. 80. Д. 16. Л. 1-3 об.

181 停泊地のタチヤンカ〔スターリングラード近郊〕、1943 年 7 月 17 日。聞き手は歴史家のヴァシーリー・ジヴィン。速記は E. S. ダサエワ。Там же. Д. 32.

182 砲艦「チャパーエフ」号、1943 年 7 月 23 日。聞き手はマズーニン大尉。Там же. Д. 3. Л. 15-18.

183 装甲艇第 11 号、1943 年 7 月 28 日。聞き手はマズーニン大尉。Там же. Д. 7. Л. 5-8 об.

184 停泊地のタチヤンカ〔スターリングラード近郊〕、1943 年 7 月 18 日。聞き手は歴史家の N. P. マズーニン大尉。速記は E. S. ダサエワ。Там же. Д. 80.

185 チョールヌィ・ヤール、スターリングラード州、1943 年 7 月 27 日。聞き手は歴史家のヴァシーリー・ジヴィン。Там же. Д. 12.

186 インタビューの場所は不明、1943 年 7 月 15 日。聞き手は歴史家の F. S. クリニツィン上級中尉。Там же. Д. 28.

187 チョールヌィ・ヤール、スターリングラード州、1943 年 7 月 24 日。聞き手はジヴィン。速記は赤海軍水兵の V. シンデル。Там же. Д. 8.

188 ミハイル・イワノヴィチ・フョードロフ大佐（1942 年 12 月 13 日からは少将）が艦隊の参謀長だったのは 1942 年 3 月 31 日から 1943 年 2 月 17 日まで。

189 イワン・ミハイロヴィチ・アフォーニン（1904〜1979 年）は、ソ連の軍司令官、中将、ソ連邦英雄（1945 年）。1942 年 8 月から師団長だった第 300 狙撃兵師団は、カムイシン周辺でヴォルガ防衛に従事していた。

190 ヴォルガ軍用艦隊の北部船隊のこと。

191 セルゲイ・フョードロヴィチ・ゴロホフ（1901〜1974 年）は、大佐で第 124 独立狙撃兵旅団長。第 62 軍のいわゆる北分隊（1942 年 8 月 28 日創設）の指揮官。9 月から 10 月にかけてスターリングラード・トラクター工場を襲ったドイツ軍の攻撃を食い止める過程で本隊から切り離されたが、11 月 19 日にロコソフスキーの部隊とスパルタコフカ付近で合流した。1942 年 12 月に少将。

192 正しくはシャドリン入り江。ラトシンカの村と鉄道駅はヴォルガ川の右岸にあるが、シャドリン入り江はラトシンカの対岸の左岸にある。

193 第 3 章の註 40 参照。

194 現在この村はヴォルガ貨物港の一部になっている。

195 アフトゥバの左岸にある村。

196 1943 年にドニエプル軍用艦隊に配属。

197 ヴァシーリー・ミハイロヴィチ・ザギナイロ（1920〜1944 年）は、赤星勲章、キエフ防衛記章、スターリングラード防衛記章を授与されている。

198 ステパン・ペトローヴィチ・ルイセンコ（1904〜1942 年）は、スターリングラード戦ではヴォルガ軍用艦隊第 1 装甲艇戦隊を指揮した。赤星勲章を授与。

命家の作家チェルヌィシェフスキー（1828～1889年）の一生を兵士に話している。シベリアのトムスクから本を取り寄せ、講演を準備したという。また朗読会の後、短くまとめた概要を兵士に配っている。*Игор М.* Сибиряки - гуртьевцы - гвардейцы. Омск, 194?. С. 44-46.（出版年が「1941年」とあるのは、誤植）

155 ドイツの戦闘機のこと。

156 「ツァリーツィン防衛の参加者がスターリングラードの守り手に呼びかける」のこと。掲載は、一例だが、方面軍新聞『われらの勝利のために』第76号（1942年10月2日付）。

157 おそらく註151のセミョン・フゲンフィロフのこと。本節のインタビューに登場するゲンリフ・フゲンフィロフは別人。

158 本は、この題名で1943年に出版された。Сибиряки на защите Сталинграда. М., 1943. 同書には次の回想が収録されている。*Свирин А.* Сибиряки в боях за Сталинград ; *Гроссман В.* Направление главного удара ; *Белов В.* Богатыри Сибири（階段のない建物からカユコフとドゥドニコフを助け出すエピソードがある）; *Игор М.* Лейтенант Борис Шонин ; *Он же.* Артиллерист Василий Болтенко ; *Белов В.* Игорь Мирохин ; *Он же.* Василий Калинин ; *Он же.* Николай Косых. 同書には次の人びとの写真がある。L. N. グルチエフ、A. M. スヴィーリン、A. S. チャモフ、V. G. ベルーギン、I. M. ブルィシン、パヴロフ、ドゥドニコフ、B. ショーニン、V. ボルテンコ、A. アンドレーエフ、A. S. スミルノフ、N. コスィフ、I. V. マクシン。後に同書の一部は、次の本に再録されている。*Игор М.Л.* Сибиряки - сталинградцы. М., 1950（第2版で書名変更 Сибиряки - герои Сталинграда. М., 1954）. " Богатыри Сибири " を書いたウラジーミル・ベローフは、戦後、地区新聞の記者になった。

159 *Гроссман В.С.* Годы войны. С. 388-399.

160 Красная звезда. 1942. 25 ноября. С. 3. グロスマンと第308狙撃兵師団の兵士との対話は、1942年11月19日以前に行われた。後年の版では、ソ連の反攻と勝利を予感させる形に書き改めている。*Гроссман В.С.* Годы войны. С. 49-61.

161 *Гроссман В.С.* Годы войны. С. 365.

162 聞き取りは規定によりヴォルガ艦隊の船の上で行われた。艦隊はスターリングラード戦の後あちこちに出向いており、歴史家はインタビューするためにクイビシェフ（現サマラ）、サラトフ、サレプタ（スターリングラード近郊）、チョールヌィ・ヤール（アストラハン近郊）に赴いている。

163 兵員補充は、1942年夏の東ウクライナの激戦で人員の80%を失った後のこと。Isaac Kobylyansky, "Memories of War, Part 2," *Journal of Slavic Military Studies*, December 2003,:147. この師団は1943年4月に第87親衛狙撃兵師団に改称。

164 ラトシンカは現在、ヴォルゴグラード市北端の住宅地。戦時中この村はしばしば「ラトシャンカ」と呼ばれた。本書の表記は、ラトシンカで統一した。

165 Сталинград 1942-1943. Сталинградская битва в документах. М., 1995. С. 192.

166 ЦАМО РФ. Ф. 1247, Оп. 1. Д. 10. Л. 105.

167 *Самсонов Л.М.* Сталинградская битва. С. 240.

168 Glantz, *Armageddon in Stalingrad*, p. 522.

169 作戦は、24時間遅れたようだ。オレイニクのインタビュー〔209ページ〕も参照。

170 ここに引用したソ連の参謀本部とドイツの国防軍の報告書は、以下にある。Сталинградская битва. Хроника, факты, люди. Кн. 1. М., 2002. С. 827-842.

171 Сталинград 1942-1943. С. 187 и сл. 文書にはエリョーメンコ、フルシチョフ、ヴァレンニコフの署名がある。

172 Сталинградская битва. Хроника, факты, люди. Кн. 1. С. 842.

173 Wolfgang Werthen, *Geschichte der 16. Panzer-Division, 1939-1945*. Bad Nauheim 1958, S.106-108, 110; Clemens Bodewils, *Don und Wolga*, München, 1952, S. 110-112, 117f. ビーヴァーはこの説明を

から見えないところにこっそり配置し、敵軍が攻撃を終えようとするところで両翼から砲撃し、これを合図に塹壕から兵士が現れて反撃を開始する作戦。“Кинжальный огонь” Большая советская энциклопедия. 2- е изд. том 21. М., 1953. С. 11.

144 ソ連の有名なスポーツ団体「スパルタクス」(1935年創設)の団員のこと。

145 ニコライ・コスィフのことは、以下に所収の伝記を参照。Сибиряки на защите Сталинграда. Новосибирск, 1943.

146 1942年9月18日、コミッサールのペトラコフは幼い娘に次のような手紙を書いた。「わたしの黒目のミーラちゃん! 矢車菊を送るね。……驚くかもしれないけど、戦いが続き、あちこちで敵の砲弾が炸裂してあちこちに爆弾穴、でもこんなところでもお花が育っています。……と突然いつもの轟音……矢車菊は吹き飛ばされました。パパは拾って、軍服のポケットに入れました。お花は大きくなって、おひさまに向かって伸びていたのに、衝撃波で吹き飛ばされてしまい、パパが拾わなければ、踏みつぶされていたでしょう。ファシストは同じことを占領地の子どもにもして、殺して踏みつぶしています。……ミーラちゃん!ジーマ・パパは、最後の血の一滴まで、最後の一息までファシストと戦い続けて、ファシストがこのお花にした仕打ちを、おまえには絶対にさせません。分からないことは、ママが教えてくれます」。手紙の初出は1957年(Работница. 1957. № 2.)。1975年にヴォルゴグラード西方のゴロジーシチェ地区に追悼施設「兵士の丘」が造られた。共同墓地に縁取られた丘には、手に矢車菊を持った少女の銅像がある。足下にある三角形の石は、赤軍の野戦郵便を模したもので、コミッサールのペトラコフが娘に書いた手紙の一節が刻まれている。Сталинградская битва : Энциклопедия. С. 355.

147 ゲオルギー・マクシミリアノヴィチ・マレンコフ(1901~1988年)は、ソ連の政治家・党活動家。貴族出身。党中央委員(1939~1957年)、政治局員候補(1939~1946年)、政治局員(1946~1957年)、組織局員(1939~1952年)、党書記(1939~1946年、1948~1953年)。1946年から53年と1955年から57年はソ連閣僚会議副議長(副首相)、1953~55年は同議長(首相)。1955~57年はソ連発電相を兼務。大祖国戦争時は、国防委員会メンバーとして航空機製造を監督した。その職務で1942年8にスターリングラードを訪れ、街の防衛態勢を視察している。

148 キリル・セミョーノヴィチ・モスカレンコ(1902~1985年)は、ソ連の軍司令官、ソ連邦元帥(1955年)。1942年7月から第1戦車軍司令官、同年7月と8月はスターリングラード西方で戦う。1942年8月に第1親衛軍司令官に任命。

149 ボリス・ペトローヴィチ・ショーニン(1918~1942年)は、中尉、第308狙撃兵師団第339狙撃兵連隊の本部長補佐。赤星勲章とレーニン勲章を授与。ショーニンの戦功のことは、インゴル大尉(第347狙撃兵連隊)が本を書いている。*Ингор М.* Сибиряки - сталинградцы. М., 1950. С. 22-26. インゴルにも、歴史委員会は聞き取りをしている。

150 ヴァシーリー・アヌフリエヴィチ・ジガリン(1910~1942年)は、上級中尉、本部長補佐。1942年10月27日にスターリングラードで戦死、「バリケード」工場の敷地に埋葬(公共データーバンク「メモリアル」——これは、第二次世界大戦中に死亡・行方不明になったソ連兵士の情報を集めたロシア国防省作成のデーターベース。情報は常時更新 https://obd-memorial.ru/)。

151 セミョン・グリゴーリエヴィチ・フゲンフィロフ(1917~1942年)は、技手・二級主計官、本部長補佐。1942年10月29日に外傷で死亡、アフトゥビンスク地区ルィバーチー村に埋葬(公共データーバンク「メモリアル」)。

152 この言葉は、スターリングラード戦線の兵士が書いた同志スターリン宛ての公開書簡の一節で、1942年11月6日のソ連各紙に載った(例えば『プラウダ』)。第1章37ページ参照。

153 おそらく、プロホル・ヴァシーリエヴィチ・カユコフ(1914~1942年)のこと。第308狙撃兵師団の赤軍兵士。1942年10月にスターリングラードで戦死(公共データーバンク「メモリアル」)。

154 インゴル大尉によると、ゾーヤ・ロコヴァノワは、戦前に学校で文学の先生をしていた。「素晴らしきもの、それは人生」をモットーに前線で朗読会を開き、このモットーの由来である革

123 インタビューの場所は不明、1943年5月11日。Там же. Л. 5-10.

124 インタビューの場所と日付は不明。Там же. Д. 7. Л. 13-19.

125 ラプテヴォ村、1943年5月13日。聞き取りはフェドーソフ、速記はラプチナ。Там же. Д. 5. Л. 3-8 об.

126 ラプテヴォ村、1943年5月14日（フェドーソフ、ラプチナ）。Там же. Д. 5. Л. 9-11 об.

127 ラプテヴォ村、1943年5月14日（フェドーソフ、ラプチナ）。Там же. Д. 3. Л. 8-12 об.

128 インタビューの場所と日付は不明。Там же. Д. 11. Л. 1-4.

129 レオンチー・ニコラエヴィチ・グルチエフ（1891～1943年）はソ連の軍司令官、少将（1942年12月7日から）。オリョール奪還戦の際、師団の観測所で1943年8月3日に戦死。ソ連邦英雄（1943年、死亡叙勲）。

130 おそらく1941年（この先に1941年に18歳だったとある）。

131 ロシア赤十字社は、1854年にロシアで設立。1923年にソ連赤十字赤新月社連盟（ソ連赤十字）と改称。住民を一次医療に習熟させるほか、看護婦の養成も行っていた。

132 N.M.ココーリナは終戦をベルリンで迎えている。戦後はスヴェルドロフスクで暮らし、退役女性同盟議長を務めている。戦勝65年を目前にした2010年1月に亡くなった。*Крюкова Н.* Чижик - медсестра из солдатский песни // Тюменские известия. № 12 (4989). 27.01.2010.

133 ソ連の秘密警察は、1917年12月に「全ロシア反革命・サボタージュ取締非常委員会」（略称チェカー）として設立。1922年には、ゲ・ペーウー（国家政治保安部）に改組された。

134 最高国民経済会議（略称ヴェセンハー）は、1917年から32年まで存在した経済管理の中央機関。1932年に廃止された後は、部門別の人民委員部に機能を移管。

135 第1章の58ページ以降を参照。

136 17世紀はじめにポーランド占領軍からロシアを解放したミーニンが口にしたとされる言葉。

137 正しくはクムィルガ。ウリュピンスクとスターリングラードの間にある鉄道駅。

138 正しくはサモファロフカ。コトルバンにほど近い村で、鉄道に面している。

139 1918年の夏と秋に、この高地からツァリーツィン防衛を指揮している。

140 アルノリド・コンスタンチノヴィチ・メリ（1919～2009年）は、大佐。エストニア軍の軍人。1940年6月のソ連軍のエストニア侵攻後、志願して赤軍に入隊。1941年7月のプスコフ防衛で負傷し、ソ連邦英雄の称号を得る。終戦時に大佐。1945年から49年にエストニア共和国コムソモール中央委員会議長。2003年、エストニア検察庁がメリをジェノサイドの罪で起訴。戦後に、民間のエストニア人251人をシベリアに強制移住した罪に問われた。メリはこの罪状に反論した。ロシア大統領ドミトリー・メドヴェージェフが2009年に名誉勲章を死亡叙勲している。

141 イリヤ・ニコラエヴィチ・クージン（1919～1960年）は、モスクワ郊外の敵の後方にいたヴォロコラムスクのパルチザン部隊の、おそらくリーダー。クージンは一人で約150件の破壊活動を行った。ソ連邦英雄の称号を付与する決定が、1942年2月16日に出ている。

142 ゾーヤ・アナトリエヴナ・コスモデミヤンスカヤ（1923～1941年）は、モスクワのコムソモール員。開戦後、志願してパルチザン活動に従事。前線の背後にあるドイツの宿舎に火を放つのが任務だった。二度目の襲撃の際、ロシア人の見張りに見つかって、ドイツ軍に引き渡される。拷問の後、公開絞首刑になった。彼女が死んだペトリシチェヴォ村は1942年1月22日に解放されたが、ジャーナリストのピョートル・リードフがその数日後にプラウダ紙に発表したルポ記事で、このパルチザン活動家の物語が広く知られるようになった。1942年2月16日にはソ連邦英雄の称号が死亡叙勲された。次を参照。Daniela Rathe, Soja - eine "sowjetische Jeanne d'Arc"? Zur Typologie einer Kriegsheldin, in: *Sozialistische Helden. Eine Kulturgeschichte von Propagandafiguren in Osteuropa und der DDR*, hg.v. Silke Satjukow u. Rainer Gries. Berlin 2002, S. 45-49.

143 至近距離直撃（кинжальный огонь）とは、重機関銃や対戦車砲を持った2～3人の兵を防衛線河岸からほど近いところにあって、スターリングラード戦の間ずっと激戦が続いた。ロジムツェフ将軍の言うL字型の建物は、有名なパヴロフの家ともども、この広場に面している。ロジムツェフのインタビュー参照〔第3章第2節〕。Сталинградская битва: Энциклопедия. С. 305.

92 コトルバンの詳細は、Glantz, *Armageddon in Stalingrad*, pp. 37-58, 168-183.

93 Glantz, *Armageddon in Stalingrad*, p. 701; *Чуйков В. И.* Сражение века. М., 1975, С. 247.

94 *Чуйков В. И.* Сражение века. С. 980.

95 Glantz, *Armageddon in Stalingrad*, p. 174. 1942年9月30日にエリョーメンコに代わって北部で展開する軍集団（「ドン方面軍」と命名）を率いたロコソフスキーは、回想録で、12日間以上も狙撃兵師団を正面攻撃に投入しつづけた前任者の無能さを批判している。*Рокоссовский К.К.* Великая победа на Волге. М., 1965. С. 157.

96 *Жуков Г.К.* Воспоминания и размышления : В 2 т. М., 2002. Т. 2. С. 78.

97 Wegner, *Der Krieg gegen die Sowjetunion*. S. 981.

98 Glantz, *Armageddon in Stalingrad*, pp. 44, 50f., 55, 177.

99 *Ibid*. pp. 322, 327-329.

100 *Ibid*. p. 359.

101 戦闘機パイロットのヘルベルト・パブスト。出典はWegner, *Der Krieg gegen die Sowjetunion*. S. 995.

102 Glantz, *Armageddon in Stalingrad*, p. 542.

103 *Ibid*. pp. 542, 670.

104 *Ibid*. p. 636. 師団長イワン・リュドニコフのことは第3章の註52も参照

105 第6軍によるスターリングラード制圧継続に関する1942年11月17日付の総統命令。出典はWegner, *Der Krieg gegen die Sowjetunion*. S.997.

106 モスクワ、1943年4月30日。聞き取りはゲンキナ、速記はロスリャコフ。НА ИРИ РАН. Ф. 2. Разд. I. Оп. 71. Д. 3. Л. 13-18.

107 インタビューの場所と日付は不明。Там же. Д. 8.

108 インタビューの場所と日付は不明。Там же. Д. 29. Л. 49-55 об.

109 インタビューの場所と日付は不明。Там же. Д. 7. Л. 1-6.

110 ラプテヴォ村、1943年5月14日（フェドーソフ、ラプチナ）。Там же. Д. 1. ピョートル・ミハイロヴィチ・フェドーソフ（1897～1974年）は、少佐。大祖国戦争時は大隊コミッサールで、1941年12月に歴史委員会に派遣。フェドーソフの娘は、ロシア科学アカデミーロシア史研究所の所員で、父がミンツ委員会のために行った仕事を研究した。*Федосова Е.В.* « Привезенный материал может служить для написания истории...» // Археографический ежегодник за 2011 г. М., 2014. С. 167-176.

111 モスクワ、1943年4月30日。聞き取りはゲンキナ、速記はロスリャコフ。Там же. Д. 14. Л. 1-12.

112 インタビューの場所と日付は不明。Там же. Д. 7. Л. 20-25.

113 ラプテヴォ村、1943年5月14日（フェドーソフ、ラプチナ）。Там же. Д. 2.

114 インタビューの場所と日付は不明。Там же. Д. 10. Л. 8-11.

115 インタビューの場所と日付は不明。Там же. Д. 7. Л. 5-10.

116 インタビューの場所と日付は不明。Там же. Д. 14. Л. 13-15 об.

117 インタビューの場所と日付は不明。Там же. Д. 3. Л. 1-7.

118 インタビューの場所と日付は不明。Там же. Д. 7. Л. 7-12.

119 インタビューの場所と日付は不明。Там же. Д. 11. Л. 16-17.

120 インタビューの場所と日付は不明。Там же. Л. 11-13.

121 インタビューの場所と日付は不明。Там же. Д. 6. Л. 11-13.

122 インタビューの場所と日付は不明。Там же. Д. 11. Л. 1-4 об.

75　Там же. С. 460.

76　Там же. С. 461.『プラウダ』（1942年10月17日付）と『イズヴェスチヤ』（1942年10月17日付）が、1942年10月4日の「バリケード」工場地区のドイツの攻撃に言及している。

77　ドイツ占領軍は、シュパイデルの供述によると、どんな代償を払ってもコサックを自分の側に取り込もうとしていた。*Павлова Т.* Засекреченная трагедия. С. 307, 468. スターリングラード自体は住民の大部分がロシア人だが、農村部や近郊の村落にコサックが数多く住んでいた。東部占領地域省の役人は、この地域で「コサック・カード」を使おうとした。「勇猛果敢な」コサックはアーリア民族と「血のつながりが近い」と強調し、ドイツに亡命中のアタマン〔コサックの頭目〕のピョートル・クラスノフ（1918年9月にツァリーツィンで赤軍に反旗を翻した）を表看板にして宣伝し、ボリシェヴィキの軛からコサックを解放する象徴に祭り上げる。この宣伝は1942年夏には聞かれるようになった。その後、約束したコルホーズ制度の廃止が行われず、農村住民がソ連人捕虜の虐待を目にするにつれて、潮目が変わる。ソ連当局も、ないとは言えないコサックとドイツとの共闘を阻止するため、あらかじめ徴兵年齢の男性はコサック居住地からヴォルガ・ドン地域に疎開させていた。これは、民間人を適切な時期に疎開させた数少ない例である。*Павлова Т.* Засекреченная трагедия. С. 321-331, 359; *Крикунов Р.* Казаки.

78　Сталинградскдя эпопея. С. 396.

79　*Павлова Т.* Засекреченная трагедия. С. 316-319, 363 и сл.

80　党員が生き残るには、自ら進んでほかの活動家を密告しなければならなかった。シュパイデルは、1943年の冬にベケトフカの監獄で死んだと思われる。*Павлова Т.* Засекреченная трагедия. С. 314, 467, 469, 487 и сл.

81　*Павлова Т.* Засекреченная трагедия. С. 304 и сл.; Gert C. Lübbers, "Die 6. Armee und die Zivilbevölkerung von Stalingrad," *Vierteljahrshefte für Zeitgeschichte* 54（2006）, no. 1. S. 87-124（引用箇所はS. 115）.

82　陸軍兵站参謀が命じたスターリングラードの民間人の移送は、大量餓死を意図したもしくは考慮したものだったというクリスティアン・ゲルラフの説に、ゲルト・リューベルスが異を唱えている。しかし軍政当局の政策を人道的に解釈しようとする彼の試みは、無駄骨で時代錯誤に思える。むしろリューベルスが提示した史料からは、何よりも官僚の打算と正当化が見て取れる。パヴロワがロシアの文書館史料に基づいて詳細に述べているように、移送条件は非人間的である。Gerlach, Militärische "Versorgungszwänge," Besatzungspolitik und Massenverbrechen, S. 200-202; Lübbers, Die 6. Armee und die Zivilbevölkerung von Stalingrad, S. 110-119; *Павлова Т.* Засекреченная трагедия. С. 485-508.

83　*Павлова Т.* Засекреченная трагедия. С. 496（シェッファー、野戦郵便45955）.

84　Сталинградскдя эпопея. С. 394. NKVDのデーターは、おそらくシュパイデル少佐とその部下の供述に基づく。一方パヴロワは、市内にいたのは3万人だと見ている。*Павлова Т.* Засекреченная трагедия. С. 527.

85　*Павлова Т.* Засекреченная трагедия. С. 347, 527, 530 и сл.

86　Там же. С. 533; Сталинградскдя эпопея. С. 394.

87　*Павлова Т.* Засекреченная трагедия. С. 539.

88　穀物サイロは壁が分厚いつくりの倉庫で、スターリングラードの南郊に1940年に建設された。当時は市内で一番高い建物だった。激烈な戦いを経てドイツ軍に1942年9月22日に占拠され、1943年1月25日にようやく奪還した。今日まで戦前の姿をとどめる数少ない建物の一つである。Сталинградская битва: Энциклопедия. С. 456.

89　日付は判読不能

90　ナガン銃とは、ベルギーの銃器設計者アンリ・レオン・ナガンがロシア軍のために開発した拳銃で、第二次大戦の終わりまでソ連で製造され続けた。

91　1月9日広場（現在はレーニン広場）は、スターリングラード中心部の北の方、ヴォルガ川のラウダ』紙に掲載されている。Правда. 1940. 7 января.

56 オルロフカは、スターリングラード・トラクター工場に隣接する村。1942年8月23日からドイツの「北門」の一部になった。

57 「地方対空防衛」の略語

58 ドイツ軍の記録にこのような情報はない。

59 D.M. ピガリョフのインタビューは、57という数字を挙げている。НА ИРИ РАН. Ф. 2. Разд. III. Оп. 5. Д. 21. Л. 57.

60 原文のママ。

61 この単語は、原稿では「声で」と直してある。

62 この銅像は、ヴォルガ川に沿った街の中心部にあり、ツァリーツィン生まれの軍パイロット、ヴィクトル・ステパーノヴィチ・ホリズノフ（1905～1939年）を顕彰するもの。ホリズノフは、スペイン内戦で国際旅団の飛行中隊を指揮し、ソ連帰国後にソ連邦英雄の称号を授与された（1937年）。飛行機事故で亡くなった後、銅像が建てられた（1940年）。記念碑は戦後に修復され、今も元の場所に立っている。Сталинградская битва : Энциклопедия. С. 432.

63 クポロースノエは、ヴォルガ川河岸にあるスターリングラード南部の村。ドイツ軍が市内のエリシャンカ地区を突破してクポロースノエ地区でヴォルガ川に出た9月13日に、第62軍は南方に陣取る第64軍から切り離された。

64 歴史家のタチヤーナ・パヴロワは、チュヤーノフと部下が9月13日の夕方には街を退去していたと書いている。*Павлова Т.* Засекреченная трагедия. С. 230.

65 避難する人が携行する書類。

66 未詳。フランス語の「combat」（戦い）もしくは「大隊長」の略表記のことか。

67 おそらく間違い。第39自動車化狙撃兵師団の師団長はS.S. グーリエフ少将。ソコロフ少将は、第62軍所属の第45（第74親衛）狙撃兵師団の師団長。Сталинградская битва : Энциклопедия. С. 355.

68 水係（водосмотр）とは、ボイラーに水が正しく供給されているか監視する労働者のこと。

69 撃滅大隊は、ソ連政府が1941年6月24日に創設を表明したもの。志願制で、信頼できるソヴィエト活動家から編成され、通信ラインや工業施設を怠業者や敵の工作員から守ることが任務だった。隊員は軍事教練を受け、NKVDや地元の党組織の監督の下で活動した。戦中は多くが形式上、赤軍に編入されている。*Биленко С.В.* На окраине тыла страны. Истребительные батальоны и полки в Великой Отечественной войне 1941-45 гг. М., 1980.

70 スターリングラードでのドイツ・ファシスト軍の撃滅を記念する「勝利者の集会」は、1943年2月4日に1月9日広場で行われ、赤軍兵士や軍司令官に加えて、スターリングラード方面軍軍事評議会や党州委員会の面々が参加した。

71 コテリニコヴォは、州内の村（現在は市）で鉄道の駅がある。ヴォルゴグラード市の南西190キロメートルに位置する。1942年8月2日にドイツ軍部隊に占領された。1942年12月後半にはヘルマン・ホトの装甲部隊がここに集結し、ソ連の包囲環を破ってパウルスの第6軍を解放しようと試みた〔いわゆる「冬の嵐」作戦〕。この試みは失敗に終わり、1942年12月29日にソ連軍がコテリニコヴォを解放している。

72 街の解放直後の数週間にNKVDに逮捕された「裏切り者、ドイツの諜報員、協力者」は502名。うちわけは、諜報員が46名、スパイ活動の容疑者が45名、警官が68名、自発的にドイツ人に協力した者が172名となっている。Сталинградскдя эпопея. С. 406 и сл. 周囲の居住地では1943年7月1日までに732件の逮捕があった。パヴロワの推測では、当局が手を出さなかった対敵協力者の数は、もっと多い。*Павлова Т.* Засекреченная трагедия. С. 412, 547.

73 数値の典拠は、Gerlach, Militärische "Versorgungszwänge," Besatzungspolitik und Massenverbrechen, S. 199; *Павлова Т.* Засекреченная трагедия. С. 460.

74 *Павлова Т.* Засекреченная трагедия. С. 291.

Sacred in Russia, 1910-1925, Ithaca 2002.

24 Kirschenbaum, *Legacy of the Siege of Leningrad*, pp. 64-65.

25 НА ИРИ РАН. Ф. 2. Разд. III. Оп. 5. Д. 21. Л. 9-33.

26 Там же. Л. 50-87.

27 Там же. Л. 34-49.

28 Там же. Л. 67-70.

29 Там же. Д. 22. Л. 1-14.

30 Там же. Д. 23. Л. 76-89.

31 Там же. Л. 40-53.

32 *Чуянов А. С.* Сталинградский дневник. С. 90, 100 и сл., 150, 212 и сл., 380 и сл.

33 НА ИРИ РАН. Ф. 2. Разд. III. Оп. 5. Д. 21. Л. 54-66.

34 Там же. Д. 23. Л. 6-39.

35 Там же. Д. 22. Л. 31-64.

36 Там же. Л. 15-22.

37 Там же. Д. 22. Л. 23-30.

38 НА ИРИ РАН. Ф. 2. Разд. VIII. Оп. 4. Д. 1. 聞き手はリヒテル、速記は［M. P.］ラプチナ。ベルタ・リヴォーヴナ・リヒテル（1905～？）は歴史学修士、1943 年 1 月から大祖国戦争史委員会の一員。

39 НА ИРИ РАН. Ф. 2. Разд. III. Оп. 5. Д. 2А. Л. 42-70. 聞き手は学術協議会書記 A. A. ベルキン、速記はシャムシナ。

40 Там же. Л. 29-41. 聞き手はベルキン、速記はシャムシナ。

41 Там же. Д. 14. Л. 160-170. 聞き手はゲンキナ、速記はロスリャコワ。

42 本書所収のチュイコフ将軍のインタビュー〔第 3 章第 1 節〕を参照。

43 НА ИРИ РАН. Ф. 2. Разд. III. Оп. 5. Д. 45.

44 Там же. Д. 14. Л. 152-153. 聞き手はエスフィリ・ゲンキナ、速記はオリガ・ロスリャコワ。

45 Там же. Л. 1-23. 聞き手はゲンキナ、速記はロスリャコワ。

46 スターリングラードは 1936 年に七つの地区に分けられた。エルマン地区は中心に位置する。現在の名称は、中央地区。

47 キモグラフとは、生理過程（例えば脈拍、呼吸、筋肉の収縮など）をグラフで記録する装置。

48 第 3 章の註 40 参照。

49 機械トラクター・ステーションのこと。

50 スターリングラード州のオリホフカ地区、モロトフ地区、ニージニャヤ・ドブリンカ地区は、スターリングラード市の北に位置する。

51 ミハイル・ステパーノヴィチ・シュミーロフ（1895～1970 年）は、ソ連の軍司令官、陸軍大将（1943 年）、ソ連邦英雄（1943 年）。スターリングラード戦では、1942 年 8 月から第 64 軍（第 7 親衛軍）司令官。

52 デムチェンコは、遠回しに赤軍の崩壊を言っている。

53 アレクセイ・アダモーヴィチ・ゴレグリャド（1905～1985 年）は、中規模機械工業人民委員代理（1939 年）。有名な戦車 T-34 の生産を指揮。ソ連戦車産業人民委員代理（後に第一代理）、人民委員に代わってスターリングラード・トラクター工場の工場長を兼務（1941 年 7 月～9 月）。その後、国防委員会のキーロフ戦車工場（チェリャビンスク）全権代理。*Залесский К.А.* Империя Сталина : Биографический энциклопедический словарь. М., 2000.

54 オリガ・クジミニチナ・コヴァリョワ（1900～1942 年）は、「赤い十月」工場に 1927 年から勤務していた。Сталинградская битва : Энциклопедия. С. 193.

55 マグニトゴルスク冶金工場で働く四人の女性製鋼工、タチヤーナ・ミハイロヴナ・イッポリトワ、S.S. ヴァシリエワ、A. サルタコワ、P. トカチェンコを称える記事が、1940 年 1 月の『プ

304 こうした食い違いを文化人類学や哲学では「羅生門効果」と呼ぶ。Karl G. Heider, "The Rashomon Effect: When Ethnographers Disagree," *American Anthropologist*. New Series. Vol. 90, No. 1 (March 1988), pp. 73-81; Marvin Harris, *Cultural Materialism: The Struggle for a Science of Culture* (New York, 1979), pp. 315-324.

305 チュイコフ、ロジムツェフ、アクショーノフなどのいくつかのインタビューは、時に一万語近くにもなるため、全文収録は無理だった。

第2章

1 レニングラードは、その後、街を封鎖して兵糧攻めにした。

2 数字は、ロシア国防省文書館の記録による（*Павлова Т.* Засекреченная трагедия. С. 166.）。ビーヴァーは、ドイツの史料に基づいて、8月23日に航空機1200機が出撃し、爆撃回数が1600回に及んだと書いている。Beevor, *Stalingrad*. pp. 103, 106〔邦訳145、148ページ〕.

3 Hubert Brieden, Heidi Dettinger, Marion Hirschfeld, *"Ein voller Erfolg der Luftwaffe": Die Vernichtung Guernicas und deutsche Traditionspflege* (Nördlingen, 1997). 特に S. 72.

4 Beevor, *Stalingrad*, p. 69〔邦訳100ページ〕; Janusz Piekalkiewicz, *Luftkrieg 1939-1945* (München, 1978), S. 138. 少ない数（死者1500人）は、Rolf-Dieter Müller, Florian Huber, *Der Bombenkrieg 1939-1945* (Berlin, 2004), S. 248.

5 *Павлова Т.* Засекреченная трагедия. С. 167; Beevor, *Stalingrad*, p. 106〔邦訳148ページ〕.

6 *Павлова Т.* Засекреченная трагедия. С. 167; D. ピガリョフのインタビュー〔115ページ〕。

7 *Павлова Т.* Засекреченная трагедия. С. 137 и сл.

8 Там же. С. 139.

9 Там же. С. 143-148.

10 Там же. С. 140-141, 159, 166.

11 Beevor, *Stalingrad*, p. 106〔邦訳148ページ〕; Overy, *Russia's War*, pp. 166, 351 (note 22). 文献一覧も参照のこと。ヴォルゴグラードの歴史家タチヤーナ・パヴロワは、この数字はかなり低くなっていると見ている。*Павлова Т.* Засекреченная трагедия. С. 186.

12 本書119ページ参照〔デムチェンコの発言〕

13 *Павлова Т.* Засекреченная трагедия. С. 202.

14 Там же. С. 211. 8月23日夜の会合の参加者は、回想録の中で、工場施設の地雷敷設を提案した「臆病者」の役を誰も引き受けようとしない。エリョーメンコは回想録でチュヤーノフに責任をなすりつけるが、チュヤーノフは省庁代表が提案したのであって自分は反対したと書いている。*Ерёменко А.И.* Сталинград : записки командующего фронтом. М., 1961. С. 139; *Чуянов А. С.* Сталинградский дневник (1941-1943). 2-е, перераб. изд. Волгоград, 1979. С. 157.

14a *Павлова Т.* Засекреченная трагедия. С. 221-222.

15 Там же. С. 201.

16 Там же. С. 226-229.

17 Там же. С. 225.

18 市警備司令部の住民避難措置は、9月中ずっと、さらには10月にも続いている。Там же. С. 241, 260.

19 Сталинградская битва : Энциклопедия. С. 214.

20 Там же. С. 148.「赤い十月」の製鉄再開は1943年7月、「バリケード」工場の再開は1944年秋。

21 Сталинградская битва : Энциклопедия. С. 374-376;. Hans Wijers, *Der Kampf um Stalingrad, die Kämpfe im Industriegelände, 14. Oktober bis 19. November 1942*. Brummen 2001, S. 26.

22 *Чуянов А. С.* Сталинградский дневник. С. 254.

23 Réne Fülöp-Miller, *Geist und Gesicht des Bolschewismus. Darstellung und Kritik des kulturellen Lebens in Sowjet-Russland*, Zürich 1926; Mark Steinberg, *Proletarian Imagination: Self, Modernity, and the*

283 НА ИРИ РАН. Ф. 2. Разд. XIV. Д. 7. Л. 34-41.（日付なし）

284 Там же.

285 この数字は、スターリングラードで1943年1月から3月にインタビューした人に限られる。その後に別の戦線で聞き取りをした人に、スターリングラード戦の証人はまだたくさんいた。

286 *Курносов А.А.* Воспоминания - интервью. С. 126.

287 *Васневская Е. В.* Воспоминания - интервью о битве под Москвой // Археографический ежегодник за 1983 г. М., 1985. С. 272.

288 ニコライ・フィリッポヴィチ・バチュク（1905～43年）は、第284狙撃兵師団長としてママイの丘の攻防戦に参加。

289 НА ИРИ РАН. Ф. 2. Разд. III. Оп. 5. Д. 4. Л. 1-2（バチュク）; Разд. I. Оп. 71. Д. 11.（パヴロフ）; フゲンフィロフ、コシカリョフ、ルィフキンは153～4ページ参照。

290 アルノリド・クラストィニシェ准尉（砲艦「チャパーエフ」号艦長）のインタビュー。НА ИРИ РАН. раз. 1. Оп. 80. Д. 3.

291 *Курносов А.А.* Воспоминания - интервью. С. 125, 132.

292 クルノソフの計算では、1942年から44年に行われたインタビューの速記録は4930件ある。この件数には、1945年の聞き取りは含まれていない。*Курносов А.А.* Воспоминания - интервью. С. 131; 200 лет АН СССР : Справочная книга. М.;Л., 1945. С. 252.

293 S. L. A. Marshall, *Island Victory*. New York 1944.

294 S. L. A. Marshall, *Men Against Fire: The Problem of Battle Command in Future War*, Washington, 1947.

295 Roger J. Spiller, "S. L. A. Marshall and the Ratio of Fire," *RUSI Journal: Royal United Services Institute for Defence Studies*. Vol. 133, no. 4（August 1988）, pp. 63-71; Richard Halloran, "Historian's Pivotal Assertion On Warfare Assailed as False," *New York Times*, 19. Februar 1989. アメリカ軍戦史センターの委嘱で行われた研究では、マーシャルが用いたインタビュー手法はこれまでと同様、先進的なものと位置付けられている。 Stephen E. Everett, *Oral History Techniques and Procedures*. Washington, D. C. 1992.

296 ヴェチェスラフ・ミハイロヴィチ・モロトフ（本名スクリャービン、1890～1986年）は、ソ連の政治家・外交官。1930年から41年はソ連人民委員会議議長〔首相〕、1939年から49年と1953年から56年は外務人民委員・外相。

297 モロトフの「恥知らずな覚書」は「典型的なユダヤ人の」やり方だ、「ボリシェヴィキ」が始めた自国民への「蛮行」をドイツの「責任だとなすりつける」、とゲッベルスは1942年1月8日の日記に書いている。翌日には、こう述べる。「ボリシェヴィキは蛮行に関して前科がある。残酷報道でもう人の気は引けない」。*Die Tagebücher von Joseph Goebbels*. Teil 2: *Diktate 1941-1945*, Bd. 3: *Januar-März 1942*, hg. v. Elke Frohlich（München 1995）, S. 70-71, 79.

298 *Минц И.И.* Из памяти выплыли воспоминания. С. 52, 54.

299 シチェゴレワは洞察力のある観察者だった。日記には、占領者の毒々しい反ユダヤ主義と支配欲の強さ、ロシア的なもの、ソ連的なもの一切合切を否定的にとらえる様子が記されている。6週間してドイツ人がヤースナヤ・ポリャーナを去ると、シチェゴレワの神聖な場所は「アウゲイアスの牛舎」〔30年間掃除されなかった不潔な場所〕に変わり果て、トルストイの屋敷のバルコニーは糞まみれになっていた。博物館の職員は、「野蛮人」に対する憤懣やるかたない思いを書き記した。ドイツ人が撤退の際に火を放ったが、辛うじて消し止められた（日記は『コムソモーリスカヤ・プラウダ』に1941年12月18日から24日に連載で公開。写しは、НА ИРИ РАН. Ф. 2. Разд. VI. Оп. 4. Д. 2.）。

300 Советская пропаганда в годы Великой Отечественной войны. С. 204-205.

301 *Генкина Э.* Героический Сталинград. М., 1943; *Зайцев В.Г.* Рассказ снайпера, М., 1943.

302 *Генкина Э.* Героический Сталинград. С. 78.

303 インタビュー速記録の全文を収録した電子書籍による完全版を計画中。

M., 2014. С. 123; *Курносов А. А.* Воспоминания - интервью в фонде Комиссии по истории Великой Отечественной войны АН СССР（Организация и методика собирания）// Археографический ежегодник за 1973 г. М., 1974. С. 118-132; *Левшин Б.В.* Деятельность Комиссии по истории ВОВ, 1941-1945 гг. // История и историки : Историографический ежегодник за 1974 г. М., 1976; *Михайлова Е.П.* О деятельности Комиссии по истории Великой Отечественной войны советского народа против фашистских захватчиков в период 1941-1945 гг. // Вопросы историографии в Высшей школе. Смоленск, 1975. С. 352-359; *Архангородская И.С., Курносов А.А.* О создании Комиссии по истории Великой Отечественной войны АН СССР и ее архива :（К 40- летию со дня образования）// Археографический ежегодник за 1981 г. М., 1982. С. 219-229; *Самсонов А. М.* Вклад историков АН СССР в изучение проблемы Великой Отечественной войны // Вестник АН СССР. 1981. № 9. С. 84-93; *Васневская Е.В.* Воспоминания - интервью о битве под Москвой // Археографический ежегодник за 1983 г. М., 1985. С. 272-277; *Архангородская И.С., Курносов А.А.* « Истории воинских частей » в фонде Комиссии по истории Отечественной войны АН СССР // Археографический ежегодник за 1985 г. М., 1986. С. 174-181; *Курносов А.А.* Мемуары участников партизанского движения в период Великой Отечественной войны как исторический источник（Опыт анализа мемуаров по истории Первой Бобруйской партизанской бригады）// Труды МГИАИ. М., 1961. Т. 16. С. 29-55; *Он же.* Приемы внутренней критики мемуаров（Воспоминания участников партизанского движения в период Великой Отечественной войны как исторический источник）// Источниковедение. Теоретические и методические проблемы. М., 1969. С. 478-505.

267 *Минц И.И.* Из памяти выплыли воспоминания. С. 42.

268 アルカージー・ラヴローヴィチ・シードロフ（1900～1966年）は、歴史家。1928年に赤色教授学院で働き、ロシア史の「メンシェヴィキ・エスエル」派と積極的に戦った。彼の人生の後半生は第5章「戦争と平和」を参照。

269 *Минц И.И.* Из памяти выплыли воспоминания. С. 46 и сл.

270 НА ИРИ РАН. Ф. 2. Разд. 14. Д. 23. Л. 16, 213. ミンツは1941年10月の疎開命令に従わなかった。これはおそらく内戦の戦闘経験が影響している。

271 Там же. Д. 7. Л. 23-24. 次も参照 *Курносов А.А.* Воспоминания - интервью в фонде комиссии по истории Великой Отечественной войны Академии наук СССР（Организация и методика собирания）// Археографический ежегодник за 1973 г. М., 1974. С. 122.

272 *Минц И.И.* Из памяти выплыли воспоминания. С. 49.

273 Там же. С. 49.

274 1943年2月に科学アカデミーが委員会の新たな地位を登録するが、党幹部は、アレクサンドロフがシチェルバコフに照会した後でも、拡大提案に同意を与えていない。РГАСПИ. Ф. 17. Оп. 125. Ед. хр. 204. Л. 2.

275 Clark, “The History of the Factories,” p. 251, n. 1.

276 *Минц И.И.* Из памяти выплыли воспоминания. С. 52-53.

277 *Шелюбский А.П.* Большевик, воин, ученый С. 167-170. 戦争画家のA. E. エルモラエフが描いた、1942年2月に赤軍司令官を前に演説するミンツの絵がある。Москва прифронтовая. 1941-1942, M., 2001. С. 405〔本書83ページに掲載〕.

278 *Минц И.И.* Документы Великой Отечественной войны, их собирание и хранение // 80 лет на службе науки и культуры нашей Родины. М., 1943. С. 134-150.

279 ミンツが挙げた史料のいくつかは、インタビュー速記録とともに委員会の公文書としてロシア科学アカデミーロシア史研究所に保管されている。НА ИРИ РАН. Ф. 2.

280 НА ИРИ РАН. Ф. 2. Разд. 14. Д. 22. Л. 45.

281 *Курносов А.А.* Воспоминания - интервью. С. 121.

282 *Курносов А.А.* Воспоминания - интервью. С. 125, 132.

記に一言もない。スターリンのテロルの時期が叙述から削られており、大量の脱落があるようだ。*Минц И.И.* Из памяти выплыли воспоминания : Дневниковые записи, путевые заметки, мемуары академика АН СССР И.И. Минца. М., 2007; 次も参照 К истории русских революций. События, мнения, оценки. Памяти Исаака Израилевича Минца. М., 2007.

253 この点は、同じく赤色コサックと一緒に戦ったユダヤ人であるイサーク・バーベリの日記や小説に活写されている。*Бабель И.Э.* Дневник 1920（конармейский）. М., 2000; *Он же.* Конармия. Киев, 1989; MacKinnon, "Writing History for Stalin." pp. 11-13.

254 *Шелюбский А.П.* Большевик, воин, ученый（К 70- летию со дня рождения академика И.И. Минца）// Вопросы истории. 1966. № 3. С. 167-170; 次の本に所収の自伝も参照 К истории русских революций. С. 221 сл.

255 第 2 巻の好意的な書評が『プラウダ』に出ている。Правда. 1943. 13 января. С. 4.

256 MacKinnon, "Writing History for Stalin." p. 29.

257 MacKinnon, "Writing History for Stalin." p. 6, n.2.

258 イストパルト式そのままに、まだ存命だった大祖国戦争史委員会のメンバーが 1984 年に〈思い出の夕べ〉に集まり、時の流れの中でほぼ忘れ去られていた組織の設立と活動の経緯の思い出話にふけった。この回想の口述は、当然ながら速記が取られた。Встреча сотрудников Комиссии по истории Великой Отечественной войны АН СССР // Археографический ежегодник за 1984 г. М., 1986. С. 316-319. 速記録とは所々に差異のある会合の録音テープが、ロシア国立音声記録公文書館にある。РГАФД. Ф. 439. Оп. 4м. № 1-2. 引用文はすべてこの実況録音による。

259 Jochen Hellbeck, "Krieg und Frieden im 20. Jahrhundert," Nachwort, in: Grossman, *Leben und Schicksal.*（Berlin, 2007）S. 1069-1085.

260 РГАФД. Ф. 439. Оп. 4м. № 1-2. ミンツの手紙にスターリンが決裁した記録は、党中央委員会の文書にも大祖国戦争史委員会の文書にも発見できなかった。またミンツの 1984 年の回想には、思い違いと思しき箇所が若干ある。例えば、シチェルバコフが赤軍政治管理総局長に任命されたのは、1942 年 7 月になってからだ。プロジェクトが承認された 1941 年 12 月は、まだモスクワ市党委員会のトップである。

261 この構想を思いついたのはミンツ一人ではなかった。1941 年 7 月 15 日には教育人民委員部がすべての学芸員に対して、大祖国戦争にまつわる資料の収集を呼びかけている。この呼びかけに続いて、1941 年 11 月 15 日付の通達第 170 号「大祖国戦争の記録と物品の収集について」が出た。ここから確実に言えるように、開戦から数週間の戦況にもかかわらず、この戦争が勝利に終わるというソ連側の歴史の確信は、きわめて強かった。Tatjana Timofejewa, Das historische Gedächtnis des Grossen Vaterländischen Krieges und seine Gedenkorte, in: *Russen und Deutsche im Zeitalter der Katastrophen* S. 347-359.

262 Rodric Braithwaite, *Moscow 1941: A City and its People at War*, New York 2006〔ロドリク・ブレースウェート、川上洸訳『モスクワ攻防 1941：戦時下の都市と住民』（白水社, 2008 年）〕; Московская битва в хронике фактов и событий. М., 2004.

262a *Городецкий Е. Н., Зак Л. М.* Академик И.И. Минц как археограф（К 90- летию со дня рождения）// Археографический ежегодник за 1986 год. М., 1987. С. 136.

263 *Минц И.И.* Из памяти выплыли воспоминания. С. 41-42.

264 Московская битва в хронике фактов и событий. С. 246.

265 パーヴェル・フョードロヴィチ・ユージン（1899〜1968 年）は、ソ連の党哲学者。1938 年から 44 年はソ連科学アカデミー哲学研究所の所長、1937 年から 47 年は国立出版所公団（ОГИЗ）総裁。

266 *Минц И.И.* Из памяти выплыли воспоминания. С. 42（日記の 1941 年 12 月 11 日の記述）。委員会の沿革と活動は、*Лотарева Д.Д.* Комиссия по истории Великой Отечественной войны и ее архив : реконструкция деятельности и методов работы // Археографический ежегодник за 2011 г.

部の失敗や赤軍の補給問題を痛烈に批判している。命令第227号を知ると、長い間もとめていた軍の秩序強化策だととらえ、心から安堵している（カリーニンは「反ソ宣伝」の罪で1944年に逮捕）。*Христофоров В.С.* Война требует все новых жертв. С 178-190. ヴァシーリー・グロスマンも同じように自分の日記に、宴会にうつつを抜かす党・軍幹部の名前を記している。民間人であっても、個人的なことを社会的なことより優先すれば手加減しなかった。グロスマンは一貫して戦争の道徳的評価を支持した。註48にあげた日記や押収された日記も参照（後者の分析は、Сталинградская эпопея. С. 207）。

241 *Христофоров В.С.* Война требует все новых жертв. С. 197. 1942年9月30日付の報告文。

242 Там же.

243 Elizabeth Astrid Papazian, *Manufacturing Truth: The Documentary Moment in Early Soviet Culture*. DeKalb, 2009.

244 セルゲイ・トレチャコフの言葉の引用は、Maria Gough, "Paris: Capital of the Soviet Avant-Garde," *October* Vol. 101 (Summer 2002), p. 73; 次も参照 Литература факта. Первый сборник материалов работников ЛЕФа (1929). М., 2000; トレチャコフが構想したルポルタージュ作家・記者作家のイメージは、ヴァルター・ベンヤミンに、とりわけ1934年の論文「生産者としての作家」に多大な影響を与えている。Walter Benjamin, *Der Autor als Produzent. Aufsaetze zur Literatur*, hg. v. Sven Kramer, Leipzig 2012.

245 Frederick C. Corney, *Telling October: Memory and the Making of the Bolshevik Revolution* (Ithaca, NY, 2004), pp. 112-113, 126.

246 Katerina Clark, "The History of the Factories as a Factory of History," in *Autobiographical Practices in Russia*, ed. Jochen Hellbeck and Klaus Heller (Göttingen, 2004), pp. 251-254; Josette Bouvard, "Une impossible quête d'identité. La représentation de soi à travers les journaux de production du métro de Moscou. 1934-1935". in Brigitte Studer (ed.), *Parler de soi sous Staline. La construction identitaire dans le communisme des années trente*. Paris. 2002. pp. 193-202; Hans Günther, *Der sozialistische Üebermensch: Maksim Gor'kij und der sowjetische Heldenmythos* (Stuttgart, 1983), S. 92; Papazian, *Manufacturing Truth*, p. 137.

247 ゴーリキーのプロジェクトの政治的な成立史と編集作業の背景事情は、*Журавлев С.* Феномен «Истории фабрик и заводов»: горьковское начинание в контексте эпохи 1930- х годов. М., 1997; Josette Bouvard, *Le métro de Moscou. La construction d'un mythe soviétique*. Paris, 2005.

248 *Журавлев С.* Указ. соч. С. 176. ゴーリキーは、まだいくつものドキュメンタリー・プロジェクトを思い描いている（ソ連の都市の歴史、ソ連の農村の歴史、文化・日常の歴史など）。Там же. С. 175.

249 Elaine MacKinnon, "Writing History for Stalin: Isaak Izrailevich Minz and the Istoriia grazhdanskoi voiny," *Kritika: Explorations in Russian and Eurasian History*, 2005. Vol. 6, No. 1. pp. 20-21.

250 MacKinnon, "Writing History for Stalin."

251 パパジャンは、前期スターリン時代のドキュメンタリー運動の終わりを、社会主義リアリズムが美学の基本原則になった時点に置いている。だがこの運動の精神はその後も生き続けた。その現われは、戦中のミンツ委員会の活動だけでなく、大規模なドキュメンタリー・プロジェクト「世界の一日」にも見られる。1935年に行われたこのプロジェクトは、25年後に続編がある。*Горький М., Кольцов М. (ред.)* День мира. М., 1937; День мира : 27 сентября 1960 года. М., 1960. ちなみに、この最後のプロジェクトをきっかけに、クリスタ・ヴォルフが個人の日記にして歴史の日記をつけ始めた。Christa Wolf, *Ein Tag im Jahr: 1960-2000*, München 2003.

252 コサック軍団司令官ヴィターリー・プリマコフは、マヤコフスキーの愛人で「ロシア・アヴァンギャルドのミューズ」と呼ばれたリーリャ・ブリークと、詩人の自殺後に、結婚した。数年後、赤軍を襲った粛清の波に呑み込まれ、拷問の末に反ソ・ファシスト陰謀に加担していると自白。1937年6月に処刑された。こうした出来事は、近年刊行されたイサーク・ミンツの日なくとも6人が生き残り、うち1人は補助警官としてドイツ占領軍の下で働いていたことが判明した。このほか『赤い星』記者が28人という人数や「英雄たち」の最期の言葉を創作したことも分かっている。*Петров Н., Эдельман О.* Новое о советских героях. // Новый Мир. 1997. № 6. С. 140-151.

231 第3章第5節参照。НА ИРИ РАН. Ф. 2. Разд. III. Оп. 5. Д. 38. Л. 25-32.

232 第2章第5節「ラトシンカ上陸」を参照。

233 ヴァシーリー・ニコラエヴィチ・ゴルドフ（1896〜1950年）は、ソ連の将軍。帝国軍の下士官として第1次世界大戦に参戦。1918年に赤軍と共産党に入る。内戦後に高等士官学校「ヴィストレル」とフルンゼ陸軍大学を修了。参謀本部で出世を重ねる。1940年に陸軍少将。1942年7月23日にスターリングラード方面軍司令官に任命されるが、同年8月12日に解任（後任はエリョーメンコ陸軍大将）。1942年10月に西部方面軍第33軍司令官に任命（出典：Герои Советского Союза : краткий биографический словарь. М., 1987. Т. 1. С. 353.）。ゴルドフがスターリングラード戦線の指揮官や司令部将校に乱暴な対応をしているのはロコソフスキーも目撃している。*Рокоссовский К.К.* Солдатский долг. 5- е изд. М., 1988. С. 136-138. ゴルドフ解任の詳細は、Vadim J. Birstein, *Smersh: Stalin's Secret Weapon. Soviet Military Counterintelligence in WW II.* London, 2011, pp. 207-209. 下記の註235も参照。

234 НА ИРИ РАН. Ф. 2. Разд. III. Оп. 5. Д. 8. Л. 10.

235 1947年にゴルドフは逮捕された。ソ連の秘密警察が自宅アパートに盗聴器をとりつけ、妻や部下のフィリップ・ルィバリチェンコ少将との会話を記録していたのだ。スターリンを戦後ソ連の疲弊の元凶だと言い、政治の「民主化」への期待を口にしたという。ゴルドフとルィバリチェンコは、祖国反逆罪と「資本主義復活」の罪で1950年に処刑。スターリンの死の翌年に名誉回復された。*Пихоя Р.Г.* Советский Союз: история власти. 1945-1991. 2-е, дополненное изд. Новосибирск, 2000. С. 39-41.

236 263ページの写真のチュイコフは、指に包帯を巻いている。理由は神経性の皮膚炎で、スターリングラードにいる間ずっと苦しめられていたという（息子のA.V. チュイコフへのインタビュー、2009年11月11日、モスクワ）。

237 第1次大戦のドイツの軍事心理学者の言い方なら、ザイツェフは「戦争震え」(Kriegszitterer) に相当する。西側連合国の言い方なら、「砲弾ショック」(shell shock) である。Paul Lerner, *Hysterical Men: War, Psychiatry, and the Politics of Trauma in Germany, 1890-1930.* Ithaca 2003. 第2次大戦時のソ連の心理学の言説は、戦場で受けた損傷を生理学の流儀で解釈していた。これに対して治療は、精神資産の開発が主であり、意思の強化や道徳意識が重視された。S. Rubenstein, "Soviet Psychology in Wartime," *Philosophy and Phenomenological Research*, Vol. 5, No. 2, *A First Symposium on Russian Philosophy and Psychology* (Dec., 1944), pp. 181-198. 前述のコムソモール員イリヤ・ヴォーロノフの例も参照。

238 Merridale, *Ivan's War*, pp. 56-58, 199, 262〔邦訳77〜80, 263, 345〜346ページ〕; *Будницкий О.* Евреи на войне. Солдатские дневники // Лехаим. 87. Май 2017 (https://www.lechaim.ru/events/evrei-na-vojne-soldatskie-dnevniki); Mark Edele,"Toward a Sociocultural History of the Second World War," *Kritika* 15 (2014), no. 4. pp. 829-835.

239 1942年5月22日に英ソ同盟条約が調印されると、ソ連は英米に対して年末までに西ヨーロッパで第2戦線を開き、ほぼ独力で枢軸国との戦いを引き受けている赤軍の負担を減らすよう求めた。だが第2戦線ができたのは、ようやく1944年6月である。*Allies at War: The Soviet, American, and British Experience, 1939-1945*, ed. David Reynolds, Warren F. Kimball, A. O. Chubarian (New York, 1994).

240 Сталинградская эпопея. С. 233-234（1942年10月21日付報告）. ソ連の戦時中の日記は、数は少ないが、個々の兵士の世界観の変遷を示すきわめて興味深い情報源である。ヴォルガ軍管区長のステパン・アドリアノヴィチ・カリーニンがつけていた日記は、1941年と42年初めの司令

215　その一例：*Дайнес В.О.* Штрафбаты. С. 131-135.

216　Mark Edele, *Soviet Veterans of the Second World War: a Popular Movement in an Authoritarian Society 1941-1991*（Oxford University Press, 2008）, pp. 115-117.

217　*Христофоров В.С.* Война требует все новых жертв. С. 183.

218　Statiev, "Penal Units in the Red Army," p. 744. この方法は、スタティエフも書いているように、赤軍の革命的な政治文化の反映である。他国の軍隊の大半は、規律違反の兵士は長期の禁固刑だった。

219　FSBアルヒーフ局長のフリストフォロフは、近年の著作で、大祖国戦争時の赤軍の暴力乱用を証言している。著者はこれに憤懣やるかたない。以前の著作で見せていたチェキストの「愛国的」仕事をほめたたえる姿勢から明らかに逸脱しているからだ。*Христофоров В.С.* Война требует все новых жертв. С. 204-210; *Он же.* Сталинград. Органы НКВД накануне и в дни сражения. М., 2008.

220　クリヴォシェエフは、15万7593人という厳密な数字を出している。似たような数字（「15万7000人以上が死刑」）は、ウラジーミル・ナウーモフとレオニード・レシンに見られ、多くの著作で実際に執行された死刑の数としている。Vladimir Naumow und Leonid Reschin, "Repressionen gegen sowjetische Kriegsgefangene und zivile Repatrianten in der USSR 1941 bis 1956," in *Die Tragödie der Gefangenschaft in Deutschland und der Sowjetunion, 1941-1956*, ed. Klaus-Dieter Müller et al.（Köln 1998）, S. 335-364（引用は S. 339）; Merridale, *Ivan's War*, p. 136〔邦訳181ページ〕. ただクリヴォシェエフは付言して、「最高刑の判決に代えて（40％以上）、特別裁判決定によって戦闘行為の終了まで刑の執行を延期して受刑者を戦線に懲罰部隊に入れた」と書いている（*Кривошеев Г.Ф. (отв. ред.).* Великая Отечественная без грифа секретности. Книга потерь. Новейшее справочное издание. М., 2010. С. 302）。クリヴォシェエフは同書の別の箇所には「13万5000人の処刑された兵士」と書いている（Там же. С. 43.）。ナウーモフとレシンによれば、死刑の大半は戦争初期にドイツに包囲されたか捕虜になった兵士に適用されている（Naumow and Reschin, *Op. cit.*）。またNKVDの統計が、戦場で指揮官が実行した違反兵士の銃殺をカウントしているかどうかは不明である。こうした措置を取る権利は、軍事法廷、スメルシュ、特別会議も持っていた。このため全銃殺者の正確な人数にはまだ近づけない。軍検察庁などの機関の史料が開示されれば、この問題に新たな光を当ててくれるだろう。

221　Сталинградская эпопея. С. 403 и сл.

222　アルコールや向精神薬といった興奮剤は、第2次大戦時は多くの軍隊で広まっていたが、命令でその使用を規定したのは赤軍だけだ。*Сенявский А.С., Сенявская Е.С.* Идеология войны и психология народа // Народ и война : 1941-1945 гг. Издание подготовлено к 65- летию Победы в Великой Отечественной войне. М., 2010. С. 160; Sonja Margolina, *Wodka. Trinken und Macht in Russland*, Berlin 2004, S.68-70.

223　НА ИРИ РАН. Ф. 2. Разд. III. Оп. 5. Д. 8. Л. 15-28.

224　Там же. Д. 5. Л. 18.

225　НА ИРИ РАН. Ф. 2. Разд. III. Оп. 5. Д. 14. Л. 43-63. この場面は、サムソーノフにも出てくる。*Самсонов А.М.* Сталинградская битва. С. 397.

226　この言葉は、ママイの丘にあるスターリングラード戦記念館の壁に刻まれている。参照：Jochen Hellbeck, "War and Peace for the Twentieth Century," *Raritan*, Spring 2007, Vol. 26. No. 4, pp. 24-48.（該当箇所は pp. 46-48.）

227　*Гроссман В.С.* Годы войны. С. 321.

228　シュミーロフについては、第2章の註51と第6節「パウルス元帥を捕える」を参照。

229　НА ИРИ РАН. Ф. 2. Разд. I. Оп. 111. Д. 1.

230　「パンフィーロフの28人」とは、大祖国戦争の初期の神話の一つ。28人の兵士が1941年末のモスクワ防衛の際、敵の装甲車18輌を破壊し、全員が死亡したとされる。後年の調査で、少自身があげた例（第51軍の将校が手違いで懲罰大隊に送られた一件）が示すように、政治管理総局はこうした出来事を無視していたわけではない。Beevor, *Stalingrad*, p. 85.〔邦訳122ページ〕

199 損害の評価は、次を参照。John Erickson, "Soviet War Losses," in *Barbarossa: The Axis and the Allies*, ed. J. Erickson and D. Dilks (Edinburgh, 1994), p. 262; 次も参照 Overy, *Russia's War*, pp. 159-161.

200 НА ИРИ РАН. Ф. 2. Разд. III. Оп. 5. Д. 14, Л. 160-170.

201 戦争中は100万人以上の囚人が徴兵された。その大半は、命令第227号が出る前に赤軍に補充され、通常部隊に送られた。囚人が懲罰部隊に送られるようになったのは、1942年10月以降。Alex Statiev, "Penal Units in the Red Army," *Europe-Asia Studies*. Vol. 62. no. 5 (July 2010), p. 731; *Дайнес В.О.* Штрафбаты и заградотряды Красной Армии. М., 2008; Steven A. Barnes, "All for the Front, All for Victory! The Mobilization of Forced Labor in the Soviet Union during World War II," *International Labor and Working-Class History*, Vol. 58 (October 2000), pp. 239-260.

202 アレクサンドル・アヴェルブフのインタビューも参照（本書第3章第4節）。

203 НА ИРИ РАН. Ф. 2. Разд. III. Оп. 5. Д. 9, Л. 56-61.

204 Glantz, *Colossus Reborn*, pp. 547-551.

205 テキストには「コサック」とあるが、おそらくカザフ人のこと。これは第一に、この民族への言及の前後が中央アジアの諸民族（ウズベク人とトルクメン人）だから、第二にコサックは忠誠心が疑わしい（とくにドン・コサックは内戦時に大部分が白軍を支持した）からである。第2次大戦時にコサックは赤軍だけでなく、ドイツ軍にもいたため、後者はNKVDが個別に統計を作っている。ЦАМО РФ. Ф. 220. Оп. 445. Д. 30а. Л. 483; *Крикунов Р.* Казаки. Между Гитлером и Сталиным. Крестовый поход против большевизма. М., 2005; Rolf-Dieter Müller, *An der Seite der Wehrmacht. Hitlers ausländische Helfer beim "Kreuzzug gegen den Bolschewismus" 1941-1945* (Berlin, 2007), S. 207-212.

206 第45師団のデータがある。1942年春の兵員補充で1万人となった同師団は、ロシア人が6000人強、ウクライナ人が850人、ウズベク人が650人、カザフ人が258人、さらに少数ながらベラルーシ人、チュヴァシ人、タタール人がいて、民族数は合計すると28に達した（セローフのインタビューによる）。

207 カルポフについては本書223〜4、227ページ〔第2章第6節「パウルス元帥を捕える」〕を参照。またモロゾフ大尉のインタビューも参照。

208 ロシア・ナショナリズムと戦争、さらにはソ連愛国主義との関係については、次を参照：Weiner, *Making Sense of War*; David Brandenberger, *National Bolshevism: Stalinist Mass Culture and the Formation of Modern Russian National Identity, 1931-1956* (Cambridge, MA, 2002).

209 НА ИРИ РАН. Ф. 2. Разд. III. Оп. 5. Д. 29, Л. 29-35.

210 НА ИРИ РАН. Ф. 2. Разд. I. Оп. 80. Д. 29.

211 *Христофоров В.С.* Война требует все новых жертв : чрезвычайные меры 1942 г. // Великая Отечественная война. 1942 год. М., 2012. С. 192; Сталинградская эпопея. С. 222-224. 後者所収のデータは、1942年10月半ばまで。

212 Документы органов НКВД СССР периода обороны Сталинграда // Великая Отечественная война. 1942 год. С. 456; *Христофоров В.С.* Заградительные отряды // Великая Отечественная война. 1942 год. С. 486; Сталинградская эпопея. С. 223.

213 引用した言葉は、赤軍の中央機関紙に載った呼びかけの言葉。命令第227号の適用規則を説明しているが、直接の言及はない。"За непрерывную боевую политическую работу !" // Красная звезда. 1942. 9 августа ; 次も参照 : *Христофоров В.С.* Заградительные отряды. С. 477.

214 Igal Halfin, *Terror in My Soul: Communist Autobiographies on Trial* (Cambridge, MA, 2003); Idem. *Stalinist confessions: messianism and terror at the Leningrad Communist University* (Pittsburgh, PA, 2009).

家のミハイル・ドラゴミーロフ（1830～1905年）は、勝利に重要なのは敵に自分の意思を押し付けることだと考え、そこで意思の教育を新兵の軍事訓練の第一義とした。このため最も重要な戦闘は銃剣攻撃だと考えている。ボリシェヴィキの「心理攻撃」という概念やソ連の「ウラー」と雄叫びをあげる歩兵攻撃の偏愛との類似は、明らかだ。Bruce Manning, *Bayonets before Bullets: The Imperial Russian Army, 1861-1914*（Bloomington, IN, 1992）, p. 41; Jan Plamper, "Fear: Soldiers and Emotion in Early Twentieth-Century Russian Military Psychology," *Slavic Review*, 68, No. 2（2009）: 259-283. 米英軍の第1次・第2次大戦時の恐怖心に関する研究は、Joanna Bourke, *Fear: A Cultural History*（Emeryville, CA, 2006）, pp. 197-221.

185 НА ИРИ РАН. Ф. 2. Разд. I. Оп. 71. Д. 15. またアレクセイ・コレスニコフ中佐（第204狙撃兵師団）のインタビューも参照。НА ИРИ РАН. Ф. 2. Разд. III. Оп. 5. Д. 12, Л. 22-25.

186 命令第227号が規定する処罰は、目新しいものではない。すでにソ・フィン冬戦争で、脱走を阻止するために「管理督戦隊」（定員100名）がNKVD作戦連隊から編成されている。1941年9月には再び独ソ戦で使われている。*Сахаров А.Н., Христофоров В.С.*（*ред.*）К 70-летию начала Второй мировой войны. Исследования, документы, комментарии. Коллективная монография. М., 2009. スターリン自身は命令第227号のことを、ドイツ軍がモスクワ攻防戦で自国兵士に用いた懲戒措置のコピーだと言っていた。この点に関して、歴史家ミハイル・ミャフコフは、1941年12月にドイツ軍に督戦隊が編成されていたかのように主張しているが、その証拠は示していない。*Мягков М.Ю.* Вермахт у ворот Москвы 1941-1942. М., 1999. С. 218 и сл. 専門書にこうした措置に関する記述は一切ない。Christian Hartmann, *Wehrmacht im Ostkrieg. Front und militärisches Hinterland 1941/42*, München 2009; Hürter, *Hitlers Heerführer*.

187 チュイコフの回想録にこの銃殺は出てこないが、スターリングラードで聞き取りをした他の何人かが実際にあったことだと認めている。銃殺は決して異常なことではなかった。1941年11月にジューコフ将軍の命令で、ドイツ軍の急襲をうけて退却したある師団の指揮官とコミッサールが兵士の目の前で銃殺されている。同時にジューコフはこの銃殺命令のことを赤軍の指揮官と政治将校の全員に知らせるよう命じている。Mawdsley, *Thunder in the East*, pp. 114-115.

188 НА ИРИ РАН. Ф. 2. Разд. III. Оп. 5. Д. 14, Л. 112-116.

189 НА ИРИ РАН. Ф. 2. Разд. I. Оп. 80. Д. 3.

190 НА ИРИ РАН. Ф. 2. Разд. III. Оп. 5. Д. 2а, Л. 29-41.

191 НА ИРИ РАН. Ф. 2. Разд. I. Оп. 80. Д. 32.

192 アレクサンドル・シェリュブスキーのインタビュー（НА ИРИ РАН. Ф. 2. Разд. III. Оп. 5. Д. 2а, Л. 101-133）。

193 命令第227号がこう明言している。「われわれに何が足りないのか。秩序と規律が中隊、大隊、連隊、師団、戦車部隊、飛行中隊に欠けている。ここが今のわれわれの大きな欠点だ。もしわれわれが状況を救い、祖国を守り抜きたいと思うなら、われわれはわが軍に厳格な秩序と鉄の規律を確立しなければならない」（Приказы народного комиссара обороны СССР. С. 277）

194 P.A. ザイオンチコフスキーと A.P. シェリュブスキーのインタビューを参照。

195 アイゼンベルグのインタビュー。別の元捕虜たちは、もっと厳しい調子で、信頼を勝ち取る必要性を言い渡されている。アレクサンドル・エゴーロフ少佐（第38自動車化狙撃兵旅団）は、「[元捕虜たちに] 少しでもパニックや臆病さを見せたり、投降しようとすれば、何人いようが、全員射殺すると警告した。こんな感じで、やつらの弱みにつけこんで上手くやった」。

196 НА ИРИ РАН. Ф. 2. Разд. III. Оп. 5. Д. 12, Л. 22-25.

197 本書189ページを参照。

198「ドイツ侵略者との戦いで自らの罪を贖った」懲罰部隊の兵士と指揮官は、しかるべき名誉回復の証明書が交付された。現物はここから閲覧できる。http://rkka.ru/docs/images/shtraf.jpg アントニー・ビーヴァーは、「自らの罪を贖う」機会があるという約束は多くの場合フィクションだったと主張している。通常は、戦場で血を流すだけに終わったからだ。にもかかわらず、彼

160 例えば、第38自動車化狙撃兵旅団長のブルマコフ少将が政治補佐レオニード・ヴィノクルとの協同について語ったインタビューを参照。このほかブルマコフとヴィノクルが並んで撮った写真（本文234ページ）も参照。

161 師団コミッサールのレヴィキンと旅団コミッサールのヴァシーリエフのインタビューを参照。

162 Colton, *Commissars, Commanders, and Civilian Authority*, p. 59.

163 НА ИРИ РАН. Ф. 2. Разд. III. Оп. 5. Д. 16, Л. 14-52.

164 ニコライ・アレクサンドロヴィチ・グラマズダ（1900～1944年）はヴィスワ川突破の際に負傷し、その傷がもとで1944年8月2日に亡くなった（公共データーバンク「メモリアル」https://obd-memorial.ru/）。つまり、政治将校として兵士を戦いに引き出しながら死んだわけだ。死亡時は、第29親衛狙撃兵軍団の政治補佐。

165 アムノン・シェラは、こうした行為の対価を紹介している。開戦後6カ月間で死んだソ連兵のうち50万人が党員・党員候補だった。合計すると大祖国戦争の戦線で亡くなった党員は300万人に達する。Amnon Sella, *The Value of Human Life in Soviet Warfare*, London 1992, pp. 157-158.

166 НА ИРИ РАН. Ф. 2. Разд. III. Оп. 5. Д. 8, Л. 29-49. スターリングラードにおけるソ連の突撃隊のことを語る際、ビーヴァーはこの政治的要素を見落としている。Beevor and Vinogradova, *A Writer at War*, pp. 154-169〔邦訳242-263ページ〕. 早くも内戦時に、赤軍は信頼できないと見なされた支隊に党員を補充して戦闘力を高めている。Reese, *Soviet Military Experience*, p. 72.

167 これも同じくすでに内戦時には見られた。党員は、赤軍の「酵素」と呼ばれていた。Dietrich Beyrau, "Avantgarde in Uniform".

168 聞き取り時期は、1943年9月。

169 НА ИРИ РАН. Ф. 2. Разд. III. Оп. 5. Д. 4, Л. 29-31.

170 Героический Сталинград // Правда. 1942. 5 октября. С. 1.

171 とりわけ第39親衛狙撃兵師団のヴァシーリー・ゴリャチェフ大尉のインタビューを参照（НА ИРИ РАН. Ф. 2. Разд. III. Оп. 5. Д. 8, Л. 59-74.）。

172 大隊コミッサールのアレクサンドル・ステパーノフのインタビュー（НА ИРИ РАН. Ф. 2. Разд. I. Оп. 71. Д.6）とスヴィーリン中佐のインタビュー（第二章の「グルチエフ狙撃兵師団の転戦」＝本書185ページ）を参照。ともに第308狙撃兵師団の所属。

173 コミッサールのアレクサンドル・オリホフキンのインタビューを参照。

174 НА ИРИ РАН. Ф. 2. Разд. III. Оп. 5. Д. 16, Л. 62-74.

175 НА ИРИ РАН. Ф. 2. Разд. III. Оп. 5. Д. 8, Л. 85-93.

176 第308狙撃兵師団のイワン・マクシン大尉のインタビューを参照（本文160ページ以降）。

177 「同志コーレン」のインタビューを参照。

178 ペトラコフの詳細は、158～9、166～7、464（註146）ページ。

179 本書所収のザイオンチコフスキーのインタビュー〔本文375ページ〕を参照。

180 НА ИРИ РАН. Ф. 2. Разд. III. Оп. 5. Д. 3а, Л. 1-3.

181 アファナーシエフが言っているのは、自分の砲兵中隊が1941年9月のクリミア防衛で初めて戦った時のこと。НА ИРИ РАН. Ф. 2. Разд. III. Оп. 5. Д. 15, Л. 37-46.

182 グルチエフ将軍の第308狙撃兵師団の兵士のインタビュー〔156ページ〕を参照。

183 НА ИРИ РАН. Ф. 2. Разд. I. Оп. 80. Д. 14. ソ連の心理学者M. P. フェオファノフの1941年の記述。「自制心のない人は、恐怖心が意思の制御を離れる。それは合理的な意思の場所にあり……意思を下位段階、衝動的な意思の段階に帰着させる」*Феофанов М.П.* Воспитание смелости и мужества // Советская педагогика. 1941. № 10. С. 60-65（引用はC. 62）. 次も参照：*Кольцова В.А., Олейник Ю.Н.* Советская психологическая наука в годы Великой Отечественной войны（1941-1945）. М., 2006. С. 108.

184 物事に動じない大胆さを赤軍で教え込むのには、長い前史がロシア軍にあり、おそらくドラゴミーロフ将軍が軍の士気について述べた理論にまでさかのぼる。参謀本部の将校で戦術の専門

131 Советская пропаганда в годы Великой Отечественной войны / Ред. А.Я. Ливщин, И.Б. Орлов. М., 2007. С. 306.

132 Colton, *Commissars, Commanders, and Civilian Authority*, pp. 16-17, 21.

133 История коммунистической партии Советского Союза. Т. 5. Кн. 1: 1938-1945. М., 1970. С. 284.

134 НА ИРИ РАН. Ф. 2. Разд. III. Оп. 5. Д. 8, Л. 50-58.

135 グラマズダのインタビュー。НА ИРИ РАН. Ф. 2. Разд. III. Оп. 5. Д. 9, Л. 32.

136 本書収録のザイツェフのインタビュー〔355 ページ〕を参照。

137 НА ИРИ РАН. Ф. 2. Разд. III. Оп. 5. Д. 9, Л. 28.

138 Там же. Д. 11, Л. 57.

139 赤軍兵士の行動の原動力となった憎悪と、その憎悪の影響は、Amir Weiner, "Something to Die For, A Lot to Kill For: The Soviet System and the Brutalization of Warfare," in: *The Barbarisation of Warfare*, ed. George Kassimeris（Hurst, 2006）.

140 НА ИРИ РАН. Ф. 2. Разд. III. Оп. 5. Д. 2а, Л. 42-70.

141 *Гроссман В.С.* Годы войны. С. 355; 本書収録のチュイコフのインタビュー〔276 ページ〕。

142 Партийно - политическая работа в Советских Вооруженных силах в годы Великой Отечественной войны 1941-1945 гг. Краткий исторический обзор / Ред. К.В. Крайнюкова, С.Е. Захарова, Г.Е. Шабаева. М., 1968. С. 215.

143 *Василевский А.М.* Дело всей жизни. М., 1973. С. 233.

144 НА ИРИ РАН. Ф. 2. Разд. III. Оп. 5. Д. 9, Л. 49.

145 Там же. Л. 35-55.

146 Там же. Д. 14, Л. 117-126.

147 セロフのインタビューを参照。

148 レフ・ザハーロヴィチ・メフリス（1889～1953 年）は、大将（1944 年）、ソ連の政治家。1937 年から 40 年は赤軍政治宣伝局長。ドイツのソ連侵攻後、国防人民委員代理兼軍政治総管理局長に任命。

149 シチェルバコフは、このほか国防人民委員代理と、ソ連情報局（軍事ニュースを配信する国営通信社）の局長も務めた。Glantz, *Colossus Reborn*, pp. 381, 399.

150 Glantz, *Colossus Reborn*, p. 380; История коммунистической партии Советского Союза. Т. 5. Кн. 1: 1938-1945. М., 1970. С. 318.

151 1939 年 1 月 11 日の党政治局決定で設置。「NKVD 特務部の行う特殊任務とは、反革命、諜報活動、破壊活動、妨害活動、あらゆる種類の反ソ現象が労農赤軍、海軍、NKVD の国境警備軍・内務軍でおきた際の対策である」

152 Reese, *Soviet Military Experience*, p. 70; Сталинградская эпопея; *Христофорон В.* Сталинград. Органы НКВД накануне и в дни сражения. М., 2008.

153 Overy, *The Dictators*, p. 473; Glantz, *Colossus Reborn*, pp. 383-385.

154 手紙の匿名の筆者は、スターリンの援助を期待していた。なぜならオソビストの言動は、1942 年 10 月にスターリンが出した「一元化命令」の精神に矛盾していたからだ。この手紙のその後の運命は、まったく不明。Советская повседневность и массовое сознание, 1939-1945 / Ред. А.Я. Ливщин, И.Б. Орлов. М., 2007. С. 109 и сл.

155 本書の第 2 章第 6 節「パウルス元帥を捕える」参照。

156 註 66 参照

157 Сборник законов СССР и указов Президиума Верховного Совета СССР. 1938 г.- июнь 1956 г. М., 1956. С. 200 и сл.

158 命令は次の本に所収 : Сталинградская эпопея. С. 423. 次も参照。Colton, *Commissars, Commanders, and Civilian Authority*, pp. 14, 60; Glantz, *Colossus Reborn*, pp. 381-2.

159 ドゥブロフスキー中佐と大隊コミッサールのステパーノフのインタビューを参照。

106　Правда. 1942. 6 ноября. С. 1.; Красная звезда. 1942. 6 ноября. С. 1.

107　Документы о героической обороне Царицына в 1918 году. М., 1942. 歴史家エスフィリ・ゲンキナがもう一人の編者と編纂したこの史料集は、ソ連内戦史委員会の刊行物として出版されている。組版開始は 1942 年 8 月 6 日（Там же. С. 6, 224.）。

108　Правда. 1931. 5 февряля. С. 1.

109　Overy, *The Dictators: Hitler's Germany and Stalin's Russia*（New York, 2004）, p. 465.

110　Overy, *The Dictators*, pp. 441-482; Kotkin, *Magnetic Mountain*.

111　1925 年に航空機友の会（ODVF）と化学防衛・化学産業友の会（Dobrokhim）が合併してソ連航空化学協会（Aviakhim）になった。一方、1926 年にソ連人民委員会議の決定で、軍事科学協会中央評議会がソ連国防協賛会（OSO SSSR）と改称する。これが 1927 年に Aviakhim と合併したことで、OSOAVIAKhIM が誕生した。

112　Overy, *The Dictators*, p. 464.

113　*Сомов В.А.* Духовный облик трудящихся периода Великой Отечественной войны // Народ и война. М., 2010. С. 333-335; David L. Hoffmann, "Mothers in the Motherland: Stalinist Pronatalism in Its Pan-European Context," *Journal of Social History* 34, no. 1（2000）: 35-54; Idem, *Cultivating the Masses: Modern State Practices and Soviet Socialism, 1914-1939*（Ithaca, NY, 2011）.

114　Hellbeck, *Revolution on My Mind*, p. 92f.; Schlögel, *Terror und Traum*, S. 136-152. オレグ・フレヴニュークは、1930 年代に広まった迫りくる戦争の恐怖が大テロルの主たる理由だと見ている。Oleg Khlevnyuk, "The Objectives of the Great Terror, 1937-1938," in: *Stalinism: The Essential Readings*, ed. David Hoffmann（Oxford, 2003）, pp. 81-104.

115　*Вишневский Вс.* Последний решительный. М., 1931. С. 59-60.

116　Overy, *The Dictators*, p. 469f., 474-476; Reese, *Soviet Military Experience*, pp. 85-92.

117　Reese, *Soviet Military Experience*, p. 86-88; Mawdsley, *Thunder in the East*, p. 20f.

118　ニキータ・セルゲーエヴィチ・フルシチョフ（1894〜1971 年）は、ソ連の政治家、1953 年から 64 年は党第一書記、58 年から 64 年はソ連閣僚会議議長。42 年から 43 年は南西方面軍とスターリングラード方面軍のまずコミッサール、次いで軍事評議会メンバー。スターリングラード方面軍で陸軍中将の称号をもらい、最高位の政治将校になった。

119　НА ИРИ РАН. Ф. 2. Разд. III. Оп. 5. Д. 37а, 37б.

120　Mawdsley, *Thunder in the East*, p. 43.

121　Mawdsley, *Thunder in the East*, p. 29.

122　Mawdsley, *Thunder in the East*, p. 58f.

123　T34 戦車は、ソ連の中型戦車で、1940 年に製造開始。

124　Pe2 急降下爆撃機は、ソ連の爆撃機。ウラジーミル・ペトリャコフの設計で、1941 年に製造開始。兵士たちは「ペーシカ」〔チェスのポーン＝将棋なら歩〕と呼んだ。

125　Mawdsley, *Thunder in the East*, p. 85.

126　Mark Harrison, *The Soviet Home Front, 1941-1945: A Social and Economic History of the USSR in World War II*（London, 1991）, pp. 127-132.

127　この数字はモーズレイによる。彼は捕虜 335 万人というドイツ側の情報の正確さに疑問を呈している。Mawdsley, *Thunder in the East*, p. 86.

128　David M. Glantz, *Colossus Reborn: the Red Army at War, 1941-1943*（Kansas, 2005）, p. 549f.

129　1939 年 11 月 30 日、フィンランド共和国がソ連の領土要求を拒否すると、赤軍がフィンランドに侵攻した。戦争は 1940 年 3 月 13 日に終わり、条約に従って、フィンランドからソ連にカレリアの大部分が引き渡された。「冬戦争」では赤軍の戦略・戦術面の弱点が露呈し、勝利したものの甚大な人的損害を出した。

130　*Черкасов А.А.* О формировании и применении в Красной армии заградотрядов // Вопросы истории. 2003. № 2. С. 174 и сл.

itics, Knowledge, Practices, ed. David L. Hoffmann and Yanni Kotsonis (New York, 2000), pp. 87-111; Von Hagen, *Soldiers in the Proletarian Dictatorship*; Reese, *The Soviet Military Experience*.

89 Peter Holquist, *Making War, Forging Revolution. Russia's Continuum of Crisis, 1914-1921* (Cambridge, MA, 2002), pp. 232-240; Idem, "Information is the Alpha and Omega of Our Work: Bolshevik Surveillance in Its Pan-European Context," *Journal of Modern History*, Vol. 69, No. 3 (Sep., 1997), pp. 415-460.

90 実例は、Сталинградская эпопея. С. 155-159.

91 手紙に軍事機密（例えば、手紙を書いた軍人が配置された居住地の名前）が含まれていた場合、その箇所が黒塗りにされ、手紙は宛名人に送付された。士気にかかわる内容の手紙（例えば、親戚が戦場の兵士にドイツ軍の爆撃とその被害を知らせた）は、廃棄された。手紙に「反ソ」発言がある場合は、送付人も調査され、裁判にかけられた。Hellbeck, "The Diaries of Fritzens and the Letters of Gretchens," pp. 598-600.

92 *Das andere Gesicht des Krieges. Deutsche Feldpostbriefe 1939-1945*, hg. v. Ortwin Buchbender und Reinhold Sterz, München 1983.

93 Dietrich Beyrau, "Avantgarde in Uniform," manuskript (Tübingen, 2011); Colton, *Commissars, Commanders and Civilian Authority*, p. 42.

94 *Кавтарадзе А.Г.* Военные специалисты на службе Республики Советов, 1917-1920 гг. М., 1988. С. 170,177.

95 クリメント・エフレーモヴィチ・ヴォロシーロフ（1881～1969年）は、ソ連の政治家で党活動家、ソ連元帥（1935年）、2度のソ連邦英雄（1956年、1968年）。1903年からロシア社会民主労働党（ボリシェヴィキ派）の党員。内戦時のツァリーツィン防衛（1918年）とクロンシュタット反乱の鎮圧（1921年）に参加。党中央委員、のちに党政治局員。1935年から40年に国防人民委員を務めたが、「冬戦争」の指揮の不手際のため解任。国防委員会メンバーなどの要職を歴任。1953年から60年はソ連最高会議幹部会議長。

96 Кремлевский кинотеатр 1928-1953: Документы. М., 2005. С. 951-981.

97 Krylova, *Soviet Women in Combat*, p. 67f.

98 例えば、ミハイル・インゴルのインタビュー：「あれは10月4日でした。ひどい状況でした。ヒトラー軍は装甲車の心理攻撃で、バリケード工場そばの鉄道の向こう側にある第339連隊の戦闘指揮所を襲ってました」。また本書収録のパルホメンコのインタビュー〔第3章第8節〕も参照。

99 セミョン・コンスタンチノヴィチ・チモシェンコ（1895～1970年）は、ソ連元帥、国防人民委員。1942年7月からスターリングラード方面軍司令官、42年10月から42年3月まで北西方面軍司令官。

100 *Бабель И.Э.* Конармейский дневник 1920 г.// Собрание сочинений в четырех томах. Т. 2., М., 2006.（1920年7月14日と8月28日の記述）。内戦の短編集『騎兵隊』に、バーベリはチモシェンコを師団長サヴィツキーとして刻み込んでいる。

101 Evan Mawdsley, *The Russian Civil War* (London, 1987), pp. 88-92.

102 *Болдырев Ю.Ф., Выреклин В.П.* В огне гражданской войны. Царицын и борьба на юго - востоке России. 1918 г. // Актуальные проблемы истории Царицына начала XX века и периода Гражданской войны. Волгоград, 2001. С. 42.

103 *Носович А. Л.* [*А. Черноморцев.*] Красный Царицын. Взгляд изнутри. Записки белого разведчика. М., 2010. С. 28 и сл. 著者は1918年春に赤軍に送り込まれ、北カフカス軍管区司令部の参謀長を務めた。1918年10月に露見を恐れて逃亡。手記は翌年にロストフ・ナ・ドヌーの雑誌『ドンの波』に発表している。

104 1942年3月28日付『プラウダ』の広告を参照。

105 *Самсонов А. М.* Сталинградская битва. С. 153.

Grossman," *The Nation*, 20 December 2010.

77 党員中の軍人の比率は、1944 年 1 月に 55%に達した。Colton, *Commissars, Commanders, and Civilian Authority*, p. 16.

78 Идеологическая работа КПСС на фронте, 1941-1945 гг. С. 253 сл. 1944 年 10 月 14 日、党中央は、入党直後の数多くの赤軍兵士の不十分な「党政務の鍛錬」に注意を促し、政治管理総局に「思想政治教育」の強化を命じた。この指令が出たのは赤軍の東プロイセン攻撃の直前なので、敵領侵攻後の赤軍兵士の政治的信頼性にソ連指導部が不安を覚えていたことと間違いなく関連がある。この新たな厳格路線の有名な犠牲者に、後の異論派レフ・コペレフがいる。宣伝機関に勤務していたこの党員将校は、1945 年 4 月にベルリンで「ブルジョア博愛主義」の嫌疑をかけられ、約 10 年間収容所に入れられた。

79 Robert MacCoun et al., "Does Social Cohesion Determine Motivation in Combat? An Old Question with an Old Answer," *Armed Forces and Society* 32 (2006); Thomas Kühne, Kameradschaft: Die Soldaten des nationalsozialistischen Krieges und das 20. Jahrhundert (Göttingen, 2011). このテーゼを初めて提唱した論文は、Edmund Shils and Moris Janowitz, "Cohesion and Disintegration in the Wehrmacht in World War II," *Public Opinion Quarterly*. Summer 1948, pp. 280-315. 筆者はドイツ人捕虜にいくつものインタビューを実施している。著書では Samuel Stouffer et al., *The American Soldier* (Princeton, NJ, 1949). この視点はアメリカの部隊の証言で補強されている。この概念に懐疑的なのは、Omer Bartov, *Hitler's Army: Soldiers, Nazis, and War in the Third Reich* (New York, 1991), 特に pp. 29-33.

80 Morris Janowitz and Stephen D. Wesbrook, *The Political Education of Soldiers* (Beverly Hills, CA, 1983), pp. 196-198. いわゆる「シベリア」師団でも、民族混成だった。同じ理由から、赤軍はドイツ式の予備軍（Ersatzheer）を使わず、負傷から回復した兵士が元の部隊に戻ることを保証しなかった（本書収録のザイオンチコフスキーのインタビューを参照〔368 ページ〕。彼はドイツ方式への転換を提案している）。西側記者と 1943 年はじめに会見したアレクサンドル・シチェルバコフ赤軍政治管理総局長は、ある記者が発したロシア的な勇敢さの伝統という一言に強く反発した。「私にロシア魂なんて言うな、もっとソ連人のことを勉強しろ」。参照 Karel Berkhoff, *Motherland in Danger: Soviet Propaganda during World War II* (Cambridge, MA, 2012), p. 206. 言うまでもなくナチ指導部が Landsmannschaft の考えを支持したのは、多分にその人種主義的な本質のせいだ。出身地の共通性は、ドイツ新兵が「本物のアーリア人兵士」になるのを助けるに違いないと考えたのだろう。

81 Juergen Förster, "Geistige Kriegführung in Deutschland 1919-1945," in *Die deutsche Kriegsgesellschaft 1939-1945, Erster Halbband: Politisierung, Vernichtung, Überleben* (Das Deutsche Reich und der Zweite Weltkrieg. Bd. 9/1), hg. v. Jörg Echternkamp (München, 2004), S. 567.

82 バルトフの主張する、東部戦線のドイツ兵のイデオロギー教育の強さは、赤軍で行われていたもっと強力な政治活動を念頭におくと、別の見方ができる。Omer Bartov, *Hitler's Army: Soldiers, Nazis, and War in the Third Reich* (New York, 1991).

83 アレクサンドル・イリイチ・ロジムツェフ（1905〜1977 年）は、ソ連の将軍、2 度のソ連邦英雄。経歴は、インタビュー〔第 3 章第 2 節〕を参照。

84 Orlando Figes, *A People's Tragedy: The Russian Revolution, 1891-1924* (New York, 1998), p. 601.

85 レフ・トロツキー（本名レフ・ダヴィドヴィチ・ブロンシュテイン、1879〜1940 年）は、政治家・革命家。十月革命時に外務人民委員に、その後軍事人民委員とロシア共和国革命軍事評議会議長に任命。赤軍の創設者と見なされている。

86 Figes, *A People's Tragedy*, p. 597.

87 Reese, *The Soviet Military Experience*, p. 4; Mark von Hagen, *Soldiers in the Proletarian Dictatorship: The Red Army and the Soviet Socialist State, 1917-1930* (Ithaca, 1993).

88 Peter Holquist, "What's so Revolutionary about the Russian Revolution?" in: *Russian Modernity: Pol-*

in World War II (Lawrence, 2011). リーズは、ソ連の兵士を戦いに駆り立てた動機を次々と列挙しているが、その際、体制の動員措置に副次的役割しか与えていない。

64 ポリトルークは、中隊レベルにおかれた赤軍の政治将校。その上司であるコミッサールは、軍・師団・連隊・大隊におかれた。

65 宣伝員は主として教育レベルの低い兵士に視覚宣伝を行った。これに対して党細胞の書記の行う宣伝は、もっと重要な政治教育だった。Karl Berkhoff, *Motherland in Danger: Soviet Propaganda during World War II* (Cambridge, Mass., 2012), p. 3.

66 Overy, *Russia's War,* pp. 187-189; Merridale, *Ivan's War,* pp. 120-122.〔邦訳 160～161 ページ〕; 以下も参照 Timothy Colton, *Commissars, Commanders and Civilian Authority: the Structure of Soviet Military Politics* (Cambridge, MA, 1979), pp. 4-5, 60, 68; Mawdsley, *Thunder in the East,* p. 213. 後ろ二者は、軍隊での党の存在感が絶大だったと力説する。一方ロジャー・リーズは、矛盾があり結局分からないと述べる。Roger Reese, *Soviet Military Experience: a History of the Soviet Army, 1917-1991* (New York, 2000), pp. 78, 126.

67 Stephen Kotkin, *Magnetic Mountain: Stalinism as a Civilization* (Berkeley, CA, 1995), pp. 198-225.

68 Jochen Hellbeck, *Revolution on My Mind: Writing a Diary under Stalin* (Cambridge, MA, 2006); Hellbeck, "Everyday Ideology," *Eurozine*, February 22, 2010; *Tagebuch aus Moskau 1931-1939*, hg. Jochen Hellbeck, München 1996; Karl Schlögel, *Terror und Traum. Moskau 1937* (München, 2008), とりわけ S. 328-337 および 386-410.

69 Anna Krylova, *Soviet Women in Combat: A History of Violence on the Eastern Front* (New York, 2010). 歴史委員会が話を聞いた中では、三名の女性パイロット（エヴドキヤ・ベルシャンスカヤ中佐、ガリーナ・ジュンコフスカヤ親衛大尉、クラヴジヤ・フォミチェワ親衛大尉）が戦場に赴くまでの意識的な態度をとりわけ明確にテーマにしていた。三人とも 30 年代の自身の経験を詳細に語っている。スターリングラードの場面がインタビューで僅かしか出てこないため、本書には収録しなかった。

70 この人間の性質の理想のことは、Katerina Clark, *The Soviet Novel. History as Ritual* (Chicago, 1981).

71 Lazar Lazarev, "Russian Literature on the War and Historical Truth," in: *World War 2 and the Soviet People*, ed. John Garrard and Carol Garrard (New York, 1993), pp. 28-37（引用は p. 29); Bernd Bonwetsch, "Ich habe an einem voellig anderen Krieg teilgenommen". Die Erinnerung an den "Grossen Vaterlaendischen Krieg" in der Sowjetunion", in: *Krieg und Erinnerung. Fallstudien zum 19. und 20. Jahrhundert*, hg.v. H. Berding u. a., Göttingen 2000, S. 145-168; idem, "War as a Breathing Space", in *The People's War*, pp. 137-153; *Зубкова Е.* Общество и реформы, 1945-1964. M., 1993. C.19; Jeffrey Brooks, *Thank you, Comrade Stalin!*; Merridale, *Ivan's War*, pp. 267-269〔邦訳 352～355 ページ〕. 多くの場合、社会が戦時中に党から解放されたことの証拠に、戦後に書かれた回想録を引用している。

72 邦訳は、ワシーリー・グロスマン（齋藤紘一訳）『人生と運命』全三巻（みすず書房、2012 年）。

73 *Гроссман В.С.* Годы войны. M., 1989. C. 263.〔註 74 のビーヴァー『赤軍記者グロースマン』75 ページに引用〕

74 Antony Beevor and Luba Vinogradova, *A Writer at War: Vasily Grossman with the Red Army, 1941-1945* (New York, 2005), pp. xiii, 34〔アントニー・ビーヴァー（リューバ・ヴィノグラードヴァ編、川上洸訳）『赤軍記者グロースマン：独ソ戦取材ノート 1941-45』（白水社、2007 年）、22, 75 ページ〕; *Гроссман В.С.* Годы войны. C. 269.

75 コミッサールのシュリャーピンは、『人生と運命』の執筆でもモデルになっている。この小説で彼の性格が見て取れるのは、第 6 号棟第 1 フラットを防衛するグレーコフ大尉とその哲学「民主主義と苛烈さ」である。

76 グロスマンの戦時の思考イメージと戦後の変化は、Jochen Hellbeck, "The Maximalist: On Vasily

継続拡充の予定である。ОБД « Мемориал » https://obd-memorial.ru/〔ОБД « Мемориал » と叙勲情報のデーターベースОБД « Подвиг народа » を統合した総合データーベース « Память народа » が 2015 年 5 月から運用を始めている。https://pamyat-naroda.ru/〕

51 Antony Beevor, *Stalingrad,* (London, 1999), pp. xiv, 431.〔アントニー・ビーヴァー（堀たほ子訳）『スターリングラード：運命の攻囲戦 1942-1943』（朝日文庫、2005 年）、8, 581 ページ〕

52 John Erickson, "Red Army Battlefield Performance, 1941-1945: The System and The Soldier", in: *Time to Kill: The Soldier's Experience of War in the West*, 1939-1945, ed. Paul Addison and Angus Calder (Pimlico, 1997), p. 244. この見方を批判したのは、Frank Ellis, "A Review of: Antony Beevor and Luba Vinogradova (ed. and trans.), A Writer at War: Vasiliy Grossman with the Red Army 1941-1945", in: *The Journal of Slavic Military Studies* 20, No.1 (2007), pp. 137-146.

53 Сталинградскдя эпопея. С. 222.

54 ニコライ・ニキーチチ・アクショーノフ（1908～？年）は、親衛隊大尉。経歴は、アクショーノフのインタビュー〔第 3 章第 6 節〕を参照。

55 ヴァシーリー・グリゴーリエヴィチ・ザイツェフ（1915～91 年）は、ソ連の狙撃兵。経歴は、ザイツェフのインタビュー〔第 3 章第 7 節〕を参照。

56 Beevor, *Stalingrad*, pp. 87-88, 200.〔邦訳 124～125, 275 ページ〕

57 「ドイツ人は明らかに私たちに襲い掛かる気だった。兵士を集結して攻撃をはじめた。攻撃の時はこうしていた。軍服を脱ぎ、シャツの袖をまくり上げ、多くはギャングのようにシャツ姿だった。こんな姿で攻撃してきました」(第 64 軍第 36 狙撃兵師団コミッサールのピョートル・モルチャーノフ中佐とのインタビュー：スターリングラード、1943 年)。戦闘機乗りハンス・ウルリッヒ・ルーデルが自身の回想録で、1943 年冬にウクライナの農村で友人とスポーツに興じた時のことを語っている。長距離走をした後、二人でまず蒸し風呂に、次いで水風呂に入り、それから素っ裸で風呂の前の雪に寝そべった。「家の近くを通る地主や女主人は、寒さが嫌いなので、口をぽかんと開けて驚いていた。この光景は彼らの紋切り型の宣伝〈Germanski nix Kultura〉〔ドイツ人には文化がない〕をまたぞろ確認したことだろう」Hans-Ulrich Rudel, *Mein Kriegstagebuch. Aufzeichnungen eines Stukafliegers*, Wiesbaden 1983, S. 129.

58 Catherine Merridale, *Ivan's War: Life and Death in the Red Army, 1939-1945* (New York, 2006), p. 320.〔キャサリン・メリデール（松島芳彦訳）『イワンの戦争：赤軍兵士の記録 1939-45』（白水社、2012 年）、424 ページ〕

59 Merridale, *Ivan's War* p. 94.〔邦訳 127 ページ〕

60 メリデール自身も認めている。「〔赤軍兵士は〕ドイツ国防軍の兵士より、体制のイデオロギーが深く浸透していた。ヒトラーがベルリンで権力の座に就いた時、ソ連のプロパガンダは既に十五年にわたって国民の心理に影響を与え続けていた」Merridale, *Ivan's War* p. 12.〔邦訳 22 ページ〕

61 メリデールが 2006 年 2 月 22 日にコロンビア大学ハリマン研究所で行った講演。https://www.c-span.org/video/?191531-1/ivans-war-life-death-red-army-1939-1945

62 *The People's War: Responses to World War II in the Soviet Union*, ed. Bernd Bonwetsch and Robert W. Thurston (Urbana, IL, 2000); *Сенявская Е.С.* Фронтовое поколение. Историко - психологическое исследование, 1941-1945. М., 1995; Amir Weiner, *Making Sense of War: The Second World War and the Fate of the Bolshevik Revolution* (Princeton, 2001); Lisa A. Kirschenbaum, *The Legacy of the Siege of Leningrad, 1941-1995: Myth, Memories and Monuments* (New York, 2006). 宣伝が個人や集団に影響した具体例の検討にまでは踏み込まないものの、多くの研究者が、ソ連のイデオロギーは戦時中、効果的に人びとを動員し、現実を作っていたと説いている。特に次を参照。*Culture and Entertainment in Wartime Russia* ed. Richard Stites (Bloomington, 1995); Jeffrey Brooks, *Thank You, Comrade Stalin! Soviet Public Culture from Revolution to Cold War* (Princeton, 2000).

63 この点は次も参照。Roger Reese, *Why Stalin's Soldiers Fought: The Red Army's Military Effectiveness*

ン・フィビヒ、パウルハインツ・クヴァック、マルチン・ラーレンベック、ウィルヘルム・ザーク、ヒルデガルト・ヴァゲナーなどの日記と手紙は、Kempowski, *Das Echolot.* イアン・カーショーが言うように、ヒトラー崇拝はスターリングラード戦以前にドイツ国民の中で弱まっていた。だから、スターリングラードの敗戦は体制が大衆的な支持を失う過程を加速したにすぎないと主張する。Ian Kershaw, *The "Hitler Myth": Image and Reality in the Third Reich* (New York, 1987), pp. 188-190. これに対して、ミヒャエル・ガイヤーとペーター・フリッチェは、ナチ体制と住民との間の別のつながりを指摘する。これは、スターリングラード戦のときにつくられ、その後の戦いの過程でいっそう強化されたもので、ドイツ人は次第に自身を巨大な不幸の犠牲者と見るようになった。この国民規模、ヨーロッパ規模の犠牲者という自己認識は、大きく言って、ナチ指導部に主導されたものだった。Michael Geyer, "Endkampf" 1918 and 1945: German Nationalism, Annihilation, and Self-Destruction, in: *No Man's Land of Violence: Extreme Wars in the 20th Century*, ed. by. Alf Lüdtke u. Bernd Weisbrod, Göttingen 2006, p. 52f.; Fritzsche, *Life and Death in the Third Reich*, p. 279f.

44　フランツ・ハルダー（1884～1972 年）は、ドイツの陸軍将校、上級大将（1940 年）、陸軍参謀総長（1938～1942 年）。1944 年 7 月 20 日のヒトラー暗殺の謀議に加わっている。

45　Ronald Smelser, Edward J. Davies III, *The Myth of the Eastern Front: The Nazi-Soviet War in American Popular Culture*. New York 2008, 特に p. 69;「ドイツ歴史学派」の議論は、David M. Glantz, "The Red Army at War, 1941-1945: Sources and Interpretations", in: *The Journal of Military History*, Vol. 62, No. 3 (Jul. 1998), pp. 595-617.

46　Horst Giertz, "Die Schlacht von Stalingrad in der sowjetischen Historiographie", in: *Stalingrad: Mythos und Wirklichkeit*, S. 214; *Самсонов А. М.* Сталинградская битва. 4- е изд., М., 1989.

47　まず多巻物では、Русский архив : Великая Отечественная. М.,1993-2002. ここにロシア国防省中央文書館の数多くの文書が入っている。スターリングラード戦の巻（第四巻の第二分冊）は、計画はあるが、まだ未刊。次も参照のこと。Органы государственной безопасности СССР в Великой Отечественной войне : Сборник документов : В 5 т. [10 книг] М., 1995-2007.（この史料集は、ロシア連邦保安庁の文書を収録）; Сталинградская эпопея も連邦保安庁文書館の職員がつくったもので、膨大な数の文書を収録しており、戦史研究に不可欠。同じことは、この本にも言える。Великая Отечественная война. 1942 год / Под ред. Т.В. Волокитиной и В.С. Христофорова. М., 2012. このほか雑誌『ロージナ』（1998 年創刊）と『イストーチニク』（1993～2003 年）に掲載された数多くの資料も参照のこと。

48　*Симонов К.М.* Разные дни войны. Дневник писателя : В 2 т. М., 2005; *Гроссман В.С.* Годы войны. 次も参照。*Чекалов В.* Военный дневник : 1941. 1942. 1943. М., 2004; *Иноземцев Н.Н.* Фронтовой дневник. М., 2005; *Сурис Б.* Фронтовой дневник : дневник, рассказы. М., 2010; Последние письма с фронта : В 5 т. М., 1990-1995; По обе стороны фронта. Письма советских и немецких солдат 1941-1945 гг. / Ред. А.Д. Шиндель. М., 1995.

49　例えば、ドン方面軍司令官ロコソフスキーの家族宛ての手紙は、「肉、小麦粉、ジャガイモ、バター、砂糖などを送る」といった調子で、重要情報はまったく含まれていない。ロコソフスキーが戦線から何を書き送ったかは、Дилетант. 2012. № 2. С. 58-62. 例外は、Из истории земли Томской, 1941-1945. Я пишу тебе с войны...: Сборник документов и материалов. Томск, 2001; Письма с фронта рязанцев - участникои Великой Отечественной войны, 1941-1945 гг. Рязань, 1998; XX век : Письма войны // Ред.- сост. С. Ушакин, А. Голубев, Е. Гончарова, И. Реброва. М.: Новое литературное обозрение, 2015.

50　2007 年、国防省は、大祖国戦争で戦史もしくは行方不明になったソ連軍人に関するサイトを公開した。このサイトで検索すると、兵士の運命や埋葬場所を明らかにする様々な史料のコピーを見つけることができる。現在 3300 万件の文書記録にアクセスできる（うち 1607 万件はデジタル・コピー）が、データベースにある軍人の正確な人数は分からない。このプロジェクトは

Отечественной войне 1941-1945 гг. Статистическое исследование. Красноярск, 2000. С. 17-41; さらに多いのは、B.V. Sokolov, "The Cost of War: Human Losses for the USSR and Germany, 1939-1945", in: *Journal of Slavic Military Studies* 9（March 1996）, pp. 152-193. ソコロフによると、師団と軍の司令部が報告していた犠牲者数（クリヴォシェエフの典拠）は現実に合致しておらず、著しく低い。ソコロフによれば、膨大な数にのぼる赤軍の本当の犠牲者数は、間接的なデータから推し量るしかない。

33 Сталинградская эпопея : Впервые публикуемые документы, рассекреченные ФСБ РФ : воспоминания фельдмаршала Паулюса ; дневники и письма солдат РККА и вермахта ; агентурные донесения ; протоколы допросов ; докладные записки особых отделов фронтов и армии. М., 2000. С. 404.

34 Christian Gerlach, Militärische "Versorgungszwänge", Besatzungspolitik und Massenverbrechen: Die Rolle des Generalquartiermeisters des Heeres und seiner Dienststellen im Krieg gegen die Sowjetunion, in: *Ausbeutung, Vernichtung, Öffentlichkeit. Neue Studien zur nationalsozialistischen Lagerpolitik*, hg. Norbert Frei u. a., München 2000, S. 176-208（S. 199）; *Павлова Т.* Засекреченная трагедия. Гражданское население в Сталинградской битве. Волгоград, 2005. С. 521; *Сидоров С.* Военнопленные в Сталинграде 1943-1954 гг. // Россияне и немцы в эпоху катастроф : Память о войне и преодолеиеие прошлого / Сост. Й. Хелльбек, А. Ватлин, Л.П. Шмидт. М.: РОССПЭН, 2012. С. 75-87.

35 こうした姿勢の批判は、次を参照。Michael Kumpfmüller, *Die Schlacht von Stalingrad. Metamorphosen eines Deutschen Mythos*, München 1995; Wolfram Wette 546 Anhang und Gerd R. Ueberschär（Hg.）, *Stalingrad: Mythos und Wirklichkeit einer Schlacht*, Frankfurt 2012; Wegner, *Der Krieg gegen die Sowjetunion 1942/43*, S. 962-1063; *Борозняк А.* Жестокая память. Нацистский рейх в восприятии немцев второй половины XX и начала XXI века. М.: РОССПЭН, 2014.

36 特に次を参照。*Letzte Briefe aus Stalingrad*, Gütersloh, 1954; Kempowski, *Feldpostbriefe aus Stalingrad. November 1942 bis Februar 1943*, hg.v. Jens Ebert, Göttingen 2006. このアプローチへの批判は、*Хелльбек И.* Предпоследние письма с войны : немецкий путь на Сталинград.// Россияне и немцы в эпоху катастроф. С. 48-66.

37 このテーマに光を当てたのは、Bernd Boll und Hans Safrian, Auf dem Weg nach Stalingrad. Die 6. Armee 1941/42, in: V*ernichtungskrieg. Verbrechen der Wehrmacht 1941 bis 1944*, hg.v. Hannes Heer u. Klaus Naumann, Hamburg 1995, S. 260-296.

38 "Stalingrad - Eine Trilogie"（2003）. 監督セバスティアン・デーンハルトとマンフレット・オルデンブルク。

39 Erich v. Manstein, *Verlorene Siege*, Bonn 1955, S. 319f.

40 U.a. *Feldpostbriefe aus Stalingrad; Es grüsst Euch alle, Bertold: Von Koblenz nach Stalingrad. Die Feldpostbriefe des Pioniers Bertold Paulus aus Kastel*, Nonnweiler-Otzenhausen 1993. また劇映画『スターリングラード』（1993 年、監督：ヨーゼフ・フィルスマイアー）も参照。最近の研究では、戦場における日常のイデオロギー操作が強調されている。Mark Edele u. Michael Geyer, States of Exception: the Nazi-Soviet War as a System of Violence, 1939-1945, in: *Beyond Totalitarianism: Stalinism and Nazism Compared*, ed. by. Sheila Fitzpatrick and Michael Geyer, Cambridge 2008, pp. 345-395; Peter Fritzsche, *Life and Death in the Third Reich*, Cambridge, Mass. 2008, pp. 143-154; Jochen Hellbeck, "The Diaries of Fritzes and the Letters of Gretchens": Personal Writings from the German-Soviet War and Their Readers, in *Kritika: Explorations in Russian and Eurasian History* vol. 10, no. 3, Summer 2009, pp. 571-606.

41 Inge Scholl, *Die Weisse Rose*, Frankfurt am Main 1952, S. 108-110.

42 Manstein, *Verlorene Siege*, S. 303-318; Heinrich Gerlach, *Die verratene Armee*, München 1957.

43 Susanne zur Nieden, "Umsonst geopfert? Zur Verarbeitung der Ereignisse in Stalingrad in biographischen Zeugnissen," in: *Krieg und Literatur/ War and Literature* 5（1993）, H. 10, S. 33-46. マルチ

リスト。1941年にドイツがソ連に攻め込むと、志願して赤軍の『赤い星』紙の従軍記者となり、ルポルタージュを書いた。とくにスターリングラード戦とベルリン攻略戦の記事は有名。

14 *Гроссман В.С.* Годы войны. М., 1989. С. 5.

15 命令の全文公開は、Приказы народного комиссара обороны СССР. 22 июня 1941 г. - 1942 г.（Русский архив : Великая Отечественная. Т. 13）. М., 1997. С. 276-279.

16 ヨーゼフ・ゲッベルス（1897～1945年）は、ドイツの政治家、ナチ時代の宣伝相。

17 *Die Tagebüecher von Joseph Goebbels.* Im *Auftrag des Instituts für Zeitgeschichte und mit Unterstützung des Staatlichen Archivdienstes Russlands*, hg.v. Elke Fröhlich, Teil II: Diktate 1941-1945, Bd. 5: Juli-September 1942, München 1995, S. 353; 次と比較せよ Bernd Wegner, *Der Krieg gegen die Sowjetunion 1942/43*, in: *Das Deutsche Reich und der Zweite Weltkrieg*, Bd. 6: Horst Boog u. a., *Der globale Krieg. Die Ausweitung zum Weltkrieg und der Wechsel der Initiative*, hg.v. Militärgeschichtlichen Forschungsamt, Stuttgart 1990, S. 761-1102（引用は S. 993）

18 ゲオルギー・コンスタンチノヴィチ・ジューコフ（1896～1974年）は、将軍、ソ連元帥（1943年）、4度のソ連邦英雄、国防相。1942年から西部方面軍司令官。

19 Evan Mawdsley, *Thunder in the East. The Nazi-Soviet War, 1941-1945*, London 2005, p. 151.

20 *Бронтман А.* Военный дневник корреспондента « Правды »: встречи, события, судьбы, 1942-1945. М., 2007. С. 57（1942年8月30日の記述）.

21 David M. Glantz, *Armageddon in Stalingrad: September-November 1942*, Lawrence 2009, p. 119.

22 ソ連側が使う「方面軍」とは、ドイツ側の「軍集団」と同じ意味。

23 アンドレイ・イワノヴィチ・エリョーメンコ（1892～1970年）は、陸軍大将、ソ連邦英雄（1944年）、ソ連邦元帥（1955年）。1942年8月12日から南東方面軍とスターリングラード方面軍の司令官を兼務（1942年9月からは後者のみ）。

24 アレクサンドル・ミハイロヴィチ・ヴァシレフスキー（1895～1977年）はソ連の軍司令官、ソ連元帥、2度のソ連邦英雄。戦中に参謀総長に任命。1949～53年はソ連国防相。

25 コンスタンチン・コンスタンチノヴィチ・ロコソフスキー（1896～1968年）は中将、ソ連元帥（1944年）、2度のソ連邦英雄、ポーランド元帥（1949年）、ポーランド国防相。1942年9月から1943年1月までドン方面軍司令官。

26 詳しくは、Manfred Kehrig, *Stalingrad. Analyse und Dokumentation einer Schlacht*, Stuttgart 1979, S. 86-119.

27 “Das ist der Unterschied”, in: *Das Schwarze Korps*, 29. 10. 1942, S. 1-2.

28 この命令の詳細は、Johannes Hürter, *Hitlers Heerführer: Die deutschen Oberbefehlshaber im Krieg gegen die Sowjetunion 1941/42*, München 2007, S. 326-340.

29 命令のファクシミリ http://www.historisches-tonarchiv.de/stalingrad/stalingrad-kampf175a.jpg〔現在このリンク先は存在しない〕

30 エーリッヒ・フォン・マンシュタイン（1887～1973年）は、ドイツの陸軍軍人、元帥（1942年）、1942年11月から1943年までドン軍集団司令官。

31 ヘルマン・ゲーリング（1893～1946年）は、ドイツの政治家、ナチ時代の空軍総司令官。

32 第6軍の戦死者は、1942年8月21日から10月17日が4万人、その後11月19日までにさらに10万人が死んだとみられる。第4装甲軍の戦死者は、およそ3万人（Glantz, *Armaggedon in Stalingrad*, p. 716; Rüdiger Overmans, Das andere Gesicht des Krieges: Leben und Sterben der 6. Armee, in: Jürgen Förster（Hg.）, *Stalingrad. Ereignis - Wirkung - Symbol*, München und Zürich, S. 446）。生き延びた11万3000人のことは、Manfred Kehrig, Die 6. Armee im Kessel von Stalingrad, in: *Stalingrad*, hg. Förster, S. 109. オヴェルマンスは、スターリングラードの包囲環にいた同盟軍のルーマニア部隊の人数を5000人と見ている（Overmans, *Das andere Gesicht*, S. 441f.）。ソ連側の犠牲者数は、G. F. Krivosheev, *Soviet Casualties and Combat Losses in the Twentieth Century*, London et al., 1997, pp. 125, 127; もっと死者数が多いのは、*Михалёв С.Н.* Людские потери в Великой

註

第1章

1 *Кригер Е.* Это - Сталинград! // Известия. 1942. 25 октября; 次も参照 *Галактионов М.* Сталинград и Верден // Красная звезда. 1942. 3 октября.

2 Jens Wehner, "Stalingrad," in *Stalingrad*, ed. Gorch Pieken et al., Dresden 2012, S. 19-20.

3 Richard Overy, "Stalingrad und seine Wahrnehmung bei den Westalliiercen," in *Stalingrad*. ed. Gorch Pieden. S. 106-117（引用は S. 113）.

4 1942年秋のことだが、イギリスの郵便検閲官は、検閲したほぼすべての手紙にロシア人の称賛が含まれていたと伝えている。Philip M. H. Bell, "Großbritannien und die Schlacht von Stalingrad", in *Stalingrad. Ereignis-Wirkung-Symbol*, ed. Jürgen Förster. München 1992. S. 350-372（引用は S. 354）.

5 Boberach H.（Hrsg.）*Meldungen aus dem Reich. Die geheimen Lageberichte des Sicherheitsdienstes der SS 1938-1945*, 17 vols. Herrsching, 1984. Vol. 12. S. 4720（January 28,1943）.

6 Arad Y. *Belzec, Sobibor, Treblinka: The Operation Reinhard Death Camps*. Bloomington, 1999. pp. 173-177.

7 ヒムラーの〈死の収容所〉訪問とソ連のスターリングラード戦勝利との関係を最初に指摘したのは、ソ連の作家グロスマンである。彼は、1944年8月の赤軍のトレブリンカ解放の目撃者だった。生き証人や収容所の元職員に話を聞いて、収容所のおぞましい有様を書き上げた。*Гроссман В.* Треблинский ад // *Гроссман В. С.* Годы войны. М., 1989. С. 107-145.〔グロスマン「トレブリンカの地獄」グロスマン『トレブリンカの地獄』（みすず書房、2017年）、12〜60ページ。〕

8 Alexander Werth, *The Year of Stalingrad: An Historical Record and a Study of Russian Mentality, Methods and Policies*（1947; Safety harbor, FL, 2001）, p. 438. イギリス人記者のスターリングラード現地ルポは、早くも1943年1月18日のデイリー・テレグラフに第一報がある。次を参照。Bell Ph.M.H. Op. cit. S. 350.

9 BBC: Siege of Stalingrad, 2/9/1943, The Wilson Center. https://www.wilsoncenter.org/article/bbc-siege-stalingrad-291943-432

10 Alexander Werth, "Won't Survive Two Stalingrads", *The Winnipeg Tribune*, February 12, 1943, p. 1; Henry Shapiro, "All of Stalingrad Ruined by Battles", *New York Times*, February 9, 1943, p. 3.

11 Werth, *The Year of Stalingrad*. pp. 443-446. こうした制約にもかかわらず、アレクサンダー・ウェルトはヴァシーリー・チュイコフとアレクサンドル・ロジムツェフの両将軍とのインタビューに成功し、正確な記録を残している。次を参照 *Ibid*. pp. 456-460, 468-470. 二人のもっと詳しい証言は、本書の第3章にある。

12 ウルスラ・フォン・カルドフとルドルフ・ティヤーデンの日記と手紙は、Walter Kempowski, *Das Echolot: Ein kollektives Tagebuch, Januar und Februar 1943*, 4 Bde., München 1993; Friedrich Kellner, *"Vernebelt, verdunkelt sind alle Hirne". Tagebüecher 1939-1945*, hg.v. Sascha Feuchert u. a., Göttingen 2011. ヴァルター・フォン・ザイトリッツ大将は、捕虜になると、ドイツ全土に向けて「スターリングラードは鬼門だ」と予言したと言われる。ただ文書でこの発言が確認できるのは1943年秋であり、その頃のザイトリッツはソ連の捕虜になって数カ月たち、すでに積極的に政治活動を行っていた（Bernd Ulrich, "Stalingrad", in: *Deutsche Erinnerungsorte* II, hg. v. Etienne Francois u. Hagen Schulze, München 2009, S. 332; Walther von Seydlitz, *Stalingrad, Konflikt und Konsequenz. Erinnerungen*. Oldenburg 1977）

13 ヴァシーリー・セミョーノヴィチ・グロスマン（1905〜1964年）は、ソ連の作家、ジャーナ

アーカイヴと図版の出典

【略語一覧】

ГАВО : Государственный архив Волгоградской области, Волгоград〔ヴォルゴグラード州国立文書館、ヴォルゴグラード〕

НА ИРИ РАН : Научный архив Института российской истории Российской академии наук, Москва〔ロシア科学アカデミー・ロシア史研究所学術文書館、モスクワ〕

РГАКФД : Российский государственный архив кинофотодокументов, Красногорск〔ロシア国立映像写真資料館、クラスノゴルスク〕

РГАЛИ : Российский государственный архив литературы и искусства, Москва〔ロシア国立文学芸術文書館、モスクワ〕

РГАФД : Российский государственный архив фонодокументов, Москва〔ロシア国立写真資料館、モスクワ〕

ЦАГМ : Центральный архив города Москвы〔モスクワ市中央文書館〕

ЦАМО РФ : Центральный архив Министерства обороны Росийской Федерации, Подольск〔ロシア連邦国防省中央文書館、ポドリスク〕

【図版の出典】

http://34bloga.ru/2307/ – 251（上）

http://soviet-art.livejournal.com/987.html – 277

https://propagandahistory.ru/83/Sovetskie-propuska-v-plen-dlya-nemetskikh-soldat/ – 369

https://stalingrad.rusarchives.ru/dokumenty/licevoy-schet-istreblennyh-gitlerovcev-i-ih-tehniki-ai-chehova-snaypera-13-y-gvardeyskoy-strelkovoy – 188

Зайончковский П. А. Сборник статей и воспоминаний к столетию историка. Под. ред. Л. Г. Захаровой. М., 2007. – 365

К истории русских революции. Москва, 2007. – 81

Москва прифронтовая. 1941-1942. М., 2001. С. 405. – 83

ГАВО – 111, 120, 135, 142, 287

Музей панорама Сталинградской битвы, Волгоград – 234

НА ИРИ РАН – 51, 55, 72, 75, 97, 155, 156, 163, 169, 170, 171, 179, 189, 200, 246, 249（上）, 253, 258, 318, 353

РГАКФД – 42, 47, 57, 101, 107, 117, 125, 134, 137, 138, 139, 147, 173, 206, 249（下）, 251（下）, 263, 289, 303, 329, 348, 354, 355, 360, 374, 381

РИА Новости (фотоархив), Москва – 270, 290, 300, 335, 425, 435

Союзкиножурнал 1943, No.8, – 244

Фотосоюз, Москва – 4, 5, 22, 70, 332, 408

ЦАГМ – 337, 338

Частный архив Татьяны Ерёменко, Москва – 19

第95旅団　169, 179
第99狙撃兵師団　386, 388
第124狙撃兵旅団　203, 208
第138狙撃兵師団　151
第193狙撃兵師団　151
第204狙撃兵師団　64
第284狙撃兵師団　25, 51, 75, 151, 290, 317, 318, 340, 341, 413
第300狙撃兵師団　203, 205-212, 217
第308狙撃兵師団　13, 58, 59, 67, 71, 92, 149-154, 156-158, 162, 167, 168, 170, 175, 176, 178-181, 183, 185, 190-192, 203, 418
第315狙撃兵師団　366
ヴォルガ艦隊　12, 17, 33, 62, 67, 73, 205, 206, 463
撃滅大隊　110, 113, 114, 118, 133, 165, 172, 468
パンフィーロフの28人　73, 157, 476
パヴロフの家　280, 281, 455

《ドイツ》

ドイツ国防軍
イデオロギー　17, 25, 30, 220, 383, 385, 394-396, 399, 402, 403, 483, 486
貴族　219, 461
規律　62, 63, 247, 376, 390, 391, 402, 404, 478
空軍　16, 40, 41, 99-101, 115-121, 127, 132, 133, 141, 150, 151, 157, 158, 195-197, 212, 216, 264-266, 268, 272, 320, 346, 368, 390, 404
降伏　18, 19, 218, 241-252, 373, 374, 377, 378, 390, 392, 393, 401
証言　94, 383-404
食糧事情　388-391, 397, 401, 406-408, 411
人格崩壊　220, 232
人的損害　20, 41, 366, 370, 488
蛮行　133, 136, 143, 206, 207, 353, 373, 471
捕虜　20, 227, 316, 331-333, 334, 362, 374, 383-404, 411, 426
ルーマニア人　136, 143, 145, 220, 246, 247, 311, 372, 378, 390, 400, 488
軍
第4装甲軍　149
第6軍　13, 15-21, 142, 143, 149, 218, 219, 233, 243, 250, 256, 362, 367, 370, 384, 410
第14装甲軍団　366, 367, 369
師団
第3自動車化歩兵師団　367
第14装甲師団　219, 229
第16装甲師団　102, 203, 205, 206, 367, 370, 392, 293, 397
第24装甲師団　151, 303, 372, 376, 385, 388, 389, 390, 393
第60自動車化歩兵師団　367
第71歩兵師団　19, 143, 218, 343
第76歩兵師団　150
第94歩兵師団　372
第113歩兵師団　150
第305歩兵師団　172, 401, 405, 410
第389歩兵師団　385, 386, 394, 398, 400, 401, 403

イタリア　385, 391, 399

作戦
「青（ブラウ）」作戦　15
「鉄環（コリツォー）」作戦　19, 460
「天王星（ウラヌス）」作戦　17, 151
「冬の嵐」作戦　18, 468

規律、規律強化　60-69, 189, 223, 362, 478
空軍　17, 40, 41, 101, 268, 284, 287, 320, 346, 368, 378, 390, 402, 484
検閲（軍での）　32, 48, 482
コムソモール　38, 43, 46, 47, 50, 51, 65, 126, 154, 157, 160-162, 182, 183, 223, 282, 324, 345, 355, 358, 449
死および死後の名誉　46, 59, 75, 152, 160-162, 164, 181, 183, 198, 199, 200, 262, 273, 276, 277, 324, 325, 373
指揮官　32-34, 49, 72, 195, 265, 269, 414
指揮の一元化　49, 50, 480
主意主義の人間観　55-59, 303, 410, 411
粛清　39, 43, 80, 256, 279, 474
少数民族（非ロシア人）　42, 65, 66, 203, 209, 212, 217, 265, 276, 280, 294, 477
叙勲　58, 166, 182, 185, 213, 217, 272, 279, 281, 294, 297, 298, 323, 335, 336, 342, 346, 347, 351, 352, 354, 355, 413-415
処刑　24, 25, 60, 68, 69, 255, 256, 316, 478
女性　42, 139, 140, 185, 186, 272, 296, 297, 300, 301
人的損害　20, 41, 280, 296, 320, 366, 479
新聞　48, 54, 57, 58, 183, 187, 276, 277, 306, 342, 350, 413
「心理攻撃」　33, 34, 36, 59, 359, 478, 479, 482
スターリン崇拝　167, 168, 185, 318, 325, 326, 419
政治管理総局　46, 47, 50, 52, 82, 414, 477, 478, 483
政治教育　32, 43-48, 50-55, 77, 157, 183-185, 248, 264, 474, 475
政治指導員（ポリトルーク）　32, 47, 51, 52, 100, 484
政治将校（コミッサール＝政治委員）　29, 32, 33, 48, 49, 52-54, 88, 152, 483, 484
精神的ストレス　74-76, 197, 198, 201, 271-273, 475
戦線放棄　15, 61, 67, 68, 167, 368, 478
宣伝　27-29, 38, 39, 41, 51-54, 55-59, 62, 63, 152, 184, 187, 223, 324, 341, 342, 354, 355, 358, 449, 484
宣伝文化カバン　53, 54
創設の経緯と歴史　31-40
狙撃兵　157, 323, 324, 340-343, 347-352, 355, 356
対敵宣伝　18, 362, 369-379, 384, 389, 390, 391, 393, 394, 395, 402, 447
戦い方　69-74
懲罰隊員、懲罰隊　63-65, 68, 188, 189
敵愾心　45, 46, 75, 91, 134, 135, 152, 299, 323, 341-342, 353, 411, 446, 480
ドイツ兵への暴力　44, 266, 316, 343, 353, 411
入党　43-46, 161, 162, 182, 184, 186-188, 223, 260, 300, 307, 352, 353, 354
文化活動　48, 50
命令第 220 号（1941 年 8 月）　42, 68, 460
命令第 227 号（1942 年 7 月）　15, 21, 60-69, 91, 100, 255, 275, 478
ドン方面軍　17, 19, 69, 267, 298, 329-330, 430, 431, 466
1942 年夏のドン攻防戦　50, 74, 87, 359, 360, 402
軍
第 1 親衛軍　149-150, 165, 428
第 4 戦車軍　149, 448
第 5 軍　284
第 24 軍　149-150, 158
第 51 軍　361
第 57 軍　87, 361
第 62 軍　16, 17, 19, 24, 25, 37, 45, 58, 62, 65, 68, 74, 75, 87, 102, 103, 105, 106, 112, 124, 128-130, 149, 151, 153, 178, 184, 203, 222, 255-257, 261, 267, 268, 274, 277, 286, 298, 302, 311, 326, 330, 340, 342, 352, 371, 405, 409, 410, 414, 419
第 64 軍　20, 44, 61, 72, 74, 87, 103, 112, 149, 219, 220, 222, 229, 238, 243, 245-248, 256, 261, 267, 268, 274, 311, 333, 358, 368
第 66 軍　58, 149, 205, 362, 364, 366, 383, 384, 386, 388, 389, 391-394, 396, 398, 400, 403, 404, 410
師団・旅団
第 13 親衛狙撃兵師団　56, 68, 151, 256, 269, 279, 281, 285, 294, 296, 298, 317, 341
第 29 狙撃兵師団　219
第 35 親衛狙撃兵師団　302
第 36 親衛狙撃兵師団　58, 61, 219, 241
第 37 師団　181, 182, 266
第 38 自動車化狙撃兵旅団　13, 46, 48, 61, 64-66, 71, 106, 109, 122, 124, 129, 136, 218, 219, 221-224, 226-243, 247, 248, 250, 357, 358

ナ　行

内務人民委員部──→NKVD
日本　38, 419
ニュルンベルク裁判　84, 100, 462
ネコ　375, 447

ハ　行

発電所──→スタルグレス 発電所
ハリコフ　21, 80, 285, 294, 298, 391, 399, 427, 443, 446, 455
百貨店（スターリングラード）　19, 106, 218-220, 228-231, 233-236, 239, 243, 248, 249, 250, -252, 292, 357, 361, 383, 431, 448, 459-461
フィリ　131
フィンランド　40, 42, 256, 260, 279, 284, 296-298, 481
フランス　11, 89, 369, 389-391, 398, 400, 456
ブルコフカ　298, 299, 346, 451
ブルシーロフ攻勢　354, 450
ベオグラード　99
ベケトフカ　12, 103, 115, 132, 219, 220, 221, 243, 246, 247, 261, 311, 360, 361, 428, 429, 449, 460, 461, 467
ペスコヴァトカ　302, 359, 449
ペトログラード──→レニングラード
ベルギー　390, 398, 400, 467
ポーランド　10, 11, 34, 40, 260, 279, 333, 390, 398, 448, 457, 465, 488

マ　行

ママイの丘（102.0高地）　19, 127, 128, 151, 257, 264, 266, 280, 287, 291, 317, 318, 320, 321, 323-330, 343, 348, 418, 428, 429, 431, 452, 456, 458, 471, 476
満洲　38
モスクワ　11, 12, 14-16, 18, 34, 35, 37, 47, 56, 63, 65, 67, 73, 77, 78, 80, 82-84, 92, 99, 100, 107, 111, 130, 131, 138, 149, 150, 152, 155, 156, 158, 168, 187, 192, 202, 203, 219, 220, 245, 256, 258-260, 274, 276, 277, 280-282, 284, 294, 296, 302, 304, 342, 355, 363-365, 368, 383, 399, 410, 419, 421, 422, 433, 443-446, 448, 451, 455, 456, 458, 459, 465, 466, 476, 478

ヤ　行

ヤースナヤ・ポリャーナ　84, 90, 91, 444, 445, 471
ユダヤ人の迫害　141-142, 386, 391, 417, 420-422, 471, 473

ラ　行

ラトシンカ　202-215, 217, 428, 429, 446, 447, 462, 463, 475
ルィノーク　113, 203-205, 261, 262, 371, 373, 379, 428, 429, 458
ルジシチェヴォ　305, 453
歴史委員会──→大祖国戦争史委員会
レニングラード（1914〜24年はペトログラード）　15, 78, 83, 99, 103, 256, 284, 391, 415, 452, 470
ロシア国防省中央文書館　422, 486
ロストフ　15, 18, 60, 100, 375, 386, 391, 399, 427, 430, 446, 482

軍事関係

《ソ連》

赤軍
　アルコール　69-70, 476
　衛生兵　154, 156, 159-162, 165, 166, 176, 177, 182, 183, 185, 186, 198, 272, 296-301
　英雄精神、英雄崇拝　36, 37, 55, 59, 64, 70-72, 84, 86, 90, 152, 156, 157, 160-162, 166, 182, 183, 186, 192, 198, 272, 283, 302, 357, 365, 375, 376, 418, 421
　肩章　232, 273, 355, 413, 414, 448
　教育　256, 260, 282, 283, 305, 345, 358, 363
　共産党（赤軍での）　27-30, 32, 38, 43-48, 183-189, 483, 484 ;「入党」と「政治管理総局」も参照
　恐怖心の馴致　58, 59, 75, 156, 157, 262, 272-274, 357, 475, 478, 479

劇場（スターリングラード市立劇場） 228-229, 231
ゲルニカ 99
工場
「赤い十月」工場 12, 13, 44, 100, 102, 103, 105, 108, 114, 121, 123, 127-130, 134, 152, 200, 255, 267, 278, 317, 319, 429, 431, 452, 456, 469, 470
トラクター工場 20, 79, 100, 102, 106-108, 113, 115-118, 122, 129, 151, 203, 266, 360, 362, 366, 375-379, 394, 401, 429, 431, 446, 456, 462, 468, 469
「バリケード」工場 13（バリケード大砲工場）, 34, 100, 102, 106, 108, 109, 112, 122, 129, 136, 149, 151, 172, 176, 178, 264, 266, 330, 333, 334, 410, 418, 429, 431, 456, 464, 467, 470, 482
「メチズ」工場 320, 322, 323, 326, 346, 347, 353, 431
コテリニコヴォ 110, 136, 261, 430, 449, 458, 468
コトルバン高地 149

サ 行

サレプタ 359, 449, 460, 463
シャドリン入り江 207-211, 213-214, 216, 462
ジュリャヌィ 305, 453
スターリングラード
協力者 468
空 襲 16, 99-101, 115-121, 127, 132-133, 141, 144, 150, 195-197, 264-265, 287-288, , 359
工業 16, 102-103
子ども 120, 124, 125, 130, 133
市街戦 141, 151, 222-227, 266, 267, 288-294, 323, 408
住民 16, 20, 106
食糧事情 120, 142-148
——崇拝 36, 273, 410-411
疎開 100-102, 110, 115, 116, 123-126, 129-130, 141, 467, 470
追悼施設 252, 418, 464
ドイツの占領統治 16, 141-148, 467
復興 135, 138-139
文化施設 106-108
包囲環 10, 18-20, 218, 331, 336, 383, 384, 405, 432, 446, 488
防衛線 111-112, 119
防空体制 115, 119, 126
略奪 121-122, 145-146, 371
『スターリングラード』（映画） 25, 340, 414, 454
スターリングラード医科大学 105, 107, 109, 116, 118, 123, 134, 137, 138
スタルグレス発電所 102, 107, 108, 109, 126, 131, 132, 137, 429
スパルタコフカ 113, 205, 261, 379, 429, 462
スペイン内戦 38, 99, 283, 294, 468
スレードニャヤ・アフトゥバ 110, 135, 286, 451
セヴァストーポリ 15, 73, 83, 99, 156, 363, 452

タ 行

大祖国戦争史委員会
記録の刊行 82, 90-92, 419, 422
記録の収集 12, 83-92, 304, 318, 383, 405
参加者 12, 80-83, 86-87, 420-421, 422
スターリングラードでの活動 77, 86-89, 91
設立 82
〈斃れし戦士〉広場 19, 20, 65, 106, 134, 230, 248, 249, 431, 448
チム 294, 298, 454
『チャパーエフ』（映画） 33, 36
中国 11, 256, 260, 458
ツァリーツァ 34, 127, 222, 262, 278, 286, 310, 312, 429, 431
ツァリーツィン崇拝 34-37, 167-168, 185, 318, 326-327, 442, 452, 465, 467, 482
ツィムリャンスカヤ 74, 261, 458
デミャンスコエ 18
トゥーラ 83
『党史小教程』 79, 81, 443
ドゥボフカ 375, 376, 384, 386, 388, 389, 393, 398, 400, 403, 428
トゥマク 265, 457
ドキュメンタリー主義 78-79, 85, 92, 474
トラクター工場⟶工場
トルコ 387, 427, 446
ドン川 16-18, 35, 111, 112, 115, 116, 149, 203, 246, 256, 285, 295, 302, 358, 359, 366, 372, 390, 392, 401, 402, 406, 427, 430, 447, 449, 458

リュドニコフ、イワン　151, 179, 268, 269, 456, 466
リュビーモフ、ユーリー　207, 210, 212-214, 217
ルイセンコ、ステパン　209, 211-214, 462
ルィバク（大尉）　231, 232, 235
ルィバリチェンコ、フィリップ　475
ルィフキン、セミョン　88, 154, 155, 182, 471
ルーデル、ハンス・ウルリッヒ　485
ルートヴィヒ、ギュンター　219, 229
ルキン（大佐）　233, 238, 243
レヴィキン、アレクサンドル　51, 88, 413, 453, 479
レーニン、ウラジーミル・イリイチ　31, 35, 53, 78, 318, 458
レシェトニャク、イワン　207, 213-217
レシチニン、ヴァシーリー　69
レベジェフ、ヴィクトル　116, 264, 457
レメシコ、アントン　213, 461
レレンマン（少佐）　383, 386, 389, 392, 394, 396, 398, 400
レンスキー、アルノ・フォン　376, 384, 389, 446
ロコヴァノワ、ゾーヤ　182, 183, 464
ロコソフスキー、コンスタンチン　18, 218, 232, 236, 373, 430, 462, 466, 475, 486, 488
ロジムツェフ、アレクサンドル　31, 66, 68, 94, 128, 134, 256, 257, 263, 264, 268, 269, 279-296, 414, 416, 444, 454, 455, 457, 470, 483, 489
ロスケ、フリードリヒ　218-220, 237-243, 246, 247, 343, 459, 461
ロスリャコワ、オリガ　466
ロマネンコ、グリゴリー　104, 136

地名・事項

102.0 高地──→ママイの丘
154.2 高地──→コトルバン高地

ア　行

「赤い十月」工場──→工場
アカトフカ　371, 373
アストラハン　109, 111, 391, 449, 463
アフトゥバ　128, 207, 208, 211, 449, 462
イストパルト（十月革命史と共産党史の資料収集研究委員会）　78, 473
ヴィンノフカ　371, 373
ヴェルフニャヤ・アフトゥバ　265, 428, 429, 457
ヴェルフニャヤ・エリシャンカ　308
ウォッカ　69, 185, 245, 307, 312
ヴォルガ川の渡河　123, 124, 203, 291
ヴォルゴグラード　257, 343, 418, 422
駅舎（スターリングラードの）　287, 288, 333
NKVD（内務人民委員部）　24, 32, 39, 48, 68, 100, 101, 102, 122, 127, 257, 296, 303, 379, 413, 468
　督戦隊　24, 42, 60, 63, 67-68, 167
　特務部　48, 155, 227, 231, 242, 285
L字型の建物　226, 280-281, 291-293, 295, 454, 466
エルゾフカ　366, 392, 428
オデッサ　83, 117, 304, 305, 415, 452
オランダ　390, 398, 400
オリホヴァトカ　295
オルロフカ　116, 262, 286, 290, 372, 388, 394, 401, 428, 429, 458

カ　行

カストルナヤ　325, 452
カムイシン　286, 366, 462
カラチ　18, 110, 133, 142, 145, 261, 370, 372, 405, 406, 427, 430
キエフ　21, 279, 284, 285, 294, 298, 299, 305, 324, 343, 363, 453, 462
クポロースノエ　126, 262, 311, 429, 468
グムラク　158, 218, 406, 428, 458
グラヴリト（ソ連の検閲機関）　90, 91
クラスノウフィンスク　345
クラスノヤルスク　194, 198, 305, 377
クレツカヤ　368, 427, 447
クロンシュタット　259, 482

ブベンノフ、ミハイル　417
フョードロフ、フョードル　221, 227, 247
フョードロフ、ミハイル　207, 209, 210, 462, 461
ブラウヒッチュ、ヴァルター・フォン　399
ブリーク、リーリャ　474
プリマコフ、ヴィターリー　474
ブリュッヘル、ヴァシーリー　458
ブルィシン、イリヤ　153, 179-182, 463
フルシチョフ、ニキータ　39, 47, 248-250, 257, 261, 262, 276, 463, 481
プルトコフ、ステパン　73
ブルマコフ、イワン　106, 124, 221, 222, 227-230, 233, 234, 239, 241-243, 248, 250, 252, 343, 460, 461, 479
ブレダール、ヴォルデマール　403, 404
プロフヴァチロフ、ヴァシーリー　105, 135, 136
ブロントマン、ラーザリ　16
ペトラコフ、ドミトリー　58, 154, 158, 159, 166, 167, 183, 184, 464, 479
ペトルーヒン、ニコライ　105, 115, 133
ベネシュ、ゲオルギー　320, 324-326, 452
ベリヤ、ラヴレンチー　130
ベルーギン、ヴァシーリー　154, 155, 163, 165, 171, 172, 177, 178, 183, 463
ベルキン、アブラム　86, 257, 281, 297, 454, 460, 469
ベレツキー、ピョートル　86, 460
ベンヤミン、ヴァルター　474
ポクロフスキー、ミハイル　443
ポジャルスキー、ニコライ　262, 269, 457
ポズニャコワ、アグラフェーナ　141-148
ホリズノフ、ヴィクトル　123, 127, 468
ポリャコフ、アレクセイ　104, 123, 124, 135, 136
ホルツアプフェル（兵士）　385, 395, 397
ボルテンコ、ヴァシーリー　152, 154, 163, 164, 172, 463
ボルマン、ルドルフ　372
ボンヴェチ、ベルント　424, 433

マ　行

マーシャル、サミュエル　86, 471
マカレンコ、アントン　303
マクシン、イワン　152, 154, 160, 182, 183, 463, 479
マズーニン、ニコライ　319, 452, 462
マテヴォシャン、パーヴェル　103, 105, 129, 130, 134
マメコフ、ミハイル　75
マヤコフスキー、ウラジーミル　474
マルケロフ（連隊長）　169, 195, 196
マレンコフ、ゲオルギー　167, 443, 464
マンシュタイン、エーリッヒ・フォン　18, 23, 488
ミハリョフ（連隊本部長）　170, 195, 199
ミローヒン、イーゴリ　164
ミンツ、イサーク　12, 80-86, 89, 90, 92, 94, 304, 342, 383, 419-423, 442-443
　反ユダヤ・キャンペーン　420-422, 443
　『内戦史』　80, 421, 442, 443
メテリョフ（連隊長）　323, 324, 347, 349
メドヴェージェフ、ドミトリー　156, 465
メフリス、レフ　47, 48, 480
メリ、アルノリド　160, 183, 465
メリデール、キャサリン　25, 26, 485
モスカレンコ、キリル　167, 464
モルチャーノフ、ピョートル　50, 75, 485
モロズ、ラーザリ　209, 211, 213, 214, 461
モロゾフ、ルキヤン　221, 223, 226, 227, 230-232, 235, 238, 461, 460, 477
モロトフ、ヴャチェスラフ　90, 471

ヤ　行

ユージン、パーヴェル　82, 158, 473
ユーリン、イワン　105, 107, 109, 116-118, 123, 134, 137, 138
ヨッフェ、エズリー　329, 333, 452

ラ　行

ラキチャンスキー、ヴァシーリー　329, 333, 452
ラザレフ、ラーザリ　28
ラスキン、イワン　233, 235, 238, 239, 241, 243-245, 460
ラゾ、セルゲイ　354, 450
リズノフ（大尉）　307, 308
リッベントロップ、ヨアヒム・フォン　265
リヒトホーフェン、ヴォルフラム・フォン　99
リャボフ（特務部代表）　231, 232
リューベン、ヘルマン　385, 398-400

タラソフ、P.I.（中佐）　268, 456
チェーホフ、アナトリー　341
チェルヌィシェフスキー、ニコライ　463
チモシェンコ、セミョン　34, 482
チャパーエフ、ヴァシーリー　34, 256, 304
チャモフ、アンドレイ　153, 172, 173, 177, 184, 189, 190, 195, 199, 463
チュイコフ、ヴァシーリー　12, 24, 31, 34, 42, 45, 58, 60, 71, 72, 74, 87, 88, 94, 102, 103, 106, 112, 128, 129, 134, 149, 151, 178, 205, 255-278, 279, 280, 286, 287, 290, 296, 297, 310, 321, 331, 354, 414, 415, 431, 449, 452, 454-459, 469, 470, 475, 478, 480, 489
チュヤーノフ、アレクセイ　47, 100-105, 109, 110, 112, 113, 119, 126-128, 135, 244, 468, 470
ツィブリスキー（少佐）　213-216
ツェイトリン、ボリス　211, 461
デニーソワ、クラヴジヤ　105, 110, 116-119, 123, 126, 137
デニセンコ、ミハイル　61, 221, 228, 229
デムチェンコ、ウラジーミル　105, 110, 116-119, 127, 128, 130, 223, 459, 460, 469, 470
トヴァルドフスキー、アレクサンドル　417
ドゥーカ、アレクサンドル　46, 221, 223, 224, 460
ドゥドニコフ、エフィム　153, 179-182, 463
トゥハチェフスキー、ミハイル　39
ドゥビャンスキー、ヴァシーリー　312, 316, 453
ドゥブロフスキー、ヤコヴ　51, 52, 74, 480
ドブリャコフ（大佐）　44
ドラゴミーロフ、ミハイル　478
トリーフォノフ、アレクサンドル　153, 189
トルーブニコフ、K. P.　245
ドルゴフ、セミョン　288, 454
トルストイ、アレクセイ　48, 452, 471
トルストイ、レフ　81, 84, 90, 273, 283, 415, 416, 418, 444, 445
トレチャコフ、セルゲイ　78, 474
トロツキー、レフ　31-33, 35, 483

ナ　行

ナヒーモフ、パーヴェル　363, 365, 448
ネボリシン、ヤコフ　207, 208, 214
ノヴィコワ、リョーリャ　152, 161, 162, 183

ハ　行

バーベリ、イサーク　34, 473, 482
パウルス、フリードリヒ・ヴィルヘルム・エルンスト　13, 18-20, 49, 151, 218-252, 267, 330, 357, 361, 373, 374, 383, 387, 401, 411, 432, 447, 448, 459-461, 468, 476, 477, 480
パヴロフ、アレクセイ　88, 179, 181, 280, 281, 315, 455, 463, 466, 471
パヴロフ、ヤコフ　280, 455
バグラチオン、ピョートル　450
バチュク、ニコライ　87, 268, 270, 290, 317, 318, 325, 336, 453, 471
パニチキン（少尉）　311, 314, 453
バブキン、セルゲイ　105, 132
バルコフスキー（少佐）　163, 164, 172
ハルダー、フランツ　23, 48
バルボチコ、セルゲイ　207, 208, 211
パルホメンコ、アレクサンドル　357-361, 450, 482
ビーヴァー、アントニー　24-26, 29, 99, 425, 463, 478, 479, 484, 485
ピガリョフ、ドミトリー　104, 106-108, 111-113, 115, 119-121, 139, 140, 468, 470
ピクシン、イワン　105, 108, 110, 112-115, 121, 123, 128, 131, 135
ピスト、ヘルムート　388, 389
ヒトラー、アドルフ　14, 15, 18-20, 23, 30, 41, 52, 78, 91, 109, 151, 182, 218, 220, 246, 265, 266, 268, 272, 274, 275, 334, 369, 373, 395, 399, 416, 447, 451, 482, 485, 486
ヒュースケン、フーベルト　366
ヒューネル（ヒュネル）、ハインツ　94, 304-306
ピュッツ、カール・ハンス　306-308
ヒュトラー，マックス　386-388
ピョールィシキン、イワン　213, 216, 461
ファテーエワ、ソーニャ　160
フーベ、ハンス＝ヴァレンティーン　203
ブーリン、イリヤ　106, 129, 130, 136, 137, 460
フールマノフ、ドミトリー　33, 304, 354, 450
『チャパーエフ』　33, 354, 450
フェオファノフ、ミハイル　479
フェドーソフ、ピョートル　466
フゲンフィロフ、ゲンリフ　87, 153, 190, 197
フゲンフィロフ、セミョン　171, 187, 464
ブハーロフ、イワン　66

ザイツェフ、ヴァシーリー　25, 44, 75, 91, 94, 317, 323, 324, 340-357, 449-452, 457, 475, 480, 485
ザイトリッツ、ヴァルター・フォン　489
ザギナイロ、ヴァシーリー　207-209, 217, 461, 462
ザズーブリン、ウラジーミル　354, 450
ザプリャガエフ、イワン　71
サムソーノフ、アレクサンドル　205, 206, 454, 476
シードロフ（政治補佐）183, 184
シードロフ、アルカージー　83, 420-422, 443, 472
シードロフ、イワン　127-128
シーモノフ、コンスタンチン　48, 416, 417, 452
シェイコ（コムソモール・ビューロー書記）160-162
シェリュブスキー、アレクサンドル　409-411, 443, 445, 478
ジェルジャーヴィン、ガヴリイル　445
ジガリン、ヴァシーリー　464
シコルスキー、アレクサンドル　58
シチェゴレワ、マリヤ　91, 471
シチェルバコフ、アレクサンドル　47, 65, 82, 447, 472, 473, 480, 483
ジミーン、アレクセイ　64, 106, 109, 122, 129
ジメンコフ、イワン　104, 110-111, 118, 127, 128
シャピーロ、ヘンリー　12
シャポシュニコフ、ボリス　456
シャムシナ、アレクサンドラ　86, 281, 298, 304, 310, 364, 454, 459, 460, 469
ジューコフ（大隊長代理）293
ジューコフ、ヴェニアミン　103, 105, 108, 134
ジューコフ、ゲオルギー　16, 17, 82, 149, 150, 167, 401, 415, 478, 488
シュトレッカー、カール　383, 384, 387, 446
シュトロートマン、ヘルマン　302, 303
シュパイデル、ハンス　141, 142, 467
シュミーロフ、ミハイル　72, 73, 87, 131, 219, 222, 223, 228, 229, 233, 235, 243-246, 250, 358, 383, 459-461, 469, 476
シュミッツ、ヨハン　370
シュミット、アルトゥール　219, 232, 233, 237, 238, 242-245, 250, 461
ジュラフコフ、ニコライ　210, 211, 461
シュリャーピン、ニコライ　29, 484
蒋介石　260, 458
ショーニン、ボリス　171, 184, 463, 464
ジョールジェフ、ヴィクトル　268, 456
ショーロホフ、ミハイル　417
ショル兄妹（ハンスとゾフィー）23
スヴィーリン、アファナーシー　53, 73, 88, 152, 153, 156-158, 162, 163, 165, 167, 168, 170, 172, 179, 183, 185, 191, 195, 198, 463, 479
スヴォーロフ、アレクサンドル　283, 354, 450
スクヴォルツォフ、フョードル　152, 153, 175, 176
スサーニン、イワン　157
スターリン、ヨシフ　13-16, 21, 24, 25, 28, 29, 33-49, 53, 59-62, 67-69, 74, 78, 80-82, 84, 86, 91, 99, 100-103, 109, 149-151, 167, 168, 178, 184, 185, 203, 205, 223, 252, 255, 256, 265, 268, 273, 276, 278, 279, 293, 313, 318, 321, 326, 336, 339, 345, 355, 363, 378, 415, 417-420, 422, 442-445, 452, 453, 455-457, 460, 464, 473-475, 478, 480
ステパーノフ、アレクサンドル　64, 88, 153, 188, 189, 479, 480
ストイリク、アンナ　153, 176, 177, 186
スネサレフ、アンドレイ　35
ズバーノフ、コンスタンチン　103, 105, 107-109, 126, 131, 132, 137, 138
スピツキー、ゲオルギー　67, 70
スピラー、ロジャー　89
スミルノフ、アレクセイ　44, 87, 153, 169, 186, 187, 189, 463
スモリャノフ、マトヴェイ　88
スレプツォフ、イワン　46
セニャフスカヤ、エレーナ　26, 433
セルジュク、S.T.　72, 243-245
セレズニョフ、ガヴリイル　153
セローフ、ヤコフ　45, 46, 54, 56, 61, 477
ソコロフ、アフリカン　268, 456
ソコロフ、ヴァシーリー　51, 130, 468
ソチコワ、ウリヤーナ　133
ソフチンスキー、ウラジーミル　153, 176, 183
ソルダトフ、アナトリー　48, 65, 220, 221, 224, 242, 247, 460
ソロドチェンコ、セミョン　207, 209-211

タ 行

ダヴィドフ、デニス　354, 450
タラソフ（大佐）176, 195

カルプシン、ミトロファン　54, 88
カルポフ、ニコライ　46, 65, 221, 223, 227, 261, 460, 477
カレンチエフ、アレクサンドル　323, 341, 347
キリチェンコ、アレクセイ　47
キルシェンバウム、リーザ　26
ギンズブルグ、リジヤ　415
クージン、イリヤ　160, 360, 465
グーリエフ、ステパン　64, 66, 74, 134, 268, 269, 414, 457, 468
グーリナ、ソフィヤ（モーチャ）　160
グーロフ、クジマ　62, 106, 112, 129, 257, 263, 286, 354, 458
グーロフ、ミハイル　61, 221, 235, 236, 459, 260
グーロワ、ヴェーラ　94, 294, 296-301, 454
クシナリョフ、イワン　153, 199
クズネツォフ、イワン　62, 207, 217
クズネツォフ、フョードル　82, 181
クトゥーゾフ、ミハイル　354, 450
クドリャフツェフ、イワン　221, 229, 247
クハルスカヤ、マリヤ　376, 446, 447
グラズコフ、ヴァシーリー　73, 302, 310, 311, 453
クラスノフ、ピョートル　35, 461
グラマズダ、ニコライ　44, 50, 51, 479, 480
クリチマン、ミハイル　262, 458
クリニチ（中尉）　312, 314
グリュトキン（赤軍兵士）　314, 316
クルィロフ、ニコライ　263, 269, 414, 457
クルヴァンタエフ（赤軍兵士）　63
クルグリャコフ、アンドレイ　65
グルシャコフ（赤軍兵士）　181, 182
グルチエフ、レオンチー　153-155, 157, 158, 165, 171, 172, 178, 179, 189-192, 194-198, 201, 203, 463, 465, 479
黒澤明　93
グロスマン、ヴァシーリー　24, 28-29, 45, 48, 202, 273, 279, 280, 325, 416-418, 420, 444, 456, 489
　反ユダヤ・キャンペーン　417, 421
　『人民は不滅』　29
　『正義の事業のために』　417
　「主力の進路」　71, 102, 192-201, 418
　『人生と運命』　28, 29, 257, 416-418, 422, 426, 484
　日記　15, 29, 202, 414
ゲーリング、ヘルマン　19, 306, 488
ゲッベルス、ヨーゼフ　10, 16, 20, 25, 90, 413, 471, 488
ゲラシモフ、アレクサンドル　302, 304, 307, 308, 310-316, 453
ゲラシモフ、インノケンチー　206, 304, 453
ゲンキナ、エスフィリ　86, 91, 220, 357, 460, 481
コヴァリョワ、オリガ　114, 463
コージン、ネストル　39, 40
ゴーリキー、マクシム　79, 80, 83-85, 89, 90, 422, 449, 474
コーレン（政治将校）　295
ココーリナ、ニーナ　152-156, 159, 160, 165, 166, 175, 176, 187, 188, 191, 465
コシカリョフ、アレクサンドル　88, 153, 170-172, 188
コスィフ、ニコライ　166, 463, 464
ゴスマン、ハインツ　371, 372
コスモデミヤンスカヤ、ゾーヤ　160, 465
コトキン、スティーヴン　27
コトフ（大尉）　129, 323, 330, 335, 347, 451
コトフスキー、グリゴリー　354, 450
コブィリャンスキー、イサーク　206
コペレフ、レフ　483
ゴリコフ、フィリップ　285, 446
ゴリシュニー、ヴァシーリー　268, 456
コルトィニン（少佐）　386, 389, 391, 393, 394, 396, 400, 403, 404
ゴルドフ、ヴァーシリー　74, 233, 235, 261, 458, 475
コルネイチュク、アレクサンドル　73
ゴルバチョフ、ミハイル　417
ゴレグリャド、アレクセイ　113, 469
コレスニク、アレクセイ　64, 88
ゴロフチネル、ヤコヴ　222, 229, 230, 238, 246, 247
ゴロホフ、セルゲイ　151, 202, 203, 205, 207, 212, 217, 268, 429, 462
コンラーディ、オットー　385

サ　行

ザイオンチコフスキー、アンドレイ　442
ザイオンチコフスキー、ピョートル　58, 71, 94, 206, 362-379, 383, 384, 388, 392, 393

索　引

人　名

ア　行

アイゼンベルグ、イゼル　53, 64
アイヒホルン、エルンスト　385, 389-391
アヴェルバフ、レオポリド　79
アヴェルブフ、アレクサンドル　302-310, 453, 456, 477
アクショーノフ、ニコライ　25, 94, 220, 317-339, 340, 341, 350, 451-453, 470, 485
アファナーシエフ、アンドレイ　58, 59, 479
アファナーシエフ、イワン　280
アフォーニン、イワン　73, 205, 207, 208, 211, 461, 462
アブホフ、ニコライ　376, 446
アブラーモフ、コンスタンチン　72, 222, 243-245, 460
アレクサンドロフ、ゲオルギー　82, 492
アンドルセンコ、コルネイ　268, 457
アンピロゴフ、グリゴリー　364, 448
イェーネッケ、エルヴィン　402, 446
イグナチエワ、ナターリヤ　133
イリチェンコ、フョードル　229-233, 235-237
インゴル、ミハイル　152, 153, 183, 185, 464, 482
ウィンターソン、ポール　11
ヴァイリー、アミール　26, 125
ヴァイングラン、ヨハン　367, 368
ヴァシーリエフ、イワン　45, 49, 51, 53, 55-57, 62, 64, 75, 103, 105, 112, 124, 129, 479
ヴァシーリエフ兄弟（セルゲイとゲオルギー）36
ヴァシチェンコ（中尉）210, 211
ヴァシレフスキー、アレクサンドル　17, 45, 101, 150, 286, 488
ヴァトゥーチン、ニコライ　17
ヴィータースハイム、グスタフ・フォン　367, 447
ヴィシネフスキー、フセヴォロド　38, 48
ヴィノクル、レオニード　221, 227, 228, 233-241, 243, 247, 251, 252, 459-461, 479
ヴェジュコフ（大佐）351, 354, 355, 450
ウェルト、アレクサンダー　12
ヴォーロノフ、イリヤ　57, 475
ヴォドラギン、ミハイル　104, 119, 120, 126
ヴォルフ、クリスタ　474
ヴォローニン、ニコライ　62, 119, 127
ヴォロシーロフ、クリメント　33-36, 81, 154, 167, 318, 442, 482
ヴゲラー、ヴィルヘルム　393, 394
ウセンコ、マトヴェイ　376, 446
ウチョソフ、レオニード　456
ヴラソフ、ミハイル　153, 169
エーリン、イワン　287, 291, 454
エゴーロフ、アレクサンドル　71, 221, 223, 224, 228, 229, 235-238, 240, 241, 247, 248, 460, 478
エリクソン、ジョン　25
エリョーメンコ、アンドレイ　17, 18, 47, 101, 150, 151, 167, 203, 205, 261, 262, 265, 267-269, 276, 285-287, 373, 456, 463, 466, 470, 475, 488
エルモルキン、イワン　268, 251
エレンブルグ、イリヤ　48, 63, 64, 341, 376, 420, 446, 452
オジノコフ、ミハイル　104, 122
オストロフスキー、ニコライ　57
『鋼鉄はいかに鍛えられたか』　38, 57
オヒトヴィチ、レフ　59
オリホフキン、アレクサンドル　43, 52, 88, 479
オレイニク、ピョートル　207, 209, 211, 461, 463

カ　行

カシンツェフ、セミョン　104, 114, 118
カユコフ、プロホル　179-181, 463, 464
カリーニン、ヴァシーリー　152, 153, 173-175, 182, 184, 186
カリーニン、ステパン　474, 475
カリーニン、ミハイル　342, 352
カルガノワ、ゾーヤ　198, 201

著者紹介

ヨッヘン・ヘルベック　Jochen Hellbeck

1966年ボン生まれ。ベルリン、レニングラード、ブルーミントン、ニューヨークで歴史とスラブ学を修める。アメリカのニュージャージー州立ラトガーズ大学歴史学部教授。著書に Tagebuch aus Moskau 1931-1939（1996年）、Autobiographical Practices in Russia/Autobiographische Praktiken in Russland（2004年）、Revolution on My Mind: Writing a Diary under Stalin（2006年）、Die Stalingrad-Protokolle（2012年：本書）などがある。

訳者紹介

半谷史郎（はんや・しろう）

1968年愛知県生まれ。東京大学大学院総合文化研究科博士課程修了。現在、愛知県立大学外国語学部教授。専門はソ連史。著書に『中央アジアの朝鮮人』（岡奈津子と共著：東洋書店、2006年）。訳書にテリー・マーチン『アファーマティヴ・アクションの帝国』（共訳：明石書店、2011年）、ディビッド・ウルフ『ハルビン駅へ』（講談社、2014年）、アレクセイ・ユルチャク『最後のソ連世代』（みすず書房、2017年）がある。

小野寺拓也（おのでら・たくや）

1975年生まれ。東京大学大学院人文社会系研究科博士課程修了。現在、東京外国語大学大学院総合国際学研究院教授。専門はドイツ現代史。著書に『野戦郵便から読み解く「ふつうのドイツ兵」——第二次世界大戦末期におけるイデオロギーと「主体性」』（山川出版社、2022年）、共著に『検証　ナチは「良いこと」をしたのか』（田野大輔との共著、岩波書店、2023年）、『〈悪の凡庸さ〉を問い直す』（田野大輔との共編著、大月書店、2023年）、訳書にS・ナイツェル／H・ヴェルツァー『兵士というもの——ドイツ兵捕虜盗聴記録に見る戦争の心理』（みすず書房、2018年）、U・ヘルベルト『第三帝国——ある独裁の歴史』（KADOKAWA、2021年）などがある。

史録　スターリングラード
――歴史家が聞き取ったソ連将兵の証言

二〇二五年一月二〇日　初版第一刷印刷
二〇二五年一月三〇日　初版第一刷発行

著　者　ヨッヘン・ヘルベック
訳　者　半谷史郎
　　　　小野寺拓也
発行者　渡辺博史
発行所　人文書院
〒六一二－八四四七
京都市伏見区竹田西内畑町九
電話〇七五・六〇三・一三四四
振替〇一〇〇〇－八－一一〇三

装　幀　文図案室　中島佳那子
印刷所　モリモト印刷株式会社

落丁・乱丁本は小社送料負担にてお取り替えいたします。

ISBN978-4-409-51103-9 C1022

『史録　スターリングラード』【正誤表】

10 ページ後ろから 5 行目：〔誤〕全面戦争→〔正〕総力戦

10 ページ後ろから 3 行目：〔誤〕〈死の収容所〉→〔正〕絶滅収容所

12 ページ 6 行目：〔誤〕将校→〔正〕将官

16 ページ 3 行目：〔誤〕「すべてを破壊しなければならない」→〔正〕「石ころ一つ残してはいけない」

17 ページ 2 行目。101 ページ 3 行目：〔誤〕第八空軍→〔正〕第八航空軍

20 ページ 15 行目：〔誤〕捕虜のドイツ人将校→〔正〕捕虜にしたドイツ人の将官と将校

25 ページ 8 行目：〔誤〕機関銃の砲撃→〔正〕機銃掃射

56 ページ 8 行目：〔誤〕第一中隊の機関銃手→〔正〕第一機関銃中隊

160 ページ上段 14 行目：〔誤〕迫撃砲→〔正〕砲撃

168 ページ下段 15 行目：〔誤〕戦闘機で→〔正〕空軍が

177 ページ上段 15 行目：〔誤〕迫撃砲や自動小銃の集中砲火→〔正〕砲撃や迫撃砲の集中攻撃

186 ページ下段 18 行目：〔誤〕四門→〔正〕四挺

193 ページ下段後ろから 7 行目：〔誤〕六連装迫撃砲→〔正〕六連装ロケット砲

193 ページ下段後ろから 4 行目：〔誤〕対戦車半自動小銃→〔正〕対戦車ライフル

195 ページ下段 10 行目：〔誤〕戦闘機の爆弾で→〔正〕空爆で

202 ページ本文 6 行目。207 ページ本文 5 行目、6 行目。上段後ろから 6 行目、7 行目。208 ページ上段最終行。210 ページ上段後ろから 2 行目。212 ページ上段 18 行目。217 ページ下段 12 行目。461 ページ註 207。462 ページ注 190、註 198：〔誤〕ヴォルガ軍用艦隊→〔正〕ヴォルガ戦時小艦隊

216 ページ上段 4 行目：〔誤〕船→〔正〕装甲艇

227 ページ下段 8 行目：〔誤〕擲弾筒手→〔正〕対戦車ライフル兵

265 ページ上段 11 行目：〔誤〕それくらい戦闘機が→〔正〕それくらい

272 ページ上段 3 行目：〔誤〕戦闘機→〔正〕戦闘爆撃機

305 ページ下段最終行：〔誤〕連隊の対戦車砲中隊長→〔正〕対戦車ライフル連隊の中隊長

314 ページ上段 4 行目と下段 11 行目：〔誤〕自動小銃→〔正〕ライフル銃

343ページ17行目と370ページ上段4行目：〔誤〕自動小銃兵→〔正〕機関銃兵
346ページ上段11行目：〔誤〕友軍の戦闘機と敵軍の戦闘機→〔正〕友軍機と敵機
400ページ後ろから5行目：〔誤〕偵察隊一Cの隊長→〔正〕情報参謀・情報課長
401ページ上段8行目：〔誤〕偵察隊一Cの隊長→〔正〕情報参謀・情報課長
401ページ上段10行目：〔誤〕偵察隊→〔正〕情報課
401ページ上段11行目：〔誤〕三名は兵士→〔正〕三名は兵卒
〔誤〕自動小銃（兵）→〔正〕短機関銃（兵）（ただし上記にあるものを除く）
〔誤〕装甲車→〔正〕戦車（ただし359ページ下段14行目を除く）
〔誤〕対戦車砲→〔正〕対戦車ライフル
〔誤〕戦闘機→〔正〕飛行機
116ページ下段3行目。117ページ11行目。132ページ4行目、12行目、13行目。152ページ16行目。157ページ上段13行目と14行目。160ページ上段14行目。163ページ下段11行目。164ページ下段6行目。173ページ下段18行目。177ページ下段7行目。178ページ下段6行目。185ページ下段16行目。195ページ下段6行目と14行目。196ページ下段16行目。215ページ上段7行目、下段後ろから2行目。216ページ上段6行目と8行目。217ページ下段3行目。264ページ下段10行目と13行目。265ページ下段6行目と最終行。268ページ上段2行目と10行目。274ページ上段10行目、13行目、14行目、20行目。299ページ上段14行目。311ページ上段8行目。316ページ上段8行目。359ページ上段後ろから4行目と最終行。360ページ12行目。361ページ下段8行目。368ページ上段10行目。372ページ下段9行目。389ページ下段1行目。404ページ下段4行目。406ページ上段2行目と8行目。
〔誤〕戦闘機→〔正〕空軍
87ページ後ろから2行目。158ページ上段2行目。185ページ下段16行目。193ページ本文上段9行目。267ページ上段10行目。

（2025年2月11日記）

人文書院
刊行案内

2025.7　紅緋色

映画が恋したフロイト

岡田温司著

精神分析と映画の屈折した運命

精神分析とほぼ同時に産声をあげた映画は、精神分析の影響を常に受けていた。ドッペルゲンガー、パラノイア、シェルショック……。映画のなかに登場する精神分析的なモチーフやテーマに注目し、それらが分かち合ってきたパラレルな運命に照準をあわせその多彩な局面を考察する。

購入はこちら

四六判上製246頁　定価2860円

ネオリベラル・フェミニズムの誕生

キャサリン・ロッテンバーグ著
河野真太郎訳

女性たちの選択肢と隘路

すべてが女性の肩にのしかかる「自己責任化」を促す、新自由主義的なフェミニズムの出現とは？果たしてそれはフェミニズムと呼べるのか？アメリカ・フェミニズムのいまを映し出す待望の邦訳。

購入はこちら

四六判並製270頁　定価3080円

人文書院ホームページで直接ご注文が可能です。スマートフォンで各ＱＲコードを読み込んでください。注文方法は右記ＱＲコードでご確認ください。決済可能方法：クレジットカード／PayPay／楽天ペイ／代金引換

〒612-8447 京都市伏見区竹田西内畑町９　TEL 075-603-1344
http://www.jimbunshoin.co.jp/　【X】@jimbunshoin（価格は10％税込）

新刊

人文学のための計量分析入門
――歴史を数量化する

クレール・ルメルシエ／クレール・ザルク著
長野壮一 訳

数量的研究の威力と限界

数量的なアプローチは、テキストの精読に依拠する伝統的な研究方法にいかなる価値を付加することができるのか。歴史的資料を扱う全ての人に向けた恰好の書。

購入はこちら

Now Printing

四六判並製276頁　定価3300円

普通の組織
――ホロコーストの社会学

シュテファン・キュール著　田野大輔訳

「悪の凡庸さ」を超えて

ナチ体制下で普通の人びとがユダヤ人の大量虐殺に進んで参加したのはなぜか。殺戮部隊を駆り立てた様々な要因――イデオロギー、強制力、仲間意識、物欲、残虐性――の働きを組織社会学の視点から解明した、ホロコースト研究の金字塔。

購入はこちら

四六判上製440頁　定価6600円

公共内芸術
――民主主義の基盤としてのアート

ランバート・ザイダーヴァート著
篠木涼 訳

国家は芸術になぜお金を出すべきなのか

国家による芸術への助成について理論的な正当化を試みるとともに、芸術が民主主義と市民社会に対して果たす重要な貢献を丹念に論じる。壮大で精密な考察に基づく提起の書。

購入はこちら

四六判並製476頁　定価5940円

新刊

英雄の旅
――ジョーゼフ・キャンベルの世界

ジョーゼフ・キャンベル著
斎藤伸治／斎藤珠代訳

偉大なる思想の集大成

神話という時を超えたつながりによって、人類共通の心理的根源に迫ったキャンベル。ジョージ・ルーカスをはじめ数多の映画製作者・作家・作品に計り知れない影響を与えた大いなる旅路の終着点。

購入はこちら

四六判上製396頁　定価4950円

共産党の戦後八〇年
――「大衆的前衛党」の矛盾を問う

富田武著

党史はどう書き換えられたのか？

スターリニズム研究の第一人者である著者が、日本共産党の「公式党史」はどう書き換えられたのか」を検討し詳細に分析。革命観と組織観の変遷や綱領論争から、戦後共産党の理論と運動の軌跡を辿る。

購入はこちら

四六判上製300頁　定価4950円

性理論のための三論文
（一九〇五年版）

フロイト著　光末紀子訳　石﨑美侑解題
松本卓也解説

初版に基づく日本語訳

本書は20世紀のセクシュアリティをめぐる議論に決定的な影響を与えたが、その後の度重なる加筆により、性器を中心に欲動が統合され、当初のラディカルさは影をひそめる。本翻訳はその初版に基づく、はじめての試みである。

購入はこちら

四六判上製300頁　定価3850円